Nabla 离散分数阶系统：
分析与控制

卫一恒 著

科学出版社

北 京

内 容 简 介

本书是一部系统地介绍 Nabla 离散分数阶系统理论的专著, 其中包含了许多原创性成果和未解问题. 针对 Nabla 离散分数阶系统, 本书讨论了其稳定性分析和控制器设计问题, 为了便于验证所提理论, 还介绍了数值实现方法. 本书由浅入深、循序渐进地展开, 虽不是字斟句酌的教科书, 但所给出的结论均提供了巧妙且严谨的证明, 既介绍了灵感来源, 提供了文献出处, 又对结论的特性和价值进行了剖析, 提供了针对性的数值算例. 书中所列彩图均可扫描封底二维码进行查看.

本书力求通俗易懂、简洁实用, 从问题到方法, 从算例到应用, 前后呼应, 自成体系, 是分数阶爱好者的佳肴.

本书的内容颇具探索性, 可供数学、控制、信息等领域的高年级本科生开拓眼界, 也可作为研究生开启自己学术研究生涯的启蒙读物, 还可作为科研人员在 Nabla 分数阶系统理论方向进阶的利器; 更重要的是, 可以作为读者应用分数阶工具解决自己领域内的问题, 发现新知识的重要参考书.

图书在版编目(CIP)数据

Nabla 离散分数阶系统: 分析与控制/卫一恒著. —北京: 科学出版社, 2023.3
ISBN 978-7-03-075181-2

Ⅰ. ①N… Ⅱ. ①卫… Ⅲ. ①微积分—研究 Ⅳ. ①O172

中国国家版本馆 CIP 数据核字(2023)第 043824 号

责任编辑: 李 欣 范培培 / 责任校对: 彭珍珍
责任印制: 吴兆东 / 封面设计: 无极书装

科学出版社 出版
北京东黄城根北街 16 号
邮政编码: 100717
http://www.sciencep.com
北京中石油彩色印刷有限责任公司 印刷
科学出版社发行 各地新华书店经销
*
2023 年 3 月第 一 版 开本: 720×1000 B5
2023 年 3 月第一次印刷 印张: 23 3/4
字数: 476 000
定价: 128.00 元
(如有印装质量问题, 我社负责调换)

序　言

分数阶微积分是研究非整数阶微分和积分的理论, "分数阶" 一词是一个误称, 然而由于历史原因, 今天仍在使用. 可以毫不夸张地说, 否认分数阶微积分就像否认整数之间存在非整数.

尽管早在公元前 480 年之前, 古希腊哲学家 Herakleitu 就承认了变化的存在, 如 "唯一不变的就是变化本身", 但是如何对 "变化" 进行量化历时 2000 年仍未探讨清楚, 这正是牛顿和莱布尼茨发明整数阶微积分背后的主要原因. 那么, 分数阶微积分背后的根本原因到底是什么呢? 正如 Bruce J. West 在他的书[①]中诠释的那样, 它是 "复杂性". 所以我想说的是, 从某种意义上来说, 在科学中使用分数阶微积分的根本原因是 "复杂性"; 在工程中使用分数阶微积分的根本原因是为了 "比现有的最优更优"; 在物理学中使用分数阶微积分的根本原因是认识到 "反常现象是普遍存在的"; 而在数学中使用分数阶微积分的根本原因是 "为更多的研究者提供全新的研究方向".

自 2010 年 Monje 等的专著[②]出版以来, 连续时间分数阶系统与控制方向备受关注并得到快速发展, 越来越多涉及该领域的专著相继出版[③]. 在离散时间分数阶系统方面, 目前还缺少专门针对该类线性或非线性系统时域分析和控制器设计的书籍, 而我认为离散时间分数阶系统是即将到来的元宇宙中不可或缺的一部分. 《Nabla 离散分数阶系统: 分析与控制》正填补了这一领域的空白, 从信号和系统的角度对 Nabla 离散分数阶系统的时域分析与控制问题进行了全面的阐述, 该书的创新之处主要包括:

(1) 定义新的离散时间 Mittag-Leffler 函数, 避免了收敛区域的问题;

(2) 定义 Tempered 分数阶差和分算子并推导其 Nabla Laplace 变换;

(3) 建立线性定常 Nabla 离散分数阶系统的稳定性判据, 包括非线性矩阵不等式形式的充要条件和线性矩阵不等式形式的充分条件;

(4) 对于直接 Lyapunov 方法, 提出了一系列实用判据, 澄清了文献中可能存在的误解和混淆;

---

① West B J. Fractional Calculus View of Complexity: Tomorrow's Science[M]. Boca Raton: CRC Press, 2016.

② Monje C A, Chen Y Q, Vinagre B M, et al. Fractional-order Systems and Controls: Fundamentals and Applications[M]. London: Springer, 2010.

③ https://mechatronics.ucmerced.edu/fcbooks.

(5) 一个特殊的贡献是揭示了 Nabla 离散分数阶系统的无穷维特性, 推导了一系列无穷维等价描述;

(6) 基于 MATLAB/Simulink 仿真平台, 提供了高效高精度数值实现方案;

(7) 基于无穷维等价模型, 提出了间接 Lyapunov 方法, 并在该框架下重新审视了 "无穷能量问题";

(8) 讨论了逆 Lyapunov 定理、Lyapunov 第一方法以及非线性 Nabla 离散分数阶系统局部稳定性问题.

这本研究专著在系统性和逻辑性上具有鲜明的特色, 是对 Nabla 离散分数阶系统分析与控制领域非常有价值的探索. 作者对于离散时间分数阶系统相关文献有着全面的认识, 在专著中对该领域进行了十分完备的综述, 因此该专著对于想涉及此领域的初学者来说, 是一个绝佳出发点.

总之, 我热情地向您推荐这本研究专著!

加州大学默塞德分校

2021 年 11 月 14 日

前　言

随着分数阶微积分在建模与控制领域的独特优势逐渐被发现, 分数阶的思想受到越来越多领域学者们的重视, 中国自动化学会也成立了相应的 "分数阶系统与控制" 专业委员会, 每年多场相关研讨会陆续召开, 目前分数阶系统理论在诸多科学与工程领域得到迅速发展. 在众多分数阶微积分爱好者和痴迷者的前赴后继努力下, 取得了一系列精妙的研究成果, 百科全书式的专著也相继出版[①]. 如今计算机已全面普及, 数字化转型势在必行, 离散分数阶微积分的需求也与日俱增. 值得庆幸的是, 离散分数阶微积分相关的专著目前也有了数本[②③④⑤⑥], 为学者们开启该方向的研究, 起着至关重要的引领作用. 但是关于离散分数阶系统理论仍是一个艰难的尚待开垦的宝地, 尽管有不少学者关注这一方向, 且取得了丰硕的成果, 但是现有文献散布在广大的出版物中, 因此掌握基本入门知识并了解这个快速发展的领域非常困难. 鉴于此, 便有了今天这部 《Nabla 离散分数阶系统: 分析与控制》 专著的问世.

本书是一部介绍 Nabla 离散分数阶系统理论的专著, 其中包含了足够的入门材料和详尽的证明, 以便读者无需查阅分散四处的文献, 不被不一致的符号困扰, 不被非关键的内容包围. 本书对已知结果系统总结的同时, 不忘对未知进行充分探索, 公开许多原创性成果, 还列出许多开放性问题. 更难能可贵的是, 本书虽不是通常字斟句酌严谨的教科书, 但所给关键结论均提供了严格的证明, 既对灵感来源提供了文献出处, 又对结论的特性和价值进行了剖析, 这极大地方便了读者对基本思想的理解和对基本技术的掌握, 也有利于读者应用分数阶工具解决自己领域内的问题. 本书包括 7 章内容, 考虑到分析是控制的基础, 所以重点讨论稳定性分析, 涉及线性矩阵不等式 (LMI) 方法、直接 Lyapunov 方法和间接 Lyapunov 方法, 如图 1 所示. 需要说明的是, 目前该方向参考文献众多, 并且数量增长迅猛, 本书不可能一一列举, 感兴趣的读者可以以本书所列文献为线索, 查找所需资料, 我们也十分欢迎读者的反馈意见.

---

① https://mechatronics.ucmerced.edu/fcbooks.

② 程金发. 分数阶差分方程理论 [M]. 厦门: 厦门大学出版社, 2011.

③ Ostalczyk P. Discrete Fractional Calculus: Applications in Control and Image Processing[M]. Berlin: World Scientific Publishing Company, 2016.

④ Goodrich C, Peterson A C. Discrete Fractional Calculus[M]. Cham: Springer, 2016.

⑤ Ferreira R A C. Discrete Fractional Calculus and Fractional Difference Equations[M]. Cham: Springer, 2022.

⑥ 程金发. 非一致格子超几何方程与分数阶差和分 [M]. 北京: 科学出版社, 2022.

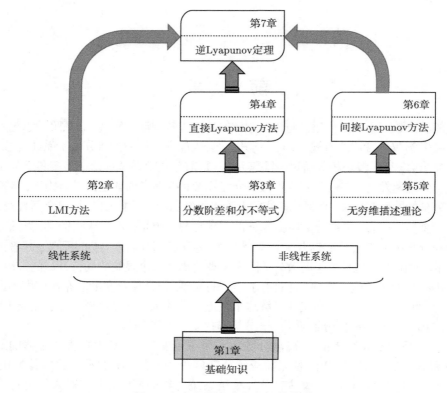

图 1   各章节研究内容之间的关系

本书的出版得到不少分数阶领域前辈的帮助, 包括加州大学默塞德分校的陈阳泉教授、东南大学的曹进德教授、中国科学技术大学的王永教授和康宇教授、北京交通大学的于永光教授、山东大学的李岩教授、中山大学的贾保国教授、厦门大学的程金发教授等等; 此外, 陈玉全、程松松、杜斌、韦应栋、洪小林等同门师弟、学生, 在我做研究和写作过程中曾给予关键帮助, 和他们的讨论与交流催生了很多新的想法, 丰富了本书的内容; 本书的出版得到科学出版社李欣编辑的帮助和东南大学学科攀升计划理科专项 (4307012166)、国家自然科学基金项目 (62273092) 的资助. 作者在此表示由衷的感谢!

本书可供数学、控制、信号处理等领域的高年级本科生、研究生与工程技术人员学习 Nabla 离散分数阶系统的分析与控制, 是其尝试在自己的领域引入离散分数阶微积分的重要参考用书. 本书的一个基本特色是力求通俗易懂、简洁实用, 从问题到方法, 从理论到仿真, 自成体系, 是研究生开启自己研究生涯的启蒙入门读物的不二之选; 另一个基本特色是提供了丰富的数值算例, 仿真结果均通过 MATLAB/Simulink 平台计算得到, 便于读者亲自动手验证.

　　本书包含大量开拓性和探索性的研究, 鉴于作者水平及认识的局限性, 虽力求严谨, 但书中仍不可避免有许多不足或值得商榷推敲之处. 衷心希望读者在阅读和使用本书的过程中提出宝贵的意见, 不断推动 Nabla 离散分数阶系统理论的发展完善和落地应用.

卫一恒

南京·东南大学

neudawei@seu.edu.cn

2021 年 12 月 1 日

目 录

符号说明

$\mathbb{N}$	自然数集
$\mathbb{N}_a$	集合 $\{a, a+1, a+2, \cdots\}$
$\mathbb{N}_a^b$	集合 $\{a, a+1, a+2, \cdots, b\}$, $b-a \in \mathbb{Z}_+$
$\mathbb{Z}$	整数集
$\mathbb{Z}_+$	正整数集
$\mathbb{Z}_a$	集合 $\{\cdots, a-2, a-1, a, a+1, a+2, \cdots\}$
$\mathbb{R}$	实数集
$\mathbb{R}^n$	n 维实向量集
$\mathbb{R}^{m \times n}$	$m \times n$ 实矩阵集
$\mathbb{R}_0$	非负实数集
$\mathbb{R}_+$	正实数集
$\mathbb{C}$	复数集
$\mathbb{I}_p$	纯虚数集 $\{y : y = \mathrm{j}x, x \in \mathbb{R}, x \neq 0\}$
I_n	n 阶单位矩阵
0	适当维数零矩阵
$\mathrm{diag}\{a_1, a_2, \cdots, a_n\}$	对角矩阵
M^{T}	矩阵 M 的转置
M^*	矩阵 M 的共轭转置
M^{-1}	矩阵 M 的逆
$\det(M)$	矩阵 M 的行列式
$\mathrm{rank}(M)$	矩阵 M 的秩
$\mathrm{sym}(M)$	矩阵 M 的对称运算 $M + M^{\mathrm{T}}$
$\mathrm{eig}(M)$	矩阵 M 的特征值
$P \succ 0$	正定矩阵 P 或正定核 P
$Q \prec 0$	负定矩阵 Q 或负定核 Q
$\mathscr{Z}_a\{\cdot\}$	初始时刻为 a 的 Z 变换
$\mathscr{Z}_a^{-1}\{\cdot\}$	初始时刻为 a 的 Z 反变换
$\mathscr{N}_a\{\cdot\}$	Nabla Laplace 变换
$\mathscr{N}_a^{-1}\{\cdot\}$	Nabla Laplace 反变换

$\Gamma\left(\cdot\right)$	Gamma 函数
$\begin{pmatrix} p \\ q \end{pmatrix}$	广义二项式系统 $\dfrac{\Gamma\left(p+1\right)}{\Gamma\left(q+1\right)\Gamma\left(p-q+1\right)}$
$\mathrm{sgn}\left(\cdot\right)$	符号函数
$p^{\overline{q}}$	上升函数 $\dfrac{\Gamma\left(p+q\right)}{\Gamma\left(p\right)}$
$\mathrm{Re}\left(z\right)$	复数 z 的实部
$\mathrm{Im}\left(z\right)$	复数 z 的虚部
$\arg\left(z\right)$	复数 z 的辐角
$\left|z\right|$	复数 z 的模
$\overline{z}$	复数 z 的共轭
$\left\|x\right\|_1$	向量 x 的 1 范数 $\left\|x\right\|_1 = \sum_{i=1}^{n}\left|x_i\right|$
$\left\|x\right\|_2$	向量 x 的 2 范数 $\left\|x\right\|_2 = \sqrt{\sum_{i=1}^{n}x_i^2}$
$\left\|x\right\|_\infty$	向量 x 的 ∞ 范数 $\left\|x\right\|_\infty = \max\left|x_i\right|$
j	虚数的单位 $\sqrt{-1}$
$\deg(f(s))$	多项式 $f(s)$ 中 s 的最高阶次
$\otimes$	Kronecker 乘积

第 1 章 基础知识

为了便于后文的叙述和讨论, 本章将主要介绍关于特殊函数、分数阶差和分、分数阶系统的基本定义、性质和相关结论, 并在现有定义的基础上, 推导出若干后续研究工作需要用到的重要性质和结论.

1.1 特殊函数

1.1.1 Gamma 函数

为了对阶乘函数 $n!$ 进行推广, 允许 n 取非整数甚至复数, Euler 通过积分定义了 Gamma 函数 [1].

定义 1.1.1 函数

$$\Gamma(z) := \int_0^{+\infty} \mathrm{e}^{-x} x^{z-1} \mathrm{d}x, \tag{1.1}$$

被称为 Gamma 函数, 其中 $z \in \mathbb{C}$, $\mathrm{Re}(z) > 0$.

借助指数函数的极限表示 $\mathrm{e}^x = \lim\limits_{n \to +\infty} \left(1 + \dfrac{x}{n}\right)^n$, 可得如下乘积形式

$$\Gamma(z) = \lim_{n \to +\infty} n! n^z \prod_{i=0}^n \frac{1}{z+i}. \tag{1.2}$$

利用 $n^z = \left(\prod_{i=1}^{n-1} \dfrac{i+1}{i}\right)^z$ 和 $\lim\limits_{n \to +\infty} \dfrac{n+1}{n} = 1$, 可去掉 (1.2) 中的阶乘 $n!$, 得到

$$\Gamma(z) = \frac{1}{z} \prod_{i=1}^{+\infty} \left(1 + \frac{z}{k}\right)^{-1} \left(1 + \frac{1}{k}\right)^z. \tag{1.3}$$

进一步借助 Euler-Mascheroni 常数 $\gamma := \lim\limits_{n \to +\infty} \left(\sum_{i=1}^n \dfrac{1}{i} - \ln n\right)$, Weierstrass 给出了如下乘积形式

$$\Gamma(z) = \frac{\mathrm{e}^{-\gamma z}}{z} \prod_{i=1}^{+\infty} \left(1 + \frac{z}{i}\right)^{-1} \mathrm{e}^{\frac{z}{i}}. \tag{1.4}$$

不难发现, 在考虑 $\pm\infty$ 的情况下, (1.1)~(1.3) 中 Gamma 函数的定义域可拓展至整个复平面. 实际上, Gamma 函数是亚纯函数, 在复平面上, 除了零和负整数点,

它全部解析, 且在 $-n$ 处的留数为 $\mathrm{Res}[\Gamma(z), -n] = \dfrac{(-1)^n}{n!}$. 为了便于对后文内容的理解, 这里介绍一些 Gamma 函数的基本性质:

(1) 特殊点值: $\Gamma(1) = 1$, $\Gamma\left(\dfrac{1}{2}\right) = \sqrt{\pi}$, $\underset{z>0}{\arg\min}\,\Gamma(z) \approx 1.4616$;

(2) 实数瑕点: 当 $z \to -n$, $n \in \mathbb{N}$ 时, 有 $\Gamma(z) \to \infty$;

(3) Stirling 公式: $\lim\limits_{z \to +\infty} \dfrac{\Gamma(z+1)}{\sqrt{2\pi z}\left(\frac{z}{\mathrm{e}}\right)^z} = 1$, $z \in \mathbb{C}$;

(4) 递推性质: $\Gamma(z+1) = z\Gamma(z)$, $z \in \mathbb{C}$;

(5) 余元公式: $\Gamma(z)\Gamma(1-z) = \dfrac{\pi}{\sin(\pi z)}$, $z \in \mathbb{C}$;

(6) 乘积性质: $\prod_{i=0}^{n-1} \Gamma\left(z + \dfrac{i}{n}\right) = (2\pi)^{\frac{n-1}{2}} n^{\frac{1}{2}-nz} \Gamma(nz)$, $\mathrm{Re}(z) > 0$, $n \in \mathbb{Z}_+$.

当自变量 z 为实数时, 可得 $\Gamma(z)$ 的曲线如图 1.1(a) 所示. 圆圈表示 0, 1, 2, 3 的阶乘, 这正验证了 $\Gamma(n+1) = n!$, $n \in \mathbb{N}$. 当 $z > 0$ 时, $\Gamma(z)$ 连续且 $\Gamma(1) = \Gamma(2)$, 则 $\Gamma(z)$ 在区间 $[1, 2]$ 上取得极值, 这与 $\underset{z>0}{\arg\min}\,\Gamma(z) \approx 1.4616$ 相吻合. 当 $z > 0$ 时, $\Gamma(z) > 0$; 当 $z \in (-n-1, -n)$, $n \in \mathbb{N}$ 时, $(-1)^n\Gamma(z) < 0$, 且 $|\Gamma(z)|$ 在该区间上的最小值随着 n 的增大而减小, 这一特性可由余元公式导出. 反观 $\dfrac{1}{\Gamma(z)}$, 则可得对任意 $n \in \mathbb{N}$, $\dfrac{1}{\Gamma(-n)} = 0$. 当 $z > \underset{z>0}{\arg\min}\,\Gamma(z)$ 时, $\dfrac{1}{\Gamma(z)}$ 单调递减. 当 $z < 0$ 时, $\dfrac{1}{\Gamma(z)}$ 会振荡, 且振荡幅值随着 z 的减小而增大, 在每两个相邻整数之间都有一个极值, 这些特性在图 1.1(b) 中均有体现.

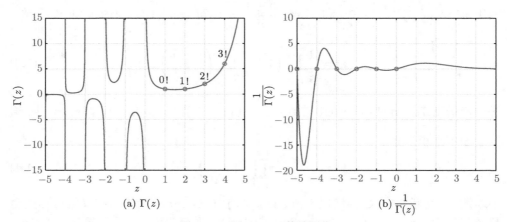

(a) $\Gamma(z)$ (b) $\dfrac{1}{\Gamma(z)}$

图 1.1　Gamma 函数的图像

基于 Gamma 函数可将幂函数推广至 Nabla 域广义幂函数, 即上升函数[2].

定义 1.1.2 函数

$$p^{\overline{q}} := \frac{\Gamma(p+q)}{\Gamma(p)}, \tag{1.5}$$

被称为上升函数, 其中 $p \in \mathbb{R}$, $q \in \mathbb{R}$.

由 Gamma 函数的渐近特性可得 $\lim\limits_{p \to +\infty} \dfrac{p^{\overline{q}}}{p^q} = 1$. 借助于数学归纳法和上升函数的定义, 参考文献 [3-5], 不难得到如下基本性质:

(1) $p^{\overline{\alpha}}(p+\alpha)p^{\overline{\beta}} = p^{\overline{\alpha+\beta}}$, $p \in \mathbb{R}$, $\alpha, \beta \in \mathbb{R}$;

(2) $p^{\overline{i}} \geqslant p^i$, $p \in \mathbb{R}_+$, $i \in \mathbb{N}$;

(3) $\dfrac{p^{\overline{i}}}{q^{\overline{i}}} \geqslant \left(\dfrac{p}{q}\right)^i$, $0 < p < q$, $i \in \mathbb{N}$;

(4) $p^{\overline{\alpha}} - q^{\overline{\alpha}} \leqslant (p-q)^{\overline{\alpha}}$, $p \geqslant q$, $p, q \in \mathbb{Z}_+$, $\alpha \in (0, 1]$;

(5) $p^{\overline{\alpha}} \geqslant q^{\overline{\alpha}}$, $p \geqslant q > 0$, $\alpha \geqslant \arg\min\limits_{z>0} \Gamma(z)$ 或者 $p \geqslant q \geqslant \arg\min\limits_{z>0} \Gamma(z)$, $\alpha > 0$;

(6) $p^{\overline{\alpha}} \geqslant \alpha q^{\overline{\alpha-1}}$, $p \geqslant q \geqslant \arg\min\limits_{z>0} \Gamma(z)$, $\alpha > 0$;

(7) $p^{\overline{-\alpha}} \leqslant q^{\overline{-\alpha}}$, $p \geqslant q \geqslant \alpha + \arg\min\limits_{z>0} \Gamma(z)$.

虽然上升函数 $f(k) = k^{\overline{\alpha}}$ 在 $k \to +\infty$ 时的渐近函数为 $g(k) = k^\alpha$, 但是其函数值并不适宜直接计算, 因为当变量 k 增大时, $\Gamma(k)$ 急剧增大, 如在 MATLAB 双精度数据类型下, 通过 gamma( ) 计算时, 有结果 "gamma(171)=7.2574e+306, gamma(172)=Inf". 因此, 可以通过递推公式 $f(k+1) = f(k)\dfrac{k+\alpha}{k}$ 和初值 $f(1) = 1+\alpha$ 计算得到. 选择 $k = 1, 2, \cdots, 100$, $\alpha = 0.5$ 或 -0.5, 可得函数 $f(k), g(k)$ 及其误差函数 $e(k) := f(k) - g(k)$ 的曲线如图 1.2 所示. 当 $\alpha = 0.5$ 时, 三个函数均单调递增, 且有误差 $e(k)$ 逐渐收敛到 0, 此时 $f(k) \geqslant g(k)$; 当 $\alpha = -0.5$ 时, 三个函数均单调递减, 且有误差 $e(k)$ 也逐渐收敛到 0, 此时 $f(k) \leqslant g(k)$.

当 $\alpha \in \mathbb{R}$, $1 \leqslant |x| < |y|$ 时, 有广义二项式 $(x+y)^\alpha = \sum\limits_{i=0}^{+\infty} \binom{\alpha}{i} x^i y^{\alpha-i}$ 成立, 其中 $\binom{\alpha}{i} := \dfrac{\Gamma(\alpha+1)}{\Gamma(\alpha-i+1)\Gamma(i+1)}$ 被称为广义二项式系数. 当 $\alpha \in \mathbb{Z}_+$ 时, 由 Gamma 函数的特性可知, $\binom{\alpha}{i} = 0$, $\forall i > \alpha$, 因此无穷项退化为有限项. 利用余

元公式, 可建立起二项式系数与上升函数之间的联系

$$
\begin{aligned}
\binom{\alpha}{i} &= (-1)^i \frac{\Gamma(i-\alpha)}{\Gamma(-\alpha)\Gamma(i+1)} \\
&= (-1)^i \binom{i-\alpha-1}{i} \\
&= (-1)^i \frac{(i+1)^{\overline{-\alpha-1}}}{\Gamma(-\alpha)}.
\end{aligned} \tag{1.6}
$$

通过式 (1.6), 不难得到: 当 $\alpha < 0$ 时, $(-1)^i \binom{\alpha}{i} > 0$; 当 $\alpha > 0$, $(-1)^i \binom{\alpha}{i}$ 的符号交替变化, 特殊地, 如果 $i < \alpha + 1$, 有 $\binom{\alpha}{i} > 0$. 类似地, 广义二项式系数也可以通过递推方式计算得到 $\binom{\alpha}{i+1} = \binom{\alpha}{i} \frac{\alpha - i}{i+1}$.

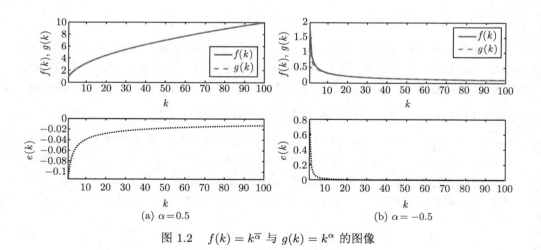

图 1.2 $f(k) = k^{\overline{\alpha}}$ 与 $g(k) = k^{\alpha}$ 的图像

为进一步拓展其应用范围, 可将其参数拓展至整个复数域, 即 $\binom{\alpha}{\beta} :=$ $\frac{\Gamma(\alpha+1)}{\Gamma(\alpha-\beta+1)\Gamma(\beta+1)}$, $\alpha, \beta \in \mathbb{C}$. 由此定义不难得到组合数的典型特性:

(1) $\begin{pmatrix} \alpha+\beta \\ \alpha \end{pmatrix} = \begin{pmatrix} \alpha+\beta \\ \beta \end{pmatrix};$

(2) $\begin{pmatrix} \alpha \\ \beta \end{pmatrix} = \begin{pmatrix} \alpha-1 \\ \beta-1 \end{pmatrix} + \begin{pmatrix} \alpha-1 \\ \beta \end{pmatrix};$

(3) $\beta \begin{pmatrix} \alpha \\ \beta \end{pmatrix} = \alpha \begin{pmatrix} \alpha-1 \\ \beta-1 \end{pmatrix};$

(4) $\begin{pmatrix} \alpha \\ \beta \end{pmatrix} \begin{pmatrix} \beta \\ i \end{pmatrix} = \begin{pmatrix} \alpha \\ i \end{pmatrix} \begin{pmatrix} \alpha-i \\ \beta-i \end{pmatrix};$

(5) $\sum_{i=0}^{+\infty} \begin{pmatrix} \alpha \\ i \end{pmatrix} = 2^\alpha;$

(6) $\sum_{i=0}^{+\infty} (-1)^i \begin{pmatrix} \alpha \\ i \end{pmatrix} = 0, \ \alpha \neq 0.$

分数阶微积分运算过程中常见的反常积分有两类, 一类被称为 Euler 第二积分, 即式 (1.1); 另一类被称为 Euler 第一积分, 即 Beta 函数[6,7].

定义 1.1.3 函数

$$\mathcal{B}(z,w) := \int_0^1 \tau^{z-1}(1-\tau)^{w-1}\mathrm{d}\tau, \tag{1.7}$$

被称为 Beta 函数, 其中 $\mathrm{Re}(z) > 0, \mathrm{Re}(w) > 0.$

从定义出发, 可以导出如下基本性质:

(1) $\mathcal{B}(z,w) = \mathcal{B}(w,z);$

(2) $\mathcal{B}(z,w) = \mathcal{B}(z+1,w) + \mathcal{B}(z,w+1);$

(3) $\mathcal{B}(z,w+1) = \dfrac{w}{z+w}\mathcal{B}(z,w);$

(4) $\mathcal{B}(z+1,w) = \dfrac{z}{z+w}\mathcal{B}(z,w);$

(5) $\mathcal{B}(z+1,w+1) = \dfrac{zw}{(z+w)(z+w+1)}\mathcal{B}(z,w);$

(6) $\mathcal{B}(z,1-z) = \dfrac{\pi}{\sin(\pi z)};$

(7) $\mathcal{B}(z,w) = \dfrac{\Gamma(z)\Gamma(w)}{\Gamma(z+w)} = \begin{pmatrix} z+w-i \\ z-i \end{pmatrix}^{-1}.$

1.1.2 Mittag-Leffler 函数

作为指数函数和连续时间 Mittag-Leffler 函数的推广, 离散时间 Mittag-Leffler 函数也得到广泛研究[3,8-15].

定义 1.1.4   基于时域的离散时间 Mittag-Leffler 函数被定义为

$$\mathcal{F}_{\alpha,\beta}(\lambda,k,a) := \sum_{i=0}^{+\infty} \frac{\lambda^i (k-a)^{\overline{i\alpha+\beta-1}}}{\Gamma(i\alpha+\beta)}, \tag{1.8}$$

其中, $\alpha > 0$, $\beta > 0$, $\lambda \in \mathbb{C}$, $k \in \mathbb{N}_{a+1}$, $a \in \mathbb{R}$.

考虑到式 (1.8) 中离散时间 Mittag-Leffler 函数为一无穷级数, 有收敛域的要求 [3], 其收敛域为 $|\lambda| < 1$, 这大大限制了该函数在 Nabla 分数阶系统中的应用. 对于函数 $f : \mathbb{N}_{a+1} \to \mathbb{R}$, 考虑如下 Nabla Laplace 变换 [2,11]

$$\mathcal{N}_a\{f(k)\} := \sum_{k=1}^{+\infty} (1-s)^{k-1} f(k+a), \quad s \in \mathbb{C}, \tag{1.9}$$

不难得到 $\mathcal{N}_a\{\mathcal{F}_{\alpha,\beta}(\lambda,k,a)\} = \dfrac{s^{\alpha-\beta}}{s^\alpha - \lambda}$. 结合连续时间 Mittag-Leffler 函数的 Laplace 变换以及上升函数与幂函数之间的关系, 可以得到如下区域是式 (1.8) 中离散 Mittag-Leffler 函数漏判的稳定性区域

$$\mathcal{S}_m := \left\{ \lambda \in \mathbb{C} : |\arg(\lambda)| < \frac{\alpha\pi}{2}, |\lambda| < 1, \lambda = s^\alpha, |s-1| > 1 \right\}. \tag{1.10}$$

结合如下逆 Nabla Laplace 变换 [16,17]

$$\mathcal{N}_a^{-1}\{F(s)\} := \frac{1}{2\pi\mathrm{j}} \oint_c F(s)(1-s)^{-k+a}\mathrm{d}s, \quad k \in \mathbb{N}_{a+1}, \tag{1.11}$$

其中, $\mathrm{j} := \sqrt{-1}$, c 是 $F(s) := \mathcal{N}_a\{f(k)\}$ 的收敛域内, 绕 $(1, \mathrm{j}0)$ 点顺时针旋转的封闭曲线, 可直接从频域定义离散时间 Mittag-Leffler 函数.

定义 1.1.5   基于频域的离散时间 Mittag-Leffler 函数被定义为

$$\mathcal{F}_{\alpha,\beta}(\lambda,k,a) := \mathcal{N}_a^{-1}\left\{\frac{s^{\alpha-\beta}}{s^\alpha-\lambda}\right\}, \tag{1.12}$$

其中, $\alpha > 0$, $\beta > 0$, $\lambda \in \mathbb{C}$, $k \in \mathbb{N}_{a+1}$, $a \in \mathbb{R}$.

基于此频域定义 1.1.5, 可以成功解决从时域定义 1.1.4 的离散时间 Mittag-Leffler 函数遇到的两个问题. 考虑到 Nabla Laplace 变换只处理 $f(k)$ 在 $k \in \mathbb{N}_{a+1}$ 时的值, 因此 $f(a)$ 不能由 $\mathcal{N}_a\{f(k)\}$ 的逆 Nabla Laplace 变换确定. 为了保持时频域的统一性, 利用式 (1.8) 计算离散 Mittag-Leffler 函数在 $k = a$ 处的值.

当 $\alpha \in (0,1)$, $\lambda < 0$ 时, 有

$$\mathcal{F}_{\alpha,1}(\lambda,a,a) = \sum_{i=0}^{+\infty} \frac{\lambda^i 0^{\overline{i\alpha}}}{\Gamma(i\alpha+1)} = \sum_{i=0}^{+\infty} \frac{\lambda^i \Gamma(i\alpha)}{\Gamma(i\alpha+1)\Gamma(0)} = 1. \tag{1.13}$$

引入 $\beta > 0$, 可进一步得到

$$\mathcal{F}_{\alpha,\beta}(\lambda, a, a) = \sum_{i=0}^{+\infty} \frac{\lambda^i 0^{\overline{i\alpha+\beta-1}}}{\Gamma(i\alpha+\beta)} = \sum_{i=0}^{+\infty} \frac{\lambda^i \Gamma(i\alpha+\beta-1)}{\Gamma(i\alpha+\beta)\Gamma(0)}. \tag{1.14}$$

当存在变量 $i \in \mathbb{N}$ 满足 $i\alpha + \beta - 1 = 0$ 时, 可得 $\mathcal{F}_{\alpha,\beta}(\lambda, a, a) = \lambda^{\frac{1-\beta}{\alpha}}$. 当对任意变量 $i \in \mathbb{N}$ 均有 $i\alpha + \beta - 1 \neq 0$ 时, 可得 $\mathcal{F}_{\alpha,\beta}(\lambda, a, a) = 0$. 类似地, 可拓展范围 $\alpha \in (n-1, n)$, $n \in \mathbb{Z}_+$, 则如下初始条件可以推导得到 $\mathcal{F}_{\alpha,1}(\lambda, a, a) = 1$, $\mathcal{F}_{\alpha,\kappa+1}(\lambda, a, a) = 0$, $\kappa = 1, 2, \cdots, n-1$.

根据式 (1.12) 定义的离散 Mittag-Leffler 函数以及赋予的初始条件, 可以得到如下定理, 其中涉及的分数阶差和分定义后续章节会陆续给出, 关于定理的证明感兴趣的读者可参考文献 [18-20].

定理 1.1.1　如果 $\alpha \in (0,1)$, $\lambda < 0$, $a \in \mathbb{R}$, $\delta(0) = 1$, $\delta(z) = 0$, $\forall z \neq 0$, $k \in \mathbb{N}_{a+1}$, 则下列性质成立:

(1) ${}_a^{\mathrm{G}}\nabla_k^\alpha \mathcal{F}_{\alpha,\alpha}(\lambda, k, a) = \lambda \mathcal{F}_{\alpha,\alpha}(\lambda, k, a) + \delta(k - a - 1)$;

(2) ${}_a^{\mathrm{C}}\nabla_k^\alpha \mathcal{F}_{\alpha,1}(\lambda, k, a) = \lambda \mathcal{F}_{\alpha,1}(\lambda, k, a)$;

(3) ${}_a^{\mathrm{G}}\nabla_k^{\alpha-1} \mathcal{F}_{\alpha,\alpha}(\lambda, k, a) = \mathcal{F}_{\alpha,1}(\lambda, k, a)$;

(4) $\nabla \mathcal{F}_{\alpha,1}(\lambda, k, a) = \lambda \mathcal{F}_{\alpha,\alpha}(\lambda, k, a)$;

(5) $\mathcal{F}_{\alpha,\alpha}(\lambda, k, a) > 0$;

(6) $\mathcal{F}_{\alpha,1}(\lambda, k, a) > 0$;

(7) $\lim\limits_{k \to +\infty} \mathcal{F}_{\alpha,1}(\lambda, k, a) = 0$;

(8) $\lim\limits_{k \to +\infty} \mathcal{F}_{\alpha,\alpha}(\lambda, k, a) = 0$.

实际上定理 1.1.1 的性质 (1)~(4) 对于任意 $\lambda \in \mathbb{C} \backslash \{0\}$ 都成立.

定理 1.1.2　如果 $n - 1 < \alpha < n$, $n \in \mathbb{Z}_+$, $\lambda \in \mathbb{C} \backslash \{0\}$, $m \in \mathbb{N}$, $\beta > 0$, $\gamma > 0$, $\kappa \in \mathbb{N}$, $\kappa < n$, $k \in \mathbb{N}_{a+1}$, 则下列性质成立:

(1) $\nabla^m \mathcal{F}_{\alpha,\kappa+1}(\lambda, k, a) = \mathcal{F}_{\alpha,\kappa+1-m}(\lambda, k, a)$, $\kappa > m$;

(2) ${}_a^{\mathrm{C}}\nabla_k^\alpha \mathcal{F}_{\alpha,\kappa+1}(\lambda, k, a) = \lambda \mathcal{F}_{\alpha,\kappa+1}(\lambda, k, a)$;

(3) ${}_a^{\mathrm{G}}\nabla_k^\gamma \mathcal{F}_{\alpha,\beta}(\lambda, k, a) = \mathcal{F}_{\alpha,\beta-\gamma}(\lambda, k, a)$, $\gamma \notin \mathbb{Z}_+$;

(4) ${}_a^{\mathrm{G}}\nabla_k^{-\gamma} \mathcal{F}_{\alpha,\beta}(\lambda, k, a) = \mathcal{F}_{\alpha,\beta+\gamma}(\lambda, k, a)$;

(5) ${}_a^{\mathrm{C}}\nabla_k^\beta \mathcal{F}_{\alpha,1}(\lambda, k, a) = \lambda \mathcal{F}_{\alpha,\alpha-\beta+1}(\lambda, k, a)$, $\beta \in (0,1)$;

(6) $\mathcal{F}_{1,1}(\lambda, k, a) = (1 - \lambda)^{-(k-a)}$.

为了简化, 由定理 1.1.2 的性质 (4) 可得 $\mathcal{F}_{\alpha,\kappa+1}(\lambda, k, a) = {}_a^{\mathrm{G}}\nabla_k^{-1} \mathcal{F}_{\alpha,\kappa}(\lambda, k, a)$, $\mathcal{F}_{\alpha,\alpha-\kappa+1}(\lambda, k, a) = {}_a^{\mathrm{G}}\nabla_k^{-1} \mathcal{F}_{\alpha,\alpha-\kappa}(\lambda, k, a)$, 其中 $\alpha \in (n-1, n)$, $n \in \mathbb{Z}_+$, $\lambda \in \mathbb{C} \backslash \{0\}$, $\kappa = 1, 2, \cdots, n-1$, $k \in \mathbb{N}_{a+1}$.

定理 1.1.3　　式 (1.12) 中的离散 Mittag-Leffler 函数满足如下渐近特性:

(1) $\mathcal{F}_{\alpha,1}(\lambda, k, a)$ 单调递减, $\alpha \in (0, 1)$, $\lambda < 0$, $k \in \mathbb{N}_{a+1}$;

(2) $\mathcal{F}_{\alpha,\alpha}(\lambda, k, a)$ 单调递减, $\alpha \in (0, 1)$, $\lambda < 0$, $k \in \mathbb{N}_{a+1}$;

(3) $\mathcal{F}_{\alpha,1}(\lambda, k, a)$ 有超调地收敛, $\alpha \in (1, 2]$, $\lambda < 0$ 或 $\alpha > 2$, $\lambda < -2^\alpha \cos^\alpha \dfrac{\pi}{\alpha}$, $k \in \mathbb{N}_{a+1}$;

(4) $\mathcal{F}_{\alpha,i}(\lambda, k, a)$ 有超调地收敛, $\alpha \in (1, 2]$, $\lambda < 0$ 或 $\alpha > 2$, $\lambda < -2^\alpha \cos^\alpha \dfrac{\pi}{\alpha}$, $i \in \mathbb{N}$, $i \in (1, \alpha + 1)$, $k \in \mathbb{N}_{a+1}$;

(5) $\mathcal{F}_{\alpha,\alpha}(\lambda, k, a)$ 有超调地收敛, $\alpha \in (1, 2]$, $\lambda < 0$ 或 $\alpha > 2$, $\lambda < -2^\alpha \cos^\alpha \dfrac{\pi}{\alpha}$, $k \in \mathbb{N}_{a+1}$;

(6) $\mathcal{F}_{\alpha,\alpha-i}(\lambda, k, a)$ 有超调地收敛, $\alpha \in (1, 2]$, $\lambda < 0$ 或 $\alpha > 2$, $\lambda < -2^\alpha \cos^\alpha \dfrac{\pi}{\alpha}$, $i \in \mathbb{N}$, $i \in (1, \alpha + 1)$, $k \in \mathbb{N}_{a+1}$.

定理 1.1.4　　如果 $\alpha \in (0, 1)$, $k \in \mathbb{N}_{a+1}$, $\lambda \in \mathcal{S}_\alpha := \left\{ z \in \mathbb{C} : |\arg(z)| > \dfrac{\alpha\pi}{2} \right.$ 或 $\left. |z| > 2^\alpha \cos^\alpha \dfrac{\arg(z)}{\alpha} \right\}$, 则当 $k \to +\infty$ 时有 $\mathcal{F}_{\alpha,\alpha}(\lambda, k, a) = O((k - a)^{-\alpha-1})$ 和 $\mathcal{F}_{\alpha,1}(\lambda, k, a) = O((k - a)^{-\alpha})$.

前述定理主要讨论了 $\lambda \in \mathcal{S}_\alpha$ 的情况, 利用 Nabla Laplace 变换不难得到下述结论. 如果 $\lambda \in \mathcal{U}_\alpha := \left\{ z \in \mathbb{C} : |\arg(z)| < \dfrac{\alpha\pi}{2} \right.$ 且 $\left. |z| < 2^\alpha \cos^\alpha \dfrac{\arg(z)}{\alpha} \right\}$, Mittag-Leffler 函数是发散的. 如果 $\lambda \in \mathcal{C}_\alpha^1 := \left\{ z \in \mathbb{C} : z = 0 \right\}$, Mittag-Leffler 函数恒定不变或者发散. 如果 $\lambda \in \mathcal{C}_\alpha^2 := \left\{ z \in \mathbb{C} : |z| = 2^\alpha \cos^\alpha \dfrac{\arg(z)}{\alpha} \right\}$, Mittag-Leffler 函数振荡.

类似定义 1.1.5, 可以定义离散时间 Mittag-Leffler 矩阵函数

$$\mathcal{F}_{\alpha,\beta}(A, k, a) := \mathcal{N}_a^{-1} \left\{ s^{\alpha-\beta} (s^\alpha I_p - A)^{-1} \right\}, \tag{1.15}$$

其中, $\alpha > 0$, $\beta > 0$, $A \in \mathbb{C}^{p \times p}$, $p \in \mathbb{Z}_+$, $k \in \mathbb{N}_{a+1}$, $a \in \mathbb{R}$.

定理 1.1.5　　如果 $\alpha, \beta > 0$, $\alpha \notin \mathbb{N}$, $m \in \mathbb{N}$, $A, B, T \in \mathbb{C}^{p \times p}$, $\det(T) \neq 0$, $I_p - A$ 可逆, $p \in \mathbb{Z}_+$, $\lambda, \lambda_i \in \mathbb{C}$, $i = 1, 2, \cdots, p$, $\Phi := \mathcal{F}_{\alpha,\alpha}(\lambda, k, a)$, $k \in \mathbb{N}_{a+1}$, 则下列性质成立:

(1) $\mathcal{F}_{\alpha,\beta}(A, k_1, 0)\mathcal{F}_{\alpha,\beta}(A, k_2, 0) \not\equiv \mathcal{F}_{\alpha,\beta}(A, k_1 + k_2, 0)$, $k_1, k_2 \in \mathbb{N}_{a+1}$;

(2) $[\mathcal{F}_{\alpha,\beta}(A, k, a)]^{\mathrm{T}} = \mathcal{F}_{\alpha,\beta}(A^{\mathrm{T}}, k, a)$;

(3) ${}_a^{\mathrm{C}}\nabla_k^\alpha \mathcal{F}_{\alpha,1}(A, k, a) = A\mathcal{F}_{\alpha,1}(A, k, a) = \mathcal{F}_{\alpha,1}(A, k, a)A$, $\alpha \in (0, 1)$;

(4) $A^m \mathcal{F}_{\alpha,\beta}(A, k, a) = \mathcal{F}_{\alpha,\beta}(A, k, a)A^m$;

(5) $\mathcal{F}_{\alpha,\beta}(A, k, a) * \mathcal{F}_{\alpha,\beta}(B, k, a) = \mathcal{F}_{\alpha,\beta}(B, k, a) * \mathcal{F}_{\alpha,\beta}(A, k, a)$, 其中 $AB = BA$;

(6) $B\mathcal{F}_{\alpha,\beta}(AB,k,a) = \mathcal{F}_{\alpha,\beta}(BA,k,a)B$;

(7) $\mathcal{F}_{\alpha,\beta}(A \otimes I_p, k, a) = \mathcal{F}_{\alpha,\beta}(A,k,a) \otimes I_p$, $\mathcal{F}_{\alpha,\beta}(I_n \otimes A, k, a) = I_p \otimes \mathcal{F}_{\alpha,\beta}(A,k,a)$;

(8) $\mathcal{F}_{\alpha,\beta}(A,k,a) = T \begin{bmatrix} \mathcal{F}_{\alpha,\beta}(\lambda_1,k,a) & & & \\ & \mathcal{F}_{\alpha,\beta}(\lambda_2,k,a) & & \\ & & \ddots & \\ & & & \mathcal{F}_{\alpha,\beta}(\lambda_p,k,a) \end{bmatrix} T^{-1}$,

其中 $T^{-1}AT = \Lambda = \mathrm{diag}\{\lambda_1, \lambda_2, \cdots, \lambda_p\}$;

(9) $\mathcal{F}_{\alpha,\beta}(A,k,a) = T \begin{bmatrix} \mathcal{F}_{\alpha,\beta}(\lambda,k,a) & \Phi * \mathcal{F}_{\alpha,\beta}(\lambda,k,a) & \cdots & (\Phi*)^{p-1}\mathcal{F}_{\alpha,\beta}(\lambda,k,a) \\ & \mathcal{F}_{\alpha,\beta}(\lambda,k,a) & \ddots & \vdots \\ & & \ddots & \Phi * \mathcal{F}_{\alpha,\beta}(\lambda,k,a) \\ & & & \mathcal{F}_{\alpha,\beta}(\lambda,k,a) \end{bmatrix} T^{-1}$,

其中 $T^{-1}AT = J = \begin{bmatrix} \lambda & 1 & & & \\ & \lambda & 1 & & \\ & & \ddots & \ddots & \\ & & & \lambda & 1 \\ & & & & \lambda \end{bmatrix}$.

类似定理 1.1.4, 可得如下推论.

推论 1.1.1 如果 $\alpha \in (0,1)$, $k \in \mathbb{N}_{a+1}$, $A \in \mathbb{C}^{p \times p}$, $I_p - A$ 可逆, A 的所有特征值满足 $\lambda(A) \in \mathcal{S}_\alpha$, 则当 $k \to +\infty$ 时有 $\|\mathcal{F}_{\alpha,\alpha}(A,k,a)\| = O((k-a)^{-\alpha-1})$, $\|\mathcal{F}_{\alpha,1}(A,k,a)\| = O((k-a)^{-\alpha})$.

文献 [13] 研究了从时域定义的离散时间 Mittag-Leffler 函数的数值计算问题, 本质在考虑一个无穷级数逼近问题, 所提方法存在理论误差. 针对从频域定义的离散时间 Mittag-Leffler 函数, 考虑其与线性 Nabla 分数阶系统的关系, 进而可得到离散时间 Mittag-Leffler 函数的精确计算.

考虑 $\lambda = 0.5 \in (0,1)$, 则函数 $\mathcal{F}_{\alpha,\kappa+1}(\lambda,k,a)$ 的图像如图 1.3 所示. 可以发现对于所有 $\kappa = 0,1,2,3$, 函数 $\mathcal{F}_{\alpha,\kappa+1}(\lambda,k,a)$ 总是随着 k 的增大单调发散, 且阶次越大发散越快.

考虑 $\lambda = 1.05 \in (1, 2^\alpha)$, 函数 $\mathcal{F}_{\alpha,\kappa+1}(\lambda,k,a)$ 的仿真结果如图 1.4 所示, 不难发现对于所有 $\kappa = 0,1,2,3$, 函数 $\mathcal{F}_{\alpha,\kappa+1}(\lambda,k,a)$ 总是随着 k 的增大有超调的发散, 且阶次越大超调越大.

考虑 $\lambda = 2^{\alpha}$, 仿真结果如图 1.5 所示. 不难发现出现了振荡现象, 具体来说函数 $\mathcal{F}_{\alpha,\kappa+1}(\lambda, k, a)$, $\kappa = 0, 1, 2, 3$ 均是有界的, 且对于每一步 $k \in \mathbb{N}_{a+1}$, 其单调性均发生变化, 从而有 $\nabla \mathcal{F}_{\alpha,\kappa+1}(\lambda, k, a) \nabla \mathcal{F}_{\alpha,\kappa+1}(\lambda, k+1, a) < 0$; 并且阶次越小, 振荡幅值越大. 此外, 对比图 1.5(a) 与图 1.5(c) 可以发现, 在 $\kappa = 2$ 时, 存在某些 α 使得 $\mathcal{F}_{\alpha,\kappa+1}(\lambda, k, a) < 0$ 对任意 $k \in \mathbb{N}_{a+1}$ 成立. 不难发现, 在 $\kappa = 3$ 时, 图 1.5(d) 中也存在类似现象.

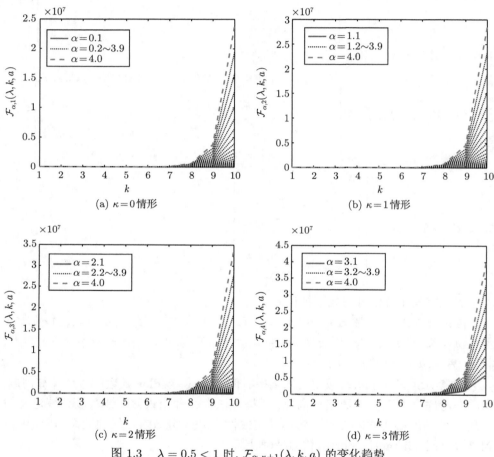

(a) $\kappa = 0$ 情形

(b) $\kappa = 1$ 情形

(c) $\kappa = 2$ 情形

(d) $\kappa = 3$ 情形

图 1.3 $\lambda = 0.5 < 1$ 时, $\mathcal{F}_{\alpha,\kappa+1}(\lambda, k, a)$ 的变化趋势

考虑 $\lambda = 20 > 2^{\alpha}$, 则函数 $\mathcal{F}_{\alpha,\kappa+1}(\lambda, k, a)$ 的图像如图 1.6 所示. 可以发现, $\mathcal{F}_{\alpha,\kappa+1}(\lambda, k, a)$ 随着 k 的增大是收敛的, 且收敛点是期望值 0. 对于 $\mathcal{F}_{\alpha,1}(\lambda, k, a)$, $\alpha \geqslant 1$ 时会有超调出现. 对于 $\mathcal{F}_{\alpha,2}(\lambda, k, a)$, $\alpha \geqslant 0.8$ 时即有超调出现. 对于 $\mathcal{F}_{\alpha,\kappa+1}(\lambda, k, a)$, $\kappa = 2, 3$, 所有 $\alpha = 0.1, 0.2, \cdots, 4.0$ 情形, 均会出现超调; 并且阶次越大, 超调越大.

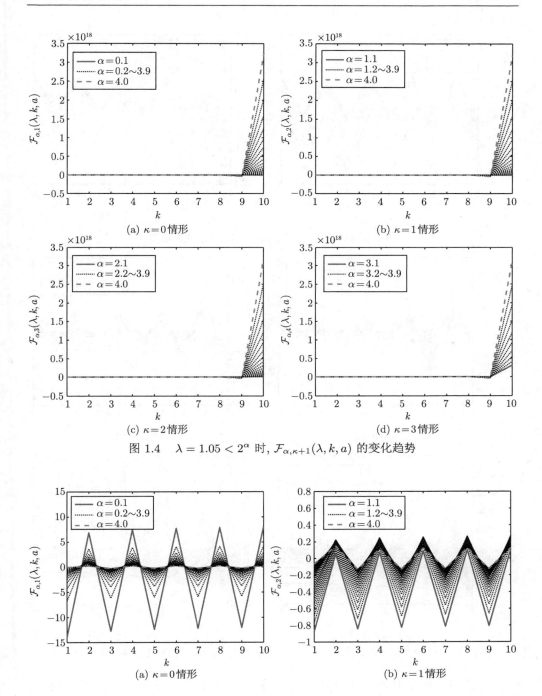

图 1.4 $\lambda = 1.05 < 2^{\alpha}$ 时, $\mathcal{F}_{\alpha,\kappa+1}(\lambda, k, a)$ 的变化趋势

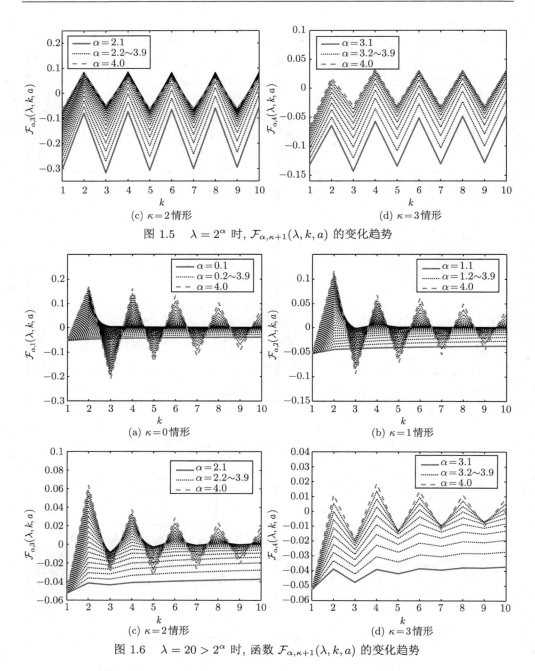

(c) $\kappa=2$ 情形   (d) $\kappa=3$ 情形

图 1.5 $\lambda=2^{\alpha}$ 时, $\mathcal{F}_{\alpha,\kappa+1}(\lambda,k,a)$ 的变化趋势

(a) $\kappa=0$ 情形   (b) $\kappa=1$ 情形

(c) $\kappa=2$ 情形   (d) $\kappa=3$ 情形

图 1.6 $\lambda=20>2^{\alpha}$ 时, 函数 $\mathcal{F}_{\alpha,\kappa+1}(\lambda,k,a)$ 的变化趋势

考虑 $\lambda=0$, 仿真结果如图 1.7 所示. 根据上升函数的特性, 通过解析计算, 不难得到 $\mathcal{F}_{\alpha,\kappa+1}(\lambda,k,a)=\dfrac{(k-a)^{\overline{\kappa}}}{\Gamma(\kappa+1)}$, $\kappa=0,1,2,3$, 即 $\mathcal{F}_{\alpha,1}(\lambda,k,a)=1$,

$\mathcal{F}_{\alpha,2}(\lambda,k,a) = k - a$, $\mathcal{F}_{\alpha,3}(\lambda,k,a) = \dfrac{1}{2}(k-a)(k-a+1)$, $\mathcal{F}_{\alpha,4}(\lambda,k,a) = \dfrac{1}{6}(k-a)(k-a+1)(k-a+2)$. 从图 1.7 中可以发现, 仿真结果能较好地吻合解析结果. 为了进一步展示计算精度, 定量指标如表 1.1 所示, 这些结果无疑展示了所提计算方法的可行性和实用性.

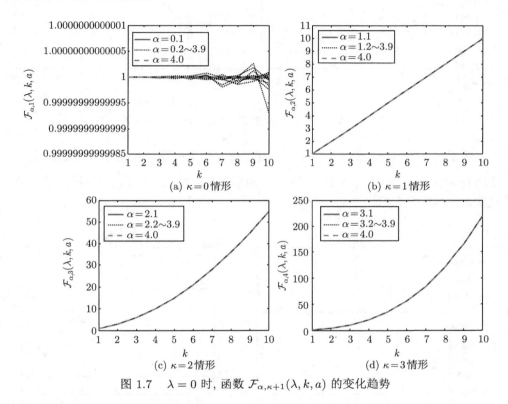

图 1.7　$\lambda = 0$ 时, 函数 $\mathcal{F}_{\alpha,\kappa+1}(\lambda,k,a)$ 的变化趋势

表 1.1　$\mathcal{F}_{\alpha,\kappa+1}(\lambda,k,a)$ 的计算误差

	$\mathcal{F}_{\alpha,1}(\lambda,k,a)$	$\mathcal{F}_{\alpha,2}(\lambda,k,a)$	$\mathcal{F}_{\alpha,3}(\lambda,k,a)$	$\mathcal{F}_{\alpha,4}(\lambda,k,a)$
最大值	2.62×10^{-14}	1.60×10^{-14}	5.68×10^{-14}	1.42×10^{-13}
最小值	-7.05×10^{-14}	-3.55×10^{-14}	-4.97×10^{-14}	-1.42×10^{-13}

考虑 $\lambda = -15$, 关于 $\mathcal{F}_{\alpha,1}(\lambda,k,a)$ 的仿真结果如图 1.8 所示. 可以发现随着 k 的增大, $\mathcal{F}_{\alpha,1}(\lambda,k,a)$ 在 $0 < \alpha \leqslant 1$ 时单调收敛, 在 $1 < \alpha \leqslant 2$ 时有超调的收敛, 这一结果与定理 1.1.3 相吻合. 此外, $\alpha \in (0,1]$ 时, 阶次越大收敛越快, 这与文献 [8] 中第 59 页的结论不同; $\alpha \in (1,2]$ 时, 阶次越大超调越大.

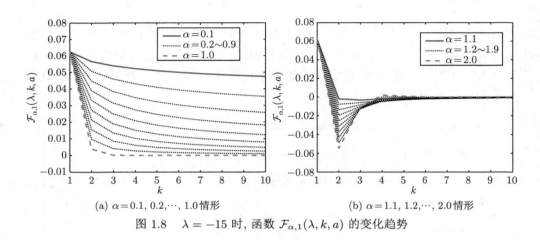

(a) $\alpha=0.1, 0.2,\cdots, 1.0$情形   (b) $\alpha=1.1, 1.2,\cdots, 2.0$情形

图 1.8 $\lambda=-15$ 时, 函数 $\mathcal{F}_{\alpha,1}(\lambda, k, a)$ 的变化趋势

考虑 $\lambda = -0.015 > -2^{\alpha}\cos^{\alpha}\dfrac{\pi}{\alpha}$, 可得仿真结果如图 1.9 所示. 结果显示, 对于所有 $\alpha > 2$, 函数 $\mathcal{F}_{\alpha,1}(\lambda, k, a)$ 随着 k 的增大都会发散, 这与频域分析结果一致, 且阶次越大发散越快.

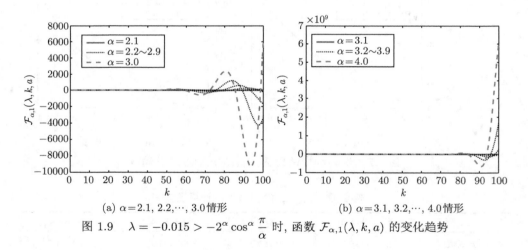

(a) $\alpha=2.1, 2.2,\cdots, 3.0$情形   (b) $\alpha=3.1, 3.2,\cdots, 4.0$情形

图 1.9 $\lambda = -0.015 > -2^{\alpha}\cos^{\alpha}\dfrac{\pi}{\alpha}$ 时, 函数 $\mathcal{F}_{\alpha,1}(\lambda, k, a)$ 的变化趋势

考虑 $\lambda = -2^{\alpha}\cos^{\alpha}\dfrac{\pi}{\alpha}$, 可得仿真结果如图 1.10 所示. 振荡的 $\mathcal{F}_{\alpha,1}(\lambda, k, a)$ 会出现在所有 $\alpha > 2$ 的情况, 且振荡幅值和振荡周期均伴随阶次的增加而减小. 与 $\lambda = 2^{\alpha}$ 时的振荡不同, $\nabla\mathcal{F}_{\alpha,\kappa+1}(\lambda, k, a)\nabla\mathcal{F}_{\alpha,\kappa+1}(\lambda, k+1, a) < 0$ 不再成立, 即这里单调性不是每步都变.

考虑 $\lambda = -15 < -2^{\alpha}\cos^{\alpha}\dfrac{\pi}{\alpha}$, 如图 1.11 所示可以得到收敛的 $\mathcal{F}_{\alpha,1}(\lambda, k, a)$, 仿真结果有力地验证了定理 1.1.3, 并且阶次越大超调越大.

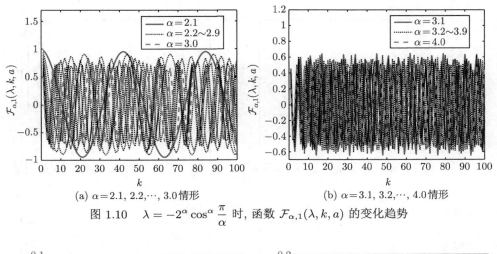

(a) $\alpha=2.1, 2.2, \cdots, 3.0$ 情形　　　　(b) $\alpha=3.1, 3.2, \cdots, 4.0$ 情形

图 1.10　$\lambda = -2^{\alpha}\cos^{\alpha}\dfrac{\pi}{\alpha}$ 时, 函数 $\mathcal{F}_{\alpha,1}(\lambda, k, a)$ 的变化趋势

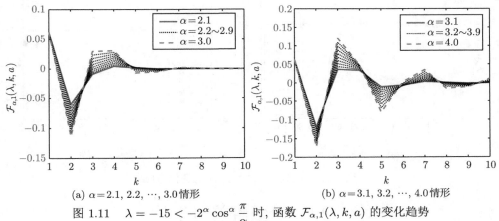

(a) $\alpha=2.1, 2.2, \cdots, 3.0$ 情形　　　　(b) $\alpha=3.1, 3.2, \cdots, 4.0$ 情形

图 1.11　$\lambda = -15 < -2^{\alpha}\cos^{\alpha}\dfrac{\pi}{\alpha}$ 时, 函数 $\mathcal{F}_{\alpha,1}(\lambda, k, a)$ 的变化趋势

考虑 $A = TJT^{-1}$, $J = \begin{bmatrix} \lambda & & \\ & \lambda & 1 \\ & & \lambda \end{bmatrix}$, $T = \begin{bmatrix} 0 & -\dfrac{1}{8} & 0 \\ 1 & \dfrac{1}{4} & 0 \\ -\dfrac{1}{2} & -\dfrac{1}{8} & 1 \end{bmatrix}$, $\alpha = 0.6$, 参

考文献 [21], 函数 $\mathcal{F}_{\alpha,1}(A, k, a)$ 的图像如图 1.12, 其中 M_{ij} 表示矩阵 $\mathcal{F}_{\alpha,1}(A, k, a)$ 的第 i 行第 j 列元素. 根据稳定性条件可得, 当 $\lambda = \dfrac{1}{4}$ 或 $\lambda = 2^{\alpha} - \dfrac{1}{4}$ 时, 相应 Mittag-Leffler 矩阵函数是发散的; 当 $\lambda = -\dfrac{1}{4}$ 或 $\lambda = 2^{\alpha} + \dfrac{1}{4}$ 时, 相应 Mittag-Leffler 矩阵函数是收敛的; 图 1.12 中的这些结果与理论分析相吻合.

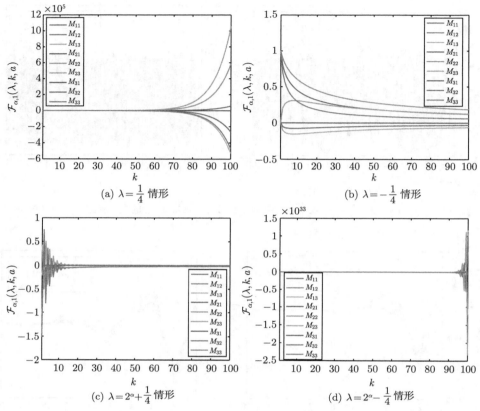

(a) $\lambda = \frac{1}{4}$ 情形   (b) $\lambda = -\frac{1}{4}$ 情形

(c) $\lambda = 2^\alpha + \frac{1}{4}$ 情形   (d) $\lambda = 2^\alpha - \frac{1}{4}$ 情形

图 1.12   函数 $\mathcal{F}_{\alpha,1}(A, k, a)$ 的变化趋势

1.2   分数阶差和分

目前, 比较流行的分数阶微积分的定义有三种 [22]: Grünwald-Letnikov 定义、Riemann-Liouville 定义和 Caputo 定义, 为此本书所涉及的离散分数阶微积分也考虑这三种定义 [8,11,23-25].

1.2.1   基本定义

根据计算当前时刻的差分时是用过去的数据、未来数据还是二者均等, 可以分为后向差分、前向差分和中心差分, 其中后向差分也常被称为 Nabla 差分, 本书正是讨论这一情形.

定义 1.2.1   函数 $f: \mathbb{N}_{a+1-n} \to \mathbb{R}$ 的 n 阶 Nabla 差分定义为 [11]

$$\nabla^n f(k) := \sum_{i=0}^{n} (-1)^i \binom{n}{i} f(k - i), \tag{1.16}$$

其中, $n \in \mathbb{Z}_+$, $k \in \mathbb{N}_{a+1}$, $a \in \mathbb{R}$.

定义 1.2.2 函数 $f : \mathbb{N}_{a+1} \to \mathbb{R}$ 的 n 阶 Nabla 和分定义为[11]

$$
{}_a\nabla_k^{-n} f(k) := \sum_{i=0}^{k-a-1} (-1)^i \binom{-n}{i} f(k-i), \tag{1.17}
$$

其中, $n \in \mathbb{Z}_+$, $k \in \mathbb{N}_{a+1}$, $a \in \mathbb{R}$.

为了定义的完备性, 对于 $n = 0$ 时的特殊情形, 假设

$$
\nabla^0 f(k) := f(k), \tag{1.18a}
$$

$$
{}_a\nabla_k^0 f(k) := f(k). \tag{1.18b}
$$

实际上, 直接将 $n = 0$ 代入式 (1.16) 和式 (1.17) 不难得到 (1.18a) 和 (1.18b) 依然成立. 如果将求和式中 $f(k-i)$ 的数目定义为记忆长度, 比较式 (1.16) 和式 (1.17) 可以发现, Nabla 分数阶差分有固定记忆长度 $n+1$, 而 Nabla 分数阶和分有时变记忆长度 $k-a$, 这也是前者反映序列 $f(\cdot)$ 的局部特性, 而后者反映 $f(\cdot)$ 的非局部特性的根本原因. 为了避免 Gamma 函数的奇异性, 即 $\Gamma(-n) = \infty$, $n \in \mathbb{N}$, 式 (1.16) 中的广义二项式系数可以等价表示为 $\binom{-n}{i} = (-1)^i \dfrac{\Gamma(n+i)}{\Gamma(i+1)\,\Gamma(n)}$.

在整数阶差和分的基础上, 将阶次拓展为非整数, 可得到非整数阶差和分, 然而根据习俗, 统称为**分数阶差和分**.

定义 1.2.3 函数 $f : \mathbb{N}_{a+1} \to \mathbb{R}$ 的 α 阶 Grünwald-Letnikov 分数阶差和分定义为

$$
{}_a^G\nabla_k^\alpha f(k) := \sum_{i=0}^{k-a-1} (-1)^i \binom{\alpha}{i} f(k-i), \tag{1.19}
$$

其中, $\alpha \in \mathbb{R}$, $k \in \mathbb{N}_{a+1}$, $a \in \mathbb{R}$.

不难发现, 当阶次 $\alpha = 0$ 时, ${}_a^G\nabla_k^\alpha x(k) = x(k)$, $k \in \mathbb{N}_{a+1}$. 当阶次 $\alpha = -n \in \mathbb{Z}_-$ 时, ${}_a^G\nabla_k^{-n} x(k)$ 退化为整数阶 Nabla 和分 ${}_a\nabla_k^{-n} x(k)$. 当阶次 $\alpha \in \mathbb{R}_- \backslash \mathbb{Z}_-$ 时, ${}_a^G\nabla_k^\alpha x(k)$ 为 Grünwald-Letnikov 分数阶和分, 也被称为 Nabla Riemann-Liouville 分数阶和分[11]. 当阶次 $\alpha = n \in \mathbb{Z}_+$ 时, ${}_a^G\nabla_k^n x(k)$ 不恒等于整数阶 Nabla 差分 $\nabla^n x(k)$, 前者有时变记忆长度, 后者有固定记忆长度, 例如, ${}_a^G\nabla_k^1 x(k) = \nabla^1 x(k) = x(k) - x(k-1)$, $k \geqslant a+2$, 但是 $[{}_a^G\nabla_k^1 x(k)]_{k=a+1} = x(a+1)$, $[\nabla^1 x(k)]_{k=a+1} = x(a+1) - x(a)$.

利用上升函数和 $\Gamma(z)\Gamma(1-z) = \dfrac{\pi}{\sin(\pi z)}$, $z \in \mathbb{R}$, 定义 1.2.3 中的 Grünwald-

Letnikov 分数阶差和分可以等价表示

$$
\begin{aligned}
{}_{a}^{\mathrm{G}}\nabla_{k}^{\alpha}f(k) &= \sum_{i=a+1}^{k}(-1)^{k-i}\binom{\alpha}{k-i}f(i) \\
&= \sum_{i=0}^{k-a-1}\frac{(i+1)^{\overline{-\alpha-1}}}{\Gamma(-\alpha)}f(k-i) \\
&= \sum_{i=a+1}^{k}\frac{(k-i+1)^{\overline{-\alpha-1}}}{\Gamma(-\alpha)}f(i).
\end{aligned}
\tag{1.20}
$$

基于分数阶和分和整数阶差分, 可以定义如下分数阶差分[11].

定义 1.2.4   函数 $f:\mathbb{N}_{a+1-n}\to\mathbb{R}$ 的 α 阶 Nabla Riemann-Liouville 分数阶差分和 Nabla Caputo 分数阶差分定义分别为

$$
{}_{a}^{\mathrm{R}}\nabla_{k}^{\alpha}f(k) := \nabla^{n}{}_{a}^{\mathrm{G}}\nabla_{k}^{\alpha-n}f(k),
\tag{1.21}
$$

$$
{}_{a}^{\mathrm{C}}\nabla_{k}^{\alpha}f(k) := {}_{a}^{\mathrm{G}}\nabla_{k}^{\alpha-n}\nabla^{n}f(k),
\tag{1.22}
$$

其中, $\alpha\in(n-1,n)$, $n\in\mathbb{Z}_{+}$, $k\in\mathbb{N}_{a+1}$, $a\in\mathbb{R}$.

假设 $F(s):=\mathscr{N}_{a}\{f(k)\}$, 则当 $n\in\mathbb{Z}_{+}$ 时, 可得

$$
\mathscr{N}_{a}\{{}_{a}\nabla_{k}^{-n}x(k)\} = s^{-n}F(s),
\tag{1.23}
$$

$$
\begin{aligned}
\mathscr{N}_{a}\{\nabla^{n}f(k)\} &= s^{n}F(s) - \sum_{i=0}^{n-1}s^{i}\left[\nabla^{n-i-1}f(k)\right]_{k=a} \\
&= s^{n}F(s) - \sum_{i=0}^{n-1}s^{n-i-1}\left[\nabla^{i}f(k)\right]_{k=a}.
\end{aligned}
\tag{1.24}
$$

当 $\alpha\in\mathbb{R}\backslash\mathbb{Z}_{-}$ 时, 可得

$$
\mathscr{N}_{a}\{{}_{a}^{\mathrm{G}}\nabla_{k}^{\alpha}f(k)\} = s^{\alpha}F(s).
\tag{1.25}
$$

当 $\alpha\in(n-1,n)$, $n\in\mathbb{Z}_{+}$ 时, 可得

$$
\mathscr{N}_{a}\{{}_{a}^{\mathrm{R}}\nabla_{k}^{\alpha}f(k)\} = s^{\alpha}F(s) - \sum_{i=0}^{n-1}s^{i}\left[{}_{a}^{\mathrm{R}}\nabla_{k}^{\alpha-i-1}f(k)\right]_{k=a},
\tag{1.26}
$$

$$
\mathscr{N}_{a}\{{}_{a}^{\mathrm{C}}\nabla_{k}^{\alpha}f(k)\} = s^{\alpha}F(s) - \sum_{i=0}^{n-1}s^{\alpha-i-1}\left[\nabla^{i}f(k)\right]_{k=a}.
\tag{1.27}
$$

值得强调, (1.22)~(1.27) 中的 Nabla Laplace 变换涉及的收敛域可能有所不同, 若需详细讨论可参照 [11,16] 中相关内容.

对于 $\alpha \in (n-1,n)$, $n \in \mathbb{Z}_+$, $k \in \mathbb{N}_{a+1}$, 三种定义下的分数阶差和分分别满足如下特性

$$_a^{\mathrm{G}}\nabla_k^{\alpha}{}_a^{\mathrm{G}}\nabla_k^{-\alpha}f(k) = {}_a^{\mathrm{R}}\nabla_k^{\alpha}{}_a^{\mathrm{G}}\nabla_k^{-\alpha}f(k) = {}_a^{\mathrm{C}}\nabla_k^{\alpha}{}_a^{\mathrm{G}}\nabla_k^{-\alpha}f(k) = f(k), \tag{1.28}$$

$$_a^{\mathrm{G}}\nabla_k^{-\alpha}{}_a^{\mathrm{G}}\nabla_k^{\alpha}f(k) = f(k), \tag{1.29}$$

$$_a^{\mathrm{G}}\nabla_k^{-\alpha}{}_a^{\mathrm{R}}\nabla_k^{\alpha}f(k) = f(k) - \sum_{i=0}^{n-1}\frac{(k-a)^{\overline{\alpha-i-1}}}{\Gamma(\alpha-i)}[_a^{\mathrm{R}}\nabla_k^{\alpha-i-1}f(k)]_{k=a}, \tag{1.30}$$

$$_a^{\mathrm{G}}\nabla_k^{-\alpha}{}_a^{\mathrm{C}}\nabla_k^{\alpha}f(k) = f(k) - \sum_{i=0}^{n-1}\frac{(k-a)^{\overline{i}}}{i!}[\nabla^i f(k)]_{k=a}. \tag{1.31}$$

进一步, 对于 $\alpha \in (n-1,n)$, $n, m \in \mathbb{Z}_+$, $n \leqslant m$, $k \in \mathbb{N}_{a+1}$, 可得

$$_a^{\mathrm{R}}\nabla_k^{m-\alpha}{}_a^{\mathrm{C}}\nabla_k^{\alpha}f(k) = \nabla^m f(k), \tag{1.32}$$

$$_a^{\mathrm{R}}\nabla_k^{\alpha}{}_a^{\mathrm{C}}\nabla_k^{m-\alpha}f(k) = \nabla^m f(k), \tag{1.33}$$

$$_a^{\mathrm{C}}\nabla_k^{m-\alpha}{}_a^{\mathrm{R}}\nabla_k^{\alpha}f(k) = {}_a^{\mathrm{G}}\nabla_k^m f(k), \tag{1.34}$$

$$_a^{\mathrm{C}}\nabla_k^{\alpha}{}_a^{\mathrm{R}}\nabla_k^{m-\alpha}f(k) = {}_a^{\mathrm{G}}\nabla_k^m f(k). \tag{1.35}$$

1.2.2 时变阶次情形

在定义 1.2.1~定义 1.2.4 的基础上, 将固定阶次拓展为时变阶次, 可得如下分数阶差和分[26-28].

定义 1.2.5 函数 $f : \mathbb{N}_{a+1-N} \to \mathbb{R}$ 的 $n(k)$ 阶 Nabla 差分定义为

$$\nabla^{n(k)}f(k) := \sum_{i=0}^{n(k)}(-1)^i\binom{n(k)}{i}f(k-i), \tag{1.36}$$

其中, $n(k) \in \mathbb{Z}_+$, $N = \max\limits_k n(k)$, $k \in \mathbb{N}_{a+1}$, $a \in \mathbb{R}$.

定义 1.2.6 函数 $f : \mathbb{N}_{a+1} \to \mathbb{R}$ 的 $\alpha(k)$ 阶 Grünwald-Letnikov 分数阶差和分定义为

$$_a^{\mathrm{G}}\nabla_k^{\alpha(k)}f(k) := \sum_{i=0}^{k-a-1}(-1)^i\binom{\alpha(k)}{i}f(k-i), \tag{1.37}$$

其中, $\alpha(k) \in \mathbb{R}$, $k \in \mathbb{N}_{a+1}$, $a \in \mathbb{R}$.

定义 1.2.6 蕴含了 $n(k)$ 阶 Nabla 和分 $\nabla^{-n(k)}f(k)$, 所以对此并未单独列出.

定义 1.2.7　函数 $f: \mathbb{N}_{a+1-N} \to \mathbb{R}$ 的 $\alpha(k)$ 阶 Nabla Riemann-Liouville 分数阶差分和 Nabla Caputo 分数阶差分定义分别为

$$
{}_a^C\nabla_k^{\alpha(k)}f(k) := {}_a^G\nabla_k^{\alpha(k)-n(k)}\nabla^{n(k)}f(k), \tag{1.38}
$$

$$
{}_a^R\nabla_k^{\alpha(k)}f(k) := \nabla^{n(k)}{}_a^G\nabla_k^{\alpha(k)-n(k)}f(k), \tag{1.39}
$$

其中, $\alpha(k) \in (n(k)-1, n(k))$, $n(k) \in \mathbb{Z}_+$, $N = \max\limits_k n(k)$, $k \in \mathbb{N}_{a+1}$, $a \in \mathbb{R}$.

1.2.3　固定记忆情形

在定义 1.2.3 和定义 1.2.4 的基础上, 将时变记忆长度 (固定初始时刻) 拓展为固定记忆长度 (时变初始时刻), 可得如下分数阶差和分[27-30].

定义 1.2.8　函数 $f: \mathbb{N}_{a+1-K} \to \mathbb{R}$ 的 α 阶具有固定记忆长度 K 的 Grünwald-Letnikov 分数阶差和分定义为

$$
{}_{k-K}^G\nabla_k^\alpha f(k) := \sum_{i=0}^{K-1}(-1)^i\binom{\alpha}{i}f(k-i), \tag{1.40}
$$

其中, $\alpha \in \mathbb{R}$, $K \in \mathbb{Z}_+$, $k \in \mathbb{N}_{a+1}$ 和 $a \in \mathbb{R}$.

类似地, 当 $\alpha = 0$ 时, ${}_{k-K}^G\nabla_k^\alpha f(k) = f(k)$; 当 $\alpha > 0$ 时, ${}_{k-K}^G\nabla_k^\alpha f(k)$ 表示差分; 当 $\alpha < 0$ 时, ${}_{k-K}^G\nabla_k^\alpha f(k)$ 表示和分. 为了计算 ${}_{k-K}^G\nabla_k^\alpha f(k)$, $k \in \mathbb{K}_{a+1}$, 需要使用数据 $f(a+1-K), f(a+2-K), \cdots, f(a+1)$. 若 $f: \mathbb{N}_{a+1} \to \mathbb{R}$, 则式 (1.40) 需要被修改为

$$
{}_{k-K}^G\nabla_k^\alpha f(k) := \sum_{i=0}^{\min\{k-a-1,K-1\}}(-1)^i\binom{\alpha}{i}f(k-i). \tag{1.41}
$$

定义 1.2.9　函数 $f: \mathbb{N}_{a+1-n-K} \to \mathbb{R}$ 的 α 阶具有固定记忆长度 K 的 Nabla Riemann-Liouville 分数阶差分和 Nabla Caputo 分数阶差分定义分别为

$$
{}_{k-K}^R\nabla_k^\alpha f(k) := \nabla^n{}_{k-K}^G\nabla_k^{\alpha-n}f(k), \tag{1.42}
$$

$$
{}_{k-K}^C\nabla_k^\alpha f(k) := {}_{k-K}^G\nabla_k^{\alpha-n}\nabla^n f(k), \tag{1.43}
$$

其中, $\alpha \in (n-1,n)$, $n \in \mathbb{Z}_+$, $K \in \mathbb{Z}_+$, $k \in \mathbb{N}_{a+1}$, $a \in \mathbb{R}$.

1.2.4 Tempered 情形

在定义 1.2.3 和定义 1.2.4 的基础上, 借鉴 [31,32] 中的方法, 可以定义依赖非零序列 $w(k)$ 的分数阶差和分为

$$
{}_a^{\mathrm{G}}\nabla_k^{\alpha,w(k)}f(k) := w^{-1}(k){}_a^{\mathrm{G}}\nabla_k^\alpha[w(k)f(k)], \tag{1.44}
$$

$$
{}_a^{\mathrm{R}}\nabla_k^{\alpha,w(k)}f(k) := w^{-1}(k){}_a^{\mathrm{R}}\nabla_k^\alpha[w(k)f(k)], \tag{1.45}
$$

$$
{}_a^{\mathrm{C}}\nabla_k^{\alpha,w(k)}f(k) := w^{-1}(k){}_a^{\mathrm{C}}\nabla_k^\alpha[w(k)f(k)], \tag{1.46}
$$

实际上, $w(k)$ 所起的作用是调制作用, 因而这类分数阶差和分也被称为**调制分数阶差和分**, 或者 Tempered 分数阶差和分.

若类似地定义如下依赖非零序列 $w(k)$ 的整数阶差分

$$
\nabla^{n,w(k)}f(k) := w^{-1}(k)\nabla^\alpha[w(k)f(k)], \tag{1.47}
$$

则不难得到

$$
{}_a^{\mathrm{R}}\nabla_k^{\alpha,w(k)}f(k) = \nabla^{n,w(k)}{}_a^{\mathrm{G}}\nabla_k^{\alpha-n,w(k)}f(k), \tag{1.48}
$$

$$
{}_a^{\mathrm{C}}\nabla_k^{\alpha,w(k)}f(k) = {}_a^{\mathrm{G}}\nabla_k^{\alpha-n,w(k)}\nabla^{n,w(k)}f(k). \tag{1.49}
$$

当 $w(k) := (1-\lambda)^{k-a}$ 时, 可定义如下 Tempered 分数阶差和分

$$
\begin{cases}
{}_a^{\mathrm{G}}\nabla_k^{\alpha,\lambda}f(k) = (1-\lambda)^{a-k}{}_a^{\mathrm{G}}\nabla_k^\alpha[(1-\lambda)^{k-a}f(k)], \\
{}_a^{\mathrm{R}}\nabla_k^{\alpha,\lambda}f(k) = (1-\lambda)^{a-k}{}_a^{\mathrm{R}}\nabla_k^\alpha[(1-\lambda)^{k-a}f(k)], \\
{}_a^{\mathrm{C}}\nabla_k^{\alpha,\lambda}f(k) = (1-\lambda)^{a-k}{}_a^{\mathrm{C}}\nabla_k^\alpha[(1-\lambda)^{k-a}f(k)].
\end{cases} \tag{1.50}
$$

当然, 关于分数阶差和分, 还有其他多种形式, 如分布阶次、非单位采样周期、非固定采样周期、和分变量是一个函数、卷积核非上升函数、非后项差分等等. 本书讨论的系统主要采用 1.2.1 节中的分数阶差和分, 偶尔涉及 1.2.2~1.2.4 节中的定义. 为了保持目标明确, 重点突出, 关于分数阶差和分的性质, 本书不单独讨论, 会在使用到的地方介绍.

1.3 分数阶系统

1.3.1 描述方式

与整数阶系统相似, 离散分数阶系统也可以采用差分方程、和分方程和传递函数来描述. 实际被控对象, 可以根据对象具体特性和控制要求, 选择合适的数学描述形式.

1. 差分方程描述

为了方便, 这里以单输入单输出 (single-input-single-output, SISO) 分数阶系统为例, 其一般描述形式为

$$f(y, {}_a^C\nabla_k^{\alpha_1}y, \cdots, {}_a^C\nabla_k^{\alpha_n}y) = g(u, {}_a^C\nabla_k^{\beta_1}u, \cdots, {}_a^C\nabla_k^{\beta_m}u), \tag{1.51}$$

其中, $f(\cdot)$ 与 $g(\cdot)$ 为非线性函数, $u(k)$ 与 $y(k)$ 分别为系统的输入和输出, α_i 与 $\beta_j > 0$ 为分数阶差分阶次, $i = 0, 1, \cdots, n$, $j = 0, 1, \cdots, m$. 特殊地, 当 Caputo 定义换成了 Riemann-Liouville 定义或其他定义, 则可定义相应的系统.

如果系统 (1.51) 的分数阶微分阶次含有共同的因子 α, 则称其为同元阶次分数阶系统. 特别地, 考虑线性定常的情形, 则有分数阶微分方程如下

$$\sum_{i=0}^{n} a_i {}_a^C\nabla_k^{i\alpha}y = \sum_{j=0}^{m} b_j {}_a^C\nabla_k^{j\alpha}u, \tag{1.52}$$

其中, a_i $(i = 0, 1, \cdots, n)$ 和 b_j $(j = 0, 1, \cdots, m)$ 为相应的系数.

对于多变量情形, 有另外一种特殊的差分方程描述

$$\begin{cases} {}_a^C\nabla_k^{\bar{\alpha}}x(k) = f(x(k), u(k)), \\ \qquad\qquad y(k) = g(x(k), u(k)), \end{cases} \tag{1.53}$$

其中, $\bar{\alpha} = [\alpha_1\ \alpha_2\ \cdots\ \alpha_n]^T$ 为系统的阶次, 且通常满足 $\alpha_i > 0$, $i = 1, 2, \cdots, n$, $x(k) \in \mathbb{R}^n$ 为系统的状态, $u(k) \in \mathbb{R}^m$ 为系统的控制输入, $y(k) \in \mathbb{R}^q$ 为系统的输出, $k \in \mathbb{N}_{a+1}$. 当 $\alpha_i = 1$ 时, 该方程退化为普通的整数阶情形.

差分方程 (1.53) 通常也被称为状态空间模型, 当 $\alpha_i = \alpha$, $i = 1, 2, \cdots, n$ 时, 非同元阶次分数阶状态空间模型退化为同元阶次分数阶状态空间模型

$$\begin{cases} {}_a^C\nabla_k^{\alpha}x(k) = f(x(k), u(k)), \\ \qquad\qquad y(k) = g(x(k), u(k)). \end{cases} \tag{1.54}$$

考虑同元阶次线性分数阶系统, 则有相应的状态空间模型为

$$\begin{cases} {}_a^C\nabla_k^{\alpha}x(k) = Ax(k) + Bu(k), \\ \qquad\qquad y(k) = Cx(k) + Du(k). \end{cases} \tag{1.55}$$

无论对于非线性系统 (1.54) 还是 (1.55), 在 $u(k) = 0$, $Ax(a) \neq 0$ 的情况下, 对于任意同元阶次 $\alpha > 0$, 状态 $x(k)$ 都有可能收敛到 0. 对于连续时间情形, 由 Mittag-Leffler 函数的特性可以得到以下结论: 当 $\alpha > 2$ 时, 状态 $x(k)$ 总是发散

的; 当 $\alpha = 2$ 时, 状态 $x(k)$ 要么发散, 要么等幅振荡; 当 $0 < \alpha < 2$ 时, 状态 $x(k)$ 才有可能收敛到 0. 而当系统同元阶次 $\alpha = 1$ 时, 结果就退化为整数阶情形. 这正是连续时间分数阶系统要求同元阶次 $\alpha \in (0,1) \cup (1,2)$ 的原因. 而在该方面, 离散时间情形具有更广阔的阶次选择空间.

2. 和分方程描述

类似地, 将 (1.51) 中的差分换成和分, 可以得到系统的和分方程模式

$$f(y, {}_a^{\mathrm{G}}\nabla_k^{-\alpha_1}y, \cdots, {}_a^{\mathrm{G}}\nabla_k^{-\alpha_n}y) = g(u, {}_a^{\mathrm{G}}\nabla_k^{-\beta_1}u, \cdots, {}_a^{\mathrm{G}}\nabla_k^{-\beta_m}u), \tag{1.56}$$

其中, $f(\cdot), g(\cdot)$ 为非线性函数, $u(k), y(k)$ 分别为系统的输入和输出, $\alpha_i, \beta_j > 0$ 分别为分数阶和分阶次, $i = 0, 1, \cdots, n$, $j = 0, 1, \cdots, m$.

系统 (1.54) 和 (1.55) 中的分数阶差分换为分数阶和分, 可以得到新的系统

$$\begin{cases} {}_a^{\mathrm{G}}\nabla_k^{-\alpha}x(k) = f(x(k), u(k)), \\ \qquad\quad y(k) = g(x(k), u(k)), \end{cases} \tag{1.57}$$

$$\begin{cases} {}_a^{\mathrm{G}}\nabla_k^{-\alpha}x(k) = Ax(k) + Bu(k), \\ \qquad\quad y(k) = Cx(k) + Du(k), \end{cases} \tag{1.58}$$

其中, $\alpha > 0$, $x(k) \in \mathbb{R}^n$, $u(k) \in \mathbb{R}^m$, $y(k) \in \mathbb{R}^q$, $k \in \mathbb{N}_{a+1}$.

在上述和分方程中, ${}_a^{\mathrm{G}}\nabla_k^{-\alpha}x(k)$ 的计算只涉及 $x(j)$, $j \in \mathbb{N}_{a+1}^k$, 不需要初始条件. 与之不同的是, 如果 $N - 1 < \alpha < N$, $N \in \mathbb{Z}_+$, 则系统 (1.41) 和 (1.42) 需要初始条件 $[{}_a^{\mathrm{C}}\nabla_k^i x(k)]_{k=a}$, $i = 0, 1, 2, \cdots, N - 1$.

3. 传递函数描述

在零初始条件下, 对系统 (1.52) 取 Nabla Laplace 变换, 可得

$$G(s) = \frac{Y(s)}{U(s)} = \frac{b_m s^{m\alpha} + b_{m-1}s^{(m-1)\alpha} + \cdots + b_0}{a_n s^{n\alpha} + a_{n-1}s^{(n-1)\alpha} + \cdots + a_0}, \tag{1.59}$$

其中, $U(s) := \mathscr{N}_a\{u(k)\}$, $Y(s) := \mathscr{N}_a\{y(k)\}$. 模型 (1.59) 也被称为 Nabla 分数阶系统的传递函数描述, 该模型的建立方便了从频域的角度分析和研究分数阶系统的动态特性.

令 $\lambda = s^\alpha$, 则可以将 (1.59) 所描述的同元阶次分数阶系统传递函数转换成为一个整数阶系统传递函数, 即

$$\bar{G}(\lambda) = \frac{b_m \lambda^m + b_{m-1}\lambda^{m-1} + \cdots + b_0}{a_n \lambda^n + a_{n-1}\lambda^{n-1} + \cdots + a_0}, \tag{1.60}$$

这也为 Nabla 分数阶线性定常系统的稳定性分析提供了思路.

　　传递函数作为描述线性系统动态特性的基本数学工具之一, 如果与非线性函数组合, 则可以表示一些特殊结构的非线性系统. 如果中间变量到输出变量是一个动态分数阶子系统, 输入变量到中间变量是一个静态非线性子系统, 那么这类系统被称为 **Hammerstein** 型分数阶系统. 如果中间变量到输出变量是一个静态非线性子系统, 输入变量到中间变量是一个动态分数阶子系统, 那么这类系统被称为 **Wiener** 型分数阶系统.

1.3.2　解的存在唯一性

　　考虑如下非线性 Nabla 离散分数阶系统

$$_a^C\nabla_k^\alpha x(k) = f(k, x(k)),\qquad(1.61)$$

其中, $N-1 < \alpha < N \in \mathbb{Z}_+$, $x(k) \in \mathbb{D}$, $\mathbb{D} \subseteq \mathbb{R}^n$ 是包含平衡点 $x_e = 0$ 的状态空间, $k \in \mathbb{N}_{a+1}$, $a \in \mathbb{R}$, $[\nabla^i x(k)]_{k=a}$ 是系统初始条件, $i = 0, 1, \cdots, N-1$.

　　借助分数阶差和分的性质 $_a^G\nabla_k^{-\alpha}{}_a^C\nabla_k^\alpha x(k) = x(k) - \sum_{i=0}^{N-1}\frac{(k-a)^{\overline{i}}}{i!}[\nabla^i x(k)]_{k=a}$, 可以得到

$$x(k) = \sum_{i=0}^{N-1}\frac{(k-a)^{\overline{i}}}{i!}[\nabla^i x(k)]_{k=a} + {}_a^G\nabla_k^{-\alpha}f(k, x(k)).\qquad(1.62)$$

对 (1.62) 两边分别取 α 阶 Caputo 差分, 利用 $_a^C\nabla_k^\alpha \frac{(k-a)^{\overline{i}}}{i!} = 0$ 和 $_a^C\nabla_{ka}^\alpha{}^G\nabla_k^{-\alpha}x(k) = x(k)$, 可得 (1.61). 这说明在初始条件 $[\nabla^i x(k)]_{k=a}$ 给定的情况下, (1.61) 与 (1.49) 具有相同的解 $x(k)$, $k \in \mathbb{N}_{a+1}$.

　　令 $R(k) = \sum_{i=0}^{N-1}\frac{(k-a)^{\overline{i}}}{i!}[\nabla^i x(k)]_{k=a} + \sum_{i=a+1}^{k-1}\frac{(k-i+1)^{\overline{-\alpha-1}}}{\Gamma(-\alpha)}f(i, x(i))$, 则在计算 $x(k)$ 时, $R(k)$ 是已知的. 利用 (1.20), 可将 (1.62) 等价改写为

$$x(k) = f(k, x(k)) + R(k).\qquad(1.63)$$

　　参考文献 [4,8,33-41] 中的相关结果, 可以得到如下结论.

　　引理 1.3.1　　如果函数 $f : \mathbb{N}_{a+1} \times \mathbb{D} \to \mathbb{R}^n$ 对其第二个参数满足局部 Lipschitz 连续条件, 即存在一个正数 $L > 0$ 对所有 $x_1(k), x_2(k) \in \mathbb{D}$ 满足

$$\|f(k, x_1(k)) - f(k, x_2(k))\| \leqslant L\|x_1(k) - x_2(k)\|,\qquad(1.64)$$

则系统 (1.61) 存在唯一解.

上述 Lipschitz 连续条件是一个充分条件, 但是其要求较为苛刻, 如何进一步降低保守性, 增强适用性, 同样具有实用性且颇具挑战. 例如, 将其拓展为时变局部 Lipschitz 连续条件, 即存在一个正数 $L, \phi(k) > 0$ 对所有 $x_1(k), x_2(k) \in \mathbb{D}$ 满足下式

$$\|f(k, x_1(k)) - f(k, x_2(k))\| \leqslant L\phi(k)\|x_1(k) - x_2(k)\|, \tag{1.65}$$

类似地, 可探讨将其拓展至局部 Hölder 连续条件, 即存在正数 $L, \gamma > 0$ 对所有 $x_1(k), x_2(k) \in \mathbb{D}$ 满足

$$\|f(k, x_1(k)) - f(k, x_2(k))\| \leqslant L\|x_1(k) - x_2(k)\|^{\gamma}. \tag{1.66}$$

1.3.3 初始值问题

对于系统 (1.61), 其初始条件为 $[\nabla^i x(k)]_{k=a}, i = 0, 1, \cdots, N-1$. 这一结果与 Caputo 分数阶差分的 Nabla Laplace 变换[16]

$$\mathscr{N}_a\{{}^C_a\nabla^\alpha_k x(k)\} = s^\alpha \mathscr{N}_a\{x(k)\} - \sum_{i=0}^{n-1} s^{\alpha-i-1}[\nabla^i x(k)]_{k=a}, \tag{1.67}$$

涉及的初值一致.

如果考虑 Riemann-Liouville 定义下的系统

$$ {}^R_a\nabla^\alpha_k x(k) = f(k, x(k)), \tag{1.68}$$

其中, $N-1 < \alpha < N \in \mathbb{Z}_+$, $x(k) \in \mathbb{D}$, $\mathbb{D} \subseteq \mathbb{R}^n$ 是包含平衡点 $x_e = 0$ 的状态空间, $k \in \mathbb{N}_{a+1}$, $a \in \mathbb{R}$, 则其所需的初始条件为 $[{}^R_a\nabla^{\alpha-i-1}_k x(k)]_{k=a}, i = 0, 1, \cdots, N-1$. 当 $\alpha \in (0, 1)$ 时, 有 $[{}^R_a\nabla^{\alpha-1}_k x(k)]_{k=a} = [{}^G_a\nabla^{\alpha-1}_k x(k)]_{k=a}$, 这与 [42] 中的初始条件一致. 值得注意, (1.19) 只定义了 $k \in \mathbb{N}_{a+1}$, 未定义 $k = a$ 时的值, 所以这与 (1.19) 不冲突.

借助性质 ${}^G_a\nabla^{-\alpha}_k {}^R_a\nabla^\alpha_k x(k) = x(k) - \sum_{i=0}^{N-1} \frac{(k-a)^{\overline{\alpha-i-1}}}{\Gamma(\alpha-i)}[{}^R_a\nabla^{\alpha-i-1}_k x(k)]_{k=a}$, 可以由 (1.68) 得到

$$x(k) = \sum_{i=0}^{N-1} \frac{(k-a)^{\overline{\alpha-i-1}}}{\Gamma(\alpha-i)}[{}^R_a\nabla^{\alpha-i-1}_k x(k)]_{k=a} + {}^G_a\nabla^{-\alpha}_k f(k, x(k)). \tag{1.69}$$

对 (1.69) 两边分别取 α 阶 Riemann-Liouville 差分, 利用 ${}^R_a\nabla^\alpha_k \frac{(k-a)^{\overline{\alpha-i-1}}}{\Gamma(\alpha-i)} = 0$ 和 ${}^R_a\nabla^\alpha_k {}^G_a\nabla^{-\alpha}_k x(k) = x(k)$, 可得 (1.68). 这说明在初始条件 $[{}^R_a\nabla^{\alpha-i-1}_k x(k)]_{k=a}$ 给定的情况下, (1.68) 与 (1.69) 具有相同的解 $x(k)$, $k \in \mathbb{N}_{a+1}$.

类似地, 如果使用 Nabla Laplace 变换有

$$\mathscr{N}_a\{{}_a^{\mathrm{R}}\nabla_k^\alpha x(k)\} = s^\alpha \mathscr{N}_a\{x(k)\} - \sum_{i=0}^{n-1} s^i[{}_a^{\mathrm{R}}\nabla_k^{\alpha-i-1}x(k)]_{k=a}, \tag{1.70}$$

这同样与系统所使用的初始条件相吻合.

如果考虑 Grünwald-Letnikov 定义下的系统

$$_a^{\mathrm{G}}\nabla_k^\alpha x(k) = f(k, x(k)), \tag{1.71}$$

其中, $N-1 < \alpha < N \in \mathbb{Z}_+$, $x(k) \in \mathbb{D}$, $\mathbb{D} \subseteq \mathbb{R}^n$ 是包含平衡点 $x_e = 0$ 的状态空间, $k \in \mathbb{N}_{a+1}$, $a \in \mathbb{R}$, 则给定初始条件为 $[\nabla^i x(k)]_{k=a}$ 或 $[{}_a^{\mathrm{R}}\nabla_k^{\alpha-i-1}x(k)]_{k=a}$, $i = 0, 1, \cdots, N-1$, 均无法计算 $x(k)$, $k \in \mathbb{N}_{a+1}$.

这一特性也被称为初值无关性, 利用 ${}_a^{\mathrm{G}}\nabla_k^\alpha{}_a^{\mathrm{G}}\nabla_k^{-\alpha}x(k) = {}_a^{\mathrm{G}}\nabla_k^{-\alpha}{}_a^{\mathrm{G}}\nabla_k^\alpha x(k) = x(k)$ 和 $\mathscr{N}_a\{{}_a^{\mathrm{G}}\nabla_k^\alpha x(k)\} = s^\alpha \mathscr{N}_a\{x(k)\}$ 同样可以得到. 为了计算系统响应, 可以通过如下策略引入初始条件 [43].

策略 1▶ 非线性函数中的变量时间向过去移位.

考虑如下系统

$$_a^{\mathrm{G}}\nabla_k^\alpha x(k) = f(k, x(k-m)), \tag{1.72}$$

其中, $N-1 < \alpha < N \in \mathbb{Z}_+$, $k \in \mathbb{N}_{a+1}$, $m \in \mathbb{Z}_+$, 则利用初始条件 $x(a-m+1), x(a-m+2), \cdots, x(a)$, 可以计算 $x(k)$, $k \in \mathbb{N}_{a+1}$. 类似地, 考虑系统 ${}_a^{\mathrm{G}}\nabla_k^\alpha x(k) = f(k, x(k+m))$, 利用初始条件 $x(a+1), x(a+2), \cdots, x(a+m)$, 也可以计算 $x(k)$, $k \in \mathbb{N}_{a+m+1}$.

策略 2▶ 计算差分的变量时间向未来移位.

考虑如下系统

$$_a^{\mathrm{G}}\nabla_k^\alpha x(k+m) = f(k, x(k)), \tag{1.73}$$

其中, $N-1 < \alpha < N \in \mathbb{Z}_+$, $k \in \mathbb{N}_{a+1}$, $m \in \mathbb{Z}_+$, 则利用初始条件 $x(a+1), x(a+2), \cdots, x(a+m)$, 可以计算 $x(k)$, $k \in \mathbb{N}_{a+m+1}$.

策略 3▶ 需要计算的时间向未来移位.

考虑如下系统

$$_a^{\mathrm{G}}\nabla_{k+m}^\alpha x(k+m) = f(k, x(k+m)), \tag{1.74}$$

其中, $N-1 < \alpha < N \in \mathbb{Z}_+$, $k \in \mathbb{N}_{a+1}$, $m \in \mathbb{Z}_+$, 则利用初始条件 $x(a+1), x(a+2), \cdots, x(a+m)$, 可以计算 $x(k)$, $k \in \mathbb{N}_{a+m+1}$.

策略 4▶ 初始时刻向过去移位.

考虑如下系统

$$_{a-m}^{\mathrm{G}}\nabla_k^\alpha x(k) = f(k, x(k)), \tag{1.75}$$

其中, $N-1 < \alpha < N \in \mathbb{Z}_+$, $k \in \mathbb{N}_{a+1}$, $m \in \mathbb{Z}_+$, 则利用初始条件 $x(a-m+1), x(a-m+2), \cdots, x(a)$, 可以计算 $x(k)$, $k \in \mathbb{N}_{a+1}$.

综上可以发现, 四种策略本质上在于通过移位, 让原本计算用不到的初始值出现. 考虑如下系统

$$
\begin{cases}
\text{系统 } 1: {}_a^{\mathrm{R}}\nabla_k^\alpha x(k) = \lambda_1 x(k), \; [{}_a^{\mathrm{R}}\nabla_k^{\alpha-1} x(k)]_{k=a} = x_0; \\
\text{系统 } 2: {}_a^{\mathrm{C}}\nabla_k^\alpha x(k) = \lambda_2 x(k), \; x(a) = x_0; \\
\text{系统 } 3: {}_a^{\mathrm{G}}\nabla_k^\alpha x(k) = \lambda_3 x(k-1), \; x(a) = x_0; \\
\text{系统 } 4: {}_a^{\mathrm{G}}\nabla_k^\alpha x(k) = \lambda_4 x(k+1), \; x(a+1) = x_0; \\
\text{系统 } 5: {}_a^{\mathrm{G}}\nabla_k^\alpha x(k+1) = \lambda_5 x(k), \; x(a+1) = x_0; \\
\text{系统 } 6: {}_a^{\mathrm{G}}\nabla_{k+1}^\alpha x(k+1) = \lambda_6 x(k+1), \; x(a+1) = x_0; \\
\text{系统 } 7: {}_{a-1}^{\;\;\mathrm{G}}\nabla_k^\alpha x(k) = \lambda_7 x(k), \; x(a) = x_0.
\end{cases}
$$

设置仿真参数为 $a = 1$, $\alpha = 0.6$, $x_0 = 1$, $\lambda_1 = -0.5$, $\lambda_2 = -1.2$, $\lambda_3 = -1.2$, $\lambda_4 = -6$, $\lambda_5 = -0.5$, $\lambda_6 = 2$, $\lambda_7 = -2$, 可得系统的时域响应如图 1.13 所示. 可以发现在给定初始条件下, 系统时域响应均可被计算, 且 $x(k)$ 均随着 k 的增大而收敛, 且系统 1、系统 2 和系统 7 能实现单调收敛. 虽然 $\lambda_1 > \lambda_2$, 系统 1 依然取得了比系统 2 更快的收敛速度.

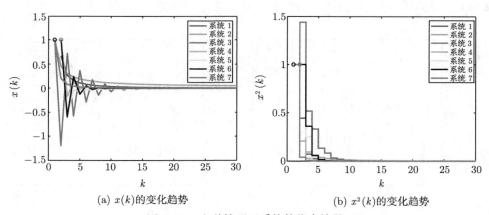

(a) $x(k)$的变化趋势　　　　(b) $x^2(k)$的变化趋势

图 1.13　七种情形下系统的仿真结果

1.4　计 算 问 题

1.4.1　序列的差和分

引入卷积运算 $f(k) * g(k) := \sum_{i=0}^{k-a-1} f(a+1+i) g(k-i)$, 则 (1.19) 中的算子可以等价表示为

$$
{}_a^{\mathrm{G}}\nabla_k^\alpha x(k) = \sum_{i=0}^{k-a-1} \frac{(i+1)^{\overline{-\alpha-1}}}{\Gamma(-\alpha)} x(k-i) = \frac{(k-a)^{\overline{-\alpha-1}}}{\Gamma(-\alpha)} * x(k). \tag{1.76}
$$

令 $\omega_i := \dfrac{(i+1)^{\overline{-\alpha-1}}}{\Gamma(-\alpha)}$, 则对任意非零 α, 可通过如下递推公式计算

$$\omega_0 = 1, \quad \omega_i = \left(1 - \frac{\alpha+1}{i}\right)\omega_{i-1}, \quad i \in \mathbb{Z}_+. \tag{1.77}$$

不难发现, 对于和分情形, $\alpha < 0$, $\omega_i > 0$, $i \in \mathbb{N}$; 对于差分情形, $\alpha > 0$, 存在某些 $i \in \mathbb{N}$ 满足 $\omega_i < 0$.

根据给定的 $x(k)$, $k \in \mathbb{N}_{a+1}$, 结合卷积运算, 理论上 ${}_a^G\nabla_k^\alpha x(k)$, $k \in \mathbb{N}_{a+1}$ 可以被精确地计算. 由于整数阶差分可以直接计算, 结合 Grünwald-Letnikov 分数阶和分, 可实现 ${}_a^R\nabla_k^\alpha x(k)$, ${}_a^C\nabla_k^\alpha x(k)$, $k \in \mathbb{N}_{a+1}$.

选择参数 $a = 1$, $\alpha = 0.5$ 和不同的 $x(k)$, 可计算其分数阶差分如图 1.14 所示. 不难发现, ${}_a^G\nabla_k^\alpha x(k)$ 与 ${}_a^R\nabla_k^\alpha x(k)$ 基本重合, 这与现有结论一致. 当 $x(k) = \sin(10k)$ 时, 有 $-6.6613 \times 10^{-16} \leqslant {}_a^G\nabla_k^\alpha x(k) - {}_a^R\nabla_k^\alpha x(k) \leqslant 8.8818 \times 10^{-16}$; 当 $x(k) = \sin\left(\dfrac{k\pi}{2} - \dfrac{a\pi}{2} + \dfrac{\pi}{4}\right)$ 时, 有 $-4.4409 \times 10^{-16} \leqslant {}_a^G\nabla_k^\alpha x(k) - {}_a^R\nabla_k^\alpha x(k) \leqslant 6.6613 \times 10^{-16}$, 这充分说明了所提数值计算方法的有效性和精确性.

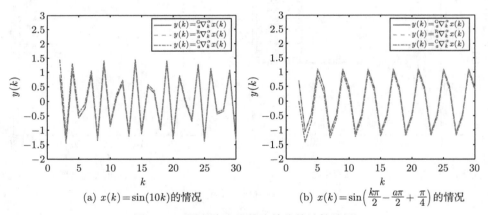

(a) $x(k) = \sin(10k)$ 的情况   (b) $x(k) = \sin\left(\frac{k\pi}{2} - \frac{a\pi}{2} + \frac{\pi}{4}\right)$ 的情况

图 1.14 固定阶次分数阶差分的计算结果

式 (1.24) 中的时变阶次情形可以表示为

$$_a^G\nabla_k^{\alpha(k)} x(k) = \sum_{i=0}^{k-a-1} \frac{(i+1)^{\overline{-\alpha(k)-1}}}{\Gamma(-\alpha(k))} x(k-i), \tag{1.78}$$

但是不能表示为 $_a^G\nabla_k^{\alpha(k)} x(k) = \dfrac{(k-a)^{\overline{-\alpha(k)-1}}}{\Gamma(-\alpha(k))} * x(k)$.

若令 $\omega_i := \dfrac{\overline{(i+1)^{-\alpha(k)-1}}}{\Gamma(-\alpha(k))}$, 当 $\alpha(k)$ 非零时, 也可以通过如下递推公式计算

$$\omega_0 = 1, \quad \omega_i = \left(1 - \frac{\alpha(k)+1}{i}\right)\omega_{i-1}, \quad i \in \mathbb{Z}_+. \tag{1.79}$$

基于此, 可以计算 ${}_a^{\mathrm{G}}\nabla_k^{\alpha(k)}x(k)$, ${}_a^{\mathrm{R}}\nabla_k^{\alpha(k)}x(k)$ 和 ${}_a^{\mathrm{C}}\nabla_k^{\alpha(k)}x(k)$, $k \in \mathbb{N}_{a+1}$.

选择参数 $a=1$, $\alpha=0.5$, $x(k)=\sin(10k)$ 和不同的时变阶次, 可计算分数阶差分如图 1.15 所示, 结果显示 ${}_a^{\mathrm{G}}\nabla_k^{\alpha(k)}x(k)$ 与 ${}_a^{\mathrm{R}}\nabla_k^{\alpha(k)}x(k)$ 不再恒等.

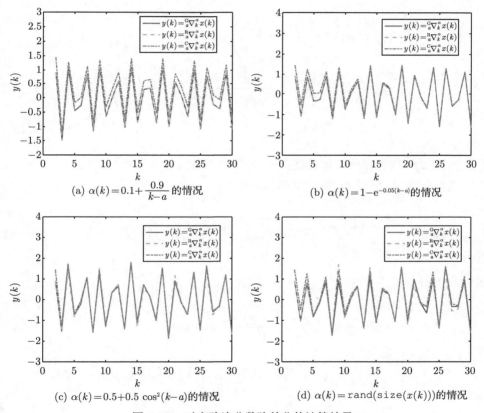

(a) $\alpha(k)=0.1+\dfrac{0.9}{k-a}$ 的情况　　　　(b) $\alpha(k)=1-\mathrm{e}^{-0.05(k-a)}$ 的情况

(c) $\alpha(k)=0.5+0.5\cos^2(k-a)$ 的情况　　(d) $\alpha(k)=\mathtt{rand(size}(x(k)))$ 的情况

图 1.15　时变阶次分数阶差分的计算结果

1.4.2　系统的时域响应

考虑如下线性 Nabla 离散分数阶系统

$$ {}_a^{\mathrm{C}}\nabla_k^\alpha x(k) = Ax(k) + Bu(k), \tag{1.80}$$

其中, $N-1 < \alpha < N \in \mathbb{Z}_+$, $x(k) \in \mathbb{R}^n$, $k \in \mathbb{N}_{a+1}$, $a \in \mathbb{R}$, $I_n - A$ 是可逆矩阵, $[\nabla^i x(k)]_{k=a}$ 是系统初始条件, $i = 0, 1, \cdots, N-1$.

可以根据 1.3.1 节中不同描述方式, 设计相应的方法计算系统的时域响应.

方法 1▶ 基于差分方程描述.

直接利用 (1.20) 和 (1.22), 可将 (1.80) 表示为

$$\nabla^N x(k) + \sum_{i=1}^{k-a-1} \frac{(i+1)^{\overline{N-\alpha-1}}}{\Gamma(N-\alpha)} \nabla^N x(k-i) = Ax(k) + Bu(k). \tag{1.81}$$

进一步可得

$$\begin{aligned} x(k) = &- (I_n - A)^{-1} \sum_{j=1}^{N} (-1)^j \binom{N}{j} x(k-j) \\ &- (I_n - A)^{-1} \sum_{i=1}^{k-a-1} \frac{(i+1)^{\overline{N-\alpha-1}}}{\Gamma(N-\alpha)} \sum_{j=0}^{N} (-1)^j \binom{N}{j} x(k-i-j) \\ &+ (I_n - A)^{-1} Bu(k). \end{aligned} \tag{1.82}$$

方法 2▶ 基于和分方程描述.

类似 (1.62), 可得 (1.80) 的等价表示

$$x(k) - \sum_{i=0}^{N-1} \frac{(k-a)^{\overline{i}}}{i!} [\nabla^i x(k)]_{k=a} = {}_a^G \nabla_k^{-\alpha} [Ax(k) + Bu(k)]. \tag{1.83}$$

进一步可得

$$\begin{aligned} x(k) = &(I_n - A)^{-1} \sum_{i=0}^{N-1} \frac{(k-a)^{\overline{i}}}{i!} [\nabla^i x(k)]_{k=a} \\ &+ (I_n - A)^{-1} \sum_{i=1}^{k-a-1} \frac{(i+1)^{\overline{\alpha-1}}}{\Gamma(\alpha)} [Ax(k-i) + Bu(k-i)] \\ &+ (I_n - A)^{-1} Bu(k). \end{aligned} \tag{1.84}$$

方法 3▶ 基于传递函数描述.

利用 Nabla Laplace 变换, 可得

$$x(k) = \frac{1}{s^\alpha} [Ax(k) + Bu(k)] + \sum_{i=0}^{N-1} \frac{(k-a)^{\overline{i}}}{i!} [\nabla^i x(k)]_{k=a}. \tag{1.85}$$

不难发现, $x(k)$ 的计算可以由 $Ax(k) + Bu(k)$ 经过一个传递函数 $\dfrac{1}{s^\alpha}$ 并加上初始条件的响应 $\sum_{i=0}^{N-1} \dfrac{(k-a)^{\overline{i}}}{i!}[\nabla^i x(k)]_{k=a}$ 得出.

值得强调的是, 方法 1 和方法 2 是时域法, 可以精确地获得 $x(k)$, $k \in \mathbb{N}_{a+1}$. 方法 3 是频域法, 由于 $\dfrac{1}{s^\alpha}$ 难以精确实现, 所以该方法计算的 $x(k)$ 有误差, 但该方法的优势在于能用于求解非线性系统的时域响应.

考虑与 (1.48) 类似的非线性系统 ${}_a^C\nabla_k^\alpha x(k) = f(k, x(k))$, 其中 $N - 1 < \alpha < N \in \mathbb{Z}_+$, $x(k) \in \mathbb{D}$, $\mathbb{D} \subseteq \mathbb{R}^n$ 是包含平衡点 $x_e = 0$ 的状态空间, $k \in \mathbb{N}_{a+1}$, $a \in \mathbb{R}$, 则其所需的初始条件为 $[\nabla^i x(k)]_{k=a}$, $i = 0, 1, \cdots, N-1$.

类似线性情形, 可以根据 1.3.1 节中三种不同描述方式, 设计相应的方法计算系统时域响应 $x(k)$, $k \in \mathbb{N}_{a+1}$.

方法 1▶ 基于差分方程描述.

直接利用 (1.20) 和 (1.22), 可将目标非线性系统表示为

$$\nabla^N x(k) + \sum_{i=1}^{k-a-1} \frac{(i+1)^{\overline{N-\alpha-1}}}{\Gamma(N-\alpha)} \nabla^N x(k-i) = f(k, x(k)). \tag{1.86}$$

对于固定的 $k \in \mathbb{N}_{a+1}$, (1.86) 是关于 $x(k)$ 的一个 N 阶非线性差分方程, 将差分运算展开, 即 $\nabla^N x(k) = x(k) + \sum_{i=1}^{N} (-1)^i \binom{N}{i} x(k-i)$, 则非线性差分方程转化为非线性代数方程

$$
\begin{aligned}
& x(k) - f(k, x(k)) \\
& - \sum_{i=1}^{k-a-1} \frac{(i+1)^{\overline{N-\alpha-1}}}{\Gamma(N-\alpha)} \nabla^N x(k-i) \\
& - \sum_{i=1}^{N} (-1)^i \binom{N}{i} x(k-i) = 0.
\end{aligned}
\tag{1.87}
$$

在第 k 时刻, 等式 (1.87) 左侧第二行和第三行均为已知项. 类似文献 [44] 中已有结果, 可以采用弦截法、预估校正法、Steffensen 迭代法、Newton-Simpson 方法等逐次计算每个时刻的 $x(k)$, $k \in \mathbb{N}_{a+1}$.

方法 2▶ 基于和分方程描述.

类似 (1.62), 可得 (1.80) 的等价表示

$$x(k) - \sum_{i=0}^{N-1} \frac{(k-a)^{\overline{i}}}{i!}[\nabla^i x(k)]_{k=a} = {}_a^{\mathrm{G}}\nabla_k^{-\alpha} f(k, x(k)). \tag{1.88}$$

进一步可得

$$x(k) - f(k, x(k))$$

$$- \sum_{j=0}^{N-1} \frac{(k-a)^{\overline{i}}}{i!}[\nabla^i x(k)]_{k=a}$$

$$- \sum_{i=1}^{k-a-1} \frac{(i+1)^{\overline{\alpha-1}}}{\Gamma(\alpha)} f(k-i, x(k-i)) = 0. \tag{1.89}$$

类似地, 在第 k 时刻, 等式 (1.89) 左侧第二行和第三行也均为已知项. 除了前述求解非线性代数方程 (组) 方法, 还可以使用 MATLAB 工具箱中的已有函数 solve( ), fsolve( ), zero( ), fzero( ), roots( ) 等.

方法 3▶ 基于传递函数描述.

利用 Nabla Laplace 变换, 可得

$$x(k) = \frac{1}{s^\alpha}[f(k, x(k))] + \sum_{i=0}^{N-1} \frac{(k-a)^{\overline{i}}}{i!}[\nabla^i x(k)]_{k=a}. \tag{1.90}$$

不难发现, $x(k)$ 的计算可以由 $f(k, x(k))$ 经过一个传递函数 $\frac{1}{s^\alpha}$ 并加上初始条件的响应 $\sum_{i=0}^{N-1} \frac{(k-a)^{\overline{i}}}{i!}[\nabla^i x(k)]_{k=a}$ 得出. 由于 Simulink 平台没有分数阶和分算子 $\frac{1}{s^\alpha}$ 模块, 可以借助 Z 变换通过系统辨识、模型降阶、矢量拟合等方法构造等价的传递函数来近似实现.

与线性系统 (1.80) 相比, 非线性系统 (1.61) 考虑的是闭环控制系统, 在控制输入 $u(k)$ 之前的开环系统响应求解也可以用类似的方法计算. 此外, 这里讨论的是 Caputo 分数阶差分定义下的系统, 如果换成其他定义, 用类似的方法亦可完成转化和计算.

为了方便使用, 将上述三类方法的优缺点总结如下: 与方法 2 相比, 方法 1 需要计算 N 阶差分, 有两层循环; 需要把给定的初始条件 $[\nabla^i x(k)]_{k=a}$, $i = 0, 1, \cdots, N-1$ 转化为序列的值 $x(a+1-N), x(a+2-N), \cdots, x(a)$ 增加, 计算复杂度偏高. 与时域方法相比, 频域方法便于通过 Simulink 模块搭建仿真模型, 更为直观便捷, 易于实现. 对于一些特殊的非线性系统, 时域方法能得到精确解, 但频域方法通常很难.

考虑如下分数阶差分系统

$$\begin{cases} {}_a^C\nabla_k^{\alpha_1}x_1(k) = 0.2\tanh(x_1(k)) - 0.4\tanh(x_2(k)) \\ \qquad\qquad + 0.15\tanh(x_3(k)) + u_1(k), \\ {}_a^C\nabla_k^{\alpha_2}x_2(k) = 0.2\tanh(x_1(k)) + 0.1\tanh(x_2(k)) \\ \qquad\qquad - 0.2\tanh(x_3(k)) + u_2(k), \\ {}_a^C\nabla_k^{\alpha_3}x_3(k) = 0.25\tanh(x_1(k)) + 0.15\tanh(x_2(k)) \\ \qquad\qquad + 0.3\tanh(x_3(k)) + u_3(k), \end{cases} \tag{1.91}$$

其中, $\alpha_1 = 0.9$, $\alpha_2 = 0.95$, $\alpha_3 = 0.98$, $a = 0$, $x_1(a) = 2$, $x_2(a) = -0.8$, $x_3(a) = 0.5$, $k \in \mathbb{N}_{a+1}$. 采用 [17] 中的频域仿真方案, 选择控制输入 $u_i(k) = 0$, 可得仿真结果如图 1.16(a) 所示, 系统时域响应 $x(k)$ 逐渐发散; 选择控制输入 $u_i(k) = -k_i x_i(k)$, $k_1 = 0.7$, $k_2 = 0.75$, $k_3 = 0.8$, 可得仿真结果如图 1.16(b) 所示, 在控制的作用下系统时域响应 $x(k)$ 逐渐收敛.

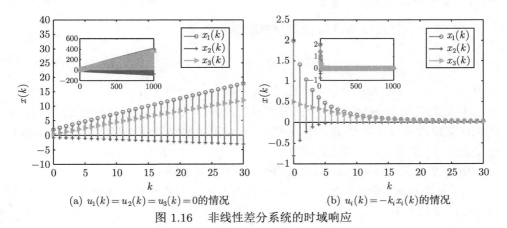

(a) $u_1(k) = u_2(k) = u_3(k) = 0$的情况　　　　(b) $u_i(k) = -k_i x_i(k)$的情况

图 1.16　非线性差分系统的时域响应

1.5　小　　结

本章介绍了 Nabla 离散分数阶系统相关的基础知识. 首先介绍了 Gamma 函数和 Mittag-Leffler 函数, 推导了一些重要的性质, 引申介绍了上升函数、Beta 函数, 值得注意的是为了避免时域定义的 Mittag-Leffler 函数存在的不足, 这里直接从频域出发定义了 Mittag-Leffler 函数. 其次介绍了分数阶差和分的基本定义, 涉及 Grünwald-Letnikov 定义、Riemann-Liouville 定义和 Caputo 定义及其不同变形. 随后给出了离散分数阶系统的三种描述方式: 差分方程描述、和分方程描述、传递函数描述, 讨论了离散分数阶系统解的存在唯一性问题和初始值问题; 基于前述概念和性质可以完成系统稳定性分析与控制器设计的理论推导, 为了便于绘制图形, 还探讨了分数阶差和分的计算问题和分数阶系统响应的计算问题. 本章是开篇之章, 为后续内容的讨论奠定了坚实的基础, 提供了有力的工具.

第 2 章 线性矩阵不等式方法

随着求解线性矩阵不等式 (LMI) 的先进方法的提出和 MATLAB 软件中 LMI 工具箱的推出, LMI 这一工具越来越受到人们的关注和重视, 本章正是用其来解决 Nabla 分数阶系统的稳定性分析与控制器设计问题.

2.1 稳定性分析

2.1.1 基于特征值的充要条件

考虑如下线性定常 Nabla 离散分数阶系统

$$
{}_{a}^{C}\nabla_{k}^{\alpha}x(k) = Ax(k), \tag{2.1}
$$

其中, $N - 1 < \alpha < N \in \mathbb{Z}_{+}$, $k \in \mathbb{N}_{a+1}$, $a \in \mathbb{R}$, $x(k) \in \mathbb{R}^{n}$, $n \in \mathbb{Z}_{+}$.

考虑到 Caputo 分数阶差分运算对其阶次在区间 $(N - 1, N]$ 内连续[11,45], 因此系统的阶次可以拓展至 $\mathbb{R}_{+}$ 进行讨论. 在讨论主要结论前, 利用 Nabla Laplace 变换的特性, 给出一个有用的引理.

引理 2.1.1 若 $G(s) := \mathcal{N}_{a}\{g(k)\}$, 则下列结论成立.

(1) 如果 $G(s)$ 的极点中 0 的代数重数小于 1 且其他所有极点满足 $|s - 1| > 1$, 则 $\lim\limits_{k \to +\infty} g(k) = 0$.

(2) 如果 $G(s)$ 存在极点满足 $|s - 1| < 1$, 则 $\lim\limits_{k \to +\infty} g(k)$ 不存在, 且 $k \to +\infty$ 时, $g(k)$ 是无界的.

(3) 如果 $G(s)$ 不存在满足 $|s - 1| > 1$ 的极点, 存在满足 $|s - 1| = 1$ 的非 0 极点, 且 0 极点的代数重数不大于 1, 则 $\lim\limits_{k \to +\infty} g(k)$ 不存在, 且 $g(k)$ 随着 k 的增加而无限振荡.

(4) 如果 $G(s)$ 不存在满足 $|s - 1| > 1$ 的极点, 0 极点的代数重数大于 1, 则 $\lim\limits_{k \to +\infty} g(k)$ 不存在, 且 $k \to +\infty$ 时, $g(k)$ 是无界的.

为了便于分析, 图 2.1(a) 绘制出了 $g(k)$ 收敛发散临界情形时, 其 Nabla Laplace 变换 $G(s) := \mathcal{N}_{a}\{g(k)\}$ 极点的轨迹. 可以发现, 以 $(1, \mathrm{j}0)$ 为圆心, 以 1 为半径的圆内是发散区域, 圆外是收敛区域, 圆周是临界区域, 可能对应 $g(k)$ 恒定不变、单调发散、有界振荡, 振荡发散. 图 2.1(b) 绘制出了 $g(k)$ 收敛发散临界情形时, 其 Z 变换 $G(z) := \mathscr{L}_a\{g(k)\}$ 极点的轨迹, 可以发现单位圆内是收敛区域, 圆周是临界区域, 圆外是发散区域, 不难发现与前者相比其稳定区域面积从无限变成了有限. 又因为离散与连续形式的 Mittag-Leffler 函数、上升函数与幂函数、离散卷积与连续卷积等具有相同的频域形式, 分数阶差和分的 Nabla Laplace 与分数阶微积分的 Laplace 变换有相似的形式, 且 Z 变换的 $(1-z^{-1})^\alpha$ 替换为了 s^α 形式更为简洁, 因此本书选择 Nabla Laplace 变换处理所遇问题, 而非常规地处理离散系统的 Z 变换[46].

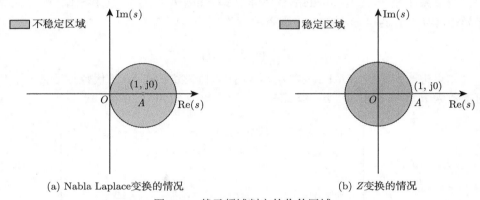

(a) Nabla Laplace变换的情况   (b) Z变换的情况

图 2.1   基于频域判定的收敛区域

若对于任意初始条件 $[\nabla^i x(k)]_{k=a}, i = 0, 1, \cdots, N$, 线性系统 (2.1) 的时域响应 $x(k)$ 满足 $\lim\limits_{k\to\infty} x(k) = 0$, 则称系统稳定; 否则称系统不稳定, 具体可分为发散情形 (无界) 和临界稳定情形 (有界), 而后者又包括恒定不变和持续振荡两类. 为了便于分析系统稳定条件, 引入一系列区域, 包括稳定区域 $\mathcal{S}_\alpha := \left\{ z \in \mathbb{C} : |\arg(z)| > \dfrac{\alpha\pi}{2} \text{ 或 } |z| > 2^\alpha \cos^\alpha \dfrac{\arg(z)}{\alpha} \right\}$、稳定子区域 $\mathcal{S}_\alpha^1 := \Big\{ z \in \mathbb{C} : |\arg(z)| > \dfrac{\alpha\pi}{2} \Big\}$ 和 $\mathcal{S}_\alpha^2 := \left\{ z \in \mathbb{C} : |z| > 2^\alpha \cos^\alpha \dfrac{\arg(z)}{\alpha} \right\}$、不稳定区域 $\mathcal{U}_\alpha := \left\{ z \in \mathbb{C} : |\arg(z)| < \dfrac{\alpha\pi}{2} \text{ 且 } |z| < 2^\alpha \cos^\alpha \dfrac{\arg(z)}{\alpha} \right\}$、临界稳定区域 $\mathcal{C}_\alpha := \Big\{ z \in \mathbb{C} : z = 0 \text{ 或 } |z| = 2^\alpha \cos^\alpha \dfrac{\arg(z)}{\alpha} \Big\}$、临界稳定子区域 $\mathcal{C}_\alpha^1 := \{ z \in \mathbb{C} : z = 0 \}$ 和 $\mathcal{C}_\alpha^2 := \left\{ z \in \mathbb{C} : |z| = 2^\alpha \cos^\alpha \dfrac{\arg(z)}{\alpha} \right\}$, 结合引理 2.1.1, 可得如下稳定性判据.

定理 2.1.1   对于系统 (2.1), $\alpha \in \mathbb{R}_+$, 假设系统矩阵 A 的特征值为 λ_i, $i = 1, 2, \cdots, n$, 则有如下结论成立:

(1) 如果所有特征值都满足 $\lambda_i \in \mathcal{S}_\alpha$, 则系统渐近稳定;

(2) 如果存在特征值满足 $\lambda_i \in \mathcal{U}_\alpha$, 则系统不稳定;

(3) 如果存在特征值满足 $\lambda_i \in \mathcal{C}_\alpha$, 则系统不稳定;

(4) 如果系统渐近稳定, 则所有特征值都满足 $\lambda_i \in \mathcal{S}_\alpha$.

证明　对式 (2.1) 两边取 Nabla Laplace 变换可得

$$X(s) = s^{\alpha-1}(s^\alpha I_n - A)^{-1}x(a), \tag{2.2}$$

其中, $X(s) := \mathcal{N}_a\{x(k)\}$.

假设系统矩阵 A 与 Jordan 型矩阵 $J = \mathrm{diag}\{J_1, J_2, \cdots, J_s\}$ 相似, 即存在非奇异矩阵 P, 满足 $A = PJP^{-1}$, 则有

$$X(s) = Ps^{\alpha-1}(s^\alpha I_n - J)^{-1}P^{-1}x(a). \tag{2.3}$$

如果进一步假设 Jordan 块 J_i 是 r_i 阶方阵, 特征值 λ_i 的代数重数为 p_i, 几何重数为 q_i, $i = 1, 2, \cdots, m$, 那么有

$$(sI_{r_i} - J_i)^{-1} = \begin{bmatrix} (s^\alpha - \lambda_i)^{-1} & (s^\alpha - \lambda_i)^{-2} & \cdots & (s^\alpha - \lambda_i)^{-r_i} \\ 0 & (s^\alpha - \lambda_i)^{-1} & \cdots & (s^\alpha - \lambda_i)^{-r_i+1} \\ \vdots & \vdots & \ddots & \vdots \\ 0 & 0 & \cdots & (s^\alpha - \lambda_i)^{-1} \end{bmatrix}. \tag{2.4}$$

进而可得

$$\det(s^\alpha I_n - A) = \det(s^\alpha I_n - J) = \prod_{i=1}^{m}(s^\alpha - \lambda_i)^{p_i}. \tag{2.5}$$

因为 $X(s)$ 的临界极点 0 的代数重数 $1 - \alpha < 1$, 所以该极点对应的分量收敛. 由式 (2.5) 可知, 仅需要讨论 $X(s)$ 的其他极点问题, 即矩阵 A 的所有特征值 λ_i 的分布情况. 考虑到辐角函数 $\arg(\cdot)$ 的值域为 $(-\pi, \pi]$, 则有 $\arg(\lambda_i) \in (-\pi, \pi]$, $\arg(s) \in (-\pi, \pi]$, 通过特征值判定稳定性主要是考察 $s^\alpha - \lambda_i = 0$ 的根的分布情况, 以下根据 α 的不同展开讨论.

第 1 部分 ▶ 当 $\alpha \in (0, 1)$ 时, 有 $\arg(s^\alpha) \in (-\alpha\pi, \alpha\pi] \subset (-\pi, \pi]$.

如果所有的 λ_i 都满足 $|\arg(\lambda_i)| > \alpha\pi$, 则特征多项式因子 $s^\alpha - \lambda_i = 0$ 在 Riemann 主叶 $\mathscr{RP}_0 := \{s \in \mathbb{C} : -\pi < \arg(s) \leqslant \pi\}$ 上不存在根, 即 $X(s)$ 不存在主极点, 所以 $\lim_{k \to +\infty} x(k) = 0$, 进一步可得线性系统 (2.1) 渐近稳定.

如果 $|\arg(\lambda_i)| \leqslant \alpha\pi$, 则对应特征多项式因子 $s^\alpha - \lambda_i = 0$ 在 Riemann 主叶 $\mathscr{RP}_0$ 上有根, 即 $X(s)$ 存在主极点, 不妨假设此极点为 s_i, 则可得

$$s_i = |\lambda_i|^{\frac{1}{\alpha}}e^{j\frac{\arg(\lambda_i)}{\alpha}}. \tag{2.6}$$

由 Nabla Laplace 变换的特性可得, 当 $|s_i - 1| > 1$ 时, 特征值 λ_i 对应的序列 $f(k) := \mathscr{N}_a^{-1} \left\{ \dfrac{s^{\alpha-1}}{(s^\alpha - \lambda_i)^{p_i}} \right\}$ 会收敛到 0, 即 $\lim\limits_{k \to +\infty} f(k) = 0$. 如果所有不满足 $|\arg(\lambda_i)| > \alpha\pi$ 的 λ_i 都对应一个 s_i 满足 $|s_i - 1| > 1$, 则必有系统 (2.1) 渐近稳定. 借助 Euler 公式, $|s_i - 1| > 1$ 可以等价表示为

$$\left| |\lambda_i|^{\frac{1}{\alpha}} \cos \frac{\arg(\lambda_i)}{\alpha} + \mathrm{j}|\lambda_i|^{\frac{1}{\alpha}} \sin \frac{\arg(\lambda_i)}{\alpha} - 1 \right| > 1. \tag{2.7}$$

根据复数模的定义可得 (2.7) 与下式等价

$$\left[|\lambda_i|^{\frac{1}{\alpha}} \cos \frac{\arg(\lambda_i)}{\alpha} - 1 \right]^2 + \left[|\lambda_i|^{\frac{1}{\alpha}} \sin \frac{\arg(\lambda_i)}{\alpha} \right]^2 > 1. \tag{2.8}$$

整理合并后可得

$$|\lambda_i|^{\frac{1}{\alpha}} \left[|\lambda_i|^{\frac{1}{\alpha}} - 2\cos \frac{\arg(\lambda_i)}{\alpha} \right] > 0. \tag{2.9}$$

对于非零 λ_i, 有 $|\lambda_i|^{\frac{1}{\alpha}} > 0$, 此时式 (2.9) 与下式等价

$$|\lambda_i|^{\frac{1}{\alpha}} > 2\cos \frac{\arg(\lambda_i)}{\alpha} . \tag{2.10}$$

当 $\lambda_i \in \mathcal{S}_\alpha^1$ 时, 有 $\cos \dfrac{\arg(\lambda_i)}{\alpha} < 0$, 此时式 (2.10) 自然成立; 当 $\lambda_i \in \mathcal{S}_\alpha^2$ 且 $\lambda_i \notin \mathcal{S}_\alpha^1$ 时, 有 $\cos \dfrac{\arg(\lambda_i)}{\alpha} \geqslant 0$ 且 $|\lambda_i| > 2^\alpha \cos^\alpha \dfrac{\arg(\lambda_i)}{\alpha}$, 这蕴含着式 (2.10) 成立. 由式 (2.10), 可得 $|s_i - 1| > 1$, 从而系统 (2.1) 渐近稳定. 至此, 结论 (1) 得证.

当 $\lambda_i \in \mathcal{U}_\alpha$ 时, 有 $|\arg(\lambda_i)| < \dfrac{\alpha\pi}{2}$ 和 $|\lambda_i| < 2^\alpha \cos^\alpha \dfrac{\arg(\lambda_i)}{\alpha}$ 成立, 在此基础上, 可得 $|\lambda_i|^{\frac{1}{\alpha}} < 2\cos \dfrac{\arg(\lambda_i)}{\alpha}$, 与式 (2.9) 联合可得 $|s_i - 1| < 1$, 从而系统 (2.1) 不稳定. 至此, 结论 (2) 得证.

当 $\lambda_i \in \mathcal{C}_\alpha^1$ 时, 有 $\lambda_i = 0$ 成立, 因为 $s^{\alpha-1}$ 的存在, 所以 0 极点的代数重数至少为 1, 则对应的分量恒定不变或发散, 从而系统 (2.1) 不稳定; 当 $\lambda_i \in \mathcal{C}_\alpha^2$ 时, 有 $\cos \dfrac{\arg(\lambda_i)}{\alpha} > 0$ 和 $|\lambda_i| = 2^\alpha \cos^\alpha \dfrac{\arg(\lambda_i)}{\alpha}$ 成立, 在此基础上, 可得 $|\lambda_i|^{\frac{1}{\alpha}} = 2\cos \dfrac{\arg(\lambda_i)}{\alpha}$, 进而 $|s_i - 1| = 1$, 从而系统 (2.1) 不稳定. 至此, 结论 (3) 得证.

第 2 部分 ▶ 当 $\alpha \in [1, 2)$ 时, 有 $\arg(s^\alpha) \in (-\pi, \pi] \subset (-\alpha\pi, \alpha\pi]$.

无需讨论 $|\arg(\lambda_i)| > \alpha\pi$ 的情形, $s^\alpha - \lambda_i = 0$ 在 Riemann 主叶 $\mathscr{RP}_0$ 上一定有根, 即 $X(s)$ 存在主极点, 假设此极点为 s_i, 与 $\alpha \in (0,1)$ 的情况类似, 当所有特征值都满足 $\lambda_i \in \mathcal{S}_\alpha$ 时, 有 $|s_i - 1| > 1$ 成立, 从而系统 (2.1) 渐近稳定; 当存在特征值满足 $\lambda_i \in \mathcal{U}_\alpha$ 时, 有 $|s_i - 1| < 1$ 成立, 从而系统 (2.1) 不稳定; 当存在特征值满足 $\lambda_i \in \mathcal{C}_\alpha$ 时, 有 $|s_i - 1| = 1$ 成立, 从而系统 (2.1) 不稳定.

第 3 部分 ▶ 当 $\alpha \in [2, +\infty)$ 时, 有 $\arg(s^\alpha) \in (-\pi, \pi] \subset (-\alpha\pi, \alpha\pi]$ 且 $\mathcal{S}_\alpha^1 = \varnothing$. 在这一情况下, 特征多项式因子 $s^\alpha - \lambda_i = 0$ 在 Riemann 主叶 $\mathscr{RP}_0$ 上有根, 即 $X(s)$ 存在主极点, 假设此极点为 s_i, 有 $\left| \dfrac{\arg(\lambda_i)}{\alpha} \right| < \dfrac{\pi}{2}$, 从而 $\cos\dfrac{\arg(\lambda_i)}{\alpha} > 0$. 因为 $\mathcal{S}_\alpha^1 = \varnothing$, 所以当所有特征值都满足 $\lambda_i \in \mathcal{S}_\alpha^2$ 时, $|\lambda_i| > 2^\alpha \cos^\alpha \dfrac{\arg(\lambda_i)}{\alpha}$, 这蕴含着式 (2.10) 成立, 类似可得 $|s_i - 1| > 1$ 成立, 从而系统 (2.1) 渐近稳定; 当存在特征值满足 $\lambda_i \in \mathcal{U}_\alpha$ 时, 有 $|\lambda_i| < 2^\alpha \cos^\alpha \dfrac{\arg(\lambda_i)}{\alpha}$ 成立, 进而可得 $|s_i - 1| < 1$ 成立, 从而系统 (2.1) 不稳定; 当存在特征值满足 $\lambda_i \in \mathcal{C}_\alpha$ 时, 有 $\lambda_i = 0$ 或 $|\lambda_i| = 2^\alpha \cos^\alpha \dfrac{\arg(\lambda_i)}{\alpha}$ 成立, 进而可得 $|s_i - 1| < 1$ 成立, 从而系统 (2.1) 不稳定.

前述分析发现, 特征值 λ 表示的稳定区域可由特征多项式零点 s 表示的区域变换得到. 当 $\alpha \in [2, +\infty)$ 时, 图 2.2(a) 中深色区域及其关于实轴的对称区域经过 α 次乘方, 对应图 2.2(b) 中直线 OB, A 点保持不变, $(2, \mathrm{j}0)$ 变为 $(2^\alpha, \mathrm{j}0)$.

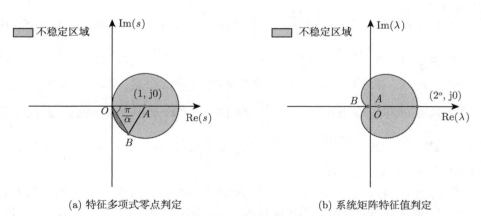

(a) 特征多项式零点判定　　　　　　　　(b) 系统矩阵特征值判定

图 2.2　系统 (2.1) 的不稳定区域 (I)

由于前述稳定区域、不稳定区域和临界稳定区域为整个复平面, 即 $\mathcal{S}_\alpha \cup \mathcal{U}_\alpha \cup \mathcal{C}_\alpha = \mathbb{C}$, 假设系统 (2.1) 渐近稳定, 但并不是所有特征值都满足 $\lambda_i \in \mathcal{S}_\alpha$, 则必有特征值 $\lambda_i \in \mathcal{U}_\alpha \cup \mathcal{C}_\alpha$, 而由已被证明的结论 (2) 和 (3) 可知, 系统此时不稳定, 这

与已知条件相矛盾, 所以假设不成立, 从而所有特征值都满足 $\lambda_i \in \mathcal{S}_\alpha$.

综上所述, 定理得证. □

注解 2.1.1　定理 2.1.1 受到文献 [47, 定理 3.1]、[42, 定理 6]、[48, 注解 3.2]、[49, 定理 2] 和 [50, 定理 4] 的启发而建立, 与已有研究不同的是, 这里考虑了 $h=1$ 时 Caputo 定义下的系统, 阶次由 $0 < \alpha < 1$ 拓展为 $\alpha > 0$.

(1) 当 $\alpha \in (0,1)$ 时, $\frac{\alpha\pi}{2} \in \left(0, \frac{\pi}{2}\right)$, $\mathcal{S}_\alpha^1 \cap \mathcal{S}_\alpha^2 \neq \varnothing$ 可能成立, 例如 $\alpha = \frac{1}{3}$, $|\arg(\lambda_i)| \in \left(\frac{\alpha\pi}{2}, \alpha\pi\right)$ 成立时, 有 $\cos\frac{\arg(\lambda_i)}{\alpha} < 0$, 从而 $|\lambda_i| > 2^\alpha \cos^\alpha \frac{\arg(\lambda_i)}{\alpha}$ 成立.

(2) 当 $\alpha \in [1,2)$ 时, $\frac{\alpha\pi}{2} \in \left(\frac{\pi}{2}, \pi\right)$, $\mathcal{S}_\alpha^1 \cap \mathcal{S}_\alpha^2 \neq \varnothing$ 可能成立, 例如 $\alpha = \frac{5}{3}$, $|\arg(\lambda_i)| > \frac{\alpha\pi}{2}$ 成立时, 有 $\cos\frac{\arg(\lambda_i)}{\alpha} < 0$, 从而 $|\lambda_i| > 2^\alpha \cos^\alpha \frac{\arg(\lambda_i)}{\alpha}$ 成立.

(3) 当 $\alpha \in \left(\frac{2}{3}, 2\right)$ 时, $|\arg(\lambda_i)| > \frac{\alpha\pi}{2}$ 成立时, $\frac{\pi}{2} < \frac{|\arg(\lambda_i)|}{\alpha} < \frac{3\pi}{2}$, 有 $\cos\frac{\arg(\lambda_i)}{\alpha} < 0$, 从而 $|\lambda_i| > 2^\alpha \cos^\alpha \frac{\arg(\lambda_i)}{\alpha}$ 成立, 即此时有 $\mathcal{S}_\alpha^1 \subsetneq \mathcal{S}_\alpha^2$.

(4) 当 $\alpha \geqslant 2$ 时, $\frac{\alpha\pi}{2} \geqslant \pi$, $\mathcal{S}_\alpha^1 = \varnothing$, 这也是连续时间分数阶系统要求阶次满足 $\alpha \in (0,2)$ 的原因, 此时只需判定特征值是否在区域 $\mathcal{S}_\alpha^2$ 内即可.

(5) 与定理 2.1.1 结论 (2) 中的不稳定不同, 结论 (3) 中的不稳定, 可能发散, 也可能等幅振荡. 由于约定 0 的辐角没有意义, 所以 $\mathcal{C}_\alpha^1 \cap \mathcal{C}_\alpha^2 = \varnothing$.

(6) 前述结果主要针对固定同元阶次系统展开, 若想将结果拓展至非同元阶次情形, 可以参考文献 [51-54] 中的方法; 若想将结果拓展至时变阶次情形, 可以参考文献 [55-57] 中的方法.

注解 2.1.2　选择阶次 $\alpha \in (0,4]$, 可得系统 (2.1) 的不稳定区域如图 2.3.

对于 $\alpha \in (0,1]$ 的情况, 当 $\lambda_i \in \mathcal{U}_\alpha$ 时, λ_i 位于复平面的右半平面; 当 $\lambda_i \in \mathcal{C}_\alpha^1$ 时, λ_i 位于原点或右半平面, 即 $\alpha \in (0,1)$ 时, 系统 (2.1) 的不稳定区域位于右半开平面, 不会出现在左半平面, 见图 2.3(a).

对于 $\alpha \in (1,2]$ 的情况, s 对应的发散区域的辐角范围为 $\left(-\frac{\pi}{2}, \frac{\pi}{2}\right)$ (见图 2.1(a)), 所以 $\frac{\alpha\pi}{2} \in (-\pi, \pi)$, 这说明了在这一情况下, 系统 (2.1) 的不稳定区域已蔓延至左半平面但不包含负实轴, 见图 2.3(b).

对于 $\alpha \in (2, +\infty)$ 的情况, 有 $\left|\frac{\alpha\pi}{2}\right| > \pi$ 不在 Riemann 主叶内, 即存在辐角为 π 的不稳定点, 与 $\alpha \in (0,2]$ 相比, 不稳定区域再次增大, 不仅左半平面有不稳定区域, 负实轴也出现了不稳定区域, 见图 2.3(c)~(d).

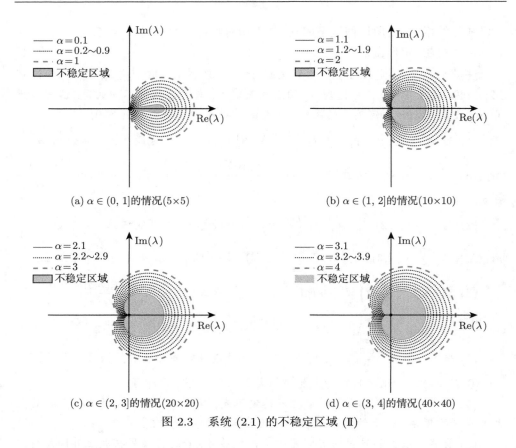

(a) $\alpha \in (0, 1]$的情况$(5{\times}5)$ (b) $\alpha \in (1, 2]$的情况$(10{\times}10)$

(c) $\alpha \in (2, 3]$的情况$(20{\times}20)$ (d) $\alpha \in (3, 4]$的情况$(40{\times}40)$

图 2.3   系统 (2.1) 的不稳定区域 (II)

随着 α 的增大, 不稳定区域不断增大, 但是不可否认, 稳定区域仍然大于不稳定区域. 对于连续时间情形, 当 $\alpha > 2$ 时, 系统的稳定区域将收缩至原点并逐渐消失, 而离散时间情形却仍有无限大的稳定区域, 这也正是离散分数阶系统的优势之一.

为了后续应用方便, 这里给出如下定理, 用来分析稳定区域或不稳定区域的大小随阶次的变化趋势.

定理 2.1.2   当 $\alpha_1 > \alpha_2 > 0$ 时, 有如下结论成立:

(1) $\mathcal{S}_{\alpha_1} \subsetneq \mathcal{S}_{\alpha_2}$.

(2) $\mathcal{U}_{\alpha_1} \supsetneq \mathcal{U}_{\alpha_2}$.

证明   本定理的证明按稳定区域和不稳定区域分别展开, 主要分析原则是边界点的幅值和辐角随着阶次的变化反映了区域大小的变化.

第 1 部分 ▶ 关于稳定区域的证明.

对于稳定子区域 $\mathcal{S}_\alpha^1$, 没有幅值限制, 整个复平面的辐角范围为 $(-\pi, \pi]$, 当

$\alpha \in (0, 2)$ 时, 有稳定子区域 $\mathcal{S}_\alpha^1$ 的辐角范围为 $\left(-\dfrac{\alpha\pi}{2}, \pi\right] \cup \left(-\pi, -\dfrac{\alpha\pi}{2}\right)$, 如图 2.4. 定义该稳定区域的辐角跨度为

$$A(\alpha) := 2\pi - \alpha\pi, \tag{2.11}$$

进而可以计算其关于 α 的一阶导数为

$$\frac{\mathrm{d}}{\mathrm{d}\alpha} A(\alpha) = -\pi < 0. \tag{2.12}$$

不难发现, $A(\alpha)$ 会随着 α 的增加而单调减小, 特殊地 $\lim\limits_{\alpha \to 0} A(\alpha) = 2\pi$, $\lim\limits_{\alpha \to 2} A(\alpha) = 0$. 当 $\alpha \geqslant 2$ 时, $A(\alpha) = 0$.

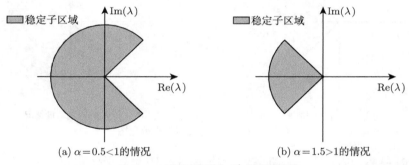

(a) $\alpha = 0.5 < 1$ 的情况   (b) $\alpha = 1.5 > 1$ 的情况

图 2.4   稳定子区域 $\mathcal{S}_\alpha^1$ 的示意图

引入新的稳定子区域 $\mathcal{S}_\alpha^3 := \left\{ z \in \mathbb{C} : |\arg(z)| \leqslant \dfrac{\alpha\pi}{2} \text{ 且 } |z| > 2^\alpha \cos^\alpha \dfrac{\arg(z)}{\alpha} \right\}$, 如图 2.5. 定义 $\arg(z)$ 处 $\mathcal{S}_\alpha^3$ 边界点的幅值

$$M(\alpha) := 2^\alpha \cos^\alpha \frac{\arg(z)}{\alpha}, \tag{2.13}$$

进而可以计算其关于 α 的一阶导数为

$$\frac{\mathrm{d}}{\mathrm{d}\alpha} M(\alpha)$$

$$= 2^\alpha \cos^\alpha \frac{\arg(z)}{\alpha} \left[\ln 2 \cos \frac{\arg(z)}{\alpha} + 2^\alpha \cos^\alpha \frac{\arg(z)}{\alpha} \alpha \frac{-\sin \dfrac{\arg(z)}{\alpha}}{\cos \dfrac{\arg(z)}{\alpha}} \left(-\frac{\arg(z)}{\alpha^2} \right) \right]$$

$$= 2^\alpha \cos^\alpha \frac{\arg(z)}{\alpha} f(x), \tag{2.14}$$

其中, $f(x) := \ln 2 \cos x + x \tan x$, $x = \dfrac{\arg(z)}{\alpha}$, $\dfrac{\mathrm{d}}{\mathrm{d}x} f(x) = \dfrac{-\sin x}{\cos x} + \tan x + x \sec^2 x = x \sec^2 x$. 不难得到, 当 $x = 0$ 时, 有 $\dfrac{\mathrm{d}}{\mathrm{d}x} f(x) = 0$. 当 $x \in \left(-\dfrac{\pi}{2}, 0\right)$ 时, 有 $\dfrac{\mathrm{d}}{\mathrm{d}x} f(x) < 0$. 当 $x \in \left(0, \dfrac{\pi}{2}\right)$ 时, 有 $\dfrac{\mathrm{d}}{\mathrm{d}x} f(x) > 0$. 从而 $f(x) \geqslant f(0) = 0$. 将此结果代入 (2.14), 可得 $\dfrac{\mathrm{d}}{\mathrm{d}\alpha} M(\alpha) \geqslant 0$. 从而对于同一个 $\arg(z)$, 随着 α 的增大, $M(\alpha)$ 单调增加, 可行的 $|z|$ 下界逐渐提升, 即稳定区域 $\mathcal{S}_\alpha^3$ 单调减小.

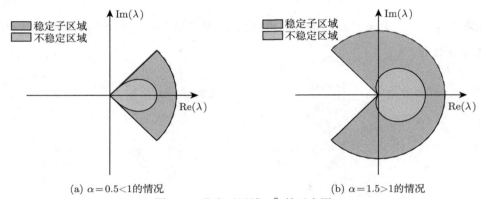

(a) $\alpha = 0.5 < 1$ 的情况   (b) $\alpha = 1.5 > 1$ 的情况

图 2.5   稳定子区域 $\mathcal{S}_\alpha^3$ 的示意图

考虑到 $\mathcal{S}_\alpha^1 \cap \mathcal{S}_\alpha^3 = \varnothing$ 和 $\mathcal{S}_\alpha^1 \cup \mathcal{S}_\alpha^3 = \mathcal{S}_\alpha$, 因此对于任意 $\alpha_1 > \alpha_2 > 0$ 有 $\mathcal{S}_{\alpha_1} \subsetneqq \mathcal{S}_{\alpha_2}$ 成立, 即结论 (1) 得证.

第 2 部分 ▶ 关于不稳定区域的证明.

考虑到 $|\arg(z)| < \dfrac{\alpha\pi}{2}$ 时, 有 $\dfrac{\arg(z)}{\alpha} \in \left(-\dfrac{\pi}{2}, \dfrac{\pi}{2}\right)$, 此时 $\cos \dfrac{\arg(z)}{\alpha} \in (0, 1]$. 由定理 2.1.1 的证明不难得出 $|z| < 2^\alpha \cos^\alpha \dfrac{\arg(z)}{\alpha}$ 与 $|z^{\frac{1}{\alpha}} - 1| < 1$ 等价. 又因 $z^{\frac{1}{\alpha}}$ 在满足条件 $|\arg(z)| < \alpha\pi$ 时有根, 所给辐角条件 $\dfrac{\alpha\pi}{2} < \alpha\pi$ 能够适用. 而满足不等式 $|z^{\frac{1}{\alpha}} - 1| < 1$ 所需 z 的辐角恰为 $|\arg(z)| < \dfrac{\alpha\pi}{2}$, 即该辐角条件暗含在不等式中, 因此不稳定区域可以等价表示为 $\mathcal{U}_\alpha := \{z = s^\alpha : s \in \mathbb{C}, |s - 1| < 1\}$.

考虑到 α_1 与 α_2 的关系, 则对于任意 $\lambda \in \mathcal{U}_{\alpha_2}$, 有 $\lambda = s^{\alpha_2}$ 与 $|s - 1| < 1$ 成立. $\kappa := \dfrac{\alpha_2}{\alpha_1}$, 则有 $\kappa \in (0, 1)$. 令 $\hat{s} := s^\kappa$, 则有 $\lambda = \hat{s}^{\alpha_1}$, 接下来讨论, 是否有 $|\hat{s} - 1| < 1$ 成立. 不妨令 $s := 1 + r\mathrm{e}^{\mathrm{j}\theta}$, 其中 $r \in (0, 1)$, $\theta \in (-\pi, \pi]$, 则有 $s = |s|\mathrm{e}^{\mathrm{j}\arg(s)}$ 且其幅值和辐角满足

$$|s| = \sqrt{1 + r^2 + 2r\cos(\theta)} \in (1 - r, 1 + r), \tag{2.15}$$

$$\arg(s) = \arctan \frac{r\sin(\theta)}{1 + r\cos(\theta)} \in \left(-\frac{\pi}{2}, \frac{\pi}{2}\right). \tag{2.16}$$

由 s 的上述极坐标表示, 可知 $\hat{s} = |s|^{\kappa}\mathrm{e}^{\mathrm{j}\kappa\arg(s)}$.

当 $|s| < 1$ 时, s 位于圆 O 与圆 A 相交的部分 (图 2.6(a)), $\hat{s}$ 的幅值、辐角满足如下关系

$$|s| < |s|^{\kappa}, \tag{2.17}$$

$$|\kappa\arg(s)| < |\arg(s)|, \tag{2.18}$$

即 $\hat{s}$ 位于 s 的右侧, 更靠近实轴的位置. 又因为 $|s|^{\kappa} < 1$, 所以 $\hat{s}$ 依然位于两个单位圆相交的部分.

当 $|s| \geqslant 1$ 时, s 位于圆 O 之外, 圆 A 之内 (图 2.6(b)), $\hat{s}$ 的幅值、辐角满足如下关系

$$|s|^{\kappa} < |s|, \tag{2.19}$$

$$|\kappa\arg(s)| < |\arg(s)| \leqslant \frac{\pi}{3}, \tag{2.20}$$

即 $\hat{s}$ 位于 s 的左侧, 更靠近实轴的位置. 又因为 $|s|^{\kappa} \geqslant 1$, 所以 $\hat{s}$ 依然位于圆 O 之外, 圆 A 之内. 联合 $|s| < 1$ 和 $|s| \geqslant 1$ 的情况, 都有 $|\hat{s} - 1| < 1$, 从而 $\lambda = \hat{s}^{\alpha_1} \in \mathcal{U}_{\alpha_1}$. 由 λ 的任意性可知, $\mathcal{U}_{\alpha_1} \supset \mathcal{U}_{\alpha_2}$ 成立.

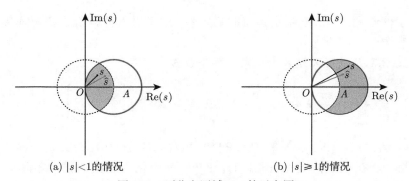

(a) $|s|<1$的情况   (b) $|s|\geqslant 1$的情况

图 2.6 不稳定区域 $\mathcal{U}_{\alpha}$ 的示意图

取 $\alpha = \dfrac{\alpha_1 + \alpha_2}{2}$, 则有 $\alpha \in (\alpha_1, \alpha_2)$. 假设 $\lambda = 2^{\alpha}$, 则有 $2^{\alpha_1} < \lambda < 2^{\alpha_2}$, 从而 $\lambda \in \mathcal{U}_{\alpha_1}$ 和 $\lambda \notin \mathcal{S}_{\alpha_2}$, 即 $\mathcal{U}_{\alpha_1} \supsetneq \mathcal{U}_{\alpha_2}$ 成立.

综上所述, 定理得证.   □

注解 2.1.3 定理 2.1.2 给出了稳定区域与不稳定区域随阶次 α 变化时的范围变化情况, 随着 α 的增大, 稳定区域逐渐减小, 不稳定区域逐渐增大, 且有如下特殊情况 $\mathcal{S}_1 = \{z \in \mathbb{C} : |z - 1| > 1\}$, $\mathcal{U}_1 = \{z \in \mathbb{C} : |z - 1| < 1\}$. 实际上, 基于已

证明的结论 (1), 不难得到 $\mathcal{S}_{\alpha_1} \cup \mathcal{C}_{\alpha_1} \subsetneq \mathcal{S}_{\alpha_2} \cup \mathcal{C}_{\alpha_2}$. 又因为 $\mathcal{U}_{\alpha_1}$ 为 $\mathcal{S}_{\alpha_1} \cup \mathcal{C}_{\alpha_1}$ 在 $\mathbb{C}$ 上的补集, $\mathcal{U}_{\alpha_2}$ 为 $\mathcal{S}_{\alpha_2} \cup \mathcal{C}_{\alpha_2}$ 在 $\mathbb{C}$ 上的补集, 利用集合之间的互补关系, 同样可以得到期望的结果 $\mathcal{U}_{\alpha_1} \supsetneq \mathcal{U}_{\alpha_2}$.

2.1.2　条件 $\mathcal{S}_\alpha^1$ 的判定

实际上, $\mathcal{S}_\alpha^1$ 是线性定常连续时间分数阶系统的稳定区域, 目前已有不少判据 [58-65]. 但是, 由于该稳定区域在 $\alpha \in (0,1)$ 时是非凸的, 因此现有判据, 要么需要用到复矩阵, 要么需要许多决策矩阵, 会在控制器设计时存在耦合问题, 而不便于处理. 在给出主要结论之前, 先介绍两个有用的引理.

引理 2.1.2[66]　矩阵 $A \in \mathbb{R}^{n \times n}$ 的所有特征值满足 $\lambda \in \mathcal{S}_\alpha^1$ 的充要条件是, 存在 Hermitian 正定矩阵 $Q \in \mathbb{C}^{n \times n}$ 使下式成立

$$\left(rQ + \bar{r}\bar{Q}\right)^{\mathrm{T}} A^{\mathrm{T}} + A\left(rQ + \bar{r}\bar{Q}\right) \prec 0, \tag{2.21}$$

其中, $r = \mathrm{e}^{\mathrm{j}\frac{(1-\alpha)\pi}{2}}, 0 < \alpha < 1$.

引理 2.1.3[67]　对于 $X, Y \in \mathbb{R}^{n \times n}$, 如果 $\begin{bmatrix} X & Y \\ -Y & X \end{bmatrix} \succ 0$, 则对任意非零向量 $v \in \mathbb{C}^n$, 有下式成立

$$-1 < \frac{v^* \mathrm{j} Y v}{v^* X v} < 1. \tag{2.22}$$

为了便于通过 LMI 判定系统的稳定性, 这里引入分数阶正定矩阵集合的概念 [68,定理 2.1].

定义 2.1.1　定义分数阶正定矩阵集合为

$$\mathbb{P}_\alpha^{n \times n} := \left\{ \sin \frac{\alpha\pi}{2} X + \cos \frac{\alpha\pi}{2} Y : X, Y \in \mathbb{R}^{n \times n}, \begin{bmatrix} X & Y \\ -Y & X \end{bmatrix} \succ 0 \right\}, \tag{2.23}$$

其中, $n \in \mathbb{Z}_+, \alpha \in (0,1)$. 如果 $P \in \mathbb{P}_\alpha^{n \times n}$, 则称矩阵 P 为 α 阶正定矩阵.

实际上, 在极限情况 $\alpha = 1$ 时, $\mathbb{P}_\alpha^{n \times n}$ 就退化为经典的正定矩阵集合. 在极限情况 $\alpha = 0$ 时, $\mathbb{P}_\alpha^{n \times n}$ 就退化为斜对称矩阵集合. 为了使用方便, 定义集合 $\hat{\mathbb{P}}_\alpha^{n \times n} := \left\{ \sin \frac{\alpha\pi}{2} X + \cos \frac{\alpha\pi}{2} Y : X, Y \in \mathbb{R}^{n \times n}, \begin{bmatrix} X & Y \\ Y^{\mathrm{T}} & X \end{bmatrix} \succ 0 \right\}$ 为 $\mathbb{P}_\alpha^{n \times n}$ 的拓展集合, 这里降低了对矩阵 Y 的要求, 易得 $\mathbb{P}_\alpha^{n \times n} \subsetneq \hat{\mathbb{P}}_\alpha^{n \times n}$.

定理 2.1.3　矩阵 $A \in \mathbb{R}^{n \times n}$ 的所有特征值满足 $\lambda \in \mathcal{S}_\alpha^1$ 的充要条件是, 存在分数阶正定矩阵 $P \in \mathbb{P}^{n \times n}$ 使下式成立

$$P^{\mathrm{T}} A^{\mathrm{T}} + AP \prec 0, \tag{2.24}$$

其中, $0 < \alpha < 1$.

证明 利用引理 2.1.2, 可得

$$r = \mathrm{e}^{\mathrm{j}\frac{(1-\alpha)\pi}{2}} = \sin\frac{\alpha\pi}{2} + \mathrm{j}\cos\frac{\alpha\pi}{2}. \tag{2.25}$$

不妨令 $Q := X - \mathrm{j}Y$, 其中 $X, Y \in \mathbb{R}^{n\times n}$, 则由式 (2.21) 可得

$$\begin{aligned}
&\left(\sin\frac{\alpha\pi}{2} + \mathrm{j}\cos\frac{\alpha\pi}{2}\right)(X^{\mathrm{T}} - \mathrm{j}Y^{\mathrm{T}})A^{\mathrm{T}} \\
&+ \left(\sin\frac{\alpha\pi}{2} - \mathrm{j}\cos\frac{\alpha\pi}{2}\right)(X^{\mathrm{T}} + \mathrm{j}Y^{\mathrm{T}})A^{\mathrm{T}} \\
&+ A\left(\sin\frac{\alpha\pi}{2} + \mathrm{j}\cos\frac{\alpha\pi}{2}\right)(X - \mathrm{j}Y) \\
&+ A\left(\sin\frac{\alpha\pi}{2} - \mathrm{j}\cos\frac{\alpha\pi}{2}\right)(X + \mathrm{j}Y) \\
&\prec 0.
\end{aligned} \tag{2.26}$$

展开式 (2.26) 并化简可得

$$\left(\sin\frac{\alpha\pi}{2}\,X^{\mathrm{T}} + \cos\frac{\alpha\pi}{2}\,Y^{\mathrm{T}}\right)A^{\mathrm{T}} + A\left(\sin\frac{\alpha\pi}{2}\,X + \cos\frac{\alpha\pi}{2}\,Y\right) \prec 0. \tag{2.27}$$

由 Q 为 Hermitian 正定矩阵, 可知对于任意非零向量 $v \in \mathbb{C}^n$, 满足

$$v^*Qv > 0, \tag{2.28}$$

这意味着 $\mathrm{Re}(v^*Qv) > 0$, $\mathrm{Im}(v^*Qv) = 0$. 考虑 v^*Qv 为一正实数, 所以有 $(v^*Qv)^* = v^*Q^*v = v^*Qv$, 由 v 的任意性可知 $Q^* = Q$, 代入 $Q = X - \mathrm{j}Y$ 可得 $X = X^{\mathrm{T}}$, $Y = -Y^{\mathrm{T}}$, 且 X 的所有特征值为正实数, Y 的所有特征值为纯虚数.

假设 $v := v_x + \mathrm{j}v_y$, $v_x, v_y \in \mathbb{R}^n$, 则式 (2.28) 可以展开

$$\begin{aligned}
v^*Qv &= (v_x^{\mathrm{T}} - \mathrm{j}v_y^{\mathrm{T}})(X - \mathrm{j}Y)(v_x + \mathrm{j}v_y) \\
&= v_x^{\mathrm{T}}Xv_x + v_x^{\mathrm{T}}Yv_y - v_y^{\mathrm{T}}Yv_x + v_y^{\mathrm{T}}Xv_y \\
&\quad + \mathrm{j}(-v_x^{\mathrm{T}}Yv_x + v_x^{\mathrm{T}}Xv_y - v_y^{\mathrm{T}}Xv_x - v_y^{\mathrm{T}}Yv_y).
\end{aligned} \tag{2.29}$$

利用 X 与 Y 的对称特性可得 $v_x^{\mathrm{T}}Xv_y - v_y^{\mathrm{T}}Xv_x = v_x^{\mathrm{T}}Xv_y - v_x^{\mathrm{T}}X^{\mathrm{T}}v_y = 0$, $v_x^{\mathrm{T}}Yv_x = v_x^{\mathrm{T}}Y^{\mathrm{T}}v_x = -v_x^{\mathrm{T}}Yv_x = 0$, $v_y^{\mathrm{T}}Yv_y = v_y^{\mathrm{T}}Y^{\mathrm{T}}v_y = -v_y^{\mathrm{T}}Yv_y = 0$, 从而 $\mathrm{Im}(v^*Qv) = 0$, 进一步可得

$$v^*Qv = \mathrm{Re}(v^*Qv) = \begin{bmatrix} v_x \\ v_y \end{bmatrix}^{\mathrm{T}} \begin{bmatrix} X & Y \\ -Y & X \end{bmatrix} \begin{bmatrix} v_x \\ v_y \end{bmatrix}. \tag{2.30}$$

从而可得 $Q \succ 0$ 等价于 $\begin{bmatrix} X & Y \\ -Y & X \end{bmatrix} \succ 0.$

令 $P := \sin\frac{\alpha\pi}{2} X + \cos\frac{\alpha\pi}{2} Y$, 可得 $P \in \mathbb{P}_\alpha^{n\times n}$ 且式 (2.24) 与式 (2.27) 等价. 综上所述, 定理得证. □

定理 2.1.3 实际上是 [67, 定理 1] 和 [63, 定理 2.1] 的改进, 为了便于使用所提出的稳定性判据, 这里给出一些相关结论.

定理 2.1.4　关于分数阶正定矩阵集合和稳定性判据, 下列结论成立.

(1) 集合 $\mathbb{P}_\alpha^{n\times n}$ 可以等价地表述为

$$\mathbb{P}_\alpha^{n\times n} = \left\{ \sin\frac{\alpha\pi}{2} X + \cos\frac{\alpha\pi}{2} Y : X, Y \in \mathbb{R}^{n\times n}, X - \mathrm{j}Y \succ 0 \right\}. \tag{2.31}$$

(2) 集合 $\mathbb{P}_\alpha^{n\times n}$ 可以等价地表述为

$$\mathbb{P}_\alpha^{n\times n} = \left\{ \sin\frac{\alpha\pi}{2} X + \cos\frac{\alpha\pi}{2} Y : X, Y \in \mathbb{R}^{n\times n}, \begin{bmatrix} X & -Y \\ Y & X \end{bmatrix} \succ 0 \right\}. \tag{2.32}$$

(3) 集合 $\mathbb{P}_\alpha^{n\times n}$ 可以等价地表述为

$$\mathbb{P}_\alpha^{n\times n} = \left\{ \sin\frac{\alpha\pi}{2} X + \cos\frac{\alpha\pi}{2} Y : X, Y \in \mathbb{R}^{n\times n}, X + \mathrm{j}Y \succ 0 \right\}. \tag{2.33}$$

(4) 集合 $\mathbb{P}_\alpha^{n\times n}$ 可以等价地表述为

$$\mathbb{P}_\alpha^{n\times n} := \left\{ \sin\frac{\alpha\pi}{2} X - \cos\frac{\alpha\pi}{2} Y : X, Y \in \mathbb{R}^{n\times n}, \begin{bmatrix} X & Y \\ -Y & X \end{bmatrix} \succ 0 \right\}. \tag{2.34}$$

(5) 集合 $\mathbb{P}_\alpha^{n\times n}$ 可以等价地表述为

$$\mathbb{P}_\alpha^{n\times n} = \left\{ X + \cot\frac{\alpha\pi}{2} Y : X, Y \in \mathbb{R}^{n\times n}, \begin{bmatrix} X & Y \\ -Y & X \end{bmatrix} \succ 0 \right\}. \tag{2.35}$$

(6) 集合 $\mathbb{P}_\alpha^{n\times n}$ 可以等价地表述为

$$\mathbb{P}_\alpha^{n\times n} = \left\{ \tan\frac{\alpha\pi}{2} X + Y : X, Y \in \mathbb{R}^{n\times n}, \begin{bmatrix} X & Y \\ -Y & X \end{bmatrix} \succ 0 \right\}. \tag{2.36}$$

(7) 集合 $\mathbb{P}_\alpha^{n\times n}$ 对加法运算封闭, 即如果 $P_1, P_2 \in \mathbb{P}_\alpha^{n\times n}$, 则有 $P_1 + P_2 \in \mathbb{P}_\alpha^{n\times n}$.

(8) 集合 $\mathbb{P}_\alpha^{n\times n}$ 对正数乘运算封闭, 即如果 $P \in \mathbb{P}_\alpha^{n\times n}, k > 0$, 则有 $kP \in \mathbb{P}_\alpha^{n\times n}$.

(9) 如果 $P \in \mathbb{P}_\alpha^{n \times n}$, $M \in \mathbb{R}^{n \times r}$, $\text{rank}\,(M) = r$, 则 $M^{\mathrm{T}} P M \in \mathbb{P}_\alpha^{r \times r}$.

(10) 如果 $P_1 \in \mathbb{P}_\alpha^{n_1 \times n_1}$, $P_2 \in \mathbb{P}_\alpha^{n_2 \times n_2}$, 则 $P = \text{diag}\{P_1, P_2\} \in \mathbb{P}_\alpha^{(n_1+n_2) \times (n_1+n_2)}$.

(11) 如果 $P \in \mathbb{P}_\alpha^{n \times n}$, P_1 是 P 的 n_1 阶主子矩阵, 则 $P_1 \in \mathbb{P}_\alpha^{n_1 \times n_1}$.

(12) 集合 $\mathbb{P}_\alpha^{n \times n}$ 对合同变换封闭, 即如果 $P \in \mathbb{P}_\alpha^{n \times n}$, $M \in \mathbb{R}^{n \times n}$, $\det\,(M) \neq 0$, 则 $M^{\mathrm{T}} P M \in \mathbb{P}_\alpha^{n \times n}$.

(13) 集合 $\mathbb{P}_\alpha^{n \times n}$ 对相似变换封闭, 即如果 $P \in \mathbb{P}_\alpha^{n \times n}$, $M \in \mathbb{R}^{n \times n}$, $\det\,(M) \neq 0$, 则 $M^{-1} P M \in \mathbb{P}_\alpha^{n \times n}$.

(14) 如果 $P \in \mathbb{P}_\alpha^{n \times n}$, 则 $\det(P) \neq 0$ 且 $P^{-1} \in \hat{\mathbb{P}}_\alpha^{n \times n}$.

(15) 如果 $P \in \mathbb{P}_\alpha^{n \times n}$, 则 $P^{\mathrm{T}} \in \mathbb{P}_\alpha^{n \times n}$.

(16) 如果式 (2.24) 被替换为 $P^{\mathrm{T}} A + A^{\mathrm{T}} P \prec 0$, 定理 2.1.3 依然成立.

(17) 如果式 (2.24) 被替换为 $P A + A^{\mathrm{T}} P^{\mathrm{T}} \prec 0$, 定理 2.1.3 依然成立.

(18) 如果式 (2.24) 被替换为 $P A^{\mathrm{T}} + A P^{\mathrm{T}} \prec 0$, 定理 2.1.3 依然成立.

(19) 如果式 (2.24) 被替换为 $P^{\mathrm{T}} \bar{\lambda}_i + \lambda_i P \prec 0$, $i = 1, 2, \cdots, n$, 定理 2.1.3 依然成立, 其中 λ_i 是 A 的特征值.

(20) 如果 $P \in \mathbb{P}_\alpha^{n \times n}$, 则 $\text{trace}(P) > 0$ 且其所有特征值 λ 满足 $|\arg\,(\lambda)| < \dfrac{\pi}{2} - \dfrac{\alpha\pi}{2}$.

(21) 如果 $0 < \alpha_1 < \alpha_2 < 1$, 则有 $\mathbb{P}_{\alpha_1}^{n \times n} \supsetneq \mathbb{P}_{\alpha_2}^{n \times n}$.

证明 关于该定理的 21 条结论的证明将逐条展开.

(1) 在定理 2.1.3 证明的过程中, 有假设 $Q := X - \mathrm{j} Y$, 由于 $Q \succ 0$ 与 $\begin{bmatrix} X & Y \\ -Y & X \end{bmatrix} \succ 0$ 等价, 依然假设 $P := \sin \dfrac{\alpha\pi}{2} X + \cos \dfrac{\alpha\pi}{2} Y$, 定理成立, 结论得证.

(2) 由 Schur 补可知, $\begin{bmatrix} X & Y \\ -Y & X \end{bmatrix} \succ 0$ 与 $\begin{bmatrix} X & -Y \\ Y & X \end{bmatrix} \succ 0$ 等价, 因此可直接在集合 $\mathbb{P}_\alpha^{n \times n}$ 中将该条件替换, 结论得证.

(3) 若令 $\hat{Q} := X + \mathrm{j} Y$, 则有 $\hat{Q} \succ 0$ 与 $\begin{bmatrix} X & -Y \\ Y & X \end{bmatrix} \succ 0$ 等价, 因而结论得证.

(4) 在定理 2.1.3 证明的过程中, 若直接假设 $Q := X + \mathrm{j} Y \succ 0$, 与已有证明相比, 相当于将 Y 替换为 $-Y$, 则 $P = \sin \dfrac{\alpha\pi}{2} X - \cos \dfrac{\alpha\pi}{2} Y$, 同样可以完成定理证明, 因而结论得证.

(5) 考虑式 (2.35) 中的集合 $\mathbb{P}_\alpha^{n \times n}$, 对于任意 $P \in \mathbb{P}_\alpha^{n \times n}$, 存在矩阵 $X, Y \in \mathbb{R}^{n \times n}$ 满足 $P = X + \cot \dfrac{\alpha\pi}{2} Y$ 和 $\begin{bmatrix} X & Y \\ -Y & X \end{bmatrix} \succ 0$. 当 $0 < \alpha < 1$ 时, 总有

$\csc \dfrac{\alpha\pi}{2} > 0.$ 令 $\hat{X} := \csc \dfrac{\alpha\pi}{2} X,\ \hat{Y} := \csc \dfrac{\alpha\pi}{2} Y,$ 则有 $P = \sin \dfrac{\alpha\pi}{2} \hat{X} + \cos \dfrac{\alpha\pi}{2} \hat{Y},$

$\begin{bmatrix} \hat{X} & \hat{Y} \\ -\hat{Y} & \hat{X} \end{bmatrix} = \csc \dfrac{\alpha\pi}{2} \begin{bmatrix} X & Y \\ -Y & X \end{bmatrix} \succ 0,$ 所以 P 属于式 (2.23) 中的 $\mathbb{P}_\alpha^{n\times n}$, 反之亦然,

所以结论得证.

(6) 考虑式 (2.36) 中的集合 $\mathbb{P}_\alpha^{n\times n}$, 对于任意 $P \in \mathbb{P}_\alpha^{n\times n}$, 存在矩阵 $X, Y \in$

$\mathbb{R}^{n\times n}$ 满足 $P = \tan \dfrac{\alpha\pi}{2} X + Y$ 和 $\begin{bmatrix} X & Y \\ -Y & X \end{bmatrix} \succ 0.$ 当 $0 < \alpha < 1$ 时, 总有

$\sec \dfrac{\alpha\pi}{2} > 0.$ 令 $\hat{X} := \sec \dfrac{\alpha\pi}{2} X,\ \hat{Y} := \sec \dfrac{\alpha\pi}{2} Y,$ 则有 $P = \sin \dfrac{\alpha\pi}{2} \hat{X} + \cos \dfrac{\alpha\pi}{2} \hat{Y},$

$\begin{bmatrix} \hat{X} & \hat{Y} \\ -\hat{Y} & \hat{X} \end{bmatrix} = \sec \dfrac{\alpha\pi}{2} \begin{bmatrix} X & Y \\ -Y & X \end{bmatrix} \succ 0,$ 即 P 也属于式 (2.23) 中的 $\mathbb{P}_\alpha^{n\times n}$, 反之亦然,

所以结论得证.

(7) 由 $P_1, P_2 \in \mathbb{P}_\alpha^{n\times n}$ 可知, 存在矩阵 $X_1, Y_1, X_2, Y_2 \in \mathbb{R}^{n\times n}$ 满足 $P_1 = \sin \dfrac{\alpha\pi}{2} X_1$

$+ \cos \dfrac{\alpha\pi}{2} Y_1,\ P_2 = \sin \dfrac{\alpha\pi}{2} X_2 + \cos \dfrac{\alpha\pi}{2} Y_2,$ $\begin{bmatrix} X_1 & Y_1 \\ -Y_1 & X_1 \end{bmatrix} \succ 0,$ $\begin{bmatrix} X_2 & Y_2 \\ -Y_2 & X_2 \end{bmatrix} \succ 0,$ 从而有

$P_1 + P_2 = \sin \dfrac{\alpha\pi}{2} (X_1 + X_2) + \cos \dfrac{\alpha\pi}{2} (Y_1 + Y_2),$ 其中 $\begin{bmatrix} X_1 + X_2 & Y_1 + Y_2 \\ -Y_1 - Y_2 & X_1 + X_2 \end{bmatrix} =$

$\begin{bmatrix} X_1 & Y_1 \\ -Y_1 & X_1 \end{bmatrix} + \begin{bmatrix} X_2 & Y_2 \\ -Y_2 & X_2 \end{bmatrix} \succ 0,$ 即 $P_1 + P_2 \in \mathbb{P}_\alpha^{n\times n}$, 结论得证.

(8) 该结论可以看作结论 (5) 和结论 (6) 的推广, 证明方法类似, 从略.

(9) 由关于 P 的假设知, 存在矩阵 $X, Y \in \mathbb{R}^{n\times n}$ 满足 $P = \sin \dfrac{\alpha\pi}{2} X +$

$\cos \dfrac{\alpha\pi}{2} Y,\ \begin{bmatrix} X & Y \\ -Y & X \end{bmatrix} \succ 0.$ 定义 $\hat{X} := M^{\mathrm{T}} X M,\ \hat{Y} := M^{\mathrm{T}} Y M,\ \hat{P} := M^{\mathrm{T}} P M,$ 此

时则有 $\hat{P} = \sin \dfrac{\alpha\pi}{2} \hat{X} + \cos \dfrac{\alpha\pi}{2} \hat{Y},$ 其中 $\hat{X}, \hat{Y}, \hat{P} \in \mathbb{R}^{r\times r}.$

在此基础上, 增广矩阵可以表示为

$$\begin{bmatrix} \hat{X} & \hat{Y} \\ -\hat{Y} & \hat{X} \end{bmatrix} = \begin{bmatrix} M & \\ & M \end{bmatrix}^{\mathrm{T}} \begin{bmatrix} X & Y \\ -Y & X \end{bmatrix} \begin{bmatrix} M & \\ & M \end{bmatrix}. \tag{2.37}$$

由于 $\operatorname{rank}(M) = r$, 利用奇异值分解, 可得

$$\begin{bmatrix} M & \\ & M \end{bmatrix}^{\mathrm{T}} = U^{\mathrm{T}} \Sigma \begin{bmatrix} I_{2r} & 0 \end{bmatrix} V, \tag{2.38}$$

其中, $\Sigma \in \mathbb{R}^{2r \times 2r}$ 为正对角矩阵, $U \in \mathbb{R}^{2r \times 2r}$ 和 $V \in \mathbb{R}^{2n \times 2n}$ 为正交矩阵. 由相似变换不改变矩阵的特征值, 可得

$$V \begin{bmatrix} X & Y \\ -Y & X \end{bmatrix} V^{\mathrm{T}} = V \begin{bmatrix} X & Y \\ -Y & X \end{bmatrix} V^{-1} \succ 0. \tag{2.39}$$

考虑到正定矩阵的主子矩阵依然是正定矩阵, 所以有

$$[I_{2r} \quad 0] V \begin{bmatrix} X & Y \\ -Y & X \end{bmatrix} V^{\mathrm{T}} \begin{bmatrix} I_{2r} \\ 0 \end{bmatrix} \succ 0. \tag{2.40}$$

由合同变换不改变矩阵的特征值符号, 可得

$$\begin{aligned}
\begin{bmatrix} \hat{X} & \hat{Y} \\ -\hat{Y} & \hat{X} \end{bmatrix} &= \begin{bmatrix} M & \\ & M \end{bmatrix}^{\mathrm{T}} \begin{bmatrix} X & Y \\ -Y & X \end{bmatrix} \begin{bmatrix} M & \\ & M \end{bmatrix} \\
&= U^{\mathrm{T}} \Sigma [I_{2r} \quad 0] V \begin{bmatrix} X & Y \\ -Y & X \end{bmatrix} V^{\mathrm{T}} \begin{bmatrix} I_{2r} \\ 0 \end{bmatrix} \Sigma^{\mathrm{T}} U \\
&= (\Sigma^{\mathrm{T}} U)^{\mathrm{T}} \left([I_{2r} \quad 0] V \begin{bmatrix} X & Y \\ -Y & X \end{bmatrix} V^{\mathrm{T}} \begin{bmatrix} I_{2r} \\ 0 \end{bmatrix} \right) \Sigma^{\mathrm{T}} U \\
&\succ 0. \tag{2.41}
\end{aligned}$$

因而有 $\hat{P} \in \mathbb{P}_\alpha^{r \times r}$, 结论得证.

(10) 由已知条件可知, 存在矩阵 $X_1, X_2, Y_1, Y_2 \in \mathbb{R}^{n \times n}$ 满足 $P_1 = \sin \dfrac{\alpha\pi}{2} X_1 + \cos \dfrac{\alpha\pi}{2} Y_1$, $P_2 = \sin \dfrac{\alpha\pi}{2} X_2 + \cos \dfrac{\alpha\pi}{2} Y_2$, $\begin{bmatrix} X_1 & Y_1 \\ -Y_1 & X_1 \end{bmatrix} \succ 0$, $\begin{bmatrix} X_2 & Y_2 \\ -Y_2 & X_2 \end{bmatrix} \succ 0$. 定义新变量 $X := \mathrm{diag}\{X_1, X_2\}$, $Y := \mathrm{diag}\{Y_1, Y_2\}$, 则有 $P = \sin \dfrac{\alpha\pi}{2} X + \cos \dfrac{\alpha\pi}{2} Y$. 由 Schur 补可得 $X_1 + Y_1 X_1^{-1} Y_1 \succ 0$, $X_2 + Y_2 X_2^{-1} Y_2 \succ 0$, 进而有 $X + Y X^{-1} Y = \mathrm{diag}\{X_1 + Y_1 X_1^{-1} Y_1, X_2 + Y_2 X_2^{-1} Y_2\} \succ 0$. 由定义 2.1.1 可得 $\hat{P} \in \mathbb{P}_\alpha^{(n_1+n_2) \times (n_1+n_2)}$, 结论得证.

(11) 若 $M = \begin{bmatrix} I_{n_1} \\ 0 \end{bmatrix} \in \mathbb{R}^{n \times n_1}$, 由结论 (9) 可得 $P_1 := M^{\mathrm{T}} P M \in \mathbb{P}_\alpha^{n_1 \times n_1}$. 实际上, M 中的行任意交换所得到的子矩阵仍然满足 $P_1 \in \mathbb{P}_\alpha^{n_1 \times n_1}$.

(12) 该结论可以看作结论 (9) 在 $r = n$ 时的特殊情况, 因而证明从略.

(13) 由关于 P 的假设知, 存在矩阵 $X, Y \in \mathbb{R}^{n \times n}$ 满足 $P = \sin \frac{\alpha\pi}{2} X + \cos \frac{\alpha\pi}{2} Y$, $\begin{bmatrix} X & Y \\ -Y & X \end{bmatrix} \succ 0$. 定义 $\hat{X} := M^{-1}XM$, $\hat{Y} := M^{-1}YM$, $\hat{P} := M^{-1}PM$, 则有 $\hat{P} = \sin \frac{\alpha\pi}{2} \hat{X} + \cos \frac{\alpha\pi}{2} \hat{Y}$, 其中 $\hat{X}, \hat{Y}, \hat{P} \in \mathbb{R}^{n \times n}$. 又因为增广矩阵满足下列条件

$$\begin{bmatrix} \hat{X} & \hat{Y} \\ -\hat{Y} & \hat{X} \end{bmatrix} = \begin{bmatrix} M & \\ & M \end{bmatrix}^{-1} \begin{bmatrix} X & Y \\ -Y & X \end{bmatrix} \begin{bmatrix} M & \\ & M \end{bmatrix} \succ 0. \tag{2.42}$$

因而有 $P_1 \in \mathbb{P}_\alpha^{r \times r}$, 结论得证.

(14) 类似地, $P \in \mathbb{P}_\alpha^{n \times n}$ 意味着存在矩阵 $X, Y \in \mathbb{R}^{n \times n}$ 满足 $P = \sin \frac{\alpha\pi}{2} X + \cos \frac{\alpha\pi}{2} Y$, $X \succ 0$, $X - YX^{-1}Y^{\mathrm{T}} \succ 0$, $Y^{\mathrm{T}} = -Y$.

对于任意非零向量 $x \in \mathbb{R}^n$, 有

$$x^{\mathrm{T}}Px = x^{\mathrm{T}} \left(\sin \frac{\alpha\pi}{2} X + \cos \frac{\alpha\pi}{2} Y \right) x = \sin \frac{\alpha\pi}{2} x^{\mathrm{T}}Xx > 0. \tag{2.43}$$

因此, P 是具有正实部特征值的可逆矩阵. 为了方便, 令 $s := \sin \frac{\alpha\pi}{2}$, $c := \cos \frac{\alpha\pi}{2}$, 借鉴 $(A - BD^{-1}C)^{-1} = A^{-1} + A^{-1}B(D - CA^{-1}B)^{-1}CA^{-1}$ 这一和矩阵求逆公式, 可得

$$\begin{aligned} P^{-1} &= (sX + cY)^{-1} \\ &= -s^{-1}X^{-1}cY\left(I + s^{-1}X^{-1}cY\right)^{-1}s^{-1}X^{-1} + s^{-1}X^{-1}. \end{aligned} \tag{2.44}$$

令 $\hat{X} := s^{-2}X^{-1}$, $\hat{Y} := -s^{-1}X^{-1}Y(sX + cY)^{-1}$, 可得

$$P^{-1} = s\hat{X} + c\hat{Y}. \tag{2.45}$$

由 $X \succ 0$ 可知, 只要证明 $\hat{X} - \hat{Y}\hat{X}^{-1}\hat{Y}^{\mathrm{T}} \succ 0$ 即可得到 $P^{-1} \in \hat{\mathbb{P}}_\alpha^{n \times n}$. 为了方便可计算得下式

$$\begin{aligned} &(sX)^{\mathrm{T}}(\hat{X} - \hat{Y}\hat{X}^{-1}\hat{Y}^{\mathrm{T}})(sX) \\ &= X - Y(sX + cY)^{-1}s^2X(sX + cY)^{-\mathrm{T}}Y^{\mathrm{T}} \\ &\succ X - Y(sX + cY)^{-1}(s^2X + c^2YX^{-1}Y^{\mathrm{T}})(sX + cY)^{-\mathrm{T}}Y^{\mathrm{T}} \\ &= X - YX^{-1}Y^{\mathrm{T}} \\ &\succ 0, \end{aligned} \tag{2.46}$$

其中, $(sX + cY)X^{-1}(sX + cY)^{\mathrm{T}} = s^2X + c^2YX^{-1}Y^{\mathrm{T}}$. 由合同变换的性质可知, $\hat{X} - \hat{Y}\hat{X}^{-1}\hat{Y}^{\mathrm{T}} \succ 0$ 成立. 接下来验证对于非零 Y, $\hat{Y}^{\mathrm{T}} = -\hat{Y}$ 不成立. 不妨假设 $\hat{Y} + \hat{Y}^{\mathrm{T}} = 0$ 即

$$-s^{-1}X^{-1}Y(sX + cY)^{-1} - s^{-1}(sX + cY)^{-\mathrm{T}}Y^{\mathrm{T}}X^{-1} = 0, \qquad (2.47)$$

化简可得 $cY^{\mathrm{T}}X^{-1}Y = 0$, 这与 $c > 0, X \succ 0, Y \neq 0$ 相违背, 故假设不成立, $P^{-1} \notin \mathbb{P}_\alpha^{n \times n}$. 当 $Y = 0$ 时, P 与 P^{-1} 都是经典的正定矩阵.

(15) 对于矩阵 $P \in \mathbb{P}_\alpha^{n \times n}$, 总存在非奇异矩阵 $T \in \mathbb{R}^{n \times n}$ 使得 P 的相似变换为一 Jordan 标准形 $J = T^{-1}PT$. 为了方便, 将其表示成 $J = \mathrm{diag}\{J_1, J_2, \cdots, J_s\}$,

$$J_i = \begin{bmatrix} \lambda_i & 1 & & \\ & \lambda_i & \ddots & \\ & & \ddots & 1 \\ & & & \lambda_i \end{bmatrix} \text{ 是其 Jordan 块. 若 } M_i = \begin{bmatrix} & & & 1 \\ & & \ddots & \\ & 1 & & \\ 1 & & & \end{bmatrix}, \text{ 则 } M_i^{-1} =$$

M_i 且 $M_i^{-1}J_i^{\mathrm{T}}M_i = J_i$. 令 $M = \mathrm{diag}\{M_1, M_2, \cdots, M_s\}$, 则 $M^{-1}J^{\mathrm{T}}M = J$. 令 $\bar{M} = TM^{-1}T^{\mathrm{T}}$, 则 $P^{\mathrm{T}} = T^{-\mathrm{T}}MT^{-1}PTM^{-1}T^{\mathrm{T}} = \bar{M}^{-1}P\bar{M}$, 由结论 (13) 可知 $P^{\mathrm{T}} \in \mathbb{P}_\alpha^{n \times n}$ 成立.

(16) 因矩阵 A 与 A^{T} 有相同的特征值, 则 $P^{\mathrm{T}}A + A^{\mathrm{T}}P \prec 0$ 可替换 $P^{\mathrm{T}}A^{\mathrm{T}} + AP \prec 0$ 判定其所有特征值 λ 满足 $|\arg(\lambda)| > \dfrac{\alpha\pi}{2}$, 从而结论 (16) 成立.

(17) 结合结论 (16), 若 $\hat{P} \in \mathbb{P}_\alpha^{n \times n}$ 满足 $\hat{P}^{\mathrm{T}}A + A^{\mathrm{T}}\hat{P} \prec 0$. 不妨假设 $\hat{P} = \sin\dfrac{\alpha\pi}{2}X + \cos\dfrac{\alpha\pi}{2}Y$, 由条件 $X = X^{\mathrm{T}}$, $Y = -Y^{\mathrm{T}}$ 得, $\hat{P}^{\mathrm{T}} = \sin\dfrac{\alpha\pi}{2}X - \cos\dfrac{\alpha\pi}{2}Y$. 令 $P := \hat{P}^{\mathrm{T}}$, 由结论 (15) 可知, $P \in \mathbb{P}_\alpha^{n \times n}$ 且 $PA + A^{\mathrm{T}}P^{\mathrm{T}} \prec 0$, 结论得证.

(18) 利用矩阵 A 与 A^{T} 有相同的特征值, 结合结论 (17) 可知, $PA^{\mathrm{T}} + AP^{\mathrm{T}} \prec 0$ 同样可以替换 $PA + A^{\mathrm{T}}P^{\mathrm{T}} \prec 0$, 即该结论成立.

(19) 假设 $\lambda \in \mathbb{C}$ 是矩阵 A 的特征值, $v \in \mathbb{C}^{1 \times n}$ 是相应的左特征向量, 即 $vA = \lambda v$, $A^{\mathrm{T}}v^* = \bar{\lambda}v^*$. 由式 (2.24) 可得

$$v(P^{\mathrm{T}}A^{\mathrm{T}} + AP)v^* = v(P^{\mathrm{T}}\bar{\lambda} + \lambda P)v^* < 0. \qquad (2.48)$$

不妨假设 $P := \sin\dfrac{\alpha\pi}{2}X + \sin\dfrac{\alpha\pi}{2}Y$, $\lambda := \lambda_x + \mathrm{j}\lambda_y$, 则有

$$v(P^{\mathrm{T}}\bar{\lambda} + \lambda P)v^* = v\left[2\lambda_x \sin\frac{\alpha\pi}{2}X + 2\mathrm{j}\lambda_y \cos\frac{\alpha\pi}{2}Y\right]v^*$$

$$= 2vXv^*\left[\lambda_x \sin\frac{\alpha\pi}{2} + \lambda_y \cos\frac{\alpha\pi}{2}\frac{v\mathrm{j}Yv^*}{vXv^*}\right] < 0. \qquad (2.49)$$

由引理 2.1.2 可得 $\lambda_x \sin \dfrac{\alpha\pi}{2} \pm \lambda_y \cos \dfrac{\alpha\pi}{2} < 0$, 即 $|\arg(\lambda)| > \dfrac{\alpha\pi}{2}$.

(20) 由 (14) 可知, 若 $P \in \mathbb{P}_\alpha^{n\times n}$ 则其所有的特征值为正, 而矩阵的迹 trace(P) 是其所有特征值的和, 因而 trace$(P) > 0$. $P \in \mathbb{P}_\alpha^{n\times n}$ 意味着存在矩阵 $X, Y \in \mathbb{R}^{n\times n}$ 满足 $P = \sin \dfrac{\alpha\pi}{2} X + \cos \dfrac{\alpha\pi}{2} Y$, 由于反对称矩阵 Y 的对角线元素为零, 正定矩阵 X 的对角线元素为正, 系数 $\sin \dfrac{\alpha\pi}{2} > 0$, 因而从矩阵的迹 trace$(P)$ 是其所有主对角元素的和, 也可得到 trace$(P) > 0$. 由 P 的特性知 $P^{\mathrm{T}} = \sin \dfrac{\alpha\pi}{2} X - \cos \dfrac{\alpha\pi}{2} Y$. 假设 $\lambda \in \mathbb{C}$ 是矩阵 P 的特征值, $v \in \mathbb{C}^{1\times n}$ 是相应的左特征向量, 即 $vP = \lambda v$, $P^{\mathrm{T}} v^* = \bar{\lambda} v^*$. 令 $\lambda := \lambda_x + \mathrm{j}\lambda_y$, 由结论 (14) 可知 $\lambda_x > 0$, 从而有

$$\frac{\lambda_y}{\lambda_x} = \frac{vPv^* - vP^{\mathrm{T}}v^*}{\mathrm{j}\left(vPv^* + vP^{\mathrm{T}}v^*\right)} = -\tan\left(\frac{\pi}{2} - \frac{\alpha\pi}{2}\right)\frac{v\mathrm{j}Yv^*}{vXv^*}. \tag{2.50}$$

对式 (2.50) 应用引理 2.1.3, 可得

$$|\arg(\lambda)| = \left|\arctan \frac{\lambda_y}{\lambda_x}\right| < \frac{\pi}{2} - \frac{\alpha\pi}{2}. \tag{2.51}$$

(21) 假设 $P_2 \in \mathbb{P}_{\alpha_2}^{n\times n}$, 则存在矩阵 $X_2, Y_2 \in \mathbb{R}^{n\times n}$ 使 $P_2 = \sin \dfrac{\alpha_2\pi}{2} X_2 + \cos \dfrac{\alpha_2\pi}{2} Y_2$ 成立. 对任意阶次 $\alpha_1, \alpha_2 \in (0, 1)$, 定义权重因子 $\gamma_x = \sin \dfrac{\alpha_2\pi}{2} \times \csc \dfrac{\alpha_1\pi}{2}$, $\gamma_y = \cos \dfrac{\alpha_2\pi}{2} \sec \dfrac{\alpha_1\pi}{2}$, 如果 $\alpha_1 < \alpha_2$, 则有 $\gamma_x \in (1, +\infty)$, $\gamma_y \in (0, 1)$, $\dfrac{\gamma_y}{\gamma_x} \in (0, 1)$. 令 $X_1 := \gamma_x X_2$, $Y_1 := \gamma_y Y_2$, 则有下列关系成立

$$\begin{aligned}
X_1 - Y_1 X_1^{-1} Y_1^{\mathrm{T}} &= \gamma_x X_2 - \gamma_y Y_2 (\gamma_x X_2)^{-1} \gamma_y Y_2^{\mathrm{T}} \\
&= \gamma_x \left(X_2 - \frac{\gamma_y^2}{\gamma_x^2} Y_2 X_2^{-1} Y_2^{\mathrm{T}}\right) \\
&\succ \gamma_x \left(X_2 - Y_2 X_2^{-1} Y_2^{\mathrm{T}}\right) \succ 0.
\end{aligned} \tag{2.52}$$

利用 Schur 补可得 $P_2 = \sin \dfrac{\alpha_1\pi}{2} X_1 + \cos \dfrac{\alpha_1\pi}{2} Y_1 = P_1 \in \mathbb{P}_{\alpha_1}^{n\times n}$. 结合 P_2 的任意性, 可知 $\mathbb{P}_{\alpha_1}^{n\times n} \supset \mathbb{P}_{\alpha_2}^{n\times n}$.

接下来证明这种包含关系是真包含 (不含等). 假设 $n = 2$, $X_1 = \begin{bmatrix} 1 & \\ & 1 \end{bmatrix}$, $Y_1 = \begin{bmatrix} & x \\ -x & \end{bmatrix}$, $P_1 = \sin \dfrac{\alpha_1\pi}{2} X_1 + \cos \dfrac{\alpha_1\pi}{2} Y_1$, 当 $x < 1$ 时, 有 $P_1 \in \mathbb{P}_{\alpha_1}^{n\times n}$. 此

时 P_1 的特征值为 $\lambda = \sin\dfrac{\alpha_1\pi}{2} \pm \mathrm{j}x\cos\dfrac{\alpha_1\pi}{2}$. 当设计 $x = \tan\dfrac{\alpha_1\pi}{2}\cot\dfrac{\alpha_2\pi}{2}$ 时, 因为 $0 < \alpha_1 < \alpha_2 < 1$, 所以 $x < 1$. 不难计算 $|\arg(\lambda)| = \dfrac{\pi}{2} - \dfrac{\alpha_2\pi}{2}$, 因此必然有 $P_1 \notin \mathbb{P}_{\alpha_2}^{n\times n}$. 结合前述论证, 可得 $\mathbb{P}_{\alpha_1}^{n\times n} \supsetneq \mathbb{P}_{\alpha_2}^{n\times n}$ 成立.

综上所述, 定理得证. □

定理 2.1.4 是 [65, 定理 3.1] 和 [69, 定理 1] 的拓展和强化. 定理 2.1.4 的结论 (1)~(6) 给出了分数阶正定矩阵集合 $\mathbb{P}_{\alpha}^{n\times n}$ 的等价描述; 结论 (7)~(15) 给出了 $\mathbb{P}_{\alpha}^{n\times n}$ 对一些运算的完备性; 结论 (16)~(19) 给出了定理 2.1.3 中式 (2.24) 的等价条件; 结论 (20) 讨论了分数阶正定矩阵 P 的迹和辐角限制, 结论 (21) 刻画了分数阶正定矩阵集合 $\mathbb{P}_{\alpha}^{n\times n}$ 的包含关系.

注解 2.1.4 对定理 2.1.3, 若存在 $\hat{P} \in \mathbb{P}_{\alpha}^{n\times n}$ 满足 $\hat{P}^{\mathrm{T}}A^{\mathrm{T}} + A\hat{P} \prec 0$, 则对任意非奇异矩阵 $P \in \mathbb{R}^{n\times n}$, 都有 $P^{\mathrm{T}}(\hat{P}^{\mathrm{T}}A^{\mathrm{T}} + A\hat{P})P \prec 0$. 令 $P = \hat{P}^{-1}$, 则有 $P \in \hat{\mathbb{P}}_{\alpha}^{n\times n}$ 满足 $P^{\mathrm{T}}A + A^{\mathrm{T}}P \prec 0$. 换句话说, 式 (2.24) 被替换为 $P^{\mathrm{T}}A + A^{\mathrm{T}}P \prec 0$, $P \in \hat{\mathbb{P}}_{\alpha}^{n\times n}$, 定理 2.1.3 依然成立. 类似地, 如果式 (2.24) 被替换为 $P^{\mathrm{T}}A^{\mathrm{T}} + AP \prec 0$ 或 $PA + A^{\mathrm{T}}P^{\mathrm{T}} \prec 0$ 或 $PA^{\mathrm{T}} + AP^{\mathrm{T}} \prec 0$, $P \in \hat{\mathbb{P}}_{\alpha}^{n\times n}$, 定理 2.1.3 依然成立.

注解 2.1.5 虽说结论 (1)~(6) 给出的 $\mathbb{P}_{\alpha}^{n\times n}$ 与定义 2.1.1 中的 $\mathbb{P}_{\alpha}^{n\times n}$ 等价, 但是因为 $\alpha \to 0$ 时, $\cot\dfrac{\alpha\pi}{2} \to +\infty$; $\alpha \to 1$ 时, $\tan\dfrac{\alpha\pi}{2} \to +\infty$, 会出现奇异性. 由于 $\alpha \in (0,1)$ 时, $\sin\dfrac{\alpha\pi}{2} \in (0,1)$, $\cos\dfrac{\alpha\pi}{2} \in (0,1)$. 正余弦函数的有界性, 保证了分数阶正定矩阵的有界性, 可以消除正余切带来的奇异性. 关于分数阶正定矩阵集合定义的修改, 受到 [63, 定理 2.1] 的启发而完成.

注解 2.1.6 由定理 2.1.3 和定理 2.1.4 的结论 (17) 和 (18) 可得, 矩阵 $A \in \mathbb{R}^{n\times n}$ 的所有特征值满足 $|\arg(\lambda)| > \dfrac{\alpha\pi}{2}$ 的充分必要条件是存在分数阶正定矩阵 $P \in \mathbb{P}_{\beta}^{n\times n}$ 使得 $P^{\mathrm{T}}A^{\mathrm{T}} + AP$ 的所有特征值满足 $|\arg(\hat{\lambda})| > \dfrac{\alpha\pi}{2} + \dfrac{\pi}{2} - \dfrac{\beta\pi}{2}$, 其中 $\alpha \in (0,2)$, $\beta \in (0,1)$. 定理 2.1.3 是 $\beta = \alpha \in (0,1)$ 时的特殊情况, $|\arg(\hat{\lambda})| > \dfrac{\pi}{2}$ 为其判定条件. 当 $0 < \alpha_1 < \alpha_2 < 1$ 时, 假设矩阵 A 的特征值为 λ, 如果 $\forall |\arg(\lambda)| > \dfrac{\alpha_1\pi}{2}$, $\exists |\arg(\lambda)| \leqslant \dfrac{\alpha_2\pi}{2}$, 则不存在 $P \in \mathbb{P}_{\alpha_2}^{n\times n}$ 满足 $P^{\mathrm{T}}A^{\mathrm{T}} + AP \prec 0$; 如果 $\forall |\arg(\lambda)| > \dfrac{\alpha_2\pi}{2}$, 则一定存在 $P \in \mathbb{P}_{\alpha_1}^{n\times n}$ 满足 $P^{\mathrm{T}}A^{\mathrm{T}} + AP \prec 0$, 甚至可以使用 $\mathbb{P}_1^{n\times n}$, 此时必要性不能保证, 会带来一定的保守性.

2.1.3 条件 $\mathcal{S}_{\alpha}^2$ 的判定

为了便于系统地描述和分析, 先给出 LMI 区域的定义.

定义 2.1.2 对于给定的线性矩阵函数 $f_D(s)$, 称 $D := \{s \in \mathbb{C} : f_D(s) \prec 0\}$

是复平面中的一个 LMI 区域, 且 $f_D(s)$ 为 LMI 区域 D 的特征函数.

定义 2.1.3　若特征函数被定义为

$$f_D(s) := \sum_{p,q \in \mathbb{N} \bigcup \{\infty\}} R_{pq}(s^* - s_0^*)^{\frac{p}{\sigma}}(s - s_0)^{\frac{q}{\sigma}}, \tag{2.53}$$

则相应的区域被称为分数阶 LMI 区域, 其中 $R_{pq} = R_{qp}^* \in \mathbb{C}^{\gamma \times \gamma}$, $p, q \in \mathbb{N} \cup \{\infty\}$, $\gamma \in \mathbb{Z}_+$, $\sigma \in (0,1)$, $s, s_0 \in \mathbb{C}$, $s \neq s_0$.

分数阶 LMI 区域是受梁舒研究员的工作启发, 对现有 LMI 区域的一个推广, 为了展现其与已有区域的不同, 定义 N 为 $p+q$ 的上界, 则有如表 2.1 所示的特性. 可以发现, 已有的 LMI 区域可以作为本节所提分数阶 LMI 区域的特例.

表 2.1　不同区域 D 对应特征函数 $f_D(s)$ 的特征

LMI 区域 D	R_{pq}	N	γ	σ	其他
[70] 中的 LMI 区域	复矩阵	$\leqslant +\infty$	1	1	Ω 可转换
[71] 中的 LMI 区域	实矩阵	1	$\geqslant 1$	1	$R_{01} = R_{10}^{\mathrm{T}}$
[72] 中的 LMI 区域	实矩阵	2	$\geqslant 1$	1	$R_{01} = R_{10}^{\mathrm{T}}, R_{11} \geqslant 0$
[73] 中的 LMI 区域	复矩阵	2	$\geqslant 1$	1	$R_{01} = R_{10}^*, R_{11} \geqslant 0$
分数阶 LMI 区域	复矩阵	$\leqslant +\infty$	$\geqslant 1$	> 0	$R_{pq} = R_{qp}^*$

由于这里涉及矩阵的分数次幂运算, 先给出一个有用的引理.

引理 2.1.4 [74]　对于矩阵 $A \in \mathbb{C}^{n \times n}$、非奇异矩阵 $X \in \mathbb{C}^{n \times n}$ 和函数 $f(\cdot)$, 有

(1) $f(X^{-1}AX) = X^{-1}f(A)X$;

(2) 如果 λ 是矩阵 A 的特征值, 则 $f(\lambda)$ 是矩阵 $f(A)$ 的特征值;

(3) 若 $J = \begin{bmatrix} \lambda & 1 & & \\ & \lambda & \ddots & \\ & & \ddots & 1 \\ & & & \lambda \end{bmatrix} \in \mathbb{C}^{r \times r}$, 则 $f(J) = \begin{bmatrix} f(\lambda) & f'(\lambda) & \cdots & \dfrac{f^{(r-1)}(\lambda)}{(r-1)!} \\ & f(\lambda) & \ddots & \vdots \\ & & \ddots & f'(\lambda) \\ & & & f(\lambda) \end{bmatrix}$.

定理 2.1.5　如果 λ 是矩阵 $A \in \mathbb{C}^{n \times n}$ 的特征值, v 是其对应的右特征向量, 则有

$$(A - s_0 I_n)^{\frac{q}{\sigma}}v = (\lambda - s_0)^{\frac{q}{\sigma}}v, \tag{2.54}$$

其中, $q \in \mathbb{N} \cup \{\infty\}$, $s_0 \in \mathbb{C}$, $s_0 \neq \lambda$, $1/\sigma \in \mathbb{Z}_+$.

证明　当 $q = 0$ 时, 式 (2.54) 退化为 $v = v$, 自然成立. 当 $q \neq 0$, 由 $Av = \lambda v$ 可知 $(A - s_0 I_n)v = (\lambda - s_0)v$, 进一步有 $(A - s_0 I_n)^2 v = (\lambda - s_0)(A - s_0 I_n)v = (\lambda - s_0)^2 v$, 由于 $1/\sigma \in \mathbb{Z}_+$, 所以式 (2.54) 成立. 至此, 定理得证.　□

定理 2.1.6 对于 Jordan 型矩阵 $J \in \mathbb{C}^{n \times n}$ 和非奇异矩阵 $T \in \mathbb{C}^{n \times n}$, 有

$$T^*[(TJT^{-1})^* - s_0^* I_n]^{\frac{p}{\sigma}} = (J^* - s_0^* I_n)^{\frac{p}{\sigma}} T^*, \tag{2.55}$$

其中, $p \in \mathbb{N} \cup \{\infty\}$, $s_0 \in \mathbb{C}$, $1/\sigma \in \mathbb{Z}_+$.

证明 当 $p = 0$ 时, 式 (2.55) 退化为 $T^* = T^*$, 自然成立. 当 $p \neq 0$ 时, 由 $1/\sigma \in \mathbb{Z}_+$ 可得

$$
\begin{aligned}
&T^*[(TJT^{-1})^* - s_0^* I_n]^{\frac{p}{\sigma}} \\
&= T^*[(T^*)^{-1}(J^* - s_0^* I_n) T^*]^{\frac{p}{\sigma}} \\
&= T^*[(T^*)^{-1}(J^* - s_0^* I_n) T^*] \cdots [(T^*)^{-1}(J^* - s_0^* I_n) T^*] \\
&= (J^* - s_0^* I_n)^{\frac{p}{\sigma}} T^*.
\end{aligned}
\tag{2.56}
$$

至此, 定理得证. □

定理 2.1.7 矩阵 $A \in \mathbb{C}^{n \times n}$ 的所有特征值 λ 在分数阶 LMI 区域 D 中的充要条件是, 存在 Hermitian 正定矩阵 $X \in \mathbb{C}^{n \times n}$ 满足

$$M_D(A, X) \prec 0, \tag{2.57}$$

其中, $M_D(A, X) := \sum_{p,q \in \mathbb{N} \cup \{\infty\}} R_{pq} \otimes (A^* - s_0^* I)^{\frac{p}{\sigma}} X (A - s_0 I)^{\frac{q}{\sigma}}$, $1/\sigma \in \mathbb{Z}_+$.

证明 该定理的证明将从两个方面逐一展开.

第 1 部分 ▶ 充分性.

假设 $\lambda \in \mathbb{C}$ 是矩阵 A 的特征值, $v \in \mathbb{C}^n$ 是相应的右特征向量, 即 $Av = \lambda v$. 应用矩阵 Kronecker 乘积的性质, 可得

$$
\begin{aligned}
&(I_n \otimes v^*) M_D(A, X)(I_n \otimes v) \\
&= (I_n \otimes v^*) \sum_{p,q \in \mathbb{N} \cup \{\infty\}} R_{pq} \otimes (A^* - s_0^* I_n)^{\frac{p}{\sigma}} X (A - s_0 I_n)^{\frac{q}{\sigma}} (I_n \otimes v) \\
&= \sum_{p,q \in \mathbb{N} \cup \{\infty\}} R_{pq} \otimes [v^*(A^* - s_0^* I_n)^{\frac{p}{\sigma}} X (A - s_0 I_n)^{\frac{q}{\sigma}} v] \\
&= \sum_{p,q \in \mathbb{N} \cup \{\infty\}} R_{pq} \otimes [(\lambda^* - s_0^*)^{\frac{p}{\sigma}} (\lambda - s_0)^{\frac{q}{\sigma}} (v^* X v)] \\
&= (v^* X v) \sum_{p,q \in \mathbb{N} \cup \{\infty\}} R_{pq} (\lambda^* - s_0^*)^{\frac{p}{\sigma}} (\lambda - s_0)^{\frac{q}{\sigma}} \\
&= (v^* X v) f_D(\lambda).
\end{aligned}
\tag{2.58}
$$

由 X 的正定性和 $M_D(A,X)$ 的负定性可得 $f_D(\lambda) \prec 0$, 由 λ 的任意性可知, 矩阵 A 所有的特征值均位于分数阶 LMI 区域 D 中.

第 2 部分 ▶ 必要性.

考虑 A 为对角矩阵 $\Lambda = \mathrm{diag}\{\lambda_1,\lambda_2,\cdots,\lambda_n\}$, 则有

$$M_D(\Lambda,I_n) = \sum_{p,q\in\mathbb{N}\bigcup\{\infty\}} R_{pq} \otimes (\Lambda^* - s_0^* I_n)^{\frac{p}{\sigma}}(\Lambda - s_0 I_n)^{\frac{q}{\sigma}}$$

$$= \mathrm{diag}\{f_D(\lambda_1),f_D(\lambda_2),\cdots,f_D(\lambda_n)\}. \tag{2.59}$$

由于矩阵 A 所有的特征值均位于分数阶 LMI 区域 D 中, 所以 $f_D(\lambda) \prec 0$ 成立, 从而存在 Hermitian 正定矩阵 $X = I$ 满足 $M_D(A,X) \prec 0$ 成立.

考虑 A 为 Jordan 型矩阵 J, 则总可以构造一个可逆的矩阵序列 $\{T_i\}$, 使得 $\lim\limits_{i\to+\infty} T_i^{-1}JT_i = \Lambda$ $\left(\text{例如 } J = \lambda I_r + \begin{bmatrix} & I_{r-1} \\ 0 & \end{bmatrix}, T_i = \mathrm{diag}\{i^{r-1},i^{r-2},\cdots,1\}\right)$. 由于 $M_D(Y,I_n)$ 是 Y 的一个连续函数, 所以如果矩阵 A 所有的特征值均位于分数阶 LMI 区域 D 中, 则有

$$\lim_{i\to+\infty} M_D(T_i^{-1}JT_i,I_n) = M_D(\lim_{i\to+\infty} T_i^{-1}JT_i,I_n) = M_D(\Lambda,I_n) \prec 0. \tag{2.60}$$

因此, 存在充分大的 i, 使得 $M_D(T_i^{-1}JT_i,I_n) \prec 0$. 记 $T := T_i^{-1}$, 则有

$$(I_n \otimes T^*)M_D(TJT^{-1},I_n)(I_n \otimes T)$$

$$= (I_n \otimes T^*) \sum_{p,q\in\mathbb{N}\bigcup\{\infty\}} R_{pq} \otimes ((TJT^{-1})^* - s_0^* I_n)^{\frac{p}{\sigma}}(TJT^{-1} - s_0 I_n)^{\frac{q}{\sigma}}(I_n \otimes T)$$

$$= \sum_{p,q\in\mathbb{N}\bigcup\{\infty\}} R_{pq} \otimes [T^*((TJT^{-1})^* - s_0^* I_n)^{\frac{p}{\sigma}}(TJT^{-1} - s_0 I_n)^{\frac{q}{\sigma}}T]$$

$$= \sum_{p,q\in\mathbb{N}\bigcup\{\infty\}} R_{pq} \otimes [(J^* - s_0^* I_n)^{\frac{p}{\sigma}}T^*T(J - s_0 I_n)^{\frac{q}{\sigma}}]$$

$$= M_D(J,T^*T), \tag{2.61}$$

从而存在 Hermitian 正定矩阵 $X = T^*T$ 满足 $M_D(A,X) \prec 0$ 成立.

综上所述, 定理得证. □

值得注意, 定理 2.1.5～定理 2.1.7 的 σ 满足要求 $1/\sigma \in \mathbb{Z}_+$, 如何利用引理 2.1.3 将相关结论拓展至 $\sigma \in (0,1)$, 进一步扩大适用范围, 值得研究.

由于当 $0 < \alpha < 1$ 时, 稳定子区域 $\mathcal{S}_\alpha^2$ 可以等价表示如下

$$\mathcal{S}_\alpha^2 = \left\{z \in \mathbb{C} : |z^{1/\alpha} - 1| > 1\right\}. \tag{2.62}$$

易知, 上式区域为一个分数阶 LMI 区域, 其中 $s_0 = 0, R_{01} = R_{10} = 1, R_{11} = -1$. 由于目标矩阵为实矩阵, 所以 Hermitian 正定矩阵可退化为实正定矩阵, 由定理 2.1.7 可得如下推论.

推论 2.1.1 矩阵 $A \in \mathbb{R}^{n \times n}$ 的所有特征值满足 $\lambda \in \mathcal{S}_\alpha^2$ 的充要条件是, 存在正定矩阵 $P \in \mathbb{R}^{n \times n}$ 使下式成立

$$PA^{1/\alpha} + (A^{1/\alpha})^{\mathrm{T}}P - (A^{1/\alpha})^{\mathrm{T}}PA^{1/\alpha} \prec 0, \tag{2.63}$$

其中, $1/\alpha \in \mathbb{Z}_+$.

注解 2.1.7 推论 2.1.1 可以看作 [62, 定理 9、定理 10] 的拓展, 虽然要求 $1/\alpha \in \mathbb{Z}_+$, $\lambda \in \mathcal{S}_\alpha^2$ 的情形, 借助模型变换理论可知, 该推论的阶次适用范围是所有有理阶次 α. 虽然推论 2.1.1 和定理 2.1.3 给出的都是充要条件, 但是实际系统通常很难将其特征值分开分别进行判定. 例如, 矩阵 A 的所有特征值满足 $\lambda \in \mathcal{S}_\alpha$, 且既有 $\lambda \in \mathcal{S}_\alpha^1$ 又有 $\lambda \in \mathcal{S}_\alpha^3$, 则这两种方法均不适用. 与定理 2.1.3 相比, 推论 2.1.1 仍有个缺点, 因为用到了系统矩阵 A 的幂次, 难以拓展至不确定情形, 更难用于控制器设计. 文献 [75, 定理 3] 提供了一种有效方法, 通过一系列半圆区域相并来逼近非凸区域, 可以实现非凸区域的任意精度凸逼近, 该工作可以作为本节工作的突破口.

注解 2.1.8 当 $\alpha \in (0, 1)$ 时, 由定理 2.1.2 可知, $\mathcal{S}_1 \subsetneq \mathcal{S}_\alpha$, 进而可构造如下充分性判据. 如果存在正定矩阵 $P \in \mathbb{R}^{n \times n}$ 满足 $PA + A^{\mathrm{T}}P - A^{\mathrm{T}}PA \prec 0$, 则系统 $_a^{\mathrm{C}}\nabla_k x(k) = Ax(k)$ 稳定. 如何进一步对稳定区域逼近, 减少保守性的同时, 获得更易使用的稳定判据. 除了进行稳定性分析, 还可进行控制器设计.

2.1.4 广义系统拓展

为了提高实用性, 接下来讨论一类比正常系统 (2.1) 更具广泛形式的动态系统——广义系统 [76], 又称为奇异系统 (descriptor systems 或 singular systems), 其状态空间模型由一组差分方程和代数方程构成, 分别描述了状态变量的动态特征和静态关系, 例如

$$E_a^{\mathrm{C}}\nabla_k^\alpha x(k) = Ax(k), \tag{2.64}$$

其中, $x(k) \in \mathbb{R}^n$ 是系统伪状态, α 为系统同元阶次, $\alpha \in (N-1, N)$, $N \in \mathbb{Z}_+$, $E \in \mathbb{R}^{n \times n}$ 是奇异矩阵, $\mathrm{rank}(E) = r < n$, A 为合适维数的常值矩阵. 不得不承认, 系统 (2.1) 可以看作系统 (2.64) 在 $E = I_n$ 时的特殊情况.

为了方便, 后续会用 $\{E, A, \alpha\}$ 表示广义分数阶系统 (2.64). 在继续探讨之前, 首先介绍一些基本定义.

定义 2.1.4 [77-79] (1) 如果存在常量 $s \in \mathbb{C}$ 使 $\det(sE - A) \neq 0$, 则称系统 $\{E, A, \alpha\}$ 是正则的;

(2) 如果 $\deg(\det(sE - A)) = \operatorname{rank}(E)$, 则称系统 $\{E, A, \alpha\}$ 是无脉冲的;

(3) 如果矩阵束 $\{E, A\}$ 的所有有限特征值都位于稳定区域, 即 $\lambda \in \mathcal{S}_\alpha$, 则称系统 $\{E, A, \alpha\}$ 是稳定的;

(4) 如果系统 $\{E, A, \alpha\}$ 是正则的、无脉冲的和稳定的, 则称系统 $\{E, A, \alpha\}$ 是容许的.

引理 2.1.5 [77-79]　系统 $\{E, A, \alpha\}$ 正则的充要条件是存在非奇异矩阵 M, N 满足

$$MEN = \begin{bmatrix} I_r & \\ & R \end{bmatrix}, \quad MAN = \begin{bmatrix} A_1 & \\ & I_{n-r} \end{bmatrix}, \tag{2.65}$$

其中, $A_1 \in \mathbb{R}^{r \times r}$, $R \in \mathbb{R}^{(n-r) \times (n-r)}$ 是幂零矩阵.

在引理 2.1.5 的基础上, 如果系统 (2.64) 正则, 则其可等价表示为

$$\begin{cases} {}_a^C \nabla_k^\alpha x_a(k) = A_1 x_a(k), \\ R_a^C \nabla_k^\alpha x_b(k) = x_b(k), \end{cases} \tag{2.66}$$

其中, $x_a(k) \in \mathbb{R}^r$, $x_b(k) \in \mathbb{R}^{n-r}$.

引理 2.1.6 [77,80]　假设系统 $\{E, A, \alpha\}$ 是正则的且 (2.64) 成立, 则有如下结论:

(1) 系统 $\{E, A, \alpha\}$ 是无脉冲的, 当且仅当 $R = 0$;

(2) 系统 $\{E, A, \alpha\}$ 是稳定的, 当且仅当 $\operatorname{eig}(A_1) \in \mathcal{S}_\alpha$;

(3) 系统 $\{E, A, \alpha\}$ 是容许的, 当且仅当 $R = 0$, $\operatorname{eig}(A_1) \in \mathcal{S}_\alpha$.

如果系统 (2.64) 正则, 在引理 2.1.5 的基础上, 可进一步得到存在非奇异矩阵 P, Q 满足

$$PEQ = \begin{bmatrix} I_r & \\ & 0 \end{bmatrix}, \quad PAQ = \begin{bmatrix} A_{11} & A_{12} \\ A_{21} & A_{22} \end{bmatrix}, \tag{2.67}$$

其中, $A_{11} \in \mathbb{R}^{r \times r}$, $A_{12} \in \mathbb{R}^{r \times (n-r)}$, $A_{21} \in \mathbb{R}^{(n-r) \times r}$, $A_{22} \in \mathbb{R}^{(n-r) \times (n-r)}$.

此时, 引理 2.1.6 可以进一步增强.

引理 2.1.7 [80]　假设系统 $\{E, A, \alpha\}$ 是正则的且 (2.67) 成立, 则有如下结论:

(1) 系统 $\{E, A, \alpha\}$ 是无脉冲的, 当且仅当 A_{22} 非奇异;

(2) 系统 $\{E, A, \alpha\}$ 是稳定的, 当且仅当 $\operatorname{eig}(A_1 - A_{12}A_{22}^{-1}A_{21}) \in \mathcal{S}_\alpha$;

(3) 系统 $\{E, A, \alpha\}$ 是容许的, 当且仅当 A_{22} 非奇异, $\operatorname{eig}(A_1 - A_{12}A_{22}^{-1}A_{21}) \in \mathcal{S}_\alpha$.

无脉冲性还有另一种常见的判定方法——广义特征向量法, 接下来给出相关定义和判据.

定义 2.1.5 [77-79,81] *矩阵束 $\{E, A\}$ 的广义特征向量定义如下:*

(1) *1 阶广义特征向量 v^1 满足 $Ev^1 = 0$;*

(2) *κ 阶广义特征向量 v^κ 满足 $Ev^\kappa = Av^{\kappa-1}$, $\kappa > 1$.*

矩阵束 $\{E, A\}$ 的特征值除了有 $n_1 = \deg(\det(sE - A))$ 个有限特征值 (也称有限动态模), 还有 $n - n_1$ 个无穷特征值, 它们又可分为脉冲模 (对应 v^1 的特征值, 也称为无穷远处动态模) 和静态模 (对应 v^κ 的特征值) 两类.

引理 2.1.8 [77,78,80,81] *系统 $\{E, A, \alpha\}$ 无脉冲的充要条件是矩阵束 $\{E, A\}$ 不存在 2 阶广义特征向量 v^2.*

正则性是广义系统区别于正常系统的一个最基本的特征, 正常系统本质上是正则的, 而广义系统却不然. 正则性是广义系统对允许初始条件有解存在且解唯一的充要条件. 无脉冲性保证广义系统中不出现无穷动态模, 即脉冲行为. 可以看出, 系统的无脉冲性包含了正则性.

定理 2.1.8 *如果存在矩阵 $P \in \mathbb{P}_\alpha^{n \times n}$ 和 $Q \in \mathbb{R}^{(n-r) \times n}$ 满足*

$$\mathrm{sym}(APE^{\mathrm{T}} + AE_1 Q) \prec 0, \tag{2.68}$$

则系统 (2.64) 是容许的, 其中 $E_1 \in \mathbb{R}^{n \times (n-r)}$ 列满秩且 $EE_1 = 0$.

证明 该定理将通过反证法完成证明, 假设系统 $\{E, A, \alpha\}$ 是有脉冲的, 则矩阵 E 至少存在 2 阶无穷左特征向量 $v \in \mathbb{R}^{1 \times n}$, 即 $v^2 E = v^1 A$, $v^1 E = 0$, $v^1 \neq 0$. 对式 (2.68) 两边分别左乘 v^1, 右乘 $(v^1)^{\mathrm{T}}$, 可得

$$
\begin{aligned}
& v^1 \mathrm{sym}(APE^{\mathrm{T}} + AE_0 Q)(v^1)^{\mathrm{T}} \\
& = v^1 \mathrm{sym}(APE^{\mathrm{T}})(v^1)^{\mathrm{T}} + v^1 \mathrm{sym}(AE_1 Q){v^1}^{\mathrm{T}} \\
& = \mathrm{sym}\left(v^1 PA(v^1 E)^{\mathrm{T}}\right) + \mathrm{sym}\left(v^1 AE_1 Q(v^1)^{\mathrm{T}}\right) \\
& = \mathrm{sym}\left(v^2 EE_1 Q(v^1)^{\mathrm{T}}\right) \\
& = 0,
\end{aligned}
\tag{2.69}
$$

这与式 (2.68) 相矛盾, 因此假设不成立, 即系统 $\{E, A, \alpha\}$ 是无脉冲的.

假设 λ 为矩阵束 $\{E, A\}$ 的有限特征值, v 是其对应的左特征向量, 即 $vA = \lambda vE$, $A^{\mathrm{T}} v^* = \bar{\lambda} E^{\mathrm{T}} v^*$. 由式 (2.68), 可得

$$
\begin{aligned}
& v \mathrm{sym}(APE^{\mathrm{T}} + AE_1 Q)v^* \\
& = v \mathrm{sym}(APE^{\mathrm{T}})v^* + v \mathrm{sym}(AE_1 Q)v^* \\
& = vAPE^{\mathrm{T}} v^* + vEP^{\mathrm{T}} A^{\mathrm{T}} v^* + vAE_1 Q v^* + vQ^{\mathrm{T}} E_1^{\mathrm{T}} A^{\mathrm{T}} v^*
\end{aligned}
$$

$$= \text{sym}(\lambda v E P E^{\mathrm{T}} v^*) + \text{sym}(\lambda v E E_1 Q v^*)$$

$$= v E (\lambda P + P^{\mathrm{T}} \bar{\lambda})(v E)^*$$

$$< 0. \tag{2.70}$$

由定理 2.1.4 的结论 (19) 和定义 2.1.4 可得, 系统 (2.64) 是容许的.　□

　　需要说明的是, 定理 2.1.8 并无正则性和无脉冲性的假设, 且无需等式约束有较强的实用性. 矩阵 P 与系统的有限动态行为有关, 而矩阵 Q 则与系统的脉冲行为和正则性相关, 也就是仅当系统无脉冲时, Q 才等于零.

　　定理 2.1.9　　如果存在矩阵 $P \in \mathbb{P}_\alpha^{n \times n}$ 和 $Q \in \mathbb{R}^{n \times (n-r)}$ 满足

$$\text{sym}(E^{\mathrm{T}} P A + Q E_2 A) \prec 0, \tag{2.71}$$

则系统 (2.64) 是容许的, 其中 $E_2 \in \mathbb{R}^{n \times (n-r)}$ 行满秩且 $E_2 E = 0$.

　　证明　　利用矩阵对称性, 由式 (2.71) 可得

$$\text{sym}(A^{\mathrm{T}} P^{\mathrm{T}} E + A^{\mathrm{T}} E_2^{\mathrm{T}} Q^{\mathrm{T}}) \prec 0. \tag{2.72}$$

定义 $\hat{P} := P^{\mathrm{T}}, \hat{Q} := Q^{\mathrm{T}}, \hat{A} := A^{\mathrm{T}}, \hat{E} := E^{\mathrm{T}}, \hat{E}_1 := E_2^{\mathrm{T}}$, 则有 $\hat{P} \in \mathbb{P}_\alpha^{n \times n}, \hat{Q} \in \mathbb{R}^{(n-r) \times n}$ 且

$$\text{sym}(\hat{A} \hat{P} \hat{E}^{\mathrm{T}} + \hat{A} \hat{E}_1 \hat{Q}) \prec 0. \tag{2.73}$$

利用定理 2.1.8 可得, 系统 $\hat{E}_a^{\mathrm{C}} \nabla_k^\alpha x(k) = \hat{A} x(k)$ 是容许的, 考虑到系统 $\{A, E, \alpha\}$ 与 $\{\hat{A}, \hat{E}, \alpha\}$ 的正则性、无脉冲性和稳定性等价, 所以它们的容许性等价, 即系统 (2.64) 是容许的. 至此, 定理得证.　□

　　定理 2.1.8~定理 2.1.9 是受 [77, 定理 3.2]、[81, 定理 1] 的启发而建立, 与已有结果相比, 更为简洁有效, 参考文献 [80, 82-84] 可以建立更多相关的判据.

　　考虑如下广义分数阶系统

$$\begin{cases} E_a^{\mathrm{C}} \nabla_k^\alpha x(k) = A x(k) + B u(k), \\ y(k) = C x(k), \end{cases} \tag{2.74}$$

其中, $x(k) \in \mathbb{R}^n$ 是系统伪状态, $u(k) \in \mathbb{R}^m$ 是控制输入, $y(k) \in \mathbb{R}^p$ 是测量输出, $\alpha > 1$ 为系统同元阶次, $E \in \mathbb{R}^{n \times n}$ 是奇异矩阵, $\text{rank}(E) = r < n$, A, B 和 C 分别为合适维数的常值矩阵.

　　在给出主要内容之前, 先介绍一个重要的引理.

　　引理 2.1.9　　系统 (2.74) 能控的充要条件是能控性矩阵 $M_C := [B\ AB \cdots A^{n-1} B]$ 行满秩. 系统 (2.74) 能观的充要条件是能观性矩阵 $M_O := [C^{\mathrm{T}}\ A^{\mathrm{T}} C^{\mathrm{T}} \cdots A^{(n-1)\mathrm{T}} C^{\mathrm{T}}]^{\mathrm{T}}$ 列满秩.

由于系统 (2.74) 能控只与矩阵对 $\{A, B\}$ 有关, 因此有时也被称为 $\{A, B\}$ 能控. 类似地, 系统 (2.74) 能观也常被称为 $\{A, C\}$ 能观.

定义 $\tilde{\alpha} := \dfrac{\alpha}{K}$, $\tilde{E} := \begin{bmatrix} I_{(K-1)n} & 0_{(K-1)n \times n} \\ 0_{n \times (K-1)n} & E \end{bmatrix}$, $\tilde{x}(k) := [\tilde{x}_1^{\mathrm{T}}(k) \ \tilde{x}_2^{\mathrm{T}}(k) \ \cdots$

$\tilde{x}_K^{\mathrm{T}}(k)]^{\mathrm{T}}$, $\tilde{x}_1(k) := x(k)$, $\tilde{A} := \begin{bmatrix} 0_{(K-1)n \times n} & I_{(K-1)n} \\ A & 0_{n \times (K-1)n} \end{bmatrix}$, $\tilde{B} := \begin{bmatrix} 0_{(K-1)n \times m} \\ B \end{bmatrix}$, $\tilde{C} :=$

$[C \ \ 0_{p \times (K-1)n}]$, 给出如下系统

$$\begin{cases} \tilde{E}_a^{\mathrm{C}} \nabla_k^{\tilde{\alpha}} \tilde{x}(k) = \tilde{A} \tilde{x}(k) + \tilde{B} u(k), \\ \qquad\quad y(k) = \tilde{C} \tilde{x}(k), \end{cases} \tag{2.75}$$

其中, $\alpha \in (N-1, N)$, $N, K \in \mathbb{Z}_+$, $K \geqslant N$. 易知, $\tilde{\alpha} \in (0, 1)$.

定理 2.1.10 对比系统 (2.75) 与系统 (2.74), 可得如下结论:

(1) $\{\tilde{A}, \tilde{B}\}$ 能控的充要条件是 $\{A, B\}$ 能控;

(2) $\{\tilde{A}, \tilde{C}\}$ 能观的充要条件是 $\{A, C\}$ 能观;

(3) 零输入条件下, 系统 (2.75) 容许的充要条件是系统 (2.74) 是容许的.

证明 本定理的证明将针对三条性质分别展开.

第 1 部分 ▶ 能控性.

由引理 2.1.9 可得, $\{A, B\}$ 能控的充要条件是能控性矩阵 M_C 行满秩. 为了方便定义 e_i 为单位矩阵 I_K 的第 i 列, $i = 1, 2, \cdots, K$, 则 $\{\tilde{A}, \tilde{B}\}$ 所对应的能控性矩阵 $\tilde{M}_C$ 可以表示为

$$\begin{aligned} \tilde{M}_C = & [\ \tilde{B} \quad \tilde{A}\tilde{B} \quad \cdots \quad \tilde{A}^{2n-1}\bar{B} \ ] \\ = & \begin{bmatrix} e_K \otimes B & e_{K-1} \otimes B & \cdots & e_1 \otimes B \\ e_K \otimes (AB) & e_{K-1} \otimes (AB) & \cdots & e_1 \otimes (AB) \\ \vdots & \vdots & & \vdots \\ e_K \otimes (A^{n-1}B) & e_{K-1} \otimes (A^{n-1}B) & \cdots & e_1 \otimes (A^{n-1}B) \end{bmatrix} \\ = & \ I_K \otimes M_C. \end{aligned} \tag{2.76}$$

从而有

$$\begin{aligned} \mathrm{rank}(\tilde{M}_C) &= \mathrm{rank}(I_K \otimes M_C) \\ &= \mathrm{rank}(I_K)\mathrm{rank}(M_C) \\ &= K\,\mathrm{rank}(M_C). \end{aligned} \tag{2.77}$$

考虑到 $M_C \in \mathbb{R}^{n \times nm}$, $\tilde{M}_C \in \mathbb{R}^{Kn \times Knm}$, 所以二者能控性等价成立.

第 2 部分 ▶ 能观性.

由引理 2.1.9 可得, $\{A, C\}$ 能观的充要条件是能观性矩阵 M_O 列满秩. $\{\tilde{A}, \tilde{B}\}$ 所对应的能观性矩阵 $\tilde{M}_O$ 满足

$$
\begin{aligned}
\tilde{M}_O =& [\; \tilde{C}^{\mathrm{T}} \quad \tilde{A}^{\mathrm{T}} \tilde{C}^{\mathrm{T}} \quad \cdots \quad \tilde{A}^{(Kn-1)\mathrm{T}} \tilde{C}^{\mathrm{T}} \;]^{\mathrm{T}} \\
=& \begin{bmatrix} e_1 \otimes C^{\mathrm{T}} & e_2 \otimes C^{\mathrm{T}} & \cdots & e_K \otimes C^{\mathrm{T}} \\ e_1 \otimes (A^{\mathrm{T}} C^{\mathrm{T}}) & e_2 \otimes (A^{\mathrm{T}} C^{\mathrm{T}}) & \cdots & e_K \otimes (A^{\mathrm{T}} C^{\mathrm{T}}) \\ \vdots & \vdots & & \vdots \\ e_1 \otimes (A^{(n-1)\mathrm{T}} C^{\mathrm{T}}) & e_2 \otimes (A^{(n-1)\mathrm{T}} C^{\mathrm{T}}) & \cdots & e_K \otimes (A^{(n-1)\mathrm{T}} C^{\mathrm{T}}) \end{bmatrix} \\
=& \, [I_K \otimes M_O^{\mathrm{T}}]^{\mathrm{T}} \\
=& \, I_K \otimes M_O.
\end{aligned} \tag{2.78}
$$

从而有

$$
\begin{aligned}
\mathrm{rank}(\tilde{M}_O) &= \mathrm{rank}(I_K \otimes M_O) \\
&= \mathrm{rank}(I_K)\mathrm{rank}(M_O) \\
&= K\mathrm{rank}(M_O).
\end{aligned} \tag{2.79}
$$

由于 $M_O \in \mathbb{R}^{np \times n}$, $\tilde{M}_O \in \mathbb{R}^{Knq \times Kn}$, 所以二者能观性等价成立.

第 3 部分 ▶ 容许性.

考虑到线性系统在零输入时的稳定性与初始值无关, 所以直接计算系统 (2.74) 从 u 到 x 的传递函数

$$
G_{ux}(s) = (s^{\alpha} E - A)^{-1} B. \tag{2.80}
$$

类似地, 可计算系统 (2.75) 从 u 到 x 的传递函数

$$
\begin{aligned}
\tilde{G}_{ux}(s) =& \, e_1^{\mathrm{T}} \otimes I_n (s^{\tilde{\alpha}} \tilde{E} - \tilde{A})^{-1} \tilde{B} \\
=& \, e_1^{\mathrm{T}} \otimes I_n \left\{ s^{\tilde{\alpha}} \begin{bmatrix} I_{(K-1)n} & 0_{(K-1)n \times n} \\ 0_{n \times (K-1)n} & E \end{bmatrix} \right. \\
& \left. - \begin{bmatrix} 0_{(K-1)n \times n} & I_{(K-1)n} \\ A & 0_{n \times (K-1)n} \end{bmatrix} \right\}^{-1} \begin{bmatrix} 0_{(K-1)n \times m} \\ B \end{bmatrix}
\end{aligned}
$$

$$= e_1^{\mathrm{T}} \otimes I_n \begin{bmatrix} s^{\tilde{\alpha}}I_n & -I_n & & & \\ & s^{\tilde{\alpha}}I_n & -I_n & & \\ & & \ddots & \ddots & \\ & & & s^{\tilde{\alpha}}I_n & -I_n \\ -A & & & & s^{\tilde{\alpha}}E \end{bmatrix}^{-1} \begin{bmatrix} 0_{(K-1)n \times m} \\ B \end{bmatrix}$$

$$= (s^{\alpha}E - A)^{-1}B = G_{ux}(s). \tag{2.81}$$

系统 (2.74) 从 u 到 y 的传递函数为

$$G_{uy}(s) = C(s^{\alpha}E - A)^{-1}B. \tag{2.82}$$

$$\tilde{G}_{uy}(s) = \begin{bmatrix} C & 0_{p \times (K-1)n} \end{bmatrix} (s^{\tilde{\alpha}}\tilde{E} - \tilde{A})^{-1}\tilde{B}$$

$$= \begin{bmatrix} C & 0_{p \times (K-1)n} \end{bmatrix} \left\{ s^{\tilde{\alpha}} \begin{bmatrix} I_{(K-1)n} & 0_{(K-1)n \times n} \\ 0_{n \times (K-1)n} & E \end{bmatrix} \right.$$

$$\left. - \begin{bmatrix} 0_{(K-1)n \times n} & I_{(K-1)n} \\ A & 0_{n \times (K-1)n} \end{bmatrix} \right\}^{-1} \begin{bmatrix} 0_{(K-1)n \times m} \\ B \end{bmatrix}$$

$$= \begin{bmatrix} C & 0_{p \times (K-1)n} \end{bmatrix} \begin{bmatrix} s^{\tilde{\alpha}}I_n & -I_n & & & \\ & s^{\tilde{\alpha}}I_n & -I_n & & \\ & & \ddots & \ddots & \\ & & & s^{\tilde{\alpha}}I_n & -I_n \\ -A & & & & s^{\tilde{\alpha}}E \end{bmatrix}^{-1} \begin{bmatrix} 0_{(K-1)n \times m} \\ B \end{bmatrix}$$

$$= C(s^{\alpha}E - A)^{-1}B = G_{uy}(s). \tag{2.83}$$

由于系统的容许性主要由 $\det(s^{\alpha}E - A) = 0$ 的根的分布决定, 且上述两系统的对应传递函数相等, 所以其容许性等价.

综上所述, 定理得证. □

当系统 (2.74) 正则、无脉冲时, 由式 (2.67) 可知, 存在非奇异矩阵 P, Q 使

$$E = P^{-1} \begin{bmatrix} I_r & \\ & 0 \end{bmatrix} Q^{-1}, \quad A = P^{-1} \begin{bmatrix} A_{11} & A_{12} \\ A_{21} & A_{22} \end{bmatrix} Q^{-1}, \tag{2.84}$$

其中, $\mathrm{rank}(A_{22}) = n - r$. 借助 `svd( )`, P 与 Q 可以计算得来.

定义 $\begin{bmatrix} x_a(k) \\ x_b(k) \end{bmatrix} := Q^{-1}x(k)$, $\begin{bmatrix} B_1 \\ B_2 \end{bmatrix} := PB$, 则系统 (2.74) 可等价表示为

$$\begin{bmatrix} I_r & \\ & 0 \end{bmatrix} \begin{bmatrix} {}^C_a\nabla^\alpha_k x_a(k) \\ {}^C_a\nabla^\alpha_k x_b(k) \end{bmatrix} = \begin{bmatrix} A_{11} & A_{12} \\ A_{21} & A_{22} \end{bmatrix} \begin{bmatrix} x_a(k) \\ x_b(k) \end{bmatrix} + \begin{bmatrix} B_1 \\ B_2 \end{bmatrix} u(k). \quad (2.85)$$

定义 $A_a := A_{11} - A_{12}A_{22}^{-1}A_{21}$, $B_a := B_1 - A_{12}A_{22}^{-1}B_2$, $A_b := -A_{22}^{-1}A_{21}$ 和 $B_b := -A_{22}^{-1}B_2$, 则式 (2.74) 可以表示成如下差分方程和代数方程

$$\begin{cases} {}^C_a\nabla^\alpha_k x_a(k) = A_a x_a(k) + B_a u(k), \\ \qquad x_b(k) = A_b x_a(k) + B_b u(k). \end{cases} \quad (2.86)$$

系统 (2.86) 也常被称为系统 (2.74) 的 Weierstrass 分解形式. 不难发现, $x_a(k)$ 由常规分数阶差分系统决定, $x_b(k)$ 可由 $x_a(k)$ 和 $u(k)$ 计算所得. 由于 $u(k)$, $k \in \mathbb{N}_{a+1}$, 即 $u(a) = 0$, 所以 a 时刻输入 $u(k)$ 无法影响系统. 为了保证系统 (2.86) 的第二个方程在 $k = a$ 时成立, 初始条件需保证 $x_b(a) = A_b x_a(a)$. 在此基础上, 可以计算系统 (2.74) 在 $k \in \mathbb{N}_{a+1}$ 上的时域响应.

2.2   控制器设计

在接下来的章节, 将讨论如下广义分数阶系统

$$\begin{cases} E{}^C_a\nabla^\alpha_k x(k) = A x(k) + B u(k), \\ \qquad y(k) = C x(k), \end{cases} \quad (2.87)$$

其中, $x(k) \in \mathbb{R}^n$ 是系统伪状态, $u(k) \in \mathbb{R}^m$ 是控制输入, $y(k) \in \mathbb{R}^p$ 是测量输出, $0 < \alpha < 1$ 为系统同元阶次, $E \in \mathbb{R}^{n \times n}$ 是奇异矩阵, $\mathrm{rank}(E) = r < n$, A, B 和 C 分别为合适维数的常值矩阵.

不失一般性, 假设 $\{A, B\}$ 是能控的, $\{A, C\}$ 是能观的, 这也保证了存在实矩阵 K, L 使得 $\{E, A + BK\}$ 和 $\{E, A + LC\}$ 是容许的. 在此基础上, 将讨论通过各种反馈信号设计控制器, 保证闭环控制系统的容许性.

2.2.1   状态反馈

通过状态反馈的方式设计控制器

$$u(k) = K x(k), \quad (2.88)$$

则闭环系统可以表示为

$$E{}^C_a\nabla^\alpha_k x(k) = (A + BK) x(k), \quad (2.89)$$

其中, $K \in \mathbb{R}^{m \times n}$ 是待设计的增益矩阵.

定理 2.2.1   如果存在矩阵 $P \in \mathbb{P}_\alpha^{n \times n}$, $Q \in \mathbb{R}^{(n-r) \times n}$ 和 $R \in \mathbb{R}^{m \times n}$ 满足

$$\mathrm{sym}(APE^T + AE_1Q + BR) \prec 0, \tag{2.90}$$

则闭环控制系统 (2.89) 是容许的, 且期望的控制增益为

$$K = R(PE^T + E_1Q)^{-1}, \tag{2.91}$$

其中, $E_1 \in \mathbb{R}^{n \times (n-r)}$ 列满秩且 $EE_1 = 0$.

证明   将式 (2.91) 代入式 (2.90), 可得

$$\mathrm{sym}((A+BK)(PE^T + E_1Q)) \prec 0. \tag{2.92}$$

由定理 2.1.8 可得, 系统 (2.89) 是容许的. 至此, 定理得证. $\square$

在式 (2.90) 中出现了 $BKPE^T$ 和 BKE_1Q, 由于 P, Q 和 K 都是未知矩阵, 这里借鉴文献 [83, 定理 3] 的思想, 将 $PE^T + E_1Q$ 当作一个整体处理, 避免了文献 [85, 定理 1]、[86, 定理 11] 通过奇异值分解的方法处理带来的保守性, 且与已有方法相比, 定理 2.2.1 更为简洁. 为了提高收敛速度, 可以引入新的参数 $\gamma \geqslant 0$, 将 (2.90) 替换为 $\mathrm{sym}(APE^T + AE_1Q + BR) + \gamma I_n \prec 0$.

在定理 2.2.1 的基础上, 如果利用推论 2.2.1, 则需要借助如下类似引理消除耦合项求解得到增益矩阵 K.

引理 2.2.1 [87, 引理 3.1]   对于给定矩阵 Φ, ρ 和 η, 可得

$$\Phi + \mathrm{sym}(\rho\eta^T) \prec 0 \tag{2.93}$$

的充要条件是存在矩阵 G 满足

$$\begin{bmatrix} \Phi - \rho G \rho^T & \eta^T + G^T \rho^T \\ * & -G \end{bmatrix} \prec 0, \tag{2.94}$$

其中, "$*$" 表示对称矩阵中的某些可推测出的元素.

引理 2.2.2 [88, 引理 2.3]   对于给定矩阵 Φ, ρ 和 η, 可得

$$\begin{cases} \Phi \prec 0 \\ \Phi + \mathrm{sym}(\rho\eta^T) \prec 0 \end{cases} \tag{2.95}$$

的充要条件是存在矩阵 G 满足

$$\begin{bmatrix} \Phi & \rho + \eta G^T \\ * & -G - G^T \end{bmatrix} \prec 0. \tag{2.96}$$

2.2.2　观测状态反馈

当伪状态不能直接检测时, 可以通过构造观测器

$$E_a^{\mathrm{C}}\nabla_k^\alpha \hat{x}(k) = A\hat{x}(k) + Bu(k) + L[C\hat{x}(k) - y(k)], \tag{2.97}$$

进而设计控制器

$$u(k) = K\hat{x}(k), \tag{2.98}$$

若引入新的变量 $\bar{E} := \begin{bmatrix} E & \\ & E \end{bmatrix}$, $\bar{x}(k) := \begin{bmatrix} x(k) \\ e(k) \end{bmatrix}$, $e(k) := x(k) - \hat{x}(k)$, $\bar{A} :=$ $\begin{bmatrix} A+BK & -BK \\ 0 & A+LC \end{bmatrix}$, 则闭环系统可以表示为

$$\bar{E}_a^{\mathrm{C}}\nabla_k^\alpha \bar{x}(k) = \bar{A}\bar{x}(k), \tag{2.99}$$

其中, $\hat{x}(k) \in \mathbb{R}^n$ 是观测状态, $L \in \mathbb{R}^{n\times p}$ 和 $K \in \mathbb{R}^{m\times n}$ 是待设计的增益矩阵.

定理 2.2.2　如果存在矩阵 $P_1, P_2 \in \mathbb{P}_\alpha^{n\times n}$, $Q_1 \in \mathbb{R}^{(n-r)\times n}$, $Q_2 \in \mathbb{R}^{n\times(n-r)}$, $R_1 \in \mathbb{R}^{m\times n}$ 和 $R_2 \in \mathbb{R}^{n\times p}$ 满足

$$\mathrm{sym}(AP_1E^{\mathrm{T}} + AE_1Q_1 + BR_1) \prec 0, \tag{2.100}$$

$$\mathrm{sym}(E^{\mathrm{T}}P_2A + Q_2E_2A + R_2C) \prec 0, \tag{2.101}$$

则闭环控制系统 (2.99) 是容许的, 且期望的控制增益为

$$K = R_1(P_1E^{\mathrm{T}} + E_1Q_1)^{-1}, \tag{2.102}$$

$$L = (E^{\mathrm{T}}P_2 + Q_2E_2)^{-1}R_2, \tag{2.103}$$

其中, $E_1 \in \mathbb{R}^{n\times(n-r)}$, $E_2 \in \mathbb{R}^{(n-r)\times n}$, $\mathrm{rank}(E_1) = \mathrm{rank}(E_2) = n-r$, $EE_1 = 0$, $E_2E = 0$.

证明　由式 (2.101) 和推论 2.2.1, 可得系统 $E_a^{\mathrm{C}}\nabla_k^\alpha e(k) = (A+LC)e(k)$ 是容许的, 利用定理 2.2.1, 可得存在矩阵 $\tilde{P}_2 \in \mathbb{P}_\alpha^{n\times n}$, $\tilde{Q}_2 \in \mathbb{R}^{(n-r)\times n}$ 满足

$$\Theta = \mathrm{sym}((A+LC)\tilde{P}_2E^{\mathrm{T}} + (A+LC)E_1\tilde{Q}_2) \prec 0. \tag{2.104}$$

式 (2.100) 可以被等价表示为

$$\Xi = \mathrm{sym}((A+BK)P_1E^{\mathrm{T}} + (A+BK)E_1Q_1) \prec 0, \tag{2.105}$$

这意味着 $E_a^{\mathrm{C}}\nabla_k^\alpha x(k) = (A+BK)x(k)$ 是容许的.

联立式 (2.104) 和式 (2.105)，利用 Schur 补引理，可知存在标量 $\epsilon > 0$ 使得下述 LMI 成立

$$\operatorname{sym}(\bar{A}P\bar{E}^{\mathrm{T}} + \bar{A}\bar{E}_1 Q)$$
$$= \begin{bmatrix} \Xi & -\epsilon BK(\tilde{P}_2 E^{\mathrm{T}} + E_1 \tilde{Q}_2) \\ * & \epsilon\Theta \end{bmatrix} \prec 0, \tag{2.106}$$

其中，$P = \begin{bmatrix} P_1 & \\ & \epsilon\tilde{P}_2 \end{bmatrix}$，$Q = \begin{bmatrix} Q_1 & \\ & \epsilon\tilde{Q}_2 \end{bmatrix}$，$\bar{E}_1 = \begin{bmatrix} E_1 & \\ & E_1 \end{bmatrix}$. 由定理 2.1.4 的结论 (8) 和 (10)，可得 $P \in \mathbb{P}_\alpha^{2n \times 2n}$. 因为 $EE_1 = 0$，所以有 $\bar{E}\bar{E}_1 = 0$. 基于式 (2.106) 并利用定理 2.2.1，可得系统 (2.99) 是容许的. 至此，定理得证. $\qquad\square$

定理 2.2.2 的证明同样可以利用分离定理完成，其与 [89, 定理 3] 相比，去除了复矩阵和多余的决策变量，更为简洁、方便；与 [90, 定理 3.2] 相比，通过阶次细分等价变换即可处理 $\alpha > 1$ 的情形，避免了 Kronecker 乘积的使用.

2.2.3 静态输出反馈

通过静态输出反馈的方式设计控制器

$$u(k) = Fy(k), \tag{2.107}$$

则闭环系统可以表示为

$$E_a^{\mathrm{C}} \nabla_k^\alpha x(k) = (A + BFC)x(k), \tag{2.108}$$

其中，$F \in \mathbb{R}^{m \times p}$ 是待设计的增益矩阵.

因为 F 左右都有矩阵，且矩阵 B, C 可能不是方阵，前述的容许性判据不便于分离决策变量，所以可利用引理 2.2.2 引入松弛矩阵来解决.

定理 2.2.3 如果存在矩阵 $P \in \mathbb{P}_\alpha^{n \times n}$，$Q \in \mathbb{R}^{n \times (n-r)}$，$G \in \mathbb{R}^{m \times m}$ 和 $H \in \mathbb{R}^{m \times p}$ 满足下述 LMI，

$$\begin{bmatrix} \Phi & (E^{\mathrm{T}}P + QE_2)B + C^{\mathrm{T}}H^{\mathrm{T}} - K_0^{\mathrm{T}}G^{\mathrm{T}} \\ * & -G - G^{\mathrm{T}} \end{bmatrix} \prec 0, \tag{2.109}$$

则闭环控制系统 (2.106) 是容许的，且期望的控制增益为

$$F = G^{-1}H, \tag{2.110}$$

其中，$\Phi := \operatorname{sym}(E^{\mathrm{T}}P(A + BK_0) + QE_2(A + BK_0))$，$E_2 \in \mathbb{R}^{(n-r) \times n}$ 行满秩且 $E_2 E = 0$，K_0 是以中间矩阵满足 $K_0 := Z(XE^{\mathrm{T}} + E_1 Y)^{-1}$. 矩阵 $X \in \mathbb{P}_\alpha^{n \times n}$，

$Y \in \mathbb{R}^{(n-r) \times n}$ 和 $Z \in \mathbb{R}^{m \times n}$ 满足

$$\mathrm{sym}(AXE^{\mathrm{T}} + AE_1Y + BZ) \prec 0, \tag{2.111}$$

其中, $E_1 \in \mathbb{R}^{n \times (n-r)}$ 列满秩且 $EE_1 = 0$.

证明 令 $\rho := (E^{\mathrm{T}}P + QE_2)B$, $\eta := C^{\mathrm{T}}F^{\mathrm{T}} - K_0^{\mathrm{T}}$, 则式 (2.109) 符合式 (2.108) 的形式, 利用引理 2.2.1, 则可得到等价的条件

$$\Phi = \mathrm{sym}\left(E^{\mathrm{T}}P(A + BK_0) + QE_2(A + BK_0)\right) \prec 0, \tag{2.112}$$

$$\begin{aligned}
\Phi + \mathrm{sym}(\rho\eta^{\mathrm{T}}) &= \mathrm{sym}\left(E^{\mathrm{T}}P(A + BK_0) + QE_2(A + BK_0)\right) \\
&\quad + \mathrm{sym}\left((E^{\mathrm{T}}P + QE_2)B(C^{\mathrm{T}}F^{\mathrm{T}} - K_0^{\mathrm{T}})^{\mathrm{T}}\right) \\
&= \mathrm{sym}\left(E^{\mathrm{T}}P(A + BK_0) + QE_2(A + BK_0)\right) \\
&\quad + \mathrm{sym}\left(E^{\mathrm{T}}P(BFC - BK_0) + QE_2(BFC - BK_0)\right) \\
&= \mathrm{sym}\left(E^{\mathrm{T}}P(A + BFC) + QE_2(A + BFC)\right) \\
&\prec 0. \tag{2.113}
\end{aligned}$$

由式 (2.113) 和推论 2.2.1 可知, 系统 (2.106) 是容许的. 至此, 定理得证. □

注解 2.2.1 [91,定理 3] 研究了连续时间系统输出反馈控制问题, 由于采用了奇异值分解方法, 存在一定保守性; 因为错误使用了不等式放缩, 所得判据是错误的, 难以借鉴. [92, 定理 2] 利用 Weierstrass 分解和奇异值分解, 给出了闭环系统容许性的充分条件. 与 [93, 定理 3.1] 类似, 定理 2.2.3 通过引入松弛矩阵 G, 解决了决策矩阵的非线性问题. 值得注意的是 K_0 相当于虚拟状态反馈控制 $u(k) = K_0x(k)$ 使得相应闭环系统是容许的, 进而保证 $\Phi \prec 0$ 和引理 2.2.2 可用, 最终给出了充分条件.

2.2.4 动态输出反馈

若通过动态输出反馈的方式设计如下控制输入

$$_a^{\mathrm{C}}\nabla_k^\alpha u(k) = My(k) + Nu(k). \tag{2.114}$$

引入新的变量 $\bar{E} := \begin{bmatrix} E \\ & I \end{bmatrix}$, $\bar{x}(k) := \begin{bmatrix} x(k) \\ u(k) \end{bmatrix}$, $\bar{A} := \begin{bmatrix} A & B \\ 0_{m \times n} & 0_m \end{bmatrix}$, $\bar{B} := \begin{bmatrix} 0_{n \times m} \\ I_m \end{bmatrix}$, $\bar{C} := \begin{bmatrix} C & 0_{p \times m} \\ 0_{m \times n} & I_m \end{bmatrix}$, $\bar{F} := [\, M \;\; N \,]$, 则闭环系统可以表示为

$$\bar{E}_a^{\mathrm{C}}\nabla_k^\alpha \bar{x}(k) = (\bar{A} + \bar{B}\bar{F}\bar{C})\bar{x}(k), \tag{2.115}$$

其中, $\bar{F} \in \mathbb{R}^{m \times (p+m)}$ 是待设计的增益矩阵.

定理 2.2.4 $\{\bar{A}, \bar{B}\}$ 是能控的, $\{\bar{A}, \bar{C}\}$ 是能观的.

证明 关于 $\{\bar{A}, \bar{B}\}$ 的能控性矩阵 $\bar{M}_C$ 可以表示为

$$
\begin{aligned}
\bar{M}_C &= [\bar{B} \quad \bar{A}\bar{B} \quad \cdots \quad \bar{A}^{n+m-1}\bar{B}] \\
&= \left[\begin{array}{c|c|c|c}
0_{n \times m} & B & \cdots & A^{n+m-2}B \\
I_m & 0_m & \cdots & 0_m
\end{array} \right].
\end{aligned}
\tag{2.116}
$$

进一步可得

$$
\begin{aligned}
\operatorname{rank}(\bar{M}_C) &= \operatorname{rank}(I_m) + \operatorname{rank}([B \quad AB \quad \cdots \quad A^{n+m-2}B]) \\
&\geqslant \operatorname{rank}(I_m) + \operatorname{rank}([B \quad AB \quad \cdots \quad A^{n-1}B]) \\
&= m + n.
\end{aligned}
\tag{2.117}
$$

考虑到 $\bar{M}_C \in \mathbb{R}^{(n+m) \times (n+m)m}$, 所以有

$$
\begin{aligned}
\operatorname{rank}(\bar{M}_C) &\leqslant \min\{m+n, (m+n)m\} \\
&= m + n.
\end{aligned}
\tag{2.118}
$$

联合式 (2.117) 和式 (2.118), 可得

$$
\operatorname{rank}(\bar{M}_C) = m + n.
\tag{2.119}
$$

这意味着 $\{\bar{A}, \bar{B}\}$ 是能控的.

类似地, 关于 $\{\bar{A}, \bar{C}\}$ 的能观性矩阵 $\bar{M}_O$ 可以表示为

$$
\begin{aligned}
\bar{M}_O &= [\bar{C}^{\mathrm{T}} \quad \bar{A}^{\mathrm{T}}\bar{C}^{\mathrm{T}} \quad \cdots \quad \bar{A}^{(n+m-1)\mathrm{T}}\bar{C}^{\mathrm{T}}]^{\mathrm{T}} \\
&= \left[\begin{array}{cc|cc|c|cc}
C^{\mathrm{T}} & 0_{n \times m} & A^{\mathrm{T}}C^{\mathrm{T}} & 0_{n \times m} & \cdots & A^{(n+m-1)\mathrm{T}}C^{\mathrm{T}} & 0_{n \times m} \\
0_{n \times p} & I_m & B^{\mathrm{T}}C^{\mathrm{T}} & 0_m & \cdots & B^{\mathrm{T}}A^{(n+m-2)\mathrm{T}}C^{\mathrm{T}} & 0_m
\end{array} \right]^{\mathrm{T}}.
\end{aligned}
\tag{2.120}
$$

进一步可得

$$
\begin{aligned}
\operatorname{rank}(\bar{M}_O) &= \operatorname{rank}(I_m) + \operatorname{rank}([C^{\mathrm{T}} \; A^{\mathrm{T}}C^{\mathrm{T}} \; \cdots \; A^{(n+m-1)\mathrm{T}}C^{\mathrm{T}}]) \\
&\geqslant \operatorname{rank}(I_m) + \operatorname{rank}([C^{\mathrm{T}} \; A^{\mathrm{T}}C^{\mathrm{T}} \; \cdots \; A^{(n-1)\mathrm{T}}C^{\mathrm{T}}]) \\
&= m + n.
\end{aligned}
\tag{2.121}
$$

考虑到 $\bar{M}_O \in \mathbb{R}^{(n+m)m \times (n+m)}$, 所以有

$$\mathrm{rank}(\bar{M}_O) \leqslant \min\{(m+n)m, m+n\}$$
$$= m + n. \tag{2.122}$$

联合式 (2.121) 和式 (2.122), 可得

$$\mathrm{rank}(\bar{M}_O) = m + n. \tag{2.123}$$

这意味着 $\{\bar{A}, \bar{C}\}$ 是能观的.

综上所述, 定理得证. $\qquad\square$

至此, 动态输出反馈控制问题就转化为静态输出反馈控制问题, 在定理 2.2.3 的基础上, 可以得到如下推论, 且期望增益矩阵可以表示为 $M = \bar{F}(1:m, 1:p)$, $N = \bar{F}(1:m, p+1:p+m)$.

推论 2.2.1 如果存在矩阵 $P \in \mathbb{P}_\alpha^{(n+m) \times (n+m)}$, $Q \in \mathbb{R}^{(n+m) \times (n-r)}$, $G \in \mathbb{R}^{m \times m}$ 和 $H \in \mathbb{R}^{m \times (m+p)}$ 满足下述 LMI,

$$\begin{bmatrix} \Phi & (\bar{E}^{\mathrm{T}} P + Q E_2)\bar{B} + \bar{C}^{\mathrm{T}} H^{\mathrm{T}} - K_0^{\mathrm{T}} G^{\mathrm{T}} \\ * & -G - G^{\mathrm{T}} \end{bmatrix} \prec 0, \tag{2.124}$$

则闭环控制系统 (2.115) 是容许的, 且期望的控制增益为

$$\bar{F} = G^{-1} H, \tag{2.125}$$

其中, $\Phi := \mathrm{sym}(\bar{E}^{\mathrm{T}} P(\bar{A} + \bar{B} K_0) + Q E_2(\bar{A} + \bar{B} K_0))$, $E_2 \in \mathbb{R}^{(n-r) \times (n+m)}$ 行满秩且 $E_2 \bar{E} = 0$, K_0 以中间矩阵满足 $K_0 := Z(X\bar{E}^{\mathrm{T}} + E_1 Y)^{-1}$. 矩阵 $X \in \mathbb{P}_\alpha^{(n+m) \times (n+m)}$, $Y \in \mathbb{R}^{(n-r) \times (n+m)}$ 和 $Z \in \mathbb{R}^{m \times (n+m)}$ 满足

$$\mathrm{sym}(\bar{A} X \bar{E}^{\mathrm{T}} + \bar{A} E_1 Y + \bar{B} Z) \prec 0, \tag{2.126}$$

其中, $E_1 \in \mathbb{R}^{(n+m) \times (n-r)}$ 列满秩且 $\bar{E} E_1 = 0$.

若通过动态输出反馈的方式设计如下控制器

$$\begin{cases} {}_a^{\mathrm{C}}\nabla_k^\alpha z(k) = A_u z(k) + B_u y(k), \\ \quad u(k) = C_u z(k) + D_u y(k), \end{cases} \tag{2.127}$$

引入新的变量 $\bar{E} := \begin{bmatrix} E & \\ & I \end{bmatrix}$, $\bar{x}(k) := \begin{bmatrix} x(k) \\ z(k) \end{bmatrix}$, $\bar{A} := \begin{bmatrix} A & 0_{n\times q} \\ 0_{q\times n} & 0_q \end{bmatrix}$, $\bar{B} :=$

$\begin{bmatrix} 0_{n\times q} & B \\ I_q & 0_{q\times m} \end{bmatrix}$, $\bar{C} := \begin{bmatrix} 0_{q\times n} & I_q \\ C & 0_{p\times q} \end{bmatrix}$, $\bar{F} := \begin{bmatrix} A_u & B_u \\ C_u & D_u \end{bmatrix}$, 则闭环系统可以表示为

$$\bar{E}_a^C \nabla_k^\alpha \bar{x}(k) = (\bar{A} + \bar{B}\bar{F}\bar{C})\bar{x}(k), \tag{2.128}$$

其中, $z(k) \in \mathbb{R}^q$ 是控制器伪状态, $\bar{F} \in \mathbb{R}^{(p+q)\times(p+q)}$ 是待设计的增益矩阵.

定理 2.2.5 $\{\bar{A}, \bar{B}\}$ 是能控的, $\{\bar{A}, \bar{C}\}$ 是能观的.

证明 关于 $\{\bar{A}, \bar{B}\}$ 的能控性矩阵 $\bar{M}_C$ 可以表示为

$$\bar{M}_C = \begin{bmatrix} \bar{B} & \bar{A}\bar{B} & \cdots & \bar{A}^{n+q-1}\bar{B} \end{bmatrix}$$

$$= \begin{bmatrix} 0_{n\times q} & B & 0_{n\times q} & AB & \cdots & 0_{n\times q} & A^{n+q-1}B \\ I_q & 0_{q\times m} & 0_q & 0_{q\times m} & \cdots & I_q & 0_{q\times m} \end{bmatrix}. \tag{2.129}$$

进一步可得

$$\begin{aligned} \operatorname{rank}(\bar{M}_C) &= \operatorname{rank}(I_q) + \operatorname{rank}([B \quad AB \quad \cdots \quad A^{n+q-1}B]) \\ &\geqslant \operatorname{rank}(I_q) + \operatorname{rank}([B \quad AB \quad \cdots \quad A^{n-1}B]) \\ &= q + n. \end{aligned} \tag{2.130}$$

考虑到 $\bar{M}_C \in \mathbb{R}^{(n+q)\times(n+q)(m+q)}$, 所以有

$$\begin{aligned} \operatorname{rank}(\bar{M}_C) &\leqslant \min\{n+q, (n+q)(m+q)\} \\ &= n + q. \end{aligned} \tag{2.131}$$

联合式 (2.130) 和式 (2.131), 可得

$$\operatorname{rank}(\bar{M}_C) = n + q. \tag{2.132}$$

这意味着 $\{\bar{A}, \bar{B}\}$ 是能控的.

类似地, 关于 $\{\bar{A}, \bar{C}\}$ 的能观性矩阵 $\bar{M}_O$ 可以表示为

$$\bar{M}_O = [\bar{C}^T \quad \bar{A}^T\bar{C}^T \quad \cdots \quad \bar{A}^{(n+q-1)T}\bar{C}^T]^T$$

$$= \begin{bmatrix} 0_{n\times p} & C^T & 0_{n\times p} & A^TC^T & \cdots & 0_{n\times p} & A^{(n+q-1)T}C^T \\ I_q & 0_{q\times p} & 0_q & 0_{q\times p} & \cdots & 0_q & 0_{q\times p} \end{bmatrix}^T. \tag{2.133}$$

进一步可得

$$
\begin{aligned}
\mathrm{rank}(\bar{M}_O) &= \mathrm{rank}(I_q) + \mathrm{rank}([C^{\mathrm{T}} \ A^{\mathrm{T}}C^{\mathrm{T}} \ \cdots \ A^{(n+q-1)\mathrm{T}}C^{\mathrm{T}}]) \\
&\geqslant \mathrm{rank}(I_q) + \mathrm{rank}([C^{\mathrm{T}} \ A^{\mathrm{T}}C^{\mathrm{T}} \ \cdots \ A^{(n-1)\mathrm{T}}C^{\mathrm{T}}]) \\
&= q + n.
\end{aligned}
\tag{2.134}
$$

考虑到 $\bar{M}_O \in \mathbb{R}^{(n+q)(p+q)\times(n+q)}$, 所以有

$$
\begin{aligned}
\mathrm{rank}(\bar{M}_O) &\leqslant \min\{(n+q)(p+q), n+q\} \\
&= n + q.
\end{aligned}
\tag{2.135}
$$

联合式 (2.134) 和式 (2.135), 可得

$$
\mathrm{rank}(\bar{M}_O) = n + q.
\tag{2.136}
$$

这意味着 $\{\bar{A}, \bar{C}\}$ 是能观的.

综上所述, 定理得证. □

至此, 这类动态输出反馈控制问题又转化为静态输出反馈控制问题, 在定理 2.2.3 的基础上, 可以得到如下推论, 且期望增益矩阵可以表示为 $A_u = \bar{F}(1:q, 1:q)$, $B_u = \bar{F}(1:q, q+1:q+p)$, $C_u = \bar{F}(q+1:q+m, 1:q)$, $D_u = \bar{F}(q+1:q+m, q+1:q+p)$.

推论 2.2.2　如果存在矩阵 $P \in \mathbb{P}_\alpha^{(n+q)\times(n+q)}$, $Q \in \mathbb{R}^{(n+q)\times(n-r)}$, $G \in \mathbb{R}^{(m+q)\times(m+q)}$ 和 $H \in \mathbb{R}^{(m+q)\times(p+q)}$ 满足下述 LMI,

$$
\begin{bmatrix}
\Phi & (\bar{E}^{\mathrm{T}}P + QE_2)\bar{B} + \bar{C}^{\mathrm{T}}H^{\mathrm{T}} - K_0^{\mathrm{T}}G^{\mathrm{T}} \\
* & -G - G^{\mathrm{T}}
\end{bmatrix} \prec 0,
\tag{2.137}
$$

则闭环控制系统 (2.128) 是容许的, 且期望的控制增益为

$$
\bar{F} = G^{-1}H,
\tag{2.138}
$$

其中, $\Phi := \mathrm{sym}(\bar{E}^{\mathrm{T}}P(\bar{A} + \bar{B}K_0) + QE_2(\bar{A} + \bar{B}K_0))$, $E_2 \in \mathbb{R}^{(n-r)\times(n+q)}$ 行满秩且 $E_2\bar{E} = 0$, K_0 以中间矩阵满足 $K_0 := Z(X\bar{E}^{\mathrm{T}} + E_1Y)^{-1}$. 矩阵 $X \in \mathbb{P}_\alpha^{(n+q)\times(n+q)}$, $Y \in \mathbb{R}^{(n-r)\times(n+q)}$ 和 $Z \in \mathbb{R}^{(m+q)\times(n+q)}$ 满足

$$
\mathrm{sym}(\bar{A}X\bar{E}^{\mathrm{T}} + \bar{A}E_1Y + \bar{B}Z) \prec 0,
\tag{2.139}
$$

其中, $E_1 \in \mathbb{R}^{(n+q)\times(n-r)}$ 列满秩且 $\bar{E}E_1 = 0$.

注解 2.2.2 不难发现控制器 (2.127) 是更为一般的情形, 当 $A_u=0, B_u=0,$ $C_u=0, D_u=F$ 时, 该控制器能退化为静态输出反馈控制器 (2.105); 当 $A_u=N,$ $B_u=M, C_u=I, D_u=0$ 时, 该控制器能退化为动态输出反馈控制器 (2.114). 根据 LMI 工具箱趋向于计算简单化的特点, 为了避免推论 2.2.2 所得的结果是特殊情形 (2.105) 或 (2.114), 不妨令决策矩阵 H 的某些元素非零, 如引入 H_A, H_B 使得 $\mathrm{sym}(H_A H H_B) > 0$. 与 [94, 定理 13] 和 [92, 定理 4] 相比, 推论 2.2.2 所设计的控制器为非奇异的, 更便于实现和处理. 此外, 可用 [95, 定理 1] 类似的方法, 将 $z(k)$ 的维数一般化, 计算出控制器参数.

前述设计的动态反馈控制器的阶次与系统阶次相同, 借助于模型等价变换定理可对控制器阶次进行拓展, 如设计如下控制器

$$\begin{cases} {}_a^{\mathrm{C}}\nabla_k^\beta z(k) = A_u z(k) + B_u y(k), \\ \qquad u(k) = C_u z(k) + D_u y(k), \end{cases} \tag{2.140}$$

当 $\beta = \dfrac{\alpha}{K}, K \in \mathbb{Z}_+$ 时, 定义 $\tilde{E} := \begin{bmatrix} I_{(K-1)n} & 0_{(K-1)n \times n} \\ 0_{n \times (K-1)n} & E \end{bmatrix}$, $\tilde{x}_i(k) := {}_a^{\mathrm{C}}\nabla_k^{(i-1)\beta} x(k)$,

$i = 1, 2, \cdots, K$, $\tilde{x}(k) := [\tilde{x}_1^{\mathrm{T}}(k)\ \tilde{x}_2^{\mathrm{T}}(k)\ \cdots\ \tilde{x}_K^{\mathrm{T}}(k)]^{\mathrm{T}}$, $\tilde{A} := \begin{bmatrix} 0_{(K-1)n \times n} & I_{(K-1)n} \\ A & 0_{n \times (K-1)n} \end{bmatrix}$,

$\tilde{B} := \begin{bmatrix} 0_{(K-1)n \times m} \\ B \end{bmatrix}$, $\tilde{C} := [C\ 0_{q \times (K-1)n}]$, 则系统 (2.87) 可以等价表示为

$$\begin{cases} \tilde{E}_a^{\mathrm{C}}\nabla_k^\beta \tilde{x}(k) = \tilde{A}\tilde{x}(k) + \tilde{B}u(k), \\ \qquad y(k) = \tilde{C}\tilde{x}(k), \end{cases} \tag{2.141}$$

其中, $\tilde{x}(k) \in \mathbb{R}^{Kq}$ 是增广伪状态, 虽然 (2.87) 与 (2.141) 的系统响应可能因为初始值的不同而有所差异, 但是传递函数 $G_{ux}(s)$ 和 $G_{uy}(s)$ 保持不变, 这也保证了二者的稳定性等价. 在此基础上联合系统 (2.141) 与控制器 (2.140), 可按推论 2.2.2 的方式, 计算出 $\{A_u, B_u, C_u, D_u\}$.

2.2.5 输出差分反馈

为了避免广义系统难以处理的问题, 考虑输出差分反馈

$$u(k) = -L_a^{\mathrm{C}}\nabla_k^\alpha y(k) + v(k), \tag{2.142}$$

则闭环系统可以表示为

$$(E + BLC)_a^{\mathrm{C}}\nabla_k^\alpha x(k) = Ax(k) + Bv(k), \tag{2.143}$$

其中, $v(k) \in \mathbb{R}^m$ 是辅助控制输入, $L \in \mathbb{R}^{n \times p}$ 是待设计的增益矩阵.

如果 $\det(E + BLC) \neq 0$, 则称系统 (2.143) 为正常化的, 此时系统 (2.143) 可以等价表示为

$$
{}_a^{\mathrm{C}} \nabla_k^\alpha x(k) = \bar{A} x(k) + \bar{B} v(k), \tag{2.144}
$$

其中, $\bar{A} = (E + BLC)^{-1} A$, $\bar{B} = (E + BLC)^{-1} B$.

定理 2.2.6   如果存在标量 $\varepsilon \in (0,1)$ 和矩阵 $L \in \mathbb{R}^{m \times p}$ 满足

$$
\begin{bmatrix} E^{\mathrm{T}} E + \mathrm{sym}(E^{\mathrm{T}} BLC + BLC) & I \\ I & \varepsilon I \end{bmatrix} \succ 0, \tag{2.145}
$$

则闭环控制系统 (2.143) 是正常化的.

证明   利用 Schur 补引理, 可得到式 (2.145) 的等价表示

$$
E^{\mathrm{T}} E + \mathrm{sym}(E^{\mathrm{T}} BLC + BLC) - \varepsilon^{-1} I \succ 0. \tag{2.146}
$$

对于任意 $\varepsilon \in (0,1)$, 有下述不等式成立

$$
\mathrm{sym}(BLC) \preceq \varepsilon C^{\mathrm{T}} L^{\mathrm{T}} B^{\mathrm{T}} BLC + \varepsilon^{-1} I, \tag{2.147}
$$

$$
\varepsilon C^{\mathrm{T}} L^{\mathrm{T}} B^{\mathrm{T}} BLC \preceq C^{\mathrm{T}} L^{\mathrm{T}} B^{\mathrm{T}} BLC. \tag{2.148}
$$

将式 (2.147) 和式 (2.148) 代入式 (2.146), 可得

$$
E^{\mathrm{T}} E + \mathrm{sym}(E^{\mathrm{T}} BLC) + C^{\mathrm{T}} L^{\mathrm{T}} B^{\mathrm{T}} BLC \succ 0. \tag{2.149}
$$

式 (2.149) 可等价表示为

$$
(E + BLC)^{\mathrm{T}} (E + BLC) \succ 0, \tag{2.150}
$$

这恰好与 $\det(E + BLC) \neq 0$ 等价. 至此, 定理得证.   □

考虑到定理 2.2.6 提供的是充分条件, 仍有一定的保守性, 为了得到充要条件, 首先介绍如下引理.

引理 2.2.3 [75,引理 4]   矩阵 $M \in \mathbb{R}^{n \times n}$ 非奇异的充要条件是存在非奇异矩阵 $P \in \mathbb{R}^{n \times n}$ 满足

$$
MP + P^{\mathrm{T}} M^{\mathrm{T}} \prec 0. \tag{2.151}
$$

定理 2.2.7   如果存在矩阵 $P \in \mathbb{R}^{n \times n}$, $G \in \mathbb{R}^{m \times m}$ 和 $H \in \mathbb{R}^{m \times p}$ 满足下述 LMI,

$$
\begin{bmatrix} \Phi & PB + C^{\mathrm{T}} H^{\mathrm{T}} - K_0^{\mathrm{T}} G^{\mathrm{T}} \\ * & -G - G^{\mathrm{T}} \end{bmatrix} \prec 0, \tag{2.152}
$$

则闭环控制系统 (2.143) 是正常化的, 且期望的控制增益为

$$L = G^{-1}H, \tag{2.153}$$

其中, $\Phi := \text{sym}(PE + PBK_0)$, $\det(P) \neq 0$, K_0 是一中间矩阵满足 $K_0 := YX^{-1}$. 矩阵 $X \in \mathbb{R}^{n \times n}$ 和 $Y \in \mathbb{R}^{m \times n}$ 满足

$$\text{sym}(EX + BY) \prec 0, \tag{2.154}$$

其中, $\det(X) \neq 0$.

证明 本定理的证明同样包括两部分, 证明的关键是决策变量的分离.

第 1 部分 ▶ 充分性.

令 $\rho := PB$, $\eta := C^{\mathrm{T}}L^{\mathrm{T}} - K_0^{\mathrm{T}}$, 则式 (2.142) 符合式 (2.108) 的形式, 利用引理 2.2.2, 则可得到等价的条件

$$\Phi = \text{sym}(PE + PBK_0) \prec 0, \tag{2.155}$$

$$\begin{aligned}
\Phi + \text{sym}(\rho\eta^{\mathrm{T}}) &= \text{sym}(PE + PBK_0) + \text{sym}\left(PB(C^{\mathrm{T}}L^{\mathrm{T}} - K_0^{\mathrm{T}})^{\mathrm{T}}\right) \\
&= \text{sym}(PE + PBK_0) + \text{sym}(PBLC - PBK_0) \\
&= \text{sym}(P(E + BLC)) \\
&\prec 0. \tag{2.156}
\end{aligned}$$

由式 (2.156) 和引理 2.2.3可知, 系统 (2.143) 是正常化的.

第 2 部分 ▶ 必要性.

由引理 2.2.2 可知, 如果系统 (2.143) 是正常化的, 则存在非奇异矩阵 $P \in \mathbb{R}^{n \times n}$ 满足

$$\text{sym}(P(E + BLC)) \prec 0. \tag{2.157}$$

由开集的基本特性可知, 存在较小的正常数 ϵ 满足

$$\text{sym}(P(E + BLC + \epsilon I_n)) \prec 0. \tag{2.158}$$

根据 I 和 P 的非奇异性可知, 一定存在 $K_\epsilon \in \mathbb{R}^{m \times n}$ 使 $\text{sym}(P(BK_\epsilon - \epsilon I)) \prec 0$ 成立, 从而由式 (2.158) 可以得到

$$\text{sym}(P(E + BLC + BK_\epsilon)) \prec 0. \tag{2.159}$$

令 $K_0 := LC + K_\epsilon$, 则有

$$\text{sym}(P(E + BK_0)) \prec 0. \tag{2.160}$$

这意味着如下系统是正常化的

$$(E + BK_0)^C_a \nabla^\alpha_k x(k) = Ax(k) + Bv(k). \tag{2.161}$$

再次利用引理 2.2.3 可得, 存在非奇异矩阵 $X \in \mathbb{R}^{n \times n}$ 满足

$$\mathrm{sym}((E + BK_0)X) \prec 0. \tag{2.162}$$

令 $Y := K_0 X$, 则式 (2.162) 等价于 (2.154). 综上所述, 定理得证.   □

注解 2.2.3   定理 2.2.6 和定理 2.2.7 是受到 [96, 定理 2]、[97, 定理 5]、[98, 定理 1] 和 [79, 定理 4.20] 的启发而建立的, 不同之处在于定理 2.2.6 考虑的是离散情形而非连续情形, 式 (2.142) 利用输出差分而非状态差分 $u(k) = -L^C_a \nabla^\alpha_k y(k) + v(k)$, 没有用到复决策矩阵. 定理 2.2.7 蕴含了状态差分反馈的情形, 其充要条件的建立, 亦可借鉴 [95, 定理 1] 的思路. 因为不等式放缩的使用, 定理 2.2.6 只给出了一个充分条件, 但是没有非奇异决策矩阵的约束, 该判据能直接使用 MATLAB LMI 工具箱处理, 使用起来更为方便.

注解 2.2.4   在式 (2.143) 的基础上, 进一步对辅助控制输入 $v(k)$ 进行设计, 同样可以得到状态反馈、观测状态反馈、静态输出反馈、动态输出反馈等各类控制器. 不得不提的是, 所给出的这些控制器设计准则只是充分条件, 因为只判定了矩阵束 $\{E, A\}$ 的有限特征值位于子稳定区域 $\mathcal{S}^1_\alpha$ 内, 而非整个稳定区域 $\mathcal{S}_\alpha$ 内, 这是保守性产生的根本原因. 考虑到线性高阶系统的稳定性分析与控制器设计问题可以转化为低阶系统处理, 而 $\alpha \in (0, 1)$ 时, $\mathcal{S}^1_\alpha$ 占 $\mathcal{S}_\alpha$ 的主要部分, 尤其是用于控制器设计时本就无须遍历所有可能, 因此所建立的判据虽有一定的保守性但仍有显著的实用价值. 除了前述控制器, 还可构造 Nabla 分数阶系统的界实引理、正实引理等, 设计最优控制器.

前述控制器设计都考虑的是线性确定系统 (2.87), 实际上多数结论稍加修改可以适用于如下不确定系统

$$\begin{cases} E^C_a \nabla^\alpha_k x(k) = (A + \nabla A)x(k) + Bu(k), \\ \qquad\qquad y(k) = Cx(k), \end{cases} \tag{2.163}$$

双线性系统

$$\begin{cases} E^C_a \nabla^\alpha_k x(k) = Ax(k) + Bu(k) + u(k)Dx(k), \\ \qquad\qquad y(k) = Cx(k) \end{cases} \tag{2.164}$$

和非线性系统

$$\begin{cases} E^C_a \nabla^\alpha_k x(k) = Ax(k) + g(x(k)) + Bu(k), \\ \qquad\qquad y(k) = Cx(k), \end{cases} \tag{2.165}$$

其中, $g(x(k))$ 满足 Lipschitz 连续条件, 且 Lipschitz 常数是 L.

2.3 数 值 算 例

例 2.3.1 考虑如下 Nabla 离散分数阶系统

$$_{a}^{C}\nabla_{k}^{\alpha}x(k) = Ax(k), \tag{2.166}$$

其中, $A = \mathrm{diag}\left\{\begin{bmatrix} 1 & 2 \\ -2 & 1 \end{bmatrix}, \begin{bmatrix} -1 & 1.5 \\ -1.5 & -1 \end{bmatrix}\right\}$, $x(a) = [1\ 0\ 5\ 3]^{\mathrm{T}}$, $a = 0$.

可以发现 $\lambda(A) = \{1 \pm \mathrm{j}2, -1 \pm \mathrm{j}1.5\}$, $\theta = \arctan(2)$. 根据前述的稳定性条件 $\mathcal{S}_{\alpha}^{1}$ 可知, 当 $\alpha < \dfrac{2}{\pi}\arctan(2) \approx 0.704$ 时, 系统渐近稳定. 分别选择 $\alpha = 0.7$ 和 $\alpha = 0.3$, 利用 LMI 工具箱和定理 2.1.3可得, 存在分数阶正定矩阵

$$P = \mathrm{diag}\left\{\begin{bmatrix} 0.2423 & 0.1222 \\ -0.1222 & 0.2423 \end{bmatrix}, \begin{bmatrix} 0.4769 & 0.0421 \\ -0.0421 & 0.4769 \end{bmatrix}\right\}, \tag{2.167}$$

$$P = \mathrm{diag}\left\{\begin{bmatrix} 0.2047 & 0.2008 \\ -0.2008 & 0.2047 \end{bmatrix}, \begin{bmatrix} 0.2128 & 0.0413 \\ -0.0413 & 0.2128 \end{bmatrix}\right\}, \tag{2.168}$$

能分别满足所需 LMI. 系统状态响应的仿真结果如图 2.7 所示, 可以发现两种情形下系统均稳定, 这一仿真结果与判据判定的一致. 比较二者可知, 较小的系统阶次能获得较大的稳定区域, 但是会损失收敛速度.

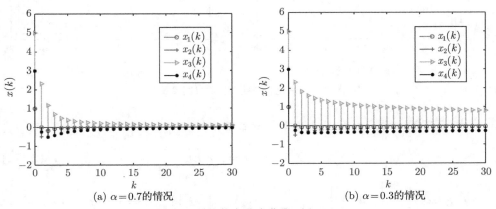

(a) $\alpha = 0.7$的情况   (b) $\alpha = 0.3$的情况

图 2.7 系统状态响应曲线 (例 2.3.1)

例 2.3.2　考虑如下 Nabla 离散分数阶系统

$$_a^C\nabla_k^\alpha x(k) = Ax(k), \tag{2.169}$$

其中, $A = \mathrm{diag}\left\{\begin{bmatrix} 2 & 0.6 \\ -0.6 & 2 \end{bmatrix}, \begin{bmatrix} 2^{0.3} & 0 \\ 0 & 2 \end{bmatrix}\right\}$, $x(a) = [1\ 0\ 5\ 3]^{\mathrm{T}}$, $a = 0$.

可以发现 $\lambda(A) = \{2 \pm \mathrm{j}0.6, 2^{0.3}, 2\}$, $\theta = \arctan(20.3)$. 根据前述的稳定性条件 $\mathcal{S}_\alpha^1$ 可知, 当 $\alpha < \dfrac{2}{\pi}\arctan(0.3) \approx 0.186$ 时, 系统渐近稳定. 选择 $\alpha = 0.5$ 和 $\alpha = 0.2$, 可知 $2 \pm \mathrm{j}0.6 \notin \mathcal{S}_\alpha^1$, 根据横坐标容易判定 $2 \pm \mathrm{j}0.6 \in \mathcal{S}_\alpha^2$. 因为 $2^{0.2} < 2^{0.3} < 2^{0.5} < 2$, 所以特征值 $2 \in \mathcal{S}_\alpha^2$, 但是特征值 $2^{0.3}$ 在 $\alpha = 0.2$ 时的稳定区域内但不在 $\alpha = 0.5$ 时的稳定区域内. 利用 LMI 工具箱和推论 2.1.1, 求解结果与理论一致, 对 $\alpha = 0.2$, 可行的正定矩阵为

$$P = \mathrm{diag}\{0.0126, 0.0126, 0.6001, 0.0243\}. \tag{2.170}$$

系统状态响应的仿真结果如图 2.8 所示, 从中可以发现, 与判据判定一致, 当 $\alpha = 0.5$ 时, 有一个分量 $x_3(k)$ 不收敛, 当 $\alpha = 0.2$ 时, 系统所有状态收敛.

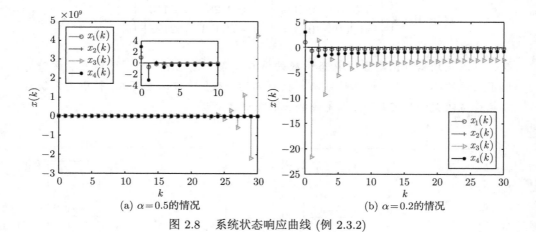

(a) $\alpha = 0.5$的情况　　　　　　　(b) $\alpha = 0.2$的情况

图 2.8　系统状态响应曲线 (例 2.3.2)

例 2.3.3　考虑如下 Nabla 离散分数阶系统

$$E_a^C\nabla_k^\alpha x(k) = Ax(k), \tag{2.171}$$

其中, $E = \begin{bmatrix} 1 & 8 \\ 1 & 8 \end{bmatrix}$, $A = \begin{bmatrix} -1 & 0 \\ 1 & -9 \end{bmatrix}$, $x(a) = [1\ 2/9]^{\mathrm{T}}$, $\alpha = 0.5$, $a = 0$, $x(a)$ 的

选择恰好满足式 (2.86) 中的初值条件 $x_b(a) = A_b x_a(a)$. 选择 $E_1 = \begin{bmatrix} 8 \\ -1 \end{bmatrix}$ 满足 $EE_1 = 0$, 利用 LMI 工具箱和定理 2.1.8, 可得可行的矩阵

$$P = \begin{bmatrix} 0.3495 & -0.0417 \\ -0.0430 & 0.0158 \end{bmatrix}, \quad Q = \begin{bmatrix} 0.0515 & 0.0199 \end{bmatrix}. \tag{2.172}$$

选择 $E_2 = [1 \ -1]$ 满足 $E_2 E = 0$, 利用定理 2.1.9, 可得可行的矩阵

$$P = \begin{bmatrix} 0.4587 & -0.3182 \\ -0.1508 & 0.3331 \end{bmatrix}, \quad Q = \begin{bmatrix} 0.2764 \\ 0.0283 \end{bmatrix}. \tag{2.173}$$

可得系统状态响应的仿真结果如图 2.9 所示, 从中可以发现系统稳定且第二个状态与第一个状态成比例, 这与理论结果一致.

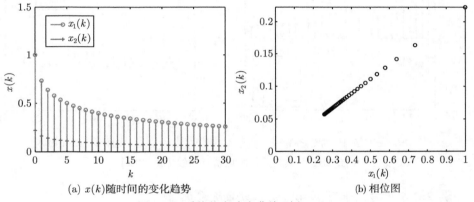

(a) $x(k)$ 随时间的变化趋势   (b) 相位图

图 2.9   系统状态响应曲线 (例 2.3.3)

例 2.3.4   考虑如下 Nabla 离散分数阶系统

$$E_a^C \nabla_k^\alpha x(k) = Ax(k) + Bu(k), \tag{2.174}$$

其中, $\alpha = 0.5$, $a = 0$, $E = \begin{bmatrix} 1 & 1 & 1 & 2 \\ 4 & 3 & 2 & 5 \\ 6 & 0 & 2 & 2 \\ 1 & 1 & 1 & 2 \end{bmatrix}$, $A = \begin{bmatrix} 2 & 4 & 2 & 6 \\ 9 & 15 & 5 & 18 \\ 18 & 4 & 2 & 4 \\ 2 & 5 & 2 & 6 \end{bmatrix}$, $B = \begin{bmatrix} 10 & 1 \\ 1 & 0 \\ 0 & 1 \\ 2 & 1 \end{bmatrix}$. 令 $E_1 = \begin{bmatrix} 0 \\ -1 \\ -1 \\ 1 \end{bmatrix}$, $E_2 = [1 \ 0 \ 0 \ -1]$, 则有 $EE_1 = E_2 E = 0$.

$\text{rank}(\text{ctrb}(A, B)) = 4$, 所以系统能控. 选择 $x(a) = [1\ 0 -1\ 2]^{\mathrm{T}}$, 则可满足初始条件的限制.

设计状态反馈控制器 $u(k) = Kx(k)$, 利用定理 2.2.1可得控制器增益矩阵为

$$K = \begin{bmatrix} -11.7795 & -31.3528 & -7.6644 & -36.6951 \\ 112.2877 & 265.2052 & 65.5349 & 309.8695 \end{bmatrix}. \tag{2.175}$$

同样可以用定理 2.1.8 和定理 2.1.9 验证 $\{E, A + BK, \alpha\}$ 的容许性, 仿真结果如图 2.10 所示, 从中可以发现在所设计控制器的作用下系统状态逐渐收敛向 0, 且控制输入也会渐渐消失.

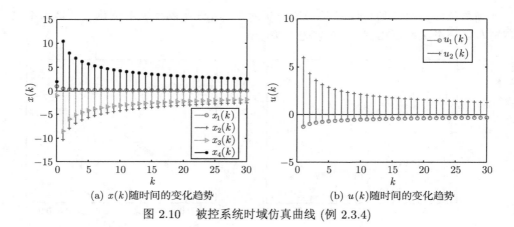

(a) $x(k)$随时间的变化趋势   (b) $u(k)$随时间的变化趋势

图 2.10   被控系统时域仿真曲线 (例 2.3.4)

例 2.3.5   考虑如下 Nabla 离散分数阶系统

$$\begin{cases} E_a^{\mathrm{C}} \nabla_k^\alpha x(k) = Ax(k) + Bu(k), \\ \qquad\qquad y(k) = Cx(k), \end{cases} \tag{2.176}$$

其中, $\alpha = 0.6$, $a = 0$, $E = \begin{bmatrix} 1 & 1 & 1 \\ 0 & 1 & 1 \\ 0 & 0 & 0 \end{bmatrix}$, $A = \begin{bmatrix} 1 & 1 & -1 \\ 2 & -2 & -1 \\ 4 & 1 & -4 \end{bmatrix}$, $B = \begin{bmatrix} 1 \\ 1 \\ 0 \end{bmatrix}$, $C = [1\ 0\ 1]$. 令 $E_1 = [0\ 1\ -1]^{\mathrm{T}}$, $E_2 = [0\ 0\ 1]$, 则有 $EE_1 = E_2E = 0$. 不难验证 $\text{rank}(\text{ctrb}(A, B)) = \text{rank}(\text{obsv}(A, C)) = 3$, 即系统能控能观.

设计观测器 $E_a^{\mathrm{C}} \nabla_k^\alpha \hat{x}(k) = A\hat{x}(k) + Bu(k) + L[C\hat{x}(k) - y(k)]$ 和基于观测状态的反馈控制器 $u(k) = K\hat{x}(k)$, 利用定理 2.2.2 可得可行的控制器参数为

$$K = [-9.3244 \quad -0.8848 \quad 6.2064], \tag{2.177a}$$

$$L = [-0.2023 \quad 0.0656 \quad 0.6957]^{\mathrm{T}}. \tag{2.177b}$$

使用所设计的控制器, 令 $x(a) = [-0.1231\ 0.9848\ 0.1231]^{\mathrm{T}}$, 可得仿真结果如图 2.11 所示, 系统状态和观测误差均能逐渐收敛向 0.

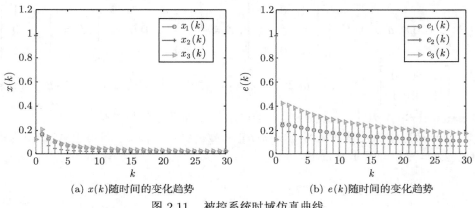

(a) $x(k)$ 随时间的变化趋势   (b) $e(k)$ 随时间的变化趋势

图 2.11　被控系统时域仿真曲线

也可直接设计静态输出反馈控制器 $u(k) = Fy(k)$, 利用定理 2.2.3 可得可行的控制器参数为

$$K_0 = [-9.2545 \quad -0.8575 \quad 6.1767], \tag{2.178a}$$

$$F = -5.4422. \tag{2.178b}$$

使用所设计的控制器, 选择同样的初始条件, 可得仿真结果如图 2.12 所示, 系统状态和控制输入均能逐渐收敛向 0.

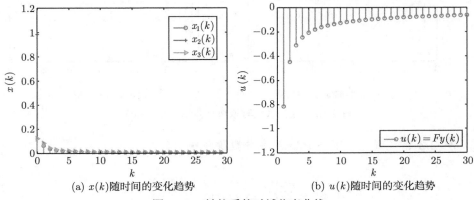

(a) $x(k)$ 随时间的变化趋势   (b) $u(k)$ 随时间的变化趋势

图 2.12　被控系统时域仿真曲线

例 2.3.6　考虑如下 Nabla 离散分数阶系统

$$\begin{cases} E_a^{\mathrm{C}}\nabla_k^\alpha x(k) = Ax(k) + Bu(k), \\ \qquad\qquad y(k) = Cx(k), \end{cases} \tag{2.179}$$

其中, $\alpha = 0.8$, $a = 0$, $E = \begin{bmatrix} 1 & 0 & 0 \\ 0 & 1 & 2 \\ 1 & 0 & 0 \end{bmatrix}$, $A = \begin{bmatrix} -1.8 & -1 & 1 \\ 1 & 0.5 & 1 \\ 1 & 1 & 0 \end{bmatrix}$, $B = \begin{bmatrix} 0 & 1 \\ 1 & 0 \\ 1 & 1 \end{bmatrix}$,

$C = \begin{bmatrix} 1 & 1 & 0 \\ 1 & 0 & 1 \end{bmatrix}$. 令 $E_1 = [0\ 2\ -1]^{\mathrm{T}}$, $E_2 = [1\ 0\ -1]$, 则有 $EE_1 = E_2E = 0$. 同样 $\mathrm{rank}(\mathbf{ctrb}(A,B)) = \mathrm{rank}(\mathbf{obsv}(A,C)) = 3$, 即系统能控能观.

设计动态输出反馈控制器 $_a^{\mathrm{C}}\nabla_k^\alpha u(k) = My(k) + Nu(k)$, 利用 LMI 工具箱和推论 2.2.1 可以计算出反馈增益矩阵

$$M = \begin{bmatrix} -8.9959 & -1.8972 \\ -3.9405 & -1.0502 \end{bmatrix}, \quad N = \begin{bmatrix} -5.3852 & -3.7525 \\ -1.9606 & -3.3203 \end{bmatrix}. \tag{2.180}$$

选择初始条件 $x(a) = [-0.5\ 0.6072\ 0.8144]^{\mathrm{T}}$, $u(a) = [1\ -0.5]^{\mathrm{T}}$, 可以满足 (2.86) 中 $x_b(a) = A_bx_a(a)$ 的要求, 进一步可以计算控制器作用下的系统仿真结果如图 2.13 所示, 所给结果验证了理论分析.

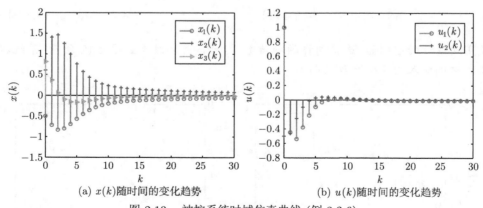

(a) $x(k)$ 随时间的变化趋势　　　　　　　(b) $u(k)$ 随时间的变化趋势

图 2.13　被控系统时域仿真曲线 (例 2.3.6)

例 2.3.7　考虑如下 Nabla 离散分数阶系统

$$\begin{cases} E_a^{\mathrm{C}}\nabla_k^\alpha x(k) = Ax(k) + Bu(k), \\ \qquad\qquad y(k) = Cx(k), \end{cases} \tag{2.181}$$

其中, $E = \begin{bmatrix} 1 & 0 & 0 \\ 1 & 1 & -1 \\ 0 & 0 & 0 \end{bmatrix}$, $A = \begin{bmatrix} -1.1 & 0 & 1 \\ 0.9 & -1 & 1.1 \\ 4.8 & 1.2 & -2.3 \end{bmatrix}$, $B = \begin{bmatrix} 1 \\ 0.6 \\ 0 \end{bmatrix}$, $C =$

$\begin{bmatrix} 1.1 & 0 & 2 \\ 1.1 & -1 & 0.9 \\ 1 & 1 & 1 \end{bmatrix}$, $\alpha = 0.5$, $a = 0$. 令 $E_1 = [0\ 1\ 1]^{\mathrm{T}}$, $E_2 = [0\ 0\ 1]$, 则有

$EE_1 = E_2E = 0$. 不难验证 $\mathrm{rank}(\mathrm{ctrb}(A,B)) = \mathrm{rank}(\mathrm{obsv}(A,C)) = 3$, 即系统能控能观.

设计动态输出反馈控制器 $\begin{cases} {}_a^{\mathrm{C}}\nabla_k^\alpha z(k) = A_u z(k) + B_u y(k) \\ u(k) = C_u z(k) + D_u y(k) \end{cases}$, 利用 LMI 工具

箱和推论 2.2.2 可以计算出反馈增益矩阵

$$\begin{bmatrix} A_u & B_u \\ \hline C_u & D_u \end{bmatrix}$$

$$= \left[\begin{array}{cc|ccc} -1.4788 & -0.1479 & -0.0419 & 0.0662 & 0.0732 \\ -0.1479 & -1.4788 & -0.0419 & 0.0662 & 0.0732 \\ \hline 0.4906 & 0.4906 & -0.0495 & -0.3078 & -0.8874 \end{array}\right]. \qquad (2.182)$$

选择初始条件 $x(a) = [0.4313\ \ -1.071\ \ 0.319]^{\mathrm{T}}$, $z(a) = [-0.5\ 1]^{\mathrm{T}}$, 可得控制器作用下的系统仿真结果如图 2.14 所示, 所给结果同样表明闭环控制系统是容许的, $x(k)$ 与 $z(k)$ 都随着时间的增加逐渐收敛.

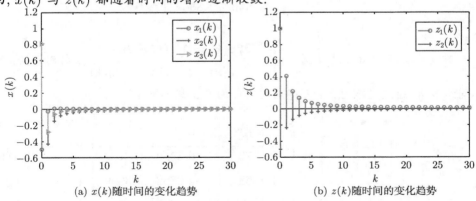

(a) $x(k)$ 随时间的变化趋势   (b) $z(k)$ 随时间的变化趋势

图 2.14 被控系统时域仿真曲线 (例 2.3.7)

例 2.3.8 考虑如下 Nabla 离散分数阶系统

$$\begin{cases} E_a^{\mathrm{C}}\nabla_k^\alpha x(k) = Ax(k) + Bu(k), \\ y(k) = Cx(k), \end{cases} \qquad (2.183)$$

其中, $x(a) = [0.5\ 1\ -0.5]^{\mathrm{T}}$, $a = 0$, $E = \begin{bmatrix} 1 & 1 & 1 \\ 1 & 1 & 1 \\ 0 & 0 & 1 \end{bmatrix}$, $A = \begin{bmatrix} 0.1 & -0.3 & 2 \\ 0.5 & -3 & -1 \\ 0.2 & 0.4 & -0.1 \end{bmatrix}$,

$B = \begin{bmatrix} -1 & 1 \\ 1 & -1 \\ 1 & 1 \end{bmatrix}$, $C = \begin{bmatrix} 1 & 0 & -1 \\ 0 & 1 & 0 \end{bmatrix}$. $\mathrm{rank}(A) = 2 < 3$ 意味着, 所给系统为奇

异系统可通过输出差分反馈 $u(k) = -L_a^{\mathrm{C}}\nabla_k^\alpha y(k) + v(k)$ 将其正常化.

利用定理 2.2.6, 可以得到如下可行的矩阵 L 和参数 ε 分别为

$$L = \begin{bmatrix} -0.3865 & 0.0580 \\ -0.0021 & -0.4753 \end{bmatrix}, \quad \varepsilon = 0.6258. \tag{2.184}$$

基于此, 可以验证 $\mathrm{rank}(E + BLC) = 3$. 由于 $\mathrm{eig}(A) = -2.7160, -0.9493, 0.6652$,
当阶次 $\alpha \in (0, 2)$, 第三个特征值位于不稳定区域, 为此需要设计控制律 $v(k)$ 才能
实现闭环稳定.

当 $\alpha = 0.8$ 时, 在前述正常化的基础上, 设计静态输出反馈控制器 $v(k) = Fy(k)$, 通过定理 2.2.3 可得增益矩阵

$$F = \begin{bmatrix} -0.7436 & 1.2809 \\ -2.6039 & 1.8367 \end{bmatrix}. \tag{2.185}$$

若设计动态输出反馈控制器 $\begin{cases} {}_a^{\mathrm{C}}\nabla_k^\alpha z(k) = A_v z(k) + B_v y(k) \\ v(k) = C_v z(k) + D_v y(k) \end{cases}$, 针对 $z(k)$ 的

不同维数 q, 通过定理 2.2.4 可得满足条件的增益矩阵如下

$$\left[\begin{array}{c|c} A_v & B_v \\ \hline C_v & D_v \end{array} \right] = \left[\begin{array}{c|cc} -1.0708 & -0.1737 & 0.1346 \\ \hline 0.2173 & -0.3862 & 0.8103 \\ 1.4068 & -4.0782 & 3.3859 \end{array} \right], \tag{2.186}$$

$$\left[\begin{array}{c|c} A_v & B_v \\ \hline C_v & D_v \end{array} \right] = \left[\begin{array}{cc|cc} -1.1325 & -0.0586 & -0.1519 & 0.1149 \\ -0.0586 & -1.1325 & -0.1519 & 0.1149 \\ \hline 0.2342 & 0.2342 & -0.6007 & 0.9234 \\ 0.9415 & 0.9415 & -3.1139 & 2.0448 \end{array} \right], \tag{2.187}$$

$$\left[\begin{array}{c|c} A_v & B_v \\ \hline C_v & D_v \end{array}\right] = \left[\begin{array}{ccc|cc} -1.0859 & -0.0599 & -0.0599 & -0.1409 & 0.1138 \\ -0.0599 & -1.0859 & -0.0599 & -0.1409 & 0.1138 \\ -0.0599 & -0.0599 & -1.0859 & -0.1409 & 0.1138 \\ \hline 0.2392 & 0.2392 & 0.2392 & -0.5053 & 0.8552 \\ 1.0917 & 1.0917 & 1.0917 & -3.2972 & 2.4256 \end{array}\right].$$

$$\tag{2.188}$$

可以发现 $A_v = A_v^{\mathrm{T}}$, $\mathrm{rank}(B_v) = \mathrm{rank}(C_v) = 1$, 这是因为当 $q = 1$ 时所设计的控制器已可以使闭环系统稳定, 随着 q 的增加, LMI 没有必要增加额外的变量, 这与注解 2.2.2 相互吻合. 令 $z(a) = 0$, 将上述四种控制器作用下的系统仿真结果如图 2.15 所示, 可以发现闭环控制系统均稳定.

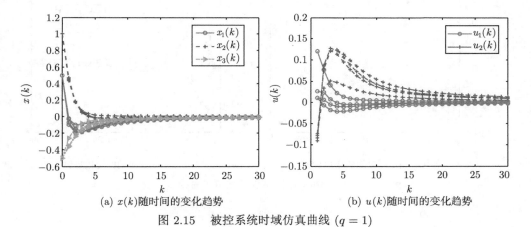

(a) $x(k)$ 随时间的变化趋势   (b) $u(k)$ 随时间的变化趋势

图 2.15　被控系统时域仿真曲线 $(q = 1)$

当 $\alpha = 1.2$ 时, 设计静态输出反馈控制器 $v(k) = Fy(k)$, 通过定理 2.1.10 和定理 2.2.3 可得增益矩阵

$$F = \left[\begin{array}{cc} 0.7662 & 0.3828 \\ -4.0792 & 0.7370 \end{array}\right].$$

$$\tag{2.189}$$

类似地, 可设计动态输出反馈控制器, 根据定理 2.1.10 和推论 2.2.2 的使用先后顺序不同, 得到如下两类控制器

$$\left\{\begin{array}{l} {}_a^{\mathrm{C}}\nabla_k^{1.2} z(k) = \left[\begin{array}{cc} -1.0664 & -0.0775 \\ -0.0775 & -1.0664 \end{array}\right] z(k) + \left[\begin{array}{cc} 0.0346 & -0.0002 \\ 0.0346 & -0.0002 \end{array}\right] y(k), \\[3mm] v(k) = \left[\begin{array}{cc} 0.0843 & 0.0843 \\ 0.2515 & 0.2515 \end{array}\right] z(k) + \left[\begin{array}{cc} 0.7675 & 0.0816 \\ -4.4620 & 1.9839 \end{array}\right] y(k), \end{array}\right.$$

$$\tag{2.190}$$

$$\begin{cases} {}^{\mathrm{C}}_a\nabla^{0.6}_k z(k) = \begin{bmatrix} -1.1221 & -0.1339 \\ -0.1339 & -1.1221 \end{bmatrix} z(k) + \begin{bmatrix} -0.0193 & 0.0123 \\ -0.0193 & 0.0123 \end{bmatrix} y(k), \\[2mm] v(k) = \begin{bmatrix} 0.2160 & 0.2160 \\ 0.4451 & 0.4451 \end{bmatrix} z(k) + \begin{bmatrix} 0.7521 & 0.1098 \\ -4.4860 & 1.9209 \end{bmatrix} y(k). \end{cases}$$

$$(2.191)$$

选择额外初始条件 $[\nabla x(k)]_{k=a} = 0$, $[\nabla z(k)]_{k=a} = 0$, 可以计算以上三个控制器控制下的系统响应, 如图 2.16 所示. 从图中可以发现, 所有系统状态和控制输入都逐渐收敛至 0, 这充分验证了所设计控制器的有效性.

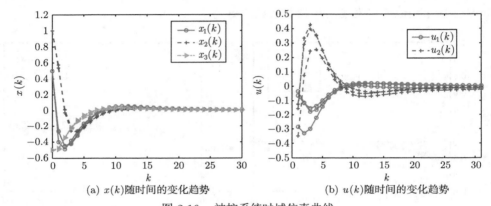

(a) $x(k)$ 随时间的变化趋势　　　　　　(b) $u(k)$ 随时间的变化趋势

图 2.16　被控系统时域仿真曲线

2.4　小　　结

LMI 是一种有效的工具, 在判定系统稳定性时起着关键的作用. 针对线性 Nabla 分数阶系统, 本章首先给出了通过分析其特征值分布而判定其稳定性的充分必要条件, 该判据适用于所有阶次 $\alpha > 0$, 随后讨论了稳定区域随阶次 α 变化时的变化规律以及模型等价变换定理, 可将阶次细分而保证变换前后系统稳定性等价. 将稳定区域分成两个部分, 即 $\mathcal{S}^1_\alpha$ 和 $\mathcal{S}^2_\alpha$, 然后分别导出了相应的 LMI 判据. 虽然所建立的判据仍有一定的保守性, 但是所提供的充分条件为相应问题的初步解决提供了有效依据. 随后讨论了奇异分数阶系统的容许性判据, 并在此基础上研究了状态反馈、观测状态反馈、状态差分反馈、静态输出反馈和动态输出反馈五类控制器以实现闭环系统的容许性. 本章的研究方法与技术路线, 可为更多相关问题的解决提供指导.

第 3 章　分数阶差和分不等式

分数阶差分所特有的非局部特性, 使得离散分数阶 Leibniz 法则和链式求导法则较为复杂, 因此很难判定 Lyapunov 函数的分数阶差分的符号及其范围. 为了解决该问题, 本章推导了一系列分数阶差和分不等式.

3.1　全局可微凸形式

3.1.1　幂函数情形

在介绍主要内容之前, 为了证明的通顺性, 先给出一个重要引理.

引理 3.1.1[99]　如果 $p, q > 1$ 且 $\dfrac{1}{p} + \dfrac{1}{q} = 1$, 则有

$$db \leqslant \frac{1}{p}d^p + \frac{1}{q}b^q, \tag{3.1}$$

对任意 $d, b \geqslant 0$ 均成立. 等号成立的充分必要条件是 $d^p = b^q$.

定理 3.1.1　对于任意 $\alpha \in (0,1)$, $m, n \in \mathbb{Z}_+$, $2m \geqslant n$, $x(k) \in \mathbb{R}$, $y(k) \in \mathbb{R}^p$, $p \in \mathbb{Z}_+$, $k \in \mathbb{N}_{a+1}$, $a \in \mathbb{R}$ 和正定矩阵 $P \in \mathbb{R}^{p \times p}$, 下列不等式成立

$$_a^C\nabla_k^\alpha x^{2m}(k) \leqslant 2x^m(k)_a^C\nabla_k^\alpha x^m(k), \tag{3.2}$$

$$_a^C\nabla_k^\alpha x^{\frac{2m}{n}}(k) \leqslant \frac{2m}{2m-n}x(k)_a^C\nabla_k^\alpha x^{\frac{2m}{n}-1}(k), \tag{3.3}$$

$$_a^C\nabla_k^\alpha x^{\frac{2m}{n}}(k) \leqslant \frac{2m}{n}x^{\frac{2m}{n}-1}(k)_a^C\nabla_k^\alpha x(k), \tag{3.4}$$

$$_a^C\nabla_k^\alpha x^{2m}(k) \leqslant 2^m x^{2m-1}(k)_a^C\nabla_k^\alpha x(k), \tag{3.5}$$

$$_a^C\nabla_k^\alpha y^{\mathrm{T}}(k)Py(k) \leqslant 2y^{\mathrm{T}}(k)P_a^C\nabla_k^\alpha y(k). \tag{3.6}$$

证明　关于本定理的证明, 主要思路是利用给定幂函数构造非负项. 针对每个不等式分别展开, 共含 5 部分.

第 1 部分 ▶ 利用 Caputo 分数阶差分的定义和 Grünwald-Letnikov 分数阶差和分的等价描述 $_a^G\nabla_k^\alpha f(k) = \sum_{j=a+1}^k \dfrac{\overline{(k-j+1)^{-\alpha-1}}}{\Gamma(-\alpha)}f(j)$, 可得

$$
{}_a^C\nabla_k^\alpha x^{2m}(k) - 2x^m(k){}_a^C\nabla_k^\alpha x^m(k)
$$

$$
= {}_a^G\nabla_k^{\alpha-1}\nabla x^{2m}(k) - 2x^m(k){}_a^G\nabla_k^{\alpha-1}\nabla x^m(k)
$$

$$
= \sum_{j=a+1}^{k} \frac{(k-j+1)^{\overline{-\alpha}}}{\Gamma(-\alpha+1)}[x^{2m}(j) - x^{2m}(j-1)]
$$

$$
\quad - 2x^m(k)\sum_{j=a+1}^{k} \frac{(k-j+1)^{\overline{-\alpha}}}{\Gamma(-\alpha+1)}[x^m(j) - x^m(j-1)]
$$

$$
= \sum_{j=a+1}^{k} \frac{(k-j+1)^{\overline{-\alpha}}}{\Gamma(-\alpha+1)}\{x^{2m}(j) - x^{2m}(j-1)
$$

$$
\quad - 2x^m(k)[x(j) - x^m(j-1)]\}
$$

$$
= \sum_{j=a+1}^{k} \frac{(k-j+1)^{\overline{-\alpha}}}{\Gamma(-\alpha+1)}\{[x^m(k) - x^m(j)]^2 - [x^m(k) - x^m(j-1)]^2\}
$$

$$
= \sum_{j=a+1}^{k} \frac{(k-j+1)^{\overline{-\alpha}}}{\Gamma(-\alpha+1)}\nabla[x^m(k) - x^m(j)]^2. \tag{3.7}
$$

令 $f(j-1) := \dfrac{(k-j+1)^{\overline{-\alpha}}}{\Gamma(-\alpha+1)}$, $g(j) := [x^m(k) - x^m(j)]^2$, 利用如下分部和分公式 $\sum_{j=a+1}^{k} f(j-1)\nabla g(j) = f(j)g(j)\big|_{j=a}^{j=k} - \sum_{j=a+1}^{k} \nabla f(j)g(j)$, 可得

$$
{}_a^C\nabla_k^\alpha x^{2m}(k) - 2x^m(k){}_a^C\nabla_k^\alpha x^m(k)
$$

$$
= \sum_{j=a+1}^{k} f(j-1)\nabla g(j)
$$

$$
= f(j)g(j)\big|_a^k - \sum_{j=a+1}^{k} \nabla f(j)g(j)
$$

$$
= \frac{0^{\overline{-\alpha}}}{\Gamma(-\alpha+1)}g(k) - \frac{(k-a)^{\overline{-\alpha}}}{\Gamma(-\alpha+1)}g(a) + \sum_{j=a+1}^{k} \frac{(k-j+1)^{\overline{-\alpha-1}}}{\Gamma(-\alpha)}g(j)
$$

$$
= -\frac{(k-a)^{\overline{-\alpha}}}{\Gamma(-\alpha+1)}g(a) + \sum_{j=a+1}^{k} \frac{(k-j+1)^{\overline{-\alpha-1}}}{\Gamma(-\alpha)}g(j), \tag{3.8}
$$

其中, 推导过程使用了公式 $\nabla f(j) = -\dfrac{(k-j+1)^{\overline{-\alpha-1}}}{\Gamma(-\alpha)}$ 与 $\dfrac{0^{\overline{-\alpha}}}{\Gamma(-\alpha+1)} = 0$.

根据函数 $\Gamma(\cdot)$ 与 $g(\cdot)$ 的基本特性, 有如下关系

$$f(a) = \frac{(k-a)^{\overline{-\alpha}}}{\Gamma(-\alpha+1)} = \frac{\Gamma(k-a-\alpha)}{\Gamma(-\alpha+1)\Gamma(k-a)} > 0, \quad k \in \mathbb{N}_{a+1}, \tag{3.9}$$

$$\nabla f(j) = -\frac{(k-j+1)^{\overline{-\alpha-1}}}{\Gamma(-\alpha)} = -\frac{\Gamma(k-j-\alpha)}{\Gamma(k-j+1)\Gamma(-\alpha)} > 0, \quad j \in \mathbb{N}_{a+1}^{k-1}, \tag{3.10}$$

$$g(k) = [x^m(k) - x^m(k)]^2 = 0, \tag{3.11}$$

$$g(j) = [x^m(k) - x^m(j)]^2 \geqslant 0, \quad j \in \mathbb{N}_a^{k-1}. \tag{3.12}$$

当 $k = a+1$ 时, 由式 (3.8) 可得

$${}_a^C\nabla_k^\alpha x^{2m}(k) - 2x^m(k){}_a^C\nabla_k^\alpha x^m(k) = -g(a) \leqslant 0. \tag{3.13}$$

当 $k \in \mathbb{N}_{a+2}$ 时, 由式 (3.8) 可得

$${}_a^C\nabla_k^\alpha x^{2m}(k) - 2x^m(k){}_a^C\nabla_k^\alpha x^m(k)$$

$$= -\frac{(k-a)^{\overline{-\alpha}}}{\Gamma(-\alpha+1)}g(a) + \sum_{j=a+1}^{k-1} \frac{(k-j+1)^{\overline{-\alpha-1}}}{\Gamma(-\alpha)}g(j)$$

$$\leqslant 0. \tag{3.14}$$

因此, 式 (3.2) 得证.

第 2 部分 ▶ 类似地, 可以计算得到下式

$${}_a^C\nabla_k^\alpha x^{\frac{2m}{n}}(k) - \frac{2m}{2m-n}x(k){}_a^C\nabla_k^\alpha x^{\frac{2m}{n}-1}(k)$$

$$= {}_a^G\nabla_k^{\alpha-1}\nabla x^{\frac{2m}{n}}(k) - \frac{2m}{2m-n}x(k){}_a^G\nabla_k^{\alpha-1}\nabla x^{\frac{2m}{n}-1}(k)$$

$$= \sum_{j=a+1}^{k} \frac{(k-j+1)^{\overline{-\alpha}}}{\Gamma(-\alpha+1)}\frac{2m}{n}x^{\frac{2m}{n}-1}(j)\nabla x(j)$$

$$- x(k)\sum_{j=a+1}^{k} \frac{(k-j+1)^{\overline{-\alpha}}}{\Gamma(-\alpha+1)}\frac{2m}{n}x^{\frac{2m}{n}-2}(j)\nabla x(j)$$

$$= \sum_{j=a+1}^{k} f(j-1)\nabla g(j), \tag{3.15}$$

其中, $f(j) := \dfrac{(k-j)^{\overline{-\alpha}}}{\Gamma(-\alpha+1)}$, $\nabla g(j) := \dfrac{2m}{n}[x(j)-x(k)]x^{\frac{2m}{n}-2}(j)\nabla x(j)$.

为了后续证明过程中判定符号, 再由 $\nabla g(j)$ 计算 $g(j)$ 的过程中引入两个与 j 无关的项, 即

$$g(j) = x^{\frac{2m}{n}}(j) - \frac{2m}{2m-n}x^{\frac{2m}{n}-1}(j)x(k) - x^{\frac{2m}{n}}(k) + \frac{2m}{2m-n}x^{\frac{2m}{n}}(k). \qquad (3.16)$$

利用第 1 部分使用的分部和分公式, 可以得到

$$\begin{aligned}
&{}^{\mathrm{C}}_{a}\nabla^{\alpha}_{k}x^{\frac{2m}{n}}(k) - \frac{2m}{2m-n}x(k){}^{\mathrm{C}}_{a}\nabla^{\alpha}_{k}x^{\frac{2m}{n}-1}(k) \\
&= -\frac{(k-a)^{\overline{-\alpha}}}{\Gamma(-\alpha+1)}g(a) + \sum_{j=a+1}^{k}\frac{(k-j+1)^{\overline{-\alpha-1}}}{\Gamma(-\alpha)}g(j). \qquad (3.17)
\end{aligned}$$

有趣的是, 式 (3.17) 与式 (3.8) 形式一致. 由于重新定义的 $f(j)$ 和 $g(j)$ 满足关系式 (3.9)~(3.11), 因此如果新定义的 $g(j)$ 也满足式 (3.12), 那么期望的结果 (3.3) 即可完成证明.

令 $d := \left|x^{\frac{2m}{n}-1}(j)\right|$, $b := |x(k)|$, $p := \dfrac{2m}{2m-n}$, $q := \dfrac{2m}{n}$, 由引理 3.1.1 可得

$$\begin{aligned}
x^{\frac{2m}{n}-1}(j)x(k) &\leqslant \left|x^{\frac{2m}{n}-1}(j)\right||x(k)| \\
&\leqslant \frac{2m-n}{2m}\left|x^{\frac{2m}{n}-1}(j)\right|^{\frac{2m}{2m-n}} + \frac{n}{2m}|x(k)|^{\frac{2m}{n}} \\
&= \frac{2m-n}{2m}x^{\frac{2m}{n}}(j) + \frac{n}{2m}x^{\frac{2m}{n}}(k). \qquad (3.18)
\end{aligned}$$

进一步, 对于所有 $j \in \mathbb{N}_a^{k-1}$, $g(j)$ 的期望特性可以被得到

$$\begin{aligned}
g(j) &\geqslant x^{\frac{2m}{n}}(j) - \frac{2m}{2m-n}\left[\frac{2m-n}{2m}x^{\frac{2m}{n}}(j) + \frac{n}{2m}x^{\frac{2m}{n}}(k)\right] \\
&\quad - x^{\frac{2m}{n}}(k) + \frac{2m}{2m-n}x^{\frac{2m}{n}}(k) \\
&= x^{\frac{2m}{n}}(j) - x^{\frac{2m}{n}}(j) - \frac{n}{2m-n}x^{\frac{2m}{n}}(k) \\
&\quad - x^{\frac{2m}{n}}(k) + \frac{2m}{2m-n}x^{\frac{2m}{n}}(k) \\
&= 0. \qquad (3.19)
\end{aligned}$$

从而类似第 1 部分, 式 (3.3) 得证.

第 3 部分 ▶ 类似地, 利用基本定义可以推导得到

$$
{}_a^C\nabla_k^\alpha x^{\frac{2m}{n}}(k) - \frac{2m}{n}x^{\frac{2m}{n}-1}(k){}_a^C\nabla_k^\alpha x(k)
$$

$$
= {}_a^G\nabla_k^{\alpha-1}\nabla x^{\frac{2m}{n}}(k) - \frac{2m}{n}x^{\frac{2m}{n}-1}(k){}_a^G\nabla_k^{\alpha-1}\nabla x(k)
$$

$$
= \sum_{j=a}^{k}\frac{(k-j+1)^{\overline{-\alpha}}}{\Gamma(-\alpha+1)}\frac{2m}{n}x^{\frac{2m}{n}-1}(j)\nabla x(j)
$$

$$
- \frac{2m}{n}x^{\frac{2m}{n}-1}(k)\sum_{j=a}^{k}\frac{(k-j+1)^{\overline{-\alpha}}}{\Gamma(-\alpha+1)}\nabla x(j)
$$

$$
= \sum_{j=a}^{k}f(j-1)\nabla g(j), \tag{3.20}
$$

其中, $f(j) := \dfrac{(k-j)^{\overline{-\alpha}}}{\Gamma(-\alpha+1)}$, $\nabla g(j) := \dfrac{2m}{n}\left[x^{\frac{2m}{n}-1}(j) - x^{\frac{2m}{n}-1}(k)\right]\nabla x(j)$. 同样, 为了抵消交叉项产生的影响, 引入与 j 无关的两项构造 $g(j)$, 具体为

$$
g(j) = x^{\frac{2m}{n}}(j) - \frac{2m}{n}x^{\frac{2m}{n}-1}(k)x(j) - x^{\frac{2m}{n}}(k) + \frac{2m}{n}x^{\frac{2m}{n}}(k). \tag{3.21}
$$

同样利用分部和分公式, 式 (3.21) 可以被重写为

$$
{}_a^C\nabla_k^\alpha x^{\frac{2m}{n}}(k) - \frac{2m}{n}x^{\frac{2m}{n}-1}(k){}_a^C\nabla_k^\alpha x(k)
$$

$$
= -\frac{(k-a)^{\overline{-\alpha}}}{\Gamma(-\alpha+1)}g(a) + \sum_{j=a+1}^{k}\frac{(k-j+1)^{\overline{-\alpha-1}}}{\Gamma(-\alpha)}g(j). \tag{3.22}
$$

与第 2 部分类似, 由于重新定义的 $f(j)$ 和 $g(j)$ 满足关系式 (3.9)~(3.11), 因此如果新定义的 $g(j)$ 也满足式 (3.12), 那么式 (3.4) 的证明即可完成.

令 $d := \left|x^{\frac{2m}{n}-1}(k)\right|$, $b := |x(j)|$, $p := \dfrac{2m}{2m-n}$, $q := \dfrac{2m}{n}$, 利用引理 3.1.1 可得

$$
x^{\frac{2m}{n}-1}(k)x(j) \leqslant \left|x^{\frac{2m}{n}-1}(k)\right||x(j)|
$$

$$
\leqslant \frac{2m-n}{2m}\left|x^{\frac{2m}{n}-1}(k)\right|^{\frac{2m}{2m-n}} + \frac{n}{2m}|x(j)|^{\frac{2m}{n}}
$$

$$
= \frac{2m-n}{2m}x^{\frac{2m}{n}}(k) + \frac{n}{2m}x^{\frac{2m}{n}}(j), \tag{3.23}
$$

因此 $g(j)$ 满足

$$g(j) \geqslant x^{\frac{2m}{n}}(j) - \frac{2m}{n}\left[\frac{2m-n}{2m}x^{\frac{2m}{n}}(k) + \frac{n}{2m}x^{\frac{2m}{n}}(j)\right]$$

$$- x^{\frac{2m}{n}}(k) + \frac{2m}{n}x^{\frac{2m}{n}}(k)$$

$$= x^{\frac{2m}{n}}(j) - \frac{2m-n}{n}x^{\frac{2m}{n}}(k) - x^{\frac{2m}{n}}(j)$$

$$- x^{\frac{2m}{n}}(k) + \frac{2m}{n}x^{\frac{2m}{n}}(k)$$

$$= 0, \tag{3.24}$$

其中, $j \in \mathbb{N}_a^{k-1}$. 后续类似第 1 部分, 式 (3.4) 得证.

第 4 部分 ▶ 令 $m = n = 1$, 式 (3.2)~(3.4) 均可退化为

$${}_a^C\nabla_k^\alpha x^2(k) - 2x(k){}_a^C\nabla_k^\alpha x(k) \leqslant 0. \tag{3.25}$$

重复利用式 (3.25) 中的结论 $m \in \mathbb{Z}_+$ 次, 可以得到

$$\begin{aligned}
{}_a^C\nabla_k^\alpha x^{2^m}(k) &\leqslant 2x^{2^{m-1}}(k){}_a^C\nabla_k^\alpha x^{2^{m-1}}(k) \\
&\leqslant 2^2 x^{2^{m-1}+2^{m-2}}(k){}_a^C\nabla_k^\alpha x^{2^{m-2}}(k) \\
&\quad\vdots \\
&\leqslant 2^m x^{2^m-1}(k){}_a^C\nabla_k^\alpha x(k),
\end{aligned} \tag{3.26}$$

即式 (3.5) 得证.

第 5 部分 ▶ 由于对任意正定矩阵 P, 总存在非奇异矩阵 M, 使得 $P = M^{\mathrm{T}}M$, 因此可以引入新的变量

$$z(k) = My(k), \tag{3.27}$$

其中, $z(k) = [z_1(k)\ z_2(k)\ \cdots\ z_\kappa(k)]^{\mathrm{T}}$.

然后可以得到式 (3.25) 的多变量形式

$$\begin{aligned}
& {}_a^C\nabla_k^\alpha y^{\mathrm{T}}(k)Py(k) - 2y^{\mathrm{T}}(k)P{}_a^C\nabla_k^\alpha y(k) \\
&= {}_a^C\nabla_k^\alpha z^{\mathrm{T}}(k)z(k) - 2z^{\mathrm{T}}(k){}_a^C\nabla_k^\alpha z(k) \\
&= \sum_{i=1}^{\kappa}\left[{}_a^C\nabla_k^\alpha z_i^2(k) - 2z_i(k){}_a^C\nabla_k^\alpha z_i(k)\right] \\
&\leqslant 0,
\end{aligned} \tag{3.28}$$

即式 (3.6) 得证. 综上可知, 定理得证.　　　　　　　　　　　　　　　　□

定理 3.1.1 给出了对一些特定形式的 Lyapunov 函数取 Caputo 分数阶差分时的放缩不等式, 通过对其中参数进行配置, 可得如下推论.

推论 3.1.1 对于任意 $\alpha \in (0,1)$, $m \in \mathbb{Z}_+$, $x(k) \in \mathbb{R}$, $k \in \mathbb{N}_{a+1}$ 和 $a \in \mathbb{R}$, 下列不等式成立

$$
{}_a^{\mathrm{C}}\nabla_k^\alpha x^{2m}(k) \leqslant \frac{2m}{2m-1}x(k){}_a^{\mathrm{C}}\nabla_k^\alpha x^{2m-1}(k), \tag{3.29}
$$

$$
{}_a^{\mathrm{C}}\nabla_k^\alpha x^{2m}(k) \leqslant 2mx^{2m-1}(k){}_a^{\mathrm{C}}\nabla_k^\alpha x(k), \tag{3.30}
$$

$$
{}_a^{\mathrm{C}}\nabla_k^\alpha x^2(k) \leqslant 2x(k){}_a^{\mathrm{C}}\nabla_k^\alpha x(k). \tag{3.31}
$$

注解 3.1.1 [100, 引理 3] 和 [101, 引理 1] 给出了类似的不等式, 然而前者是不正确的, 后者条件又过于苛刻, 式 (3.2) 和式 (3.29) 可以看作其对应的离散化形式. 为了进一步提高实用性, 这里提出了式 (3.4) 和式 (3.30). 式 (3.4)~(3.6) 可以看作 [102, 引理 1]、[103, 引理 4] 和 [104, 定理 1] 的离散化拓展. 式 (3.31) 可以看作 [105, 推论 1] 和 [106, 引理 1] 对应的离散形式. [107, 引理 4.2] 讨论了式 (3.5) 和式 (3.29) 对应的 $(q-h)$ 差分不等式. [108] 也讨论了前向 h-差分意义下的幂函数形式的分数阶差分不等式.

实际上, 借鉴 [109, 引理 2.3] 和 [107, 引理 4.3] 中的思想, 关于 Lyapunov 函数的 Riemann-Liouville 分数阶差分也能得到类似的结果.

定理 3.1.2 对于任意 $\alpha \in (0,1)$, $m, n \in \mathbb{Z}_+$, $2m \geqslant n$, $x(k) \in \mathbb{R}$, $y(k) \in \mathbb{R}^p$, $p \in \mathbb{Z}_+$, $k \in \mathbb{N}_{a+1}$, $a \in \mathbb{R}$ 和正定矩阵 $P \in \mathbb{R}^{p \times p}$, 下列不等式成立

$$
{}_a^{\mathrm{R}}\nabla_k^\alpha x^{2m}(k) \leqslant 2x^m(k){}_a^{\mathrm{R}}\nabla_k^\alpha x^m(k), \tag{3.32}
$$

$$
{}_a^{\mathrm{R}}\nabla_k^\alpha x^{\frac{2m}{n}}(k) \leqslant \frac{2m}{2m-n}x(k){}_a^{\mathrm{R}}\nabla_k^\alpha x^{\frac{2m}{n}-1}(k), \tag{3.33}
$$

$$
{}_a^{\mathrm{R}}\nabla_k^\alpha x^{\frac{2m}{n}}(k) \leqslant \frac{2m}{n}x^{\frac{2m}{n}-1}(k){}_a^{\mathrm{R}}\nabla_k^\alpha x(k), \tag{3.34}
$$

$$
{}_a^{\mathrm{R}}\nabla_k^\alpha x^{2m}(k) \leqslant 2^m x^{2m-1}(k){}_a^{\mathrm{R}}\nabla_k^\alpha x(k), \tag{3.35}
$$

$$
{}_a^{\mathrm{R}}\nabla_k^\alpha y^{\mathrm{T}}(k)Py(k) \leqslant 2y^{\mathrm{T}}(k)P{}_a^{\mathrm{R}}\nabla_k^\alpha y(k). \tag{3.36}
$$

证明 主要证明思路是利用 Riemann-Liouville 分数阶差分与 Caputo 分数阶差分之间的联系, 进一步构造非负项.

第 1 部分 ▶ 借助 Riemann-Liouville 分数阶差分与 Caputo 分数阶差分之间的关系 ${}_a^{\mathrm{R}}\nabla_k^\alpha f(k) = {}_a^{\mathrm{C}}\nabla_k^\alpha f(k) + \frac{(k-a)^{\overline{-\alpha}}}{\Gamma(-\alpha+1)}f(a)$ 可得

$$
{}_a^{\mathrm{R}}\nabla_k^\alpha x^{2m}(k) - 2x^m(k){}_a^{\mathrm{R}}\nabla_k^\alpha x^m(k)
$$

$$= {}_a^C \nabla_k^\alpha x^{2m}(k) + \frac{(k-a)^{\overline{-\alpha}}}{\Gamma(-\alpha+1)} x^{2m}(a)$$

$$- 2x^m(k) {}_a^C \nabla_k^\alpha x^m(k) - 2x^m(k) \frac{(k-a)^{\overline{-\alpha}}}{\Gamma(-\alpha+1)} x^m(a). \tag{3.37}$$

利用式 (3.8), 式 (3.37) 可以更新为

$${}_a^R \nabla_k^\alpha x^{2m}(k) - 2x^m(k) {}_a^R \nabla_k^\alpha x^m(k)$$

$$= -\frac{(k-a)^{\overline{-\alpha}}}{\Gamma(-\alpha+1)} g(a) + \sum_{j=a+1}^{k} \frac{(k-j+1)^{\overline{-\alpha-1}}}{\Gamma(-\alpha)} g(j)$$

$$+ \frac{(k-a)^{\overline{-\alpha}}}{\Gamma(-\alpha+1)} x^{2m}(a) - 2x^m(k) \frac{(k-a)^{\overline{-\alpha}}}{\Gamma(-\alpha+1)} x^m(a)$$

$$= -\frac{(k-a)^{\overline{-\alpha}}}{\Gamma(-\alpha+1)} [x^m(k) - x^m(a)]^2 + \sum_{j=a+1}^{k} \frac{(k-j+1)^{\overline{-\alpha-1}}}{\Gamma(-\alpha)} g(j)$$

$$+ \frac{(k-a)^{\overline{-\alpha}}}{\Gamma(-\alpha+1)} x^{2m}(a) - 2x^m(k) \frac{(k-a)^{\overline{-\alpha}}}{\Gamma(-\alpha+1)} x^m(a)$$

$$= -\frac{(k-a)^{\overline{-\alpha}}}{\Gamma(-\alpha+1)} x^{2m}(k) + \sum_{j=a+1}^{k} \frac{(k-j+1)^{\overline{-\alpha-1}}}{\Gamma(-\alpha)} g(j). \tag{3.38}$$

当 $k = a+1$ 时, 有

$${}_a^R \nabla_k^\alpha x^{2m}(k) - 2x^m(k) {}_a^R \nabla_k^\alpha x^m(k) = -x^{2m}(a+1) \leqslant 0. \tag{3.39}$$

当 $k \in \mathbb{N}_{a+2}$ 时, 有

$${}_a^R \nabla_k^\alpha x^{2m}(k) - 2x^m(k) {}_a^R \nabla_k^\alpha x^m(k)$$

$$= -\frac{(k-a)^{\overline{-\alpha}}}{\Gamma(-\alpha+1)} x^{2m}(k) + \sum_{j=a+1}^{k-1} \frac{(k-j+1)^{\overline{-\alpha-1}}}{\Gamma(-\alpha)} g(j)$$

$$\leqslant 0, \tag{3.40}$$

式 (3.32) 得证.

第 2 部分 ▶ 按照类似的方法, 利用两类分数阶差分之间的关系, 可得

$${}_a^R \nabla_k^\alpha x^{\frac{2m}{n}}(k) - \frac{2m}{2m-n} x(k) {}_a^R \nabla_k^\alpha x^{\frac{2m}{n}-1}(k)$$

$$= {}^{\mathrm{C}}_{a}\nabla^{\alpha}_{k}x^{\frac{2m}{n}}(k) + \frac{(k-a)^{\overline{-\alpha}}}{\Gamma(-\alpha+1)}x^{\frac{2m}{n}}(a)$$

$$- \frac{2m}{2m-n}x(k){}^{\mathrm{C}}_{a}\nabla^{\alpha}_{k}x^{\frac{2m}{n}-1}(k) - \frac{2m}{2m-n}x(k)\frac{(k-a)^{\overline{-\alpha}}}{\Gamma(-\alpha+1)}x^{\frac{2m}{n}-1}(a)$$

$$= -\frac{(k-a)^{\overline{-\alpha}}}{\Gamma(-\alpha+1)}g(a) + \sum_{j=a+1}^{k}\frac{(k-j+1)^{\overline{-\alpha-1}}}{\Gamma(-\alpha)}g(j)$$

$$+ \frac{(k-a)^{\overline{-\alpha}}}{\Gamma(-\alpha+1)}x^{\frac{2m}{n}}(a) - \frac{2m}{2m-n}x(k)\frac{(k-a)^{\overline{-\alpha}}}{\Gamma(-\alpha+1)}x^{\frac{2m}{n}-1}(a). \tag{3.41}$$

回顾式 (3.17) 中的 $g(j)$, 可以对上式进行化简得

$$ {}^{\mathrm{R}}_{a}\nabla^{\alpha}_{k}x^{\frac{2m}{n}}(k) - \frac{2m}{2m-n}x(k){}^{\mathrm{R}}_{a}\nabla^{\alpha}_{k}x^{\frac{2m}{n}-1}(k)$$

$$= -\frac{n}{2m-n}\frac{(k-a)^{\overline{-\alpha}}}{\Gamma(-\alpha+1)}x^{\frac{2m}{n}}(k) + \sum_{j=a+1}^{k}\frac{(k-j+1)^{\overline{-\alpha-1}}}{\Gamma(-\alpha)}g(j)$$

$$\leqslant 0, \tag{3.42}$$

式 (3.33) 得证.

第 3 部分 ▶ 类似地, 可以计算得

$$ {}^{\mathrm{R}}_{a}\nabla^{\alpha}_{k}x^{\frac{2m}{n}}(k) - \frac{2m}{n}x^{\frac{2m}{n}-1}(k){}^{\mathrm{R}}_{a}\nabla^{\alpha}_{k}x(k)$$

$$= {}^{\mathrm{C}}_{a}\nabla^{\alpha}_{k}x^{\frac{2m}{n}}(k) + \frac{(k-a)^{\overline{-\alpha}}}{\Gamma(-\alpha+1)}x^{\frac{2m}{n}}(a)$$

$$- \frac{2m}{n}x^{\frac{2m}{n}-1}(k){}^{\mathrm{C}}_{a}\nabla^{\alpha}_{k}x(k) - \frac{2m}{n}x^{\frac{2m}{n}-1}(k)\frac{(k-a)^{\overline{-\alpha}}}{\Gamma(-\alpha+1)}x(a)$$

$$= -\frac{(k-a)^{\overline{-\alpha}}}{\Gamma(-\alpha+1)}g(a) + \sum_{j=a+1}^{k}\frac{(k-j+1)^{\overline{-\alpha-1}}}{\Gamma(-\alpha)}g(j)$$

$$+ \frac{(k-a)^{\overline{-\alpha}}}{\Gamma(-\alpha+1)}x^{\frac{2m}{n}}(a) - \frac{2m}{n}x^{\frac{2m}{n}-1}(k)\frac{(k-a)^{\overline{-\alpha}}}{\Gamma(-\alpha+1)}x(a)$$

$$= -\frac{2m-n}{n}\frac{(k-a)^{\overline{-\alpha}}}{\Gamma(-\alpha+1)}x^{\frac{2m}{n}}(k) + \sum_{j=a+1}^{k}\frac{(k-j+1)^{\overline{-\alpha-1}}}{\Gamma(-\alpha)}g(j)$$

$$\leqslant 0, \tag{3.43}$$

式 (3.34) 得证. 与 [104, 定理 2] 相比, (3.34) 更为实用.

从定理 3.1.1 的证明可知, 定理中的后两个不等式是前三个不等式的推广, 为了避免冗余, 故在此省略不述, 定理得证.   □

为了完备性和实用性, 借鉴 [104, 定理 3] 中的方法进一步将所得不等式结果拓展到 Grünwald-Letnikov 分数阶差分.

定理 3.1.3   对于任意 $\alpha \in (0,1)$, $m, n \in \mathbb{Z}_+$, $2m \geqslant n$, $x(k) \in \mathbb{R}$, $y(k) \in \mathbb{R}^p$, $p \in \mathbb{Z}_+$, $k \in \mathbb{N}_{a+1}$, $a \in \mathbb{R}$ 和正定矩阵 $P \in \mathbb{R}^{p \times p}$, 下列不等式成立

$$ {}_a^{\mathrm{G}}\nabla_k^\alpha x^{2m}(k) \leqslant 2x^m(k){}_a^{\mathrm{G}}\nabla_k^\alpha x^m(k), \tag{3.44}$$

$$ {}_a^{\mathrm{G}}\nabla_k^\alpha x^{\frac{2m}{n}}(k) \leqslant \frac{2m}{2m-n}x(k){}_a^{\mathrm{G}}\nabla_k^\alpha x^{\frac{2m}{n}-1}(k), \tag{3.45}$$

$$ {}_a^{\mathrm{G}}\nabla_k^\alpha x^{\frac{2m}{n}}(k) \leqslant \frac{2m}{n}x^{\frac{2m}{n}-1}(k){}_a^{\mathrm{G}}\nabla_k^\alpha x(k), \tag{3.46}$$

$$ {}_a^{\mathrm{G}}\nabla_k^\alpha x^{2^m}(k) \leqslant 2^m x^{2^m-1}(k){}_a^{\mathrm{G}}\nabla_k^\alpha x(k), \tag{3.47}$$

$$ {}_a^{\mathrm{G}}\nabla_k^\alpha y^{\mathrm{T}}(k)Py(k) \leqslant 2y^{\mathrm{T}}(k)P{}_a^{\mathrm{G}}\nabla_k^\alpha y(k). \tag{3.48}$$

证明   本定理的证明思路是利用 Grünwald-Letnikov 分数阶差分的等价描述, 对交叉项进行不等式放缩, 进而构造非负项.

第 1 部分 ▶ 为了保持多样性, 利用与定理 3.1.1 不同的 Grünwald-Letnikov 分数阶差分等价描述, 即 ${}_a^{\mathrm{G}}\nabla_k^\alpha f(k) = \sum_{j=0}^{k-a-1} \frac{(j+1)^{\overline{-\alpha-1}}}{(-\alpha)}f(k-j)$, 可得

$$ {}_a^{\mathrm{G}}\nabla_k^\alpha x^{2m}(k) - 2x^m(k){}_a^{\mathrm{G}}\nabla_k^\alpha x^m(k)$$

$$ = \sum_{j=0}^{k-a-1} \frac{(j+1)^{\overline{-\alpha-1}}}{\Gamma(-\alpha)}x^{2m}(k-j)$$

$$ \quad - 2x^m(k)\sum_{j=0}^{k-a-1} \frac{(j+1)^{\overline{-\alpha-1}}}{\Gamma(-\alpha)}x^m(k-j)$$

$$ = -x^{2m}(k) + \sum_{j=1}^{k-a-1} \frac{(j+1)^{\overline{-\alpha-1}}}{\Gamma(-\alpha)}\left[x^{2m}(k-j) - 2x^m(k)x^m(k-j)\right], \tag{3.49}$$

其中, $\frac{1^{\overline{-\alpha-1}}}{\Gamma(-\alpha)} = 1$.

考虑到 (3.49) 最后一项符号难以界定, 准备通过不等式放缩的方式计算出其上界. 对于 $\alpha \in (0, 1)$, 可以发现对于所有 $j \in \mathbb{N}_1^{k-a-1}$, 有

$$\frac{(j+1)^{\overline{-\alpha-1}}}{\Gamma(-\alpha)} = \frac{\Gamma(j-\alpha)}{\Gamma(-\alpha)\Gamma(j+1)} < 0, \tag{3.50}$$

$$2x^m(k)x^m(k-j) \leqslant x^{2m}(k) + x^{2m}(k-j). \tag{3.51}$$

将式 (3.50) 和式 (3.51) 代入 (3.49), 进而利用 $\dfrac{(k-a)^{\overline{-\alpha}}}{\Gamma(-\alpha+1)} > 0$, $\dfrac{0^{\overline{-\alpha}}}{\Gamma(-\alpha+1)} = 0$, 可得

$$\begin{aligned}
&{}_a^{\mathrm{G}}\nabla_k^\alpha x^{2m}(k) - 2x^m(k) {}_a^{\mathrm{G}}\nabla_k^\alpha x^m(k) \\
&\leqslant -x^{2m}(k) - \sum_{j=1}^{k-a-1} \frac{(j+1)^{\overline{-\alpha-1}}}{\Gamma(-\alpha)} x^{2m}(k) \\
&= -x^{2m}(k) \sum_{j=0}^{k-a-1} \frac{(j+1)^{\overline{-\alpha-1}}}{\Gamma(-\alpha)} \\
&= -x^{2m}(k) \sum_{j=0}^{k-a-1} \nabla \frac{(j+1)^{\overline{-\alpha}}}{\Gamma(-\alpha+1)} \\
&= -x^{2m}(k) \left[\frac{(k-a)^{\overline{-\alpha}}}{\Gamma(-\alpha+1)} - \frac{0^{\overline{-\alpha}}}{\Gamma(-\alpha+1)} \right] \\
&= -x^{2m}(k) \frac{(k-a)^{\overline{-\alpha}}}{\Gamma(-\alpha+1)} \\
&\leqslant 0, \tag{3.52}
\end{aligned}$$

式 (3.44) 得证.

第 2 部分 ▶ 借鉴第 1 部分的证明思路, 利用引理 3.1.1, 可得

$$x(k)x^{\frac{2m}{n}-1}(k-j) \leqslant \frac{n}{2m} x^{\frac{2m}{n}}(k) + \frac{2m-n}{2m} x^{\frac{2m}{n}}(k-j). \tag{3.53}$$

进一步使用不等式放缩, 可得

$$\begin{aligned}
&{}_a^{\mathrm{G}}\nabla_k^\alpha x^{\frac{2m}{n}}(k) - \frac{2m}{2m-n} x(k) {}_a^{\mathrm{G}}\nabla_k^\alpha x^{\frac{2m}{n}-1}(k) \\
&= \sum_{j=0}^{k-a-1} \frac{(j+1)^{\overline{-\alpha-1}}}{\Gamma(-\alpha)} x^{\frac{2m}{n}}(k-j)
\end{aligned}$$

$$- \frac{2m}{2m-n} x(k) \sum_{j=0}^{k-a-1} \frac{(j+1)^{\overline{-\alpha-1}}}{\Gamma(-\alpha)} x^{\frac{2m}{n}-1}(k-j)$$

$$\leqslant - \frac{n}{2m-n} x^{\frac{2m}{n}}(k) - \sum_{j=1}^{k-a-1} \frac{(j+1)^{\overline{-\alpha-1}}}{\Gamma(-\alpha)} \frac{n}{2m-n} x^{\frac{2m}{n}}(k)$$

$$= - \frac{n}{2m-n} x^{\frac{2m}{n}}(k) \sum_{j=0}^{k-a-1} \frac{(j+1)^{\overline{-\alpha-1}}}{\Gamma(-\alpha)}$$

$$= - \frac{n}{2m-n} x^{\frac{2m}{n}}(k) \frac{(k-a)^{\overline{-\alpha}}}{\Gamma(-\alpha+1)}$$

$$\leqslant 0, \tag{3.54}$$

式 (3.45) 得证.

第 3 部分 ▶ 类似地, 可以得到如下不等式

$$x^{\frac{2m}{n}-1}(k) x(k-j) \leqslant \frac{2m-n}{2m} x^{\frac{2m}{n}}(k) + \frac{n}{2m} x^{\frac{2m}{n}}(k-j). \tag{3.55}$$

进一步可以得到

$$\begin{aligned}
&{}^{\mathrm{G}}_{a}\nabla^{\alpha}_{k} x^{\frac{2m}{n}}(k) - \frac{2m}{n} x^{\frac{2m}{n}-1}(k) {}^{\mathrm{G}}_{a}\nabla^{\alpha}_{k} x(k) \\
&= \sum_{j=0}^{k-a-1} \frac{(j+1)^{\overline{-\alpha-1}}}{\Gamma(-\alpha)} x^{\frac{2m}{n}}(k-j) \\
&\quad - \frac{2m}{n} x^{\frac{2m}{n}-1}(k) \sum_{j=0}^{k-a-1} \frac{(j+1)^{\overline{-\alpha-1}}}{\Gamma(-\alpha)} x(k-j) \\
&= \sum_{j=1}^{k-a-1} \frac{(j+1)^{\overline{-\alpha-1}}}{\Gamma(-\alpha)} \left[x^{\frac{2m}{n}}(k-j) - \frac{2m}{n} x^{\frac{2m}{n}-1}(k) x(k-j) \right] \\
&\quad - \frac{2m-n}{n} x^{\frac{2m}{n}}(k) \\
&\leqslant - \frac{2m-n}{n} x^{\frac{2m}{n}}(k) - \sum_{j=1}^{k-a-1} \frac{(j+1)^{\overline{-\alpha-1}}}{\Gamma(-\alpha)} \frac{2m-n}{n} x^{\frac{2m}{n}}(k) \\
&= - \frac{2m-n}{n} x^{\frac{2m}{n}}(k) \sum_{j=0}^{k-a} \frac{(j+1)^{\overline{-\alpha-1}}}{\Gamma(-\alpha)}
\end{aligned}$$

$$= -\frac{2m-n}{n} x^{\frac{2m}{n}}(k) \frac{(k-a)^{\overline{-\alpha}}}{\Gamma(-\alpha+1)}$$

$$\leqslant 0, \tag{3.56}$$

式 (3.46) 得证.

综上所述, 定理得证. □

考虑到具有固定记忆步数的 Grünwald-Letnikov 分数阶差分可以类似固定初始时刻的情形表示为 ${}_{k-K}^{\;\;\mathrm{G}}\nabla_k^\alpha f(k) = \sum_{j=0}^{K} \frac{(j+1)^{\overline{-\alpha-1}}}{(-\alpha)} f(k-j)$, 在定理 3.1.3 的基础上, 不难得到如下推论.

推论 3.1.2 对于任意 $\alpha \in (0,1)$, $m,n \in \mathbb{Z}_+$, $2m \geqslant n$, $x(k) \in \mathbb{R}$, $y(k) \in \mathbb{R}^\kappa$, $\kappa \in \mathbb{Z}_+$, $K \in \mathbb{Z}_+$, $k \in \mathbb{N}_{a+1}$, $a \in \mathbb{R}$ 和正定矩阵 $P \in \mathbb{R}^{\kappa \times \kappa}$, 下列不等式成立

$$\tensor*[_{k-K}^{\;\;\mathrm{G}}]{\nabla}{_k^\alpha} x^{2m}(k) \leqslant 2x^m(k) \tensor*[_{k-K}^{\;\;\mathrm{G}}]{\nabla}{_k^\alpha} x^m(k), \tag{3.57}$$

$$\tensor*[_{k-K}^{\;\;\mathrm{G}}]{\nabla}{_k^\alpha} x^{\frac{2m}{n}}(k) \leqslant \frac{2m}{2m-n} x(k) \tensor*[_{k-K}^{\;\;\mathrm{G}}]{\nabla}{_k^\alpha} x^{\frac{2m}{n}-1}(k), \tag{3.58}$$

$$\tensor*[_{k-K}^{\;\;\mathrm{G}}]{\nabla}{_k^\alpha} x^{\frac{2m}{n}}(k) \leqslant \frac{2m}{n} x^{\frac{2m}{n}-1}(k) \tensor*[_{k-K}^{\;\;\mathrm{G}}]{\nabla}{_k^\alpha} x(k), \tag{3.59}$$

$$\tensor*[_{k-K}^{\;\;\mathrm{G}}]{\nabla}{_k^\alpha} x^{2^m}(k) \leqslant 2^m x^{2^m-1}(k) \tensor*[_{k-K}^{\;\;\mathrm{G}}]{\nabla}{_k^\alpha} x(k), \tag{3.60}$$

$$\tensor*[_{k-K}^{\;\;\mathrm{G}}]{\nabla}{_k^\alpha} y^{\mathrm{T}}(k) P y(k) \leqslant 2 y^{\mathrm{T}}(k) P \tensor*[_{k-K}^{\;\;\mathrm{G}}]{\nabla}{_k^\alpha} y(k). \tag{3.61}$$

考虑到具有固定阶次的 Grünwald-Letnikov 分数阶差分可以类似时变阶次的情形表示为 ${}_a^{\mathrm{G}}\nabla_k^{\alpha(k)} f(k) = \sum_{j=0}^{k-a-1} \frac{(j+1)^{\overline{-\alpha(k)-1}}}{\Gamma(-\alpha(k))} f(k-j)$, 在定理 3.1.3 的基础上, 不难得到如下推论.

推论 3.1.3 对于任意 $\alpha(k) \in (0,1)$, $m,n \in \mathbb{Z}_+$, $2m \geqslant n$, $x(k) \in \mathbb{R}$, $y(k) \in \mathbb{R}^\kappa$, $\kappa \in \mathbb{Z}_+$, $k \in \mathbb{N}_{a+1}$, $a \in \mathbb{R}$ 和正定矩阵 $P \in \mathbb{R}^{\kappa \times \kappa}$, 下列不等式成立

$$\tensor*[_a^{\mathrm{G}}]{\nabla}{_k^{\alpha(k)}} x^{2m}(k) \leqslant 2x^m(k) \tensor*[_a^{\mathrm{G}}]{\nabla}{_k^{\alpha(k)}} x^m(k), \tag{3.62}$$

$$\tensor*[_a^{\mathrm{G}}]{\nabla}{_k^{\alpha(k)}} x^{\frac{2m}{n}}(k) \leqslant \frac{2m}{2m-n} x(k) \tensor*[_a^{\mathrm{G}}]{\nabla}{_k^{\alpha(k)}} x^{\frac{2m}{n}-1}(k), \tag{3.63}$$

$$\tensor*[_a^{\mathrm{G}}]{\nabla}{_k^{\alpha(k)}} x^{\frac{2m}{n}}(k) \leqslant \frac{2m}{n} x^{\frac{2m}{n}-1}(k) \tensor*[_a^{\mathrm{G}}]{\nabla}{_k^{\alpha(k)}} x(k), \tag{3.64}$$

$$\tensor*[_a^{\mathrm{G}}]{\nabla}{_k^{\alpha(k)}} x^{2^m}(k) \leqslant 2^m x^{2^m-1}(k) \tensor*[_a^{\mathrm{G}}]{\nabla}{_k^{\alpha(k)}} x(k), \tag{3.65}$$

$$\tensor*[_a^{\mathrm{G}}]{\nabla}{_k^{\alpha(k)}} y^{\mathrm{T}}(k) P y(k) \leqslant 2 y^{\mathrm{T}}(k) P \tensor*[_a^{\mathrm{G}}]{\nabla}{_k^{\alpha(k)}} y(k). \tag{3.66}$$

注解 3.1.2　　由于固定记忆步数的 Grünwald-Letnikov 分数阶差和分可以表示为 ${}_{k-K}^{\text{G}}\nabla_k^\alpha f(k) = \sum_{j=k-K}^{k} \frac{(k-j+1)^{\overline{-\alpha-1}}}{\Gamma(-\alpha)} f(j)$, 且有 ${}_{k-K}^{\text{R}}\nabla_k^\alpha f(k) = {}_{k-K}^{\text{C}}\nabla_k^\alpha f(k)$, 因此推论 3.1.2 也适用于 Caputo 定义和 Riemann-Liouville 定义. 推论 3.1.2 相当于 [30, 定理 3.10] 的离散化推广, [110, 引理 3.1] 和 [111, 定理 1] 也可以作为式 (3.59) 在 Caputo 定义下的连续情形特例. 时变阶次的 Grünwald-Letnikov 差和分可以表示为 ${}_{a}^{\text{G}}\nabla_k^{\alpha(k)} f(k) = \sum_{j=a+1}^{k} \frac{(k-j+1)^{\overline{-\alpha(k)-1}}}{\Gamma(-\alpha(k))} f(j)$, 但是难以界定并利用 ${}_{a}^{\text{R}}\nabla_k^{\alpha(k)} f(k)$ 与 ${}_{a}^{\text{C}}\nabla_k^{\alpha(k)} f(k)$ 之间的等价关系, 所以推论 3.1.3 适用于 Caputo 定义, 但难以判定其是否适用于 Riemann-Liouville 定义. [112-114] 所讨论的分布阶次情形, 也是一个重要的研究方向.

3.1.2　一般化情形

1. 隐式时间依赖

3.1.1 节推导了 5 个不等式, 后两个又可以由前三个导出, 并且前两个难以建立起 Lyapunov 函数的分数阶差分与系统动态方程之间的联系, 难以用于系统稳定性分析, 因此较为实用的是第三个. 为了进一步拓展适用范围, 提高实用性, 这里引入凸函数的概念.

定义 3.1.1[115]　　设 $\mathbb{D} \subseteq \mathbb{R}^n$ 是非空凸集, $f : \mathbb{D} \to \mathbb{R}$, 如果下述条件之一成立:

(1) 对于任意 $w, v, t \in [0,1]$, 总有 $f(tw + (1-t)v) \leqslant tf(w) + (1-t)f(v)$;

(2) 函数 f 可微且对于任意 w, v, 总有 $f(w) - f(v) \leqslant \frac{\mathrm{d}f(w)}{\mathrm{d}w^{\mathrm{T}}}(w-v)$,

则称 f 为 $\mathbb{D}$ 上的凸函数.

定理 3.1.4　　如果 $W : \mathbb{D} \to \mathbb{R}$ 是可微凸函数, 则下列不等式成立

$$
{}_{a}^{\text{C}}\nabla_k^\alpha W(x(k)) \leqslant \frac{\mathrm{d}W(x(k))}{\mathrm{d}x^{\mathrm{T}}(k)} {}_{a}^{\text{C}}\nabla_k^\alpha x(k), \tag{3.67}
$$

其中, $\alpha \in (0,1)$, $x(k) \in \mathbb{D} \subseteq \mathbb{R}^n$, $k \in \mathbb{N}_{a+1}$, $a \in \mathbb{R}$.

证明　　关于本定理的证明, 主要思路是利用可微凸函数的性质构造非负项.

利用 Caputo 分数阶差分的定义可得

$$
{}_{a}^{\text{C}}\nabla_k^\alpha W(x(k)) - \frac{\mathrm{d}W(x(k))}{\mathrm{d}x^{\mathrm{T}}(k)} {}_{a}^{\text{C}}\nabla_k^\alpha x(k)
$$

$$
= {}_{a}^{\text{G}}\nabla_k^{\alpha-1} \left[\nabla W(x(k)) - \frac{\mathrm{d}W(x(k))}{\mathrm{d}x^{\mathrm{T}}(k)} \nabla x(k) \right]
$$

$$= \sum_{j=a+1}^{k} \frac{(k-j+1)^{\overline{-\alpha}}}{\Gamma(1-\alpha)} \left[\nabla W(x(j)) - \frac{\mathrm{d}W(x(k))}{\mathrm{d}x^{\mathrm{T}}(k)} \nabla x(j) \right]$$

$$= \sum_{j=a+1}^{k} f(j-1)\nabla g(j)$$

$$= f(j)g(j)\Big|_a^k - \sum_{j=a+1}^{k} \nabla f(j)g(j), \qquad (3.68)$$

其中, $f(j) := \frac{(k-j)^{\overline{-\alpha}}}{\Gamma(1-\alpha)}$, $g(j) := W(x(j)) - W(x(k)) - \frac{\mathrm{d}W(x(k))}{\mathrm{d}x^{\mathrm{T}}(k)}[x(j)-x(k)]$.
类似定理 3.1.1, 对 j 取差分, 可得 $\nabla f(j) = -\frac{(k-j+1)^{\overline{-\alpha-1}}}{\Gamma(-\alpha)} \geqslant 0$, $j \in \mathbb{N}_{a+1}^{k-1}$,
$[\nabla f(j)]_{j=k} = -1$, $f(j) \geqslant 0$, $j \in \mathbb{N}_a^k$, $f(k) = 0$.

由于 $W(x(k))$ 是 $x(k)$ 的可微凸函数, 所以对于任意 $j \in \mathbb{N}_a^k$, $g(j) \geqslant 0$, 并且 $g(k) = 0$. 在此基础上, 式 (3.68) 可以等价表示为

$$_a^{\mathrm{C}}\nabla_k^\alpha W(x(k)) - \frac{\mathrm{d}W(x(k))}{\mathrm{d}x^{\mathrm{T}}(k)} {}_a^{\mathrm{C}}\nabla_k^\alpha x(k)$$

$$= -f(a)g(a) - \sum_{j=a+1}^{k-1} \nabla f(j)g(j) \leqslant 0, \qquad (3.69)$$

至此, 定理得证. □

注解 3.1.3 定理 3.1.4 作为 [116, 定理 1]、[117, 定理 2]、[118, 定理 3.1] 和 [119, 定理 2.1] 的推广, 给出了一个有用的不等式, 提高了 Nabla 分数阶直接 Lyapunov 方法的实用性. 与 [117, 定理 2] 相比, 定理 3.1.4 去除了条件 $W(0) = 0$. 与 [120, 定理 5] 相比, 定理 3.1.4 不要求 $W(x(k))$ 是非负的 Lyapunov 函数, 提供了新的证明方法. 不夸张地说, 定理 3.1.4 是定理 3.1.1 的终结者, 为多样化 Lyapunov 函数的选择提供了可能, 比如对式 (3.67), 令 $W(z(k)) := z^2(k)$, $z(k) := x^m(k)$, 则有

$$_a^{\mathrm{C}}\nabla_k^\alpha x^{2m}(k) = {}_a^{\mathrm{C}}\nabla_k^\alpha W(z(k))$$

$$\leqslant \frac{\mathrm{d}W(z(k))}{\mathrm{d}z(k)} {}_a^{\mathrm{C}}\nabla_k^\alpha z(k) = 2z(k) {}_a^{\mathrm{C}}\nabla_k^\alpha z(k)$$

$$= 2x^m(k) {}_a^{\mathrm{C}}\nabla_k^\alpha x^m(k), \qquad (3.70)$$

即式 (3.2) 成立. 令 $W(z(k)) := z^{\frac{2m-n}{2m}}(k)$, $z(k) := x^{\frac{2m}{n}-1}(k)$, 可得式 (3.3). 令 $W(x(k)) := x^{\frac{2m}{n}}(k)$, 可得式 (3.4). 令 $W(x(k)) := x^{2m}(k)$, 可得式 (3.5).

　　为了提高适用性, 也可以进一步将定理 3.1.4 中的结果推广到 Riemann-Liouville 和 Grünwald-Letnikov 定义下.

　　定理 3.1.5　如果 $W : \mathbb{D} \to \mathbb{R}$ 是可微凸函数且满足 $W(0) = 0$, $k \in \mathbb{N}_{a+1}$, 则下列不等式成立

$$
{}_{a}^{\mathrm{R}}\nabla_{k}^{\alpha} W(x(k)) \leqslant \frac{\mathrm{d}W(x(k))}{\mathrm{d}x^{\mathrm{T}}(k)} {}_{a}^{\mathrm{R}}\nabla_{k}^{\alpha} x(k), \tag{3.71}
$$

其中, $\alpha \in (0, 1)$, $x(k) \in \mathbb{D} \subseteq \mathbb{R}^{n}$, $k \in \mathbb{N}_{a+1}$, $a \in \mathbb{R}$.

　　证明　考虑 Riemann-Liouville 分数阶差分与 Caputo 分数阶差分之间的关系, 令 $f(j) := \dfrac{(k-j)^{\overline{-\alpha}}}{\Gamma(1-\alpha)}$, $g(j) := W(x(j)) - W(x(k)) - \dfrac{\mathrm{d}W(x(k))}{\mathrm{d}x^{\mathrm{T}}(k)}[x(j) - x(k)]$, 并利用定理 3.1.4 中对 $f(j)$ 和 $g(j)$ 特性的分析, 可得

$$
\begin{aligned}
& {}_{a}^{\mathrm{R}}\nabla_{k}^{\alpha} W(x(k)) - \frac{\mathrm{d}W(x(k))}{\mathrm{d}x^{\mathrm{T}}(k)} {}_{a}^{\mathrm{R}}\nabla_{k}^{\alpha} x(k) \\
={} & {}_{a}^{\mathrm{C}}\nabla_{k}^{\alpha} W(x(k)) + \frac{(k-a)^{\overline{-\alpha}}}{\Gamma(1-\alpha)} W(x(a)) \\
& - \frac{\mathrm{d}W(x(k))}{\mathrm{d}x^{\mathrm{T}}(k)} {}_{a}^{\mathrm{C}}\nabla_{k}^{\alpha} x(k) - \frac{\mathrm{d}W(x(k))}{\mathrm{d}x^{\mathrm{T}}(k)} \frac{(k-a)^{\overline{-\alpha}}}{\Gamma(1-\alpha)} x(a) \\
={} & -f(a)g(a) - \sum_{j=a+1}^{k-1} \nabla f(j) g(j) \\
& + f(a)\left[W(x(a)) - \frac{\mathrm{d}W(x(k))}{\mathrm{d}x^{\mathrm{T}}(k)} x(a) \right] \\
={} & -\sum_{j=a+1}^{k-1} \nabla f(j) g(j) \\
& + f(a)\left[W(x(k)) - \frac{\mathrm{d}W(x(k))}{\mathrm{d}x^{\mathrm{T}}(k)} x(k) \right]. \tag{3.72}
\end{aligned}
$$

　　对于任意 $x(k)$, $x(j)$, $j \in \mathbb{N}_{a}^{k}$, 总有 $g(j) \geqslant 0$ 成立. 考虑到 $W(0) = 0$, 不妨令 $x(j) = 0$, 则有

$$
W(x(k)) - \frac{\mathrm{d}W(x(k))}{\mathrm{d}x^{\mathrm{T}}(k)} x(k) \leqslant 0. \tag{3.73}
$$

考虑 $f(a) > 0$ 并将 (3.73) 代入 (3.72), 可得到期望的结果 (3.71).

　　至此, 定理得证.　　　　　　　　　　　　　　　　　　　　　　　　　　　　　□

定理 3.1.5 是受 [121, 引理 1] 的启发而完成的, 由于 Riemann-Liouville 分数阶差分与 Caputo 分数阶差分之间的差项不足以像定理 3.1.2 那样抵消 $-f(a)g(a)$, 所以引入了 $W(0) = 0$ 这一条件. 类似地, 对于 Grünwald-Letnikov 定义, 也需要引入这个条件.

定理 3.1.6 如果 $W : \mathbb{D} \to \mathbb{R}$ 是可微凸函数且满足 $W(0) = 0$, $k \in \mathbb{N}_{a+1}$, 则下列不等式成立

$$
{}^{\mathrm{G}}_a \nabla_k^\alpha W(x(k)) \leqslant \frac{\mathrm{d}W(x(k))}{\mathrm{d}x^{\mathrm{T}}(k)} {}^{\mathrm{G}}_a \nabla_k^\alpha x(k), \tag{3.74}
$$

其中, $\alpha \in (0,1)$, $x(k) \in \mathbb{D} \subseteq \mathbb{R}^n$, $k \in \mathbb{N}_{a+1}$, $a \in \mathbb{R}$.

证明 直接利用 Grünwald-Letnikov 分数阶差分的定义可得

$$
{}^{\mathrm{G}}_a \nabla_k^\alpha W(x(k)) - \frac{\mathrm{d}W(x(k))}{\mathrm{d}x^{\mathrm{T}}(k)} {}^{\mathrm{G}}_a \nabla_k^\alpha x(k)
$$

$$
= \sum_{j=a+1}^{k} \frac{(k-j+1)^{\overline{-\alpha-1}}}{\Gamma(-\alpha)} \left[W(x(j)) - \frac{\mathrm{d}W(x(k))}{\mathrm{d}x^{\mathrm{T}}(k)} x(j) \right]. \tag{3.75}
$$

同样地, 引入函数 $f(j) := \dfrac{(k-j)^{\overline{-\alpha}}}{\Gamma(1-\alpha)}$, $g(j) := W(x(j)) - W(x(k)) - \dfrac{\mathrm{d}W(x(k))}{\mathrm{d}x^{\mathrm{T}}(k)} \times [x(j) - x(k)]$, 可得

$$
\sum_{j=a+1}^{k} \frac{(k-j+1)^{\overline{-\alpha-1}}}{\Gamma(-\alpha)} = f(a) - f(k) = \frac{(k-a)^{\overline{-\alpha}}}{\Gamma(1-\alpha)} \geqslant 0. \tag{3.76}
$$

由于 $W(0) = 0$, 类似定理 3.1.5, 可得 (3.73). 基于此, 联合式 (3.75) 和式 (3.76), 可得

$$
{}^{\mathrm{G}}_a \nabla_k^\alpha W(x(k)) - \frac{\mathrm{d}W(x(k))}{\mathrm{d}x^{\mathrm{T}}(k)} {}^{\mathrm{G}}_a \nabla_k^\alpha x(k)
$$

$$
\leqslant \sum_{j=a+1}^{k} \frac{(k-j+1)^{\overline{-\alpha-1}}}{\Gamma(-\alpha)} \left[W(x(j)) - \frac{\mathrm{d}W(x(k))}{\mathrm{d}x^{\mathrm{T}}(k)} x(j) \right]
$$

$$
- \frac{(k-a)^{\overline{-\alpha}}}{\Gamma(1-\alpha)} \left[W(x(k)) - \frac{\mathrm{d}W(x(k))}{\mathrm{d}x^{\mathrm{T}}(k)} x(k) \right]
$$

$$
= - \sum_{j=a+1}^{k} \nabla f(j) g(j)
$$

$$= - \sum_{j=a+1}^{k-1} \nabla f(j) g(j)$$

$$\leqslant 0. \tag{3.77}$$

至此, 定理得证. □

定理 3.1.6 的证明中, 为了得到 $g(j)$, 引入了非负项, 对原式进行了放缩. 类似注解 3.1.3, 选择不同的 $W(x(k))$, 可以导出不同的不等式.

考虑到在定理 3.1.4 和定理 3.1.6 证明的过程中, 将常数 α 替换为 $\alpha(k)$, 证明依然成立, 所以类似 [122, 引理 2.2], 可以将结果推广到时变阶次情形. 同样由于 $\alpha(k)$ 时变时, Riemann-Liouville 分数阶差分与 Caputo 分数阶差分之间的关系难以确定, 所以没有给出相应 Riemann-Liouville 定义下的结论.

推论 3.1.4 如果 $W : \mathbb{D} \to \mathbb{R}$ 是可微凸函数且满足 $W(0) = 0$, $k \in \mathbb{N}_{a+1}$, 则下列不等式成立

$$ {}_{a}^{\text{C}}\nabla_k^{\alpha(k)} W(x(k)) \leqslant \frac{\mathrm{d}W(x(k))}{\mathrm{d}x^{\text{T}}(k)} {}_{a}^{\text{C}}\nabla_k^{\alpha(k)} x(k), \tag{3.78}$$

$$ {}_{a}^{\text{G}}\nabla_k^{\alpha(k)} W(x(k)) \leqslant \frac{\mathrm{d}W(x(k))}{\mathrm{d}x^{\text{T}}(k)} {}_{a}^{\text{G}}\nabla_k^{\alpha(k)} x(k), \tag{3.79}$$

其中, $\alpha(k) \in (0, 1)$, $x(k) \in \mathbb{D} \subseteq \mathbb{R}^n$, $k \in \mathbb{N}_{a+1}$, $a \in \mathbb{R}$.

由于初始时刻 a 的任意性, 则当初始时刻选择为 $a - m$ 时, 定理 3.1.4~定理 3.1.6 中所得结果依然成立.

推论 3.1.5 如果 $W : \mathbb{D} \to \mathbb{R}$ 是可微凸函数且满足 $W(0) = 0$, 则下列不等式成立

$$ {}_{a-m}^{\text{C}}\nabla_k^{\alpha} W(x(k)) \leqslant \frac{\mathrm{d}W(x(k))}{\mathrm{d}x^{\text{T}}(k)} {}_{a-m}^{\text{C}}\nabla_k^{\alpha} x(k), \tag{3.80}$$

$$ {}_{a-m}^{\text{R}}\nabla_k^{\alpha} W(x(k)) \leqslant \frac{\mathrm{d}W(x(k))}{\mathrm{d}x^{\text{T}}(k)} {}_{a-m}^{\text{R}}\nabla_k^{\alpha} x(k), \tag{3.81}$$

$$ {}_{a-m}^{\text{G}}\nabla_k^{\alpha} W(x(k)) \leqslant \frac{\mathrm{d}W(x(k))}{\mathrm{d}x^{\text{T}}(k)} {}_{a-m}^{\text{G}}\nabla_k^{\alpha} x(k), \tag{3.82}$$

其中, $\alpha \in (0, 1)$, $x(k) \in \mathbb{D} \subseteq \mathbb{R}^n$, $k \in \mathbb{N}_{a+1}$, $a \in \mathbb{R}$, $m \in \mathbb{N}$.

2. 显式时间依赖

3.1.2 节前述部分所考虑的 Lyapunov 函数均不显含时间变量, 当需要处理非自治系统的稳定性时, 往往需要在 Lyapunov 函数中引入时间相关项, 因此这部分将就此展开.

对于定理 3.1.4～定理 3.1.6, 如果做如下替换 $x(k) := \begin{bmatrix} u(k) \\ v(k) \end{bmatrix}$, $W(x(k)) :=$ $V(u(k), v(k))$, 则从给定条件可得 $V(u(k), v(k))$ 是 $u(k)$ 和 $v(k)$ 的可微凸函数, 且有下列等式

$$\frac{\mathrm{d}W(x(k))}{\mathrm{d}x^{\mathrm{T}}(k)} = \left[\begin{array}{cc} \dfrac{\partial V(u(k), v(k))}{\partial u^{\mathrm{T}}(k)} & \dfrac{\partial V(u(k), v(k))}{\partial v^{\mathrm{T}}(k)} \end{array} \right]. \tag{3.83}$$

进而, 不难导出如下推论成立.

推论 3.1.6   如果 $V : \mathbb{U} \times \mathbb{V} \to \mathbb{R}$ 是可微凸函数且满足 $V(0, 0) = 0$, 则下列不等式成立

$$_a^{\mathrm{C}}\nabla_k^{\alpha} V(u(k), v(k)) \leqslant \frac{\partial V(u(k), v(k))}{\partial u^{\mathrm{T}}(k)} {}_a^{\mathrm{C}}\nabla_k^{\alpha} u(k) + \frac{\partial V(u(k), v(k))}{\partial v^{\mathrm{T}}(k)} {}_a^{\mathrm{C}}\nabla_k^{\alpha} v(k), \tag{3.84}$$

$$_a^{\mathrm{R}}\nabla_k^{\alpha} V(u(k), v(k)) \leqslant \frac{\partial V(u(k), v(k))}{\partial u^{\mathrm{T}}(k)} {}_a^{\mathrm{C}}\nabla_k^{\alpha} u(k) + \frac{\partial V(u(k), v(k))}{\partial v^{\mathrm{T}}(k)} {}_a^{\mathrm{C}}\nabla_k^{\alpha} v(k), \tag{3.85}$$

$$_a^{\mathrm{G}}\nabla_k^{\alpha} V(u(k), v(k)) \leqslant \frac{\partial V(u(k), v(k))}{\partial u^{\mathrm{T}}(k)} {}_a^{\mathrm{C}}\nabla_k^{\alpha} u(k) + \frac{\partial V(u(k), v(k))}{\partial v^{\mathrm{T}}(k)} {}_a^{\mathrm{C}}\nabla_k^{\alpha} v(k), \tag{3.86}$$

其中, $\alpha \in (0, 1)$, $u(k) \in \mathbb{U} \subseteq \mathbb{R}^p$, $v(k) \in \mathbb{V} \subseteq \mathbb{R}^q$, $k \in \mathbb{N}_{a+1}$.

考虑推论 3.1.6 的特殊情况, 即 $u(k) := k$, $v(k) := x(k)$, 则有如下结论. 该结论对应的连续情形, 曾在 [123] 中被研究过.

推论 3.1.7   如果 $V : \mathbb{N}_{a+1} \times \mathbb{D} \to \mathbb{R}$ 是可微凸函数且满足 $V(k, 0) = 0$, 则下列不等式成立

$$_a^{\mathrm{C}}\nabla_k^{\alpha} V(k, x(k)) \leqslant \frac{\partial V(k, x(k))}{\partial k} {}_a^{\mathrm{C}}\nabla_k^{\alpha} k + \frac{\partial V(k, x(k))}{\partial x^{\mathrm{T}}(k)} {}_a^{\mathrm{C}}\nabla_k^{\alpha} x(k), \tag{3.87}$$

$$_a^{\mathrm{R}}\nabla_k^{\alpha} V(k, x(k)) \leqslant \frac{\partial V(k, x(k))}{\partial k} {}_a^{\mathrm{R}}\nabla_k^{\alpha} k + \frac{\partial V(k, x(k))}{\partial x^{\mathrm{T}}(k)} {}_a^{\mathrm{R}}\nabla_k^{\alpha} x(k), \tag{3.88}$$

$$_a^{\mathrm{G}}\nabla_k^{\alpha} V(k, x(k)) \leqslant \frac{\partial V(k, x(k))}{\partial k} {}_a^{\mathrm{G}}\nabla_k^{\alpha} k + \frac{\partial V(k, x(k))}{\partial x^{\mathrm{T}}(k)} {}_a^{\mathrm{G}}\nabla_k^{\alpha} x(k), \tag{3.89}$$

其中, $\alpha \in (0, 1)$, $x(k) \in \mathbb{D} \subseteq \mathbb{R}^n$, $k \in \mathbb{N}_{a+1}$.

类似地, 推论 3.1.6 也可以看作定理 3.1.4～定理 3.1.6的改进版. 考虑到 ${}_a^{\mathrm{C}}\nabla_k^{\alpha} k = \dfrac{(k-a)^{\overline{1-\alpha}}}{\Gamma(2-\alpha)} > 0$, ${}_a^{\mathrm{R}}\nabla_k^{\alpha} k = {}_a^{\mathrm{G}}\nabla_k^{\alpha} k = \dfrac{(k-a)^{\overline{-\alpha}}}{\Gamma(2-\alpha)}[k - \alpha(1+a)] > 0$, $k \in \mathbb{N}_{a+1}$. 因此,

如果再添加条件 $\dfrac{\partial V(k, x(k))}{\partial k} \leqslant 0$, $k \in \mathbb{N}_{a+1}$, 则总有下式成立

$$
\begin{cases}
{}^{\mathrm{C}}_{a}\nabla^{\alpha}_{k} V(k, x(k)) \leqslant \dfrac{\partial V(k, x(k))}{\partial x^{\mathrm{T}}(k)} {}^{\mathrm{C}}_{a}\nabla^{\alpha}_{k} x(k), \\[3mm]
{}^{\mathrm{R}}_{a}\nabla^{\alpha}_{k} V(k, x(k)) \leqslant \dfrac{\partial V(k, x(k))}{\partial x^{\mathrm{T}}(k)} {}^{\mathrm{R}}_{a}\nabla^{\alpha}_{k} x(k), \\[3mm]
{}^{\mathrm{G}}_{a}\nabla^{\alpha}_{k} V(k, x(k)) \leqslant \dfrac{\partial V(k, x(k))}{\partial x^{\mathrm{T}}(k)} {}^{\mathrm{G}}_{a}\nabla^{\alpha}_{k} x(k).
\end{cases} \tag{3.90}
$$

因此, (3.90) 可以看作 [120, 定理 5] 的拓展, 并引入了附加条件 $\dfrac{\partial V(k, x(k))}{\partial k} \leqslant 0$.

接下来, 为了降低保守性, 进一步探讨附加条件的必要性. 对于连续时间情形, 若令 $W(z(t)) := V(t, x(t))$, $z(t) := \begin{bmatrix} t \\ x(t) \end{bmatrix}$, 且 $W(\cdot)$ 对其参数可微凸, 则有下式成立

$$
W(z(t)) - W(z(\tau)) \leqslant \dfrac{\mathrm{d}W(z(t))}{\mathrm{d}z^{\mathrm{T}}(t)} [z(t) - z(\tau)], \tag{3.91}
$$

$$
\dfrac{\mathrm{d}}{\mathrm{d}t} V(t, x(t)) - \dfrac{\partial V(t, x(t))}{\partial t} - \dfrac{\partial V(t, x(t))}{\partial x^{\mathrm{T}}(t)} \dfrac{\mathrm{d}}{\mathrm{d}t} x(t) = 0. \tag{3.92}
$$

对 (3.91), 令 $t = k$, $\tau = k - 1$, 则有 $t - \tau = 1$, $z(t) - z(\tau) = \nabla z(k)$, $W(z(t)) - W(z(\tau)) = \nabla V(k, x(k))$, 进一步可得

$$
\nabla V(k, x(k)) - \dfrac{\partial V(k, x(k))}{\partial k} - \dfrac{\partial V(k, x(k))}{\partial x^{\mathrm{T}}(k)} \nabla x(k) \leqslant 0. \tag{3.93}
$$

对 (3.91), 令 $t = k$, $\tau = j$, 利用 $W(\cdot)$ 与 $V(\cdot, \cdot)$ 的关系, 得 $g(j) := V(j, x(j)) - V(k, x(k)) - \dfrac{\partial V(k, x(k))}{\partial k} - \dfrac{\partial V(k, x(k))}{\partial x^{\mathrm{T}}(k)} [x(j) - x(k)]$ 满足

$$
g(j) = W(z(j)) - W(z(k)) - \dfrac{\mathrm{d}W(z(k))}{\mathrm{d}z^{\mathrm{T}}(k)} [z(j) - z(k)] \geqslant 0. \tag{3.94}
$$

在这一分析的基础上, 可以得到如下定理.

定理 3.1.7 如果 $V : \mathbb{N}_a \times \mathbb{D} \to \mathbb{R}$ 是可微凸函数且满足 $V(k, 0) = 0$, 则下列不等式成立

$$
{}^{\mathrm{C}}_{a}\nabla^{\alpha}_{k} V(k, x(k)) \leqslant \dfrac{\partial V(k, x(k))}{\partial x^{\mathrm{T}}(k)} {}^{\mathrm{C}}_{a}\nabla^{\alpha}_{k} x(k), \tag{3.95}
$$

$$
{}^{\mathrm{R}}_{a}\nabla^{\alpha}_{k} V(k, x(k)) \leqslant \dfrac{\partial V(k, x(k))}{\partial x^{\mathrm{T}}(k)} {}^{\mathrm{R}}_{a}\nabla^{\alpha}_{k} x(k), \tag{3.96}
$$

$$\mathstrut^{\mathrm{G}}_a \nabla_k^\alpha V(k, x(k)) \leqslant \frac{\partial V(k, x(k))}{\partial x^{\mathrm{T}}(k)} \mathstrut^{\mathrm{G}}_a \nabla_k^\alpha x(k), \tag{3.97}$$

其中, $\alpha \in (0, 1)$, $x(k) \in \mathbb{D} \subseteq \mathbb{R}^n$, $k \in \mathbb{N}_{a+1}$.

证明　关于本定理的证明, 主要思路是利用可微凸函数的性质构造非负项.

类似地, 令 $f(j) := \dfrac{(k-j)^{\overline{-\alpha}}}{\Gamma(1-\alpha)}$, 可得 $\nabla f(j) \geqslant 0$, $j \in \mathbb{N}_{a+1}^{k-1}$, $[\nabla f(j)]_{j=k} = -1$,

$f(j) \geqslant 0$, $j \in \mathbb{N}_a^k$, $f(k) = 0$. 令 $g(j) := V(j, x(j)) - V(k, x(k)) - \dfrac{\partial V(k, x(k))}{\partial k} -$

$\dfrac{\partial V(k, x(k))}{\partial x^{\mathrm{T}}(k)}[x(j) - x(k)]$, 则 $\nabla g(j) = \nabla V(j, x(j)) - \dfrac{\partial V(k, x(k))}{\partial x^{\mathrm{T}}(k)} \nabla x(j)$, 且有

$g(j) \geqslant 0$, $j \in \mathbb{N}_a^k$, $g(k) = 0$. 按不同定义, 将该定理的证明分三部分.

第 1 部分 ▶ 关于 Caputo 定义.

利用 Caputo 分数阶差分的定义可得

$$\begin{aligned}
&\mathstrut^{\mathrm{C}}_a \nabla_k^\alpha V(k, x(k)) - \frac{\partial V(k, x(k))}{\partial x^{\mathrm{T}}(k)} \mathstrut^{\mathrm{C}}_a \nabla_k^\alpha x(k) \\
&= \mathstrut^{\mathrm{G}}_a \nabla_k^{\alpha-1} \left[\nabla V(k, x(k)) - \frac{\partial V(k, x(k))}{\partial x^{\mathrm{T}}(k)} \nabla x(k) \right] \\
&= \sum_{j=a+1}^k \frac{(k-j+1)^{\overline{-\alpha}}}{\Gamma(1-\alpha)} \left[\nabla V(j, x(j)) - \frac{\partial V(k, x(k))}{\partial x^{\mathrm{T}}(k)} \nabla x(j) \right] \\
&= \sum_{j=a+1}^k f(j-1) \nabla g(j) \\
&= f(j)g(j) \Big|_a^k - \sum_{j=a+1}^k \nabla f(j) g(j) \\
&= -f(a)g(a) - \sum_{j=a+1}^{k-1} \nabla f(j) g(j) \\
&\leqslant 0. \tag{3.98}
\end{aligned}$$

第 2 部分 ▶ 关于 Riemann-Liouville 定义.

因为 $V(k, 0) = 0$, $g(j) \geqslant 0$, 则 $V(k, x(k)) + \dfrac{\partial V(k, x(k))}{\partial k} - \dfrac{\partial V(k, x(k))}{\partial x^{\mathrm{T}}(k)} x(k) \leqslant 0$.

类似地, 利用 Riemann-Liouville 分数阶差分和 Caputo 分数阶差分之间的联系和已有结果 (3.98), 可以得到

$$
{}_a^{\mathrm{R}}\nabla_k^\alpha V(k,x(k)) - \frac{\partial V(k,x(k))}{\partial x^{\mathrm{T}}(k)}{}_a^{\mathrm{R}}\nabla_k^\alpha x(k)
$$

$$
= {}_a^{\mathrm{C}}\nabla_k^\alpha V(k,x(k)) - \frac{\partial V(k,x(k))}{\partial x^{\mathrm{T}}(k)}{}_a^{\mathrm{C}}\nabla_k^\alpha x(k)
$$

$$
+ \frac{(k-a)^{\overline{-\alpha}}}{\Gamma(1-\alpha)}V(a,x(a)) - \frac{(k-a)^{\overline{-\alpha}}}{\Gamma(1-\alpha)}\frac{\partial V(k,x(k))}{\partial x^{\mathrm{T}}(k)}x(a)
$$

$$
= -f(a)g(a) - \sum_{j=a+1}^{k-1}\nabla f(j)g(j)
$$

$$
+ f(a)\left[V(a,x(a)) - \frac{\partial V(k,x(k))}{\partial x^{\mathrm{T}}(k)}x(a)\right]
$$

$$
= -\sum_{j=a+1}^{k-1}\nabla f(j)g(j)
$$

$$
+ f(a)\left[V(k,x(k)) + \frac{\partial V(k,x(k))}{\partial k} - \frac{\partial V(k,x(k))}{\partial x^{\mathrm{T}}(k)}x(k)\right]
$$

$$
\leqslant 0. \tag{3.99}
$$

第 3 部分 ▶ 关于 Grünwald-Letnikov 定义.

$$
{}_a^{\mathrm{G}}\nabla_k^\alpha V(k,x(k)) - \frac{\partial V(k,x(k))}{\partial x^{\mathrm{T}}(k)}{}_a^{\mathrm{G}}\nabla_k^\alpha x(k)
$$

$$
= \sum_{j=a+1}^{k}\frac{(k-j+1)^{\overline{-\alpha-1}}}{\Gamma(-\alpha)}\left[V(j,x(j)) - \frac{\partial V(k,x(k))}{\partial x^{\mathrm{T}}(k)}x(j)\right]
$$

$$
\leqslant \sum_{j=a+1}^{k}\frac{(k-j+1)^{\overline{-\alpha-1}}}{\Gamma(-\alpha)}\left[V(j,x(j)) - \frac{\partial V(k,x(k))}{\partial x^{\mathrm{T}}(k)}x(j)\right]
$$

$$
- \frac{(k-a)^{\overline{-\alpha}}}{\Gamma(1-\alpha)}\left[V(k,x(k)) + \frac{\partial V(k,x(k))}{\partial k} - \frac{\partial V(k,x(k))}{\partial x^{\mathrm{T}}(k)}x(k)\right]
$$

$$
= -\sum_{j=a+1}^{k}\nabla f(j)g(j)
$$

$$
= -\sum_{j=a+1}^{k-1}\nabla f(j)g(j)
$$

$$
\leqslant 0. \tag{3.100}
$$

至此, 定理得证. □

与 (3.90) 相比, 附加条件 $\dfrac{\partial V(k,x(k))}{\partial k} \leqslant 0$ 已去除. 值得强调, 定理 3.1.7 比推论 3.1.7 更为简洁、实用, 比定理 3.1.4~定理 3.1.6 适用范围更广.

3.2 非全局可微凸形式

3.1 节是针对同时满足可微和凸两个条件的函数进行的研究, 实际使用中, 会遇到大量不满足这一条件的情形, 本节将就此展开讨论.

3.2.1 可微但非凸情形

1. 可微凹

类似定义 3.1.1, 可以引入凹函数.

定义 3.2.1 [115] 设 $\mathbb{D} \subseteq \mathbb{R}^n$ 是非空凸集, $f : \mathbb{D} \to \mathbb{R}$, 如果下述条件之一成立:

(1) 对于任意 $w, v, t \in [0,1]$, 总有 $f(tw + (1-t)v) \geqslant tf(w) + (1-t)f(v)$;

(2) 函数 f 可微且对于任意 w, v, 总有 $f(w) - f(v) \geqslant \dfrac{\mathrm{d}f(w)}{\mathrm{d}w^{\mathrm{T}}}(w - v)$,

则称 h 为 $\mathbb{D}$ 上的凹函数.

在定理 3.1.4 的证明中, 可微凸条件的使用主要是为了得到 $g(j) := W(x(j)) - W(x(k)) - \dfrac{\mathrm{d}W(x(k))}{\mathrm{d}x^{\mathrm{T}}(k)}[x(j) - x(k)]$, 对任意 $j \in \mathbb{N}_a^k$ 满足 $g(j) \geqslant 0$, 并且 $g(k) = 0$. 如果可微凸条件换成了可微凹条件, 则任意 $j \in \mathbb{N}_a^k$ 满足 $g(j) \leqslant 0$, 并且 $g(k) = 0$. 基于此, 不难得到如下结论成立.

推论 3.2.1 如果 $W : \mathbb{D} \to \mathbb{R}$ 关于其参数可微凹且满足 $W(0) = 0$, 则下列不等式成立

$$
{}_a^{\mathrm{C}}\nabla_k^{\alpha} W(x(k)) \geqslant \frac{\mathrm{d}W(x(k))}{\mathrm{d}x^{\mathrm{T}}(k)} {}_a^{\mathrm{C}}\nabla_k^{\alpha} x(k), \tag{3.101}
$$

$$
{}_a^{\mathrm{R}}\nabla_k^{\alpha} W(x(k)) \geqslant \frac{\mathrm{d}W(x(k))}{\mathrm{d}x^{\mathrm{T}}(k)} {}_a^{\mathrm{R}}\nabla_k^{\alpha} x(k), \tag{3.102}
$$

$$
{}_a^{\mathrm{G}}\nabla_k^{\alpha} W(x(k)) \geqslant \frac{\mathrm{d}W(x(k))}{\mathrm{d}x^{\mathrm{T}}(k)} {}_a^{\mathrm{G}}\nabla_k^{\alpha} x(k), \tag{3.103}
$$

其中, $\alpha \in (0,1)$, $x(k) \in \mathbb{D} \subseteq \mathbb{R}^n$, $k \in \mathbb{N}_{a+1}$, $a \in \mathbb{R}$.

类似地, 可以得到推论 3.1.4~推论 3.1.7 的拓展版, 这里不再赘述. 当 $W(x(k))$ 与 $x(k)$ 满足线性关系时, 如 $W(x(k)) = \phi^{\mathrm{T}} x(k)$ 既非凸也非凹, 令 $g(j) :=$

$W(x(j)) - W(x(k)) - \dfrac{\mathrm{d}W(x(k))}{\mathrm{d}x^{\mathrm{T}}(k)}[x(j) - x(k)]$, 则有 $g(j) \equiv 0$, 此时不等式 (3.101)~ (3.103) 退化为等式.

2. 时间可分离

考虑到在定理 3.1.7 的证明中, 只需判定 $j \in \mathbb{N}_a^k$ 时 $g(j)$ 的符号, 而无需关注 $j \in \mathbb{N}_{k+1}$ 时的情况. 引入时变线性函数 $V(\phi(k), x(k)) = \phi^{\mathrm{T}}(k)x(k)$, 类似讨论不等式 (3.95), 只需要保证 $g(j) := V(\phi(j), x(j)) - V(\phi(k), x(k)) - \dfrac{\partial V(\phi(k), x(k))}{\partial x^{\mathrm{T}}(k)} \times [x(j) - x(k)] = [\phi(j) - \phi(k)]^{\mathrm{T}}x(j) \geqslant 0, \forall j \in \mathbb{N}_a^k$ 和 $g(k) = 0$ 即可. 不难发现, $\phi : \mathbb{N}_{a+1} \to \mathbb{R}^n$ 单调递减, $x : \mathbb{N}_{a+1} \to \mathbb{R}^n$ 非负, 或者 $\phi : \mathbb{N}_{a+1} \to \mathbb{R}^n$ 单调递增, $x : \mathbb{N}_{a+1} \to \mathbb{R}^n$ 非正, 均可得到如下结论.

定理 3.2.1   如果 $\phi : \mathbb{N}_a \to \mathbb{R}^n$ 单调递减且 $x : \mathbb{N}_a \to \mathbb{R}^n$ 非负, 则有下列不等式成立

$$ {}_a^{\mathrm{C}}\nabla_k^{\alpha}[\phi^{\mathrm{T}}(k)x(k)] \leqslant \phi^{\mathrm{T}}(k) {}_a^{\mathrm{C}}\nabla_k^{\alpha}x(k), \tag{3.104} $$

$$ {}_a^{\mathrm{R}}\nabla_k^{\alpha}[\phi^{\mathrm{T}}(k)x(k)] \leqslant \phi^{\mathrm{T}}(k) {}_a^{\mathrm{R}}\nabla_k^{\alpha}x(k), \tag{3.105} $$

$$ {}_a^{\mathrm{G}}\nabla_k^{\alpha}[\phi^{\mathrm{T}}(k)x(k)] \leqslant \phi^{\mathrm{T}}(k) {}_a^{\mathrm{G}}\nabla_k^{\alpha}x(k), \tag{3.106} $$

其中, $\alpha \in (0,1)$, $k \in \mathbb{N}_{a+1}$, $a \in \mathbb{R}$, $n \in \mathbb{Z}_+$.

证明   关于本定理的证明, 主要思路是利用 $\phi(k)$ 的单调性和 $x(k)$ 的非负性构造非负项.

定义 $f(j) := \dfrac{(k-j)^{\overline{-\alpha}}}{\Gamma(1-\alpha)}$, 可得 $\nabla f(j) \geqslant 0$, $j \in \mathbb{N}_{a+1}^{k-1}$, $[\nabla f(j)]_{j=k} = -1$, $f(j) \geqslant 0$, $j \in \mathbb{N}_a^k$, $f(k) = 0$. 定义 $g(j) := [\phi(j) - \phi(k)]^{\mathrm{T}}x(j)$, 根据 $\phi(\cdot)$ 与 $z(\cdot)$ 的假设, 可得如下结论成立

$$ g(k) = [\phi(k) - \phi(k)]^{\mathrm{T}}x(k) = 0, \tag{3.107} $$

$$ g(j) = [\phi(j) - \phi(k)]^{\mathrm{T}}x(j) \geqslant 0, \quad j \in \mathbb{N}_a^{k-1}. \tag{3.108} $$

按不同定义, 将该定理的证明分三部分.

第 1 部分 ▶ 关于 Caputo 定义.

根据已有条件, 可得

$$ {}_a^{\mathrm{C}}\nabla_k^{\alpha}[\phi^{\mathrm{T}}(k)x(k)] - \phi^{\mathrm{T}}(k) {}_a^{\mathrm{C}}\nabla_k^{\alpha}x(k) $$

$$ = \sum_{j=a+1}^{k} \frac{(k-j+1)^{\overline{-\alpha}}}{\Gamma(-\alpha+1)}\nabla[\phi^{\mathrm{T}}(j)x(j)] $$

$$- \phi^{\mathrm{T}}(k) \sum_{j=a+1}^{k} \frac{(k-j+1)^{\overline{-\alpha}}}{\Gamma(-\alpha+1)} \nabla x(j)$$

$$= \sum_{j=a+1}^{k} \frac{(k-j+1)^{\overline{-\alpha}}}{\Gamma(-\alpha+1)} \nabla\{[\phi(j) - \phi(k)]^{\mathrm{T}} x(j)\}$$

$$= \sum_{j=a+1}^{k} f(j-1)\nabla g(j)$$

$$= f(j)g(j)|_a^k - \sum_{j=a+1}^{k} \nabla f(j)g(j)$$

$$= -f(a)g(a) - \sum_{j=a+1}^{k-1} \nabla f(j)g(j)$$

$$\leqslant 0. \tag{3.109}$$

第 2 部分 ▶ 关于 Riemann-Liouville 定义.

由于 $\dfrac{(k-a)^{\overline{-\alpha}}}{\Gamma(1-\alpha)} > 0$, $k \in \mathbb{N}_{a+1}$, $\phi(k)$ 单调递减, $x(k) \geqslant 0$, 不难得到如下不等式 $\dfrac{(k-a)^{\overline{-\alpha}}}{\Gamma(1-\alpha)}[\phi(a) - \phi(k)]^{\mathrm{T}} x(a) \leqslant 0$, $k \in \mathbb{N}_{a+1}$. 利用 Riemann-Liouville 分数阶差分和 Caputo 分数阶差分之间的联系和式 (3.109), 可得

$$\begin{aligned}
&{}_a^{\mathrm{R}}\nabla_k^\alpha[\phi^{\mathrm{T}}(k)x(k)] - \phi^{\mathrm{T}}(k){}_a^{\mathrm{R}}\nabla_k^\alpha x(k) \\
&= {}_a^{\mathrm{C}}\nabla_k^\alpha[\phi^{\mathrm{T}}(k)x(k)] - \phi^{\mathrm{T}}(k){}_a^{\mathrm{C}}\nabla_k^\alpha x(k) \\
&\quad + \frac{(k-a)^{\overline{-\alpha}}}{\Gamma(1-\alpha)}[\phi(a) - \phi(k)]^{\mathrm{T}} x(a) \\
&= -\sum_{j=a+1}^{k-1} \nabla f(j)g(j) \\
&\leqslant 0. \tag{3.110}
\end{aligned}$$

第 3 部分 ▶ 关于 Grünwald-Letnikov 定义.

利用 Grünwald-Letnikov 分数阶差分的定义, 可得

$${}_a^{\mathrm{G}}\nabla_k^\alpha[\phi^{\mathrm{T}}(k)x(k)] - \phi^{\mathrm{T}}(k){}_a^{\mathrm{G}}\nabla_k^\alpha x(k)$$

$$= \sum_{j=a+1}^{k} \frac{(k-j+1)^{\overline{-\alpha-1}}}{\Gamma(-\alpha)} [\phi(j) - \phi(k)]^{\mathrm{T}} x(j)$$

$$= - \sum_{j=a+1}^{k-1} \nabla f(j) g(j) + g(k)$$

$$\leqslant 0. \tag{3.111}$$

综上所述, 定理得证.   □

在定理 3.2.1 的证明过程中, $\phi(\cdot)$ 因其单调递减特性才有了式 (3.97) 和式 (3.98). 如果 $\phi(\cdot)$ 单调递增, 则有

$$g(k) = [\phi(k) - \phi(k)]^{\mathrm{T}} x(k) = 0, \tag{3.112}$$

$$g(j) = [\phi(j) - \phi(k)]^{\mathrm{T}} x(j) \leqslant 0, \quad j \in \mathbb{N}_a^{k-1}. \tag{3.113}$$

基于式 (3.103) 和式 (3.104), 可以类似地得到如下推论.

推论 3.2.2　如果 $\phi : \mathbb{N}_a \to \mathbb{R}^n$ 单调递增且 $x : \mathbb{N}_a \to \mathbb{R}^n$ 非负, 则下列不等式成立

$$_a^{\mathrm{C}}\nabla_k^{\alpha}[\phi^{\mathrm{T}}(k)x(k)] \geqslant \phi^{\mathrm{T}}(k)_a^{\mathrm{C}}\nabla_k^{\alpha}x(k), \tag{3.114}$$

$$_a^{\mathrm{R}}\nabla_k^{\alpha}[\phi^{\mathrm{T}}(k)x(k)] \geqslant \phi^{\mathrm{T}}(k)_a^{\mathrm{R}}\nabla_k^{\alpha}x(k), \tag{3.115}$$

$$_a^{\mathrm{G}}\nabla_k^{\alpha}[\phi^{\mathrm{T}}(k)x(k)] \geqslant \phi^{\mathrm{T}}(k)_a^{\mathrm{G}}\nabla_k^{\alpha}x(k), \tag{3.116}$$

其中, $\alpha \in (0,1)$, $k \in \mathbb{N}_{a+1}$, $a \in \mathbb{R}$, $n \in \mathbb{Z}_+$.

定理 3.2.1 的建立受到 [124, 引理 11、引理 12] 的启发, 如果对单调递减序列 $\phi(\cdot)$ 再添加非负约束, 可以结合定理 3.1.1～定理 3.1.3, 得到类似 [124, 引理 13～引理 24] 的实用结论, $\phi(k)$ 可结合系统信息进行设计, 如 $\phi(k) = \dfrac{1}{k-a}$, $\phi(k) = \dfrac{1}{\sqrt{k-a}}$, $\phi(k) = \dfrac{1}{\pi^{k-a}}$, $\phi(k) = \dfrac{1}{(\sqrt{2})^{k-a}}$, $\phi(k) = \dfrac{(k-a)^3}{3^{k-a}}$, $\phi(k) = \dfrac{(k-a)^{\sqrt{3}}}{(\sqrt{3})^{k-a}}$ 均满足条件, 为避免冗余, 这里不再赘述.

定理 3.2.1 不仅适用于上述常规分数阶差和分, 也可适用于 Tempered 情形的分数阶差和分.

定理 3.2.2　如果 $\phi : \mathbb{N}_a \to \mathbb{R}^n$ 单调递减, $x : \mathbb{N}_a \to \mathbb{R}^n$ 非负, $w : \mathbb{N}_a \to \mathbb{R}$ 非零且不变号, 则下列不等式成立

$$_a^{\mathrm{C}}\nabla_k^{\alpha,w(k)}[\phi^{\mathrm{T}}(k)x(k)] \leqslant \phi^{\mathrm{T}}(k)_a^{\mathrm{C}}\nabla_k^{\alpha,w(k)}x(k), \tag{3.117}$$

$$\,_a^{\mathrm{R}}\nabla_k^{\alpha,w(k)}[\phi^{\mathrm{T}}(k)x(k)] \leqslant \phi^{\mathrm{T}}(k)\,_a^{\mathrm{R}}\nabla_k^{\alpha,w(k)}x(k), \tag{3.118}$$

$$\,_a^{\mathrm{G}}\nabla_k^{\alpha,w(k)}[\phi^{\mathrm{T}}(k)x(k)] \leqslant \phi^{\mathrm{T}}(k)\,_a^{\mathrm{G}}\nabla_k^{\alpha,w(k)}x(k), \tag{3.119}$$

其中, $\alpha \in (0,1)$, $k \in \mathbb{N}_{a+1}$, $a \in \mathbb{R}$, $n \in \mathbb{Z}_+$.

证明 由 Tempered 分数阶差分的定义不难得到, 对于任意 $\kappa \in \mathbb{R}$, 总有下列等式成立

$$\,_a^{\mathrm{C}}\nabla_k^{\alpha,\kappa w(k)}x(k) = \,_a^{\mathrm{C}}\nabla_k^{\alpha,w(k)}x(k), \tag{3.120}$$

$$\,_a^{\mathrm{R}}\nabla_k^{\alpha,\kappa w(k)}x(k) = \,_a^{\mathrm{R}}\nabla_k^{\alpha,w(k)}x(k), \tag{3.121}$$

$$\,_a^{\mathrm{G}}\nabla_k^{\alpha,\kappa w(k)}x(k) = \,_a^{\mathrm{G}}\nabla_k^{\alpha,w(k)}x(k). \tag{3.122}$$

令 $\kappa = -1$ 可得, 定理 3.2.2 若对 $w(k) > 0$ 成立, 则对 $w(k) < 0$ 也成立.

当 $w(k) > 0$ 时, 令 $z(k) := w(k)x(k)$, 则有 $z(k) > 0$, $k \in \mathbb{N}_{a+1}$, 且 (3.117)~(3.119) 可等价表示为

$$\,_a^{\mathrm{C}}\nabla_k^{\alpha}[\phi^{\mathrm{T}}(k)z(k)] \leqslant \phi^{\mathrm{T}}(k)\,_a^{\mathrm{C}}\nabla_k^{\alpha}z(k), \tag{3.123}$$

$$\,_a^{\mathrm{R}}\nabla_k^{\alpha}[\phi^{\mathrm{T}}(k)z(k)] \leqslant \phi^{\mathrm{T}}(k)\,_a^{\mathrm{R}}\nabla_k^{\alpha}z(k), \tag{3.124}$$

$$\,_a^{\mathrm{G}}\nabla_k^{\alpha}[\phi^{\mathrm{T}}(k)z(k)] \leqslant \phi^{\mathrm{T}}(k)\,_a^{\mathrm{G}}\nabla_k^{\alpha}z(k), \tag{3.125}$$

由定理 3.2.1 可得, 目标结论成立, 定理得证. □

注解3.2.1 定理 3.2.1、定理 3.2.2、推论 3.2.2 的思想来源于文献 [124-126]. 这部分工作建立了其对应的离散形式, 也提供了新的证明方法, 还拓展了新型的不等式, 可用于分析非自治 Nabla 分数阶系统的稳定性.

3. 同步序列

依然考虑 $V(\phi(k),x(k)) := \phi^{\mathrm{T}}(k)x(k)$, 则有如下结果 $\dfrac{\partial V(\phi(k),x(k))}{\partial \phi(k)} = x(k)$, $\dfrac{\partial V(\phi(k),x(k))}{\partial x(k)} = \phi(k)$. 令 $g(j) := V(\phi(j),x(j)) - V(\phi(k),x(k)) - \dfrac{\partial V(\phi(k),x(k))}{\partial \phi^{\mathrm{T}}(k)} \times [\phi(j)-\phi(k)] - \dfrac{\partial V(\phi(k),x(k))}{\partial x^{\mathrm{T}}(k)}[x(j)-x(k)]$, 则可得其等价形式

$$g(j) = [\phi(j)-\phi(k)]^{\mathrm{T}}[x(j)-x(k)]. \tag{3.126}$$

为了满足 $g(j) \geqslant 0$, $\forall j \in \mathbb{N}_a^k$, $g(k) = 0$, 仅仅考虑 $\phi(k)$ 的单调性和 $x(k)$ 的正负性难以完成, 如果保障二者的单调性相同或相反则可以进一步分析, 为此引入同步和异步的概念.

定义 3.2.2 [127]　对于 $u, v :\in \mathbb{N}_a \to \mathbb{R}^n$, 如果 $[u(j) - u(k)]^{\mathrm{T}}[v(j) - v(k)] \geqslant 0$, $\forall j, k \in \mathbb{N}_a$, 则称 u 和 v 同步. 反之, 如果 $[u(j) - u(k)]^{\mathrm{T}}[v(j) - v(k)] \leqslant 0$, $\forall j, k \in \mathbb{N}_a$, 则称 u 和 v 异步.

严格地说, 这里的同步指代的是两个函数的单调性同步, 即 u 与 v 同增共减. 由 j, k 的任意性可知, $u(k)v(k) \geqslant 0$. 基于定义 3.2.3、定理 3.1.4~定理 3.1.6和推论 3.1.6, 可以推导如下结论.

定理 3.2.3　如果 $\phi : \mathbb{N}_a \to \mathbb{R}^n$ 与 $x : \mathbb{N}_a \to \mathbb{R}^n$ 同步, 则下列不等式成立

$$\substack{\mathrm{C} \\ a}\nabla_k^\alpha[\phi^{\mathrm{T}}(k)x(k)] \leqslant \phi^{\mathrm{T}}(k)\substack{\mathrm{C} \\ a}\nabla_k^\alpha x(k) + x^{\mathrm{T}}(k)\substack{\mathrm{C} \\ a}\nabla_k^\alpha \phi(k), \tag{3.127}$$

$$\substack{\mathrm{R} \\ a}\nabla_k^\alpha[\phi^{\mathrm{T}}(k)x(k)] \leqslant \phi^{\mathrm{T}}(k)\substack{\mathrm{R} \\ a}\nabla_k^\alpha x(k) + x^{\mathrm{T}}(k)\substack{\mathrm{R} \\ a}\nabla_k^\alpha \phi(k), \tag{3.128}$$

$$\substack{\mathrm{G} \\ a}\nabla_k^\alpha[\phi^{\mathrm{T}}(k)x(k)] \leqslant \phi^{\mathrm{T}}(k)\substack{\mathrm{G} \\ a}\nabla_k^\alpha x(k) + x^{\mathrm{T}}(k)\substack{\mathrm{G} \\ a}\nabla_k^\alpha \phi(k), \tag{3.129}$$

其中, $\alpha \in (0, 1)$, $k \in \mathbb{N}_{a+1}$, $a \in \mathbb{R}$, $n \in \mathbb{Z}_+$.

证明　关于本定理的证明, 主要思路是利用序列同步的特性构造非负项.

定义 $f(j) := \dfrac{(k-j)^{\overline{-\alpha}}}{\Gamma(1-\alpha)}$, 可得 $\nabla f(j) \geqslant 0$, $j \in \mathbb{N}_{a+1}^{k-1}$, $[\nabla f(j)]_{j=k} = -1$, $f(j) \geqslant 0$, $j \in \mathbb{N}_a^k$, $f(k) = 0$. 定义 $g(j) := [\phi(j) - \phi(k)]^{\mathrm{T}}[x(j) - x(k)]$, 根据序列同步的特性, 可得 $g(j) \geqslant 0$, $\forall j \in \mathbb{N}_a^k$, $g(k) = 0$.

按不同定义, 将该定理的证明分三部分.

第 1 部分 ▶ 关于 Caputo 定义.

考虑对变量 j 取差分, 则有

$$\begin{aligned}
&\nabla\{[\phi(j) - \phi(k)]^{\mathrm{T}}[x(j) - x(k)]\} \\
&= \{\nabla[\phi(j) - \phi(k)]\}^{\mathrm{T}}[x(j) - x(k)] \\
&\quad + [\phi(j-1) - \phi(k)]^{\mathrm{T}}\nabla[x(j) - x(k)] \\
&= x^{\mathrm{T}}(j)\nabla\phi(j) - x^{\mathrm{T}}(k)\nabla\phi(j) \\
&\quad + \phi^{\mathrm{T}}(j-1)\nabla x(j) - \phi^{\mathrm{T}}(k)\nabla x(j) \\
&= \nabla[\phi^{\mathrm{T}}(j)x(j)] - \phi^{\mathrm{T}}(k)\nabla x(j) - x^{\mathrm{T}}(k)\nabla\phi(j). \tag{3.130}
\end{aligned}$$

进一步利用 Caputo 分数阶差分的定义和分部和分公式, 可得

$$\begin{aligned}
&\substack{\mathrm{C} \\ a}\nabla_k^\alpha[\phi^{\mathrm{T}}(k)x(k)] - \phi^{\mathrm{T}}(k)\substack{\mathrm{C} \\ a}\nabla_k^\alpha x(k) - x^{\mathrm{T}}(k)\substack{\mathrm{C} \\ a}\nabla_k^\alpha \phi(k) \\
&= \sum_{j=a+1}^k \frac{(k-j+1)^{\overline{-\alpha}}}{\Gamma(1-\alpha)}\nabla[\phi^{\mathrm{T}}(j)x(j)]
\end{aligned}$$

$$- \sum_{j=a+1}^{k} \frac{(k-j+1)^{\overline{-\alpha}}}{\Gamma(1-\alpha)} \phi^{\mathrm{T}}(k) \nabla x(j)$$

$$- \sum_{j=a+1}^{k} \frac{(k-j+1)^{\overline{-\alpha}}}{\Gamma(1-\alpha)} x^{\mathrm{T}}(k) \nabla \phi(j)$$

$$= \sum_{j=a+1}^{k} \frac{(k-j+1)^{\overline{-\alpha}}}{\Gamma(1-\alpha)} \nabla \{ [\phi(j) - \phi(k)]^{\mathrm{T}} [x(j) - x(k)] \}$$

$$= \sum_{j=a+1}^{k} f(j-1) \nabla g(j)$$

$$= f(j)g(j)|_a^k - \sum_{j=a+1}^{k} \nabla f(j)g(j)$$

$$= -f(a)g(a) - \sum_{j=a+1}^{k} \nabla f(j)g(j)$$

$$\leqslant 0. \tag{3.131}$$

至此, 式 (3.127) 得证.

第 2 部分 ▶ 关于 Riemann-Liouville 定义.

利用 Riemann-Liouville 分数阶差分和 Caputo 分数阶差分之间的联系和式 (3.131), 可得

$$_a^{\mathrm{R}} \nabla_k^\alpha [\phi^{\mathrm{T}}(k) x(k)] - \phi^{\mathrm{T}}(k) {}_a^{\mathrm{R}} \nabla_k^\alpha x(k) - x^{\mathrm{T}}(k) {}_a^{\mathrm{R}} \nabla_k^\alpha \phi(k)$$

$$= {}_a^{\mathrm{C}} \nabla_k^\alpha [\phi^{\mathrm{T}}(k) x(k)] + \frac{(k-a)^{\overline{-\alpha}}}{\Gamma(1-\alpha)} \phi^{\mathrm{T}}(a) x(a)$$

$$- \phi^{\mathrm{T}}(k) {}_a^{\mathrm{C}} \nabla_k^\alpha x(k) - \phi^{\mathrm{T}}(k) \frac{(k-a)^{\overline{-\alpha}}}{\Gamma(1-\alpha)} x(a)$$

$$- x^{\mathrm{T}}(k) {}_a^{\mathrm{C}} \nabla_k^\alpha \phi(k) - x^{\mathrm{T}}(k) \frac{(k-a)^{\overline{-\alpha}}}{\Gamma(1-\alpha)} \phi(a)$$

$$= {}_a^{\mathrm{C}} \nabla_k^\alpha [\phi^{\mathrm{T}}(k) x(k)] - \phi^{\mathrm{T}}(k) {}_a^{\mathrm{C}} \nabla_k^\alpha x(k)$$

$$- x^{\mathrm{T}}(k) {}_a^{\mathrm{C}} \nabla_k^\alpha \phi(k) + f(a)(a) - \phi^{\mathrm{T}}(k) x(k)$$

$$= - \sum_{j=a+1}^{k} \nabla f(j)g(j) - \phi^{\mathrm{T}}(k) x(k)$$

$$\leqslant 0. \tag{3.132}$$

第 3 部分 ▶ 关于 Grünwald-Letnikov 定义.

利用 Grünwald-Letnikov 分数阶差分的等价描述, 并构造非正项可得

$$
{}^{\mathrm{G}}_a\nabla_k^\alpha[\phi^{\mathrm{T}}(k)x(k)] - \phi^{\mathrm{T}}(k){}^{\mathrm{G}}_a\nabla_k^\alpha x(k) - x^{\mathrm{T}}(k){}^{\mathrm{G}}_a\nabla_k^\alpha \phi(k)
$$

$$
= \sum_{j=a+1}^{k} \frac{(k-j+1)^{\overline{-\alpha-1}}}{\Gamma(-\alpha)}\phi^{\mathrm{T}}(j)x(j)
$$

$$
- \sum_{j=a+1}^{k} \frac{(k-j+1)^{\overline{-\alpha-1}}}{\Gamma(-\alpha)}[\phi^{\mathrm{T}}(k)x(j) + \phi^{\mathrm{T}}(j)x(k)]
$$

$$
= - \sum_{j=a+1}^{k} \nabla f(j)g(j) + \phi^{\mathrm{T}}(k)x(k)\sum_{j=a+1}^{k}\nabla f(j). \tag{3.133}
$$

根据前述分析, 最后一行第一项已被证实是非正的.

由于 $\phi^{\mathrm{T}}(k)x(k) \geqslant 0$, 式 (3.125) 最后一行第二项可以被计算为

$$
- \phi^{\mathrm{T}}(k)x(k)\sum_{j=a+1}^{k}\nabla f(j)
$$

$$
= \phi^{\mathrm{T}}(k)x(k)f(j)\big|_a^k
$$

$$
= \phi^{\mathrm{T}}(k)x(k)f(k) - \phi^{\mathrm{T}}(k)x(k)f(a)
$$

$$
\leqslant 0. \tag{3.134}
$$

综上所述, 定理得证.   □

定理 3.2.3 是受到 [127, 引理 1] 和 [128, 定理 3.10、备注 3.1] 的启发而建立的, 具体来说, 由连续情形推广到了离散情形, 由 Riemann-Liouville 定义拓展到三种常见定义, 由零初始时刻推广到一般初始时刻, 由单变量推广到多变量, 当 $\phi(k)$ 单调递减时, ${}^{\mathrm{C}}_a\nabla_k^\alpha \phi(k) < 0$. 又因为 $x(k) \geqslant 0$, $x^{\mathrm{T}}(k){}^{\mathrm{C}}_a\nabla_k^\alpha \phi(k) \leqslant 0$, 于是 (3.127) 可以退化为

$$
{}^{\mathrm{C}}_a\nabla_k^\alpha[\phi^{\mathrm{T}}(k)x(k)] \leqslant \phi^{\mathrm{T}}(k){}^{\mathrm{C}}_a\nabla_k^\alpha x(k), \tag{3.135}
$$

这恰好与 (3.104) 一致, 因为此处所附加条件满足定理 3.2.1. 考虑到 ${}^{\mathrm{R}}_a\nabla_k^\alpha \phi(k) = {}^{\mathrm{G}}_a\nabla_k^\alpha \phi(k) = {}^{\mathrm{C}}_a\nabla_k^\alpha \phi(k) + \dfrac{(k-a)^{\overline{-\alpha}}}{\Gamma(1-\alpha)}\phi(a)$, 其符号难以判定, 因此仅添加这一条件难以得到 (3.105) 和 (3.106).

当 $\phi(k) = x(k)$ 时, 满足同步条件, 此时有已被证实的结论

$$\begin{cases} {}_a^{\mathrm{C}}\nabla_k^\alpha x^{\mathrm{T}}(k)x(k) \leqslant 2x^{\mathrm{T}}(k){}_a^{\mathrm{C}}\nabla_k^\alpha x(k), \\ {}_a^{\mathrm{R}}\nabla_k^\alpha x^{\mathrm{T}}(k)x(k) \leqslant 2x^{\mathrm{T}}(k){}_a^{\mathrm{R}}\nabla_k^\alpha x(k), \\ {}_a^{\mathrm{G}}\nabla_k^\alpha x^{\mathrm{T}}(k)x(k) \leqslant 2x^{\mathrm{T}}(k){}_a^{\mathrm{G}}\nabla_k^\alpha x(k). \end{cases} \tag{3.136}$$

在定理 3.2.3 证明的过程中, $g(j)$ 的符号由 $\phi(k)$ 与 $x(k)$ 的同步性决定, 如果换作异步条件, 则可得到如下推论.

推论 3.2.3 如果 $\phi : \mathbb{N}_a \to \mathbb{R}^n$ 与 $x : \mathbb{N}_a \to \mathbb{R}^n$ 异步, 则下列不等式成立

$$ {}_a^{\mathrm{C}}\nabla_k^\alpha[\phi^{\mathrm{T}}(k)v(k)] \geqslant \phi^{\mathrm{T}}(k){}_a^{\mathrm{C}}\nabla_k^\alpha x(k) + x^{\mathrm{T}}(k){}_a^{\mathrm{C}}\nabla_k^\alpha \phi(k), \tag{3.137}$$

$$ {}_a^{\mathrm{R}}\nabla_k^\alpha[\phi^{\mathrm{T}}(k)v(k)] \geqslant \phi^{\mathrm{T}}(k){}_a^{\mathrm{R}}\nabla_k^\alpha x(k) + x^{\mathrm{T}}(k){}_a^{\mathrm{R}}\nabla_k^\alpha \phi(k), \tag{3.138}$$

$$ {}_a^{\mathrm{G}}\nabla_k^\alpha[\phi^{\mathrm{T}}(k)v(k)] \geqslant \phi^{\mathrm{T}}(k){}_a^{\mathrm{G}}\nabla_k^\alpha x(k) + x^{\mathrm{T}}(k){}_a^{\mathrm{G}}\nabla_k^\alpha \phi(k), \tag{3.139}$$

其中, $\alpha \in (0,1)$, $k \in \mathbb{N}_{a+1}$, $a \in \mathbb{R}$, $n \in \mathbb{Z}_+$.

3.2.2 非可微但凸情形

1. 绝对值情形

不难发现, 当 $\phi(k) = \mathrm{sgn}(x(k))$ 时, 有 $[\phi(j) - \phi(k)]^{\mathrm{T}}[x(j) - x(k)] \geqslant 0$ 成立, 其中 $x(k) = [x_1(k)\ x_2(k)\ \cdots\ x_n(k)]^{\mathrm{T}}$, $n \in \mathbb{Z}_+$. 利用定理 3.2.3, 可得

$$\begin{cases} {}_a^{\mathrm{C}}\nabla_k^\alpha \|x(k)\|_1 \leqslant \sum_{i=0}^{n} \mathrm{sgn}(x_i(k)){}_a^{\mathrm{C}}\nabla_k^\alpha x_i(k) + x_i(k){}_a^{\mathrm{C}}\nabla_k^\alpha \mathrm{sgn}(x_i(k)), \\ {}_a^{\mathrm{R}}\nabla_k^\alpha \|x(k)\|_1 \leqslant \sum_{i=0}^{n} \mathrm{sgn}(x_i(k)){}_a^{\mathrm{R}}\nabla_k^\alpha x_i(k) + x_i(k){}_a^{\mathrm{R}}\nabla_k^\alpha \mathrm{sgn}(x_i(k)), \\ {}_a^{\mathrm{G}}\nabla_k^\alpha \|x(k)\|_1 \leqslant \sum_{i=0}^{n} \mathrm{sgn}(x_i(k)){}_a^{\mathrm{G}}\nabla_k^\alpha x_i(k) + x_i(k){}_a^{\mathrm{G}}\nabla_k^\alpha \mathrm{sgn}(x_i(k)). \end{cases} \tag{3.140}$$

在 Lyapunov 方法用于 Nabla 分数阶系统稳定性分析时, 不等式的使用对于建立 Lyapunov 的分数阶差分与系统伪状态的分数阶差分之间的联系起着决定性的作用. 然而式 (3.140) 含三个余项, 即 $x_i(k){}_a^{\mathrm{C}}\nabla_k^\alpha \mathrm{sgn}(x_i(k))$, $x_i(k){}_a^{\mathrm{R}}\nabla_k^\alpha \mathrm{sgn}(x_i(k))$ 和 $x_i(k){}_a^{\mathrm{G}}\nabla_k^\alpha \mathrm{sgn}(x_i(k))$, 这将阻碍其进一步应用.

接下来, 分析这些余项的范围

$$ x_i(k){}_a^{\mathrm{G}}\nabla_k^\alpha \mathrm{sgn}(x_i(k)) $$

$$ = x_i(k) \sum_{j=a+1}^{k} \frac{(k-j+1)^{\overline{-\alpha-1}}}{\Gamma(-\alpha)} \mathrm{sgn}(x_i(j)) $$

$$= |x_i(k)| + x_i(k) \sum_{j=a+1}^{k-1} \frac{(k-j+1)^{\overline{-\alpha-1}}}{\Gamma(-\alpha)} \operatorname{sgn}(x_i(j)). \tag{3.141}$$

当 $x_i(k)=0$ 时, 有 $x_i(k)_a^{\mathrm{G}}\nabla_k^\alpha \operatorname{sgn}(x_i(k))=0$. 当 $x_i(k)>0$ 时, 考虑 $\dfrac{(k-j+1)^{\overline{-\alpha-1}}}{\Gamma(-\alpha)}<0$, $j \in \mathbb{N}_{a+1}^{k-1}$, 则其上限和下限可以被计算为

$$x_i(k)_a^{\mathrm{G}}\nabla_k^\alpha \operatorname{sgn}(x_i(k))$$

$$\geqslant |x_i(k)| + x_i(k) \sum_{j=a+1}^{k-1} \frac{(k-j+1)^{\overline{-\alpha-1}}}{\Gamma(-\alpha)}$$

$$= |x_i(k)| - x_i(k) \left.\frac{(k-j)^{\overline{-\alpha-1}}}{\Gamma(-\alpha)}\right|_{j=a}^{j=k-1}$$

$$= |x_i(k)| \frac{(k-a)^{\overline{-\alpha}}}{\Gamma(1-\alpha)}, \tag{3.142}$$

$$x_i(k)_a^{\mathrm{G}}\nabla_k^\alpha \operatorname{sgn}(x_i(k))$$

$$\leqslant |x_i(k)| - x_i(k) \sum_{j=a+1}^{k-1} \frac{(k-j+1)^{\overline{-\alpha-1}}}{\Gamma(-\alpha)}$$

$$= |x_i(k)| + x_i(k) \left.\frac{(k-j)^{\overline{-\alpha-1}}}{\Gamma(-\alpha)}\right|_{j=a}^{j=k-1}$$

$$= |x_i(k)| \left[2 - \frac{(k-a)^{\overline{-\alpha}}}{\Gamma(1-\alpha)}\right]. \tag{3.143}$$

即 $|x_i(k)| \dfrac{(k-a)^{\overline{-\alpha}}}{\Gamma(1-\alpha)} \leqslant x_i(k)_a^{\mathrm{G}}\nabla_k^\alpha \operatorname{sgn}(x_i(k)) \leqslant |x_i(k)| \left[2 - \dfrac{(k-a)^{\overline{-\alpha}}}{\Gamma(1-\alpha)}\right]$ 成立.

当 $x_i(k) < 0$ 时, 可得相同上下界 $|x_i(k)| \dfrac{(k-a)^{\overline{-\alpha}}}{\Gamma(1-\alpha)} \leqslant x_i(k)_a^{\mathrm{G}}\nabla_k^\alpha \operatorname{sgn}(x_i(k)) \leqslant$ $|x_i(k)| \left[2 - \dfrac{(k-a)^{\overline{-\alpha}}}{\Gamma(1-\alpha)}\right]$. 由于 $_a^{\mathrm{G}}\nabla_k^\alpha h(k) = {}_a^{\mathrm{R}}\nabla_k^\alpha h(k)$ 对于任意有界 $h(k)$ 均成立, 所以可得结论 $|x_i(k)| \dfrac{(k-a)^{\overline{-\alpha}}}{\Gamma(1-\alpha)} \leqslant x_i(k)_a^{\mathrm{R}}\nabla_k^\alpha \operatorname{sgn}(x_i(k)) \leqslant |x_i(k)| \left[2 - \dfrac{(k-a)^{\overline{-\alpha}}}{\Gamma(1-\alpha)}\right]$.

对于 Caputo 定义, 则有

$$x_i(k)_a^{\mathrm{C}}\nabla_k^\alpha \operatorname{sgn}(x_i(k))$$

$$= x_i(k)_a^{\mathrm{R}}\nabla_k^\alpha \mathrm{sgn}(x_i(k)) - x_i(k)\frac{(k-a)^{\overline{-\alpha}}}{\Gamma(1-\alpha)}\mathrm{sgn}(x_i(a))$$

$$= x_i(k)_a^{\mathrm{R}}\nabla_k^\alpha \mathrm{sgn}(x_i(k)) \pm |x_i(k)|\frac{(k-a)^{\overline{-\alpha}}}{\Gamma(1-\alpha)}, \tag{3.144}$$

基于此, 可得相应余项的范围满足 $0 \leqslant x_i(k)_a^{\mathrm{C}}\nabla_k^\alpha \mathrm{sgn}(x_i(k)) \leqslant 2\,|x_i(k)|$.

综上所述, $x_i(k)_a^{\mathrm{C}}\nabla_k^\alpha \mathrm{sgn}(x_i(k))$, $x_i(k)_a^{\mathrm{R}}\nabla_k^\alpha \mathrm{sgn}(x_i(k))$ 和 $x_i(k)_a^{\mathrm{G}}\nabla_k^\alpha \mathrm{sgn}(x_i(k))$ 均为非负的, 所以通过这种方式很难对式 (3.140) 进行简化. 因此, 通过构造新的变量, 给出了如下定理.

定理 3.2.4 如果 $x: \mathbb{N}_a \to \mathbb{R}^n$, 则下列不等式成立

$$_a^{\mathrm{C}}\nabla_k^\alpha \|x(k)\|_1 \leqslant \sum_{i=0}^n \mathrm{sgn}(x_i(k))_a^{\mathrm{C}}\nabla_k^\alpha x_i(k), \tag{3.145}$$

$$_a^{\mathrm{R}}\nabla_k^\alpha \|x(k)\|_1 \leqslant \sum_{i=0}^n \mathrm{sgn}(x_i(k))_a^{\mathrm{R}}\nabla_k^\alpha x_i(k), \tag{3.146}$$

$$_a^{\mathrm{G}}\nabla_k^\alpha \|x(k)\|_1 \leqslant \sum_{i=0}^n \mathrm{sgn}(x_i(k))_a^{\mathrm{G}}\nabla_k^\alpha x_i(k), \tag{3.147}$$

其中, $\alpha \in (0,1)$, $k \in \mathbb{N}_{a+1}$, $a \in \mathbb{R}$, $n \in \mathbb{Z}_+$.

证明 关于本定理的证明, 主要思路是利用符号函数与绝对值函数的关系构造非负项. 定义 $f(j) := \dfrac{(k-j)^{\overline{-\alpha}}}{\Gamma(1-\alpha)}$, 可得 $\nabla f(j) \geqslant 0$, $j \in \mathbb{N}_{a+1}^{k-1}$; $[\nabla f(j)]_{j=k} = -1$, $f(j) \geqslant 0$, $j \in \mathbb{N}_a^k$, $f(k) = 0$. 考虑到 n 的任意性, 不妨令 $n = 1$, 此时若结论成立, 则定理 3.2.4 成立. 因而, 只需证明第 i 项成立, 而非和式成立. 定义 $g(j) := [\mathrm{sgn}(x_i(j)) - \mathrm{sgn}(x_i(k))]\, x_i(j)$, 可以得到 $g(k) = 0$ 和 $g(j) \geqslant 0$, $j \in \mathbb{N}_a^{k-1}$. 按不同定义, 将该定理的证明分三部分.

第 1 部分 ▶ 关于 Caputo 定义.

利用基本定义和分部和分公式, 可得

$$_a^{\mathrm{C}}\nabla_k^\alpha |x_i(k)| - \mathrm{sgn}(x_i(k))_a^{\mathrm{C}}\nabla_k^\alpha x_i(k)$$

$$= \sum_{j=a+1}^k \frac{(k-j+1)^{\overline{-\alpha}}}{\Gamma(1-\alpha)} \nabla|x_i(j)|$$

$$- \sum_{j=a+1}^k \frac{(k-j+1)^{\overline{-\alpha}}}{\Gamma(1-\alpha)} \mathrm{sgn}(x_i(k)) \nabla x_i(j)$$

$$= \sum_{j=a+1}^{k} f(j-1)\nabla g(j)$$

$$= f(j)g(j)\big|_a^k - \sum_{j=a+1}^{k} \nabla f(j)g(j)$$

$$= -f(a)g(a) - \sum_{j=a+1}^{k-1} \nabla f(j)g(j)$$

$$\leqslant 0. \tag{3.148}$$

利用 n 项子式叠加, 可以得到 (3.145).

第 2 部分 ▶ 关于 Riemann-Liouville 定义.

按照类似的思路

$$_a^{\mathrm{R}}\nabla_k^\alpha |x_i(k)| - \mathrm{sgn}(x_i(k))_a^{\mathrm{R}}\nabla_k^\alpha x_i(k)$$

$$= _a^{\mathrm{C}}\nabla_k^\alpha |x_i(k)| - \mathrm{sgn}(x_i(k))_a^{\mathrm{C}}\nabla_k^\alpha x_i(k)$$

$$+ \frac{(k-a)^{\overline{-\alpha}}}{\Gamma(1-\alpha)}|x_i(a)| - \mathrm{sgn}(x_i(k))\frac{(k-a)^{\overline{-\alpha}}}{\Gamma(1-\alpha)}x_i(a)$$

$$= _a^{\mathrm{C}}\nabla_k^\alpha |u(k)| - \mathrm{sgn}(x_i(k))_a^{\mathrm{C}}\nabla_k^\alpha x_i(k) + f(a)g(a)$$

$$= -\sum_{j=a+1}^{k-1} \nabla f(j)g(j)$$

$$\leqslant 0. \tag{3.149}$$

对于任意 $i=1,2,\cdots,n$, 上式均成立, 求和可得 (3.146).

第 3 部分 ▶ 关于 Grünwald-Letnikov 定义.

同样从定义出发, 可得

$$_a^{\mathrm{G}}\nabla_k^\alpha |x_i(k)| - \mathrm{sgn}(x_i(k))_a^{\mathrm{G}}\nabla_k^\alpha x_i(k)$$

$$= \sum_{j=a+1}^{k} \frac{(k-j+1)^{\overline{-\alpha-1}}}{\Gamma(-\alpha)}|x_i(j)|$$

$$- \sum_{j=a+1}^{k} \frac{(k-j+1)^{\overline{-\alpha-1}}}{\Gamma(-\alpha)}\mathrm{sgn}(x_i(k))u(j)$$

$$= -\sum_{j=a+1}^{k} \nabla f(j)g(j)$$

$$= - \sum_{j=a+1}^{k-1} \nabla f(j) g(j)$$

$$\leqslant 0. \tag{3.150}$$

类似地, 取不同的 i 值, 并求和可得 (3.147).

至此, 定理得证. $\qquad\qquad\qquad\qquad\qquad\qquad\qquad\qquad\qquad\qquad\qquad\square$

根据向量 1 范数的定义, 不难得到 (3.145)~(3.147) 的等价表述

$$\begin{cases} \displaystyle\sum_{i=1}^{n} {}_a^{\mathrm{C}}\nabla_k^\alpha |x_i(k)| \leqslant \sum_{i=1}^{n} \mathrm{sgn}(x_i(k)) {}_a^{\mathrm{C}}\nabla_k^\alpha x_i(k), \\[2mm] \displaystyle\sum_{i=1}^{n} {}_a^{\mathrm{R}}\nabla_k^\alpha |x_i(k)| \leqslant \sum_{i=1}^{n} \mathrm{sgn}(x_i(k)) {}_a^{\mathrm{R}}\nabla_k^\alpha x_i(k), \\[2mm] \displaystyle\sum_{i=1}^{n} {}_a^{\mathrm{G}}\nabla_k^\alpha |x_i(k)| \leqslant \sum_{i=1}^{n} \mathrm{sgn}(x_i(k)) {}_a^{\mathrm{G}}\nabla_k^\alpha x_i(k), \end{cases} \tag{3.151}$$

当 $n=1$ 时, 矢量形式退化为标量形式, 可得如下更具实用性的标量.

推论 3.2.4 如果 $x : \mathbb{N}_a \to \mathbb{R}$, 则下列不等式成立

$$_a^{\mathrm{C}}\nabla_k^\alpha |x(k)| \leqslant \mathrm{sgn}(x(k)) {}_a^{\mathrm{C}}\nabla_k^\alpha x(k), \tag{3.152}$$

$$_a^{\mathrm{R}}\nabla_k^\alpha |x(k)| \leqslant \mathrm{sgn}(x(k)) {}_a^{\mathrm{R}}\nabla_k^\alpha x(k), \tag{3.153}$$

$$_a^{\mathrm{G}}\nabla_k^\alpha |x(k)| \leqslant \mathrm{sgn}(x(k)) {}_a^{\mathrm{G}}\nabla_k^\alpha x(k), \tag{3.154}$$

其中, $\alpha \in (0,1)$, $k \in \mathbb{N}_{a+1}$, $a \in \mathbb{R}$.

类似地, 根据向量 ∞ 范数的定义, 可得如下推论.

推论 3.2.5 如果 $x : \mathbb{N}_a \to \mathbb{R}^n$, 则下列不等式成立

$$_a^{\mathrm{C}}\nabla_k^\alpha \|x(k)\|_\infty \leqslant \max\{\mathrm{sgn}(x_i(k)) {}_a^{\mathrm{C}}\nabla_k^\alpha x_i(k)\}, \tag{3.155}$$

$$_a^{\mathrm{R}}\nabla_k^\alpha \|x(k)\|_\infty \leqslant \max\{\mathrm{sgn}(x_i(k)) {}_a^{\mathrm{R}}\nabla_k^\alpha x_i(k)\}, \tag{3.156}$$

$$_a^{\mathrm{G}}\nabla_k^\alpha \|x(k)\|_\infty \leqslant \max\{\mathrm{sgn}(x_i(k)) {}_a^{\mathrm{G}}\nabla_k^\alpha x_i(k)\}, \tag{3.157}$$

其中, $\alpha \in (0,1)$, $k \in \mathbb{N}_{a+1}$, $a \in \mathbb{R}$, $n \in \mathbb{Z}_+$.

类似定理 3.2.2, 也可将所得结果推广至 Tempered 分数阶差分情形.

定理 3.2.5 如果 $x : \mathbb{N}_a \to \mathbb{R}^n$, $w : \mathbb{N}_a \to \mathbb{R}$ 非零且不变号, 则下列不等式成立

$$_a^{\mathrm{C}}\nabla_k^{\alpha, w(k)} \|x(k)\|_1 \leqslant \sum_{i=1}^{n} \mathrm{sgn}(x_i(k)) {}_a^{\mathrm{C}}\nabla_k^{\alpha, w(k)} x_i(k), \tag{3.158}$$

$$
{}_a^{\mathrm{R}}\nabla_k^{\alpha,w(k)}\|x(k)\|_1 \leqslant \sum_{i=1}^n \mathrm{sgn}(x_i(k))\,{}_a^{\mathrm{R}}\nabla_k^{\alpha,w(k)}x_i(k), \tag{3.159}
$$

$$
{}_a^{\mathrm{G}}\nabla_k^{\alpha,w(k)}\|x(k)\|_1 \leqslant \sum_{i=1}^n \mathrm{sgn}(x_i(k))\,{}_a^{\mathrm{G}}\nabla_k^{\alpha,w(k)}x_i(k), \tag{3.160}
$$

其中, $\alpha \in (0,1)$, $k \in \mathbb{N}_{a+1}$, $a \in \mathbb{R}$, $n \in \mathbb{Z}_+$.

证明　类似定理 3.2.2, 只需考虑 $w(k) > 0$ 的情形. 此时 $|w(k)x_i(k)| = w(k)|x_i(k)|$, $\mathrm{sgn}(x_i(k)) = \mathrm{sgn}(w(k)x_i(k))$, 令 $y_i(k) = w(k)x_i(k)$, 利用 Tempered 分数阶差和分的定义可得式 (3.151)~(3.153) 的等价形式

$$
\begin{cases}
\displaystyle\sum_{i=1}^n {}_a^{\mathrm{C}}\nabla_k^{\alpha}|y_i(k)| \leqslant \sum_{i=1}^n \mathrm{sgn}(y_i(k))\,{}_a^{\mathrm{C}}\nabla_k^{\alpha}y_i(k), \\[2mm]
\displaystyle\sum_{i=1}^n {}_a^{\mathrm{R}}\nabla_k^{\alpha}|y_i(k)| \leqslant \sum_{i=1}^n \mathrm{sgn}(y_i(k))\,{}_a^{\mathrm{R}}\nabla_k^{\alpha}y_i(k), \\[2mm]
\displaystyle\sum_{i=1}^n {}_a^{\mathrm{G}}\nabla_k^{\alpha}|y_i(k)| \leqslant \sum_{i=1}^n \mathrm{sgn}(y_i(k))\,{}_a^{\mathrm{G}}\nabla_k^{\alpha}y_i(k),
\end{cases} \tag{3.161}
$$

该式恰为定理 3.2.4 已证明结论. 因此, 本定理的结论, 可顺利得到. □

注解 3.2.2　定理 3.2.4 和定理 3.2.5 受 [129, 定理 2] 和 [130, 引理 7] 的启发而完成, 所做工作从连续情形拓展到离散情形, 从 Caputo 定义拓展到 Riemann-Liouville 定义和 Grünwald-Letnikov 定义, 从绝对值函数拓展到 1 范数和 ∞ 范数. 按照前述讨论, 也可以将得出的结果进一步推广到固定记忆步数情形、时变阶次情形和分布阶次情形.

2. 一般化情形

为了解决一般非光滑函数的问题, 这里引入次梯度的概念.

定义 3.2.3 [131]　设 $f: \mathbb{D} \subseteq \mathbb{R}^n \to \mathbb{R}$ 是凸函数, 对于任意的 $w \in \mathbb{D}$, 如果 $f(w) - f(v) \geqslant \zeta^{\mathrm{T}}(v)(w-v)$ 成立, 则称 $\zeta(v)$ 是 f 在 v 处的次梯度, 该点处所有次梯度构成的全体常表示为 $\partial f(v) =: \{\xi \in \mathbb{R}^n : f(w) - f(v) - \xi^{\mathrm{T}}(w-v) \geqslant 0\}$.

在此基础上, 可以得到如下定理.

定理 3.2.6　如果 $W: \mathbb{D} \to \mathbb{R}$ 是凸函数且 $W(0) = 0$, $k \in \mathbb{N}_{a+1}$, 则下列不等式成立

$$
{}_a^{\mathrm{C}}\nabla_k^{\alpha}W(x(k)) \leqslant \zeta^{\mathrm{T}}(x(k))\,{}_a^{\mathrm{C}}\nabla_k^{\alpha}x(k), \tag{3.162}
$$

$$
{}_a^{\mathrm{R}}\nabla_k^{\alpha}W(x(k)) \leqslant \zeta^{\mathrm{T}}(x(k))\,{}_a^{\mathrm{R}}\nabla_k^{\alpha}x(k), \tag{3.163}
$$

$$
{}_a^{\mathrm{G}}\nabla_k^{\alpha}W(x(k)) \leqslant \zeta^{\mathrm{T}}(x(k))\,{}_a^{\mathrm{G}}\nabla_k^{\alpha}x(k), \tag{3.164}
$$

其中, $\alpha \in (0,1)$, $x(k) \in \mathbb{D} \subseteq \mathbb{R}^n$, $k \in \mathbb{N}_{a+1}$, $a \in \mathbb{R}$, $\zeta(x(k)) \in \partial W(x(k))$.

证明 定义 $g(j) := W(x(j)) - W(x(k)) - \zeta^{\mathrm{T}}(x(k))\,[x(j) - x(k)]$, 则对于任意 $j \in \mathbb{N}_a^k$, $g(j) \geqslant 0$, 并且 $g(k) = 0$. 借鉴定理 3.1.4~定理 3.1.6 的证明思路, 可以完成定理 3.2.6 的证明, 在此从略. $\qquad\square$

注解 3.2.3 这部分工作受到 [132, 引理 10] 的启发而开展, 同样从连续情形推广到离散情形, 并考虑了三种常见定义. 令 $W(x(k)) = |x(k)|$, 则 $\mathrm{sgn}(x(k)) \in \partial W(x(k))$, 进而定理 3.2.6 可退化为定理 3.2.5. 当 $W(x(k))$ 是 $x(k)$ 的可微函数时, 次梯度 $\zeta(x(k))$ 退化为梯度 $\dfrac{\mathrm{d}W(x(k))}{\mathrm{d}x(k)}$, 即定理 3.2.6 是定理 3.1.4~定理 3.1.6 的一般化推广. 类似定理 3.1.7, 后续可尝试探讨将定理 3.2.6 中的 $W(x(k))$ 推广至 $W(k, x(k))$. 至此, 可微凸函数和非可微凸函数相关的分数阶差分不等式都已成功建立, 这为直接 Lyapunov 方法的应用奠定了基础.

3.3 和分不等式

3.3.1 同步序列情形

实际上, 按照类似的思路, 利用同步、异步序列的特性, 也可以得到如下分数阶和分不等式.

定理 3.3.1 对于任意 $\alpha > 0$, $k \in \mathbb{N}_{a+1}$, $a \in \mathbb{R}$, $n \in \mathbb{Z}_+$, 如果 $u, v : \mathbb{N}_{a+1} \to \mathbb{R}^n$ 同步, 则有

$$
{}^{\mathrm{G}}_a\nabla_k^{-\alpha}[u^{\mathrm{T}}(k)v(k)]\,{}^{\mathrm{G}}_a\nabla_k^{-\alpha}1 \geqslant {}^{\mathrm{G}}_a\nabla_k^{-\alpha}u^{\mathrm{T}}(k)\,{}^{\mathrm{G}}_a\nabla_k^{-\alpha}v(k). \tag{3.165}
$$

如果 $u, v : \mathbb{N}_{a+1} \to \mathbb{R}^n$ 异步, 则有

$$
{}^{\mathrm{G}}_a\nabla_k^{-\alpha}[u^{\mathrm{T}}(k)v(k)]\,{}^{\mathrm{G}}_a\nabla_k^{-\alpha}1 \leqslant {}^{\mathrm{G}}_a\nabla_k^{-\alpha}u^{\mathrm{T}}(k)\,{}^{\mathrm{G}}_a\nabla_k^{-\alpha}v(k). \tag{3.166}
$$

证明 利用 ${}^{\mathrm{G}}_a\nabla_k^{-\alpha}1 = \sum_{i=a+1}^{k}\dfrac{(k-i+1)^{\overline{-\alpha-1}}}{\Gamma(-\alpha)} = \dfrac{(k-a)^{\overline{\alpha}}}{\Gamma(\alpha+1)}$, 可得

$$
{}^{\mathrm{G}}_a\nabla_k^{-\alpha}[u^{\mathrm{T}}(k)v(k)]\,{}^{\mathrm{G}}_a\nabla_k^{-\alpha}1 - {}^{\mathrm{G}}_a\nabla_k^{-\alpha}u^{\mathrm{T}}(k)\,{}^{\mathrm{G}}_a\nabla_k^{-\alpha}v(k)
$$

$$
= \sum_{j=a+1}^{k}\frac{(k-j+1)^{\overline{-\alpha-1}}}{\Gamma(-\alpha)}u^{\mathrm{T}}(j)v(j)\,{}^{\mathrm{G}}_a\nabla_k^{-\alpha}1
$$

$$
- \sum_{j=a+1}^{k}\frac{(k-j+1)^{\overline{-\alpha-1}}}{\Gamma(-\alpha)}u^{\mathrm{T}}(j)\sum_{i=a+1}^{k}\frac{(k-i+1)^{\overline{-\alpha-1}}}{\Gamma(-\alpha)}v(i)
$$

$$
= \sum_{j=a+1}^{k}\frac{(k-j+1)^{\overline{-\alpha-1}}}{\Gamma(-\alpha)}u^{\mathrm{T}}(j)v(j)\sum_{i=a+1}^{k}\frac{(k-i+1)^{\overline{-\alpha-1}}}{\Gamma(-\alpha)}
$$

$$- \sum_{j=a+1}^{k} \sum_{i=a+1}^{k} \left\{ \frac{(k-i+1)^{\overline{-\alpha-1}}}{\Gamma(-\alpha)} \frac{(k-j+1)^{\overline{-\alpha-1}}}{\Gamma(-\alpha)} u^{\mathrm{T}}(j)v(i) \right\}$$

$$= \sum_{j=a+1}^{k} \sum_{i=a+1}^{k} \left\{ \frac{(k-i+1)^{\overline{-\alpha-1}}}{\Gamma(-\alpha)} \frac{(k-j+1)^{\overline{-\alpha-1}}}{\Gamma(-\alpha)} \right.$$

$$\left. \times [u^{\mathrm{T}}(j)v(j) - u^{\mathrm{T}}(j)v(i)] \right\}. \tag{3.167}$$

考虑到序号 i 与 j 的对称性, 可得

$$_a^{\mathrm{G}}\nabla_k^{-\alpha}[u^{\mathrm{T}}(k)v(k)]_a^{\mathrm{G}}\nabla_k^{-\alpha}1 - _a^{\mathrm{G}}\nabla_k^{-\alpha}u^{\mathrm{T}}(k)_a^{\mathrm{G}}\nabla_k^{-\alpha}v(k)$$

$$= \sum_{j=a+1}^{k} \sum_{i=a+1}^{k} \left\{ \frac{(k-i+1)^{\overline{-\alpha-1}}}{\Gamma(-\alpha)} \frac{(k-j+1)^{\overline{-\alpha-1}}}{\Gamma(-\alpha)} \right.$$

$$\left. \times [u^{\mathrm{T}}(i)v(i) - u^{\mathrm{T}}(i)v(j)] \right\}. \tag{3.168}$$

联合式 (3.167) 与式 (3.168), 可得

$$_a^{\mathrm{G}}\nabla_k^{-\alpha}[u^{\mathrm{T}}(k)v(k)]_a^{\mathrm{G}}\nabla_k^{-\alpha}1 - _a^{\mathrm{G}}\nabla_k^{-\alpha}u^{\mathrm{T}}(k)_a^{\mathrm{G}}\nabla_k^{-\alpha}v(k)$$

$$= \frac{1}{2} \sum_{j=a+1}^{k} \sum_{i=a+1}^{k} \left\{ \frac{(k-i+1)^{\overline{-\alpha-1}}}{\Gamma(-\alpha)} \frac{(k-j+1)^{\overline{-\alpha-1}}}{\Gamma(-\alpha)} \right.$$

$$\left. \times [u(i)-u(j)]^{\mathrm{T}}[v(i)-v(j)] \right\}. \tag{3.169}$$

利用 $\dfrac{(k-i+1)^{\overline{-\alpha-1}}}{\Gamma(-\alpha)}$ 和 $\dfrac{(k-j+1)^{\overline{-\alpha-1}}}{\Gamma(-\alpha)}$ 的非负性, $i,j \in \mathbb{N}_{a+1}^{k}$, 如果 u 与 v 同步, 则 (3.165) 成立; 如果 u 与 v 异步, 则 (3.166) 成立. 至此, 定理得证. □

定理 3.3.1 可以进一步从如下两个方向拓展, 一是和分阶次的个数拓展; 二是序列个数的拓展.

定理 3.3.2　对于任意 $\alpha, \beta > 0$, $k \in \mathbb{N}_{a+1}$, $a \in \mathbb{R}$, $n \in \mathbb{Z}_+$, 如果 $u, v : \mathbb{N}_{a+1} \to \mathbb{R}^n$ 同步, 则有

$$_a^{\mathrm{G}}\nabla_k^{-\alpha}[u^{\mathrm{T}}(k)v(k)]_a^{\mathrm{G}}\nabla_k^{-\beta}1 + _a^{\mathrm{G}}\nabla_k^{-\beta}[u^{\mathrm{T}}(k)v(k)]_a^{\mathrm{G}}\nabla_k^{-\alpha}1$$

$$\geqslant _a^{\mathrm{G}}\nabla_k^{-\alpha}u^{\mathrm{T}}(k)_a^{\mathrm{G}}\nabla_k^{-\beta}v(k) + _a^{\mathrm{G}}\nabla_k^{-\beta}u^{\mathrm{T}}(k)_a^{\mathrm{G}}\nabla_k^{-\alpha}v(k). \tag{3.170}$$

如果 $u,v:\mathbb{N}_{a+1}\to\mathbb{R}^n$ 异步, 则有

$$_a^G\nabla_k^{-\alpha}[u^T(k)v(k)]{}_a^G\nabla_k^{-\beta}1+{}_a^G\nabla_k^{-\beta}[u^T(k)v(k)]{}_a^G\nabla_k^{-\alpha}1$$

$$\leqslant {}_a^G\nabla_k^{-\alpha}u^T(k){}_a^G\nabla_k^{-\beta}v(k)+{}_a^G\nabla_k^{-\beta}u^T(k){}_a^G\nabla_k^{-\alpha}v(k). \tag{3.171}$$

证明　类似定理 3.3.1, 将 $\dfrac{(k-a)^{\overline{\alpha}}}{\Gamma(\alpha+1)}$ 与 $\dfrac{(k-a)^{\overline{\beta}}}{\Gamma(\beta+1)}$ 写成求和的形式, 可得

$$_a^G\nabla_k^{-\alpha}[u^T(k)v(k)]{}_a^G\nabla_k^{-\beta}1+{}_a^G\nabla_k^{-\beta}[u^T(k)v(k)]{}_a^G\nabla_k^{-\alpha}1$$

$$-{}_a^G\nabla_k^{-\alpha}u^T(k){}_a^G\nabla_k^{-\beta}v(k)+{}_a^G\nabla_k^{-\beta}u^T(k){}_a^G\nabla_k^{-\alpha}v(k)$$

$$=\sum_{j=a+1}^{k}\sum_{i=a+1}^{k}\left\{\frac{(k-i+1)^{\overline{-\alpha-1}}}{\Gamma(-\alpha)}\frac{(k-j+1)^{\overline{-\beta-1}}}{\Gamma(-\beta)}\right.$$

$$\left.\times[u(i)-u(j)]^T[v(i)-v(j)]\right\}. \tag{3.172}$$

式 (3.172) 的最终符号, 取决于 $[u(i)-u(j)]^T[v(i)-v(j)]$ 的符号, 而该符号取决于 $u(k)$ 与 $v(k)$ 是同步还是异步. 至此, 定理得证. □

定理 3.3.3　如果 $u_i:\mathbb{N}_{a+1}\to\mathbb{R}_+$ 单调递增或递减, $i=1,2,\cdots,n,\ n\in\mathbb{Z}_+$, 则对于任意 $\alpha>0,\ k\in\mathbb{N}_{a+1},\ a\in\mathbb{R}$, 总有

$$_a^G\nabla_k^{-\alpha}\prod_{i=1}^{n}u_i(k)[{}_a^G\nabla_k^{-\alpha}1]^{n-1}\geqslant\prod_{i=1}^{n}{}_a^G\nabla_k^{-\alpha}u_i(k). \tag{3.173}$$

证明　本定理采用数学归纳法证明.

第 1 步 ▶ 当 $n=1$ 时, 式 (3.173) 可以退化为

$$_a^G\nabla_k^{-\alpha}u_1(k)={}_a^G\nabla_k^{-\alpha}u_1(k), \tag{3.174}$$

该式自然成立.

第 2 步 ▶ 假设 $n=m\in\mathbb{Z}_+$ 时, 式 (3.173) 成立, 即

$$_a^G\nabla_k^{-\alpha}\prod_{i=1}^{m}u_i(k)[{}_a^G\nabla_k^{-\alpha}1]^{m-1}\geqslant\prod_{i=1}^{m}{}_a^G\nabla_k^{-\alpha}u_i(k). \tag{3.175}$$

定义 $v_m(k):=\prod_{i=1}^{m}u_i(k)$, 利用定理 3.3.1 可得

$$_a^G\nabla_k^{-\alpha}\prod_{i=1}^{m+1}u_i(k)[{}_a^G\nabla_k^{-\alpha}1]^{m}$$

$$= {}_a^G \nabla_k^{-\alpha} [u_{m+1}(k) v_m(k)] [{}_a^G \nabla_k^{-\alpha} 1] [{}_a^G \nabla_k^{-\alpha} 1]^{m-1}$$

$$\geqslant {}_a^G \nabla_k^{-\alpha} u_{m+1}(k) {}_a^G \nabla_k^{-\alpha} v_m(k) [{}_a^G \nabla_k^{-\alpha} 1]^{m-1}$$

$$\geqslant {}_a^G \nabla_k^{-\alpha} u_{m+1}(k) \prod_{i=1}^{m} {}_a^G \nabla_k^{-\alpha} u_i(k)$$

$$= \prod_{i=1}^{m+1} {}_a^G \nabla_k^{-\alpha} u_i(k), \tag{3.176}$$

这意味着式 (3.173) 在 $n = m + 1$ 成立.

至此, 定理得证. □

注解 3.3.1　定理 3.3.1～定理 3.3.3 受到 Chebyshev 型不等式[128,133,134] 的启发而建立, 这里不仅考虑了同步情形, 还考虑了异步情形; 不仅考虑了单调递增, 还考虑了单调递减. 如果 $\beta = \alpha$, 则定理 3.3.2 退化为定理 3.3.1. 如果 $n = 2$, $u_1(k) = u(k)$, $u_2(k) = v(k)$, 定理 3.3.3 同样可以退化为定理 3.3.1.

3.3.2　典型不等式

1. Cauchy 分数阶和分不等式

定理 3.3.4　对于任意 $\alpha > 0$, $u, v : \mathbb{N}_{a+1} \to \mathbb{R}^n$, $a \in \mathbb{R}$, $n \in \mathbb{Z}_+$, 总有

$$\{{}_a^G \nabla_k^{-\alpha} [u^T(k) v(k)]\}^2 \leqslant {}_a^G \nabla_k^{-\alpha} [u^T(k) u(k)] {}_a^G \nabla_k^{-\alpha} [v^T(k) v(k)]. \tag{3.177}$$

证明　引入新的变量 $\hat{u}(j) := \sqrt{\dfrac{(k-j+1)^{\overline{\alpha-1}}}{\Gamma(\alpha)}} u(j)$, $\hat{v}(j) := \sqrt{\dfrac{(k-j+1)^{\overline{\alpha-1}}}{\Gamma(\alpha)}} v(j)$, 并构造如下二次函数

$$f(x) = \left[\sum_{j=a+1}^{k} \hat{u}^T(j) \hat{u}(j)\right] x^2 + 2\left[\sum_{j=a+1}^{k} \hat{u}^T(j) \hat{v}(j)\right] x + \sum_{j=a+1}^{k} \hat{v}^T(j) \hat{v}(j), \tag{3.178}$$

其中, $x \in \mathbb{R}$.

通过基本的数学推导, 可以得到 (3.178) 的等价形式

$$f(x) = \sum_{j=a+1}^{k} [\hat{u}(j) x + \hat{v}(j)]^T [\hat{u}(j) x + \hat{v}(j)], \tag{3.179}$$

这意味着二次函数 $f(x)$ 的判别式非负, 即

$$\Delta = 4\left[\sum_{j=a+1}^{k} \hat{u}^T(j) \hat{v}(j)\right]^2 - 4\left[\sum_{j=a+1}^{k} \hat{u}^T(j) \hat{u}(j)\right]\left[\sum_{j=a+1}^{k} \hat{v}^T(j) \hat{v}(j)\right]$$

$$\leqslant 0. \tag{3.180}$$

对 (3.180) 两边同时除以 4, 代入 $\hat{u}(j)$, $\hat{v}(j)$, 并利用 Grünwald-Letnikov 分数阶和分的等价描述, 可以得到

$$\{{}_a^{\text{G}}\nabla_k^{-\alpha}[u^{\text{T}}(k)v(k)]\}^2 - {}_a^{\text{G}}\nabla_k^{-\alpha}[u^{\text{T}}(k)u(k)]{}_a^{\text{G}}\nabla_k^{-\alpha}[v^{\text{T}}(k)v(k)]$$

$$= \frac{1}{4}\Delta \leqslant 0. \tag{3.181}$$

至此, 定理得证. □

2. Jensen 分数阶和分不等式

定理 3.3.5 如果 $f : \mathbb{D} \to \mathbb{R}$ 是凸函数, 则对于任意 $\alpha > 0$, $k \in \mathbb{N}_{a+1}$, $a \in \mathbb{R}$, 总有

$$f\left([{}_a^{\text{G}}\nabla_k^{-\alpha}1]^{-1}{}_a^{\text{G}}\nabla_k^{-\alpha}x(k)\right) \leqslant [{}_a^{\text{G}}\nabla_k^{-\alpha}1]^{-1}{}_a^{\text{G}}\nabla_k^{-\alpha}f(x(k)), \tag{3.182}$$

其中, $\mathbb{D} \subseteq \mathbb{R}^n$.

证明 引入权重参数 $\lambda_j := [{}_a^{\text{G}}\nabla_k^{-\alpha}1]^{-1}\dfrac{(k-j+1)^{\overline{\alpha-1}}}{\Gamma(\alpha)}$, 不难得到 $\sum_{j=a+1}^k \lambda_j = 1$, $\lambda_j > 0$, $j \in \mathbb{N}_{a+1}^k$, $k \in \mathbb{N}_{a+1}$. 利用 Grünwald-Letnikov 分数阶和分的等价描述和 λ_j, 可得如下加权表示

$$f\left([{}_a^{\text{G}}\nabla_k^{-\alpha}1]^{-1}{}_a^{\text{G}}\nabla_k^{-\alpha}x(k)\right) = f\left(\sum_{j=a+1}^k \lambda_j x(j)\right), \tag{3.183}$$

$$[{}_a^{\text{G}}\nabla_k^{-\alpha}1]^{-1}{}_a^{\text{G}}\nabla_k^{-\alpha}f(x(k)) = \sum_{j=a+1}^k \lambda_j f(x(j)). \tag{3.184}$$

此时, 问题转化为

$$f\left(\sum_{j=a+1}^k \lambda_j x(j)\right) \leqslant \sum_{j=a+1}^k \lambda_j f(x(j)). \tag{3.185}$$

接下来通过数学归纳法完成证明.

第 1 步 ▶ 当 $k = a+1$ 时, $\lambda_{a+1} = 1$, (3.185) 自然成立.

第 2 步 ▶ 当 $k = a+2$ 时, $\lambda_{a+1} = \dfrac{\alpha}{\alpha+1}$, $\lambda_{a+2} = \dfrac{1}{\alpha+1}$, (3.178) 变为

$$f(\lambda_{a+1}x(a+1) + \lambda_{a+2}x(a+2))$$

$$\leqslant \lambda_{a+1} f(x(a+1)) + \lambda_{a+2} f(x(a+2)). \tag{3.186}$$

利用 f 的凸性, 可知 (3.185) 成立.

第 3 步 ▶ 假设当 $k = m \in \mathbb{N}_{a+2}$ 时, (3.185) 成立, 即 $f\left(\sum_{j=a+1}^{m} \lambda_j x(j)\right) \leqslant \sum_{j=a+1}^{m} \lambda_j f(x(j))$. 由于 $\sum_{j=a+1}^{m+1} \lambda_j = 1$, 可得

$$\sum_{j=a+1}^{m} \lambda_j = 1 - \lambda_{m+1}. \tag{3.187}$$

定义 $\eta_j := \dfrac{\lambda_j}{1 - \lambda_{m+1}}, j \in \mathbb{N}_{a+1}^{m}$, 可得

$$\sum_{j=a+1}^{m} \eta_j = \sum_{j=a+1}^{m} \frac{\lambda_j}{1 - \lambda_{m+1}} = 1, \tag{3.188}$$

其中, $\eta_j > 0, j \in \mathbb{N}_{a+1}^{m}$.

在此基础上, 可得

$$
\begin{aligned}
& f\left(\sum_{j=a+1}^{m+1} \lambda_j x(j)\right) \\
&= f\left(\lambda_{m+1} x(m+1) + \sum_{j=a+1}^{m} \lambda_j x(j)\right) \\
&= f\left(\lambda_{m+1} x(m+1) + (1 - \lambda_{m+1}) \sum_{j=a+1}^{m} \eta_j x(j)\right) \\
&\leqslant \lambda_{m+1} f(x(m+1)) + (1 - \lambda_{m+1}) f\left(\sum_{j=a+1}^{m} \eta_j x(j)\right) \\
&\leqslant \lambda_{m+1} f(x(m+1)) + (1 - \lambda_{m+1}) \sum_{j=a+1}^{m} \eta_j f(x(j)) \\
&= \lambda_{m+1} f(x(m+1)) + \sum_{j=a+1}^{m} \lambda_j f(x(j)) \\
&\leqslant \sum_{j=a+1}^{m+1} \lambda_j f(x(j)),
\end{aligned}
\tag{3.189}
$$

这意味着 (3.185) 对于 $k = m+1$ 依然成立.

至此, 定理得证.   □

3. Hölder 分数阶和分不等式

定理 3.3.6 对于任意 $\alpha > 0$, $u, v : \mathbb{N}_{a+1} \to \mathbb{R}_+$, $a \in \mathbb{R}$, $k \in \mathbb{N}_{a+1}$, $\frac{1}{p} + \frac{1}{q} = 1$, 如果 $p > 1$, 则有

$$_a^{\mathrm{G}}\nabla_k^{-\alpha}[u(k)v(k)] \leqslant [_a^{\mathrm{G}}\nabla_k^{-\alpha}u^p(k)]^{\frac{1}{p}}[_a^{\mathrm{G}}\nabla_k^{-\alpha}v^q(k)]^{\frac{1}{q}}; \tag{3.190}$$

如果 $p \in (0, 1)$, 则有

$$_a^{\mathrm{G}}\nabla_k^{-\alpha}[u(k)v(k)] \geqslant [_a^{\mathrm{G}}\nabla_k^{-\alpha}u^p(k)]^{\frac{1}{p}}[_a^{\mathrm{G}}\nabla_k^{-\alpha}v^q(k)]^{\frac{1}{q}}. \tag{3.191}$$

证明 定义 $a_j := \sqrt[p]{\dfrac{(k-j+1)^{\overline{\alpha-1}}}{\Gamma(\alpha)}}u(j)$, $b_j := \sqrt[q]{\dfrac{(k-j+1)^{\overline{\alpha-1}}}{\Gamma(\alpha)}}v(j)$, 可得 $a_j, b_j > 0$, $\forall j \in \mathbb{N}_{a+1}^k$. 基于此, (3.190) 可以表示为

$$\sum_{j=a+1}^{k} a_j b_j \leqslant \left[\sum_{j=a+1}^{k} a_j^p\right]^{\frac{1}{p}}\left[\sum_{j=a+1}^{k} b_j^q\right]^{\frac{1}{q}}, \tag{3.192}$$

这正是离散时间的 Hölder 不等式. 类似地, (3.191) 可以表示为

$$\sum_{j=a+1}^{k} a_j b_j \geqslant \left[\sum_{j=a+1}^{k} a_j^p\right]^{\frac{1}{p}}\left[\sum_{j=a+1}^{k} b_j^q\right]^{\frac{1}{q}}. \tag{3.193}$$

当 $p \in (0, 1)$ 时, 有 $q = \dfrac{p}{p-1}$. 令 $p' := \dfrac{1}{p}$, $q' := \dfrac{1}{1-p}$, 不难得到 $p', q' > 1$ 和 $\dfrac{1}{p'} + \dfrac{1}{q'} = 1$. 再次使用离散时间 Hölder 不等式, 可得

$$\sum_{j=a+1}^{k} a_j^p = \sum_{j=a+1}^{k} (a_j b_j)^p b_j^{-p}$$

$$\leqslant \left[\sum_{j=a+1}^{k} (a_j b_j)^{pp'}\right]^{\frac{1}{p'}}\left[\sum_{j=a+1}^{k} b_j^{-pq'}\right]^{\frac{1}{q'}}$$

$$\leqslant \left(\sum_{j=a+1}^{k} a_j b_j\right)^p \left[\sum_{j=a+1}^{k} b_j^q\right]^{1-p}. \tag{3.194}$$

对式 (3.194) 的两边计算 $\dfrac{1}{p}$ 次方, 可得

$$\left[\sum_{j=a+1}^{k} a_j^p\right]^{\frac{1}{p}} \leqslant \sum_{j=a+1}^{k} a_j b_j \left[\sum_{j=a+1}^{k} b_j^q\right]^{\frac{1-p}{p}}$$

$$= \sum_{j=a+1}^{k} a_j b_j \left[\sum_{j=a+1}^{k} b_j^q\right]^{-\frac{1}{q}}, \tag{3.195}$$

这意味着 (3.193) 成立. □

4. Minkowski 分数阶和分不等式

定理 3.3.7　对于任意 $\alpha > 0$, $u, v : \mathbb{N}_{a+1} \to \mathbb{R}_+$, $a \in \mathbb{R}$, $k \in \mathbb{N}_{a+1}$, 如果 $p \geqslant 1$, 则有

$$\{{}_a^G\nabla_k^{-\alpha}[u(k)+v(k)]^p\}^{\frac{1}{p}} \leqslant [{}_a^G\nabla_k^{-\alpha}u^p(k)]^{\frac{1}{p}} + [{}_a^G\nabla_k^{-\alpha}v^p(k)]^{\frac{1}{p}}; \tag{3.196}$$

如果 $p \in (0,1)$, 则有

$$\{{}_a^G\nabla_k^{-\alpha}[u(k)+v(k)]^p\}^{\frac{1}{p}} \geqslant [{}_a^G\nabla_k^{-\alpha}u^p(k)]^{\frac{1}{p}} + [{}_a^G\nabla_k^{-\alpha}v^p(k)]^{\frac{1}{p}}. \tag{3.197}$$

证明　定义 $a_j := \sqrt[p]{\dfrac{(k-j+1)^{\overline{\alpha-1}}}{\Gamma(\alpha)}u(j)}$, $b_j := \sqrt[q]{\dfrac{(k-j+1)^{\overline{\alpha-1}}}{\Gamma(\alpha)}v(j)}$, 可得 $a_j, b_j > 0$, $\forall j \in \mathbb{N}_{a+1}^k$. 基于此, (3.196) 可以表示为

$$\left[\sum_{j=a+1}^{k}(a_j+b_j)^p\right]^{\frac{1}{p}} \leqslant \left(\sum_{j=a+1}^{k} a_j^p\right)^{\frac{1}{p}} + \left(\sum_{j=a+1}^{k} b_j^q\right)^{\frac{1}{q}}, \tag{3.198}$$

这正是离散时间的 Minkowski 不等式. 类似地, (3.197) 可以表示为

$$\left[\sum_{j=a+1}^{k}(a_j+b_j)^p\right]^{\frac{1}{p}} \geqslant \left(\sum_{j=a+1}^{k} a_j^p\right)^{\frac{1}{p}} + \left(\sum_{j=a+1}^{k} b_j^q\right)^{\frac{1}{q}}. \tag{3.199}$$

至此, 定理得证. □

类似定理 3.3.3, 可以在定理 3.3.7 的基础上将序列个数从两个拓展至有限个, 得到如下推论.

推论 3.3.1　对于任意 $\alpha > 0$, $u_i : \mathbb{N}_{a+1} \to \mathbb{R}_+$, $i = 1, 2, \cdots, n$, $n \in \mathbb{Z}_+$, $a \in \mathbb{R}$, $k \in \mathbb{N}_{a+1}$, 如果 $p \geqslant 1$, 则有

$$\left\{ {}_a^{\mathrm{G}}\nabla_k^{-\alpha} \left[\sum_{i=1}^{n} u_i(k) \right]^p \right\}^{\frac{1}{p}} \leqslant \sum_{i=1}^{n} [{}_a^{\mathrm{G}}\nabla_k^{-\alpha} u_i^p(k)]^{\frac{1}{p}}; \tag{3.200}$$

如果 $p \in (0, 1)$, 则有

$$\left\{ {}_a^{\mathrm{G}}\nabla_k^{-\alpha} \left[\sum_{i=1}^{n} u_i(k) \right]^p \right\}^{\frac{1}{p}} \geqslant \sum_{i=1}^{n} [{}_a^{\mathrm{G}}\nabla_k^{-\alpha} u_i^p(k)]^{\frac{1}{p}}. \tag{3.201}$$

定理 3.3.4~定理 3.3.7 分别是经典的 Cauchy 不等式、Jensen 不等式、Hölder 不等式和 Minkowski 不等式在分数阶领域的推广. 类似地, 可进一步建立其他分数阶和分不等式.

3.4　相关应用

3.4.1　Lyapunov 函数构造与差分

1. Volterra 型 Lyapunov 函数

考虑如下 Lyapunov 函数

$$W(x(k)) = x(k) - x^* - x^* \ln \frac{x(k)}{x^*}, \tag{3.202}$$

其中, $x(k) \in \mathbb{D}$, $\mathbb{D} := \mathbb{R}_+$, $k \in \mathbb{N}_{a+1}$, $a \in \mathbb{R}$, $x^* > 0$ 是平衡点. 根据幂函数和对数函数的特性不难发现, $W(x(k))$ 是 $x(k)$ 的可微凸函数, 利用定理 3.1.4, 可得对于任意 $\alpha \in (0, 1)$, $x(k) \in \mathbb{D}$ 总有

$$\begin{aligned}
{}_a^{\mathrm{C}}\nabla_k^{\alpha} &\left[x(k) - x^* - x^* \ln \frac{x(k)}{x^*} \right] \\
&= {}_a^{\mathrm{C}}\nabla_k^{\alpha} W(x(k)) \\
&\leqslant \frac{\mathrm{d}W(x(k))}{\mathrm{d}x(k)} {}_a^{\mathrm{C}}\nabla_k^{\alpha} x(k) \\
&= \left[1 - \frac{x^*}{x(k)} \right] {}_a^{\mathrm{C}}\nabla_k^{\alpha} x(k),
\end{aligned} \tag{3.203}$$

这相当于是对 [135, 引理 3.1] 中不等式的拓展. 如果使用定理 3.3.2 和定理 3.3.3, 可以得到类似的结果, 为了避免冗余, 这节仅讨论 Caputo 定义. 不难发现, 对于任意 $k \in \mathbb{N}_{a+1}$, 当 $x(k) \in \mathbb{D}$ 时, 总有

$$-\frac{\mathrm{d}W(x(k))}{\mathrm{d}x(k)}[x(k) - x^*] \leqslant 0. \tag{3.204}$$

此外, 当 $x(k) \neq x^*$ 时, 有 $-\dfrac{\mathrm{d}W(x(k))}{\mathrm{d}x(k)}[x(k) - x^*] < 0$ 成立, 这对于使用该 Lyapunov 函数分析稳定性和设计控制器极为关键.

为了检验不等式的正确性, 引入绝对误差 $e(k)$ 和相对误差 $e_r(k)$ 如下

$$e(k) = {}^{\mathrm{C}}_{a}\nabla^{\alpha}_{k}W(x(k)) - \frac{\mathrm{d}W(x(k))}{\mathrm{d}x(k)}{}^{\mathrm{C}}_{a}\nabla^{\alpha}_{k}x(k), \tag{3.205}$$

$$e_r(k) = \frac{\left| {}^{\mathrm{C}}_{a}\nabla^{\alpha}_{k}W(x(k)) - \dfrac{\mathrm{d}W(x(k))}{\mathrm{d}x(k)}{}^{\mathrm{C}}_{a}\nabla^{\alpha}_{k}x(k) \right|}{\left| {}^{\mathrm{C}}_{a}\nabla^{\alpha}_{k}W(x(k)) \right| + \left| \dfrac{\mathrm{d}W(x(k))}{\mathrm{d}x(k)}{}^{\mathrm{C}}_{a}\nabla^{\alpha}_{k}x(k) \right|}, \tag{3.206}$$

其中, $k \in \mathbb{N}_{a+1}$.

令 $x^* = 5$, $x = \mathtt{linspace}(0.001, 40, 5000)$, 可得 $W(x(k))$ 的图像如图 3.1 所示, 可以发现所设计 Lyapunov 函数是一个凸函数. 考虑以下五种情形

$$\begin{cases} \text{情形 } 1 : \alpha = 0.1; \quad \text{情形 } 2 : \alpha = 0.3; \\ \text{情形 } 3 : \alpha = 0.5; \quad \text{情形 } 4 : \alpha = 0.7; \\ \text{情形 } 5 : \alpha = 0.9, \end{cases}$$

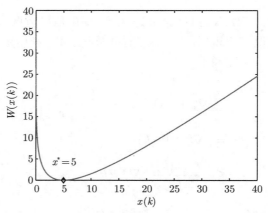

图 3.1   Volterra 型 Lyapunov 函数 $W(\cdot)$ 在 $\mathbb{D}$ 内的图像

可得误差变量的曲线如图 3.2 所示. 五种情况下 $e(k)$ 的最大值为 $-0.0026 < 0$, 这验证了不等式 (3.203) 的正确性. 此外, 随着 α 的变大, $e(k)$ 的值越来越接近 0. 在一段时间段内, 有 $e_r(k) = 1$, 这是相对误差可能的最大值, 此时 ${}_a^C\nabla_k^\alpha W(x(k))$ 与 $\dfrac{\mathrm{d}W(x(k))}{\mathrm{d}x(k)}{}_a^C\nabla_k^\alpha x(k)$ 的符号不同.

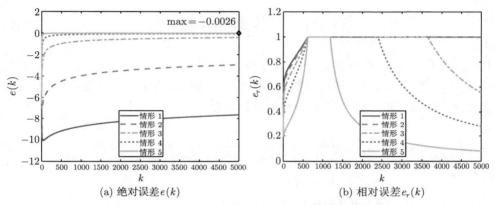

(a) 绝对误差 $e(k)$ (b) 相对误差 $e_r(k)$

图 3.2   Volterra 型 Lyapunov 函数对应误差变量随时间的变化趋势

2. 分数型障碍 Lyapunov 函数

考虑对称分数型障碍 Lyapunov 函数

$$W(x(k)) = \frac{1}{2}\frac{x^2(k)}{k_b^2 - x^2(k)}, \tag{3.207}$$

其中, $x(k) \in \mathbb{D}_s$ 是受约束变量, $\mathbb{D}_s := \{s \in \mathbb{R} : -k_b < s < k_b\}$, $k \in \mathbb{N}_{a+1}$, $a \in \mathbb{R}$, $k_b > 0$ 是约束边界. 根据对数函数的特性可知, $W(x(k))$ 是 $x(k)$ 的可微凸函数, 利用定理 3.1.4, 可得对于任意 $\alpha \in (0,1)$, $x(k) \in \mathbb{D}_s$ 有

$$\begin{aligned}
&{}_a^C\nabla_k^\alpha\left[\frac{1}{2}\frac{x^2(k)}{k_b^2 - x^2(k)}\right]\\
&= {}_a^C\nabla_k^\alpha W\left(x\left(k\right)\right)\\
&\leqslant \frac{\mathrm{d}W(x(k))}{\mathrm{d}x\left(k\right)}{}_a^C\nabla_k^\alpha x\left(k\right)\\
&= \frac{k_b^2 x(k)}{[k_b^2 - x^2(k)]^2}{}_a^C\nabla_k^\alpha x\left(k\right).
\end{aligned} \tag{3.208}$$

类似地, 可得对于任意 $k \in \mathbb{N}_{a+1}$, 当 $x(k) \in \mathbb{D}_s$ 时, 总有

$$-\frac{\mathrm{d}W(x(k))}{\mathrm{d}x(k)}x(k) \leqslant 0. \tag{3.209}$$

进一步, 当 $x(k) \neq 0$ 时, 有 $-\dfrac{\mathrm{d}W(x(k))}{\mathrm{d}x(k)}x(k) < 0$ 成立.

为了提高适用性, 可构造非对称对数型障碍 Lyapunov 函数

$$W(x(k)) = \frac{x^2(k)}{[k_a + x(k)][k_b - x(k)]}, \tag{3.210}$$

其中, $x(k) \in \mathbb{D}_a$ 是受约束变量, $\mathbb{D}_a := \{s \in \mathbb{R} : -k_a < s < k_b\}$, $k \in \mathbb{N}_{a+1}$, $a \in \mathbb{R}$, $k_a, k_b > 0$ 是约束边界. 根据对数函数的特性可知, $W(x(k))$ 是 $x(k)$ 的凸函数且仅在 $x(k) \in \mathbb{D}_a$ 时可微 [136], 进一步可以计算得

$$\begin{aligned}
{}_a^{\mathrm{C}}\nabla_k^\alpha & \frac{x^2(k)}{[k_a + x(k)][k_b - x(k)]} \\
&= {}_a^{\mathrm{C}}\nabla_k^\alpha W(x(k)) \\
&\leqslant \frac{\mathrm{d}W(x(k))}{\mathrm{d}x(k)} {}_a^{\mathrm{C}}\nabla_k^\alpha x(k) \\
&= \frac{-k_a x^2(k) + k_b x^2(k) + 2k_a k_b x(k)}{[k_a + x(k)]^2 [k_b - x(k)]^2} {}_a^{\mathrm{C}}\nabla_k^\alpha x(k).
\end{aligned} \tag{3.211}$$

根据三次函数的特性, 可构造如下非对称对数障碍 Lyapunov 函数 $W(x(k)) = \dfrac{x^2(k)}{f(x(k))}$, 其中 $f(x(k))$ 为三次多项式. 令 $f(k_b) = f(-k_a) = 0$, $f(0) = k_a^2 k_b^2$, $\underset{x \in \mathbb{D}_a}{\arg\max} f(x) = 0$, 通过计算可得具体函数形式如下

$$W(x(k)) = \frac{x^2(k)}{(k_b - k_a)x^3(k) - (k_a^2 - k_a k_b + k_b^2)x^2(k) + k_a^2 k_b^2}, \tag{3.212}$$

其中, $x(k) \in \mathbb{D}_a$, $k \in \mathbb{N}_{a+1}$. 类似, $W(x(k))$ 是 $x(k)$ 的凸函数且在 $x(k) \in \mathbb{D}_a$ 时可微, 进一步可以计算得

$$\begin{aligned}
{}_a^{\mathrm{C}}\nabla_k^\alpha & \frac{x^2(k)}{(k_b - k_a)x^3(k) - (k_a^2 - k_a k_b + k_b^2)x^2(k) + k_a^2 k_b^2} \\
&= {}_a^{\mathrm{C}}\nabla_k^\alpha W(x(k)) \\
&\leqslant \frac{\mathrm{d}W(x(k))}{\mathrm{d}x(k)} {}_a^{\mathrm{C}}\nabla_k^\alpha x(k)
\end{aligned}$$

$$= \frac{-(k_b - k_a)x^4(k) + 2k_a^2 k_b^2 x(k)}{[(k_b - k_a)x^3(k) - (k_a^2 - k_a k_b + k_b^2)x^2(k) + k_a^2 k_b^2]^2} {}_a^{\mathrm{C}} \nabla_k^\alpha x(k) . \tag{3.213}$$

令 $k_a = 3$, $k_b = 5$, $\alpha = 0.5$, $a = 0$, 考虑如下三种 Lyapunov 函数

$$\begin{cases} \text{情形 } 1 : (3.207) \text{中的 Lyapunov 函数}; \\ \text{情形 } 2 : (3.210) \text{中的 Lyapunov 函数}; \\ \text{情形 } 3 : (3.212) \text{中的 Lyapunov 函数}, \end{cases}$$

仿真结果如图 3.3、图 3.4 所示.

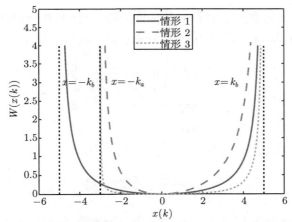

图 3.3   分数型障碍 Lyapunov 函数 $W(\cdot)$ 在 $\mathbb{D}$ 内的图像

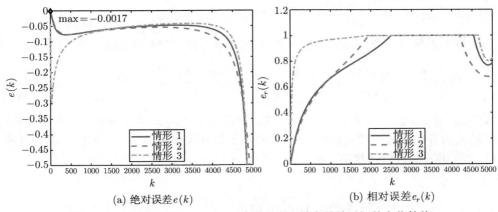

(a) 绝对误差 $e(k)$ (b) 相对误差 $e_r(k)$

图 3.4   对数型障碍 Lyapunov 函数对应误差变量随时间的变化趋势

可以发现 $W(x(k))$ 在受限区域内是凸的, 且当 $x(k)$ 趋于边界时, $W(x(k))$ 趋于无穷大. 当 $x(k) = 0$ 时, $W(x(k))$ 达到最小值 0. 图 3.4(a) 中的结果验证了所给分数阶差分不等式 (3.208), (3.211) 和 (3.213) 的正确性, 图 3.4(b) 展示了相应相对误差的变化趋势.

3. 对数型障碍 Lyapunov 函数

考虑对称对数型障碍 Lyapunov 函数

$$W(x(k)) = \frac{1}{2} \ln \frac{k_b^2}{k_b^2 - x^2(k)}, \tag{3.214}$$

其中, $x(k) \in \mathbb{D}_s$, $k \in \mathbb{N}_{a+1}$. 根据对数函数的特性可知, $W(x(k))$ 是 $x(k)$ 的可微凸函数, 利用定理 3.1.4, 可得对于任意 $\alpha \in (0,1)$, $x(k) \in \mathbb{D}$ 有

$$\begin{aligned}
{}_a^{\mathrm{C}}\nabla_k^\alpha &\left[\frac{1}{2} \ln \frac{k_b^2}{k_b^2 - x^2(k)} \right] \\
&= {}_a^{\mathrm{C}}\nabla_k^\alpha W(x(k)) \\
&\leqslant \frac{\mathrm{d}W(x(k))}{\mathrm{d}x(k)} {}_a^{\mathrm{C}}\nabla_k^\alpha x(k) \\
&= \frac{x(k)}{k_b^2 - x^2(k)} {}_a^{\mathrm{C}}\nabla_k^\alpha x(k).
\end{aligned} \tag{3.215}$$

该类函数由 Ngo 等学者提出 [137], 如今已用于分数阶系统控制 [138-141]. 类似地, 可得对于任意 $k \in \mathbb{N}_{a+1}$, 当 $x(k) \in \mathbb{D}_s$ 时, 总有 $-\dfrac{\mathrm{d}W(x(k))}{\mathrm{d}x(k)} x(k) \leqslant 0$. 进一步, 当 $x(k) \neq 0$ 时, 有 $-\dfrac{\mathrm{d}W(x(k))}{\mathrm{d}x(k)} x(k) < 0$ 成立.

为了提高适用性, 考虑了 [136] 中的非对称对数型障碍 Lyapunov 函数

$$W(x(k)) = \frac{q(x(k))}{p} \ln \frac{k_b^p}{k_b^p - x^p(k)} + \frac{1 - q(x(k))}{p} \ln \frac{k_a^p}{k_a^p - x^p(k)}, \tag{3.216}$$

其中, $x(k) \in \mathbb{D}_a$, $k \in \mathbb{N}_{a+1}$, p 是正偶数, $q(z) = 1, z > 0$, $q(z) = 0, z \leqslant 0$. 根据对数函数的特性可知, $W(x(k))$ 是 $x(k)$ 的凸函数且仅在区间 $(-k_a, 0) \bigcup (0, k_b)$ 内可微 [136], 进一步可以计算得

$$\frac{\mathrm{d}W(x(k))}{\mathrm{d}x(k)} = \begin{cases} \dfrac{x^{p-1}(k)}{k_b^p - x^p(k)}, & x(k) \in (0, k_b), \\[3mm] \dfrac{x^{p-1}(k)}{k_a^p - x^p(k)}, & x(k) \in (-k_a, 0), \end{cases} \tag{3.217}$$

且有 $\lim\limits_{x(k)\to 0^+} \dfrac{\mathrm{d}W(x(k))}{\mathrm{d}x(k)} = \lim\limits_{x(k)\to 0^-} \dfrac{\mathrm{d}W(x(k))}{\mathrm{d}x(k)} = 0.$

对于任意 $\alpha \in (0,1)$, $x(k) \in \mathbb{D}_a$ 时, 总有

$${}^{\mathrm{C}}_a\nabla^\alpha_k \left[\frac{q(x(k))}{p}\ln\frac{k_b^p}{k_b^p - x^p(k)} + \frac{1-q(x(k))}{p}\ln\frac{k_a^p}{k_a^p - x^p(k)} \right]$$

$$= {}^{\mathrm{C}}_a\nabla^\alpha_k W(x(k))$$

$$\leqslant \frac{\mathrm{d}W(x(k))}{\mathrm{d}x(k)}{}^{\mathrm{C}}_a\nabla^\alpha_k x(k)$$

$$= \left[\frac{q(x(k))}{k_b^p - x^p(k)} + \frac{1-q(x(k))}{k_a^p - x^p(k)} \right] x^{p-1}(k){}^{\mathrm{C}}_a\nabla^\alpha_k x(k). \tag{3.218}$$

为了避免切换函数 $q(\cdot)$ 的使用, 构造 $W(x(k)) = \ln\dfrac{1}{f(x(k))}$, 其中 $f(x(k))$ 为三次函数. 令 $f(k_b) = f(-k_a) = 0$, $f(0) = 1$, $\underset{x\in\mathbb{D}_a}{\arg\max} f(x) = 0$, 通过计算可得具体函数形式如下

$$W(x(k)) = \ln\frac{k_a^2 k_b^2}{(k_b - k_a)x^3(k) - (k_a^2 - k_a k_b + k_b^2)x^2(k) + k_a^2 k_b^2}, \tag{3.219}$$

其中, $x(k) \in \mathbb{D}_a$ 是受约束变量, $k \in \mathbb{N}_{a+1}$.

类似, 可以计算得

$${}^{\mathrm{C}}_a\nabla^\alpha_k \ln\frac{k_a^2 k_b^2}{(k_b - k_a)x^3(k) - (k_a^2 - k_a k_b + k_b^2)x^2(k) + k_a^2 k_b^2}$$

$$= {}^{\mathrm{C}}_a\nabla^\alpha_k W(x(k))$$

$$\leqslant \frac{\mathrm{d}W(x(k))}{\mathrm{d}x(k)}{}^{\mathrm{C}}_a\nabla^\alpha_k x(k)$$

$$= -\frac{3(k_b - k_a)x^2(k) - 2(k_a^2 - k_a k_b + k_b^2)x(k)}{(k_b - k_a)x^3(k) - (k_a^2 - k_a k_b + k_b^2)x^2(k) + k_a^2 k_b^2}{}^{\mathrm{C}}_a\nabla^\alpha_k x(k). \tag{3.220}$$

令 $k_a = 3$, $k_b = 5$, $\alpha = 0.5$, $a = 0$, $p = 2$, 考虑如下三种 Lyapunov 函数

$$\begin{cases} \text{情形 } 1: (3.214)\text{中的 Lyapunov 函数;} \\ \text{情形 } 2: (3.216)\text{中的 Lyapunov 函数;} \\ \text{情形 } 3: (3.219)\text{中的 Lyapunov 函数,} \end{cases}$$

仿真结果如图 3.5、图 3.6 所示, 不难发现仿真结果与理论分析相吻合.

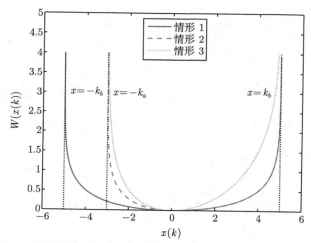

图 3.5　对数型障碍 Lyapunov 函数 $W(\cdot)$ 在 $\mathbb{D}_s$ 或 $\mathbb{D}_a$ 内的图像

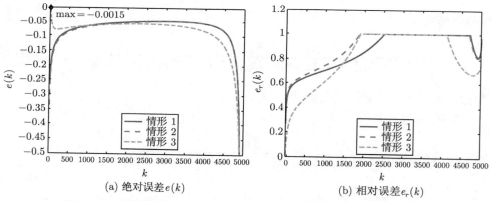

(a) 绝对误差 $e(k)$　　　　　　　　　(b) 相对误差 $e_r(k)$

图 3.6　对数型障碍 Lyapunov 函数对应误差变量随时间的变化趋势

4. 积分型障碍 Lyapunov 函数

考虑文献 [142] 中的积分型障碍 Lyapunov 函数

$$W(x(k)) = \int_0^{x(k)-x^*} \frac{\sigma}{k_b^2 - \sigma^2} \mathrm{d}\sigma, \tag{3.221}$$

其中, $x(k) \in \mathbb{D}_s$, $k \in \mathbb{N}_{a+1}$, $x^* > 0$ 是平衡点. 不难计算出

$$W(x(k)) = \frac{1}{2} \int_0^{x(k)-x^*} \left(\frac{1}{k_b - \sigma} - \frac{1}{k_b + \sigma} \right) \mathrm{d}\sigma$$

$$= -\frac{1}{2}[\ln{(k_b - \sigma)} + \ln{(k_b + \sigma)}]\Big|_0^{x(k)-x^*}$$

$$= \frac{1}{2}\left[\ln\frac{k_b}{k_b - x(k) + x^*} + \ln\frac{k_b}{k_b + x(k) - x^*}\right]$$

$$= \frac{1}{2}\ln\frac{k_b^2}{k_b^2 - [x(k) - x^*]^2}, \tag{3.222}$$

即这类 Lyapunov 函数本质上也是对数型的, 尤其是当 $x^* = 0$ 时, 有 $W(x(k)) = \frac{1}{2}\ln\frac{k_b^2}{k_b^2 - x^2(k)}$ 成立, 这正与 (3.214) 一致. 由对数函数的特性可知, $W(x(k))$ 在 $\mathbb{D}_s$ 上是 $x(k)$ 的可微凸函数, 所以对于任意 $\alpha \in (0,1)$, $x(k) \in \mathbb{D}_s$, 总有

$$_a^C\nabla_k^\alpha \left(\int_0^{x(k)-x^*} \frac{\sigma}{k_b^2 - \sigma^2}\mathrm{d}\sigma\right)$$

$$= {_a^C}\nabla_k^\alpha W(x(k))$$

$$\leqslant \frac{\mathrm{d}W(x(k))}{\mathrm{d}x(k)}{_a^C}\nabla_k^\alpha x(k)$$

$$= \frac{x(k) - x^*}{k_b^2 - [x(k) - x^*]^2}{_a^C}\nabla_k^\alpha x(k). \tag{3.223}$$

类似地, 可得对于任意 $k \in \mathbb{N}_{a+1}$, 当 $x(k) \in \mathbb{D}_s$ 时, 总有 $-\dfrac{\mathrm{d}W(x(k))}{\mathrm{d}x(k)}x(k) \leqslant 0$. 进一步, 当 $x(k) \neq 0$ 时, 有 $-\dfrac{\mathrm{d}W(x(k))}{\mathrm{d}x(k)}x(k) < 0$ 成立.

受到文献 [143] 的启发, 可以提出如下积分型障碍 Lyapunov 函数

$$W(x(k)) = \int_0^{x(k)-x^*} \frac{\sigma}{(k_a + \sigma)(k_b - \sigma)}\mathrm{d}\sigma, \tag{3.224}$$

其中, $x(k) \in \mathbb{D}_a$, $k \in \mathbb{N}_{a+1}$. 直接计算可得

$$W(x(k))$$

$$= \frac{1}{k_a + k_b}\int_0^{x(k)-x^*}\left(\frac{\sigma}{k_a + \sigma} + \frac{\sigma}{k_b - \sigma}\right)\mathrm{d}\sigma$$

$$= -\frac{1}{k_a + k_b}\int_0^{x(k)-x^*}\left(\frac{k_a}{k_a + \sigma} - \frac{k_b}{k_b - \sigma}\right)\mathrm{d}\sigma$$

$$= -\frac{1}{k_a + k_b}[k_a \ln(k_a + \sigma) + k_b \ln(k_b - \sigma)]\big|_0^{x(k)-x^*}$$

$$= \frac{1}{k_a + k_b}\left[k_a \ln\frac{k_a}{k_a + x(k) - x^*} + k_b \ln\frac{k_b}{k_b - x(k) + x^*}\right], \tag{3.225}$$

这同样是一个对数型 Lyapunov 函数. 当 $k_a = k_b$ 时, 该函数退化为 $W(x(k)) = \frac{1}{2}\ln\frac{k_b^2}{k_b^2 - [x(k)-x^*]^2}$. 类似地, $W(x(k))$ 在 $\mathbb{D}_a$ 内是 $x(k)$ 的可微凸函数. 对于任意 $\alpha \in (0,1)$, $x(k) \in \mathbb{D}_a$, 总有

$$_a^C\nabla_k^\alpha\left[\int_0^{x(k)-x^*}\frac{\sigma}{(k_a+\sigma)(k_b-\sigma)}\mathrm{d}\sigma\right]$$

$$= {}_a^C\nabla_k^\alpha W(x(k))$$

$$\leqslant \frac{\mathrm{d}W(x(k))}{\mathrm{d}x(k)}{}_a^C\nabla_k^\alpha x(k)$$

$$= \frac{x(k)-x^*}{[k_a+x(k)-x^*][k_b-x(k)+x^*]}{}_a^C\nabla_k^\alpha x(k). \tag{3.226}$$

与前面的讨论不同, 这里考虑了平衡点 x^*, 而前述讨论暗含 $x^* = 0$. 为了求解非零平衡点问题, 只需要将 $x(k)$ 替换为 $x(k) - x^*$ 即可. 令 $k_a = 3$, $k_b = 5$, $\alpha = 0.5$, $a = 0$, $x^* = 1$, 并考虑如下两种 Lyapunov 函数

$$\begin{cases} \text{情形 } 1: (3.221)\text{中的 Lyapunov 函数}; \\ \text{情形 } 2: (3.224)\text{中的 Lyapunov 函数}, \end{cases}$$

仿真结果如图 3.7、图 3.8 所示, 不难发现仿真结果与理论分析相吻合.

5. 正切型障碍 Lyapunov 函数

改进文献 [144] 中的正切型障碍 Lyapunov 函数为

$$W(x(k)) = \frac{k_b^2}{\pi}\tan\frac{\pi x^2(k)}{2k_b^2}, \tag{3.227}$$

其中, $x(k) \in \mathbb{D}_s$, $k \in \mathbb{N}_{a+1}$.

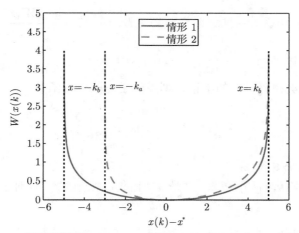

图 3.7   积分型障碍 Lyapunov 函数 $W(\cdot)$ 在 $\mathbb{D}_s$ 或 $\mathbb{D}_a$ 内的图像

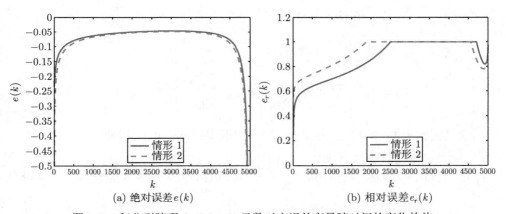

(a) 绝对误差 $e(k)$ (b) 相对误差 $e_r(k)$

图 3.8   积分型障碍 Lyapunov 函数对应误差变量随时间的变化趋势

由幂函数与正切函数的特性可知, $W(k, x(k))$ 在 $\mathbb{D}_s$ 上是 $x(k)$ 的可微凸函数, 所以对于任意 $\alpha \in (0,1)$, $x(k) \in \mathbb{D}_s$, 总有

$$
{}_a^{\mathrm{C}}\nabla_k^\alpha \left[\frac{k_b^2}{\pi} \tan \frac{\pi x^2(k)}{2k_b^2} \right]
$$

$$
= {}_a^{\mathrm{C}}\nabla_k^\alpha W(x(k))
$$

$$
\leqslant \frac{\mathrm{d}W(x(k))}{\mathrm{d}x(k)} {}_a^{\mathrm{C}}\nabla_k^\alpha x(k)
$$

$$
= x(k)\sec^2 \frac{\pi x^2(k)}{2k_b^2} {}_a^{\mathrm{C}}\nabla_k^\alpha x(k). \tag{3.228}
$$

类似地, 可得对于任意 $k \in \mathbb{N}_{a+1}$, 当 $x(k) \in \mathbb{D}_s$ 时, 总有 $-\dfrac{\mathrm{d}W(x(k))}{\mathrm{d}x(k)}x(k) \leqslant 0$. 进一步, 当 $x(k) \neq 0$ 时, 有 $-\dfrac{\mathrm{d}W(x(k))}{\mathrm{d}x(k)}x(k) < 0$ 成立.

类似文献 [145], 可设计如下正切型障碍 Lyapunov 函数

$$W(x(k)) = x(k)\tan\frac{\pi x(k)}{2k_b}, \tag{3.229}$$

其中, $x(k) \in \mathbb{D}_s$, $k \in \mathbb{N}_{a+1}$.

类似可知, $W(k, x(k))$ 在 $\mathbb{D}_s$ 上是 $x(k)$ 的可微凸函数, 且对于任意 $\alpha \in (0,1)$, $x(k) \in \mathbb{D}_s$, 总有

$$\begin{aligned}
&{}^{\mathrm{C}}_a\nabla^{\alpha}_k\left[x(k)\tan\frac{\pi x(k)}{2k_b}\right] \\
&= {}^{\mathrm{C}}_a\nabla^{\alpha}_k W(x(k)) \\
&\leqslant \frac{\mathrm{d}W(x(k))}{\mathrm{d}x(k)}{}^{\mathrm{C}}_a\nabla^{\alpha}_k x(k) \\
&= \left[\tan\frac{\pi x(k)}{2k_b} + \frac{\pi}{2k_b}x(k)\sec^2\frac{\pi x(k)}{2k_b}\right]{}^{\mathrm{C}}_a\nabla^{\alpha}_k x(k).
\end{aligned} \tag{3.230}$$

受到文献 [136] 的启发, 设计如下正切型障碍 Lyapunov 函数

$$W(x(k)) = q(x(k))x(k)\tan\frac{\pi x(k)}{2k_b} + [1 - q(x(k))]x(k)\tan\frac{\pi x(k)}{2k_a}, \tag{3.231}$$

其中, $x(k) \in \mathbb{D}_a$, $k \in \mathbb{N}_{a+1}$. 可以推导发现, $W(x(k))$ 在 $\mathbb{D}_a$ 上是 $x(k)$ 的可微凸函数, 总有

$$\frac{\mathrm{d}W(x(k))}{\mathrm{d}x(k)} = \begin{cases} \tan\dfrac{\pi x(k)}{2k_b} + \dfrac{\pi}{2k_b}x(k)\sec^2\dfrac{\pi x(k)}{2k_b}, & x(k) \in (0, k_b), \\[3mm] \tan\dfrac{\pi x(k)}{2k_a} + \dfrac{\pi}{2k_a}x(k)\sec^2\dfrac{\pi x(k)}{2k_a}, & x(k) \in (-k_a, 0), \end{cases} \tag{3.232}$$

且 $\displaystyle\lim_{x(k)\to 0^+}\frac{\mathrm{d}W(x(k))}{\mathrm{d}x(k)} = \lim_{x(k)\to 0^-}\frac{\mathrm{d}W(x(k))}{\mathrm{d}x(k)} = 0$.

对于任意 $\alpha \in (0,1)$, $x(k) \in \mathbb{D}_a$, 可得

$${}^{\mathrm{C}}_a\nabla^{\alpha}_k\left\{q(x(k))x(k)\tan\frac{\pi x(k)}{2k_b} + [1 - q(x(k))]x(k)\tan\frac{\pi x(k)}{2k_a}\right\}$$

$$= {}_a^C\nabla_k^\alpha W(x(k))$$

$$\leqslant \frac{\mathrm{d}W(x(k))}{\mathrm{d}x(k)} {}_a^C\nabla_k^\alpha x(k)$$

$$= q(x(k))\left[\tan\frac{\pi x(k)}{2k_b} + \frac{\pi}{2k_b}x(k)\sec^2\frac{\pi x(k)}{2k_b}\right] {}_a^C\nabla_k^\alpha x(k)$$

$$+ [1-q(x(k))]\left[\tan\frac{\pi x(k)}{2k_a} + \frac{\pi}{2k_a}x(k)\sec^2\frac{\pi x(k)}{2k_a}\right] {}_a^C\nabla_k^\alpha x(k). \tag{3.233}$$

类似地, 设计非对称正切型障碍 Lyapunov 函数 $W(x(k)) = \tan(f(x(k)))$, 其中 $f(x(k))$ 为三次函数, 根据其单调性和凸凹性, 可令 $f(k_b) = f(-k_a) = \frac{\pi}{2}$, $f(0) = 0$, $\arg\min\limits_{x\in\mathbb{D}_a} f(x) = 0$, 通过计算可得具体函数形式如下

$$W(x(k)) = \tan\left(\frac{\pi}{2}\frac{(k_a-k_b)x^3(k) + (k_a^2 - k_ak_b + k_b^2)x^2(k)}{k_a^2 k_b^2}\right), \tag{3.234}$$

其中, $x(k)\in\mathbb{D}_a$, $k\in\mathbb{N}_{a+1}$, 可以推导发现 $W(x(k))$ 在 $(-k_a,0)\bigcup(0,k_b)$ 内是 $x(k)$ 的可微凸函数. 对于任意 $\alpha\in(0,1)$, $x(k)\in\mathbb{D}_a$, 总有

$$_a^C\nabla_k^\alpha\left[\tan\left(\frac{\pi}{2}\frac{(k_a-k_b)x^3(k) + (k_a^2 - k_ak_b + k_b^2)x^2(k)}{k_a^2 k_b^2}\right)\right]$$

$$= {}_a^C\nabla_k^\alpha W(x(k))$$

$$\leqslant \frac{\mathrm{d}W(x(k))}{\mathrm{d}x(k)} {}_a^C\nabla_k^\alpha x(k)$$

$$= \sec^2\left(\frac{\pi}{2}\frac{(k_a-k_b)x^3(k) + (k_a^2 - k_ak_b + k_b^2)x^2(k)}{k_a^2 k_b^2}\right)$$

$$\times \frac{\pi[3(k_a-k_b)x^2(k) + 2(k_a^2 - k_ak_b + k_b^2)x(k)]}{2k_a^2 k_b^2} {}_a^C\nabla_k^\alpha x(k). \tag{3.235}$$

令 $k_a = 3$, $k_b = 5$, $\alpha = 0.5$, $a = 0$, 考虑如下四种 Lyapunov 函数

$$\begin{cases} 情形\ 1: (3.227)中的\ \text{Lyapunov}\ 函数; \\ 情形\ 2: (3.229)中的\ \text{Lyapunov}\ 函数; \\ 情形\ 3: (3.231)中的\ \text{Lyapunov}\ 函数; \\ 情形\ 4: (3.234)中的\ \text{Lyapunov}\ 函数, \end{cases}$$

仿真结果如图 3.9、图 3.10, 不难发现该结果与理论分析一致.

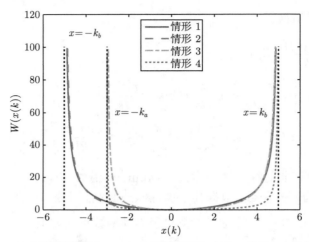

图 3.9　正切型障碍 Lyapunov 函数 $W(\cdot)$ 在 $\mathbb{D}_s$ 或 $\mathbb{D}_a$ 内的图像

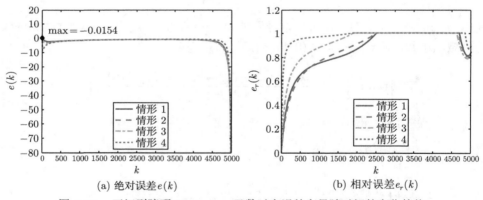

(a) 绝对误差 $e(k)$ 　　　　　　　　　　　(b) 相对误差 $e_r(k)$

图 3.10　正切型障碍 Lyapunov 函数对应误差变量随时间的变化趋势

3.4.2　数值算例

例 3.4.1　定义 $e(k) := {}_a^C\nabla_k^\alpha W(x(k)) - \dfrac{\mathrm{d}W(x(k))}{\mathrm{d}x^{\mathrm{T}}(k)}{}_a^C\nabla_k^\alpha x(k)$, 选择如下三类函数

$$\begin{cases} \text{情形 } 1 : \text{单调递增} x(k); \\ \text{情形 } 2 : \text{周期振荡} x(k); \\ \text{情形 } 3 : \text{单调递减} x(k), \end{cases}$$

其中, $a = 0$, $\alpha = 0.5$, $W(x(k)) = x^2(k)$, $W(x(k)) = \mathrm{e}^{\lambda x(k)}$, $\lambda = 0.01$, $x(k)$ 与 $e(k)$ 的图像如图 3.11、图 3.12 所示. 对于所给两种凸函数, $e(k)$ 的最大值虽然接近于

0 但仍都是负值, 这充分验证了定理 3.1.4 中不等式的正确性. 此外, 还可以发现, 对于情形 1, $e(k)$ 单调递减; 对于情形 2, $e(k)$ 依旧振荡.

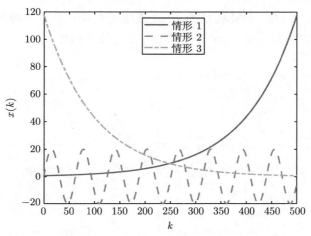

图 3.11 $x(k)$ 随时间的变化趋势

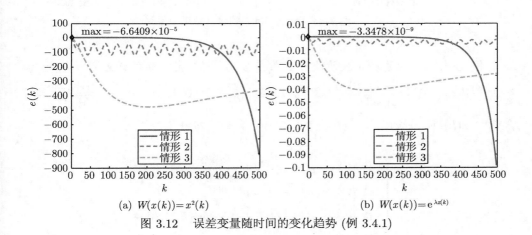

(a) $W(x(k)) = x^2(k)$ (b) $W(x(k)) = \mathrm{e}^{\lambda x(k)}$

图 3.12 误差变量随时间的变化趋势 (例 3.4.1)

例 3.4.2 定义新的误差变量 $e(k) := {}_{a}^{\mathrm{C}}\nabla_{k}^{\alpha}W(x(k)) - \zeta^{\mathrm{T}}(x(k)){}_{a}^{\mathrm{C}}\nabla_{k}^{\alpha}x(k)$. 令 $a = 0$, $\alpha = 0.01, 0.02, \cdots, 1$, 考虑如下四种情形

$$
\begin{cases}
\text{情形 1}: W(x(k)) = |x(k)|, & x(k) = \sin(10k); \\
\text{情形 2}: W(x(k)) = |x(k)|, & x(k) = \cos(10k); \\
\text{情形 3}: W(x(k)) = |x(k)| + |x(k)|^{1.5}, & x(k) = \sin(10k); \\
\text{情形 4}: W(x(k)) = |x(k)| + |x(k)|^{1.5}, & x(k) = \cos(10k),
\end{cases}
$$

仿真结果如图 3.13 所示. 从图 3.13(a) 可以看出, 对于所给四种情形, $W(x(k))$ 均是 $x(k)$ 的凸函数且在 $x(k) = 0$ 处不可微, 这满足定理的要求, 且不难计算 $|x(k)|$ 的次梯度为 $\mathrm{sgn}(x(k))$, $|x(k)|^{1.5}$ 的梯度为 $1.5|x(k)|^{0.5}\mathrm{sgn}(x(k))$. 不难发现, 对于情形 1, $k \in \mathbb{N}_{a+1}$, $e(k)$ 的最大值为 0, 这点通过理论计算也可验证; 且对任意四种情形 $e(k) \leqslant 0$ 均有保证, 这验证了定理 3.2.6 的正确性.

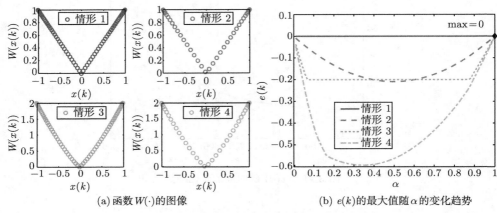

(a) 函数 $W(\cdot)$ 的图像　　　　　　(b) $e(k)$ 的最大值随 α 的变化趋势

图 3.13　算例 3.4.2 的仿真结果

例 3.4.3　为了验证变阶次分数阶差分不等式, 定义新的误差变量 $e(k) := {}_a^{\mathrm{C}}\nabla_k^{\alpha(k)} W(x(k)) - \dfrac{\mathrm{d}W(x(k))}{\mathrm{d}x^{\mathrm{T}}(k)} {}_a^{\mathrm{C}}\nabla_k^{\alpha(k)} x(k)$ 或 $e(k) := {}_a^{\mathrm{G}}\nabla_k^{\alpha(k)} W(x(k)) - \dfrac{\mathrm{d}W(x(k))}{\mathrm{d}x^{\mathrm{T}}(k)} \times {}_a^{\mathrm{G}}\nabla_k^{\alpha(k)} x(k)$, $W(x(k)) := x^2(k)$. 考虑 $a = 1$ 和如下四种情形

$$
\begin{cases}
\text{情形 1}: \ \alpha(k) = 0.1 + \dfrac{0.9}{k - a}; \\
\text{情形 2}: \ \alpha(k) = 1 - \mathrm{e}^{-0.05(k-a)}; \\
\text{情形 3}: \ \alpha(k) = 0.5 + 0.5\cos^2(k - a); \\
\text{情形 4}: \ \alpha(k) = \mathrm{rand}(\mathrm{size}(x(k))),
\end{cases}
$$

仿真结果如图 3.14 所示, 不难看出, 各种情形下, $e(k) < 0$, 这正验证了推论 3.1.4 中的不等式.

例 3.4.4　为了验证 Tempered 分数阶差分不等式, 令 $e_1(k) := {}_a^{\mathrm{G}}\nabla_k^{\alpha, w(k)} [\phi(k)x(k)] - \phi(k) {}_a^{\mathrm{G}}\nabla_k^{\alpha, w(k)} x(k)$, 其中 $x(k) = \sin^2(10k)$, $\phi(k) = \dfrac{1}{(\sqrt{\pi})^{k-a}}$. $e_2(k) := {}_a^{\mathrm{G}}\nabla_k^{\alpha, w(k)} |x(k)| - \mathrm{sgn}(x(k)) {}_a^{\mathrm{G}}\nabla_k^{\alpha, w(k)} x(k)$, 其中 $x(k) = \sin(10k)$. 类似地, 考虑

$\alpha = 0.5$, $a = 0$ 和如下四种情形

$$\begin{cases} \text{情形 1}: w(k) = (-1)^{k-a} + 2; \\ \text{情形 2}: w(k) = (-1)^{k-a} - 2; \\ \text{情形 3}: w(k) = \sin(k-a) + 2; \\ \text{情形 4}: w(k) = \sin(k-a) - 2, \end{cases}$$

仿真结果如图 3.15 所示, 不难看出, 各种情形下, $e(k) < 0$, 这正验证了定理 3.2.2 和定理 3.2.5 中的相关不等式.

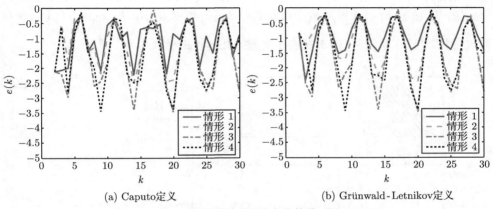

(a) Caputo定义　　　　　　　　　(b) Grünwald-Letnikov定义

图 3.14　误差变量随时间的变化趋势 (例 3.4.3)

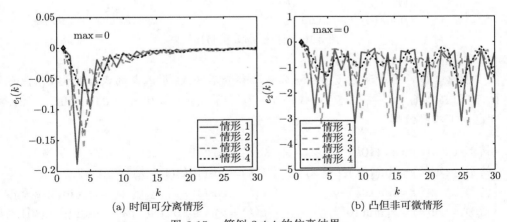

(a) 时间可分离情形　　　　　　　(b) 凸但非可微情形

图 3.15　算例 3.4.4 的仿真结果

例 3.4.5　为了验证 Chebyshev 分数阶和分不等式, 引入新的误差变量 $e(k) := {}_a^G\nabla_k^{-\alpha}[u^{\mathrm{T}}(k)v(k)] {}_a^G\nabla_k^{-\alpha}1 - {}_a^G\nabla_k^{-\alpha}u^{\mathrm{T}}(k) {}_a^G\nabla_k^{-\alpha}v(k)$. 令 $a = 0$, $\alpha = 0.01, 0.02, \cdots$,

4, 考虑如下四种情形

$$\begin{cases} \text{情形 1}: u(k) = \sin(k-a), & v(k) = \mathrm{sgn}(\sin(k-a)); \\ \text{情形 2}: u(k) = \sin(k-a), & v(k) = 2\sin(k-a)+1; \\ \text{情形 3}: u(k) = k-a, & v(k) = (k-a)^2; \\ \text{情形 4}: u(k) = \dfrac{1}{k-a}, & v(k) = \dfrac{1}{(k-a)^2}, \end{cases}$$

仿真结果如图 3.16 所示. 在情形 1 与情形 2 中, $u(k)$ 与 $v(k)$ 等幅振荡; 在情形 3 中, $u(k)$ 与 $v(k)$ 单调递增; 在情形 4 中, $u(k)$ 与 $v(k)$ 单调递减, 这与图 3.16(a) 中 $u(k)$ 与 $v(k)$ 的相位图所展示的特点相吻合. 图 3.16(b) 中 $\max\limits_{k \in \mathbb{N}_{a+2}} e(k)$ 在所研究四种情况下均为非负, 这正说明了定理 3.3.1 的正确性.

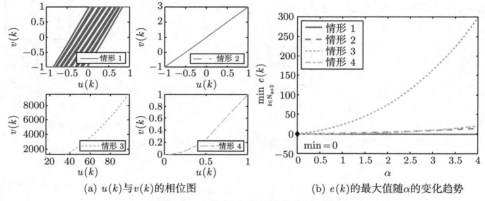

(a) $u(k)$ 与 $v(k)$ 的相位图   (b) $e(k)$ 的最大值随 α 的变化趋势

图 3.16   算例 3.4.5 的仿真结果

例 3.4.6   为了验证 Cauchy 分数阶和分不等式, 引入新的误差变量 $e(k) := \left\{ {}_{a}^{\mathrm{G}}\nabla_k^{-\alpha}[u(k)v(k)] \right\}^2 - {}_{a}^{\mathrm{G}}\nabla_k^{-\alpha}[u^2(k)] {}_{a}^{\mathrm{G}}\nabla_k^{-\alpha}[v^2(k)]$. 令 $a=0$, $\alpha = 0.01, 0.02, \cdots, 4$, 考虑如下四种情形

$$\begin{cases} \text{情形 1}: u(k) = \sin(10k) + 2, & v(k) = \cos(10k) - 2; \\ \text{情形 2}: u(k) = \sin(10k)(1-\lambda)^{a-k}, & v(k) = \cos(10k)(1-\lambda)^{k-a}, \lambda = 2; \\ \text{情形 3}: u(k) = \sin(10k) + \nu_1, & v(k) = \cos(10k) + \nu_2, \nu_1, \nu_2 = \mathrm{randn}(\mathrm{size}(k)); \\ \text{情形 4}: u(k) = \nu_1 \sin(10k), & v(k) = \nu_2 \cos(10k), \nu_1, \nu_2 = \mathrm{randn}(\mathrm{size}(k)), \end{cases}$$

在情形 1 中, $u(k)$ 与 $v(k)$ 等幅振荡; 在情形 2 中, $u(k)$ 与 $v(k)$ 同样是等幅振荡; 在情形 3 中, $u(k)$ 与 $v(k)$ 是等幅振荡叠加加性噪声; 在情形 4 中, $u(k)$ 与 $v(k)$ 是等幅振荡叠加乘性噪声, 仿真结果如图 3.17所示.

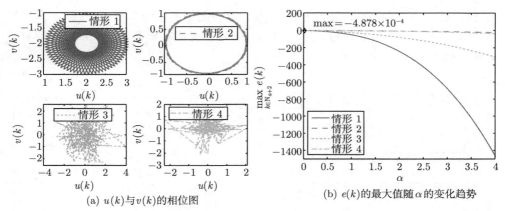

(a) $u(k)$ 与 $v(k)$ 的相位图   (b) $e(k)$ 的最大值随 α 的变化趋势

图 3.17   算例 3.4.6 的仿真结果

图 3.17(a) 中 $u(k)$ 与 $v(k)$ 的相位图展示的特点与理论条件相吻合, 图 3.17(b) 中 $\max\limits_{k\in\mathbb{N}_{a+2}} e(k)$ 在所研究四种情形下均为非负, 这正说明了定理 3.3.4 的正确性. 此外, 由于 $\lim\limits_{\alpha\to 0} {}^{\mathrm{G}}_a\nabla^\alpha_k x(k) = x(k)$, 可得 $\lim\limits_{\alpha\to 0} e(k) = 0$. 对于给定 $u(k), v(k), w(k)$, 随着 α 的增加, (3.171) 中函数 $f(x)$ 的值逐渐增大, 相应地, (3.180) 中判别式 Δ 逐渐增大. 这与图 3.17(b) 中, $\max\limits_{k\in\mathbb{N}_{a+2}} e(k)$ 随着 α 的增加逐渐减小相吻合.

例 3.4.7   为了验证 Jensen 分数阶和分不等式, 令 $e(k) := f([{}^{\mathrm{G}}_a\nabla^{-\alpha}_k 1]^{-1} \cdot {}^{\mathrm{G}}_a\nabla^{-\alpha}_k x(k)) - [{}^{\mathrm{G}}_a\nabla^{-\alpha}_k 1]^{-1}{}^{\mathrm{G}}_a\nabla^{-\alpha}_k f(x(k))$. 令 $x(k) = -1 : 0.01 : 1$, $a = 0$, $\alpha = 0.01, 0.02, \cdots, 4$, 考虑如下四种情形

$$\begin{cases} 情形\ 1: f(x(k)) = |x(k)|^{1.5}; \\ 情形\ 2: f(x(k)) = x^2(k); \\ 情形\ 3: f(x(k)) = \mathrm{e}^{0.5x(k)}; \\ 情形\ 4: f(x(k)) = \max\{|x(k)|^{1.5}, x^2(k), \mathrm{e}^{0.5x(k)}\}, \end{cases}$$

仿真结果如图 3.18 所示. 仿真结果表明, 所考虑的分数阶和分不等式成立, 即定理 3.3.5 正确.

例 3.4.8   为了验证 Hölder 分数阶和分不等式, 令 $e(k) := {}^{\mathrm{G}}_a\nabla^{-\alpha}_k [u(k)v(k)] - [{}^{\mathrm{G}}_a\nabla^{-\alpha}_k u^p(k)]^{\frac{1}{p}}[{}^{\mathrm{G}}_a\nabla^{-\alpha}_k v^q(k)]^{\frac{1}{q}}$. 令 $a = 0$, 考虑如下四种情形

$$\begin{cases} 情形\ 1: u(k) = 1 + 0.5\sin(10k), \qquad v(k) = 1 + 0.5\cos(10k); \\ 情形\ 2: u(k) = 2 + (-1)^{k-a}, \qquad v(k) = 2 - (-1)^{k-a}; \\ 情形\ 3: u(k) = |\sin(10k)| + 0.01, \qquad v(k) = |\cos(10k)| + 0.01; \\ 情形\ 4: u(k) = |\mathrm{randn}(\mathrm{size}(k))| + 0.01, \quad v(k) = |\mathrm{randn}(\mathrm{size}(k))| + 0.01, \end{cases}$$

则可得 $u(k)$ 与 $v(k)$ 的相位图如图 3.19 所示. 选择不同的参数 p, 可得仿真结果如图 3.20 所示. 不难发现当 $p > 1$ 时, $e(k)$ 的最大值不大于 0; 当 $p < 1$ 时, $e(k)$ 的最小值不小于 0, 即定理 3.3.6 正确.

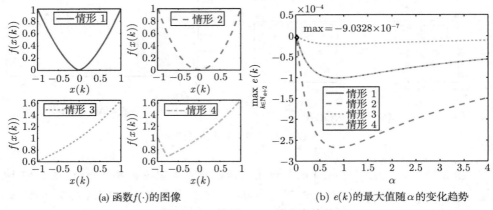

(a) 函数 $f(\cdot)$ 的图像   (b) $e(k)$ 的最大值随 α 的变化趋势

图 3.18   算例 3.4.7 的仿真结果

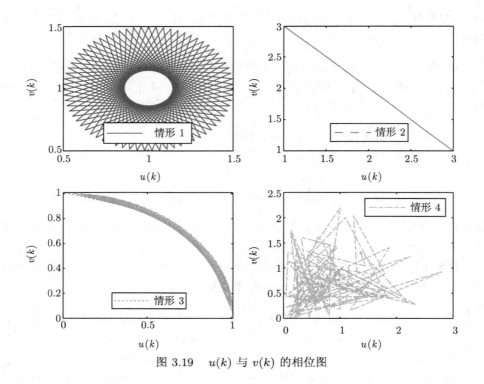

图 3.19 $u(k)$ 与 $v(k)$ 的相位图

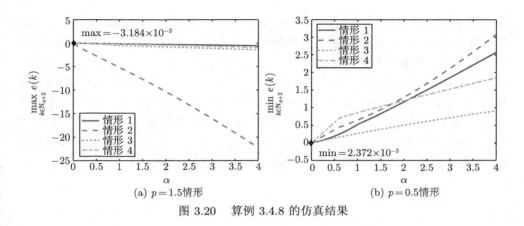

图 3.20   算例 3.4.8 的仿真结果

例3.4.9   为了验证 Minkowski 分数阶和分不等式, 令 $e(k) := \{^{\mathrm{G}}_a\nabla_k^{-\alpha}[u(k)+v(k)]^p\}^{\frac{1}{p}} - [^{\mathrm{G}}_a\nabla_k^{-\alpha}u^p(k)]^{\frac{1}{p}} - [^{\mathrm{G}}_a\nabla_k^{-\alpha}v^p(k)]^{\frac{1}{p}}$. 考虑到定理 3.3.7 要求 $u(k), v(k) > 0$, 所以直接考虑例 3.4.8 中的四组 $u(k)$ 与 $v(k)$, 选择 $a = 0$ 和不同的参数 p, 可得仿真结果如图 3.21 所示. 不难发现当 $p > 1$ 时, $e(k)$ 的最大值不大于 0; 当 $p < 1$ 时, $e(k)$ 的最小值不小于 0, 即定理 3.3.7 正确. 实际上, 额外仿真也充分验证了 Minkowski 分数阶和分不等式不仅对 $p = 1.5$ 与 $p = 0$ 成立, 而且对所选多组参数 $p > 1$ 与 $p < 1$, 所给不等式均成立.

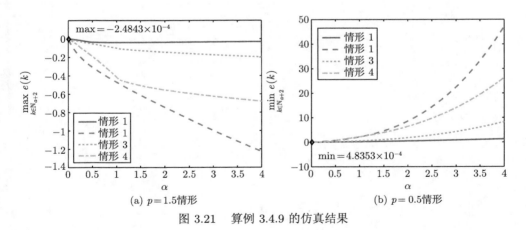

图 3.21   算例 3.4.9 的仿真结果

3.5   小   结

计算 Lyapunov 函数的分数阶差分并建立其与系统方程之间的联系是直接 Lyapunov 方法使用的关键, 然而复杂的离散分数阶 Leibniz 法则和链式求导法则使得精确建立二者的联系几乎不可能, 甚至判断符号或范围都困难重重. 本章致力于解决该问题, 主要给出两类分数阶差分不等式, 即全局可微凸形式和非全局可微凸形式, 涉及三种常用的定义——Caputo 定义、Riemann-Liouville 定义和 Grünwald-Letnikov 定义. 为了提高适用性, 拓展了固定记忆步数情形、时变阶次情形和 Tempered 情形. 除了分数阶差分不等式, 本章还推导了一系列分数阶和分不等式. 最后设计了几类典型的 Lyapunov 函数, 并推导了其相应的分数阶差分不等式, 有了本章的工作, 直接 Lyapunov 方法才真正成为一种有效且高效的方法, 并在稳定性分析与控制器设计中取得了举足轻重的地位.

第 4 章　直接 Lyapunov 方法

第 2 章曾讨论过 Nabla 线性系统的稳定性问题, 但是所研究的方法通常很难适用于非线性系统. Lyapunov 方法是无须计算精确系统响应, 即可判定非线性系统稳定性的有效方法, 本章将针对直接 Lyapunov 方法展开.

4.1　定　　义

考虑如下非线性 Nabla 离散分数阶系统

$$_a^C\nabla_k^\alpha x(k) = f(k, x(k)), \tag{4.1}$$

其中, $\alpha \in (0, 1)$, $x(k) \in \mathbb{D}$, $\mathbb{D} \subseteq \mathbb{R}^n$ 是包含平衡点 $x_e = 0$ 的状态空间, $k \in \mathbb{N}_{a+1}$, $a \in \mathbb{R}$, $f : \mathbb{N}_{a+1} \times \mathbb{D} \to \mathbb{R}^n$ 关于第二个参数满足 Lipschitz 连续条件, $x(a)$ 是系统初始条件.

为了更好地界定和分析系统 (4.1) 的稳定性, 这里给出了平衡点和稳定性等相关的概念.

定义 4.1.1　对于离散分数阶系统 (4.1), 常值 x_e 被称为一个平衡点的充分必要条件是 $f(k, x_e) = 0$, $\forall k \in \mathbb{N}_{a+1}$.

对于系统 (4.1), 如果 $x(a) = x_e$, 则 $x(k) = x_e$, $\forall k \in \mathbb{N}_{a+1}$, 因此本章仅讨论 $x(a) \neq x_e$ 的情形.

定义 4.1.2 [146,147]　系统 (4.1) 的平衡点 $x_e = 0$ 被称为

(1) 稳定的, 如果对于任意 $\epsilon > 0$, 都存在一个 $\sigma = \sigma(\epsilon, a)$, 使得 $\|x(a)\| < \sigma$ 时, 有 $\|x(k)\| < \epsilon$, $\forall k \geqslant a$.

(2) 不稳定的, 如果存在 $\epsilon > 0$, 不存在任何 $\sigma = \sigma(\epsilon, a)$, 使得 $\|x(a)\| < \sigma$ 时, 有 $\|x(k)\| < \epsilon$, $\forall k \geqslant a$.

(3) 吸引的, 如果对于所有 $x(a) \in \mathbb{U} \subseteq \mathbb{R}^n$ 和任意 $\epsilon > 0$, 都存在一个 $K = K(\epsilon, a, x(a))$, 使得当 $k \geqslant a + K$ 时, 有 $\|x(k)\| < \epsilon$, 同时 $\mathbb{U}$ 被称为该平衡点的一个吸引域.

(4) 渐近稳定的, 如果平衡点 $x_e = 0$ 是稳定的又是吸引的.

(5) 有界的, 如果对于所有 $m \in (0, M)$, M 为正常数, 都存在一个 $\sigma = \sigma(m, a)$, 使得当 $\|x(a)\| \leqslant m$ 时, 有 $\|x(k)\| \leqslant \sigma$, $\forall k \geqslant a$.

(6) 最终有界的, 如果对于所有 $m \in (0, M)$, M 为正常数, 都存在一个 $K = K(m, a, \sigma)$, $\sigma > 0$, 使得当 $\|x(a)\| \leqslant m$ 时, 有 $\|x(k)\| \leqslant \sigma$, $\forall k \geqslant a + K$.

定义中所提到的概念均是 Lyapunov 意义下的概念, 若定义 4.1.2 第 (1) 条, σ 与 a 无关, 则称系统 (4.1) 的平衡点 $x_e = 0$ 一致稳定; 若第 (3) 条, K 与 a 无关, 则称系统 (4.1) 的平衡点 $x_e = 0$ 一致吸引; 吸引性也可以等价地表示为 $\lim\limits_{k \to +\infty} x(k) = 0$; 若第 (4) 条, σ 与 a 无关, 则称系统 (4.1) 的平衡点 $x_e = 0$ 一致渐近稳定; 若第 (5) 条, ϵ 与 a 无关, 则称系统 (4.1) 的平衡点 $x_e = 0$ 一致有界; 若第 (6) 条, σ 与 a 无关, 则称系统 (4.1) 的平衡点 $x_e = 0$ 一致最终有界.

定义 4.1.3 系统 (4.1) 的平衡点 $x_e = 0$ 被称为 Mittag-Leffler 稳定, 如果存在权重函数 $w(x(k)) \geqslant 0$, $w(0) = 0$, 参数 $\lambda < 0$, $\sigma \in (0, 1)$, $\upsilon \in [\sigma, \sigma + 1)$, $b > 0$, 对于所有 $k \in \mathbb{N}_{a+1}$, $a \in \mathbb{R}$, $\mathbb{D} \subseteq \mathbb{R}^n$, 有

$$\|x(k)\| \leqslant [w(x(a)) \mathcal{F}_{\sigma, \upsilon}(\lambda, k, a)]^b. \tag{4.2}$$

如果 $\mathbb{D} = \mathbb{R}^n$, 则称系统的平衡点 $x_e = 0$ 是全局 Mittag-Leffler 稳定.

由离散 Mittag-Leffler 函数特性可以发现, 定义 4.1.3 所给的 $\mathcal{F}_{\sigma, \upsilon}(\lambda, k, a) := \mathcal{N}_a^{-1}\left\{\dfrac{s^{\sigma-\upsilon}}{s^\sigma - \lambda}\right\}$ 随着时间 k 的增大是收敛的, 且 $\lim\limits_{k \to +\infty} \mathcal{F}_{\sigma, \upsilon}(\lambda, k, a) = 0$. 当系统为 Mittag-Leffler 稳定时, 总有 $\lim\limits_{k \to +\infty} \|x(k)\| = 0$, 所以系统满足一致渐近稳定. 当 $\sigma = \upsilon = 1$ 时, 离散 Mittag-Leffler 函数 $\mathcal{F}_{1,1}(\lambda, k, a) = \mathrm{e}^{-(k-a)\ln(1-\lambda)}$, Mittag-Leffler 稳定就退化为了普通指数稳定.

注解 4.1.1 与 [148, 定义 3.3]、[149, 定义 8] 和 [120, 定义 7] 相比, 考虑的同为 Nabla 情形的 Mittag-Leffler 稳定性, 只是本书采用了频域定义的 Mittag-Leffler 函数, 而不再是级数定义的 Mittag-Leffler 函数, 因此不再要求 $\lambda < 1$; 并且引入了新的变量 υ, 适用于不同定义; 去除了 $w(\cdot)$ 满足 Lipschitz 连续条件这一苛刻要求, 方便了 Lyapunov 函数的选择. 与 Delta 情形的 Mittag-Leffler 稳定性定义 [150-152] 乃至连续情形的定义 [130,153-155] 相比, 定义 4.1.3 依然有优势.

4.2 基于范数的 Lyapunov 判据

4.2.1 Mittag-Leffler 稳定

为了判定 Nabla 离散分数阶系统是否满足 Mittag-Leffler 稳定的条件, 这里给出了如下定理. 因为是直接处理非线性系统, 所以被称为 **Lyapunov 直接方法**, 也常被称为 **Lyapunov 第二方法**. 由于构造 Lyapunov 函数直接使用给定的伪状态 $x(k)$, 所以该方法也被称为**直接 Lyapunov 方法**.

定理 4.2.1 对于系统 (4.1), 如果存在参数 $\beta \in (0,1)$, $b, c, \alpha_1, \alpha_2, \alpha_3 > 0$ 和一个 Lyapunov 函数 $V : \mathbb{N}_a \times \mathbb{D} \to \mathbb{R}$ 满足

$$\alpha_1 \|x(k)\|^b \leqslant V(k, x(k)) \leqslant \alpha_2 \|x(k)\|^{bc}, \tag{4.3}$$

$$_a^C \nabla_k^\beta V(k, x(k)) \leqslant -\alpha_3 \|x(k)\|^{bc}, \tag{4.4}$$

那么系统在平衡点 $x_e = 0$ 处是 Mittag-Leffler 稳定的, 其中 $x(k) \in \mathbb{D}$, $k \in \mathbb{N}_{a+1}$.

证明 联合式 (4.3) 和 (4.4) 可得

$$_a^C \nabla_k^\beta V(k, x(k)) \leqslant -\alpha_3 \alpha_2^{-1} V(k, x(k)). \tag{4.5}$$

从而存在一个非负补偿序列 $c(k)$ 满足

$$_a^C \nabla_k^\beta V(k, x(k)) + c(k) = -\alpha_3 \alpha_2^{-1} V(k, x(k)). \tag{4.6}$$

由于 Nabla 线性系统的输出不会快过指数函数, 所以 $V(k, x(k))$ 的 Nabla Laplace 变换存在. 对式 (4.6) 两边同时取 Nabla Laplace 变换可得

$$s^\beta V_f(s) - s^{\beta-1} V(a, x(a)) + C(s) = -\alpha_3 \alpha_2^{-1} V_f(s), \tag{4.7}$$

其中, $V_f(s) := \mathscr{N}_a \{V(k, x(k))\}$, $C(s) := \mathscr{N}_a \{c(k)\}$. 通过整理 (4.7), $V_f(s)$ 可以等价地表示为

$$V_f(s) = \frac{V(a, x(a)) s^{\beta-1} - C(s)}{s^\beta + \alpha_3 \alpha_2^{-1}}. \tag{4.8}$$

当 $x(a) = 0$ 时, $V(a, x(a)) = 0$, $x(k) = 0$ 即是系统 (4.1) 的解. 如果 $x(a) \neq 0$, $V(a, x(a)) \geqslant 0$. 令 $\lambda = -\alpha_3 \alpha_2^{-1}$, 根据 Nabla Laplace 变换的存在唯一性可知, 系统 (4.5) 的唯一解为

$$V(k, x(k)) = V(a, x(a)) \mathcal{F}_{\beta,1}(\lambda, k, a) - c(k) * \mathcal{F}_{\beta,\beta}(\lambda, k, a). \tag{4.9}$$

由 $c(k)$ 与 $\mathcal{F}_{\beta,\beta}(\lambda, k, a)$ 的非负性可知

$$V(k, x(k)) \leqslant V(a, x(a)) \mathcal{F}_{\beta,1}(\lambda, k, a). \tag{4.10}$$

将 (4.9) 代入 (4.3) 可得

$$\|x(k)\| \leqslant \left[\alpha_1^{-1} V(a, x(a)) \mathcal{F}_{\beta,1}(\lambda, k, a) \right]^{\frac{1}{b}}. \tag{4.11}$$

令 $w(x(k)) := \alpha_1^{-1} V(a, x(a)) \geqslant 0$, 由于 $V(k, x(k))$ 满足非负性且 $V(k, x(k)) = 0$ 的充要条件是 $x(a) = 0$, 结合定义 4.1.3 可知, 系统 (4.1) 在平衡点 $x_e = 0$ 处是 Mittag-Leffler 稳定的. 至此, 定理得证. $\qquad \square$

注解 4.2.1　定理 4.2.1 因文献 [153, 154] 的启发而建立, 与已有直接 Lya-
punov 方法相关结果相比, 文献 [150—152] 针对前向差分, [120, 148, 149] 与定理
4.2.1 针对后向差分. 此外, [148, 定理 3.2]、[149, 定理 2] 和 [120, 定理 2] 都要求
Lyapunov 函数对 $x(k)$ 满足 Lipschitz 连续条件.

定理 4.2.1 考虑了 Lyapunov 函数的 Caputo 分数阶差分, 类似 [154, 定理 6.3],
引入 Riemann-Liouville 分数阶差分可对定理 4.2.1 进行拓展, 后续相关 Lyapunov
判据也可以进行类似拓展.

定理 4.2.2　对于系统 (4.1), 如果存在参数 $\beta \in (0,1)$, $b, c, \alpha_1, \alpha_2, \alpha_3 > 0$ 和
一个 Lyapunov 函数 $V : \mathbb{N}_a \times \mathbb{D} \to \mathbb{R}$ 满足

$$\alpha_1 \|x(k)\|^b \leqslant V(k, x(k)) \leqslant \alpha_2 \|x(k)\|^{bc}, \tag{4.12}$$

$$_a^{\mathrm{R}} \nabla_k^\beta V(k, x(k)) \leqslant -\alpha_3 \|x(k)\|^{bc}, \tag{4.13}$$

那么系统在平衡点 $x_e = 0$ 处是 Mittag-Leffler 稳定的, 其中 $x(k) \in \mathbb{D}$, $k \in \mathbb{N}_{a+1}$.

证明　考虑到 $V(k, x(k)) \geqslant 0$, $\forall k \in \mathbb{N}_a$. 利用分数阶差和分基本特性知, 有
$_a^{\mathrm{C}} \nabla_k^\beta V(k, x(k)) = {}_a^{\mathrm{R}} \nabla_k^\beta V(k, x(k)) - \dfrac{(k-a)^{\overline{-\beta}}}{\Gamma(1-\beta)} V(a, x(a))$, 进而有

$$_a^{\mathrm{C}} \nabla_k^\beta V(k, x(k)) \leqslant {}_a^{\mathrm{R}} \nabla_k^\beta V(k, x(k)), \tag{4.14}$$

这蕴含着 $_a^{\mathrm{C}} \nabla_k^\beta V(k, x(k)) \leqslant -\alpha_3 \|x\|^{bc}$, 后续证明可参照定理 4.2.1 完成.　□

受到 [154, 定理 5.4] 的启发, 有了如下定理.

定理 4.2.3　对于系统 (4.1), 如果存在参数 $\beta \in (0,1)$, $\gamma \in (0, \beta)$, b, c, α_1, α_2,
$\alpha_3 > 0$ 和一个 Lyapunov 函数 $V : \mathbb{N}_a \times \mathbb{D} \to \mathbb{R}$ 满足

$$\alpha_1 \|x(k)\|^b \leqslant V(k, x(k)) \leqslant \alpha_2 {}_a^{\mathrm{G}} \nabla_k^{-\gamma} \|x(k)\|^{bc}, \tag{4.15}$$

$$_a^{\mathrm{C}} \nabla_k^\beta V(k, x(k)) \leqslant -\alpha_3 \|x(k)\|^{bc}, \tag{4.16}$$

那么系统在平衡点 $x_e = 0$ 处是 Mittag-Leffler 稳定的, 其中 $x(k) \in \mathbb{D}$, $k \in \mathbb{N}_{a+1}$.

证明　由式 (4.16) 可得

$$_a^{\mathrm{C}} \nabla_k^\beta V(k, x(k)) + c_1(k) = -\alpha_3 \|x(k)\|^{bc}, \tag{4.17}$$

其中, $c_1(k) \geqslant 0$, $k \in \mathbb{N}_{a+1}$.

对式 (4.17) 两边同时取 γ 阶 Nabla 分数阶和分, 可得

$$
{}_a^G\nabla_k^{-\gamma}{}_a^C\nabla_k^\beta V(k,x(k)) + {}_a^G\nabla_k^{-\gamma}c_1(k) = -\alpha_3 {}_a^G\nabla_k^{-\gamma}\|x(k)\|^{bc}. \tag{4.18}
$$

利用 (4.15), 可得

$$
{}_a^G\nabla_k^{-\gamma}{}_a^C\nabla_k^\beta V(k,x(k)) + {}_a^G\nabla_k^{-\gamma}c_1(k) \leqslant -\alpha_3\alpha_2^{-1}V(k,x(k)). \tag{4.19}
$$

所以必存在一个非负序列 $c_2(k)$ 满足

$$
{}_a^G\nabla_k^{-\gamma}{}_a^C\nabla_k^\beta V(k,x(k)) + {}_a^G\nabla_k^{-\gamma}c_1(k) + c_2(k) = -\alpha_3\alpha_2^{-1}V(k,x(k)). \tag{4.20}
$$

定义 $c(k) = {}_a^G\nabla_k^{-\gamma}c_1(k) + c_2(k)$, 则进一步有

$$
{}_a^G\nabla_k^{-\gamma}{}_a^C\nabla_k^\beta V(k,x(k)) + c(k) = -\alpha_3\alpha_2^{-1}V(k,x(k)). \tag{4.21}
$$

令 $V_f(s) := \mathscr{N}_a\{V(k,x(k))\}$, $C(s) := \mathscr{N}_a\{c(k)\}$, 并利用 Nabla Laplace 变换, 由 (4.21) 可得

$$
V_f(s) = \frac{V(a,x(a))s^{\beta-\gamma-1} - C(s)}{s^{\beta-\gamma} + \alpha_3\alpha_2^{-1}}. \tag{4.22}
$$

定义 $\lambda := -\alpha_3\alpha_2^{-1}$, 考虑 $\beta > \gamma > 0$, 则由 (4.22) 可得

$$
V(k,x(k)) = V(a,x(a))\mathcal{F}_{\beta-\gamma,1}(\lambda,k,a) - c(k) * \mathcal{F}_{\beta-\gamma,\beta-\gamma}(\lambda,k,a). \tag{4.23}
$$

由于 $c(k)$ 和 $\mathcal{F}_{\beta-\gamma,\beta-\gamma}(\lambda,k,a)$ 的非负性, 可得

$$
V(k,x(k)) \leqslant V(a,x(a))\mathcal{F}_{\beta-\gamma,1}(\lambda,k,a). \tag{4.24}
$$

进一步结合 (4.15), 可得

$$
\begin{aligned}
\|x(k)\| &\leqslant [\alpha_1^{-1}V(k,x(k))]^{\frac{1}{b}} \\
&\leqslant [\alpha_1^{-1}V(a,x(a))\mathcal{F}_{\beta-\gamma,1}(\lambda,k,a)]^{\frac{1}{b}},
\end{aligned} \tag{4.25}
$$

即系统 (4.1) 在 $x_e = 0$ 处 Mittag-Leffler 稳定. 至此, 定理得证. □

注解 4.2.2 当 $\gamma = 0$ 时, 定理 4.2.3 可退化为定理 4.2.1. 与 [154, 定理 5.4] 和 [156, 定理 12] 相比, 本定理将渐近稳定强化为了 Mittag-Leffler 稳定, 参数 γ 的正确范围是 $0 < \gamma < \beta$, 而不是 $0 < |\beta - \gamma| < 1$. 分数阶和分的使用 $\alpha_2 {}_a^G\nabla_k^{-\gamma}\|x(k)\|^{bc}$ 会引入时间变量 k, 能否直接将条件 (4.17) 改进为 $\alpha_1\|x(k)\|^b \leqslant V(k,x(k)) \leqslant \alpha_2(k)\|x(k)\|^{bc}$, $\alpha_2(k) \geqslant 1$, 值得后续研究.

　　注解 4.2.3　　尽管定义 4.1.3 对 Mittag-Leffler 稳定性的概念做了拓展, 但是仍有不足, 例如对于线性系统 ${}_a^C\nabla_k^\alpha x(k) = Ax(k)$, 其中 $\alpha \in (0,1)$, $A \in \mathbb{R}^{n \times n}$, $n \in \mathbb{Z}_+$, 如果 A 的所有特征值满足 $\lambda = s^\alpha$, $|s - 1| > 1$, 则系统渐近稳定, 且 $x(k) = x(a)\mathcal{F}_{\alpha,1}(A, k, a)$, 但是按定义 4.1.3, 并不能判定其属于 Mittag-Leffler 稳定. 当 $\mathrm{Re}(\lambda) < 0$, $\mathrm{Im}(\lambda) \neq 0$ 时, 甚至 $\mathrm{Re}(\lambda) > 0$ 时, 研究 Mittag-Leffler 函数的上界函数, 并给出相应的判据, 将是一个重要的研究方向.

4.2.2　有界性

　　当系统 (4.1) 中存在扰动或不确定的情形时, 式 (4.4) 通常难以满足, 为此在 [157, 定理 3.3.1] 的基础上, 发展了如下定理.

　　定理 4.2.4　　对于系统 (4.1), 如果存在参数 $\beta \in (0,1)$, $b, c, \alpha_1, \alpha_2, \alpha_3, \alpha_4 > 0$ 和一个 Lyapunov 函数 $V : \mathbb{N}_a \times \mathbb{D} \to \mathbb{R}$ 满足

$$\alpha_1\|x(k)\|^b \leqslant V(k, x(k)) \leqslant \alpha_2\|x(k)\|^{bc}, \tag{4.26}$$

$$_a^C\nabla_k^\beta V(k, x(k)) \leqslant -\alpha_3\|x(k)\|^{bc} + \alpha_4, \tag{4.27}$$

那么系统在区域 $\mathbb{D}$ 上一致最终有界, 且 $\|x(k)\|$ 的最终界为 $\left(\dfrac{\alpha_2\alpha_4}{\alpha_1\alpha_3}\right)^{\frac{1}{b}}$, 其中 $x(k) \in \mathbb{D}$, $k \in \mathbb{N}_{a+1}$.

　　证明　　由式 (4.26) 和 (4.27) 可得

$$_a^C\nabla_k^\beta V(k, x(k)) \leqslant -\alpha_3\alpha_2^{-1}V(k, x(k)) + \alpha_4. \tag{4.28}$$

令 $z(k) := V(k, x(k)) - \dfrac{\alpha_2\alpha_4}{\alpha_3}$, 由于 $V(k, x(k))$ 的非负性可知, $z(k) \geqslant -\dfrac{\alpha_2\alpha_4}{\alpha_3}$. 由式 (4.28), 可得

$$_a^C\nabla_k^\beta z(k) \leqslant -\alpha_3\alpha_2^{-1}z(k), \tag{4.29}$$

其中, $z(a) := V(a, x(a)) - \dfrac{\alpha_2\alpha_4}{\alpha_3}$.

　　从而存在一个非负补偿序列 $c(k)$ 满足

$$_a^C\nabla_k^\beta z(k) + c(k) = -\alpha_3\alpha_2^{-1}z(k). \tag{4.30}$$

对式 (4.30) 两边同时取 Nabla Laplace 变换可得

$$s^\beta Z(s) - s^{\beta-1}z(a) + C(s) = -\alpha_3\alpha_2^{-1}Z(s), \tag{4.31}$$

其中, $Z(s) := \mathcal{N}_a\{z(k)\}$, $C(s) := \mathcal{N}_a\{c(k)\}$. 从而, $Z(s)$ 可以表示为

$$Z(s) = \frac{z(a)s^{\beta-1} - C(s)}{s^\beta + \alpha_3\alpha_2^{-1}}. \tag{4.32}$$

引入参数 $\lambda := -\alpha_3\alpha_2^{-1}$, 根据 Nabla Laplace 变换的存在唯一性可知, 系统 (4.30) 的唯一解为

$$z(k) = z(a)\mathcal{F}_{\beta,1}(\lambda, k, a) - c(k) * \mathcal{F}_{\beta,\beta}(\lambda, k, a). \tag{4.33}$$

由 $c(k)$ 和 $\mathcal{F}_{\beta,\beta}(\lambda, k, a)$ 的非负性可知

$$z(k) \leqslant z(a)\mathcal{F}_{\beta,1}(\lambda, k, a). \tag{4.34}$$

由于 $\lim\limits_{k\to+\infty} \mathcal{F}_{\beta,1}(\lambda, k, a) = 0$, 则对于任意 $\epsilon > 0$, 存在 $K \in \mathbb{N}_{a+1}$, 当 $k \geqslant K$ 时, 总有 $z(k) \leqslant \epsilon$ 成立, 即 $V(k, x(k)) \leqslant \dfrac{\alpha_2\alpha_4}{\alpha_3} + \epsilon$.

由 (4.26) 可得, 对于所有 $k \geqslant K$, 下式成立

$$\|x(k)\| \leqslant \left[\frac{V(k, x(k))}{\alpha_1}\right]^{\frac{1}{b}} = \left(\frac{\alpha_2\alpha_4}{\alpha_1\alpha_3} + \frac{\epsilon}{\alpha_1}\right)^{\frac{1}{b}}, \tag{4.35}$$

这意味着 $\|x(k)\|$ 的最终界为 $\left(\dfrac{\alpha_2\alpha_4}{\alpha_1\alpha_3}\right)^{\frac{1}{b}}$. 至此, 定理得证. □

推论 4.2.1 对于系统 (4.1), 如果存在参数 $\beta \in (0, 1)$, $b, c, \alpha_1, \alpha_2, \alpha_3, \mu > 0$ 和一个 Lyapunov 函数 $V : \mathbb{N}_a \times \mathbb{D} \to \mathbb{R}$ 满足

$$\alpha_1\|x(k)\|^b \leqslant V(k, x(k)) \leqslant \alpha_2\|x(k)\|^{bc}, \tag{4.36}$$

$$_a^C\nabla_k^\beta V(k, x(k)) \leqslant -\alpha_3\|x(k)\|^{bc}, \quad \|x(k)\| \geqslant \mu, \tag{4.37}$$

那么系统在区域 $\mathbb{D}$ 上一致最终有界, 且 $\|x(k)\|$ 的最终界为 μ, 其中 $x(k) \in \mathbb{D}$, $k \in \mathbb{N}_{a+1}$.

4.2.3 吸引性

为了进一步提高所给直接 Lyapunov 方法的适用范围, 常数 α_4 被替换为了序列 $h(k)$, 有界性的结论增强为了吸引性. 由于渐近稳定性需要同时满足稳定性和吸引性, 所以吸引性弱于渐近稳定性.

定理 4.2.5 对于系统 (4.1), 如果存在参数 $\beta \in (0, 1)$, $b, c, \alpha_1, \alpha_2, \alpha_3, \sigma > 0$, 序列 $h(k)$ 和一个 Lyapunov 函数 $V : \mathbb{N}_a \times \mathbb{D} \to \mathbb{R}$ 满足

$$\alpha_1\|x(k)\|^b \leqslant V(k, x(k)) \leqslant \alpha_2\|x(k)\|^{bc}, \tag{4.38}$$

$$_a^C\nabla_k^\beta V(k, x(k)) \leqslant -\alpha_3\|x(k)\|^{bc} + h(k), \tag{4.39}$$

$$\sum_{k=a+1}^{+\infty} |h(k)| = \sigma < +\infty, \tag{4.40}$$

那么系统在区域 $\mathbb{D}$ 上是一致吸引的, 即对于任意初始状态 $x(a)\in\mathbb{D}$, 都有 $\lim\limits_{k\to+\infty} x(k)=0$, 其中 $x(k)\in\mathbb{D}$, $k\in\mathbb{N}_{a+1}$.

证明　由式 (4.38) 和式 (4.39) 可得

$$^{\mathrm{C}}_{a}\nabla^{\beta}_{k}V(k,x(k)) \leqslant -\alpha_3\alpha_2^{-1}V(k,x(k)) + h(k). \tag{4.41}$$

从而存在一个非负补偿序列 $c(k)$ 满足

$$^{\mathrm{C}}_{a}\nabla^{\beta}_{k}V(k,x(k)) + c(k) = -\alpha_3\alpha_2^{-1}V(k,x(k)) + h(k). \tag{4.42}$$

由式 (4.40) 可知, 序列 $h(k)$ 的 Nabla Laplace 变换存在. 对式 (4.42) 的两边同时取 Nabla Laplace 变换可得

$$s^{\beta}V_f(s) - s^{\beta-1}V(a,x(a)) + C(s) = -\alpha_3\alpha_2^{-1}V_f(s) + H(s), \tag{4.43}$$

其中, $V_f(s):=\mathscr{N}_a\{V(k,x(k))\}$, $C(s):=\mathscr{N}_a\{c(k)\}$, $H(s):=\mathscr{N}_a\{h(k)\}$. 从而, $V_f(s)$ 可以表示为

$$V_f(s) = \frac{V(a,x(a))\,s^{\beta-1} - C(s) + H(s)}{s^{\beta} + \alpha_3\alpha_2^{-1}}. \tag{4.44}$$

令 $\lambda := -\alpha_3\alpha_2^{-1}$, 根据 Nabla Laplace 变换的存在唯一性可知, 系统 (4.42) 的唯一解为

$$V(k,x(k)) = V(a,x(a))\mathcal{F}_{\beta,1}(\lambda,k,a) + [h(k)-c(k)]*\mathcal{F}_{\beta,\beta}(\lambda,k,a). \tag{4.45}$$

由 $c(k)$ 与 $\mathcal{F}_{\beta,\beta}(\lambda,k,a)$ 的非负性可知

$$V(k,x(k)) \leqslant V(a,x(a))\mathcal{F}_{\beta,1}(\lambda,k,a) + h(k)*\mathcal{F}_{\beta,\beta}(\lambda,k,a). \tag{4.46}$$

由于第一项满足

$$\lim_{k\to+\infty} V(a,x(a))\mathcal{F}_{\beta,1}(\lambda,k,a) = 0. \tag{4.47}$$

所以只需要证明

$$\lim_{k\to+\infty} h(k)*\mathcal{F}_{\beta,\beta}(\lambda,k,a) = 0. \tag{4.48}$$

令 $\varphi(k):=\mathcal{F}_{\beta,\beta}(\lambda,k,a)$, 不难得到 $\varphi(k)$ 对任意 $k\in\mathbb{N}_{a+1}$ 有界且 $\lim\limits_{k\to+\infty}\varphi(k)=0$, 所以对于任意 $\dfrac{\epsilon}{2\sigma}>0$, 存在 $K_1\in\mathbb{N}_{a+1}$, 当 $k\geqslant K_1$ 时, 下式成立

$$0\leqslant \varphi(k) < \frac{\epsilon}{2\sigma}. \tag{4.49}$$

结合式 (4.40), 可以得到 $\sum_{j=a+1}^{k-K_1+a+1} |h(j)| \leqslant \sigma$, 进一步有

$$|h(k) * \varphi(k)|$$

$$= \left| \sum_{j=a+1}^{k} h(k-j+a+1)\,\varphi(j) \right|$$

$$\leqslant \sum_{j=a+1}^{k} |h(k-j+a+1)|\,\varphi(j)$$

$$= \sum_{j=a+1}^{K_1-1} |h(k-j+a+1)|\,\varphi(j) + \sum_{j=K_1}^{k} |h(k-j+a+1)|\,\varphi(j)$$

$$< \sum_{j=a+1}^{K_1-1} |h(k-j+a+1)|\,\varphi(j) + \frac{\epsilon}{2\sigma} \sum_{j=K_1}^{k} |h(k-j+a+1)|$$

$$= \sum_{j=a+1}^{K_1-1} |h(k-j+a+1)|\,\varphi(j) + \frac{\epsilon}{2\sigma} \sum_{j=a+1}^{k-K_1+a+1} |h(j)|$$

$$\leqslant \sum_{j=a+1}^{K_1-1} |h(k-j+a+1)|\,\varphi(j) + \frac{\epsilon}{2}. \tag{4.50}$$

由 $\varphi(k)$, ϵ, K_1 和 a 的有界性可得, $\dfrac{\epsilon}{2\sum_{j=a+1}^{K_1-1}\varphi(j)}$ 有界. 由式 (4.40) 和级数收敛的 Cauchy 准则可知, $\lim\limits_{k\to+\infty} |h(k)| = 0$ 成立. 从而对于任意的 $\dfrac{\epsilon}{2\sum_{j=a+1}^{K_1-1}\varphi(j)} > 0$, 存在 $K_2 \in \mathbb{N}_{a+1}$ 使得对于所有的 $k \geqslant K_2$ 下式成立

$$|h(k)| < \frac{\epsilon}{2\displaystyle\sum_{j=a+1}^{K_1-1} \varphi(j)}. \tag{4.51}$$

令 $k-j+a+1 \geqslant K_2, j \in \mathbb{N}_{a+1}^{K_1-1}$, 则有 $k \geqslant K_1 + K_2 - a - 2$. 将式 (4.51) 代入式 (4.50) 可得, 对于任意 $k \geqslant \max\{K_1, K_1 + K_2 - a - 2\}$, 总有

$$|h(k) * \varphi(k)| < \frac{\epsilon}{2\displaystyle\sum_{j=a+1}^{K_1-1} \varphi(j)} \sum_{j=a+1}^{K_1-1} \varphi(j) + \frac{\epsilon}{2} = \epsilon. \tag{4.52}$$

从而式 (4.48) 成立.

联合式 (4.38) 和式 (4.46)~(4.48) 有

$$\lim_{k \to +\infty} \alpha_1 \|x(k)\|^b \leqslant \lim_{k \to +\infty} V(k, x(k)) = 0. \tag{4.53}$$

从而系统 (4.1) 在区域 $\mathbb{D}$ 上一致吸引. 至此, 定理得证.　　　□

当 $\gamma \in (0, 1)$ 时, 有

$$\frac{(k-a)^{\overline{-\gamma-1}}}{\Gamma(-\gamma)} * \frac{(k-a)^{\overline{\gamma-1}}}{\Gamma(\gamma)} = \delta_d(k-a-1), \tag{4.54}$$

其中, $\delta_d(\cdot)$ 为离散脉冲函数, $\delta(0) = 1$, $\delta(k) = 0$, $k \neq 0$.

利用卷积运算的定义, 可得

$$h(k) * \mathcal{F}_{\beta,\beta}(\lambda, k, a)$$

$$= h(k) * \delta_d(k-a-1) * \mathcal{F}_{\beta,\beta}(\lambda, k, a)$$

$$= h(k) * \frac{(k-a)^{\overline{-\gamma-1}}}{\Gamma(-\gamma)} * \frac{(k-a)^{\overline{\gamma-1}}}{\Gamma(\gamma)} * \mathcal{F}_{\beta,\beta}(\lambda, k, a)$$

$$= {}_a^{\mathrm{G}}\nabla_k^\gamma h(k) * {}_a^{\mathrm{G}}\nabla_k^{-\gamma} \mathcal{F}_{\beta,\beta}(\lambda, k, a)$$

$$= {}_a^{\mathrm{G}}\nabla_k^\gamma h(k) * \mathcal{F}_{\beta,\beta+\gamma}(\lambda, k, a). \tag{4.55}$$

考虑到 $\lim_{k \to +\infty} \mathcal{F}_{\beta,\beta+\gamma}(\lambda, k, a) = 0$, 进而可以得到如下定理.

定理 4.2.6　对于系统 (4.1), 如果存在参数 $\beta, \gamma \in (0, 1)$, $b, c, \alpha_1, \alpha_2, \alpha_3, \sigma > 0$, 序列 $h(k)$ 和一个 Lyapunov 函数 $V : \mathbb{N}_a \times \mathbb{D} \to \mathbb{R}$ 满足

$$\alpha_1 \|x(k)\|^b \leqslant V(k, x(k)) \leqslant \alpha_2 \|x(k)\|^{bc}, \tag{4.56}$$

$${}_a^{\mathrm{C}}\nabla_k^\beta V(k, x(k)) \leqslant -\alpha_3 \|x(k)\|^{bc} + h(k), \tag{4.57}$$

$$\sum_{j=a+1}^{+\infty} \left| {}_a^{\mathrm{G}}\nabla_j^\gamma h(j) \right| = \sigma < +\infty, \tag{4.58}$$

那么系统在区域 $\mathbb{D}$ 上是一致吸引的, 即对于任意初始状态 $x(a) \in \mathbb{D}$, 都有 $\lim_{k \to +\infty} x(k) = 0$, 其中 $x(k) \in \mathbb{D}$, $k \in \mathbb{N}_{a+1}$.

注解 4.2.4　定理 4.2.5 和定理 4.2.6 受 [158, 定理 1]、[159, 定理 1]、[157, 定理 3.3.1、定理 3.4.1] 的启发而建立. 与已有结果相比, 定理 4.2.6 引入了新的变量 γ.

当 $\gamma \to 1$ 时, 有 $\lim\limits_{\gamma \to 1} \mathcal{F}_{\beta,\beta+\gamma}(\lambda, k, a) = \mathcal{F}_{\beta,\beta+1}(\lambda, k, a)$. 但是在 $k \to +\infty$ 时, $\mathcal{F}_{\beta,\beta+1}(\lambda, k, a)$ 收敛到非零值 $-\dfrac{1}{\lambda}$. 因此, $\gamma = 1$ 不适合定理 4.2.6.

当 $\gamma = 1 - \beta$ 时, $\mathcal{F}_{\beta,\beta+\gamma}(\lambda, k, a) = \mathcal{F}_{\beta,1}(\lambda, k, a)$ 可以收敛到 0. 因此, γ 不依赖于 β, 但是可以被设计成 β 的函数.

当 $\gamma = 0$ 时, $\mathcal{F}_{\beta,\beta+\gamma}(\lambda, k, a) = \mathcal{F}_{\beta,\beta}(\lambda, k, a)$ 可以收敛到 0, 此时式 (4.58) 将退化为式 (4.40), 即定理 4.2.6 退化为定理 4.2.5.

令 $h(k) := \dfrac{(k-a)^{-\alpha}}{\Gamma(1-\alpha)}$, $\alpha > 1 - \gamma$, 可以计算得

$$\sum_{j=a+1}^{+\infty} |h(j)| = \left[\frac{(k-a)^{\overline{1-\alpha}}}{\Gamma(2-\alpha)} \right]_{k=+\infty} = +\infty, \tag{4.59}$$

$$\sum_{j=a+1}^{+\infty} |{}_a^{\mathrm{G}}\nabla_j^\gamma h(j)| = \left[\frac{(k-a)^{\overline{1-\alpha-\gamma}}}{\Gamma(2-\alpha-\gamma)} \right]_{k=+\infty} < +\infty. \tag{4.60}$$

这意味着式 (4.58) 虽然引入了 Grünwald-Letnikov 分数阶差分运算, 判定会更为复杂, 但比式 (4.40) 具有更小的保守性.

如果 $h(k)$ 不满足式 (4.58) 或式 (4.40), 但是对于任意 $k \in \mathbb{N}_{a+1}$ 有界, 则可通过定理 4.2.4 得到系统的最终一致有界.

4.2.4 数值算例

例 4.2.1 考虑如下 Nabla 离散分数阶系统

$$_a^{\mathrm{C}}\nabla_k^\alpha x(k) = -\frac{x(k)}{1+x^2(k)}, \tag{4.61}$$

其中, $0 < \alpha < 1$, $k \in \mathbb{N}_{a+1}$, $a \in \mathbb{R}$.

选择 Lyapnov 函数 $V(k, x(k)) := \|x(k)\|_2^2 = x^2(k)$, 可得

$$_a^{\mathrm{C}}\nabla_k^\alpha V(k, x(k)) \leqslant 2x(k)_a^{\mathrm{C}}\nabla_k^\alpha x(k) \leqslant 0. \tag{4.62}$$

对两边分别取 α 阶 Nabla 分数阶和分, 则有 $0 \leqslant V(k, x(k)) \leqslant V(a, x(a))$, 这意味着 $x^2(k) \leqslant x^2(a)$. 引入 $\lambda = -\dfrac{2}{1+x^2(a)}$, 则 (4.62) 可以进一步放缩为

$$_a^{\mathrm{C}}\nabla_k^\alpha V(k, x(k)) \leqslant -\frac{2\|x(k)\|_2^2}{1+x^2(a)} \leqslant \lambda V(k, x(k)). \tag{4.63}$$

利用定理 4.2.1 可得系统 (4.61) 在 $x_e = 0$ 处是 Mittag-Leffler 稳定的. 选择 $a = 5$, $\alpha = 0.6$ 和不同的初始值 $x(a)$, 所得结果如图 4.1(a) 所示; 选择 $x(a) = 2$ 和不同的阶次 α, 所得结果如图 4.1(b) 所示. 所得仿真结果与理论分析一致, 且在同一初始条件下, 阶次越大, 收敛速度越快.

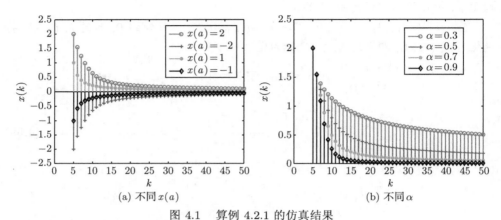

(a) 不同 $x(a)$　　　　　　　　(b) 不同 α

图 4.1　算例 4.2.1 的仿真结果

例 4.2.2　考虑如下 Nabla 离散分数阶系统

$$\begin{cases} {}_a^C\nabla_k^\alpha x_1(k) = -x_1(k) - x_1^3(k) + 2x_1(k)x_2(k), \\ {}_a^C\nabla_k^\alpha x_2(k) = -2x_2(k) - \tanh(2x_2(k)) + d(k), \end{cases} \tag{4.64}$$

其中, $0 < \alpha < 1$, $k \in \mathbb{N}_{a+1}$, $a \in \mathbb{R}$.

选择 Lyapunov 函数 $V(k, x(k)) := \|x(k)\|_2^2 = x_1^2(k) + x_2^2(k)$, 则有

$${}_a^C\nabla_k^\alpha V(k, x(k))$$
$$\leqslant 2x_1(k){}_a^C\nabla_k^\alpha x_1(k) + 2x_2(k){}_a^C\nabla_k^\alpha x_2(k)$$
$$= -2x_1^2(k) - 2x_1^4(k) + 4x_1^2(k)x_2(k) - 4x_2^2(k)$$
$$\quad - 2x_2(k)\tanh(2x_2(k)) + 2x_2(k)d(k)$$
$$\leqslant -2\left[x_1^2(k) - x_2(k)\right]^2 - 2x_1^2(k) - x_2^2(k) + d^2(k)$$
$$\leqslant -\|x(k)\|_2^2 + h(k), \tag{4.65}$$

其中, $h(k) := d^2(k)$, $x(k) := [x_1(k)\ x_2(k)]^{\mathrm{T}}$.

当 $d(k) = M\sin(\omega k)$ 时, 有 $h(k) \leqslant M^2$, 且 $h(k)$ 不满足 (4.40), 利用定理 4.2.4 可得, 系统 (4.64) 在 $x_e = 0$ 处一致最终有界且有 $\lim\limits_{k\to+\infty}\|x(k)\|_2 < M$. 选

择 $\alpha = 0.8$, $x_1(a) = 2$, $x_2(a) = -0.8$, $a = 5$, $M = 1$, $\omega = 10$, 可得 $x(k)$ 的曲线如图 4.2(a) 所示, 从初始阶段和稳态阶段的结果可以发现 $x_1(k)$ 与 $x_2(k)$ 均一致最终有界. 为了进一步验证参数 M 对结果的影响, 考虑不同的 $M = 1, 0.5, 0.1$, 可得 $\|x(k)\|_2$ 的曲线如图 4.2(b) 所示. 可以发现, M 越大, 最终界越大. 结果显示 $\lim\limits_{k \to +\infty} \|x(k)\|_2 < 0.2M$, 不可否认, 最终界 M 是有保守性的.

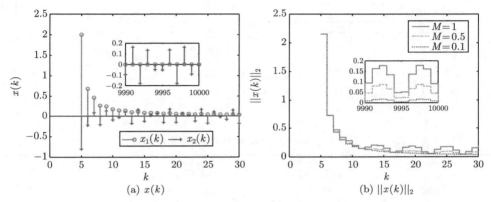

图 4.2 算例 4.2.2 的仿真结果 $(d(k) = M \sin(\omega k))$

当 $d(k) = \sqrt{1 - \cos\dfrac{1}{k-a}}$ 时, 不难验证 $\lim\limits_{k \to +\infty} h(k) = 0$ 且总有

$$
\begin{aligned}
\sum_{k=a+1}^{+\infty} \left[1 - \cos\frac{1}{k-a} \right] &= \sum_{k=a+1}^{+\infty} 2\sin^2\frac{1}{2(k-a)} \\
&\leqslant \sum_{k=a+1}^{+\infty} \frac{1}{2(k-a)^2} \\
&= \frac{1}{2} + \frac{1}{2}\sum_{k=2}^{+\infty} \frac{1}{k(k-1)} \\
&= 1,
\end{aligned}
\tag{4.66}
$$

这意味着条件 (4.40) 成立, 利用定理 4.2.5, 从而有系统 (4.64) 在 $x_e = 0$ 处一致吸引. 设置 $\alpha = 0.8$, $x_1(a) = 2$, $x_2(a) = -0.8$, $a = 5$, $x(k)$ 的曲线如图 4.3(a) 所示, 为了检验不同 α 的适用性, 图 4.3(b) 和表 4.1 给出相应仿真结果. 在 $k = 10000$ 附近, $\|x(k)\|_2$ 虽不为零, 但仍在单调递减, 这些与理论结果一致, 并且阶次越大, 收敛速度越快.

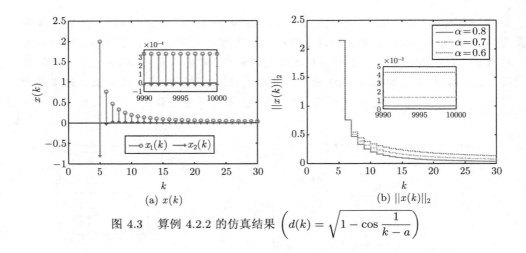

(a) $x(k)$　　　　　　　　　　　　　　　　(b) $\|x(k)\|_2$

图 4.3　算例 4.2.2 的仿真结果 $\left(d(k) = \sqrt{1 - \cos\dfrac{1}{k-a}}\right)$

表 4.1　$\|x(k)\|_2$ 在 $k = 10000$ 附近的值

k	$\alpha = 0.8$	$\alpha = 0.7$	$\alpha = 0.6$
9991	0.353007×10^{-3}	1.35055×10^{-3}	4.32022×10^{-3}
9992	0.352998×10^{-3}	1.35053×10^{-3}	4.32013×10^{-3}
9993	0.352989×10^{-3}	1.35050×10^{-3}	4.32004×10^{-3}
9994	0.352980×10^{-3}	1.35047×10^{-3}	4.31995×10^{-3}
9995	0.352971×10^{-3}	1.35044×10^{-3}	4.31986×10^{-3}
9996	0.352962×10^{-3}	1.35042×10^{-3}	4.31977×10^{-3}
9997	0.352953×10^{-3}	1.35039×10^{-3}	4.31968×10^{-3}
9998	0.352944×10^{-3}	1.35036×10^{-3}	4.31959×10^{-3}
9999	0.352935×10^{-3}	1.35033×10^{-3}	4.31950×10^{-3}
10000	0.352926×10^{-3}	1.35030×10^{-3}	4.31941×10^{-3}

例 4.2.3　考虑如下 Nabla 离散分数阶系统

$$\begin{cases} {}_{a}^{C}\nabla_k^{\alpha} x_1(k) = -0.75x_1(k) + 0.11\tanh(x_1(k)) + 0.13\tanh(x_2(k)), \\ {}_{a}^{C}\nabla_k^{\alpha} x_2(k) = -1.31x_2(k) + 0.15\tanh(x_1(k)) + 0.17\tanh(x_2(k)) + d(k), \end{cases}$$

$$(4.67)$$

其中, $0 < \alpha < 1$, $k \in \mathbb{N}_{a+1}$, $a \in \mathbb{R}$.

选择 Lyapunov 函数 $V(k, x(k)) := \|x(k)\|_2^2$, 利用 $\tanh(\cdot)$ 的有界性可得

$$\begin{aligned} {}_{a}^{C}\nabla_k^{\alpha} V(k, x(k)) &\leqslant 2x_1(k)\,{}_{a}^{C}\nabla_k^{\alpha} x_1(k) + 2x_2(k)\,{}_{a}^{C}\nabla_k^{\alpha} x_2(k) \\ &= -1.5x_1^2(k) + 0.22x_1(k)\tanh(x_1(k)) \\ &\quad + 0.26x_1(k)\tanh(x_2(k)) \\ &\quad - 2.62x_2^2(k) + 0.3x_2(k)\tanh(x_1(k)) \end{aligned}$$

$$+ 0.34x_2(k)\tanh(x_2(k)) + 2x_2(k)d(k)$$

$$\leqslant -1.5x_1^2(k) + 0.22x_1^2(k) + 0.26|x_1(k)x_2(k)|$$

$$- 2.62x_2^2(k) + 0.3|x_1(k)x_2(k)| + 0.34x_2^2(k)$$

$$+ x_2^2(k) + d^2(k)$$

$$\leqslant -\|x(k)\|_2^2 + h(k), \tag{4.68}$$

其中, $h(k) := d^2(k)$, $x(k) := [x_1(k)\ x_2(k)]^{\mathrm{T}}$.

当 $d(k) = M\mathrm{sgn}(\sin(\omega k))$ 时, $h(k) \leqslant M^2$. 利用定理 4.2.4, 可得系统 (4.67) 在 $x_e = 0$ 处一致最终有界且最终界为 M. 选择 16 个满足 $\|x(a)\|_2 = 2$ 的不同初始点 $(x_1(a), x_2(a))$, 令 $\alpha = 0.8$, $a = 5$, $M = 1$, $\omega = 10$, 则所得结果如图 4.4. 可以发现, 在所有情形下, $\|x(k)\|_2$ 最终有界且有 $\lim\limits_{k \to +\infty} \|x(k)\|_2 \leqslant 1$.

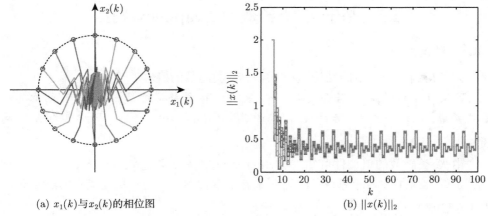

(a) $x_1(k)$ 与 $x_2(k)$ 的相位图   (b) $\|x(k)\|_2$

图 4.4 算例 4.2.3 的仿真结果 $(d(k) = M\mathrm{sgn}(\sin(\omega k)))$

当 $d(k) = \dfrac{1}{\sqrt{3^{\ln(k-a)}}}$ 时, 有 $\lim\limits_{k \to +\infty} h(k) = 0$. 因为 $\ln 3 > 1$, 不难计算

$$\sum_{k=a+1}^{+\infty} \frac{1}{3^{\ln(k-a)}} = \sum_{n=1}^{+\infty} \frac{1}{3^{\ln n}} = \sum_{n=1}^{+\infty} \frac{1}{\mathrm{e}^{\ln n \ln 3}}$$

$$= \sum_{n=1}^{+\infty} \frac{1}{n^{\ln 3}} < +\infty. \tag{4.69}$$

利用定理 4.2.5, 可得系统 (4.67) 在 $x_e = 0$ 处一致吸引, 图 4.5 中的仿真结果很好地吻合了这一点.

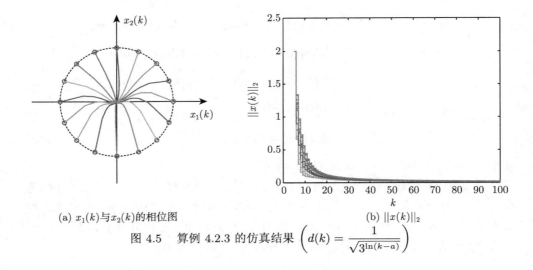

(a) $x_1(k)$ 与 $x_2(k)$ 的相位图   (b) $\|x(k)\|_2$

图 4.5   算例 4.2.3 的仿真结果 $\left(d(k) = \dfrac{1}{\sqrt{3^{\ln(k-a)}}} \right)$

4.3   基于 $\mathcal{K}$ 类函数的 Lyapunov 判据

4.3.1   稳定性

为了得到更为一般的结论, 这里引入 $\mathcal{K}$ 类函数的概念.

定义 4.3.1 [33,160]   若连续函数 $\gamma : \mathbb{R}_+ \cup \{0\}$ 严格递增且 $\gamma(0) = 0$, 则称其为 $\mathcal{K}$ 类函数, 记作 $\gamma \in \mathcal{K}$. 若函数 $\gamma(\cdot)$ 还满足 $\lim\limits_{c \to +\infty} \gamma(c) = +\infty$, 则称其为 $\mathcal{K}_\infty$ 类函数.

由 $\mathcal{K}$ 类函数的单调性可知, 当 $\gamma(c_1) < \gamma(c_2)$ 时, 必定有 $c_1 < c_2$.

定理 4.3.1   对于系统 (4.1), 如果存在参数 $\beta \in (0,1)$, $\mathcal{K}$ 类函数 γ_1, γ_2 和一个 Lyapunov 函数 $V : \mathbb{N}_a \times \mathbb{D} \to \mathbb{R}$ 满足

$$\gamma_1\left(\|x(k)\|\right) \leqslant V(k, x(k)) \leqslant \gamma_2\left(\|x(k)\|\right), \tag{4.70}$$

$$ {}_a^C\nabla_k^\beta V(k, x(k)) \leqslant 0, \tag{4.71}$$

那么系统在平衡点 $x_e = 0$ 处一致稳定, 其中 $x(k) \in \mathbb{D}$, $k \in \mathbb{N}_{a+1}$.

证明   对于任意的 $\epsilon > 0$, 令 $\sigma := \gamma_2^{-1}(\gamma_1(\epsilon))$, 则 $\sigma > 0$. 由 $\mathcal{K}$ 类函数的特性可知, $\gamma_2^{-1}(\gamma_1)$ 依然是 $\mathcal{K}$ 类函数, 且 $\gamma_2(\gamma_2^{-1}(\gamma_1(\epsilon))) = \gamma_1(\epsilon)$.

对于任意的 $\|x(a)\| < \sigma$, 根据式 (4.70) 可得

$$\gamma_1(\|x(k)\|) \leqslant V(k, x(k)) \leqslant V(a, x(a)) \leqslant \gamma_2(\|x(a)\|)$$
$$< \gamma_2(\sigma) = \gamma_2\left(\gamma_2^{-1}(\gamma_1(\varepsilon))\right) = \gamma_1(\varepsilon). \tag{4.72}$$

由 $\mathcal{K}$ 类函数的单调性可知, 对于任意 $k \in \mathbb{N}_{a+1}$ 有 $\|x(k)\| < \varepsilon$. 从而系统在平衡点处稳定. 至此, 定理得证. $\qquad\qquad\qquad\qquad\qquad\qquad\qquad\qquad\square$

定理 4.3.1 相当于对 [160, 定理 3.5]、[33, 定理 4.8]、[161, 定理 3.4]、[162, 定理 4.3.1]、[146, 定理 3.5]、[163, 定理 3.6] 和 [147, 定理 11] 的拓展, 给出了 Nabla 分数阶系统 Lyapunov 稳定的判据.

4.3.2 渐近稳定性

在介绍主要结论之前, 给出如下比较定理.

定理 4.3.2 如果 $u, v : \mathbb{N}_{a+1} \to \mathbb{R}$ 满足

$$_a^C\nabla_k^\beta u(k) \geqslant -\gamma(u(k)) + h(k), \tag{4.73}$$

$$_a^C\nabla_k^\beta v(k) \leqslant -\gamma(v(k)) + h(k), \tag{4.74}$$

则 $v(k) \leqslant u(k)$, $k \in \mathbb{N}_{a+1}$, 其中 $\beta \in (0,1)$, γ 是局部 Lipschitz 连续的 $\mathcal{K}$ 类函数, $h : \mathbb{N}_{a+1} \to \mathbb{R}$ 有界, $v(k), u(k) \geqslant 0$, $v(a) = u(a)$.

证明 联合式 (4.73) 与式 (4.74), 可得

$$_a^C\nabla_k^\beta v(k) - {}_a^C\nabla_k^\beta u(k) \leqslant -\left[\gamma(v(k)) - \gamma(u(k))\right]. \tag{4.75}$$

对式 (4.75) 两边同时取 β 阶和分, 可得

$$v(k) - u(k) \leqslant -{}_a^G\nabla_k^{-\beta}\left[\gamma(v(k)) - \gamma(u(k))\right]. \tag{4.76}$$

令 $k = a+1$ 时, 有 $v(a+1) + \gamma(v(a+1)) \leqslant u(a+1) + \gamma(u(a+1))$. 由于 γ 是单调递增的, 所以 $v(a+1) \leqslant u(a+1)$.

假设存在 $k_1 \in \mathbb{N}_{a+1}$, 满足

$$\begin{cases} v(k) \leqslant u(k), & \forall k \in \mathbb{N}_a^{k_1-1}, \\ v(k) > u(k), & k = k_1. \end{cases} \tag{4.77}$$

由 Caputo 分数阶差分的定义, 可得

$$\left[{}_a^C\nabla_k^\beta v(k)\right]_{k=k_1} - \left[{}_a^C\nabla_k^\beta u(k)\right]_{k=k_1}$$

$$= \sum_{i=a+1}^{k_1} \frac{(k_1-i+1)^{\overline{-\beta}}}{\Gamma(1-\beta)}\left[\nabla v(i) - \nabla u(i)\right]$$

$$= \frac{(k_1-i)^{\overline{-\beta}}}{\Gamma(1-\beta)}\left[v(i) - u(i)\right]_a^{k_1}$$

$$+ \sum_{i=a+1}^{k_1} \frac{(k_1 - i + 1)^{\overline{-\beta-1}}}{\Gamma(-\beta)} [v(i) - u(i)]$$

$$= -\frac{(k_1 - a)^{\overline{-\beta}}}{\Gamma(1-\beta)} [v(a) - u(a)]$$

$$+ \sum_{i=a+1}^{k_1-1} \frac{(k_1 - i + 1)^{\overline{-\beta-1}}}{\Gamma(-\beta)} [v(i) - u(i)]$$

$$+ v(k_1) - u(k_1)$$

$$> 0. \tag{4.78}$$

利用式 (4.75), 可得

$$[{}_a^{\mathrm{C}}\nabla_k^\beta v(k)]_{k=k_1} - [{}_a^{\mathrm{C}}\nabla_k^\beta u(k)]_{k=k_1}$$

$$\leqslant -\gamma(v(k_1)) + \gamma(u(k_1))$$

$$\leqslant 0, \tag{4.79}$$

这与式 (4.78) 相矛盾. 因此, 不存在这样的 k_1, 即对于所有的 $k \in \mathbb{N}_{a+1}$ 总有 $v(k) \leqslant u(k)$ 成立. 至此, 定理得证. $\qquad\square$

注解4.3.1 定理 4.3.2 是受到 [107, 引理 3.5] 的启发而建立的, 相当于 [164, 定理 3.2] 的离散化拓展, [165, 引理 3.4] 和 [166, 引理 2.10] 的非线性化拓展, [153, 引理 10]、[151, 引理 3.3]、[107, 引理 3.1] 和 [120, 引理 3] 的具体化拓展. 由于目标系统 (4.1) 是非线性的, 且难以直接判定 ${}_a^{\mathrm{C}}\nabla_k^\beta u(k)$ 与 ${}_a^{\mathrm{C}}\nabla_k^\beta v(k)$ 的大小关系, 所以定理 4.3.2 比已有比较定理更实用、有效.

在定理 4.3.1 和定理 4.3.2 的基础上, 可进一步建立 Nabla 分数阶系统渐近稳定性的 Lyapunov 判据.

定理 4.3.3 对于系统 (4.1), 如果存在参数 $\beta \in (0,1)$, $\mathcal{K}$ 类函数 $\gamma_1, \gamma_2, \gamma_3$ 和一个 Lyapunov 函数 $V : \mathbb{N}_a \times \mathbb{D} \to \mathbb{R}$ 满足

$$\gamma_1(\|x(k)\|) \leqslant V(k, x(k)) \leqslant \gamma_2(\|x(k)\|), \tag{4.80}$$

$${}_a^{\mathrm{C}}\nabla_k^\beta V(k, x(k)) \leqslant -\gamma_3(\|x(k)\|), \tag{4.81}$$

那么系统在平衡点 $x_e = 0$ 处一致渐近稳定, 其中 $x(k) \in \mathbb{D}$, $k \in \mathbb{N}_{a+1}$.

证明 由定理 4.3.1 可知, 系统在平衡点处稳定, 接下来只需证明吸引, 即可说明其渐近稳定性. 主要思想是通过证明单调递减且有下界来说明收敛, 然后再说明只能收敛到 0.

联合式 (4.80) 与式 (4.81) 可得

$$
{}_a^C\nabla_k^\beta V(k, x(k)) \leqslant -\gamma_3\left(\gamma_2^{-1}(V(k, x(k)))\right). \tag{4.82}
$$

因此必然存在一个 Lipschitz 连续的 $\mathcal{K}$ 类函数 γ 使得 ([33], 第 153 页)

$$
{}_a^C\nabla_k^\beta V(k, x(k)) \leqslant -\gamma\left(V(k, x(k))\right). \tag{4.83}
$$

给定标量方程

$$
{}_a^C\nabla_k^\beta u(k) = -\gamma\left(u(k)\right), \tag{4.84}
$$

其中, $u(k) \geqslant 0$, $k \in \mathbb{N}_{a+1}$, $u(a) = V(a, x(a))$.

根据 γ 函数的特性可知, 方程 (4.84) 的解存在且唯一. 由定理 4.3.2 可得 $V(k, x(k)) \leqslant u(k)$, 那么接下来只需要证明 $\lim\limits_{k \to +\infty} u(k) = 0$ 即可.

由方程 (4.84) 可得 ${}_a^C\nabla_k^\beta u(k) \leqslant 0$. 由于 ${}_a^C\nabla_k^\beta u(k) = \sum_{i=a+1}^{k} \dfrac{(k-i+1)^{\overline{-\beta}}}{\Gamma(1-\beta)}\nabla u(i)$, $k \in \mathbb{N}_{a+1}$ 且 $\dfrac{(k-i+1)^{\overline{-\beta}}}{\Gamma(1-\beta)} \geqslant 0$, $\forall i \in \mathbb{N}_{a+1}^k$, 必然存在一个时刻 $k_1 \in \mathbb{N}_{a+1}$ 使 $\nabla u(k) < 0$, $\forall k \in \mathbb{N}_{a+1}^{k_1}$. 假设存在一个时刻 $k_2 \in \mathbb{N}_{a+1}$, $k_2 > k_1$ 使 $\nabla u(k) \geqslant 0$, $\forall k \in \mathbb{N}_{k_1+1}^{k_2}$. 由 $u(k)$ 的单调性可知, $u(k_2) \geqslant u(k_1)$, 进而可得

$$
\begin{aligned}
&[{}_a^C\nabla_k^\beta u(k)]_{k=k_2} - [{}_a^C\nabla_k^\beta u(k)]_{k=k_1} \\
&= -\gamma(u(k_2)) + \gamma(u(k_1)) \\
&\leqslant 0.
\end{aligned} \tag{4.85}
$$

对于任意 $k \in \mathbb{N}_{a+1}^{k_1}$, 可得

$$
\begin{aligned}
&(k_2 - i + 1)^{\overline{-\beta}} - (k_1 - i + 1)^{\overline{-\beta}} \\
&= \frac{\Gamma(k_2 - i + 1 - \beta)}{\Gamma(k_2 - i + 1)} - \frac{\Gamma(k_1 - i + 1 - \beta)}{\Gamma(k_1 - i + 1)} \\
&= \frac{\Gamma(k_1 - i + 1 - \beta)}{\Gamma(k_1 - i + 1)}\left(\prod_{j=1}^{k_2-k_1} \frac{k_1 - i + j - \beta}{k_1 - i + j} - 1\right) \\
&< 0.
\end{aligned} \tag{4.86}
$$

在此基础上, 利用 Caputo 差分和 Grünwald-Letnikov 和分可得

$$
[{}_a^C\nabla_k^\beta u(k)]_{k=k_2} - [{}_a^C\nabla_k^\beta u(k)]_{k=k_1}
$$

$$= \sum_{i=a+1}^{k_2} \frac{(k_2 - i + 1)^{\overline{-\beta}}}{\Gamma(1-\beta)} \nabla u(i)$$

$$- \sum_{i=a+1}^{k_1} \frac{(k_1 - i + 1)^{\overline{-\beta}}}{\Gamma(1-\beta)} \nabla u(i)$$

$$= \sum_{i=a+1}^{k_1} \frac{(k_2 - i + 1)^{\overline{-\beta}} - (k_1 - i + 1)^{\overline{-\beta}}}{\Gamma(1-\beta)} \nabla u(i)$$

$$+ \sum_{i=k_1+1}^{k_2} \frac{(k_2 - i + 1)^{\overline{-\beta}}}{\Gamma(1-\beta)} \nabla u(i)$$

$$> 0, \tag{4.87}$$

这与式 (4.86) 相矛盾, 从而假设不成立, 即这样的 k_2 不存在. 因此, 对于所有 $k \in \mathbb{N}_{a+1}$, 总有 $\nabla u(k) < 0$ 成立, 即序列 $u(k)$ 单调递减.

考虑到 $u(k)$ 有下界 0, 利用单调有界定理可得 $\lim\limits_{k \to +\infty} u(k)$ 存在. 假设存在常数 $\sigma > 0$ 满足 $\lim\limits_{k \to +\infty} \gamma(u(k)) = \sigma$, 则对于任意小的常数 $\epsilon > 0$, 存在 $K \in \mathbb{N}_{a+1}$, 使得对于所有 $k \in \mathbb{N}_{K+1}$ 下式成立

$$\gamma(u(k)) \geqslant \sigma - \epsilon > 0. \tag{4.88}$$

结合分数阶和分的定义, 可得

$$\begin{aligned}
{}_a^{\mathrm{G}} \nabla_k^{-\beta} \gamma(u(k)) &\geqslant \sum_{j=K}^{k} \frac{(k-j+1)^{\overline{\beta-1}}}{\Gamma(\beta)} \gamma(u(j)) \\
&\geqslant (\sigma - \epsilon) \sum_{j=K}^{k} \frac{(k-j+1)^{\overline{\beta-1}}}{\Gamma(\beta)} \\
&= -(\sigma - \epsilon) \sum_{j=K}^{k} \nabla \frac{(k-j)^{\overline{\beta}}}{\Gamma(\beta+1)} \\
&= (\sigma - \epsilon) \left[\frac{(k-K)^{\overline{\alpha}}}{\Gamma(\beta+1)} - \frac{0^{\overline{\beta}}}{\Gamma(\beta+1)} \right] \\
&= (\sigma - \epsilon) \frac{(k-K)^{\overline{\beta}}}{\Gamma(\beta+1)}.
\end{aligned} \tag{4.89}$$

因为 $\lim\limits_{k \to +\infty} \dfrac{(k-K)^{\overline{\beta}}}{\Gamma(\beta+1)} = +\infty$, 所以 $\lim\limits_{k \to +\infty} {}_a^{\mathrm{G}} \nabla_k^{-\beta} \gamma(u(k)) = +\infty$.

对方程 (4.84) 两边同时取 β 阶和分可得

$$
{}_a^{\mathrm{G}}\nabla_k^{-\beta}\gamma(u(k)) = u(a) - u(k). \tag{4.90}
$$

由于 $u(k) \geqslant 0$, 因此 ${}_a^{\mathrm{G}}\nabla_k^{-\beta}\gamma(u(k))$ 有界, 这与 $\lim\limits_{k\to+\infty} {}_a^{\mathrm{G}}\nabla_k^{-\beta}\gamma(u(k)) = +\infty$ 相矛盾, 所以假设不成立, 即不存在这样的正常数 σ 满足 $\lim\limits_{k\to+\infty}\gamma(u(k)) = \sigma$, 从而可得 $\lim\limits_{k\to+\infty}\gamma(u(k)) = 0$. 由 $\mathcal{K}$ 类函数的特性, 可得 $\lim\limits_{k\to+\infty}u(k) = 0$.

由比较定理可得 $\lim\limits_{k\to+\infty}V(k,x(k)) = 0$. 结合式 (4.80) 可知 $\lim\limits_{k\to+\infty}\|x(k)\| \leqslant \lim\limits_{k\to+\infty}\gamma_1^{-1}(V(k,x(k))) = 0$, 即系统在平衡点处的吸引性得证, 因此系统在平衡点处一致渐近稳定. 至此, 定理得证. $\qquad\square$

注解4.3.2 定理 4.3.1 是在作者前期工作 [120, 定理 4] 的基础上不断完善建立起来的, 与已有直接 Lyapunov 方法相关结果相比, 有一定先进性和优势. [161, 定理 3.5] 和 [162, 定理 4.3.2] 针对连续情形, 其证明过程中假定 Lyapunov 函数是单调递减的, 且所求的 Lyapunov 函数的导数为局部分数阶导数; [153, 定理 11] 和 [154, 定理 6.2] 在前述研究的基础上, 系统地给出了非局部导数相关的 Lyapunov 判据, 对分数阶系统的稳定性分析和控制器设计产生了深远的影响, 至今这两篇论文在 Google Scholar 上的引用已超 2400 次, 然而前者曾被 [167, 168] 指出只证明了 $\lim\limits_{t\to+\infty}\inf x(t) = 0$ 而非 $\lim\limits_{t\to+\infty}x(t) = 0$, 证明不完整; [169] 将非时滞情形拓展到时滞情形, 但是在使用反证法时, 所给否定命题不严谨; [146, 定理 3.7] 针对前向差分, 但其在定理描述时称存在递减的 Lyapunov 函数, 条件难以判定, 并且其反证法的推导过程同样不严谨; [170, 定理 3.5] 考虑特殊的 $\mathcal{K}$ 类函数, 将非线性情形转化为线性情形; [147, 定理 12] 和 [165, 定理 3.6] 针对后向差分, 但是后者同样对非线性系统使用线性比较定理; [166, 定理 2.11] 和 [108, 引理 3.12] 针对 h 差分, 前者对非线性系统使用线性比较定理, 后者直接利用前者的结论; [163, 定理 3.7] 和 [107, 定理 3.1] 针对 q 差分, 前者所使用的分数阶差分与单调性的关系未得证实, 后者构造了一种严谨的证明方法, 定理 4.3.3 的证明正是受此启发而完成的.

实际上, 定理 4.3.3 证明过程中蕴含了如下结论.

推论 4.3.1 如果 γ 是满足局部 Lipschitz 连续条件的 $\mathcal{K}$ 类函数, 那么对于任意 $u(a) \geqslant 0$, $\alpha \in (0,1)$, 方程 ${}_a^{\mathrm{C}}\nabla_k^\alpha u(k) = -\gamma(u(k))$ 的解均满足 $\nabla u(k) < 0$, $k \in \mathbb{N}_{a+1}$, $\lim\limits_{k\to+\infty}u(k) = 0$.

推论 4.3.1 与 "分数阶差分小于 0, 单调递减" 并不矛盾, 因为有具体方程约束, 简化表示为 ${}_a^{\mathrm{C}}\nabla_k^\alpha u(k) = -\gamma(u(k)) \Rightarrow u(k)$ 单调递减; 类似可得连续情形的结

果 ${}_a^C\mathscr{D}_t^\alpha u(t) = -\gamma(u(t)) \Rightarrow u(t)$ 单调递减.

对于 $\beta \in (0,1)$, 有如下极限成立

$$\lim_{\beta \to 1} {}_a^C\nabla_k^\beta V(k,x(k)) = \nabla V(k,x(k)), \tag{4.91}$$

所以当 $\beta = 1$ 时, 不难得出定理 4.3.3 成立.

类似定理 4.2.2, 因为有结论 ${}_a^C\nabla_k^\beta V(k,x(k)) \leqslant {}_a^R\nabla_k^\beta V(k,x(k))$ 成立, 所以将式 (4.81) 替换为

$$ {}_a^R\nabla_k^\beta V(k,x(k)) \leqslant -\gamma_3\left(\|x(k)\|\right), \tag{4.92}$$

定理 4.3.3 依然成立.

除了范数和 $\mathcal{K}$ 类函数, 有时学者们也用正定函数来构造 Lyapunov 函数, 为此引入如下引理.

引理 4.3.1[160,引理 3.1] $W : \mathbb{R}^n \to \mathbb{R}$ 是一个正定函数的充要条件是存在两个 $\mathcal{K}$ 类函数 α_1, α_2 满足

$$\alpha_1(\|x(k)\|) \leqslant W(x(k)) \leqslant \alpha_2(\|x(k)\|), \tag{4.93}$$

其中, $n \in \mathbb{Z}_+$, $k \in \mathbb{N}_{a+1}$.

定理 4.3.4 对于系统 (4.1), 如果存在参数 $\beta \in (0,1)$, 正定函数 W_1, W_2, W_3 和一个 Lyapunov 函数 $V : \mathbb{N}_a \times \mathbb{D} \to \mathbb{R}$ 满足

$$W_1(x(k)) \leqslant V(k,x(k)) \leqslant W_2(x(k)), \tag{4.94}$$

$$ {}_a^C\nabla_k^\beta V(k,x(k)) \leqslant -W_3(x(k)), \tag{4.95}$$

那么系统在平衡点 $x_e = 0$ 处一致渐近稳定, 其中 $x(k) \in \mathbb{D}$, $k \in \mathbb{N}_{a+1}$.

证明 利用引理 4.3.1, 可以得到对于给定的正定函数 W_1, W_2, W_3, 必定存在 $\mathcal{K}$ 类函数 $\gamma_1, \gamma_2, \gamma_3$ 满足如下关系

$$\begin{cases} W_1(x(t)) \geqslant \gamma_1(\|x(t)\|), \\ W_2(x(t)) \leqslant \gamma_2(\|x(t)\|), \\ W_3(x(t)) \geqslant \gamma_3(\|x(t)\|). \end{cases} \tag{4.96}$$

将式 (4.96) 代入式 (4.94) 和 (4.95), 分别得式 (4.80) 和 (4.81). 利用定理 4.3.3, 可得系统 (4.1) 在平衡点 $x_e = 0$ 处一致渐近稳定. 至此, 定理得证. □

注解 4.3.3 定理 4.3.4 受 [160, 定理 3.5] 和 [171, 定理 3.1] 的启发而建立, 考虑到 [171, 定理 3.1] 的证明曾被 [168] 指出不严谨, 本定理第二部分不再使用 Bihari 不等式[172,173], 而是直接利用已证明的定理 4.3.3 来完成证明. 不仅如此, 还可尝试采用 [174] 中的方法完成证明.

随着对建立分数阶 Barbalat 引理[175-178] 的陆续探索, 判定渐近稳定性的 Lya-punov 判据可以被间接地证明[179-181]. 结合文献 [176, 引理 21] 与 [181, 定理 2.2], 可得如下结论.

定理 4.3.5 对于系统 (4.1), 如果存在参数 $\beta \in (0,1)$ 和一个 $\mathcal{K}$ 类函数 γ 满足:

(1) ${}^{\mathrm{G}}_a\nabla_k^{-\beta}\gamma\left(\|x(k)\|\right) \leqslant C < +\infty$ 对所有 $k \in \mathbb{N}_{a+1}$, $a \in \mathbb{R}$, $x(a) \in \mathbb{D}$ 成立, 其中 $C \in \mathbb{R}$ 与时间无关, 可能与 $x(a)$ 有关;

(2) 系统在平衡点 $x_e = 0$ 处一致稳定,

那么系统在平衡点 $x_e = 0$ 处一致渐近稳定.

证明 参考定理 4.3.3 的证明, 本定理的证明将分为两部分展开.

第 1 部分 ▶ 求证 $\lim\limits_{k \to +\infty} \inf \|x(k)\| = 0$.

假设存在常数 $\sigma > 0$ 满足 $\lim\limits_{k \to +\infty} \inf \gamma\left(\|x(k)\|\right) = \sigma$, 则对于任意小的常数 $\epsilon > 0$, 存在 $K \in \mathbb{N}_{a+1}$, 使得对于所有 $k \in \mathbb{N}_{K+1}$ 下式成立

$$\gamma\left(\|x(k)\|\right) \geqslant \sigma - \epsilon > 0. \tag{4.97}$$

结合分数阶和分的定义, 可得

$$\begin{aligned}
{}^{\mathrm{G}}_a\nabla_k^{-\beta}\gamma\left(\|x(k)\|\right) &\geqslant \sum_{j=K}^{k} \frac{(k-j+1)^{\overline{\beta-1}}}{\Gamma(\beta)} \gamma\left(\|x(j)\|\right) \\
&\geqslant (\sigma - \epsilon) \sum_{j=K}^{k} \frac{(k-j+1)^{\overline{\beta-1}}}{\Gamma(\beta)} \\
&= -(\sigma - \epsilon) \sum_{j=K}^{k} \nabla \frac{(k-j)^{\overline{\beta}}}{\Gamma(\beta+1)} \\
&= (\sigma - \epsilon) \left[\frac{(k-K)^{\overline{\alpha}}}{\Gamma(\beta+1)} - \frac{0^{\overline{\beta}}}{\Gamma(\beta+1)} \right] \\
&= (\sigma - \epsilon) \frac{(k-K)^{\overline{\beta}}}{\Gamma(\beta+1)}. \tag{4.98}
\end{aligned}$$

因为 $\lim\limits_{k \to +\infty} \dfrac{(k-K)^{\overline{\beta}}}{\Gamma(\beta+1)} = +\infty$, 所以 $\lim\limits_{k \to +\infty} {}^{\mathrm{G}}_a\nabla_k^{-\beta}\gamma\left(\|x(k)\|\right) = +\infty$. 这与条件 (1) 中的 ${}^{\mathrm{G}}_a\nabla_k^{-\beta}\gamma\left(\|x(k)\|\right) \leqslant C < +\infty$ 相矛盾, 从而假设不成立, 即 $\lim\limits_{k \to +\infty} \inf \gamma\left(\|x(k)\|\right) = 0$. 由 $\mathcal{K}$ 类函数的特性可知, $\lim\limits_{k \to +\infty} \inf \|x(k)\| = 0$.

第 2 部分 ▶ 求证 $\lim\limits_{k\to+\infty}\|x(k)\|=0$.

如果 $x(k)$ 不能收敛到 0, 则存在一个正常数 $\varepsilon>0$ 和时间序列 $k_i\in\mathbb{N}_{a+1}$, $i\in\mathbb{Z}_+$, 满足 $\|x(k_i)\|>\varepsilon$, $\forall i\in\mathbb{Z}_+$, 其中 $\lim\limits_{i\to+\infty}k_i=+\infty$. 由系统 (4.1) 的一致稳定性可知, $\forall\varepsilon>0$, $\exists\delta>0$, 当 $\|x(a)\|<\delta$ 时, 总有 $\|x(k)\|<\varepsilon$, $k\in\mathbb{N}_{a+1}$. 反之, 当 $\|x(k_i)\|>\varepsilon$ 时, 则有 $\|x(k)\|>\delta$, $\forall k<k_i$, $\forall i\in\mathbb{Z}_+$. 由于 $\lim\limits_{i\to+\infty}k_i=+\infty$, 因此 $\|x(k)\|>\delta$, $\forall k\in\mathbb{N}_{a+1}$. 然而这与 $\lim\limits_{k\to+\infty}\inf\|x(k)\|=0$ 相矛盾, 所以假设不成立, 即 $\lim\limits_{k\to+\infty}\|x(k)\|=0$.

综上所述, 定理得证. □

4.3.3　有界性

类比定理 4.2.4, 在定理 4.3.3 的基础上可得如下定理.

定理 4.3.6　对于系统 (4.1), 如果存在参数 $\beta\in(0,1)$, $\gamma_4>0$, $\mathcal{K}$ 类函数 γ_1, γ_2,γ_3 和一个 Lyapunov 函数 $V:\mathbb{N}_a\times\mathbb{D}\to\mathbb{R}$ 满足

$$\gamma_1(\|x(k)\|)\leqslant V(k,x(k))\leqslant\gamma_2(\|x(k)\|),\tag{4.99}$$

$$^C_a\nabla^\beta_k V(k,x(k))\leqslant-\gamma_3(\|x(k)\|)+\gamma_4,\tag{4.100}$$

那么系统在区域 $\mathbb{D}$ 上一致最终有界, 且 $\|x(k)\|$ 的最终界为 $\gamma_1^{-1}(\gamma_2(\gamma_3^{-1}(\gamma_4)))$, 其中 $x(k)\in\mathbb{D}$, $k\in\mathbb{N}_{a+1}$.

证明　由式 (4.99) 和式 (4.100) 可得

$$^C_a\nabla^\beta_k V(k,x(k))\leqslant-\gamma_3\left(\gamma_2^{-1}(V(k,x(k)))\right)+\gamma_4.\tag{4.101}$$

当 $V(k,x(k))\geqslant\gamma_2(\gamma_3^{-1}(\gamma_4))$ 时, 令 $z(k):=V(k,x(k))-\gamma_2\left(\gamma_3^{-1}(\gamma_4)\right)$, 则有 $z(k)\in[0,V(k,x(k))]$ 且

$$^C_a\nabla^\beta_k z(k)\leqslant-\gamma_3(\gamma_2^{-1}(z(k)+\gamma_2(\gamma_3^{-1}(\gamma_4))))+\gamma_4,\tag{4.102}$$

其中, $k\in\mathbb{N}_{a+1}$, $z(a)=V(a,x(a))-\gamma_2(\gamma_3^{-1}(\gamma_4))$. 从而存在一个 Lipschitz 连续的 $\mathcal{K}$ 类函数 γ 满足

$$^C_a\nabla^\beta_k z(k)\leqslant-\gamma(z(k)).\tag{4.103}$$

由定理 4.3.3 可得 $\lim\limits_{k\to+\infty}z(k)=0$, 即

$$\lim\limits_{k\to+\infty}V(k,x(k))=\gamma_2(\gamma_3^{-1}(\gamma_4)).\tag{4.104}$$

当 $V(k, x(k)) \leqslant \gamma_2(\gamma_3^{-1}(\gamma_4))$ 时, 必然有如下结果

$$\lim_{k \to +\infty} \sup V(k, x(k)) \leqslant \gamma_2(\gamma_3^{-1}(\gamma_4)). \tag{4.105}$$

由极限的定义可得, 对于任意 $\epsilon > 0$, 存在一个 $K \in \mathbb{N}_{a+1}$ 使得对于所有的 $k \geqslant K$ 下式成立

$$V(k, x(k)) \leqslant \gamma_2(\gamma_3^{-1}(\gamma_4)) + \epsilon. \tag{4.106}$$

由式 (4.99) 可得

$$\|x(k)\| \leqslant \gamma_1^{-1}(\gamma_2(\gamma_3^{-1}(\gamma_4)) + \epsilon), \tag{4.107}$$

即系统 (4.1) 在区域 $\mathbb{D}$ 上一致最终有界且最终界为 $\gamma_1^{-1}(\gamma_2(\gamma_3^{-1}(\gamma_4)))$.

至此, 定理得证.   □

4.3.4 吸引性

类比定理 4.2.5, 在定理 4.3.3 的基础上可得如下定理.

定理 4.3.7 对于系统 (4.1), 如果存在参数 $\beta \in (0, 1)$, $\sigma > 0$, $\mathcal{K}$ 类函数 $\gamma_1, \gamma_2, \gamma_3$, 序列 $h(k)$ 和一个 Lyapunov 函数 $V : \mathbb{N}_a \times \mathbb{D} \to \mathbb{R}$ 满足

$$\gamma_1(\|x(k)\|) \leqslant V(k, x(k)) \leqslant \gamma_2(\|x(k)\|), \tag{4.108}$$

$$_a^C \nabla_k^\beta V(k, x(k)) \leqslant -\gamma_3(\|x(k)\|) + h(k), \tag{4.109}$$

$$\sum_{k=a+1}^{+\infty} |h(k)| = \sigma < +\infty, \tag{4.110}$$

那么系统在区域 $\mathbb{D}$ 上是一致吸引的, 即对于任意初始状态 $x(a) \in \mathbb{D}$, 都有 $\lim\limits_{k \to +\infty} x(k) = 0$, 其中 $x(k) \in \mathbb{D}$, $k \in \mathbb{N}_{a+1}$.

证明 由式 (4.110) 可知序列 $h(k)$ 有界. 令 $w_j := |h(j)|$, 则有

$$w_k = |h(k)|. \tag{4.111}$$

定义部分和 $S_k := \sum_{j=a+1}^k w_j$, 利用式 (4.110), 可得

$$\lim_{k \to +\infty} w_k = \lim_{k \to +\infty} S_k - \lim_{k \to +\infty} S_{k-1} = 0, \tag{4.112}$$

从而有 $\lim\limits_{k \to +\infty} h(k) = 0$.

联合式 (4.109) 与式 (4.110) 可得

$$
{}_a^C\nabla_k^\beta V(k,x(k)) \leqslant -\gamma_3\big(\gamma_2^{-1}(V(k,x(k)))\big) + h(k). \tag{4.113}
$$

因此必然存在一个 Lipschitz 连续的 $\mathcal{K}$ 类函数 γ 使得

$$
{}_a^C\nabla_k^\beta V(k,x(k)) \leqslant -\gamma\left(V(k,x(k))\right) + h(k). \tag{4.114}
$$

给定标量方程

$$
{}_a^C\nabla_k^\beta u(k) = -\gamma\left(u(k)\right) + h(k), \tag{4.115}
$$

其中, $u(k) \geqslant 0$, $k \in \mathbb{N}_{a+1}$, $u(a) = V(a,x(a))$. 根据 γ 函数的特性可知, 上述方程的解存在且唯一. 由定理 4.3.2 可得 $V(k,x(k)) \leqslant u(k)$, $k \in \mathbb{N}_{a+1}$, 那么接下来证明 $\lim\limits_{k\to+\infty} u(k) = 0$ 即可.

假设 $u(k)$ 不收敛到 0, 则存在一个正常数 $\varepsilon > 0$ 和时间序列 $k_i \in \mathbb{N}_{a+1}$, $i \in \mathbb{Z}_+$, 满足 $u(k_i) > \varepsilon$, $\forall i \in \mathbb{Z}_+$, 其中 $\lim\limits_{i\to+\infty} k_i = +\infty$. 因为 $\lim\limits_{k\to+\infty} h(k) = 0$, 所以对于 $\gamma_4(\varepsilon) > 0$, 存在一个常数 $K_1 \in \mathbb{N}_{a+1}$, 满足 $h(k) \leqslant \gamma_4(\varepsilon)$, $\forall k \in \mathbb{N}_{K_1+1}$. 因为 ${}_a^C\nabla_k^\beta u(k) = \sum_{i=a+1}^{k} \dfrac{(k-i+1)^{\overline{-\beta}}}{\Gamma(1-\beta)}\nabla u(i) \leqslant 0$, $\forall k \in \mathbb{N}_{K_1+1}$, 利用反证法不难得出存在一个常数 $K_2 \in \mathbb{N}_{K_1+1}$, 使得 $\nabla u(k) < 0$, $\forall k \in \mathbb{N}_{K_2+1}$, 即序列 $u(k)$ 是单调递减且有下界的, 从而 $\lim\limits_{k\to+\infty} u(k)$ 存在. 采用前述类似的方法, 不难证明 $\lim\limits_{k\to+\infty} u(k) = 0$. 这蕴含了 $\lim\limits_{k\to+\infty} V(k,x(k)) = 0$, 从式 (4.108) 可得 $\lim\limits_{k\to+\infty} \|x(k)\| \leqslant \lim\limits_{k\to+\infty} \gamma_1^{-1}\left(V(k,x(k))\right) = 0$. 至此, 定理得证. □

与前述方法类似, 令 $w_j := \dfrac{(k+1-j)^{\overline{-\gamma}}}{\Gamma(1-\gamma)} h(k)$, 则有 $w_k = h(k)$. 定义部分和 $S_k := \sum_{j=a+1}^{k} w_j$, 可得

$$
\begin{aligned}
{}_a^G\nabla_k^{\gamma-1} h(k) &= \sum_{j=a+1}^{k} \frac{(k+1-j)^{\overline{-\gamma}}}{\Gamma(1-\gamma)} h(k) \\
&= \sum_{j=a+1}^{k} w_j \\
&= S_k.
\end{aligned} \tag{4.116}
$$

如果 $\lim\limits_{k\to+\infty} |{}_a^G\nabla_k^{\gamma-1} h(k)| = \sigma < +\infty$ 成立, 则有

$$
\lim_{k\to+\infty} w_k = \lim_{k\to+\infty} S_k - \lim_{k\to+\infty} S_{k-1} = 0, \tag{4.117}
$$

从而有 $\lim\limits_{k\to+\infty} h(k) = 0$, 进一步可得如下定理.

定理 4.3.8 对于系统 (4.1), 如果存在参数 $\beta, \gamma \in (0,1)$, $\sigma > 0$, $\mathcal{K}$ 类函数 γ_1, γ_2, γ_3, 序列 $h(k)$ 和一个 Lyapunov 函数 $V : \mathbb{N}_a \times \mathbb{D} \to \mathbb{R}$ 满足

$$\gamma_1\left(\|x(k)\|\right) \leqslant V(k, x(k)) \leqslant \gamma_2\left(\|x(k)\|\right), \tag{4.118}$$

$$_{a}^{\mathrm{C}}\nabla_k^{\beta} V(k, x(k)) \leqslant -\gamma_3\left(\|x(k)\|\right) + h(k), \tag{4.119}$$

$$\lim_{k\to+\infty}\left|_{a}^{\mathrm{G}}\nabla_k^{\gamma-1} h(k)\right| = \sigma < +\infty, \tag{4.120}$$

那么系统在区域 $\mathbb{D}$ 上是一致吸引的, 即对于任意初始状态 $x(a) \in \mathbb{D}$, 都有 $\lim\limits_{k\to+\infty} x(k) = 0$, 其中 $x(k) \in \mathbb{D}$, $k \in \mathbb{N}_{a+1}$.

注解 4.3.4 定理 4.3.6~定理 4.3.8 同样受 [158, 定理 1]、[159, 定理 1]、[157, 定理 3.3.1、定理 3.4.1] 的启发而建立. 与已有结果相比, 这里将范数描述的稳定性判据拓展为 $\mathcal{K}$ 类函数描述的稳定性判据. 定理 4.3.8 的式 (4.120) 可以等价表示为 $\left|\sum_{j=a+1}^{+\infty} {}_{a}^{\mathrm{G}}\nabla_j^{\gamma} h(j)\right| = \sigma < +\infty$, 而 $\sum_{j=a+1}^{+\infty}\left|{}_{a}^{\mathrm{G}}\nabla_j^{\gamma} h(j)\right| = \sigma < +\infty$ 恰为定理 4.2.6 的式 (4.58). 由于 $\left|\sum_{j=a+1}^{+\infty} {}_{a}^{\mathrm{G}}\nabla_j^{\gamma} h(j)\right| \leqslant \sum_{j=a+1}^{+\infty}\left|{}_{a}^{\mathrm{G}}\nabla_j^{\gamma} h(j)\right|$, 所以二者相比式 (4.120) 具有更强的保守性. 此外, 可考虑文献 [111, 182] 中的方法, 建立相应的稳定性判据.

注解 4.3.5 前述定理都假设系统 (4.1) 有零平衡点, 即 $x_e = 0$, 实际上当 $x_e \neq 0$, 即系统具有非零平衡点时, 通过直观地平移变换 $z(k) = x(k) - x_e$ 和 $g(k, z(k)) = f(k, z(k) + x_e)$ 可得平衡点为 0 的系统 ${}_{a}^{\mathrm{C}}\nabla_k^{\alpha} z(k) = g(k, z(k))$. 由于变换前后两个系统稳定性等价, 可以通过分析变换后零平衡点系统的稳定性, 进而得到原非零平衡点系统的稳定性.

4.3.5 数值算例

例 4.3.1 考虑如下 Nabla 离散分数阶系统

$$_{a}^{\mathrm{C}}\nabla_k^{\alpha} x(k) = -\gamma(x(k)), \tag{4.121}$$

其中, γ 是一满足局部 Lipschitz 连续条件的 $\mathcal{K}$ 类函数, $\alpha \in (0,1)$, $k \in \mathbb{N}_{a+1}$.

令 $\alpha = 0.6$, $x(a) = 2$, $a = 5$, 选择不同 $\mathcal{K}$ 类函数, 可得不同仿真结果. 当 $\gamma(x(k)) = x^{2/3}(k)$, $\gamma(x(k)) = x^{4/3}(k)$ 和 $\gamma(x(k)) = x^{6/3}(k)$ 时, 仿真结果如图 4.6 所示. 可以发现在三种情形下, $x(k)$ 单调递减, $\nabla x(k)$ 均为负, 这验证了推论 4.3.1 的正确性.

类似地, 当 $\gamma(x(k)) = \arctan(x(k))$, $\gamma(x(k)) = \min\{x(k), x^2(k)\}$ 和 $\gamma(x(k)) = \sinh(x(k))$ 时, 仿真结果如图 4.7 所示. 可以发现在三种情形下, $\nabla x(k)$ 均为负, 这

验证了推论 4.3.1 的正确性. 同样可以发现在所考虑三种情形下, $x(k)$ 单调递减, $\nabla x(k)$ 均为负, 这与推论 4.3.1 的理论结果一致.

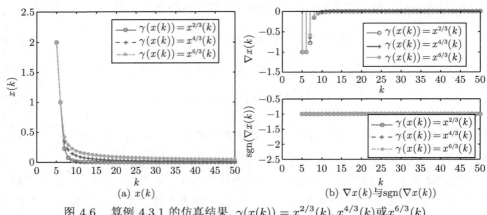

图 4.6　算例 4.3.1 的仿真结果, $\gamma(x(k)) = x^{2/3}(k), x^{4/3}(k)$ 或 $x^{6/3}(k)$

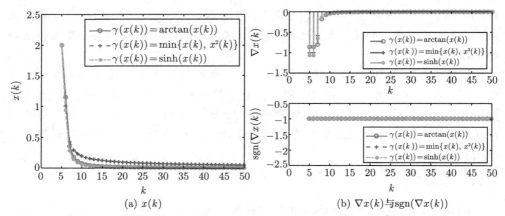

图 4.7　算例 4.3.1 的仿真结果, $\gamma(x(k)) = \arctan(x(k)), \min\{x(k), x^2(k)\}$ 或 $\sinh(x(k))$

例 4.3.2　考虑如下 Nabla 离散分数阶系统

$$\begin{cases} {}_{a}^{C}\nabla_k^{\alpha} x_1(k) = -x_1(k) + x_2^3(k), \\ {}_{a}^{C}\nabla_k^{\alpha} x_2(k) = -x_1(k) - x_2(k), \end{cases} \tag{4.122}$$

其中, $\alpha \in (0,1)$, $k \in \mathbb{N}_{a+1}$, $a \in \mathbb{R}$.

选择 Lyapunov 函数 $V(k, x(k)) := \dfrac{1}{2}x_1^2(k) + \dfrac{1}{4}x_2^4(k)$, 则有

$$
{}_a^C\nabla_k^\alpha V(k,x(k)) \leqslant x_1(k){}_a^C\nabla_k^\alpha x_1(k) + x_2^3(k){}_a^C\nabla_k^\alpha x_2(k)
$$

$$
= -x_1^2(k) - x_2^4(k). \tag{4.123}
$$

由定理 4.3.3 可得, 系统 (4.122) 在 $x_e = 0$ 处渐近稳定. 令 $\alpha = 0.8$, $x_1(a) = 2$, $x_2(a) = -0.8$, $a = 5$, 图 4.8 所示的仿真结果很好地吻合了理论分析.

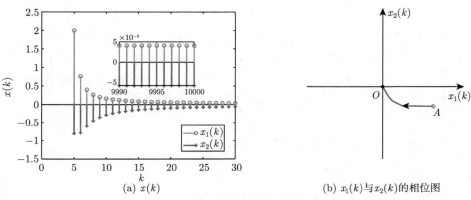

(a) $x(k)$ (b) $x_1(k)$ 与 $x_2(k)$ 的相位图

图 4.8 算例 4.3.2 的仿真结果

例 4.3.3 考虑如下 Nabla 离散分数阶系统

$$
\begin{cases}
{}_a^C\nabla_k^\alpha x_1(k) = x_2(k), \\
{}_a^C\nabla_k^\alpha x_2(k) = -[1 + x_1^2(k)]x_1(k) - x_2(k) + M\cos(\omega k),
\end{cases} \tag{4.124}
$$

其中, $\alpha \in (0,1)$, $k \in \mathbb{N}_{a+1}$, $M > 0$, $\omega > 0$, $a \in \mathbb{R}$.

选择 Lyapunov 函数 $V(k, x(k)) := x^{\mathrm{T}}(k)\begin{bmatrix} 3 & 1 \\ 1 & 2 \end{bmatrix}x(k) + x_1^4(k)$, 则有

$$
{}_a^C\nabla_k^\alpha V(k,x(k)) \leqslant -2x_1^2(k) - 2x_2^2(k) - 2x_1^4(k)
$$

$$
+ 2\left[x_1(k) + 2x_2(k)\right]M\cos(\omega k)
$$

$$
\leqslant -2\left\|x(k)\right\|_2^2 - 2x_1^4(k) + 2\sqrt{5}M\|x(k)\|_2
$$

$$
= -2\left[\|x(k)\|_2 - \frac{\sqrt{5}}{2}M\right]^2 - 2x_1^4(k) + \frac{5}{2}M^2. \tag{4.125}
$$

由定理 4.3.6 可得, 系统 (4.124) 在 $x_e = 0$ 处最终一致有界. 令 $\alpha = 0.8$, $x_1(a) = 2$, $x_2(a) = -1$, $a = 5$, $\omega = 10$, $M = 1$, 图 4.9 所示的最终一致有界性和最终界与理论结果一致.

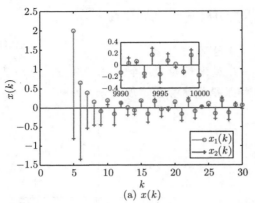

(a) $x(k)$

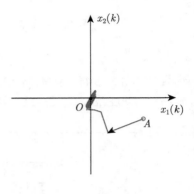

(b) $x_1(k)$与$x_2(k)$的相位图

图 4.9　算例 4.3.3 的仿真结果

例 4.3.4　考虑如下 Nabla 离散分数阶系统

$$\begin{cases} {}_a^C\nabla_k^\alpha x_1(k) = -x_1^3(k) - x_2(k), \\ {}_a^C\nabla_k^\alpha x_2(k) = x_1(k) - x_2(k) - \dfrac{1}{k-a}, \end{cases} \tag{4.126}$$

其中, $\alpha \in (0,1)$, $k \in \mathbb{N}_{a+1}$, $a \in \mathbb{R}$.

选择 Lyapunov 函数 $V(k, x(k)) := x_1^2(k) + x_2^2(k)$, 则有

$$\begin{aligned} {}_a^C\nabla_k^\alpha V(k, x(k)) &\leqslant 2x_1(k){}_a^C\nabla_k^\alpha x_1(k) + 2x_2(k){}_a^C\nabla_k^\alpha x_2(k) \\ &= -2x_1^4(k) - 2x_2^2(k) - 2x_2(k)\frac{1}{k-a} \\ &\leqslant -2x_1^4(k) - x_2^2(k) + \frac{1}{(k-a)^2}. \end{aligned} \tag{4.127}$$

因为 $\dfrac{1}{(k-a)^2} > 0$, $k \in \mathbb{N}_{a+1}$, 从而有 $\displaystyle\lim_{k\to\infty} \frac{1}{(k-a)^2} = 0$ 和

$$\begin{aligned} \sum_{k=a+1}^{+\infty} \frac{1}{(k-a)^2} &= 1 + \sum_{k=a+2}^{+\infty} \frac{1}{(k-a)^2} \\ &< 1 + \sum_{k=a+2}^{+\infty} \frac{1}{(k-a)(k-a-1)} \\ &= 1 + \sum_{k=a+2}^{+\infty} \left(\frac{1}{k-a-1} - \frac{1}{k-a} \right) \\ &= 2. \end{aligned} \tag{4.128}$$

由定理 4.3.7 可得, 系统 (4.126) 在 $x_e = 0$ 处一致吸引. 令 $\alpha = 0.8$, $x_1(a) = 2$, $x_2(a) = -1$, $a = 5$, 图 4.10 和表 4.2 所示的仿真结果与理论结果一致.

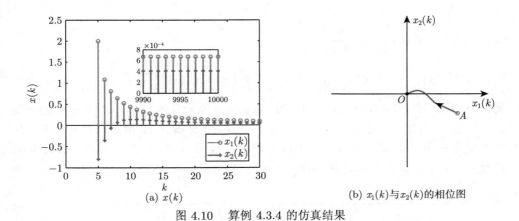

(a) $x(k)$ (b) $x_1(k)$ 与 $x_2(k)$ 的相位图

图 4.10   算例 4.3.4 的仿真结果

表 4.2 $x(k)$ 在 $k = 10000$ 附近的值

k	$x_1(k)$	$x_2(k)$
9991	0.672279×10^{-3}	0.408667×10^{-3}
9992	0.672262×10^{-3}	0.408661×10^{-3}
9993	0.672245×10^{-3}	0.408656×10^{-3}
9994	0.672227×10^{-3}	0.408651×10^{-3}
9995	0.672210×10^{-3}	0.408646×10^{-3}
9996	0.672193×10^{-3}	0.408641×10^{-3}
9997	0.672176×10^{-3}	0.408636×10^{-3}
9998	0.672159×10^{-3}	0.408631×10^{-3}
9999	0.672142×10^{-3}	0.408626×10^{-3}
10000	0.672125×10^{-3}	0.408621×10^{-3}

例 4.3.5   考虑如下 Nabla 离散分数阶系统

$$
{}_a^C\nabla_k^\alpha x(k) = -x^{1/3}(k) - x(k) - x^3(k) + d(k), \tag{4.129}
$$

其中, $\alpha \in (0,1)$, $k \in \mathbb{N}_{a+1}$, $d(k) = M\sqrt{\dfrac{\overline{(k-a)^{-\nu}}}{\Gamma(1-\nu)}}$, $a \in \mathbb{R}$.

选择 Lyapunov 函数 $V(k, x(k)) := x^2(k)$, 则有

$$
{}_a^C\nabla_k^\alpha V(k, x(k)) \leqslant 2x(k){}_a^C\nabla_k^\alpha x(k)
$$

$$= -2x^{4/3}(k) - 2x^2(k) - 2x^4(k) + 2x(k)d(k)$$

$$\leqslant -2x^{4/3}(k) - x^2(k) - 2x^4(k) + h(k), \qquad (4.130)$$

其中, $h(k) = d^2(k) = M^2 \dfrac{(k-a)^{\overline{-\nu}}}{\Gamma(1-\nu)}$.

存在 $\gamma \in [1-\nu, 1)$ 满足 $\lim\limits_{k\to+\infty} |{}_a^{\mathrm{G}}\nabla_k^{\gamma-1} h(k)| = \lim\limits_{k\to+\infty} M^2 \dfrac{(k-a)^{\overline{1-\gamma-\nu}}}{\Gamma(2-\gamma-\nu)} = \sigma < +\infty$,

因而, 利用定理 4.3.8 可得, 系统 (4.129) 在 $x_e = 0$ 处一致吸引. 令 $\alpha = 0.6$, $x(a) = 2$, $a = 5$, $M = 0.05$, 并选择 $\nu = 0.1, 0.2, \cdots, 1.0$, 可得图 4.11 所示的仿真结果, 不难发现无论 $\nu < \beta$ 还是 $\nu \geqslant \beta$, $x(k)$ 均逐渐收敛至 0, 即 γ 与 β 无关. 且随着 ν 的增大, $d(k)$ 衰减得越来越快, $x(k)$ 收敛得越来越快.

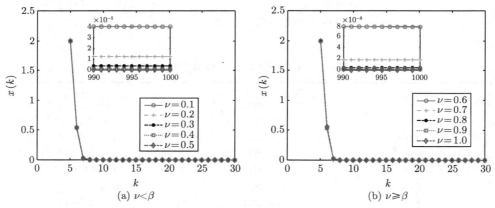

图 4.11　算例 4.3.5 的仿真结果

例 4.3.6　考虑如下 Nabla 离散分数阶系统

$$\begin{cases} {}_a^{\mathrm{C}}\nabla_k^\alpha x_1(k) = -x_1(k) - h(k)x_2(k), \\ {}_a^{\mathrm{C}}\nabla_k^\alpha x_2(k) = 3h^{-1}(k)x_1^3(k) - x_2(k), \end{cases} \qquad (4.131)$$

其中, $\alpha \in (0,1)$, $k \in \mathbb{N}_{a+1}$, $h(k)$ 是正且单调递减的, $a \in \mathbb{R}$.

选择 Lyapunov 函数 $V(k, x(k)) := 3x_1^4(k) + 2h^2(k)x_2^2(k)$, 则有

$${}_a^{\mathrm{C}}\nabla_k^\alpha V(k, x(k)) \leqslant 12x_1^3(k){}_a^{\mathrm{C}}\nabla_k^\alpha x_1(k) + 4h^2(k)x_2(k){}_a^{\mathrm{C}}\nabla_k^\alpha x_2(k)$$

$$= -12x_1^4(k) - 4h^2(k)x_2^2(k). \qquad (4.132)$$

由定理 4.3.3 可得, 系统 (4.131) 在 $x_e = 0$ 处渐近稳定. 令 $\alpha = 0.7$, $x_1(a) = 2$, $x_2(a) = -0.8$, $a = 0$, $h(k) = \dfrac{1}{k-a}$ 或 $h(k) = \dfrac{1}{\sqrt{k-a}}$, 可得仿真结果如图 4.12 所示, 可见两种情况下, $x(k)$ 均逐渐收敛至 0. 为了验证初始条件的影响, 从以原点为圆心、以 2 为半径的圆周上选择 16 组初始条件 $(x_1(a), x_2(a))$, $x_1(k)$ 与 $x_2(k)$ 的相位图如图 4.13 所示, 可以发现所有情况下 $x(k)$ 均逐渐汇聚于原点.

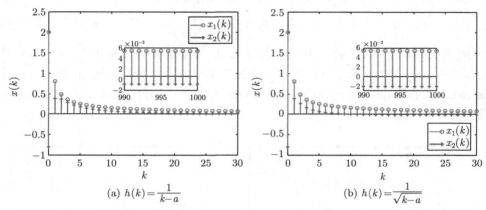

(a) $h(k) = \dfrac{1}{k-a}$ (b) $h(k) = \dfrac{1}{\sqrt{k-a}}$

图 4.12   例 4.3.6 中 $x(k)$ 随时间的变化趋势

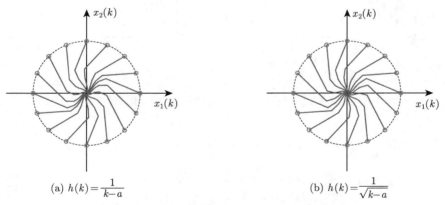

(a) $h(k) = \dfrac{1}{k-a}$ (b) $h(k) = \dfrac{1}{\sqrt{k-a}}$

图 4.13   例 4.3.6 中 $x_1(k)$ 与 $x_2(k)$ 的相位图

例 4.3.7   考虑如下 Nabla 离散分数阶系统

$$\begin{cases} {}^{C}_{a}\nabla^{\alpha}_{k} x_1(k) = -x_1(k) - h(k) x_2^2(k), \\ {}^{C}_{a}\nabla^{\alpha}_{k} x_2(k) = x_1(k) x_2(k) - x_2(k), \end{cases} \tag{4.133}$$

其中, $\alpha \in (0,1)$, $k \in \mathbb{N}_{a+1}$, $h(k)$ 是正且单调递减的, $a \in \mathbb{R}$.

选择 Lyapunov 函数 $V(k,x(k)) := x_1^2(k) + h(k)x_2^2(k)$, 则有

$$\begin{aligned}
{}_a^C\nabla_k^\alpha V(k,x(k)) &\leqslant 2x_1(k){}_a^C\nabla_k^\alpha x_1(k) + 2h(k)x_2(k){}_a^C\nabla_k^\alpha x_2(k)\\
&= -2x_1^2(k) - 2h(k)x_2^2(k).
\end{aligned} \tag{4.134}$$

由定理 4.3.3 可得, 系统 (4.133) 在 $x_e = 0$ 处渐近稳定. 令 $\alpha = 0.8$, $x_1(a) = 2$, $x_2(a) = -0.8$, $a = 2$, $h(k) = \dfrac{1}{\pi^{k-a}}$ 或 $h(k) = \dfrac{1}{(\sqrt{2})^{k-a}}$, 可得仿真结果如图 4.14 所示, 可见两种情况下, $x(k)$ 均逐渐收敛至 0. 为了验证初始条件的影响, 从以原点为中心、以 4 为边长且对角线与坐标轴不重合的正方形上选择 16 组初始条件 $(x_1(a), x_2(a))$, $x_1(k)$ 与 $x_2(k)$ 的相位图如图 4.15 所示, 可以发现所有情况下 $x(k)$ 均逐渐汇聚于原点.

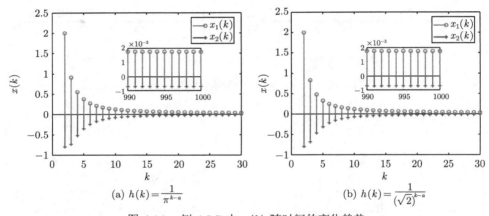

图 4.14　例 4.3.7 中 $x(k)$ 随时间的变化趋势

例 4.3.8　考虑如下 Nabla 离散分数阶系统

$$\begin{cases}
{}_a^C\nabla_k^\alpha x_1(k) = -x_1(k) - h(k)x_2(k),\\
{}_a^C\nabla_k^\alpha x_2(k) = x_1(k) - x_2(k) - \tanh(\lambda x_2(k)),
\end{cases} \tag{4.135}$$

其中, $\alpha \in (0,1)$, $k \in \mathbb{N}_{a+1}$, $h(k)$ 是正且单调递减的, $a \in \mathbb{R}$.

选择 Lyapunov 函数 $V(k,x(k)) := x_1^2(k) + [1+h(k)]x_2^2(k)$, 则有

$$\begin{aligned}
{}_a^C\nabla_k^\alpha V(k,x(k)) &\leqslant 2x_1(k){}_a^C\nabla_k^\alpha x_1(k) + 2[1+h(k)]x_2(k){}_a^C\nabla_k^\alpha x_2(k)\\
&= -2x_1^2(k) + 2x_1(k)x_2(k) - 2[1+h(k)]x_2^2(k)
\end{aligned}$$

$$-2[1+h(k)]x_2(k)\tanh(\lambda x_2(k))$$

$$\leqslant -2[x_1(k)-0.5x_2(k)]^2-[1.5+2h(k)]x_2^2(k). \qquad (4.136)$$

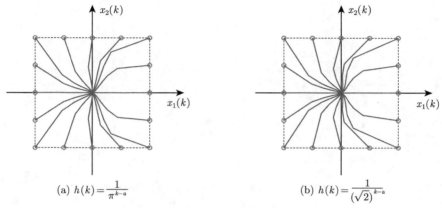

(a) $h(k)=\dfrac{1}{\pi^{k-a}}$ (b) $h(k)=\dfrac{1}{(\sqrt{2})^{k-a}}$

图 4.15　例 4.3.7 中 $x_1(k)$ 与 $x_2(k)$ 的相位图

考虑 $h(k)=\dfrac{(k-a)^3}{3^{k-a}}$ 或 $h(k)=\dfrac{(k-a)^{\sqrt{3}}}{(\sqrt{3})^{k-a}}$, 由于存在常数 K, 使得 $h(k)$ 对于所有 $k\geqslant K$ 均单调递减, 因此由定理 4.3.3 可得, 系统 (4.135) 在 $x_e=0$ 处渐近稳定. 令 $\alpha=0.9$, $x_1(a)=2$, $x_2(a)=-0.8$, $a=4$, 可得仿真结果如图 4.16 所示. 从图中可见, 在两种情况下, $x(k)$ 均逐渐收敛至 0. 为了验证初始条件的影响, 从

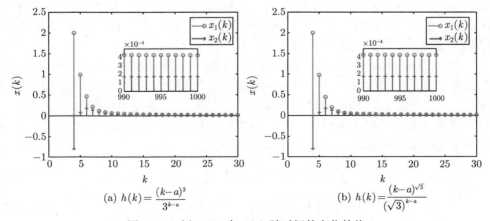

(a) $h(k)=\dfrac{(k-a)^3}{3^{k-a}}$ (b) $h(k)=\dfrac{(k-a)^{\sqrt{3}}}{(\sqrt{3})^{k-a}}$

图 4.16　例 4.3.8 中 $x(k)$ 随时间的变化趋势

以原点为中心、以 5 为对角线且对角线与坐标轴重合的正方形上选择 16 组初始条件 $(x_1(a), x_2(a))$, $x_1(k)$ 与 $x_2(k)$ 的相位图如图 4.17 所示, 可以发现所有情况下 $x(k)$ 均逐渐汇聚于原点.

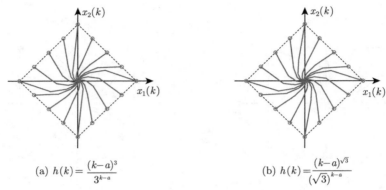

$$(a) \ h(k) = \frac{(k-a)^3}{3^{k-a}} \qquad\qquad (b) \ h(k) = \frac{(k-a)^{\sqrt{3}}}{(\sqrt{3})^{k-a}}$$

图 4.17　例 4.3.8 中 $x_1(k)$ 与 $x_2(k)$ 的相位图

4.4　拓　展

4.4.1　其他定义

1. Riemann-Liouville 定义

考虑如下非线性 Nabla 离散分数阶系统

$$ {}_a^{\mathrm{R}}\nabla_k^\alpha x(k) = f(k, x(k)), \tag{4.137}$$

其中, $\alpha \in (0,1)$, $x(k) \in \mathbb{D}$, $\mathbb{D} \subseteq \mathbb{R}^n$ 是包含平衡点 $x_e = 0$ 的状态空间, $k \in \mathbb{N}_{a+1}$, $a \in \mathbb{R}$, $f : \mathbb{N}_{a+1} \times \mathbb{D} \to \mathbb{R}^n$ 关于第二个参数满足 Lipschitz 连续条件, $[{}_a^{\mathrm{G}}\nabla_k^{\alpha-1} x(k)]_{k=a}$ 是系统初始条件.

利用 Lyapunov 函数 $V(k, x(k))$ 的 Caputo 分数阶差分与 Riemann-Liouville 分数阶差分之间的关系 (4.14), 不难由定理 4.2.1, 得到如下推论, 相关证明思路可参考 [150, 定理 2]、[151, 定理 3.4] 和 [148, 定理 3.3], 这里不再赘述.

推论 4.4.1　对于系统 (4.137), 如果存在参数 $\beta \in (0,1)$, $b, c, \alpha_1, \alpha_2, \alpha_3 > 0$ 和一个 Lyapunov 函数 $V : \mathbb{N}_a \times \mathbb{D} \to \mathbb{R}$ 满足

$$\alpha_1 \|x(k)\|^b \leqslant V(k, x(k)) \leqslant \alpha_2 \|x(k)\|^{bc}, \tag{4.138}$$

$$ {}_a^{\mathrm{R}}\nabla_k^\beta V(k, x(k)) \leqslant -\alpha_3 \|x(k)\|^{bc}, \tag{4.139}$$

那么系统在平衡点 $x_e = 0$ 处是 Mittag-Leffler 稳定的, 其中 $x(k) \in \mathbb{D}$, $k \in \mathbb{N}_{a+1}$.

注解 4.4.1　推论 4.4.1 是判定系统 (4.137) 的 Mittag-Leffler 稳定的 Lya-punov 判据, 与已有结果相比有明显的区别. [150, 定理 2] 和 [151, 定理 3.4] 讨论的是前向差分; 文献 [148, 定理 3.3] 考虑了 $a = 0$ 的特殊情形, 且要求 $\alpha_3 < \alpha_2$; 文献 [149, 定理 2] 考虑了 $c = 1$ 的特殊情形, 同样要求 $\alpha_3 < \alpha_2$. 这里适用了从频域定义的 Mittag-Leffler 函数, 适用范围更广.

在定理 4.2.4 和定理 4.2.6 的基础上, 可以得到如下两个推论.

推论 4.4.2　对于系统 (4.137), 如果存在参数 $\beta \in (0,1)$, $b, c, \alpha_1, \alpha_2, \alpha_3, \alpha_4 > 0$ 和一个 Lyapunov 函数 $V : \mathbb{N}_a \times \mathbb{D} \to \mathbb{R}$ 满足

$$\alpha_1 \|x(k)\|^b \leqslant V(k, x(k)) \leqslant \alpha_2 \|x(k)\|^{bc}, \tag{4.140}$$

$$^{\mathrm{R}}_a \nabla_k^\beta V(k, x(k)) \leqslant -\alpha_3 \|x(k)\|^{bc} + \alpha_4, \tag{4.141}$$

那么系统在区域 $\mathbb{D}$ 上一致最终有界, 且 $\|x(k)\|$ 的最终界为 $\left(\dfrac{\alpha_2 \alpha_4}{\alpha_1 \alpha_3} \right)^{\frac{1}{b}}$, 其中 $x(k) \in \mathbb{D}$, $k \in \mathbb{N}_{a+1}$.

推论 4.4.3　对于系统 (4.137), 如果存在参数 $\beta, \gamma \in (0,1)$, $b, c, \alpha_1, \alpha_2, \alpha_3$, $\sigma > 0$, 序列 $h(k)$ 和一个 Lyapunov 函数 $V : \mathbb{N}_a \times \mathbb{D} \to \mathbb{R}$ 满足

$$\alpha_1 \|x(k)\|^b \leqslant V(k, x(k)) \leqslant \alpha_2 \|x(k)\|^{bc}, \tag{4.142}$$

$$^{\mathrm{R}}_a \nabla_k^\beta V(k, x(k)) \leqslant -\alpha_3 \|x(k)\|^{bc} + h(k), \tag{4.143}$$

$$\sum_{j=a+1}^{+\infty} \left| {}^{\mathrm{G}}_a \nabla_j^\gamma h(j) \right| = \sigma < +\infty, \tag{4.144}$$

那么系统在区域 $\mathbb{D}$ 上是一致吸引的, 即对于任意初始状态 $x(a) \in \mathbb{D}$, 都有 $\lim\limits_{k \to +\infty} x(k) = 0$, 其中 $x(k) \in \mathbb{D}$, $k \in \mathbb{N}_{a+1}$.

类似地, 可以把范数描述的 Lyapunov 判据拓展为 $\mathcal{K}$ 类函数描述的判据, 如 [165, 定理 3.6], 在此基础上, 修改所提条件的适用范围, 不再提及 Lyapunov 函数的单调减小, 得到如下推论.

推论 4.4.4　对于系统 (4.137), 如果存在参数 $\beta \in (0,1)$, $\mathcal{K}$ 类函数 $\gamma_1, \gamma_2, \gamma_3$ 和一个 Lyapunov 函数 $V : \mathbb{N}_a \times \mathbb{D} \to \mathbb{R}$ 满足

$$\gamma_1(\|x(k)\|) \leqslant V(k, x(k)) \leqslant \gamma_2(\|x(k)\|), \tag{4.145}$$

$$^{\mathrm{R}}_a \nabla_k^\beta V(k, x(k)) \leqslant -\gamma_3(\|x(k)\|), \tag{4.146}$$

那么系统在平衡点 $x_e = 0$ 处一致渐近稳定, 其中 $x(k) \in \mathbb{D}$, $k \in \mathbb{N}_{a+1}$.

在定理 4.3.6 和定理 4.3.8 的基础上, 可以得到如下两个推论.

推论 4.4.5　对于系统 (4.137), 如果存在参数 $\beta \in (0,1)$, $\gamma_4 > 0$, $\mathcal{K}$ 类函数 $\gamma_1, \gamma_2, \gamma_3$ 和一个 Lyapunov 函数 $V : \mathbb{N}_a \times \mathbb{D} \to \mathbb{R}$ 满足

$$\gamma_1 \left(\|x(k)\| \right) \leqslant V(k, x(k)) \leqslant \gamma_2 \left(\|x(k)\| \right), \tag{4.147}$$

$$_a^{\mathrm{R}} \nabla_k^{\beta} V(k, x(k)) \leqslant -\gamma_3 \left(\|x(k)\| \right) + \gamma_4, \tag{4.148}$$

那么系统在区域 $\mathbb{D}$ 上一致最终有界, 且 $\|x(k)\|$ 的最终界为 $\gamma_1^{-1}(\gamma_2(\gamma_3^{-1}(\gamma_4)))$, 其中 $x(k) \in \mathbb{D}$, $k \in \mathbb{N}_{a+1}$.

推论 4.4.6　对于系统 (4.137), 如果存在参数 $\beta, \gamma \in (0,1)$, $\sigma > 0$, $\mathcal{K}$ 类函数 $\gamma_1, \gamma_2, \gamma_3$, 序列 $h(k)$ 和一个 Lyapunov 函数 $V : \mathbb{N}_a \times \mathbb{D} \to \mathbb{R}$ 满足

$$\gamma_1 \left(\|x(k)\| \right) \leqslant V(k, x(k)) \leqslant \gamma_2 \left(\|x(k)\| \right), \tag{4.149}$$

$$_a^{\mathrm{R}} \nabla_k^{\beta} V(k, x(k)) \leqslant -\gamma_3 \left(\|x(k)\| \right) + h(k), \tag{4.150}$$

$$\lim_{k \to +\infty} |_a^{\mathrm{G}} \nabla_k^{\gamma-1} h(k)| = \sigma < +\infty, \tag{4.151}$$

那么系统在区域 $\mathbb{D}$ 上是一致吸引的, 即对于任意初始状态 $x(a) \in \mathbb{D}$, 都有 $\lim\limits_{k \to +\infty} x(k) = 0$, 其中 $x(k) \in \mathbb{D}$, $k \in \mathbb{N}_{a+1}$.

2. Grünwald-Letnikov 定义

考虑如下非线性 Nabla 离散分数阶系统

$$_{a-m}^{\mathrm{G}} \nabla_k^{\alpha} x(k) = f(k, x(k)), \tag{4.152}$$

其中, $\alpha \in (0,1)$, $x(k) \in \mathbb{D}$, $\mathbb{D} \subseteq \mathbb{R}^n$ 是包含平衡点 $x_e = 0$ 的状态空间, $k \in \mathbb{N}_{a+1}$, $a \in \mathbb{R}$, $f : \mathbb{N}_{a+1} \times \mathbb{D} \to \mathbb{R}^n$ 关于 $x(k)$ 满足 Lipschitz 连续条件, $x(a-m+1), x(a-m+2), \cdots, x(a)$ 是系统初始条件, $m \in \mathbb{Z}_+$.

考虑到 $V(k, x(k)) \geqslant 0$, $\forall k \in \mathbb{N}_{a-m}$. 利用分数阶差和分的基本特性可知, $_{a-m}^{\mathrm{C}} \nabla_k^{\beta} V(k, x(k)) = {}_{a-m}^{\mathrm{G}} \nabla_k^{\beta} V(k, x(k)) - \dfrac{(k-a-m)^{\overline{-\beta}}}{\Gamma(1-\beta)} V(a-m, x(a-m))$, 进而有 $_{a-m}^{\mathrm{C}} \nabla_k^{\beta} V(k, x(k)) \leqslant {}_{a-m}^{\mathrm{G}} \nabla_k^{\beta} V(k, x(k))$. 类似式 (4.14), 也可借鉴 [107, 149] 中的证明方法, 建立如下推论, 这里证明从略.

推论 4.4.7　对于系统 (4.152), 如果存在参数 $\beta \in (0,1)$, $b, c, \alpha_1, \alpha_2, \alpha_3 > 0$ 和一个 Lyapunov 函数 $V : \mathbb{N}_{a-m} \times \mathbb{D} \to \mathbb{R}$ 满足

$$\alpha_1 \|x(k)\|^b \leqslant V(k, x(k)) \leqslant \alpha_2 \|x(k)\|^{bc}, \tag{4.153}$$

$$_{a-m}^{\quad \mathrm{G}}\nabla_k^\beta V(k, x(k)) \leqslant -\alpha_3 \|x(k)\|^{bc}, \tag{4.154}$$

那么系统在平衡点 $x_e = 0$ 处是 Mittag-Leffler 稳定的, 其中 $x(k) \in \mathbb{D}$, $k \in \mathbb{N}_{a+1}$.

推论 4.4.8　对于系统 (4.152), 如果存在参数 $\beta \in (0,1)$, $b, c, \alpha_1, \alpha_2, \alpha_3, \alpha_4 > 0$ 和一个 Lyapunov 函数 $V : \mathbb{N}_{a-m} \times \mathbb{D} \to \mathbb{R}$ 满足

$$\alpha_1 \|x(k)\|^b \leqslant V(k, x(k)) \leqslant \alpha_2 \|x(k)\|^{bc}, \tag{4.155}$$

$$_{a-m}^{\quad \mathrm{G}}\nabla_k^\beta V(k, x(k)) \leqslant -\alpha_3 \|x(k)\|^{bc} + \alpha_4, \tag{4.156}$$

那么系统在区域 $\mathbb{D}$ 上一致最终有界, 且 $\|x(k)\|$ 的最终界为 $\left(\dfrac{\alpha_2 \alpha_4}{\alpha_1 \alpha_3}\right)^{\frac{1}{b}}$, 其中 $x(k) \in \mathbb{D}$, $k \in \mathbb{N}_{a+1}$.

推论 4.4.9　对于系统(4.152), 如果存在参数 $\beta, \gamma \in (0,1)$, $b, c, \alpha_1, \alpha_2, \alpha_3, \sigma > 0$, 序列 $h(k)$ 和一个 Lyapunov 函数 $V : \mathbb{N}_{a-m} \times \mathbb{D} \to \mathbb{R}$ 满足

$$\alpha_1 \|x(k)\|^b \leqslant V(k, x(k)) \leqslant \alpha_2 \|x(k)\|^{bc}, \tag{4.157}$$

$$_{a-m}^{\quad \mathrm{G}}\nabla_k^\beta V(k, x(k)) \leqslant -\alpha_3 \|x(k)\|^{bc} + h(k), \tag{4.158}$$

$$\sum_{j=a+1}^{+\infty} |_{a-m}^{\quad \mathrm{G}}\nabla_j^\gamma h(j)| = \sigma < +\infty, \tag{4.159}$$

那么系统在区域$\mathbb{D}$上是一致吸引的, 即对于任意初始状态 $x(a) \in \mathbb{D}$, 都有 $\lim\limits_{k \to +\infty} x(k) = 0$, 其中 $x(k) \in \mathbb{D}$, $k \in \mathbb{N}_{a+1}$.

推论4.4.10　对于系统 (4.152), 如果存在参数 $\beta \in (0,1)$, $\mathcal{K}$ 类函数 $\gamma_1, \gamma_2, \gamma_3$ 和一个 Lyapunov 函数 $V : \mathbb{N}_{a-m} \times \mathbb{D} \to \mathbb{R}$ 满足

$$\gamma_1 (\|x(k)\|) \leqslant V(k, x(k)) \leqslant \gamma_2 (\|x(k)\|), \tag{4.160}$$

$$_{a-m}^{\quad \mathrm{G}}\nabla_k^\beta V(k, x(k)) \leqslant -\gamma_3 (\|x(k)\|), \tag{4.161}$$

那么系统在平衡点 $x_e = 0$ 处一致渐近稳定, 其中 $x(k) \in \mathbb{D}$, $k \in \mathbb{N}_{a+1}$.

推论 4.4.11　对于系统 (4.152), 如果存在参数 $\beta \in (0,1)$, $\gamma_4 > 0$, $\mathcal{K}$ 类函数 $\gamma_1, \gamma_2, \gamma_3$ 和一个 Lyapunov 函数 $V : \mathbb{N}_{a-m} \times \mathbb{D} \to \mathbb{R}$ 满足

$$\gamma_1 (\|x(k)\|) \leqslant V(k, x(k)) \leqslant \gamma_2 (\|x(k)\|), \tag{4.162}$$

$$_{a-m}^{\quad \mathrm{G}}\nabla_k^\beta V(k, x(k)) \leqslant -\gamma_3 (\|x(k)\|) + \gamma_4, \tag{4.163}$$

那么系统在区域 $\mathbb{D}$ 上一致最终有界, 且 $\|x(k)\|$ 的最终界为 $\gamma_1^{-1} (\gamma_2 (\gamma_3^{-1} (\gamma_4)))$, 其中 $x(k) \in \mathbb{D}$, $k \in \mathbb{N}_{a+1}$.

推论 4.4.12 对于系统 (4.152), 如果存在参数 $\beta, \gamma \in (0,1)$, $\sigma > 0$, $\mathcal{K}$ 类函数 $\gamma_1, \gamma_2, \gamma_3$, 序列 $h(k)$ 和一个 Lyapunov 函数 $V : \mathbb{N}_{a-m} \times \mathbb{D} \to \mathbb{R}$ 满足

$$\gamma_1\left(\|x(k)\|\right) \leqslant V(k, x(k)) \leqslant \gamma_2\left(\|x(k)\|\right), \tag{4.164}$$

$$_{a-m}^{\mathrm{G}}\nabla_k^{\beta}V(k, x(k)) \leqslant -\gamma_3\left(\|x(k)\|\right) + h(k), \tag{4.165}$$

$$\lim_{k \to +\infty} |_{a-m}^{\mathrm{G}}\nabla_k^{\gamma-1}h(k)| = \sigma < +\infty, \tag{4.166}$$

那么系统在区域 $\mathbb{D}$ 上是一致吸引的, 即对于任意初始状态 $x(a) \in \mathbb{D}$, 都有 $\lim\limits_{k \to +\infty} x(k) = 0$, 其中 $x(k) \in \mathbb{D}$, $k \in \mathbb{N}_{a+1}$.

3. 时变阶次

考虑如下时变阶次非线性 Nabla 离散分数阶系统

$$_{a}^{\mathrm{C}}\nabla_k^{\alpha(k)}x(k) = f(k, x(k)), \tag{4.167}$$

其中, $\alpha(k) \in (0,1)$, $x(k) \in \mathbb{D}$, $\mathbb{D} \subseteq \mathbb{R}^n$ 是包含平衡点 $x_e = 0$ 的状态空间, $k \in \mathbb{N}_{a+1}$, $a \in \mathbb{R}$, $f : \mathbb{N}_{a+1} \times \mathbb{D} \to \mathbb{R}^n$ 关于第二个参数满足 Lipschitz 连续条件, $x(a)$ 是系统初始条件.

定理 4.4.1 如果 $u, v : \mathbb{N}_a \to \mathbb{R}$ 满足

$$_{a}^{\mathrm{C}}\nabla_k^{\beta(k)}u(k) \geqslant \lambda u(k) + h(k), \tag{4.168}$$

$$_{a}^{\mathrm{C}}\nabla_k^{\beta(k)}v(k) \leqslant \lambda v(k) + h(k), \tag{4.169}$$

则 $v(k) \leqslant u(k)$, $k \in \mathbb{N}_{a+1}$, 其中 $\beta(k) \in (0,1)$, $\lambda < 0$, $h : \mathbb{N}_{a+1} \to \mathbb{R}$ 有界, $v(a) = u(a)$.

证明 联合式 (4.168) 与式 (4.169), 可得

$$_{a}^{\mathrm{C}}\nabla_k^{\beta(k)}v(k) - _{a}^{\mathrm{C}}\nabla_k^{\beta(k)}u(k) \leqslant \lambda\left[v(k) - u(k)\right]. \tag{4.170}$$

考虑 $v(a) = u(a)$, 对式 (4.170) 两边同时取 $k = a+1$, 可得

$$v(a+1) - u(a+1) \leqslant \lambda\left[v(a+1) - u(a+1)\right], \tag{4.171}$$

从而有 $v(a+1) \leqslant u(a+1)$.

假设存在 $k_1 \in \mathbb{N}_{a+1}$, 满足

$$\begin{cases} v(k) \leqslant u(k), & \forall k \in \mathbb{N}_a^{k_1-1}, \\ v(k) > u(k), & k = k_1. \end{cases} \tag{4.172}$$

由 Caputo 分数阶差分的定义, 可得

$$[_a^C \nabla_k^{\beta(k)} v(k)]_{k=k_1} - [_a^C \nabla_k^{\beta(k)} u(k)]_{k=k_1}$$

$$= \sum_{i=a+1}^{k_1} \frac{(k_1 - i + 1)^{\overline{-\beta(k)}}}{\Gamma(1 - \beta(k))} [\nabla v(i) - \nabla u(i)]$$

$$= \frac{(k_1 - i)^{\overline{-\beta(k)}}}{\Gamma(1 - \beta(k))} [v(i) - u(i)] \Big|_a^{k_1}$$

$$+ \sum_{i=a+1}^{k_1} \frac{(k_1 - i + 1)^{\overline{-\beta(k)-1}}}{\Gamma(-\beta(k))} [v(i) - u(i)]$$

$$= -\frac{(k_1 - a)^{\overline{-\beta}}}{\Gamma(1 - \beta(k))} [v(a) - u(a)]$$

$$+ \sum_{i=a+1}^{k_1-1} \frac{(k_1 - i + 1)^{\overline{-\beta(k)-1}}}{\Gamma(-\beta(k))} [v(i) - u(i)]$$

$$+ v(k_1) - u(k_1)$$

$$> 0. \tag{4.173}$$

利用式 (4.170), 可得

$$[_a^C \nabla_k^{\beta(k)} v(k)]_{k=k_1} - [_a^C \nabla_k^{\beta(k)} u(k)]_{k=k_1}$$

$$\leqslant \lambda[v(k_1) - u(k_1)]$$

$$< 0, \tag{4.174}$$

这与式 (4.173) 相矛盾. 因此, 不存在这样的 k_1, 即对于所有的 $k \in \mathbb{N}_{a+1}$ 总有 $v(k) \leqslant u(k)$ 成立. 至此, 定理得证. □

不难发现, 按照定理 4.4.1 的思路, 也可得到如下比较定理, 为了避免冗余, 相关证明被略去.

定理 4.4.2 　如果 $u, v : \mathbb{N}_a \to \mathbb{R}$ 满足

$$_a^C \nabla_k^{\beta(k)} u(k) \geqslant -\gamma(u(k)) + h(k), \tag{4.175}$$

$$_a^C \nabla_k^{\beta(k)} v(k) \leqslant -\gamma(v(k)) + h(k), \tag{4.176}$$

则 $v(k) \leqslant u(k)$, $k \in \mathbb{N}_{a+1}$, 其中 $\beta(k) \in (0,1)$, γ 是局部 Lipschitz 连续的 $\mathcal{K}$ 类函数, $h : \mathbb{N}_{a+1} \to \mathbb{R}$ 有界, $v(k), u(k) \geqslant 0$, $v(a) = u(a)$.

如果系统 ${}_a^C\nabla_k^{\beta(k)}x(k) = \lambda x(k), 0 < \beta(k) < 1, \lambda < 0, k \in \mathbb{N}_{a+1}$ 是渐近稳定的, 参考 [56,183] 和比较定理, 进而给出如下猜想, 感兴趣的读者可自行完善条件 (如附加 λ 的条件) 并完成证明.

猜想4.4.1　对于系统 (4.167), 如果存在参数 $\beta(k) \in (0,1), b, c, \alpha_1, \alpha_2, \alpha_3 > 0$ 和一个 Lyapunov 函数 $V : \mathbb{N}_a \times \mathbb{D} \to \mathbb{R}$ 满足

$$\alpha_1 \|x(k)\|^b \leqslant V(k, x(k)) \leqslant \alpha_2 \|x(k)\|^{bc}, \tag{4.177}$$

$$ {}_a^C\nabla_k^{\beta(k)}V(k, x(k)) \leqslant -\alpha_3 \|x(k)\|^{bc}, \tag{4.178}$$

那么系统在平衡点 $x_e = 0$ 处是渐近稳定的, 其中 $x(k) \in \mathbb{D}, k \in \mathbb{N}_{a+1}$.

4. 非同元阶次

考虑如下非同元阶次 Nabla 离散分数阶系统

$$ {}_a^C\nabla_k^\alpha x(k) = f(k, x(k)), \tag{4.179}$$

其中, $\alpha = [\alpha_1\ \alpha_2\ \cdots\ \alpha_n], \alpha_i \in (0,1), x(k) \in \mathbb{D}, \mathbb{D} \subseteq \mathbb{R}^n$ 是包含平衡点 $x_e = 0$ 的状态空间, $k \in \mathbb{N}_{a+1}, a \in \mathbb{R}, f_i : \mathbb{N}_{a+1} \times \mathbb{D} \to \mathbb{R}^n$ 关于 $x(k)$ 满足 Lipschitz 连续条件, $f(k, x(k)) = [f_1(k, x(k))\ f_2(k, x(k))\ \cdots\ f_n(k, x(k))]^T \in \mathbb{R}^n, x(a)$ 是系统初始条件.

定理 4.4.3　对于系统 (4.179), 如果存在参数 $\beta \in (0, \min\limits_i \alpha_i), p_i > 0, \mathcal{K}$ 类函数 $\gamma_1, \gamma_2, \gamma_3$ 和 Lyapunov 函数 $V_i : \mathbb{N}_a \times \mathbb{D} \to \mathbb{R}, i = 1, 2, \cdots, n$ 满足

$$\gamma_1\left(\|x(k)\|\right) \leqslant \sum_{i=1}^n p_{i\,a}^C\nabla_k^{\alpha_i - \beta}V_i\left(k, x_i(k)\right) \leqslant \gamma_2\left(\|x(k)\|\right), \tag{4.180}$$

$$\sum_{i=1}^n p_i \frac{\partial V_i\left(k, x_i(k)\right)}{\partial x_i(k)} f_i(k, x(k)) \leqslant -\gamma_3\left(\|x(k)\|\right), \tag{4.181}$$

那么系统在平衡点 $x_e = 0$ 处一致渐近稳定, 其中 $V_i\left(k, x_i(k)\right)$ 是 $x_i(k)$ 的可微凸函数, $i = 1, 2, \cdots, n, x(k) \in \mathbb{D}, k \in \mathbb{N}_{a+1}$.

证明　选择 Lyapunov 函数 $V(k, x(k)) := \sum_{i=1}^n p_{i\,a}^C\nabla_k^{\alpha_i - \beta}V_i(k, x_i(k))$, 则式 (4.180) 可等价表示为

$$\gamma_1\left(\|x(k)\|\right) \leqslant V(k, x(k)) \leqslant \gamma_2\left(\|x(k)\|\right). \tag{4.182}$$

利用分数阶差和分的性质和分数阶差分不等式, 可得

$$ {}_a^C\nabla_k^\beta V(k, x(k)) \leqslant {}_a^R\nabla_k^\beta V(k, x(k)) $$

$$= {}_a^{\mathrm{R}}\nabla_k^{\beta} \sum_{i=1}^{n} p_{i\,a}^{\mathrm{C}}\nabla_k^{\alpha_i-\beta} V_i\left(k, x_i(k)\right)$$

$$= \sum_{i=1}^{n} p_{i\,a}^{\mathrm{R}}\nabla_{k\,a}^{\beta\,\mathrm{G}}\nabla_k^{\alpha_i-\beta-1}\nabla V_i\left(k, x_i(k)\right)$$

$$= \sum_{i=1}^{n} p_{i\,a}^{\mathrm{C}}\nabla_k^{\alpha_i} V_i\left(k, x_i(k)\right)$$

$$\leqslant \sum_{i=1}^{n} p_i \frac{\partial V_i(k, x(k))}{\partial x_i(k)} {}_a^{\mathrm{C}}\nabla_k^{\alpha_i} x_i(k)$$

$$= \sum_{i=1}^{n} p_i \frac{\partial V_i(k, x(k))}{\partial x_i(k)} f_i(k, x(k))$$

$$\leqslant -\gamma_3\left(\|x(k)\|\right). \tag{4.183}$$

利用式 (4.182)、(4.183) 和定理 4.3.3, 定理得证. □

　　如何选择合适的 β, 使得式 (4.180) 成立, 是非常困难甚至是不可能的. 因此, 一个更容易判定的稳定条件将被建立.

　　定理 4.4.4　对于系统 (4.179), 如果存在参数 $\gamma \in (1 - \min\limits_i \alpha_i, 1)$, $p_i > 0$, $\mathcal{K}$ 类函数 $\gamma_1, \gamma_2, \gamma_3$ 和 Lyapunov 函数 $V_i : \mathbb{N}_a \times \mathbb{D} \to \mathbb{R}$, $i = 1, 2, \cdots, n$ 满足

$$\gamma_1\left(\|x(k)\|\right) \leqslant \sum_{i=1}^{n} p_{i\,a}^{\mathrm{G}}\nabla_k^{\alpha_i-1} V_i\left(k, x_i(k)\right) \leqslant \gamma_2\left(\|x(k)\|\right), \tag{4.184}$$

$$\sum_{i=1}^{n} p_i \frac{\partial V_i\left(k, x_i(k)\right)}{\partial x_i(k)} f_i(k, x(k)) \leqslant -\gamma_3\left(\|x(k)\|\right), \tag{4.185}$$

那么系统在区域 $\mathbb{D}$ 上是一致吸引的, 即对于任意初始状态 $x(a) \in \mathbb{D}$, 都有 $\lim\limits_{k\to+\infty} x(k) = 0$, 其中 $V_i(k, x_i(k))$ 是 $x_i(k)$ 的可微凸函数, $i = 1, 2, \cdots, n$, $x(k) \in \mathbb{D}$, $k \in \mathbb{N}_{a+1}$.

　　证明　选择 Lyapunov 函数 $V(k, x(k)) := \sum_{i=1}^{n} p_{i\,a}^{\mathrm{G}}\nabla_k^{\alpha_i-1} V_i(k, x_i(k))$, 则式 (4.183) 可等价表示为

$$\gamma_1\left(\|x(k)\|\right) \leqslant V(k, x(k)) \leqslant \gamma_2\left(\|x(k)\|\right), \tag{4.186}$$

　　令 $h(k) := \sum_{i=1}^{n} p_i \dfrac{(k-a)^{\overline{-\alpha_i}}}{\Gamma(1-\alpha_i)} V_i(a, x_i(a))$, 则有

$$\lim_{k\to+\infty} \left| {}_a^{\mathrm{G}}\nabla_k^{\gamma-1} h(k) \right| = \lim_{k\to+\infty} \left| {}_a^{\mathrm{G}}\nabla_k^{\gamma-1} \sum_{i=1}^{n} p_i \frac{(k-a)^{\overline{-\alpha_i}}}{\Gamma(1-\alpha_i)} V_i(a, x_i(a)) \right|$$

$$= \lim_{k \to +\infty} \sum_{i=1}^{n} p_i \frac{(k-a)^{\overline{1-\gamma-\alpha_i}}}{\Gamma(2-\gamma-\alpha_i)} V_i(a, x_i(a))$$

$$= 0 < +\infty. \tag{4.187}$$

利用 $\lim\limits_{\beta \to 1} {}_a^{\mathrm{C}}\nabla_k^{\beta} V(k, x(k)) = \nabla V(k, x(k))$ 和整数阶差分不等式, 可得

$$\nabla V(k, x(k)) = \nabla \sum_{i=1}^{n} p_i {}_a^{\mathrm{G}}\nabla_k^{\alpha_i-1} V_i(k, x_i(k))$$

$$= \sum_{i=1}^{n} p_i {}_a^{\mathrm{G}}\nabla_k^{\alpha_i-1} V_i(k, x_i(k))$$

$$= \sum_{i=1}^{n} p_i {}_a^{\mathrm{R}}\nabla_k^{\alpha_i} V_i(k, x_i(k))$$

$$= \sum_{i=1}^{n} p_i {}_a^{\mathrm{C}}\nabla_k^{\alpha_i} V_i(k, x_i(k)) + h(k)$$

$$\leqslant \sum_{i=1}^{n} p_i \frac{\partial V_i(k, x(k))}{\partial x_i(k)} {}_a^{\mathrm{C}}\nabla_k^{\alpha_i} x_i(k) + h(k)$$

$$= \sum_{i=1}^{n} p_i \frac{\partial V_i(k, x(k))}{\partial x_i(k)} f_i(k, x(k)) + h(k)$$

$$\leqslant -\gamma_3(\|x(k)\|) + h(k). \tag{4.188}$$

联合式 (4.186)~(4.188), 并利用定理 4.3.8, 可以得到系统 (4.179) 在区域 $\mathbb{D}$ 上是一致吸引的. 至此, 定理得证. □

考虑如下非同元阶次 Nabla 离散分数阶系统

$${}_a^{\mathrm{R}}\nabla_k^{\alpha} x(k) = f(k, x(k)), \tag{4.189}$$

其中, $\alpha = [\alpha_1\ \alpha_2\ \cdots\ \alpha_n]^{\mathrm{T}}$, $\alpha_i \in (0,1)$, $x(k) \in \mathbb{D}$, $\mathbb{D} \subseteq \mathbb{R}^n$ 是包含平衡点 $x_e = 0$ 的状态空间, $k \in \mathbb{N}_{a+1}$, $a \in \mathbb{R}$, $f_i : \mathbb{N}_{a+1} \times \mathbb{D} \to \mathbb{R}^n$ 是关于 $x(k)$ 的 Lipschitz 连续函数, $i = 1, 2, \cdots, n$, $f(k, x(k)) = [f_1(k, x(k))\ f_2(k, x(k))\ \cdots\ f_n(k, x(k))]^{\mathrm{T}}$, $[{}_a^{\mathrm{G}}\nabla_k^{\alpha-1} x(k)]_{k=a}$ 是系统初始条件.

类似定理 4.4.3, 可以得到对应 Riemann-Liouville 情形下的稳定判据.

定理 4.4.5　对于系统 (4.189), 如果存在 $p_i > 0$, $\mathcal{K}$ 类函数 $\gamma_1, \gamma_2, \gamma_3$ 和 Lyapunov 函数 $V_i : \mathbb{N}_a \times \mathbb{D} \to \mathbb{R}$, $i = 1, 2, \cdots, n$ 满足

$$\gamma_1(\|x(k)\|) \leqslant \sum_{i=1}^{n} p_{i_a}{}^{\mathrm{G}}\nabla_k^{\alpha_i-1} V_i(k, x_i(k)) \leqslant \gamma_2(\|x(k)\|), \tag{4.190}$$

$$\sum_{i=1}^{n} p_i \frac{\partial V_i(k, x_i(k))}{\partial x_i(k)} f_i(k, x(k)) \leqslant -\gamma_3(\|x(k)\|), \tag{4.191}$$

那么系统在平衡点 $x_e = 0$ 处一致渐近稳定, 其中 $V_i(k, x_i(k))$ 是 $x_i(k)$ 的可微凸函数, 且 $V_i(k, 0) = 0$, $i = 1, 2, \cdots, n$, $x(k) \in \mathbb{D}$, $k \in \mathbb{N}_{a+1}$.

证明　选择 Lyapunov 函数为 $V(k, x(k)) := \sum_{i=1}^{n} p_{i_a}{}^{\mathrm{G}}\nabla_k^{\alpha_i-1} V_i(k, x_i(k))$, 则 (4.190) 可以被等价地表示为 $\gamma_1(\|x(k)\|) \leqslant V(k, x(k)) \leqslant \gamma_2(\|x(k)\|)$.

利用 $\lim\limits_{\beta \to 1} {}_a^{\mathrm{R}}\nabla_k^{\beta} V(k, x(k)) = \nabla V(k, x(k))$ 和整数阶差分不等式可得

$$\begin{aligned}
\nabla V(k, x(k)) &= \nabla \sum_{i=1}^{n} p_{i_a}{}^{\mathrm{G}}\nabla_k^{\alpha_i-1} V_i(k, x_i(k)) \\
&= \sum_{i=1}^{n} p_{i_a}{}^{\mathrm{R}}\nabla_k^{\alpha_i} V_i(k, x_i(k)) \\
&\leqslant \sum_{i=1}^{n} p_i \frac{\partial V_i(k, x(k))}{\partial x_i(k)} {}_a^{\mathrm{R}}\nabla_k^{\alpha_i} x_i(k) \\
&= \sum_{i=1}^{n} p_i \frac{\partial V_i(k, x(k))}{\partial x_i(k)} f_i(k, x(k)) \\
&\leqslant -\gamma_3(\|x(k)\|).
\end{aligned} \tag{4.192}$$

联合上式, 利用推论 4.4.4 可得, 系统 (4.189) 在平衡点 $x_e = 0$ 处一致渐近稳定. 至此, 定理得证. □

考虑如下非同元阶次 Nabla 离散分数阶系统

$$_{a-m}^{\mathrm{G}}\nabla_k^{\alpha} x(k) = f(k, x(k)), \tag{4.193}$$

其中, $\alpha = [\alpha_1 \ \alpha_2 \ \cdots \ \alpha_n]$, $\alpha_j \in (0, 1)$, $x(k) \in \mathbb{D}$, $\mathbb{D} \subseteq \mathbb{R}^n$ 是包含平衡点 $x_e = 0$ 的状态空间, $k \in \mathbb{N}_{a+1}$, $a \in \mathbb{R}$, $f_i : \mathbb{N}_{a+1} \times \mathbb{D} \to \mathbb{R}^n$ 关于 $x(k)$ 满足 Lipschitz 连续条件, $f(k, x(k)) = [f_1(k, x(k)) \ f_2(k, x(k)) \ \cdots \ f_n(k, x(k))]^{\mathrm{T}}$, $x(a - m + 1), x(a - m + 2), \cdots, x(a)$ 是系统初始条件, $m \in \mathbb{Z}_+$.

定理 4.4.6　对于系统 (4.192), 如果存在 $p_i > 0$, $\mathcal{K}$ 类函数 $\gamma_1, \gamma_2, \gamma_3$ 和 Lyapunov 函数 $V_i : \mathbb{N}_a \times \mathbb{D} \to \mathbb{R}$, $i = 1, 2, \cdots, n$ 满足

$$\gamma_1(\|x(k)\|) \leqslant \sum_{i=1}^{n} p_{i_{a-m}}{}^{\mathrm{G}}\nabla_k^{\alpha_i-1} V_i(k, x_i(k)) \leqslant \gamma_2(\|x(k)\|), \tag{4.194}$$

$$\sum_{i=1}^{n} p_i \frac{\partial V_i(k, x_i(k))}{\partial x_i(k)} f_i(k, x(k)) \leqslant -\gamma_3(\|x(k)\|), \tag{4.195}$$

那么系统在平衡点 $x_e = 0$ 处一致渐近稳定, 其中 $V_i(k, x_i(k))$ 是 $x_i(k)$ 的可微凸函数, 且 $V_i(k, 0) = 0$, $i = 1, 2, \cdots, n$, $x(k) \in \mathbb{D}$, $k \in \mathbb{N}_{a+1}$.

　　证明　选择 Lyapunov 函数为 $V(k, x(k)) := \sum_{i=1}^{n} p_{i\,a-m}^{\mathrm{G}} \nabla_k^{\alpha_i - 1} V_i(k, x_i(k))$, 则式 (4.194) 可以被等价地表示为 $\gamma_1(\|x(k)\|) \leqslant V(k, x(k)) \leqslant \gamma_2(\|x(k)\|)$.

　　对 Lyapunov 函数求一阶差分可得

$$\nabla V(k, x(k)) = \nabla \sum_{i=1}^{n} p_{i\,a-m}^{\mathrm{G}} \nabla_k^{\alpha_i - 1} V_i(k, x_i(k))$$

$$= \sum_{i=1}^{n} p_{i\,a-m}^{\mathrm{G}} \nabla_k^{\alpha_i} V_i(k, x_i(k))$$

$$\leqslant \sum_{i=1}^{n} p_i \frac{\partial V_i(k, x(k))}{\partial x_i(k)} \,_{a-m}^{\mathrm{G}} \nabla_k^{\alpha_i} x_i(k)$$

$$= \sum_{i=1}^{n} p_i \frac{\partial V_i(k, x(k))}{\partial x_i(k)} f_i(k, x(k))$$

$$\leqslant -\gamma_3(\|x(k)\|). \tag{4.196}$$

联合上式, 利用推论 4.4.10 可得, 系统 (4.193) 在平衡点 $x_e = 0$ 处一致渐近稳定. 至此, 定理得证. □

　　注解4.4.2　定理 4.4.3~定理 4.4.6 受到 [184, 定理 1] 的启发而完成, 类似关键思想也曾在文献 [185, 186] 中出现, 该定理为解决一类非同元阶次 Nabla 离散分数阶系统的稳定性分析提供了依据. 不难发现, Lyapunov 函数 $V_i(k, x_i(k))$, $i = 1, 2, \cdots, n$ 相互之间是没有耦合的. 当 $\alpha_i = \alpha_j$ 时, 则 $V_i(k, x_i(k))$ 和 $V_j(k, x_j(k))$ 可以存在耦合, 即它们可以被设计为 $V_i(k, x_i(k), x_j(k))$ 和 $V_j(k, x_j(k), x_i(k))$. 特殊地, $\alpha_1 = \alpha_j$, $j = 2, 3, \cdots, n$, 所建立的判据依然有效, 即它们依然适用于同元阶次的情形.

　　注解4.4.3　对比定理 4.4.4 和定理 4.4.5, 可以发现条件 (4.184)、(4.185) 和条件 (4.190)、(4.191) 完全一样, 如果这些条件满足, 则 $_a^{\mathrm{C}} \nabla_a^{\alpha} x(k) = f(k, x(k))$ 一致吸引, $_a^{\mathrm{R}} \nabla_k^{\alpha} x(k) = f(k, x(k))$ 一致渐近稳定. 此时不免有个疑惑, "在这一情况下, $_a^{\mathrm{C}} \nabla_k^{\alpha} x(k) = f(k, x(k))$ 是否也一致渐近稳定呢"? 为了减少可能的保守性, 精确地判定非同元阶次系统的特性将是未来一个有潜力的研究课题. 此外, 采用类似文献 [156, 187] 中的方法, 研究非同元阶次系统的稳定性, 建立相应的 Lyapunov 判据, 也是值得探讨的研究课题.

5. Tempered 情形

在介绍相关稳定性判据之前, 先给出如下有用定理.

定理 4.4.7　如果 $u, v : \mathbb{N}_a \to \mathbb{R}$ 满足

$$
{}^{\mathrm{C}}_a \nabla_k^{\beta,\lambda} u(k) \geqslant \mu u(k) + h(k), \tag{4.197}
$$

$$
{}^{\mathrm{C}}_a \nabla_k^{\beta,\lambda} v(k) \leqslant \mu v(k) + h(k), \tag{4.198}
$$

则 $v(k) \leqslant u(k)$, $k \in \mathbb{N}_{a+1}$, 其中 $\beta \in (0,1)$, $\lambda < 1$, $\mu < 0$, $h(k)$ 是一个有界序列, 且 $v(a) = u(a)$.

证明　由式 (4.197) 和式 (4.198) 可知, 必然存在非负序列 $c_1(k)$ 和 $c_2(k)$ 满足

$$
{}^{\mathrm{C}}_a \nabla_k^{\beta,\lambda} u(k) = \mu u(k) + h(k) + c_1(k), \tag{4.199}
$$

$$
{}^{\mathrm{C}}_a \nabla_k^{\beta,\lambda} v(k) = \mu v(k) + h(k) - c_2(k). \tag{4.200}
$$

由于线性 Tempered 系统状态变量的增加速度不超过指数函数, 所以 $u(k)$ 和 $v(k)$ 的 Nabla Laplace 变换存在, 令 $U(s) := \mathscr{N}_a\{u(k)\}$, $C_1(s) := \mathscr{N}_a\{c_1(k)\}$, $H(s) := \mathscr{N}_a\{h(k)\}$, $V(s) := \mathscr{N}_a\{v(k)\}$, $C_2(s) := \mathscr{N}_a\{c_2(k)\}$. 对 (4.199) 两边同时取 Nabla Laplace 变换, 可得

$$
\left(\frac{s-\lambda}{1-\lambda}\right)^\alpha U(s) - \frac{1}{1-\lambda}\left(\frac{s-\lambda}{1-\lambda}\right)^{\alpha-1} u(a) = \mu U(s) + H(s) + C_1(s). \tag{4.201}
$$

利用逆 Nabla Laplace 变换, 可得

$$
\begin{aligned}
u(k) &= \mathscr{N}_a^{-1}\{U(s)\} \\
&= u(a)(1-\lambda)^{a-k} \mathscr{N}_a^{-1}\left\{\frac{s^{\alpha-1}}{s^\alpha - \mu}\right\} \\
&\quad + h(k) * \left[(1-\lambda)^{a+1-k} \mathscr{N}_a^{-1}\left\{\frac{1}{s^\alpha - \mu}\right\}\right] \\
&\quad + c_1(k) * \left[(1-\lambda)^{a+1-k} \mathscr{N}_a^{-1}\left\{\frac{1}{s^\alpha - \mu}\right\}\right] \\
&= u(a)(1-\lambda)^{a-k} \mathcal{F}_{\alpha,1}(\mu, k, a) \\
&\quad + h(k) * \left[(1-\lambda)^{a+1-k} \mathcal{F}_{\alpha,\alpha}(\mu, k, a)\right] \\
&\quad + c_1(k) * \left[(1-\lambda)^{a+1-k} \mathcal{F}_{\alpha,\alpha}(\mu, k, a)\right]. \tag{4.202}
\end{aligned}
$$

类似地, 可得

$$
\begin{aligned}
v(k) &= \mathscr{N}_a^{-1}\left\{V(s)\right\} \\
&= v(a)(1-\lambda)^{a-k}\mathscr{N}_a^{-1}\left\{\frac{s^{\alpha-1}}{s^\alpha-\mu}\right\} \\
&\quad + h(k)*\left[(1-\lambda)^{a+1-k}\mathscr{N}_a^{-1}\left\{\frac{1}{s^\alpha-\mu}\right\}\right] \\
&\quad - c_2(k)*\left[(1-\lambda)^{a+1-k}\mathscr{N}_a^{-1}\left\{\frac{1}{s^\alpha-\mu}\right\}\right] \\
&= v(a)(1-\lambda)^{a-k}\mathcal{F}_{\alpha,1}\left(\mu,k,a\right) \\
&\quad + h(k)*\left[(1-\lambda)^{a+1-k}\mathcal{F}_{\alpha,\alpha}\left(\mu,k,a\right)\right] \\
&\quad - c_2(k)*\left[(1-\lambda)^{a+1-k}\mathcal{F}_{\alpha,\alpha}\left(\mu,k,a\right)\right].
\end{aligned}
\tag{4.203}
$$

考虑到 $c_1(k), c_2(k) \geqslant 0$, $(1-\lambda)^{a+1-k} \geqslant 0$, $\mathcal{F}_{\alpha,\alpha}\left(\mu,k,a\right) \geqslant 0$, 所以有

$$
\begin{cases}
c_1(k)*\left[(1-\lambda)^{a+1-k}\mathcal{F}_{\alpha,\alpha}\left(\mu,k,a\right)\right] \geqslant 0, \\
c_2(k)*\left[(1-\lambda)^{a+1-k}\mathcal{F}_{\alpha,\alpha}\left(\mu,k,a\right)\right] \geqslant 0.
\end{cases}
\tag{4.204}
$$

联立式 (4.202)~(4.204), 不难得出 $v(k) \leqslant u(k)$, $\forall k \in \mathbb{N}_{a+1}$.

至此, 定理得证. □

考虑如下非线性 Nabla 离散分数阶系统

$$
{}_a^{\mathrm{C}}\nabla_k^{\alpha,\lambda}x(k) = f(k,x(k)),
\tag{4.205}
$$

其中, $\alpha \in (0,1)$, $\lambda < 0$, $x(k) \in \mathbb{D}$, $\mathbb{D} \subseteq \mathbb{R}^n$ 是包含平衡点 $x_e = 0$ 的状态空间, $k \in \mathbb{N}_{a+1}$, $a \in \mathbb{R}$, $f : \mathbb{N}_{a+1} \times \mathbb{D} \to \mathbb{R}^n$ 关于 $x(k)$ 满足 Lipschitz 连续条件, $x(a)$ 是系统初始条件.

类似定义 4.1.3 给出的 Mittag-Leffler 稳定性定义, 这里给出 Tempered 意义下 Mittag-Leffler 稳定性的定义.

定义 4.4.1　系统 (4.205) 的平衡点 $x_e = 0$ 被称为 Tempered Mittag-Leffler 稳定, 如果存在权重函数 $w\left(x(k)\right) \geqslant 0$, $w(0) = 0$, 参数 $\lambda, \mu < 0$, $\sigma \in (0,1)$, $v \in [\sigma, \sigma+1)$, $b > 0$, 对于所有 $k \in \mathbb{N}_{a+1}$, $a \in \mathbb{R}$, $\mathbb{D} \subseteq \mathbb{R}^n$, 有

$$
\|x(k)\| \leqslant \left[w\left(x(a)\right)(1-\lambda)^{a-k}\mathcal{F}_{\sigma,v}\left(\mu,k,a\right)\right]^b.
\tag{4.206}
$$

如果 $\mathbb{D} = \mathbb{R}^n$, 则称系统的平衡点 $x_e = 0$ 是全局 Mittag-Leffler 稳定.

定义 4.4.1 受 [130, 定义 5] 的启发而建立, 当 $\lambda = 0$ 时, Tempered Mittag-Leffler 稳定退化为经典的 Mittag-Leffler 稳定. 由于 $\lambda < 0$, 所以 $(1 - \lambda)^{a-k}$ 随着 k 的增加而单调减小, 且有极限 $\lim\limits_{k \to +\infty} (1 - \lambda)^{a-k} = 0$, 所以 Tempered Mittag-Leffler 稳定同样蕴含着一致渐近稳定.

为了判定系统 (4.205) 的稳定性, 建立了如下定理.

定理 4.4.8　对于系统 (4.205), 如果存在参数 $\beta \in (0, 1)$, $b, c, \alpha_1, \alpha_2, \alpha_3 > 0$ 和一个 Lyapunov 函数 $V : \mathbb{N}_a \times \mathbb{D} \to \mathbb{R}$ 满足

$$\alpha_1 \|x(k)\|^b \leqslant V(k, x(k)) \leqslant \alpha_2 \|x(k)\|^{bc}, \tag{4.207}$$

$$_a^C \nabla_k^{\beta, \lambda} V(k, x(k)) \leqslant -\alpha_3 \|x(k)\|^{bc}, \tag{4.208}$$

那么系统在平衡点 $x_e = 0$ 处是 Tempered Mittag-Leffler 稳定的, 其中 $x(k) \in \mathbb{D}$, $k \in \mathbb{N}_{a+1}$, $\lambda < 0$.

证明　联合式 (4.207) 和式 (4.208), 可得

$$_a^C \nabla_k^{\beta, \lambda} V(k, x(k)) \leqslant -\alpha_3 \alpha_2^{-1} V(k, x(k)). \tag{4.209}$$

如果 $u(k)$ 满足 $_a^C \nabla_k^{\beta, \lambda} u(k) = \mu u(k)$, $u(a) = V(a, x(a))$, $\mu := -\alpha_3 \alpha_2^{-1} < 0$, 则有

$$u(k) = u(a)(1 - \lambda)^{a-k} \mathcal{F}_{\beta, 1}(\mu, k, a). \tag{4.210}$$

利用定理 4.4.7, 可得

$$V(k, x(k)) \leqslant V(a, x(a))(1 - \lambda)^{a-k} \mathcal{F}_{\beta, 1}(\mu, k, a). \tag{4.211}$$

将式 (4.211) 代入式 (4.207), 可得

$$\|x(k)\| \leqslant \left[\alpha_1^{-1} V(a, x(a))(1 - \lambda)^{a-k} \mathcal{F}_{\beta, 1}(\mu, k, a) \right]^{\frac{1}{b}}. \tag{4.212}$$

根据定义 4.4.1, 可得系统 (4.205) 在平衡点 $x_e = 0$ 处满足 Tempered Mittag-Leffler 稳定. 至此, 定理得证. $\qquad \square$

定理 4.4.8 受到 [130, 定理 3] 的启发而建立, 首次推导了 Tempered 离散分数阶系统的 Lyapunov 判据. 当 $\lambda = 0$ 时, 定理 4.4.8 退化为定理 4.2.1. 相应地, 为了提高适用性, 对条件 (4.208) 稍作修改, 可以得到如下定理.

定理 4.4.9　对于系统 (4.205), 如果存在参数 $\beta \in (0, 1)$, $b, c, \alpha_1, \alpha_2, \alpha_3, \alpha_4 > 0$ 和一个 Lyapunov 函数 $V : \mathbb{N}_a \times \mathbb{D} \to \mathbb{R}$ 满足

$$\alpha_1 \|x(k)\|^b \leqslant V(k, x(k)) \leqslant \alpha_2 \|x(k)\|^{bc}, \tag{4.213}$$

$$_a^C\nabla_k^{\beta,\lambda}V(k,x(k)) \leqslant -\alpha_3\|x(k)\|^{bc} + \alpha_4, \tag{4.214}$$

那么系统在区域 $\mathbb{D}$ 上一致最终有界, 且 $\|x(k)\|$ 的最终界为 $\left[\dfrac{\alpha_1^{-1}\alpha_4}{\left(\dfrac{-\lambda}{1-\lambda}\right)^{\beta}+\alpha_2^{-1}\alpha_3}\right]^{\frac{1}{b}}$,

其中 $x(k) \in \mathbb{D}$, $k \in \mathbb{N}_{a+1}$, $\lambda < 0$.

证明   联合式 (4.213) 和式 (4.214), 可得

$$_a^C\nabla_k^{\beta,\lambda}V(k,x(k)) \leqslant -\alpha_3\alpha_2^{-1}V(k,x(k)) + \alpha_4. \tag{4.215}$$

如果 $u(k)$ 满足 $_a^C\nabla_k^{\beta,\lambda}u(k) = \mu u(k) + \alpha_4$, $u(a) = V(a,x(a))$, $\mu := -\alpha_3\alpha_2^{-1}$, 则有

$$u(k) = u(a)(1-\lambda)^{a-k}\mathcal{F}_{\beta,1}(\mu,k,a)$$
$$+ \alpha_4 * [(1-\lambda)^{a-k+1}\mathcal{F}_{\beta,\beta}(\mu,k,a)]. \tag{4.216}$$

利用定理 4.4.7, 可得

$$V(k,x(k)) \leqslant V(a,x(a))(1-\lambda)^{a-k}\mathcal{F}_{\beta,1}(\mu,k,a)$$
$$+ \alpha_4 * [(1-\lambda)^{a-k+1}\mathcal{F}_{\beta,\beta}(\mu,k,a)]. \tag{4.217}$$

由离散 Mittag-Leffler 函数的特性可知, 不等式 (4.217) 右侧第一项满足

$$\lim_{k\to+\infty}(1-\lambda)^{a-k}V(a,x(a))\,\mathcal{F}_{\beta,1}(\mu,k,a) = 0. \tag{4.218}$$

利用 Nabla Laplace 变换的终值定理可得

$$\lim_{k\to+\infty}\alpha_4 * [(1-\lambda)^{a-k+1}\mathcal{F}_{\beta,\beta}(\mu,k,a)]$$
$$= \lim_{s\to 0}s\frac{\dfrac{\alpha_4}{s}}{\left(\dfrac{s-\lambda}{1-\lambda}\right)^{\beta}-\mu}$$
$$= \frac{\alpha_4}{\left(\dfrac{-\lambda}{1-\lambda}\right)^{\beta}-\mu}. \tag{4.219}$$

考虑 α_4, $(1-\lambda)^{a-k+1}$ 和 $\mathcal{F}_{\beta,\beta}(\mu,k,a)$ 的非负性, 可得

$$\lim_{k\to+\infty}V(k,x(k)) \leqslant \frac{\alpha_4}{\left(\dfrac{-\lambda}{1-\lambda}\right)^{\beta}-\mu}. \tag{4.220}$$

将 (4.220) 代入 (4.213), 可得 $\lim\limits_{k\to+\infty}\|x(k)\| \leqslant \left[\dfrac{\alpha_1^{-1}\alpha_4}{\left(\dfrac{-\lambda}{1-\lambda}\right)^{\beta}+\alpha_2^{-1}\alpha_3}\right]^{\frac{1}{b}}$, 即系统在

区域 $\mathbb{D}$ 上一致最终有界. 至此, 定理得证. □

注解 4.4.4　在定理 4.4.7 中, 同样考虑了 $\lambda < 0$, 并且不难发现, 当 λ

减小时, $\|x(k)\|$ 的最终界也减小. $\lim\limits_{\lambda\to 0}\left[\dfrac{\alpha_1^{-1}\alpha_4}{\left(\dfrac{-\lambda}{1-\lambda}\right)^{\beta}+\alpha_2^{-1}\alpha_3}\right]^{\frac{1}{b}} = \left(\dfrac{\alpha_2\alpha_4}{\alpha_1\alpha_3}\right)^{\frac{1}{b}}$,

$$\lim\limits_{\lambda\to-\infty}\left[\dfrac{\alpha_1^{-1}\alpha_4}{\left(\dfrac{-\lambda}{1-\lambda}\right)^{\beta}+\alpha_2^{-1}\alpha_3}\right]^{\frac{1}{b}} = \left(\dfrac{\alpha_2\alpha_4}{\alpha_1\alpha_2+\alpha_1\alpha_3}\right)^{\frac{1}{b}}, \quad \left(\dfrac{\alpha_2\alpha_4}{\alpha_1\alpha_2+\alpha_1\alpha_3}\right)^{\frac{1}{b}} <$$

$$\left[\dfrac{\alpha_1^{-1}\alpha_4}{\left(\dfrac{-\lambda}{1-\lambda}\right)^{\beta}+\alpha_2^{-1}\alpha_3}\right]^{\frac{1}{b}} < \left(\dfrac{\alpha_2\alpha_4}{\alpha_1\alpha_3}\right)^{\frac{1}{b}}, \forall\lambda < 0.$$

注解 4.4.5　由于非零常数的 Tempered Caputo 差分不为 0, 定理 4.4.7 的证明没有像定理 4.2.4 那样引入变量 $z(k)$, 而是通过 Nabla Laplace 变换完成. 实际上如果令 $z(k) := V(k, x(k)) - \alpha_4 * [(1-\lambda)^{a-k+1}\mathcal{F}_{\beta,\beta}(\mu, k, a)]$, 则可以得到 ${}_a^{\mathrm{C}}\nabla_k^{\beta,\lambda}z(k) \leqslant -\alpha_3\alpha_2^{-1}z(k)$, 进而可以类似地完成证明.

　　类似地, 为了进一步提高所得结论的适用性, 将定理 4.4.7 中的常数 α_4 替换为序列 $h(k)$, 则可将有界性强化为吸引性.

定理 4.4.10　对于系统 (4.205), 如果存在参数 $\beta, \gamma \in (0,1)$, $b, c, \alpha_1, \alpha_2, \alpha_3$, $\sigma > 0$, 序列 $h(k)$ 和一个 Lyapunov 函数 $V : \mathbb{N}_a \times \mathbb{D} \to \mathbb{R}$ 满足

$$\alpha_1\|x(k)\|^b \leqslant V(k, x(k)) \leqslant \alpha_2\|x(k)\|^{bc}, \tag{4.221}$$

$$_a^{\mathrm{C}}\nabla_k^{\beta,\lambda}V(k, x(k)) \leqslant -\alpha_3\|x(k)\|^{bc} + h(k), \tag{4.222}$$

$$\sum_{j=a+1}^{+\infty}\left|{}_a^{\mathrm{G}}\nabla_j^{\gamma}|h(j)|\right| = \sigma < +\infty, \tag{4.223}$$

那么系统在区域 $\mathbb{D}$ 上是一致吸引的, 即对于任意初始状态 $x(a) \in \mathbb{D}$, 都有 $\lim\limits_{k\to+\infty}x(k) = 0$, 其中 $x(k) \in \mathbb{D}$, $k \in \mathbb{N}_{a+1}$, $\lambda < 1$.

证明　联合式 (4.221) 和式 (4.222), 可得

$$
{}_a^C\nabla_k^{\beta,\lambda}V(k,x(k)) \leqslant -\alpha_3\alpha_2^{-1}V(k,x(k)) + h(k). \tag{4.224}
$$

如果 $u(k)$ 满足 ${}_a^C\nabla_k^{\beta,\lambda}u(k) = \mu u(k) + h(k)$, $u(a) = V(a,x(a))$, $\mu := -\alpha_3\alpha_2^{-1}$, 则不难得到

$$
\begin{aligned}
u(k) &= u(a)(1-\lambda)^{a-k}\mathcal{F}_{\beta,1}(\lambda,k,a) \\
&\quad + h(k) * [(1-\lambda)^{a-k+1}\mathcal{F}_{\beta,\beta}(\lambda,k,a)].
\end{aligned} \tag{4.225}
$$

利用定理 4.4.7, 可得

$$
\begin{aligned}
V(k,x(k)) &\leqslant V(a,x(a))\,(1-\lambda)^{a-k}\mathcal{F}_{\beta,1}(\mu,k,a) \\
&\quad + h(k) * [(1-\lambda)^{a-k+1}\mathcal{F}_{\beta,\beta}(\mu,k,a)].
\end{aligned} \tag{4.226}
$$

式 (4.226) 右侧的第一项满足

$$
\lim_{k\to+\infty}(1-\lambda)^{a-k}V(a,x(a))\,\mathcal{F}_{\beta,1}(\mu,k,a) = 0, \tag{4.227}
$$

因此只需证明

$$
\lim_{k\to+\infty}h(k) * [(1-\lambda)^{a-k+1}\mathcal{F}_{\beta,\beta}(\mu,k,a)] = 0. \tag{4.228}
$$

由于 $(1-\lambda)^{a-k+1} \in (0,1]$, $\mathcal{F}_{\beta,\beta}(\mu,k,a) \geqslant 0$, 所以

$$
\begin{aligned}
&h(k) * [(1-\lambda)^{a-k+1}\mathcal{F}_{\beta,\beta}(\mu,k,a)] \\
&\leqslant \left| h(k) * [(1-\lambda)^{a-k+1}\mathcal{F}_{\beta,\beta}(\mu,k,a)] \right| \\
&= |h(k)| * [(1-\lambda)^{a-k+1}\mathcal{F}_{\beta,\beta}(\mu,k,a)] \\
&\leqslant |h(k)| * \mathcal{F}_{\beta,\beta}(\mu,k,a)\,.
\end{aligned} \tag{4.229}
$$

又因为 $\dfrac{(k-a)^{\overline{-\gamma-1}}}{\Gamma(-\gamma)} * \dfrac{(k-a)^{\overline{\gamma-1}}}{\Gamma(\gamma)} = \delta_d(k-a-1)$, 所以有下式成立

$$
\begin{aligned}
&|h(k)| * \mathcal{F}_{\beta,\beta}(\lambda,k,a) \\
&= |h(k)| * \delta_d(k-a-1) * \mathcal{F}_{\beta,\beta}(\lambda,k,a) \\
&= {}_a^G\nabla_k^{\gamma}|h(k)| * {}_a^G\nabla_k^{-\gamma}\mathcal{F}_{\beta,\beta}(\lambda,k,a) \\
&= {}_a^G\nabla_k^{\gamma}|h(k)| * \mathcal{F}_{\beta,\beta+\gamma}(\lambda,k,a)\,.
\end{aligned} \tag{4.230}
$$

令 $g(k) := {}_a^G\nabla_k^\gamma |h(k)|$, $\varphi(k) := \mathcal{F}_{\beta,\beta+\gamma}(\lambda, k, a)$. 不难发现 $\lim\limits_{k \to +\infty} \varphi(k) = 0$, 因而对于任意 $\dfrac{\epsilon}{2\sigma} > 0$, 存在 $K_1 \in \mathbb{N}_{a+1}$, 当 $k \geqslant K_1$ 时总有

$$0 \leqslant \varphi(k) < \frac{\epsilon}{2\sigma}. \tag{4.231}$$

利用式 (4.230) 和式 (4.231), 可得

$$
\begin{aligned}
|g(k) * \varphi(k)| &= \Big| \sum_{j=a+1}^{k} g(k - j + a + 1)\, \varphi(j) \Big| \\
&\leqslant \sum_{j=a+1}^{k} |g(k - j + a + 1)|\, \varphi(j) \\
&= \sum_{j=a+1}^{K_1-1} |g(k - j + a + 1)|\, \varphi(j) + \sum_{j=K_1}^{k} |g(k - j + a + 1)|\, \varphi(j) \\
&< \sum_{j=a+1}^{K_1-1} |g(k - j + a + 1)|\, \varphi(j) + \frac{\epsilon}{2\sigma} \sum_{j=K_1}^{k} |g(k - j + a + 1)| \\
&= \sum_{j=a+1}^{K_1-1} |g(k - j + a + 1)|\, \varphi(j) + \frac{\epsilon}{2\sigma} \sum_{j=a+1}^{k-K_1+a+1} |g(j)| \\
&\leqslant \sum_{j=a+1}^{K_1-1} |g(k - j + a + 1)|\, \varphi(j) + \frac{\epsilon}{2}.
\end{aligned}
\tag{4.232}
$$

由式 (4.226) 和级数收敛的 Cauchy 准则可知, $\lim\limits_{k \to +\infty} g(k) = 0$, 因而对于任意 $\dfrac{\epsilon}{2\sum_{j=a+1}^{K_1-1} \varphi(j)} > 0$, 存在 $K_2 \in \mathbb{N}_{a+1}$ 使得对于所有的 $k \geqslant K_2$ 下式成立

$$|g(k)| < \frac{\epsilon}{2 \sum\limits_{j=a+1}^{K_1-1} \varphi(j)}. \tag{4.233}$$

将式 (4.233) 代入式 (4.232), 可得对于任意 $k \geqslant \max\{K_1, K_1 + K_2 - a - 2\}$, 总有下式成立

$$|g(k) * \varphi(k)| < \frac{\epsilon}{2 \sum\limits_{j=a+1}^{K_1-1} \varphi(j)} \sum_{j=a+1}^{K_1-1} \varphi(j) + \frac{\epsilon}{2} = \epsilon. \tag{4.234}$$

从而式 (4.228) 成立.

联合式 (4.221) 和式 (4.226)~(4.228) 有

$$\lim_{k\to+\infty} \alpha_1 \|x(k)\|^b \leqslant \lim_{k\to+\infty} V(k, x(k)) = 0. \tag{4.235}$$

从而系统 (4.205) 在区域 $\mathbb{D}$ 上一致吸引. 至此, 定理得证. □

注解 4.4.6   非零常数的 Tempered Caputo 分数阶差分不等于 0 为定理 4.4.8~定理 4.4.10 的证明带来了困难和挑战, 为了解决这一问题采用了 Nabla Laplace 变换的方法. 与式 (4.58) 相比, 式 (4.223) 具有更强的保守性, 这是由于 (4.229) 的放缩所致. 当 $\gamma = 0$ 时, 式 (4.223) 退化为 (4.40), 即 $\sum_{j=a+1}^{+\infty} |h(j)| = \sigma < +\infty$. 由前述分析可知, γ 增加时, 判据的保守性更小, 但是分数阶差分的计算也会带来新的困难, 因此 γ 的选择需要权衡.

由于 $V(a, x(a)) \geqslant 0$, $\lambda < 1$, $\beta \in (0, 1)$, 所以有

$$
{}_a^{\mathrm{C}}\nabla_k^{\beta,\lambda} V(k, x(k))
$$

$$
= {}_a^{\mathrm{R}}\nabla_k^{\beta,\lambda} V(k, x(k)) - \frac{(k-a)^{\overline{-\beta}}}{\Gamma(1-\beta)}(1-\lambda)^{a-k} V(a, x(a))
$$

$$
\leqslant {}_a^{\mathrm{R}}\nabla_k^{\beta,\lambda} V(k, x(k)). \tag{4.236}
$$

基于此, 如果将定理 4.4.6~定理 4.4.8 中的 ${}_a^{\mathrm{C}}\nabla_k^{\beta,\lambda}$ 替换为 ${}_a^{\mathrm{R}}\nabla_k^{\beta,\lambda}$, 定理依然成立. 类似地, 考虑 Tempered Riemann-Liouville 分数阶差分和 Tempered Grünwald-Letnikov 分数阶差分, 也可以建立起相应判据, 为避免冗余, 这里不再展开. 以上所给的 Lyapunov 判据都是由范数所描述的, 针对 Tempered 离散分数阶系统, 研究 $\mathcal{K}$ 类函数所描述的 Lyapunov 判据将是一个有意义且有挑战性的课题, 这里将进行初步讨论. 首先类似定理 4.3.2, 建立如下定理.

定理 4.4.11   如果 $u, v : \mathbb{N}_a \to \mathbb{R}$ 满足

$$
{}_a^{\mathrm{C}}\nabla_k^{\beta,\lambda} u(k) \geqslant -\gamma(u(k)) + h(k), \tag{4.237}
$$

$$
{}_a^{\mathrm{C}}\nabla_k^{\beta,\lambda} v(k) \leqslant -\gamma(v(k)) + h(k), \tag{4.238}
$$

则 $v(k) \leqslant u(k)$, $k \in \mathbb{N}_{a+1}$, 其中 $\beta \in (0, 1)$, $\lambda < 1$, γ 是局部 Lipschitz 连续的 $\mathcal{K}$ 类函数, $h : \mathbb{N}_{a+1} \to \mathbb{R}$ 有界, $v(k), u(k) \geqslant 0$, $v(a) = u(a)$.

证明   联合式 (4.237) 与式 (4.238), 可得

$$
{}_a^{\mathrm{C}}\nabla_k^{\beta,\lambda} v(k) - {}_a^{\mathrm{C}}\nabla_k^{\beta,\lambda} u(k) \leqslant -[\gamma(v(k)) - \gamma(u(k))]. \tag{4.239}
$$

对式 (4.239) 两边同时取 β 阶 Tempered 和分, 可得

$$
v(k) - u(k) \leqslant -{}_a^{\mathrm{G}}\nabla_k^{-\beta,\lambda} [\gamma(v(k)) - \gamma(u(k))]. \tag{4.240}
$$

令 $k = a + 1$ 时, 有 $v(a+1) + \gamma\left(v(a+1)\right) \leqslant u(a+1) + \gamma\left(u(a+1)\right)$. 由于 γ 是单调递增的, 所以 $v(a+1) \leqslant u(a+1)$.

假设存在 $k_1 \in \mathbb{N}_{a+1}$, 满足

$$
\begin{cases}
v(k) \leqslant u(k), & \forall k \in \mathbb{N}_a^{k_1-1}, \\
v(k) > u(k), & k = k_1.
\end{cases}
\tag{4.241}
$$

由 Tempered Caputo 分数阶差分的定义, 可得

$$
[{}_a^C\nabla_k^{\beta,\lambda}v(k)]_{k=k_1} - [{}_a^C\nabla_k^{\beta,\lambda}u(k)]_{k=k_1}
$$

$$
= (1-\lambda)^{a-k_1} \sum_{i=a+1}^{k_1} \frac{(k_1-i+1)^{\overline{-\beta}}}{\Gamma(1-\beta)} \nabla\left[(1-\lambda)^{i-a}v(i) - (1-\lambda)^{i-a}u(i)\right]
$$

$$
= (1-\lambda)^{a-k_1} \frac{(k_1-i)^{\overline{-\beta}}}{\Gamma(1-\beta)} \left[(1-\lambda)^{i-a}v(i) - (1-\lambda)^{i-a}u(i)\right]_{i=a}^{i=k_1}
$$

$$
+ (1-\lambda)^{a-k_1} \sum_{i=a+1}^{k_1} \frac{(k_1-i+1)^{\overline{-\beta-1}}}{\Gamma(-\beta)} \left[(1-\lambda)^{i-a}v(i) - (1-\lambda)^{i-a}u(i)\right]
$$

$$
= -(1-\lambda)^{a-k_1} \frac{(k_1-a)^{\overline{-\beta}}}{\Gamma(1-\beta)} \left[v(a) - u(a)\right]
$$

$$
+ (1-\lambda)^{a-k_1} \sum_{i=a+1}^{k_1-1} \frac{(k_1-i+1)^{\overline{-\beta-1}}}{\Gamma(-\beta)} \left[(1-\lambda)^{i-a}v(i) - (1-\lambda)^{i-a}u(i)\right]
$$

$$
+ v(k_1) - u(k_1) > 0.
\tag{4.242}
$$

利用式 (4.239), 可得

$$
[{}_a^C\nabla_k^{\beta,\lambda}v(k)]_{k=k_1} - [{}_a^C\nabla_k^{\beta,\lambda}u(k)]_{k=k_1}
$$

$$
\leqslant -\gamma\left(v(k_1)\right) + \gamma\left(u(k_1)\right)
$$

$$
\leqslant 0,
\tag{4.243}
$$

这与 (4.242) 相矛盾. 因此, 不存在这样的 k_1, 即对于所有的 $k \in \mathbb{N}_{a+1}$ 总有 $v(k) \leqslant u(k)$ 成立. 至此, 定理得证. □

在定理 4.4.11 的基础上, 可进一步建立 Tempered Nabla 分数阶系统渐近稳定性的 Lyapunov 判据.

定理 4.4.12 对于系统 (4.205), 如果存在参数 $\beta \in (0,1)$, $\mathcal{K}$ 类函数 $\gamma_1, \gamma_2, \gamma_3$ 和一个 Lyapunov 函数 $V : \mathbb{N}_a \times \mathbb{D} \to \mathbb{R}$ 满足

$$
\gamma_1(\|x(k)\|) \leqslant V(k, x(k)) \leqslant \gamma_2(\|x(k)\|),
\tag{4.244}
$$

$$\,_a^C \nabla_k^{\beta,\lambda} V(k, x(k)) \leqslant -\gamma_3(\|x(k)\|) \,, \tag{4.245}$$

那么系统在平衡点 $x_e = 0$ 处一致渐近稳定, 其中 $x(k) \in \mathbb{D}$, $k \in \mathbb{N}_{a+1}$, $\lambda < 0$.

证明　本定理的证明, 将分两部分展开.

第 1 部分 ▶ 稳定性证明.

对于任意的 $\epsilon > 0$, 令 $\sigma := \gamma_2^{-1}(\gamma_1(\epsilon))$, 则 $\sigma > 0$. 由 $\mathcal{K}$ 类函数的特性可知, $\gamma_2^{-1}(\gamma_1)$ 依然是 $\mathcal{K}$ 类函数, 且 $\gamma_2(\gamma_2^{-1}(\gamma_1(\epsilon))) = \gamma_1(\epsilon)$.

根据 $\mathcal{K}$ 类函数的特性可得

$$\,_a^C \nabla_k^{\beta,\lambda} V(k, x(k)) \leqslant 0. \tag{4.246}$$

对式 (4.245) 两边同时取 β 阶 Tempered 和分, 可得

$$V(k, x(k)) - (1 - \lambda)^{a-k} V(a, x(a)) \leqslant 0. \tag{4.247}$$

由于 $\lambda < 0$, 所以 $(1 - \lambda)^{a-k} \leqslant 1$, $\forall k \in \mathbb{N}_a$, 从而对于任意的 $\|x(a)\| < \sigma$, 总有下式成立

$$\gamma_1(\|x(k)\|) \leqslant V(k, x(k)) \leqslant (1 - \lambda)^{a-k} V(a, x(a))$$

$$\leqslant V(a, x(a)) \leqslant \gamma_2(\|x(a)\|)$$

$$< \gamma_2(\sigma) = \gamma_2\big(\gamma_2^{-1}(\gamma_1(\varepsilon))\big) = \gamma_1(\varepsilon) \,. \tag{4.248}$$

由 $\mathcal{K}$ 类函数的单调性可知, 对于任意 $k \in \mathbb{N}_{a+1}$ 有 $\|x(k)\| < \varepsilon$. 从而系统 (4.205) 在平衡点 $x_e = 0$ 处稳定.

第 2 部分 ▶ 吸引性证明.

联合式 (4.244) 与 (4.245) 可得

$$\,_a^C \nabla_k^{\beta,\lambda} V(k, x(k)) \leqslant -\gamma_3\big(\gamma_2^{-1}(V(k, x(k)))\big) \,. \tag{4.249}$$

因此必然存在一个 Lipschitz 连续的 $\mathcal{K}$ 类函数 γ 使得 ([33], 153 页)

$$\,_a^C \nabla_k^{\beta,\lambda} V(k, x(k)) \leqslant -\gamma(V(k, x(k))) \,. \tag{4.250}$$

给定标量方程

$$\,_a^C \nabla_k^{\beta,\lambda} u(k) = -\gamma(u(k)) \,, \tag{4.251}$$

其中, $u(k) \geqslant 0$, $k \in \mathbb{N}_{a+1}$, $u(a) = V(a, x(a))$.

根据 γ 函数的特性可知, 方程 (4.251) 的解存在且唯一. 由定理 4.4.11 可得 $V(k, x(k)) \leqslant u(k)$, 那么接下来只需要证明 $\lim\limits_{k \to +\infty} u(k) = 0$ 即可.

由方程 (4.251) 可得 ${}_a^{\mathrm{C}}\nabla_k^{\beta,\lambda}u(k) = (1-\lambda)^{a-k}{}_a^{\mathrm{C}}\nabla_k^{\beta}(1-\lambda)^{k-a}u(k) \leqslant 0$. 由
于 ${}_a^{\mathrm{C}}\nabla_k^{\beta}u(k) = \sum_{i=a+1}^{k} \dfrac{(k-i+1)^{\overline{-\beta}}}{\Gamma(1-\beta)}\nabla u(i)$, $k \in \mathbb{N}_{a+1}$ 且 $\dfrac{(k-i+1)^{\overline{-\beta}}}{\Gamma(1-\beta)} \geqslant 0$,
$\forall i \in \mathbb{N}_{a+1}^{k}$, 必然存在一个时刻 $k_1 \in \mathbb{N}_{a+1}$ 使 $\nabla[(1-\lambda)^{k-a}u(k)] < 0$, $\forall k \in \mathbb{N}_{a+1}^{k_1}$. 因
为 $(1-\lambda)^{k-a}$ 是单调递增的且 $u(k)$ 是非负的, 所以必然有 $\nabla u(k) < 0$, $\forall k \in \mathbb{N}_{a+1}^{k_1}$.
假设存在一个时刻 $k_2 \in \mathbb{N}_{a+1}$, $k_2 > k_1$ 使 $\nabla u(k) \geqslant 0$, $\forall k \in \mathbb{N}_{k_1+1}^{k_2}$. 由 $u(k)$ 的单
调性可知, $u(k_2) \geqslant u(k_1)$, 进而可得

$$[{}_a^{\mathrm{C}}\nabla_k^{\beta,\lambda}u(k)]_{k=k_2} - [{}_a^{\mathrm{C}}\nabla_k^{\beta,\lambda}u(k)]_{k=k_1}$$
$$= -\gamma(u(k_2)) + \gamma(u(k_1))$$
$$\leqslant 0. \tag{4.252}$$

对于任意 $k \in \mathbb{N}_{a+1}^{k_1}$, 可得

$$(1-\lambda)^{a-k_2}(k_2-i+1)^{\overline{-\beta}} - (1-\lambda)^{a-k_1}(k_1-i+1)^{\overline{-\beta}}$$
$$= \frac{\Gamma(k_2-i+1-\beta)}{\Gamma(k_2-i+1)(1-\lambda)^{k_2-a}} - \frac{\Gamma(k_1-i+1-\beta)}{\Gamma(k_1-i+1)(1-\lambda)^{k_1-a}}$$
$$= \frac{\Gamma(k_1-i+1-\beta)}{\Gamma(k_1-i+1)(1-\lambda)^{k_1-a}}\left(\prod_{j=1}^{k_2-k_1}\frac{k_1-i+j-\beta}{k_1-i+j}\frac{1}{1-\lambda}-1\right)$$
$$< 0. \tag{4.253}$$

进一步利用 Tempered Caputo 差分和 Tempered Grünwald-Letnikov 和分
可得

$$[{}_a^{\mathrm{C}}\nabla_k^{\beta,\lambda}u(k)]_{k=k_2} - [{}_a^{\mathrm{C}}\nabla_k^{\beta,\lambda}u(k_1)]_{k=k_1}$$
$$= (1-\lambda)^{a-k_2}\sum_{i=a+1}^{k_2}\frac{(k_2-i+1)^{\overline{-\beta}}}{\Gamma(1-\beta)}\nabla[(1-\lambda)^{i-a}u(i)]$$
$$\quad - (1-\lambda)^{a-k_1}\sum_{i=a+1}^{k_1}\frac{(k_1-i+1)^{\overline{-\beta}}}{\Gamma(1-\beta)}\nabla[(1-\lambda)^{i-a}u(i)]$$
$$= \sum_{i=a+1}^{k_1}\frac{(1-\lambda)^{a-k_2}(k_2-i+1)^{\overline{-\beta}}-(1-\lambda)^{a-k_1}(k_1-i+1)^{\overline{-\beta}}}{\Gamma(1-\beta)}\nabla[(1-\lambda)^{i-a}u(i)]$$
$$\quad + (1-\lambda)^{a-k_2}\sum_{i=k_1+1}^{k_2}\frac{(k_2-i+1)^{\overline{-\beta}}}{\Gamma(1-\beta)}\nabla[(1-\lambda)^{i-a}u(i)]$$
$$> 0, \tag{4.254}$$

这与式 (4.253) 相矛盾, 从而假设不成立, 即这样的 k_2 不存在. 因此, 对于所有 $k \in \mathbb{N}_{a+1}$, 总有 $\nabla u(k) < 0$ 成立, 即序列 $u(k)$ 单调递减.

考虑到 $u(k)$ 有下界 0, 利用单调有界定理可得 $\lim\limits_{k \to +\infty} u(k)$ 存在. 假设存在常数 $\epsilon > 0$ 满足 $u(k) \geqslant \epsilon$, $\forall k \in \mathbb{N}_{a+1}$. 结合 (4.248), 进一步有

$$0 < \epsilon \leqslant u(k) \leqslant u(a). \tag{4.255}$$

利用 $\mathcal{K}$ 类函数的单调性, 可得

$$-\gamma(u(k)) \leqslant -\gamma(\epsilon) = -\frac{\gamma(\epsilon)}{u(a)} u(a) \leqslant -L u(k), \tag{4.256}$$

其中, $L = \dfrac{\gamma(\epsilon)}{u(a)}$ 为正常数.

参考定理 4.2.1 的证明, 由 (4.256) 可得

$$u(k) \leqslant u(a) \mathcal{F}_{\beta,1}(-L, k, a), \tag{4.257}$$

这与 $u(k) \geqslant \epsilon$, $\forall k \in \mathbb{N}_{a+1}$ 相矛盾, 所以该假设不成立. 考虑约束条件 $u(k) \geqslant 0$, $\forall k \in \mathbb{N}_{a+1}$, 则可得到 $\lim\limits_{k \to +\infty} u(k) = 0$. 由比较定理可得 $\lim\limits_{k \to +\infty} V(k, x(k)) = 0$, 结合式 (4.244) 可知 $\lim\limits_{k \to +\infty} \|x(k)\| \leqslant \lim\limits_{k \to +\infty} \gamma_1^{-1}(V(k, x(k))) = 0$, 即系统 (4.205) 在平衡点处的吸引性得证.

综上所述, 系统在平衡点 $x_e = 0$ 处一致渐近稳定. 至此, 定理得证. □

注解 4.4.7　由于非零常数的 Tempered 和分是有界的, 所以定理 4.4.12 的第 2 部分证明不能像定理 4.3.3 一样展开. 考虑到 $u(k)$ 满足单调性, 所以不存在 $\lim\limits_{k \to +\infty} \inf u(k) = 0$ 和 $\lim\limits_{k \to +\infty} u(k) \neq 0$ 同时成立. 实际上, 从 (4.247) 出发, 结合 $V(k, x(k))$ 的非负性, 可得 $0 \leqslant V(k, x(k)) \leqslant (1-\lambda)^{a-k} V(a, x(a))$. 利用迫敛性准则, 直接可得 $\lim\limits_{k \to +\infty} V(k, u(k)) = 0$.

注解 4.4.8　当 $\lambda = 0$ 时, 定理 4.4.12 退化为定理 4.3.3, 同时蕴含了定理 4.3.1, 该结果可以进一步拓展到 Tempered Riemann-Liouville 定义, 这里不再赘述. 由于非零常数的 Tempered Caputo 差分不为 0, 且非线性的 $\mathcal{K}$ 类函数存在, 难以使用 Nabla Laplace 变换, 因为建立类似定理 4.3.6～定理 4.3.8 的 Lyapunov 判据如今仍是一个有价值且有挑战的开放问题.

4.4.2　不稳定性判据

前述研究均在讨论稳定性条件, 参考 [33, 例题 4.11、例题 4.12]、[160, 定理 3.3、定理 3.4]、[188, 定理 3.1、定理 3.2] 可类似构造不稳定性判据, 感兴趣的读者可自行完善并完成证明.

猜想 4.4.2　对于系统 (4.1), 如果 $V : \mathbb{N}_a \times \mathbb{D} \to \mathbb{R}$ 有连续一阶偏导 $\dfrac{\partial V(k, x(k))}{\partial x^{\mathrm{T}}(k)}$, $V(k, 0) = 0$, 在 $x_e = 0$ 的任意邻域内不满足负定或半负定, 且满足 ${}_a^{\mathrm{C}}\nabla_k^{\alpha} V(k, x(k))$ 正定, 则系统在平衡点 $x_e = 0$ 处不稳定.

猜想 4.4.3　对于系统 (4.1), 如果 $V : \mathbb{N}_a \times \mathbb{D} \to \mathbb{R}$ 有连续一阶偏导 $\dfrac{\partial V(k, x(k))}{\partial x^{\mathrm{T}}(k)}$, $V(k, 0) = 0$, 在 $x_e = 0$ 的任意邻域内不满足负定或半负定, 且满足 ${}_a^{\mathrm{C}}\nabla_k^{\alpha} V(k, x(k)) = \lambda V(k, x(k)) + W(k, x(k))$, $\lambda > 0$, $W(k, x(k)) \geqslant 0$, 则系统在平衡点 $x_e = 0$ 处不稳定.

4.4.3　控制器设计

随着 Nabla 分数阶系统直接 Lyapunov 方法的建立, 可以设计反馈控制器, 使得闭环控制系统稳定.

考虑如下系统

$$
{}_a^{\mathrm{C}}\nabla_k^{\alpha} x(k) = h(x(k), u(k)), \tag{4.258}
$$

其中, $\alpha \in (0, 1)$, $x(k) \in \mathbb{D}$, $\mathbb{D} \subseteq \mathbb{R}^n$ 是包含平衡点 $x_e = 0$ 的状态空间, $u(k) \in \mathbb{R}^m$, $k \in \mathbb{N}_{a+1}$, $a \in \mathbb{R}$, $x(a)$ 是系统初始条件.

选择可微凸 Lyapunov 函数 $V(x(k))$ 满足 $\gamma_1(\|x(k)\|) \leqslant V(x(k)) \leqslant \gamma_2(\|x(k)\|)$, 如果控制律 $u(k)$ 满足

$$
\begin{aligned}
{}_a^{\mathrm{C}}\nabla_k^{\alpha} V(x(k)) &\leqslant \frac{\mathrm{d}V(x(k))}{\mathrm{d}x^{\mathrm{T}}(k)} {}_a^{\mathrm{C}}\nabla_k^{\alpha} x(k) \\
&= \frac{\mathrm{d}V(x(k))}{\mathrm{d}x^{\mathrm{T}}(k)} h(x(k), u(k)) \\
&\leqslant -\gamma_2(\|x(k)\|),
\end{aligned} \tag{4.259}
$$

则有闭环控制系统在平衡点 $x_e = 0$ 处一致渐近稳定.

考虑到特殊的情形

$$
{}_a^{\mathrm{C}}\nabla_k^{\alpha} x(k) = f(x(k)) + g(x(k))u(k), \tag{4.260}
$$

其中, $m = 1$, $f(0) = 0$, 则 (4.259) 退化为

$$
\begin{aligned}
{}_a^{\mathrm{C}}\nabla_k^{\alpha} V(x(k)) &\leqslant \frac{\mathrm{d}V(x(k))}{\mathrm{d}x^{\mathrm{T}}(k)} {}_a^{\mathrm{C}}\nabla_k^{\alpha} x(k) \\
&= \frac{\mathrm{d}V(x(k))}{\mathrm{d}x^{\mathrm{T}}(k)} [f(x(k)) + g(x(k))u(k)]
\end{aligned}
$$

$$\leqslant -\gamma_3(\|x(k)\|). \tag{4.261}$$

进一步, 如果 $\dfrac{\mathrm{d}V(x(k))}{\mathrm{d}x^{\mathrm{T}}(k)}g(x(k)) = 0, \forall x(k) \in \mathbb{D}, x(k) \neq 0$, 则有

$$\frac{\mathrm{d}V(x(k))}{\mathrm{d}x^{\mathrm{T}}(k)}f(x(k)) \leqslant -\gamma_3(\|x(k)\|). \tag{4.262}$$

利用 Sontag 公式, 令 $\sigma(k) = \sqrt{\left[\dfrac{\mathrm{d}V(x(k))}{\mathrm{d}x^{\mathrm{T}}(k)}f(x(k))\right]^2 + \left[\dfrac{\mathrm{d}V(x(k))}{\mathrm{d}x^{\mathrm{T}}(k)}g(x(k))\right]^4}$,

可以构造控制器

$$u(k) = \begin{cases} -\dfrac{\dfrac{\mathrm{d}V(x(k))}{\mathrm{d}x^{\mathrm{T}}(k)}f(x(k)) + \sigma(k)}{\dfrac{\mathrm{d}V(x(k))}{\mathrm{d}x^{\mathrm{T}}(k)}g(x(k))}, & \dfrac{\mathrm{d}V(x(k))}{\mathrm{d}x^{\mathrm{T}}(k)}g(x(k)) \neq 0, \\[4mm] 0, & \dfrac{\mathrm{d}V(x(k))}{\mathrm{d}x^{\mathrm{T}}(k)}g(x(k)) = 0, \end{cases} \tag{4.263}$$

则闭环控制系统的稳定性可按如下方式分析.

当 $x(k) \neq 0$, $\dfrac{\mathrm{d}V(x(k))}{\mathrm{d}x^{\mathrm{T}}(k)}g(x(k)) = 0$ 时, 有

$$_{a}^{\mathrm{C}}\nabla_k^{\alpha}V(x(k)) \leqslant \frac{\mathrm{d}V(x(k))}{\mathrm{d}x^{\mathrm{T}}(k)}f(x(k)) \leqslant -\gamma_3(\|x(k)\|). \tag{4.264}$$

当 $x(k) \neq 0$, $\dfrac{\mathrm{d}V(x(k))}{\mathrm{d}x^{\mathrm{T}}(k)}g(x(k)) \neq 0$ 时, 有

$$_{a}^{\mathrm{C}}\nabla_k^{\alpha}V(x(k)) \leqslant -\sqrt{\left[\frac{\mathrm{d}V(x(k))}{\mathrm{d}x^{\mathrm{T}}(k)}f(x(k))\right]^2 + \left[\frac{\mathrm{d}V(x(k))}{\mathrm{d}x^{\mathrm{T}}(k)}g(x(k))\right]^4}$$

$$\leqslant -\gamma_3(\|x(k)\|). \tag{4.265}$$

利用定理 4.3.3, 可得闭环控制系统在 $x_e = 0$ 处渐近稳定.

4.4.4   数值算例

例 4.4.1   考虑如下 Nabla 离散分数阶系统

$$\begin{cases} _{a}^{\mathrm{C}}\nabla_k^{\alpha}x_1(k) = 0.1\tanh(x_1(k)) + 0.11\tanh(x_2(k)) + u_1(k), \\[2mm] _{a}^{\mathrm{C}}\nabla_k^{\alpha}x_2(k) = 0.12\tanh(x_1(k)) + 0.13\tanh(x_2(k)) + u_2(k), \end{cases} \tag{4.266}$$

其中, $\alpha = 0.85$, $x_1(a) = 1$, $x_2(a) = -0.8$, $a = 5$, $k \in \mathbb{N}_{a+1}$.

定义 $e_1(k) := {}_a^C\nabla_k^\alpha |x_1(k)| - \operatorname{sgn}(x_1(k)) {}_a^C\nabla_k^\alpha x_1(k)$, $e_2(k) := {}_a^C\nabla_k^\alpha |x_2(k)| - \operatorname{sgn}(x_2(k)) {}_a^C\nabla_k^\alpha x_2(k)$, 当 $u_1(k) = u_2(k) = 0$ 时, 仿真结果如图 4.18 所示, 不难发现 $x_1(k)$ 与 $x_2(k)$ 均发散, 所建立的分数阶差分不等式成立.

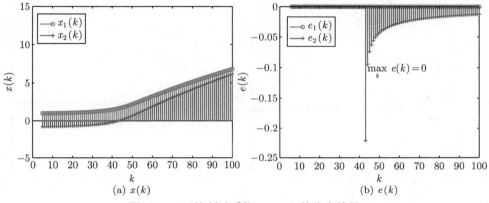

(a) $x(k)$ (b) $e(k)$

图 4.18 无控制时系统 (4.266) 的仿真结果

当 $u_1(k) = -0.7x_1(k)$, $u_2(k) = -0.85x_2(k)$ 时, 选择 Lyapunov 函数 $V(k, x(k)) := \|x(k)\| = |x_1(k)| + |x_2(k)|$. 因为 $\dfrac{\mathrm{d}}{\mathrm{d}z}\tanh(z) = 1 - \tanh^2(z)$, 所以 $\dfrac{\mathrm{d}}{\mathrm{d}z}\tanh(z)$ 是有界的, 进一步有

$$
\begin{aligned}
{}_a^C\nabla_k^\alpha V(k, x(k)) &= {}_a^C\nabla_k^\alpha |x_1(k)| + {}_a^C\nabla_k^\alpha |x_2(k)| \\
&\leqslant \operatorname{sgn}(x_1(k)) {}_a^C\nabla_k^\alpha x_1(k) + \operatorname{sgn}(x_2(k)) {}_a^C\nabla_k^\alpha x_2(k) \\
&= -0.7|x_1(k)| - 0.85|x_2(k)| \\
&\quad + 0.1\operatorname{sgn}(x_1(k))\tanh(x_1(k)) \\
&\quad + 0.11\operatorname{sgn}(x_1(k))\tanh(x_2(k)) \\
&\quad + 0.12\operatorname{sgn}(x_2(k))\tanh(x_1(k)) \\
&\quad + 0.13\operatorname{sgn}(x_2(k))\tanh(x_2(k)) \\
&\leqslant -0.7|x_1(k)| - 0.85|x_2(k)| + 0.1|x_1(k)| \\
&\quad + 0.11|x_2(k)| + 0.12|x_1(k)| + 0.13|x_2(k)| \\
&= -0.48|x_1(k)| - 0.61|x_2(k)|
\end{aligned}
$$

$$\leqslant -0.48V(k, x(k)). \tag{4.267}$$

由定理 4.2.1 可得, 系统 (4.266) 在 $x_e = 0$ 处 Mittag-Leffler 稳定, 所得结果如图 4.19 所示, 由于 $x_1(k)$ 与 $x_2(k)$ 都没有变号, $e_1(k)$ 与 $e_2(k)$ 均为零, 即仿真结果与理论结果吻合.

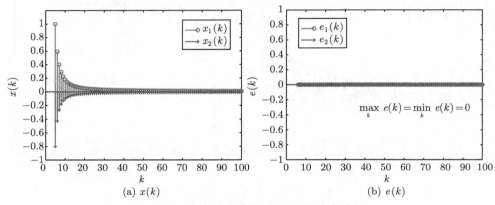

(a) $x(k)$　　　　　　　　　　　　(b) $e(k)$

图 4.19　有控制时系统 (4.266) 的仿真结果

为了探讨有界输入、有界输出的稳定性, 引入 $u_1(k) = -0.7x_1(k) + v_1(k)$, $u_2(k) = -0.85x_2(k) + v_2(k)$. 当 $v_1(k), v_2(k)$ 为方波扰动时, 仿真结果如图 4.20 所示. 当 $v_1(k), v_2(k)$ 为正弦波扰动时, 仿真结果如图 4.21 所示. 从两图中均可以发现当 $v_1(k), v_2(k)$ 有界时, $x_1(k), x_2(k)$ 有界.

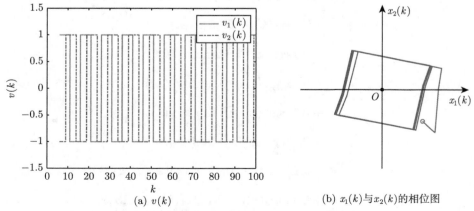

(a) $v(k)$　　　　　　　　　　(b) $x_1(k)$ 与 $x_2(k)$ 的相位图

图 4.20　有控制和方波扰动时系统 (4.266) 的仿真结果

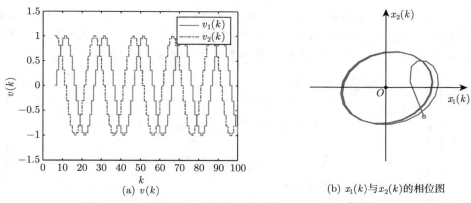

(a) $v(k)$ (b) $x_1(k)$ 与 $x_2(k)$ 的相位图

图 4.21　有控制和正弦波扰动时系统 (4.266) 的仿真结果

例 4.4.2　考虑如下 Nabla 离散分数阶系统

$$
\begin{cases}
{}_a^R\nabla_k^\alpha x_1(k) = 0.1\tanh(x_1(k)) + 0.11\tanh(x_2(k)) + u_1(k), \\
{}_a^R\nabla_k^\alpha x_2(k) = 0.12\tanh(x_1(k)) + 0.13\tanh(x_2(k)) + u_2(k),
\end{cases}
\tag{4.268}
$$

其中, $\alpha = 0.85$, 初始条件 $\left[{}_a^G\nabla_k^{\alpha-1}x_1(k)\right]_{k=a} = 1$, $\left[{}_a^G\nabla_k^{\alpha-1}x_2(k)\right]_{k=a} = -0.8$, $k \in \mathbb{N}_{a+1}$, $a = 5$.

定义 $e_1(k) := {}_a^R\nabla_k^\alpha |x_1(k)| - \mathrm{sgn}\,(x_1(k))\,{}_a^R\nabla_k^\alpha x_1(k)$, $e_2(k) := {}_a^R\nabla_k^\alpha |x_2(k)| - \mathrm{sgn}\,(x_2(k))\,{}_a^R\nabla_k^\alpha x_2(k)$, 当 $u_1(k) = u_2(k) = 0$ 时, 仿真结果如图 4.22 所示, 不难发现 $x_1(k)$ 与 $x_2(k)$ 均发散, 所建立的分数阶差分不等式成立.

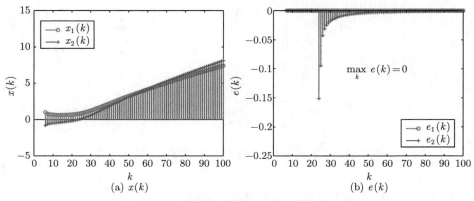

(a) $x(k)$ (b) $e(k)$

图 4.22　无控制时系统 (4.268) 的仿真结果

为了镇定不稳定系统, 同样选择状态反馈控制 $u_1(k) = -0.7x_1(k)$, $u_2(k) =$

$-0.85x_2(k)$, 构造 Lyapunov 函数 $V(k, x(k)) := \|x(k)\| = |x_1(k)| + |x_2(k)|$, 则有 ${}_a^{\mathrm{R}}\nabla_k^\alpha V(k, x(k)) \leqslant -0.48V(k, x(k))$, 由推论 4.4.1 可得, 系统 (4.268) 在 $x_e = 0$ 处 Mittag-Leffler 稳定, 图 4.23 中的仿真结果有力地印证了理论分析.

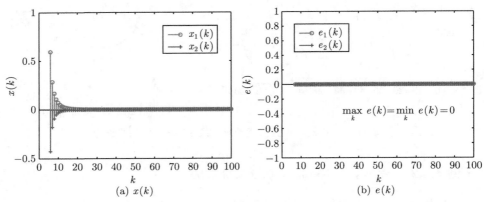

(a) $x(k)$　　　　　　　　　　　　(b) $e(k)$

图 4.23　有控制时系统 (4.268) 的仿真结果

类似地, 为了验证有界输入、有界输出稳定性, 令 $u_1(k) = -0.7x_1(k) + v_1(k)$, $u_2(k) = -0.85x_2(k) + v_2(k)$, 当 $v_1(k), v_2(k)$ 为方波或正弦波扰动时, 图 4.24 和图 4.25 中的仿真结果, 清晰地显示 $x_1(k), x_2(k)$ 的有界性.

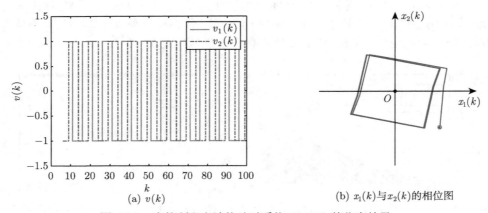

(a) $v(k)$　　　　　　　　　　　(b) $x_1(k)$ 与 $x_2(k)$ 的相位图

图 4.24　有控制和方波扰动时系统 (4.268) 的仿真结果

例 4.4.3　考虑如下 Nabla 离散分数阶系统

$$
\begin{cases}
{}_{a}^{\mathrm{R}}\nabla_k^{\alpha_1} x_1(k) = 0.2\tanh(x_1(k)) - 0.4\tanh(x_2(k)) \\
\qquad\qquad\quad + 0.15\tanh(x_3(k)) + u_1(k), \\
{}_{a}^{\mathrm{R}}\nabla_k^{\alpha_2} x_2(k) = 0.2\tanh(x_1(k)) + 0.1\tanh(x_2(k)) \\
\qquad\qquad\quad - 0.2\tanh(x_3(k)) + u_2(k), \\
{}_{a}^{\mathrm{R}}\nabla_k^{\alpha_3} x_3(k) = 0.25\tanh(x_1(k)) + 0.15\tanh(x_2(k)) \\
\qquad\qquad\quad + 0.3\tanh(x_3(k)) + u_3(k),
\end{cases}
\tag{4.269}
$$

其中, $\alpha_1 = 0.9$, $\alpha_2 = 0.95$, $\alpha_3 = 0.98$, $k \in \mathbb{N}_{a+1}$, $a = 5$.

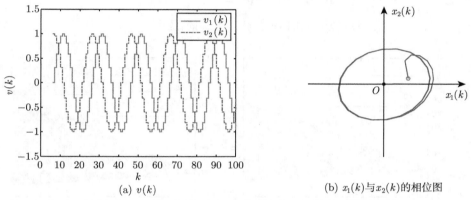

(a) $v(k)$　　　　　　　　(b) $x_1(k)$ 与 $x_2(k)$ 的相位图

图 4.25　有控制和正弦波扰动时系统 (4.268) 的仿真结果

类似地, 构造 Lyapunov 函数 $V(k, x(k)) := {}_{a}^{\mathrm{G}}\nabla_k^{\alpha_1-1}|x_1(k)| + {}_{a}^{\mathrm{G}}\nabla_k^{\alpha_2-1}|x_2(k)| + {}_{a}^{\mathrm{G}}\nabla_k^{\alpha_3-1}|x_3(k)|$, 当 $u_1(k) = u_2(k) = u_3(k) = 0$ 时, 有 $\nabla V(k, x(k)) = {}_{a}^{\mathrm{R}}\nabla_k^{\alpha_1}|x_1(k)| + {}_{a}^{\mathrm{R}}\nabla_k^{\alpha_2}|x_2(k)| + {}_{a}^{\mathrm{R}}\nabla_k^{\alpha_3}|x_3(k)| \leqslant 0.65 V(k, x(k))$, 再结合系统方程, 可以发现系统 (4.269) 是不稳定的.

在无控制时, 选择初始条件 $[{}_{a}^{\mathrm{G}}\nabla_k^{\alpha_1-1}x_1(k)]_{k=a} = 2$, $[{}_{a}^{\mathrm{G}}\nabla_k^{\alpha_2-1}x_2(k)]_{k=a} = -0.8$, $[{}_{a}^{\mathrm{G}}\nabla_k^{\alpha_3-1}x_3(k)]_{k=a} = 0.5$, $x(k)$ 与 ${}_{a}^{\mathrm{G}}\nabla_k^{\alpha-1}x(k)$ 的曲线如图 4.26 所示. 选择初始条件 $[{}_{a}^{\mathrm{G}}\nabla_k^{\alpha_1-1}x_1(k)]_{k=a} = [{}_{a}^{\mathrm{G}}\nabla_k^{\alpha_2-1}x_2(k)]_{k=a} = [{}_{a}^{\mathrm{G}}\nabla_k^{\alpha_3-1}x_3(k)]_{k=a} = 0$, $x_1(a+1) = 2$, $x_2(a+1) = -0.8$, $x_3(a+1) = 0.5$, $x(k)$ 与 ${}_{a}^{\mathrm{G}}\nabla_k^{\alpha-1}x(k)$ 的曲线如图 4.27 所示. 可以发现, 不同初始条件下的系统响应均是发散的.

为了使 $x(k)$ 在 $k \to +\infty$ 时收敛, 选择状态反馈 $u_1(k) = -0.7x_1(k)$, $u_2(k) = -0.75x_2(k)$, $u_3(k) = -0.8x_3(k)$, 计算 Lyapunov 函数的一阶差分可得

$$
\nabla V(k, x(k))
$$

$$
= {}_{a}^{\mathrm{R}}\nabla_k^{\alpha_1}|x_1(k)| + {}_{a}^{\mathrm{R}}\nabla_k^{\alpha_2}|x_2(k)| + {}_{a}^{\mathrm{R}}\nabla_k^{\alpha_3}|x_3(k)|
$$

$$
= -0.7|x_1(k)| - 0.75|x_2(k)| - 0.8|x_3(k)|
$$

$$+ 0.2\mathrm{sgn}(x_1(k))\tanh(x_1(k)) + 0.2\mathrm{sgn}(x_2(k))\tanh(x_1(k))$$

$$+ 0.25\mathrm{sgn}(x_3(k))\tanh(x_1(k))$$

$$- 0.4\mathrm{sgn}(x_1(k))\tanh(x_2(k)) + 0.1\mathrm{sgn}(x_2(k))\tanh(x_2(k))$$

$$+ 0.15\mathrm{sgn}(x_3(k))\tanh(x_2(k))$$

$$+ 0.15\mathrm{sgn}(x_1(k))\tanh(x_3(k)) - 0.2\mathrm{sgn}(x_2(k))\tanh(x_3(k))$$

$$+ 0.3\mathrm{sgn}(x_3(k))\tanh(x_3(k))$$

$$\leqslant -0.05\,|x_1(k)| - 0.1\,|x_2(k)| - 0.15\,|x_3(k)|. \tag{4.270}$$

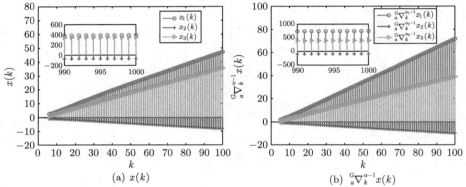

(a) $x(k)$　　　　　　　　　　　　　(b) $^{\mathrm{G}}_a\nabla_k^{\alpha-1}x(k)$

图 4.26　无控制时系统 (4.269) 的仿真结果，$[^{\mathrm{G}}_a\nabla_k^{\alpha_1-1}x_1(k)]_{k=a} = 2$, $[^{\mathrm{G}}_a\nabla_k^{\alpha_2-1}x_2(k)]_{k=a} = -0.8$, $[^{\mathrm{G}}_a\nabla_k^{\alpha_3-1}x_3(k)]_{k=a} = 0.5$

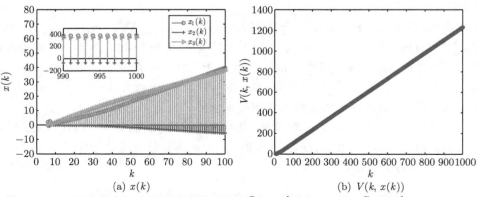

(a) $x(k)$　　　　　　　　　　　　　(b) $V(k, x(k))$

图 4.27　无控制时系统 (4.269) 的仿真结果，$[^{\mathrm{G}}_a\nabla_k^{\alpha_1-1}x_1(k)]_{k=a} = [^{\mathrm{G}}_a\nabla_k^{\alpha_2-1}x_2(k)]_{k=a} = [^{\mathrm{G}}_a\nabla_k^{\alpha_3-1}x_3(k)]_{k=a} = 0$, $x_1(a+1) = 2$, $x_2(a+1) = -0.8$, $x_3(a+1) = 0.5$

由定理 4.4.5 可得, 系统 (4.269) 在 $x_e = 0$ 处渐近稳定. 两类初始条件下, 系统仿真结果如图 4.28 和图 4.29 所示, 可以发现 $x(k)$ 均逐渐收敛至 0.

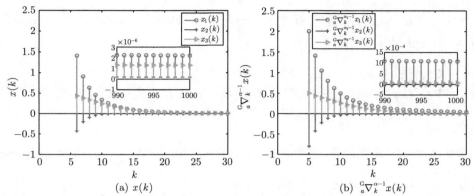

图 4.28　有控制时系统 (4.269) 的仿真结果, $[^{\mathrm{G}}_a\nabla_k^{\alpha_1-1}x_1(k)]_{k=a} = 2, [^{\mathrm{G}}_a\nabla_k^{\alpha_2-1}x_2(k)]_{k=a} = -0.8, [^{\mathrm{G}}_a\nabla_k^{\alpha_3-1}x_3(k)]_{k=a} = 0.5$

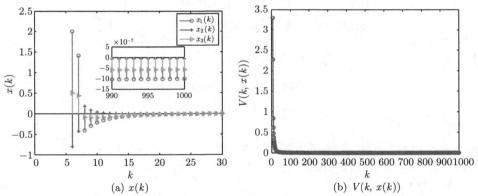

图 4.29　有控制时系统 (4.269) 的仿真结果, $[^{\mathrm{G}}_a\nabla_k^{\alpha_1-1}x_1(k)]_{k=a} = [^{\mathrm{G}}_a\nabla_k^{\alpha_2-1}x_2(k)]_{k=a} = [^{\mathrm{G}}_a\nabla_k^{\alpha_3-1}x_3(k)]_{k=a} = 0$, $x_1(a+1) = 2, x_2(a+1) = -0.8, x_3(a+1) = 0.5$

例 4.4.4　考虑驱动系统
$$\begin{cases} ^{\mathrm{R}}_a\nabla_k^\alpha x_1(k) = x_2(k), \\ ^{\mathrm{R}}_a\nabla_k^\alpha x_2(k) = b(k)x_1(k) - x_1^3(k) - rx_2(k) \end{cases} \tag{4.271}$$

和响应系统
$$\begin{cases} ^{\mathrm{R}}_a\nabla_k^\alpha y_1(k) = y_2(k) + u_1(k) + d(k), \\ ^{\mathrm{R}}_a\nabla_k^\alpha y_2(k) = b(k)y_1(k) - y_1^3(k) - ry_2(k) + u_2(k) + d(k), \end{cases} \tag{4.272}$$

其中, $\alpha = 0.6$, $k \in \mathbb{N}_{a+1}$, $b(k) = 1 + \mu \sin(\omega k)$, $\mu = 0.5$, $\omega = 1$, $r = 0.2$, $[_a^{\mathrm{G}}\nabla_k^{\alpha-1}x_1(k)]_{k=a} = 0.5$, $[_a^{\mathrm{G}}\nabla_k^{\alpha-1}x_2(k)]_{k=a} = -0.3$, $[_a^{\mathrm{G}}\nabla_k^{\alpha-1}y_1(k)]_{k=a} = 0$, $[_a^{\mathrm{G}}\nabla_k^{\alpha-1}y_2(k)]_{k=a} = 0$, $a = 5$, $d(k)$ 是有界扰动.

定义 $e(k) := x(k) - y(k)$, 并考虑状态反馈 $u_1(k) = k_1[x_1(k) - y_1(k)]$, $u_2(k) = k_2[x_2(k) - y_2(k)]$ 可得误差系统

$$
\begin{cases}
{}_a^{\mathrm{R}}\nabla_k^{\alpha}e_1(k) = e_2(k) - k_1 e_1(k) - d(k), \\
{}_a^{\mathrm{R}}\nabla_k^{\alpha}e_2(k) = b(k)e_1(k) - x_1^3(k) + y_1^3(k) - re_2(k) - k_2 e_2(k) - d(k),
\end{cases}
\tag{4.273}
$$

其中, $e(k) = [e_1(k)\ e_2(k)]^{\mathrm{T}}$.

通过数值计算或仿真, 可以发现 $|x_1(k)| < 1.25$, $x_1^2(k) < \dfrac{5}{3}$. 构造 Lyapunov 函数 $V(k, e(k)) := \dfrac{1}{2}e_1^2(k) + \dfrac{1}{2}e_2^2(k)$, 则有

$$
\begin{aligned}
{}_a^{\mathrm{R}}\nabla_k^{\alpha}V(k, e(k)) &\leqslant e_1(k)\,{}_a^{\mathrm{R}}\nabla_k^{\alpha}e_1(k) + e_2(k)\,{}_a^{\mathrm{R}}\nabla_k^{\alpha}e_2(k) \\
&= e_1(k)e_2(k) - k_1 e_1^2(k) - e_1(k)d(k) \\
&\quad + b(k)e_1(k)e_2(k) - re_2^2(k) \\
&\quad - k_2 e_2^2(k) - e_2(k)d(k) \\
&\quad - e_1(k)e_2(k)\left[x_1^2(k) + x_1(k)y_1(k) + y_1^2(k)\right] \\
&\leqslant -(k_1 - 3.5 - 0.5\mu)e_1^2(k) \\
&\quad - (r + k_2 - 3.5 - 0.5\mu)e_2^2(k) \\
&\quad - e_1(k)d(k) - e_2(k)d(k) \\
&\leqslant -(k_1 - 3.5 - 0.5\mu - \lambda_1^2)e_1^2(k) \\
&\quad - (r + k_2 - 3.5 - 0.5\mu - \lambda_2^2)e_2^2(k) \\
&\quad + (\lambda_1^{-2} + \lambda_2^{-2})d^2(k).
\end{aligned}
\tag{4.274}
$$

选择参数 $\lambda_1 = \lambda_2 = 1$, $k_1 = 6$, $k_2 = 5$, 则有 ${}_a^{\mathrm{R}}\nabla_k^{\alpha}V(k, e(k)) \leqslant -0.9V(k, e(k))$, 由推论 4.4.1 可得, 当 $d(k) = 0$ 时, 系统 (4.273) 在 $x_e = 0$ 处渐近稳定.

当 $d(k) = M\cos(k - a)$ 时, 则有

$$
\begin{aligned}
{}_a^{\mathrm{R}}\nabla_k^{\alpha}V(k, e(k)) &\leqslant -1.25e_1^2(k) - 0.45e_2^2(k) + 2M^2 \\
&\leqslant -0.9V(k, e(k)) + 2M^2.
\end{aligned}
\tag{4.275}
$$

由推论 4.4.2 可得, 系统 (4.273) 在 $x_e = 0$ 处最终一致有界. 令 $M = 0.2$, $\alpha = 0.6$, 可得仿真结果如图 4.30 和图 4.31 所示. 可以发现, 所设计的控制器能实现同步, 由于有持续有界扰动存在, 同步误差 $e(k)$ 同样有界. 为了展示更多细节, 选择不同阶次 $\alpha = 0.1, 0.2, \cdots, 0.9$, 同样可以得到同步误差有界.

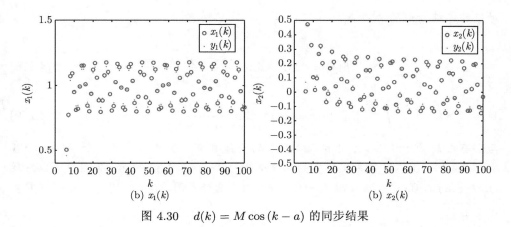

(b) $x_1(k)$　　　　　　　　　　　　　(b) $x_2(k)$

图 4.30　$d(k) = M \cos(k - a)$ 的同步结果

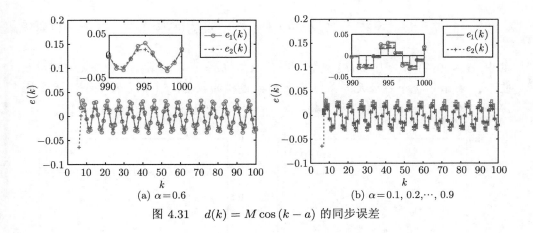

(a) $\alpha = 0.6$　　　　　　　　　　(b) $\alpha = 0.1, 0.2, \cdots, 0.9$

图 4.31　$d(k) = M \cos(k - a)$ 的同步误差

当 $d(k) = M \sqrt{\dfrac{(k - a)^{\overline{-\gamma}}}{\Gamma(1 - \gamma)}}$ 时, 则有

$$\mathop{}_a^R \nabla_k^\alpha V(k, e(k)) \leqslant -1.25 e_1^2(k) - 0.45 e_2^2(k) + h(k), \qquad (4.276)$$

其中, $h(k) = 2M^2 \dfrac{(k - a)^{\overline{-\gamma}}}{\Gamma(1 - \gamma)}$.

对于这一 $h(k)$, 有如下特性成立

$$\lim_{k \to +\infty} {}^{\mathrm{G}}_a \nabla_k^{-\gamma} |h(k)| = 2M^2 < +\infty. \tag{4.277}$$

基于此, 利用推论 4.4.3 可得, 系统 (4.273) 在 $x_e = 0$ 处最终一致吸引. 引入 $h(k)$ 对应的连续情形的余项 $\hat{h}(t) := 2M^2 \dfrac{(t-a)^{-\gamma}}{\Gamma(1-\gamma)}$, 则有

$$\sum_{j=a+1}^{+\infty} |h(j)| = 2M^2 \lim_{k \to +\infty} \frac{(k-a)^{\overline{1-\gamma}}}{\Gamma(2-\gamma)} = +\infty, \tag{4.278}$$

$$\int_a^{+\infty} |\hat{h}(\tau)| \mathrm{d}\tau = 2M^2 \lim_{t \to +\infty} \frac{(t-a)^{1-\gamma}}{\Gamma(2-\gamma)} = +\infty. \tag{4.279}$$

与已有结果[33,157] 相比, 推论 4.4.3 中的条件具有更少的保守性. 令 $M = 0.05$, $\alpha = 0.6$, $\gamma = 0.5$, 可得系统仿真的结果如图 4.32 和图 4.33 所示. 从图中可以发现 $\lim\limits_{k \to +\infty} e(k) = 0$, 这与理论结果一致. 类似地, 选择不同阶次 α, 同样可以得到同步误差有界.

例 4.4.5　考虑如下 Nabla 离散分数阶系统

$$_a^{\mathrm{C}}\nabla_k^{\alpha,\lambda} x_i(k) = -b_i x_i(k) + \sum_{j=1}^{n} c_{ij} f_j(x_j(k)), \tag{4.280}$$

其中, $\alpha \in (0,1)$, $\lambda < 0$, $x_i(k)$ 是第 i 个伪状态, $b_i > 0$ 表示第 i 个神经元自连接权重, c_{ij} 表示第 i 个神经元与第 j 个神经元连接的权重, $f_j(\cdot)$ 是第 j 个激活函数, $i, j = 1, 2, \cdots, n$, n 是神经元个数.

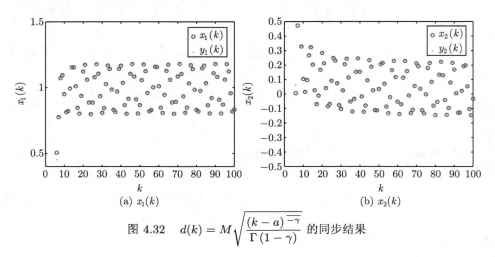

图 4.32　$d(k) = M\sqrt{\dfrac{(k-a)^{\overline{-\gamma}}}{\Gamma(1-\gamma)}}$ 的同步结果

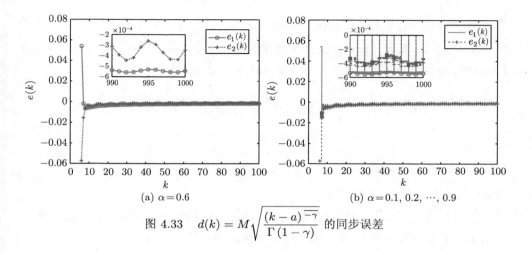

(a) $\alpha = 0.6$　　　　　　　　　(b) $\alpha = 0.1, 0.2, \cdots, 0.9$

图 4.33　$d(k) = M\sqrt{\dfrac{(k-a)^{\overline{-\gamma}}}{\Gamma(1-\gamma)}}$ 的同步误差

在给定条件下

$$|f_j(z)| \leqslant l_j|z|, \quad l_j > 0, \quad j = 1, 2, \cdots, n, \tag{4.281}$$

$$\mu_i = b_i - \sum_{j=1}^{n} |c_{ji}| l_i > 0, \quad i = 1, 2, \cdots, n, \tag{4.282}$$

选择 Lyapunov 函数 $V(x(k)) := \|x(k)\| = \sum_{i=1}^{n} |x_i(k)|$, 则有

$$\begin{aligned}
{}_a^{\mathrm{C}}\nabla_k^{\alpha,\lambda} V(x(k)) &= \sum_{i=1}^{n} {}_a^{\mathrm{C}}\nabla_k^{\alpha,\lambda} |x_i(k)| \\
&\leqslant \sum_{i=1}^{n} \mathrm{sgn}(x_i(k)) {}_a^{\mathrm{C}}\nabla_k^{\alpha,\lambda} x_i(k) \\
&= -\sum_{i=1}^{n} b_i |x_i(k)| + \sum_{i=1}^{n} \sum_{j=1}^{n} c_{ij} \mathrm{sgn}(x_i(k)) f_j(x_j(k)) \\
&\leqslant -\sum_{i=1}^{n} b_i |x_i(k)| + \sum_{i=1}^{n} \sum_{j=1}^{n} |c_{ij}| l_j |x_j(k)| \\
&= -\sum_{i=1}^{n} \left(b_i - \sum_{j=1}^{n} |c_{ji}| l_i \right) |x_i(k)| \\
&\leqslant -\sum_{i=1}^{n} \mu_i |x_i(k)| \\
&\leqslant -\mu \|x(k)\|,
\end{aligned} \tag{4.283}$$

其中, $\mu = \min\limits_{i} \mu_i$, $x(k) = [x_1(k)\ x_2(k)\ \cdots\ x_n(k)]^{\mathrm{T}}$. 利用定理 4.4.8 可得, 系统 (4.280) 在 $x_e = 0$ 处 Mittag-Leffler 稳定. 令 $x_1(a) = 5$, $x_2(a) = -3$, $x_3(a) = 3$, $f_j(x_j(k)) = \tanh(x_j(k))$, $b_j = 6$, $j = 1, 2, 3$, $n = 3$, $a = 2$,

$$C = (c_{ij})_{3\times 3} = \begin{bmatrix} 2 & -1.2 & 0 \\ 1.8 & 1.71 & 1.15 \\ -4.75 & 0 & 1.1 \end{bmatrix}, \tag{4.284}$$

则条件 (4.281) 与 (4.282) 均满足.

当 $\alpha = 0.6$, $\lambda = 0, -0.2, -0.4, -0.6, -0.8, -1.0$ 时, 仿真结果如图 4.34 所示, 可见 $x_i(k)$ 逐渐收敛至 0, 且 λ 越小, 收敛速度越快.

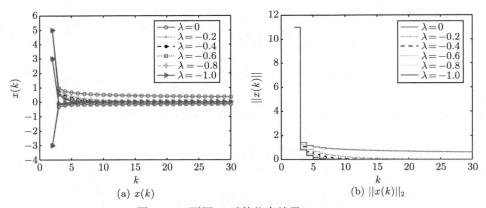

(a) $x(k)$ 　　　　　　　　　　(b) $\|x(k)\|_2$

图 4.34　不同 λ 时的仿真结果, $\alpha = 0.6$

当 $\lambda = -0.01$, $\alpha = 0.1, 0.3, 0.5, 0.7, 0.9, 1.0$ 时, 仿真结果如图 4.35 所示, 同样可见 $x_i(k)$ 逐渐收敛至 0, 且 α 越大, 收敛速度越快.

例 4.4.6　考虑如下 Nabla 离散分数阶系统

$$\begin{cases} {}^{\mathrm{C}}_{a}\nabla^{\alpha,\lambda}_{k} x_1(k) = -2x_1(k) + \dfrac{\sin(x_2(k))}{1+k^2} x_1(k) + d_1(k), \\ {}^{\mathrm{C}}_{a}\nabla^{\alpha,\lambda}_{k} x_2(k) = -2x_2(k) + \cos(x_1(k)) x_2(k) + d_2(k), \end{cases} \tag{4.285}$$

其中, $\alpha = 0.6$, $x_1(a) = 10$, $x_2(a) = -5$, $a = 2$, $\lambda < 0$, $d_1(k), d_2(k)$ 是有界扰动, $k \in \mathbb{N}_{a+1}$.

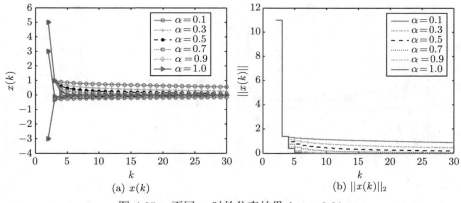

(a) $x(k)$ (b) $\|x(k)\|_2$

图 4.35 不同 α 时的仿真结果 $\lambda = -0.01$

选择 Lyapunov 函数 $V(k, x(k)) := \|x(k)\| = |x_1(k)| + |x_2(k)|$, 则有

$${}_a^C \nabla_k^{\alpha, \lambda} V(k, x(k)) \leqslant \operatorname{sgn}(x_1(k)) {}_a^C \nabla_k^{\alpha, \lambda} x_1(k) + \operatorname{sgn}(x_2(k)) {}_a^C \nabla_k^{\alpha, \lambda} x_2(k)$$

$$= -2|x_1(k)| + \frac{\sin(x_2(k))}{1 + k^2} |x_1(k)|$$

$$- 2|x_2(k)| + \cos(x_1(k)) |x_2(k)|$$

$$+ \operatorname{sgn}(x_1(k)) d_1(k) + \operatorname{sgn}(x_2(k)) d_2(k)$$

$$\leqslant -2|x_1(k)| + \frac{1}{5}|x_1(k)| - 2|x_2(k)| + |x_2(k)|$$

$$+ |d_1(k)| + |d_2(k)|$$

$$= -\frac{9}{5}|x_1(k)| - |x_2(k)| + |d_1(k)| + |d_2(k)|$$

$$\leqslant -\|x(k)\| + |d_1(k)| + |d_2(k)|. \tag{4.286}$$

当 $d_1(k) = \operatorname{sgn}(x_1(k))$, $d_2(k) = \operatorname{sgn}(x_2(k))$ 时, 易知 $|d_1(k)| + |d_2(k)|$ 有界, 利用定理 4.4.9 可得, 系统 (4.285) 在 $x_e = 0$ 处最终一致有界. 选择 $\lambda = 0, -0.1,$ $-0.3, -0.5, -0.7, -0.9$, 可得仿真结果如图 4.36 所示, 不难发现 $\|x(k)\|$ 有界, 且 λ 越小, $x(k)$ 收敛得越快.

当 $d_1(k) = \operatorname{sgn}(\sin(k))$, $d_2(k) = \operatorname{sgn}(\cos(k))$ 时, 易知 $|d_1(k)| + |d_2(k)|$ 有界, 利用定理 4.4.9 同样可得, 系统 (4.285) 在 $x_e = 0$ 处最终一致有界. 选择 $\lambda = 0, -0.2, -0.4, -0.6, -0.8, -1.0$, 可得仿真结果如图 4.37 所示, 不难发现 $\|x(k)\|$ 有界, 且 λ 越小, $x(k)$ 收敛得越快.

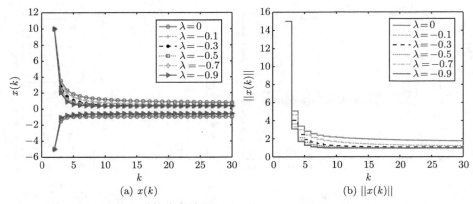

图 4.36　不同 λ 时的仿真结果, $d_1(k) = \text{sgn}(x_1(k))$, $d_2(k) = \text{sgn}(x_2(k))$

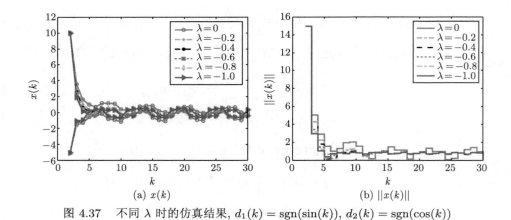

图 4.37　不同 λ 时的仿真结果, $d_1(k) = \text{sgn}(\sin(k))$, $d_2(k) = \text{sgn}(\cos(k))$

例 4.4.7　考虑如下 Nabla 离散分数阶系统

$$\begin{cases} {}_a^{\text{C}}\nabla_k^{\alpha,\lambda} x_1(k) = -2x_1(k) + x_1(k)|x_2(k)| + d(k), \\ {}_a^{\text{C}}\nabla_k^{\alpha,\lambda} x_2(k) = -2x_2(k) - |x_1(k)|x_2(k) + d(k), \end{cases} \tag{4.287}$$

其中, $\alpha = 0.6$, $x_1(a) = 2$, $x_2(a) = -1$, $a = 2$, $\lambda < 0$, $d(k)$ 是有界扰动, $k \in \mathbb{N}_{a+1}$. 选择 Lyapunov 函数 $V(k, x(k)) := \|x(k)\| = |x_1(k)| + |x_2(k)|$, 则有

$${}_a^{\text{C}}\nabla_k^{\alpha,\lambda} V(k, x(k)) \leqslant \text{sgn}(x_1(k)) {}_a^{\text{C}}\nabla_k^{\alpha,\lambda} x_1(k) + \text{sgn}(x_2(k)) {}_a^{\text{C}}\nabla_k^{\alpha,\lambda} x_2(k)$$

$$= -2|x_1(k)| + |x_1(k)x_2(k)| - 2|x_2(k)| - |x_1(k)x_2(k)|$$

$$+ \text{sgn}(x_1(k))d(k) + \text{sgn}(x_2(k))d(k)$$

$$\leqslant -2|x_1(k)| - 2|x_2(k)| + 2d^2(k)$$

$$\leqslant -2\|x(k)\| + h(k), \tag{4.288}$$

其中, $h(k) = 2d^2(k)$.

当 $d(k) = \dfrac{k-a}{\sqrt{2^{k-a}}}$ 时, 有 $h(k) = \dfrac{(k-a)^2}{2^{k-a-1}}$. 因为 $\displaystyle\lim_{j\to+\infty} \dfrac{|h(j+1)|}{|h(j)|} = \lim_{j\to+\infty}$

$\dfrac{(j-a+1)^2 2^{j-a-1}}{(j-a)^2 2^{j-a}} = \dfrac{1}{2}$, 由正项级数的收敛性可知, 存在一个正常数 σ 满足

$\sum_{j=a+1}^{+\infty} |h(j)| = \sigma < +\infty$. 利用定理 4.4.10, 可得系统 (4.287) 在 $x_e = 0$ 处

一致吸引. 选择 $\lambda = 0, -0.2, -0.4, -0.6, -0.8, -1.0$, 可得仿真结果如图 4.38 所示,

不难发现 $\|x(k)\|$ 逐渐收敛至零, 且 λ 越小, $x(k)$ 收敛得越快.

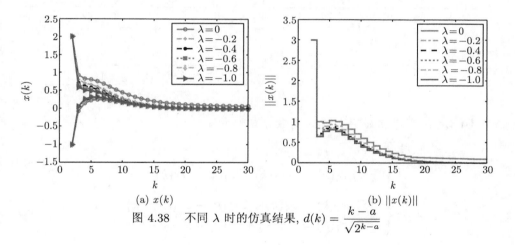

(a) $x(k)$ (b) $\|x(k)\|$

图 4.38 不同 λ 时的仿真结果, $d(k) = \dfrac{k-a}{\sqrt{2^{k-a}}}$

当 $d(k) = \dfrac{(-1)^{k-a+1}}{\sqrt{\ln^{k-a+1}(k-a+1)}}$ 时, 有 $h(k) = \dfrac{2}{\ln^{k-a+1}(k-a+1)}$, 从而可得

$$\sum_{j=a+1}^{+\infty} |h(j)| = \sum_{j=a+1}^{+\infty} \left| \frac{2}{\ln^{j-a+1}(j-a+1)} \right|$$

$$= \sum_{j=2}^{+\infty} \left| \frac{2}{\ln^j(j)} \right|$$

$$< \sum_{j=2}^{+\infty} \left| \frac{2}{2^j} \right|$$

$$= 1 < +\infty. \tag{4.289}$$

利用定理 4.4.10, 可得系统 (4.287) 在 $x_e = 0$ 处一致吸引. 选择 $\lambda = 0, -0.1, -0.3,$ $-0.5, -0.7, -0.9$, 可得仿真结果如图 4.39 所示, 同样发现 $\|x(k)\|$ 逐渐收敛至零, 且 λ 越小, $x(k)$ 收敛得越快, 仿真结果与理论分析一致.

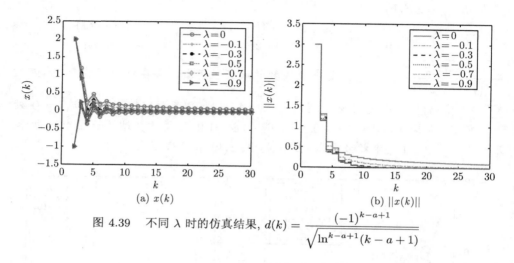

图 4.39   不同 λ 时的仿真结果, $d(k) = \dfrac{(-1)^{k-a+1}}{\sqrt{\ln^{k-a+1}(k-a+1)}}$

例 4.4.8   考虑如下 Nabla 离散分数阶系统

$$系统 1: \begin{cases} {}_a^C\nabla_k^\alpha x_1(k) = x_2(k), \\ {}_a^C\nabla_k^\alpha x_2(k) = -x_1(k) + x_2(k) - x_2^3(k); \end{cases} \tag{4.290}$$

$$系统 2: \begin{cases} {}_a^C\nabla_k^\alpha x_1(k) = x_1(k) + 2x_2(k) + x_1(k)x_2^2(k), \\ {}_a^C\nabla_k^\alpha x_2(k) = 2x_1(k) + x_2(k) - x_1^2(k)x_2(k); \end{cases} \tag{4.291}$$

$$系统 3: \begin{cases} {}_a^C\nabla_k^\alpha x_1(k) = \dfrac{1}{2}x_1(k) - \dfrac{\sqrt{2}}{2}x_2(k), \\ {}_a^C\nabla_k^\alpha x_2(k) = \dfrac{\sqrt{2}}{2}x_1(k) + \dfrac{1}{2}x_2(k), \end{cases} \tag{4.292}$$

其中, $\alpha = 0.7$, $x_1(a) = 1$, $x_2(a) = -0.8$, $k \in \mathbb{N}_{a+1}$.

对于系统 1, 取 Lyapunov 函数 $V(k, x(k)) := 2x_1^2(k) + x_2^2(k) + [x_1(k) - x_2(k)]^2$, 则有 ${}_a^C\nabla_k^\alpha V(k, x(k)) \leqslant 2[x_1^2(k) + x_2^2(k)] + 2x_1(k)x_2^3(k) - 4x_2^4(k)$, 可以发现在原点的足够小的邻域内, $V(k, x(k))$ 正定, 且 ${}_a^C\nabla_k^\alpha V(k, x(k))$ 的上界正定. 对于系统 2, 取 Lyapunov 函数 $V(k, x(k)) := x_1^2(k) - x_2^2(k)$, 则有 ${}_a^C\nabla_k^\alpha V(k, x(k)) \leqslant 2x_1^2(k) - 2x_2^2(k) + 4x_1(k)x_2^2(k) = 2V(k, x(k)) + W(k, x(k))$, 其中 $W(k, x(k)) = 4x_1(k)x_2^2(k) \geqslant 0$. 对于系统 3, 取 Lyapunov 函数 $V(k, x(k)) := x_1^2(k) + x_2^2(k)$, 则有 ${}_a^C\nabla_k^\alpha V(k, x(k)) \leqslant x_1^2(k) + x_2^2(k) = V(k, x(k))$, $V(k, x(k))$ 正定, ${}_a^C\nabla_k^\alpha V(k, x(k))$ 的

上界正定. 图 4.40 所示的系统响应显示系统 (4.290)~(4.292) 在 $x_e = 0$ 处均稳定. 这与猜想 4.4.1 和猜想 4.4.2 并不矛盾, 与 [188, 算例 4.1、算例 4.2] 所使用的分数阶微分不等式不同, 这里由于分数阶差分不等式的原因, 难以判定 ${}_a^C\nabla_k^\alpha V(k, x(k))$ 的下界, 所以即便不稳定性判据正确, 也难以应用.

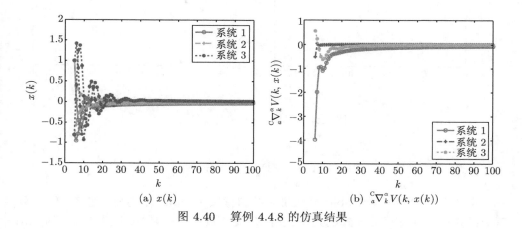

(a) $x(k)$　　　　　　　　　(b) ${}_a^C\nabla_k^\alpha V(k, x(k))$

图 4.40　算例 4.4.8 的仿真结果

例 4.4.9　考虑如下 Nabla 离散分数阶系统

$$
{}_a^C\nabla_k^\alpha x(k) = x(k) - x^3(k) + u(k), \tag{4.293}
$$

其中, $\alpha = 0.5$, $k \in \mathbb{N}_{a+1}$, $a = 5$.

选择 Lyapunov 函数 $V(k, x(k)) := x^2(k)$, 设计如下三种控制器

$$
\begin{cases}
控制器\,1 : u(k) = -\kappa x(k), & \kappa > 0; \\
控制器\,2 : u(k) = -x(k) + x^3(k) - \lambda x(k), & \lambda > 0; \\
控制器\,3 : u(k) = -x(k) + x^3(k) - x(k)\sqrt{\left[1 - x^2(k)\right]^2 + 1},
\end{cases}
$$

其中, 控制器 1 采用的是线性反馈, 当 $\kappa > 1$ 时, 有 ${}_a^C\nabla_k^\alpha V(k, x(k)) \leqslant -2(\kappa - 1)x^2(k) - 2x^4(k)$; 控制器 2 采用的是反馈线性化, ${}_a^C\nabla_k^\alpha V(k, x(k)) \leqslant -2\lambda x^2(k)$; 控制器 3 采用的是 Sontag 公式, ${}_a^C\nabla_k^\alpha V(k, x(k)) \leqslant -2x^2(k)\sqrt{\left[1 - x^2(k)\right]^2 + 1}$, 利用定理 4.3.3, 可得三种闭环控制系统在平衡点 $x_e = 0$ 处渐近稳定. 选择 $\kappa = 2$, $\lambda = \sqrt{2}$, 不同初始条件 $x(a) = -5, -3, 3, 5$, 可得仿真结果如图 4.41 所示. 可以发现在不同初始条件下, $x(k)$ 均收敛至零, 三种控制策略相比, 利用 Sontag 公式需要更少的控制代价.

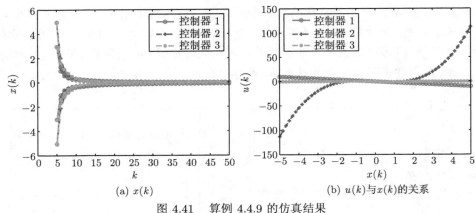

(a) $x(k)$　　　　　　　　(b) $u(k)$与$x(k)$的关系

图 4.41　算例 4.4.9 的仿真结果

4.5　小　　结

本章系统地研究了 Nabla 分数阶系统的直接 Lyapunov 方法, 建立了一系列有效的判据. 既有范数形式的判据又有 $\mathcal{K}$ 类函数形式的判据, 既考虑了 Caputo 定义, 也讨论了 Riemann-Liouville 定义和 Grünwald-Letnikov 定义, 既有经典定义又有 Tempered 定义, 既有固定阶次又有时变阶次, 既包括同元阶次系统又包括非同元阶次系统, 既有 Mittag-Leffler 稳定性又涉及一般渐近稳定性、有界性、吸引性甚至不稳定性. 为了便于研究系统响应的上界, 建立了一系列比较定理. 在稳定性分析的基础上, 也试图讨论了控制器设计. 所有理论结果均给出严格的数学证明, 并通过具有说服力的仿真算例对所给方法的合理性、有效性、先进性进行验证. 本章理论的建立, 为分数阶系统控制理论的完备化奠定了基础, 也为其走向应用做好了铺垫.

第 5 章　无穷维描述理论

与连续分数阶微积分类似, 分数阶差和分也具有长记忆特性, 这导致了离散分数阶系统具有无穷维特性, 该特性也是分数阶系统区别于整数阶系统的本质特性, 本章对其展开论述.

5.1　序列差和分的等价计算

5.1.1　恒等式及其变形

首先介绍一个重要的恒等式, 该式隐含于文献 [189] 的式 (3.6) 中.

引理 5.1.1　对于任意 $\alpha \in (0,1)$, $s \in \mathbb{C}\backslash\mathbb{R}_-$, 有下式成立

$$\frac{1}{s^\alpha} = \int_0^{+\infty} \frac{\mu_\alpha(\omega)}{s+\omega}\mathrm{d}\omega, \tag{5.1}$$

其中, $\mu_\alpha(\omega) = \dfrac{\sin(\alpha\pi)}{\omega^\alpha\pi}$.

作者曾在 [190, 定理 1] 中给出过证明, 由于用到了变量替换 $t = \dfrac{\omega}{s}$, 变量 s 被限制在了正实数部分. 作者在 [191, 引理 2.7] 和 [45, 定理 2] 中证明了相关的时域结论, 但是从时域到频域过程中, 尤其是计算分数阶和分的 Nabla Laplace 变换会用到广义二项式定理, 这使得 s 的范围缩小到 $|s-1| < 1$. 值得庆幸, [192, 命题 4.1] 给出了一个更为严谨简洁的证明, 这里从略不叙.

对于常数 $\iota > 0$, 令 $\omega := \varrho^\iota$, 则有 $\mathrm{d}\omega = \iota\varrho^{\iota-1}\mathrm{d}\varrho$, 进一步式 (5.1) 可以表示为 $\dfrac{1}{s^\alpha} = \int_0^{+\infty} \dfrac{\mu_\alpha(\varrho^\iota)\iota\varrho^{\iota-1}}{s+\varrho^\iota}\mathrm{d}\varrho$, 该式与 [193, 引理 2] 不谋而合. 类似地, 在引理 5.1.1 的基础上, 可以进一步得到如下定理.

定理 5.1.1　下列等式成立

$$\frac{1}{s^\alpha} = \int_{-\infty}^{+\infty} \frac{\omega\mu_\alpha(\omega^2)}{s+\omega^2}\mathrm{d}\omega, \quad \alpha \in (0,1), \ s \in \mathbb{C}\backslash\mathbb{R}_-, \tag{5.2}$$

$$\sin\left(\frac{\alpha\pi}{2}\right)\frac{1}{s^{1+\alpha}} = \int_0^{+\infty} \frac{\mu_\alpha(\omega)}{s^2+\omega^2}\mathrm{d}\omega, \quad \alpha \in (-1,1), \ s \in \mathbb{C}\backslash\mathbb{I}_p, \tag{5.3}$$

$$\cos\left(\frac{\alpha\pi}{2}\right)\frac{1}{s^{\alpha}} = \int_0^{+\infty} \frac{\omega\mu_{\alpha}(\omega)}{s^2+\omega^2}\mathrm{d}\omega, \quad \alpha \in (0,2),\ s \in \mathbb{C}\backslash\mathbb{I}_p, \tag{5.4}$$

$$\sin\left(\frac{\alpha\pi}{2}\right)\frac{1}{s^{1-\alpha}} = \int_0^{+\infty} \frac{\omega\mu_{1-\alpha}(\omega)}{s^2+\omega^2}\mathrm{d}\omega, \quad \alpha \in (-1,1),\ s \in \mathbb{C}\backslash\mathbb{I}_p, \tag{5.5}$$

$$\cos\left(\frac{\alpha\pi}{2}\right)\frac{1}{s^{2-\alpha}} = \int_0^{+\infty} \frac{\mu_{1-\alpha}(\omega)}{s^2+\omega^2}\mathrm{d}\omega, \quad \alpha \in (0,2),\ s \in \mathbb{C}\backslash\mathbb{I}_p, \tag{5.6}$$

其中, $\mu_{\gamma}(\varsigma) = \dfrac{\sin(\gamma\pi)}{\varsigma^{\gamma}\pi}$, $\gamma \in (0,1)$, $\mathbb{I}_p := \{z = \mathrm{j}x, x \in \mathbb{R}, x \neq 0\}$.

证明　该定理的证明, 将针对五个等式逐一展开.

第 1 部分 ▶ 令 $\omega = \tau^2$, 则有 $\mathrm{d}\omega = 2\tau\mathrm{d}\tau$, 进而式 (5.1) 可以重写为

$$\frac{1}{s^{\alpha}} = \int_0^{+\infty} \frac{2\tau\mu_{\alpha}(\tau^2)}{s+\tau^2}\mathrm{d}\tau. \tag{5.7}$$

令 $\tau := -x$, 则有 $\mathrm{d}\tau = -\mathrm{d}x$, 从而

$$\int_0^{+\infty} \frac{\tau\mu_{\alpha}(\tau^2)}{s+\tau^2}\mathrm{d}\tau = \int_0^{-\infty} \frac{-x\mu_{\alpha}(x^2)}{s+x^2}\mathrm{d}x = \int_{-\infty}^0 \frac{x\mu_{\alpha}(x^2)}{s+x^2}\mathrm{d}x. \tag{5.8}$$

结合式 (5.7) 与式 (5.8), 可得式 (5.2).

第 2 部分 ▶ 根据三角函数的特性和权重函数的定义可知

$$\mu_{\alpha}(\omega) = \frac{\sin(\alpha\pi)}{\omega^{\alpha}\pi}$$

$$= 2\sin\left(\frac{\alpha\pi}{2}\right)\frac{\cos\dfrac{\alpha\pi}{2}}{\omega^{\alpha}\pi}$$

$$= 2\sin\left(\frac{\alpha\pi}{2}\right)\frac{\sin\left(\dfrac{\pi}{2}+\dfrac{\alpha\pi}{2}\right)}{\omega^{\alpha}\pi}$$

$$= 2\omega\sin\left(\frac{\alpha\pi}{2}\right)\mu_{\frac{1+\alpha}{2}}(\omega^2). \tag{5.9}$$

结合式 (5.7) 与式 (5.9), 可得

$$\int_0^{+\infty} \frac{\mu_{\alpha}(\omega)}{s^2+\omega^2}\mathrm{d}\omega = \sin\left(\frac{\alpha\pi}{2}\right)\int_0^{+\infty} \frac{2\omega\mu_{\frac{1+\alpha}{2}}(\omega^2)}{s^2+\omega^2}\mathrm{d}\omega = \sin\left(\frac{\alpha\pi}{2}\right)\frac{1}{s^{1+\alpha}}. \tag{5.10}$$

由式 (5.7) 的适用条件可知 $\dfrac{1+\alpha}{2} \in (0,1)$ 与 $s^2 \in \mathbb{C}\backslash\mathbb{R}_-$, 即式 (5.10) 的适用范围为 $\alpha \in (-1,1)$, $s \in \mathbb{C}\backslash\mathbb{I}_p$.

第 3 部分 ▶ 类似式 (5.9), 可得如下关系

$$\mu_\alpha(\omega) = \frac{\sin(\alpha\pi)}{\omega^\alpha\pi}$$

$$= 2\cos\left(\frac{\alpha\pi}{2}\right)\frac{\sin\dfrac{\alpha\pi}{2}}{\omega^\alpha\pi}$$

$$= 2\cos\left(\frac{\alpha\pi}{2}\right)\mu_{\frac{\alpha}{2}}(\omega^2),\tag{5.11}$$

从而有

$$\int_0^{+\infty}\frac{\omega\mu_\alpha(\omega)}{s^2+\omega^2}\mathrm{d}\omega = \cos\left(\frac{\alpha\pi}{2}\right)\int_0^{+\infty}\frac{2\omega\mu_{\frac{\alpha}{2}}(\omega^2)}{s^2+\omega^2}\mathrm{d}\omega = \cos\left(\frac{\alpha\pi}{2}\right)\frac{1}{s^\alpha}.\tag{5.12}$$

由式 (5.7) 的适用条件可知 $\dfrac{\alpha}{2}\in(0,1)$ 与 $s^2\in\mathbb{C}\backslash\mathbb{R}_-$, 即式 (5.12) 的适用范围为 $\alpha\in(0,2), s\in\mathbb{C}\backslash\mathbb{I}_p$.

第 4 部分 ▶ 类似式 (5.9), 可得如下关系

$$\mu_{1-\alpha}(\omega) = \frac{\sin(\pi-\alpha\pi)}{\omega^{1-\alpha}\pi}$$

$$= 2\sin\left(\frac{\alpha\pi}{2}\right)\frac{\cos\dfrac{\alpha\pi}{2}}{\omega^{1-\alpha}\pi}$$

$$= 2\sin\left(\frac{\alpha\pi}{2}\right)\frac{\sin\left(\dfrac{\pi}{2}-\dfrac{\alpha\pi}{2}\right)}{\omega^{1-\alpha}\pi}$$

$$= 2\sin\left(\frac{\alpha\pi}{2}\right)\mu_{\frac{1-\alpha}{2}}(\omega^2),\tag{5.13}$$

从而有

$$\int_0^{+\infty}\frac{\omega\mu_{1-\alpha}(\omega)}{s^2+\omega^2}\mathrm{d}\omega = \sin\left(\frac{\alpha\pi}{2}\right)\int_0^{+\infty}\frac{2\omega\mu_{\frac{1-\alpha}{2}}(\omega^2)}{s^2+\omega^2}\mathrm{d}\omega = \sin\left(\frac{\alpha\pi}{2}\right)\frac{1}{s^{1-\alpha}}.\tag{5.14}$$

由式 (5.7) 的适用条件可知 $\dfrac{1-\alpha}{2}\in(0,1)$ 与 $s^2\in\mathbb{C}\backslash\mathbb{R}_-$, 即式 (5.14) 的适用范围为 $\alpha\in(-1,1), s\in\mathbb{C}\backslash\mathbb{I}_p$.

第 5 部分 ▶ 类似式 (5.9), 可得如下关系

$$\mu_{1-\alpha}(\omega) = \frac{\sin(\pi-\alpha\pi)}{\omega^{1-\alpha}\pi}$$

$$= \frac{\sin(\alpha\pi)}{\omega^{1-\alpha}\pi}$$

$$= 2\sin\left(\frac{\alpha\pi}{2}\right)\frac{\sin\dfrac{\alpha\pi}{2}}{\omega^{1-\alpha}\pi}$$

$$= 2\omega\cos\left(\frac{\alpha\pi}{2}\right)\mu_{1-\frac{\alpha}{2}}(\omega^2). \tag{5.15}$$

从而有

$$\int_0^{+\infty}\frac{\mu_{1-\alpha}(\omega)}{s^2+\omega^2}\mathrm{d}\omega = \cos\left(\frac{\alpha\pi}{2}\right)\int_0^{+\infty}\frac{2\omega\mu_{1-\frac{\alpha}{2}}(\omega^2)}{s^2+\omega^2}\mathrm{d}\omega = \cos\left(\frac{\alpha\pi}{2}\right)\frac{1}{s^{2-\alpha}}. \tag{5.16}$$

由式 (5.7) 的适用条件可知 $1-\dfrac{\alpha}{2}\in(0,1)$ 与 $s^2\in\mathbb{C}\backslash\mathbb{R}_-$, 即式 (5.16) 的适用范围为 $\alpha\in(0,2), s\in\mathbb{C}\backslash\mathbb{I}_p$.

综上所述, 定理得证.   □

注解 5.1.1 文献 [194] 的式 (12)、文献 [189] 的式 (3.7) 的式 (5) 与文献 [195], 蕴含了定理 5.1.1 的式 (5.2), 本定理明确了结论, 并给出了详细证明. 文献 [196] 的式 (59) 和式 (65) 分别给出了式 (5.3) 与式 (5.4), 文献 [192] 的命题 4.2 给出了式 (5.5) 与式 (5.6), 但是其给出的适用范围 ($\alpha\in(0,1), s>0$) 过于保守, 定理 5.1.1 则考虑了更广的适用范围. 式 (5.3) 与式 (5.5) 可通过将 α 替换为 $-\alpha$ 实现等价变换, 式 (5.4) 与式 (5.6) 可通过将 α 替换为 $2-\alpha$ 实现等价变换.

如果 $f(k)$ 的 Nabla Laplace 变换存在, 则有 $\mathcal{N}_a\{{}_a^{\mathrm{G}}\nabla_k^{-\alpha}f(k)\}=\dfrac{1}{s^\alpha}\mathcal{N}_a\{f(k)\}$, 因此, $\dfrac{1}{s^\alpha}$ 被称为频域分数阶和分算子. 在零初始条件下, $\mathcal{N}_a\{{}_a^{\mathrm{G}}\nabla_k^{\alpha}f(k)\}=\mathcal{N}_a\{{}_a^{\mathrm{R}}\nabla_k^{\alpha}f(k)\}=\mathcal{N}_a\{{}_a^{\mathrm{C}}\nabla_k^{\alpha}f(k)\}=s^\alpha\mathcal{N}_a\{f(k)\}$, 因此 s^α 被称为频域分数阶差分算子. 在不产生歧义的情况下, 称 $\dfrac{1}{s^\alpha}$ 为分数阶和分算子, s^α 为分数阶差分算子. 如果 "s" 指代的不是 Nabla Laplace 变换中的复变量而是传统 Laplace 变换中的, 那么 $\dfrac{1}{s^\alpha}$ 指代分数阶积分算子, s^α 指代分数阶微分算子. 基于引理 5.1.1, 由于 $s^\alpha=s\dfrac{1}{s^{1-\alpha}}$ 和 $s^\alpha=\dfrac{1}{\dfrac{1}{s^\alpha}}$ 成立, 所以下述关于分数阶微分算子或分数阶差分算子的推论成立.

推论 5.1.1 对于任意 $\alpha\in(0,1)$, $s\in\mathbb{C}\backslash\mathbb{R}_-$, 有下式成立

$$s^\alpha = \int_0^{+\infty}\frac{s\mu_{1-\alpha}(\omega)}{s+\omega}\mathrm{d}\omega = \int_0^{+\infty}\frac{\mu_{1-\alpha}(\omega)}{1+\omega s^{-1}}\mathrm{d}\omega, \tag{5.17}$$

$$s^\alpha = \int_0^{+\infty} \frac{\mu_\alpha(\omega)}{s^{-1} + \omega} \mathrm{d}\omega = \int_0^{+\infty} \frac{s\mu_\alpha(\omega)}{1 + s\omega} \mathrm{d}\omega, \tag{5.18}$$

其中, $\mu_\gamma(\omega) = \dfrac{\sin(\gamma\pi)}{\omega^\gamma \pi}$, $\gamma \in (0,1)$.

类似地, 定理 5.1.1 中的等价形式也都可拓展到分数阶微分/差分情形, 为避免冗余这里不再赘述.

5.1.2 单边/双边等价模型

引理 5.1.1 和定理 5.1.1 给出的 Nabla 分数阶和分算子 $\dfrac{1}{s^\alpha}$ 的等价描述, 借助于 Nabla Laplace 变换可以得到分数阶和分运算的真实状态空间实现.

定理 5.1.2 Nabla 分数阶和分运算 $x(k) = {}_a^{\mathrm{G}}\nabla_k^{-\alpha} v(k)$, $\alpha \in (0,1)$, $k \in \mathbb{N}_{a+1}$, $a \in \mathbb{R}$, 可通过下式等价计算

$$\begin{cases} \nabla z(\omega, k) = -\omega z(\omega, k) + v(k), \\ \quad x(k) = \displaystyle\int_0^{+\infty} \mu_\alpha(\omega) z(\omega, k) \mathrm{d}\omega, \end{cases} \tag{5.19}$$

$$\begin{cases} \nabla z(\omega, k) = -\omega z(\omega, k) + \mu_\alpha(\omega) v(k), \\ \quad x(k) = \displaystyle\int_0^{+\infty} z(\omega, k) \mathrm{d}\omega, \end{cases} \tag{5.20}$$

$$\begin{cases} \nabla z(\omega, k) = -\omega z(\omega, k) + \sqrt{\mu_\alpha(\omega)} v(k), \\ \quad x(k) = \displaystyle\int_0^{+\infty} \sqrt{\mu_\alpha(\omega)} z(\omega, k) \mathrm{d}\omega, \end{cases} \tag{5.21}$$

其中, $\mu_\alpha(\omega) = \dfrac{\sin(\alpha\pi)}{\omega^\alpha \pi}$ 为加权函数, $v(k) \in \mathbb{R}^n$ 为系统输入, $x(k) \in \mathbb{R}^n$ 为系统输出, $z(\omega, k) \in \mathbb{R}^n$ 为系统真实状态且初始状态为 $z(\omega, a) = 0$.

证明 该定理的证明, 将针对三个等价模型逐一展开. 为了后文叙述方便, 定义 $V(s) := \mathscr{N}_a\{v(k)\}$, $X(s) := \mathscr{N}_a\{x(k)\}$, $Z(\omega, s) := \mathscr{N}_a\{z(\omega, k)\}$.

考虑到 $\mathscr{N}_a\{{}_a^{\mathrm{G}}\nabla_k^{-\alpha} v(k)\} = \dfrac{1}{s^\alpha} \mathscr{N}_a\{v(k)\}$, 对系统 $x(k) = {}_a^{\mathrm{G}}\nabla_k^{-\alpha} v(k)$ 的两边取 Nabla Laplace 变换可得

$$X(s) = \frac{1}{s^\alpha} V(s), \tag{5.22}$$

即系统 $x(k) = {}_a^{\mathrm{G}}\nabla_k^{-\alpha} v(k)$ 的传递函数为 Nabla 分数阶和分算子 $\dfrac{1}{s^\alpha}$, 其中 $v(k)$ 为输入序列, $x(k)$ 为输出序列.

第 1 部分 ▶ 对系统 (5.19) 取 Nabla Laplace 变换可得

$$\begin{cases} sZ(\omega,s) - z(\omega,a) = -\omega Z(\omega,s) + V(s), \\ \qquad\qquad X(s) = \int_0^{+\infty} \mu_\alpha(\omega) Z(\omega,s)\,\mathrm{d}\omega, \end{cases} \tag{5.23}$$

进而可得

$$X(s) = \int_0^{+\infty} \frac{\mu_\alpha(\omega)}{s+\omega}\mathrm{d}\omega V(s) + \int_0^{+\infty} \frac{\mu_\alpha(\omega)}{s+\omega} z(\omega,a)\,\mathrm{d}\omega. \tag{5.24}$$

应用恒等式 $\dfrac{1}{s^\alpha} = \displaystyle\int_0^{+\infty} \frac{\mu_\alpha(\omega)}{s+\omega}\mathrm{d}\omega$, 结合初始状态 $z(\omega,a)=0$, 可由式 (5.24) 得到式 (5.22) 所示的期望结果, 即系统 $x(k) = {}_a^{\mathrm{G}}\nabla_k^{-\alpha} v(k)$ 与系统 (5.19) 的输入输出关系在频域上等价.

上述分析是从频域角度展开, 接下来验证时域响应的等价性. 由经典差分运算的定义可得, 式 (5.19) 的第一个方程 (状态方程) 与下式等价

$$z(\omega,k) = \frac{1}{1+\omega}\left[v(k) + z(\omega,k-1)\right]. \tag{5.25}$$

持续迭代可进一步表述为

$$z(\omega,k) = \sum_{j=0}^{k-a-1} \frac{v(k-j)}{(1+\omega)^{j+1}} + \frac{z(\omega,a)}{(1+\omega)^{k-a}}. \tag{5.26}$$

将式 (5.26) 代入式 (5.19) 的第二个方程 (输出方程), 可得

$$x(k) = \int_0^{+\infty} \mu_\alpha(\omega) \sum_{j=1}^{k-a-1} \frac{v(k-j)}{(1+\omega)^{j+1}}\mathrm{d}\omega + \int_0^{+\infty} \mu_\alpha(\omega)\frac{z(\omega,a)}{(1+\omega)^{k-a}}\mathrm{d}\omega. \tag{5.27}$$

式 (5.27) 的第一部分为系统输入响应 $x_i(k)$, 可进一步表示为

$$\begin{aligned} x_i(k) &= \int_0^{+\infty} \frac{\sin(\alpha\pi)}{\omega^\alpha \pi} \sum_{j=0}^{k-a-1} \frac{v(k-j)}{(1+\omega)^{j+1}}\mathrm{d}\omega \\ &= \frac{\sin(\alpha\pi)}{\pi} \sum_{j=0}^{k-a-1} v(k-j) \int_0^{+\infty} \frac{1}{\omega^\alpha(1+\omega)^{j+1}}\mathrm{d}\omega \end{aligned}$$

$$= \frac{\sin(\alpha\pi)}{\pi} \sum_{j=1}^{k-a} v(k-j+1) \int_0^{+\infty} \frac{1}{\omega^\alpha (1+\omega)^j} d\omega$$

$$= \sum_{j=1}^{k-a} \frac{v(k-j+1)}{\Gamma(\alpha)\,\Gamma(1-\alpha)} \int_0^{+\infty} \frac{1}{\omega^\alpha (1+\omega)^j} d\omega, \tag{5.28}$$

其中, $\Gamma(\alpha)\,\Gamma(1-\alpha) = \dfrac{\pi}{\sin(\alpha\pi)}$.

令 $t := \dfrac{1}{1+\omega}$, 则有 $\omega = 1 - \dfrac{1}{t}$, $d\omega = -t^{-2}dt$ 和

$$\int_0^{+\infty} \frac{1}{\omega^\alpha (1+\omega)^i} d\omega = \int_1^0 t^j (1-t^{-1})^{-\alpha} (-t^{-2}) dt$$

$$= \int_0^1 t^{j+\alpha-2} (1-t)^{-\alpha} dt$$

$$= \mathcal{B}(j+\alpha-1, 1-\alpha)$$

$$= \frac{\Gamma(j+\alpha-1)\Gamma(1-\alpha)}{\Gamma(j)}, \tag{5.29}$$

其中, $\mathcal{B}(p,q) = \dfrac{\Gamma(p)\Gamma(q)}{\Gamma(p+q)}$, $p,q > 0$.

回顾分数阶和分的定义, 可得

$$x_i(k) = \sum_{j=1}^{k-a} \frac{v(k-j+1)\Gamma(j+\alpha-1)}{\Gamma(\alpha)\Gamma(j)}$$

$$= \sum_{j=1}^{k-a} (-1)^{j-1} \frac{v(k-j+1)\Gamma(1-\alpha)}{\Gamma(2-j-\alpha)\Gamma(j)}$$

$$= \sum_{j=1}^{k-a} (-1)^{j-1} \binom{-\alpha}{j-1} v(k-j+1)$$

$$= \sum_{j=0}^{k-a-1} (-1)^j \binom{-\alpha}{j} v(k-j)$$

$$= {}_a^{\mathrm{G}}\nabla_k^{-\alpha} v(k), \tag{5.30}$$

其中, $\Gamma(p) = p\Gamma(p-1)$.

式 (5.27) 的第二部分为系统状态响应 $x_s(k)$, 由初始状态 $z(\omega, a) = 0$ 可进一步得到 $x_s(k) = 0$. 从而, 系统 (5.27) 的时域响应 $x(k)$ 可以表示为

$$x(k) = x_i(k) + x_s(k) = {}_a^G \nabla_k^{-\alpha} v(k), \tag{5.31}$$

这意味着系统 $x(k) = {}_a^G \nabla_k^{-\alpha} v(k)$ 与系统 (5.19) 的输入输出关系在时域上等价.

第 2 部分 ▶ 类似地, 对系统 (5.20) 取 Nabla Laplace 变换可得

$$\begin{cases} sZ(\omega, s) - z(\omega, a) = -\omega Z(\omega, s) + \mu_\alpha(\omega) V(s), \\ \quad X(s) = \displaystyle\int_0^{+\infty} Z(\omega, s)\mathrm{d}\omega, \end{cases} \tag{5.32}$$

进而可得

$$X(s) = \int_0^{+\infty} \frac{\mu_\alpha(\omega)}{s + \omega}\mathrm{d}\omega V(s) + \int_0^{+\infty} \frac{z(\omega, a)}{s + \omega}\mathrm{d}\omega. \tag{5.33}$$

应用恒等式 $\dfrac{1}{s^\alpha} = \displaystyle\int_0^{+\infty} \dfrac{\mu_\alpha(\omega)}{s + \omega}\mathrm{d}\omega$, 结合初始状态 $z(\omega, a) = 0$, 可由式 (5.33) 得到式 (5.22) 中的期望结果, 即系统 $x(k) = {}_a^G \nabla_k^{-\alpha} v(k)$ 与系统 (5.20) 的输入输出关系在频域上等价.

从时域角度分析, 则式 (5.20) 状态方程的解可以表示为

$$z(\omega, k) = \sum_{j=0}^{k-a-1} \mu_\alpha(\omega) \frac{v(k-j)}{(1+\omega)^{j+1}} + \frac{z(\omega, a)}{(1+\omega)^{k-a}}. \tag{5.34}$$

将式 (5.34) 代入式 (5.20) 的第二个方程, 可得系统输出为

$$x(k) = \int_0^{+\infty} \sum_{j=0}^{k-a-1} \mu_\alpha(\omega) \frac{v(k-j)}{(1+\omega)^{j+1}}\mathrm{d}\omega + \int_0^{+\infty} \frac{z(\omega, a)}{(1+\omega)^{k-a}}\mathrm{d}\omega. \tag{5.35}$$

结合式 (5.27) 和零初始状态可得系统 $x(k) = {}_a^G \nabla_k^{-\alpha} v(k)$ 与系统 (5.20) 的输入输出关系在时域上等价.

第 3 部分 ▶ 类似地, 对系统 (5.21) 取 Nabla Laplace 变换可得

$$\begin{cases} sZ(\omega, s) - z(\omega, a) = -\omega Z(\omega, s) + \sqrt{\mu_\alpha(\omega)} V(s), \\ \quad X(s) = \displaystyle\int_0^{+\infty} \sqrt{\mu_\alpha(\omega)} Z(\omega, s)\mathrm{d}\omega, \end{cases} \tag{5.36}$$

进而可得

$$X(s) = \int_0^{+\infty} \frac{\mu_\alpha(\omega)}{s+\omega} \mathrm{d}\omega V(s) + \int_0^{+\infty} \frac{\sqrt{\mu_\alpha(\omega)}}{s+\omega} z(\omega, a)\, \mathrm{d}\omega. \tag{5.37}$$

应用恒等式 (5.1) 和零初始条件 $z(\omega, a) = 0$, 可由式 (5.37) 得到式 (5.22), 即系统 $x(k) = {}_a^{\mathrm{G}}\nabla_k^{-\alpha} v(k)$ 与系统 (5.21) 的输入输出关系在频域上等价.

从时域角度分析, 则式 (5.21) 状态方程的解可以表示为

$$z(\omega, k) = \sum_{j=0}^{k-a-1} \sqrt{\mu_\alpha(\omega)} \frac{v(k-j)}{(1+\omega)^{j+1}} + \frac{z(\omega, a)}{(1+\omega)^{k-a}}. \tag{5.38}$$

将式 (5.38) 代入式 (5.21) 的第二个方程, 可得系统输出为

$$x(k) = \int_0^{+\infty} \mu_\alpha(\omega) \sum_{j=0}^{k-a-1} \frac{v(k-j)}{(1+\omega)^{j+1}} \mathrm{d}\omega + \int_0^{+\infty} \frac{\sqrt{\mu_\alpha(\omega)}}{(1+\omega)^{k-a}} z(\omega, a) \mathrm{d}\omega. \tag{5.39}$$

结合式 (5.27) 和零初始状态可得系统 ${}_a^{\mathrm{G}}\nabla_k^{-\alpha} v(k) = x(k)$ 与系统 (5.21) 的输入输出关系在时域上等价.

综上所述, 定理得证. □

定理 5.1.3 Nabla 分数阶和分运算 $x(k) = {}_a^{\mathrm{G}}\nabla_k^{-\alpha} v(k)$, $\alpha \in (0,1)$, $k \in \mathbb{N}_{a+1}$, $a \in \mathbb{R}$, 可通过下式等价计算

$$\begin{cases} \nabla z(\omega, k) = -\omega^2 z(\omega, k) + v(k), \\ x(k) = \displaystyle\int_{-\infty}^{+\infty} \omega \mu_\alpha(\omega^2) z(\omega, k)\mathrm{d}\omega, \end{cases} \tag{5.40}$$

$$\begin{cases} \nabla z(\omega, k) = -\omega^2 z(\omega, k) + \mu_\alpha(\omega^2) v(k), \\ x(k) = \displaystyle\int_{-\infty}^{+\infty} \omega z(\omega, k)\mathrm{d}\omega, \end{cases} \tag{5.41}$$

$$\begin{cases} \nabla z(\omega, k) = -\omega^2 z(\omega, k) + \sqrt{\mu_\alpha(\omega^2)} v(k), \\ x(k) = \displaystyle\int_{-\infty}^{+\infty} \omega \sqrt{\mu_\alpha(\omega^2)} z(\omega, k)\mathrm{d}\omega, \end{cases} \tag{5.42}$$

其中, $\mu_\alpha(\omega^2) = \dfrac{\sin(\alpha\pi)}{\omega^{2\alpha}\pi}$ 为加权函数, $v(k) \in \mathbb{R}^n$ 为系统输入, $x(k) \in \mathbb{R}^n$ 为系统输出, $z(\omega, k) \in \mathbb{R}^n$ 为系统真实状态且初始状态为 $z(\omega, a) = 0$.

证明　该定理的证明, 将针对三个等价模型逐一展开. 考虑到 Nabla Laplace 变换的存在唯一性, 这里只从频域角度论证原模型与真实状态空间模型的等价性. 为了方便, 令 $V(s) := \mathscr{N}_a\{v(k)\}$, $X(s) := \mathscr{N}_a\{x(k)\}$, $Z(\omega,s) := \mathscr{N}_a\{z(\omega,k)\}$.

第 1 部分 ▶ 对系统 (5.40) 取 Nabla Laplace 变换可得

$$
\begin{cases}
sZ(\omega,s) - z(\omega,a) = -\omega^2 Z(\omega,s) + V(s), \\
X(s) = \displaystyle\int_{-\infty}^{+\infty} \omega\mu_\alpha(\omega^2) Z(\omega,s)\mathrm{d}\omega,
\end{cases}
\tag{5.43}
$$

进而可得

$$
X(s) = \int_{-\infty}^{+\infty} \frac{\omega\mu_\alpha(\omega^2)}{s+\omega^2}\mathrm{d}\omega V(s) + \int_{-\infty}^{+\infty} \frac{\omega\mu_\alpha(\omega^2)}{s+\omega^2} z(\omega,a)\mathrm{d}\omega.
\tag{5.44}
$$

应用恒等式 $\dfrac{1}{s^\alpha} = \displaystyle\int_{-\infty}^{+\infty} \dfrac{\omega\mu_\alpha(\omega^2)}{s+\omega^2}\mathrm{d}\omega$, 结合初始状态 $z(\omega,a)=0$, 可由式 (5.44) 得到式 (5.22), 即系统 $x(k) = {}_a^{\mathrm{G}}\nabla_k^{-\alpha} v(k)$ 与系统 (5.40) 的输入输出关系等价.

第 2 部分 ▶ 类似地, 对系统 (5.43) 取 Nabla Laplace 变换可得

$$
\begin{cases}
sZ(\omega,s) - z(\omega,a) = -\omega^2 Z(\omega,s) + \mu_\alpha(\omega^2)V(s), \\
X(s) = \displaystyle\int_{-\infty}^{+\infty} \omega Z(\omega,s)\mathrm{d}\omega,
\end{cases}
\tag{5.45}
$$

进而可得

$$
X(s) = \int_{-\infty}^{+\infty} \frac{\omega\mu_\alpha(\omega^2)}{s+\omega^2}\mathrm{d}\omega V(s) + \int_{-\infty}^{+\infty} \frac{\omega z(\omega,a)}{s+\omega^2}\mathrm{d}\omega.
\tag{5.46}
$$

应用恒等式 $\dfrac{1}{s^\alpha} = \displaystyle\int_{-\infty}^{+\infty} \dfrac{\omega\mu_\alpha(\omega^2)}{s+\omega^2}\mathrm{d}\omega$, 结合初始状态 $z(\omega,a)=0$, 可由式 (5.46) 得到式 (5.22), 即系统 ${}_a^{\mathrm{G}}\nabla_k^{-\alpha} v(k) = x(k)$ 与系统 (5.41) 的输入输出关系等价.

第 3 部分 ▶ 类似地, 对系统 (5.42) 取 Nabla Laplace 变换可得

$$
\begin{cases}
sZ(\omega,s) - z(\omega,a) = -\omega Z(\omega,s) + \sqrt{\mu_\alpha(\omega^2)}V(s), \\
X(s) = \displaystyle\int_{-\infty}^{+\infty} \omega\sqrt{\mu_\alpha(\omega^2)} Z(\omega,s)\mathrm{d}\omega,
\end{cases}
\tag{5.47}
$$

进而可得

$$
X(s) = \int_{-\infty}^{+\infty} \frac{\omega\mu_\alpha(\omega^2)}{s+\omega^2}\mathrm{d}\omega V(s) + \int_{-\infty}^{+\infty} \frac{\omega\sqrt{\mu_\alpha(\omega^2)}}{s+\omega^2} z(\omega,a)\mathrm{d}\omega.
\tag{5.48}
$$

应用恒等式 $\dfrac{1}{s^\alpha} = \displaystyle\int_{-\infty}^{+\infty} \dfrac{\omega\mu_\alpha(\omega^2)}{s+\omega^2}\mathrm{d}\omega$, 结合初始状态 $z(\omega,a)=0$, 可由式 (5.42) 得到式 (5.22), 即系统 $x(k) = {}_a^{\mathrm{G}}\nabla_k^{-\alpha}v(k)$ 与系统 (5.42) 的输入输出关系等价.

综上所述, 定理得证. □

注解 5.1.2 由定理 5.1.2 和定理 5.1.3 知, Nabla 分数阶和分运算 $x(k) = {}_a^{\mathrm{G}}\nabla_k^{-\alpha}v(k)$ 的状态空间实现并不唯一, 这与传递函数的状态空间实现常识相符, 因为其相当于 $\dfrac{1}{s^\alpha}$ 的状态空间实现. 但是由于 $\omega \in [0,+\infty)$, 真实状态空间模型都是无穷维的, 与之相对的原和分系统也被称为伪状态空间模型. 这里首次揭示了 Nabla 分数阶和分系统的无穷维特性, 给出了输入输出关系等价的无穷维状态空间模型, 并提供了严格证明. 该工作可以看作连续分数阶系统无穷维描述的自然推广, 文献 [189,195] 称这类模型为扩散描述 (diffusive representation), 文献 [197, 198] 称这类模型为频率分布模型 (frequency distributed model).

注解 5.1.3 借鉴文献 [195] 中的记法, 根据加权函数 $\mu_\alpha(\omega)$ 的位置不同, 称系统 (5.19) 为输出型实现, 系统 (5.20) 为输入型实现, 系统 (5.21) 为平衡型实现. 类似地, 称系统 (5.40) 为输出型实现, 系统 (5.41) 为输入型实现, 系统 (5.42) 为平衡型实现. 定理 5.1.2 和定理 5.1.3 的主要区别在于前者利用了等式 (5.1) 得到单边模型, 后者利用了等式 (5.2) 得到双边模型. 为避免冗余, 后续只介绍单边输出型. 实际上利用式 (5.3)~(5.6) 或者其他等价的描述, 也可以得到其对应的状态空间实现, 其共同点为都是无穷维模型. 由于和分运算对应的频域形式 (5.22) 只涉及输入输出关系, 不含初始条件项, 所以前述单边和双边状态空间模型的初始状态 $z(\omega,a)$ 均为零.

在讨论完 Nabla 分数阶和分运算 $x(k) = {}_a^{\mathrm{G}}\nabla_k^{-\alpha}v(k)$ 的等价实现后, 进一步利用 Nabla Laplace 的性质探讨差分情形的等价实现问题.

定理 5.1.4 Nabla 分数阶差分运算 $x(k) = {}_a^{\mathrm{C}}\nabla_k^\alpha v(k)$, $\alpha \in (0,1)$, $k \in \mathbb{N}_{a+1}$, $a \in \mathbb{R}$, 可以通过下式等价计算

$$\begin{cases} \nabla z(\omega,k) = -\omega z(\omega,k) + \nabla v(k), \\ x(k) = \displaystyle\int_0^{+\infty} \mu_{1-\alpha}(\omega)z(\omega,k)\,\mathrm{d}\omega, \end{cases} \tag{5.49}$$

其中, $\mu_{1-\alpha}(\omega) = \dfrac{\sin(\alpha\pi)}{\omega^{1-\alpha}\pi}$, $v(k) \in \mathbb{R}^n$ 为输入, $x(k) \in \mathbb{R}^n$ 为输出, $z(\omega,k) \in \mathbb{R}^n$ 为状态, $z(\omega,a)=0$.

证明 定义 $X(s) := \mathscr{N}_a\{x(k)\}$, $V(s) := \mathscr{N}_a\{v(k)\}$, $Z(\omega,s) := \mathscr{N}_a\{z(\omega,k)\}$, 应用已知结论 $\mathscr{N}_a\{{}_a^{\mathrm{C}}\nabla_k^\alpha v(k)\} = s^\alpha \mathscr{N}_a\{v(k)\} - s^{\alpha-1}v(a)$, 对目标差分方程 $x(k) = $

${}_a^C\nabla_k^\alpha v(k)$ 取 Nabla Laplace 变换, 可得

$$X(s) = s^\alpha V(s) - s^{\alpha-1} v(a). \tag{5.50}$$

对系统 (5.49) 取 Nabla Laplace 变换可得

$$\begin{cases} sZ(\omega, s) - z(\omega, a) = -\omega Z(\omega, s) + sV(s) - v(a), \\ \qquad X(s) = \displaystyle\int_0^{+\infty} \mu_{1-\alpha}(\omega) Z(\omega, s)\mathrm{d}\omega, \end{cases} \tag{5.51}$$

进而可得

$$X(s) = s\int_0^{+\infty} \frac{\mu_{1-\alpha}(\omega)}{s+\omega}\mathrm{d}\omega V(s) + \int_0^{+\infty} \frac{\mu_{1-\alpha}(\omega)}{s+\omega}[z(\omega, a) - v(a)]\mathrm{d}\omega. \tag{5.52}$$

应用恒等式 $\dfrac{1}{s^{1-\alpha}} = \displaystyle\int_0^{+\infty} \dfrac{\mu_{1-\alpha}(\omega)}{s+\omega}\mathrm{d}\omega$, 结合初始状态 $z(\omega, a) = 0$, 可由式 (5.52) 得到式 (5.50), 即 $x(k) = {}_a^C\nabla_k^\alpha v(k)$ 与系统 (5.49) 的输入输出关系等价.　□

定理 5.1.5　Nabla 分数阶差分运算 $x(k) = {}_a^R\nabla_k^\alpha v(k)$, $\alpha \in (0, 1)$, $k \in \mathbb{N}_{a+1}$, $a \in \mathbb{R}$ 的状态空间实现为

$$\begin{cases} \nabla z(\omega, k) = -\omega z(\omega, k) + v(k), \\ \qquad \sigma(k) = \displaystyle\int_0^{+\infty} \mu_{1-\alpha}(\omega) z(\omega, k)\mathrm{d}\omega, \\ \qquad x(k) = \nabla\sigma(k), \end{cases} \tag{5.53}$$

其中, $\mu_{1-\alpha}(\omega) = \dfrac{\sin(\alpha\pi)}{\omega^{1-\alpha}\pi}$, $v(k) \in \mathbb{R}^n$ 为输入, $x(k) \in \mathbb{R}^n$ 为输出, $z(\omega, k) \in \mathbb{R}^n$ 为状态, $z(\omega, a) = 0$, $\sigma(k) \in \mathbb{R}^n$ 为中间量, $\sigma(a) = \left[{}_a^G\nabla_k^{\alpha-1} v(k)\right]_{k=a}$.

证明　定义 $X(s) := \mathscr{N}_a\{x(k)\}$, $V(s) := \mathscr{N}_a\{v(k)\}$, $Z(\omega, s) := \mathscr{N}_a\{z(\omega, k)\}$, $\Lambda(s) := \mathscr{N}_a\{\sigma(k)\}$, 应用结论 $\mathscr{N}_a\{{}_a^R\nabla_k^\alpha v(k)\} = s^\alpha \mathscr{N}_a\{v(k)\} - \left[{}_a^G\nabla_k^{\alpha-1} v(k)\right]_{k=a}$, 对目标差分方程 $x(k) = {}_a^R\nabla_k^\alpha v(k)$ 取 Nabla Laplace 变换, 可得

$$X(s) = s^\alpha V(s) - \left[{}_a^G\nabla_k^{\alpha-1} v(k)\right]_{k=a}. \tag{5.54}$$

对系统 (5.53) 取 Nabla Laplace 变换可得

$$\begin{cases} sZ(\omega, s) - z(\omega, a) = -\omega Z(\omega, s) + V(s), \\ \qquad \Lambda(s) = \displaystyle\int_0^{+\infty} \mu_{1-\alpha}(\omega)[sZ(\omega, s) - z(\omega, a)]\mathrm{d}\omega, \\ \qquad X(s) = s\Lambda(s) - \sigma(a), \end{cases} \tag{5.55}$$

进而可得

$$X(s) = s \int_0^{+\infty} \frac{\mu_{1-\alpha}(\omega)}{s+\omega} \mathrm{d}\omega V(s) - \int_0^{+\infty} \frac{\omega \mu_{1-\alpha}(\omega)}{s+\omega} z(\omega, a)\mathrm{d}\omega - \sigma(a). \quad (5.56)$$

应用恒等式 $\frac{1}{s^{1-\alpha}} = \int_0^{+\infty} \frac{\mu_{1-\alpha}(\omega)}{s+\omega} \mathrm{d}\omega$ 和初始条件 $z(\omega, a)$ 与 $\sigma(a)$, 可由式 (5.56) 得到式 (5.53), 即 $x(k) = {}_a^{\mathrm{R}}\nabla_k^\alpha v(k)$ 与系统 (5.53) 的输入输出关系等价. $\qquad\square$

定理 5.1.6 Nabla 分数阶差分运算 $x(k) = {}_a^{\mathrm{G}}\nabla_k^\alpha v(k)$, $\alpha \in (0,1)$, $k \in \mathbb{N}_{a+1}$, $a \in \mathbb{R}$, 可以通过下式等价计算

$$\begin{cases} \nabla z(\omega, k) = -\omega z(\omega, k) + v(k), \\ x(k) = \int_0^{+\infty} \mu_{1-\alpha}(\omega)\nabla z(\omega, k)\mathrm{d}\omega, \end{cases} \quad (5.57)$$

$$\begin{cases} {}_a\nabla_k^{-1} z(\omega, k) = -\omega z(\omega, k) + v(k), \\ x(k) = \int_0^{+\infty} \mu_\alpha(\omega) z(\omega, k)\mathrm{d}\omega, \end{cases} \quad (5.58)$$

$$\begin{cases} \omega\nabla z(\omega, k) = -z(\omega, k) + \nabla v(k), \\ x(k) = \int_0^{+\infty} \mu_\alpha(\omega) z(\omega, k)\mathrm{d}\omega, \end{cases} \quad (5.59)$$

其中, $\mu_\gamma(\omega) = \frac{\sin(\gamma\pi)}{\omega^\gamma \pi}$, $v(k) \in \mathbb{R}^n$ 为输入, $v(a) = 0$, $x(k) \in \mathbb{R}^n$ 为输出, $z(\omega, k) \in \mathbb{R}^n$ 为状态, $z(\omega, a) = 0$.

证明 定义 $X(s) := \mathscr{N}_a\{x(k)\}$, $V(s) := \mathscr{N}_a\{v(k)\}$, $Z(\omega, s) := \mathscr{N}_a\{z(\omega, k)\}$, 应用已知结论 $\mathscr{N}_a\{{}_a^{\mathrm{G}}\nabla_k^\alpha v(k)\} = s^\alpha \mathscr{N}_a\{v(k)\}$, 对目标差分方程 $x(k) = {}_a^{\mathrm{G}}\nabla_k^\alpha v(k)$ 取 Nabla Laplace 变换, 可得

$$X(s) = s^\alpha V(s). \quad (5.60)$$

对系统 (5.57) 取 Nabla Laplace 变换可得

$$\begin{cases} sZ(\omega, s) - z(\omega, a) = -\omega Z(\omega, s) + V(s), \\ X(s) = \int_0^{+\infty} \mu_{1-\alpha}(\omega)[sZ(\omega, s) - z(\omega, a)]\mathrm{d}\omega, \end{cases} \quad (5.61)$$

进而可得

$$X(s) = s \int_0^{+\infty} \frac{\mu_{1-\alpha}(\omega)}{s+\omega} \mathrm{d}\omega V(s) - \int_0^{+\infty} \frac{\omega \mu_{1-\alpha}(\omega)}{s+\omega} z(\omega, a) \mathrm{d}\omega. \tag{5.62}$$

应用恒等式 $\dfrac{1}{s^{1-\alpha}} = \displaystyle\int_0^{+\infty} \dfrac{\mu_{1-\alpha}(\omega)}{s+\omega} \mathrm{d}\omega$ 和初始条件 $z(\omega, a) = 0$, 可由式 (5.62) 得到式 (5.60), 即 $x(k) = {}_a^{\mathrm{G}}\nabla_k^\alpha v(k)$ 与系统 (5.57) 的输入输出关系等价.

对系统 (5.58) 取 Nabla Laplace 变换可得

$$\begin{cases} s^{-1} Z(\omega, s) = -\omega Z(\omega, s) + V(s), \\ \qquad X(s) = \displaystyle\int_0^{+\infty} \mu_\alpha(\omega) Z(\omega, s) \mathrm{d}\omega, \end{cases} \tag{5.63}$$

进而可得

$$X(s) = \int_0^{+\infty} \frac{\mu_\alpha(\omega)}{s^{-1}+\omega} \mathrm{d}\omega V(s). \tag{5.64}$$

将恒等式 $s^\alpha = \displaystyle\int_0^{+\infty} \dfrac{\mu_\alpha(\omega)}{s^{-1}+\omega} \mathrm{d}\omega$ 代入式 (5.64) 可得式 (5.60), 即 $x(k) = {}_a^{\mathrm{G}}\nabla_k^\alpha v(k)$ 与系统 (5.58) 的输入输出关系等价.

对系统 (5.58) 的上式 (状态方程) 两边取一阶差分可得

$$z(\omega, k) = -\omega \nabla z(\omega, k) + \nabla v(k), \tag{5.65}$$

这正与式 (5.59) 的状态方程吻合, 即 $x(k) = {}_a^{\mathrm{G}}\nabla_k^\alpha v(k)$ 与系统 (5.59) 的输入输出关系等价. 综上所述, 定理得证. □

注解 5.1.4　定理 5.1.4 ~定理 5.1.6 给出了 Caputo, Riemann-Liouville 和 Grünwald-Letnikov 三种定义下的 Nabla 分数阶差分运算的状态空间实现. 同样实现方式并不唯一, 这里只是在等式 $\dfrac{1}{s^\alpha} = \displaystyle\int_0^{+\infty} \dfrac{\mu_\alpha(\omega)}{s+\omega} \mathrm{d}\omega$ 的基础上导出的等价描述, 若换作其他的等式则可以得到其他等价描述. 由于定理 5.1.4 引入了 $\nabla v(k)$, 为避免产生多余的初始条件项, 也设置了 $v(a) = 0$. 对于定理 5.1.5, 不能用模型 (5.17) 直接描述, 需要引入中间变量 $\sigma(k)$, 主要原因在于难以处理初始值问题. 不难发现, 零初始条件下 $(z(\omega, a) = 0,\ v(a) = 0)$ 的模型 (5.49) 和零初始条件下 $(z(\omega, a) = 0,\ \sigma(a) = 0)$ 的模型 (5.53) 都可以作为 $x(k) = {}_a^{\mathrm{G}}\nabla_k^\alpha v(k)$ 的等价描述用于定理 5.1.6, 此时所给模型恰好是 Nabla 分数阶差分算子 s^α 的状态空间实现, 为了避免冗余, 不再赘述.

5.2　无理传递函数的实现

5.2.1　同元阶次系统

考虑如下 Nabla 分数阶传递函数

$$G(s) = \frac{\sum_{i=0}^{m} b_i s^{i\alpha}}{s^{n\alpha} + \sum_{i=0}^{n-1} a_i s^{i\alpha}}, \tag{5.66}$$

其中, $n \in \mathbb{Z}_+$, $m \in \mathbb{N}$, $m < n$, $\alpha \in (0,1)$, $a_i, b_i \in \mathbb{R}$. 因为分子分母多项式的幂次有公因子 α, 所以该系统对应一类同元阶次系统.

假设系统 $G(s)$ 的输入为 $u(k)$, 输出为 $y(k)$, 定义 $U(s) := \mathscr{N}_a\{u(k)\}$, $Y(s) := \mathscr{N}_a\{y(k)\}$, $X_i(s) := \frac{s^{(i-1)\alpha}}{d(s)}U(s)$, $x_i(k) := \mathscr{N}_a^{-1}\{X_i(s)\}$, $i = 1, 2, \cdots, n$, $x(k) := [x_1(k)\ x_2(k)\ \cdots\ x_n(k)]^{\mathrm{T}} \in \mathbb{R}^n$, 则有

$$\begin{cases} {}_a^C\nabla_k^\alpha x(k) = \begin{bmatrix} 0 & 1 & 0 & \cdots & 0 \\ 0 & 0 & 1 & \cdots & 0 \\ \vdots & \vdots & \vdots & \ddots & \vdots \\ 0 & 0 & 0 & \cdots & 1 \\ -a_0 & -a_1 & -a_2 & \cdots & -a_{n-1} \end{bmatrix} x(k) + \begin{bmatrix} 0 \\ 0 \\ \vdots \\ 0 \\ 1 \end{bmatrix} u(k), \\ y(k) = [b_0\ \ b_1\ \ \cdots\ \ b_m\ \ 0\ \ \cdots\ \ 0]x(k), \end{cases} \tag{5.67}$$

其中, $k \in \mathbb{N}_{a+1}$, $a \in \mathbb{R}$, $x(a) = 0$. 系统 (5.67) 可以看作传递函数 $G(s)$ 的伪状态空间实现, $x(k)$ 为系统伪状态. 值得提及, 定义不同的伪状态, 可以得到不同的实现方式, 这里不就此展开. 实际上, 只要进行零初始条件设置, 这里的 Caputo 定义, 可以替换为 Riemann-Liouville 定义或 Grünwald-Letnikov 定义. 从系统 (5.67) 出发, 利用定理 5.1.2 可以建立起传递函数 $G(s)$ 所对应的真实状态空间模型. 由传递函数的定义可知, 初始条件为零, 因此所对应的真实状态初值 $z(\omega, a) = 0$, $\forall \omega \in [0, +\infty)$.

定理 5.2.1　Nabla 分数阶传递函数 $G(s) = \left[\frac{n(s)}{d(s)}\right]^\alpha$, $n(s) = \sum_{i=0}^m b_i s^i$, $d(s) = s^n + \sum_{i=0}^{n-1} a_i s^i$, $n \in \mathbb{Z}_+$, $m \in \mathbb{N}$, $m < n$, $b_m \neq 0$, $\alpha \in (0,1)$ 的状态空间实现为

$$
\begin{cases}
\nabla \zeta\left(\omega, k\right) = A\zeta\left(\omega, k\right) + Bv(k), \\
z\left(\omega, k\right) = C\zeta\left(\omega, k\right), \\
x(k) = \displaystyle\int_0^{+\infty} \mu_\alpha(\omega)z\left(\omega, k\right)\mathrm{d}\omega,
\end{cases}
\tag{5.68}
$$

其中, $k \in \mathbb{N}_{a+1}$, $a \in \mathbb{R}$, $A = \begin{bmatrix} 0 & 1 & 0 & \cdots & 0 \\ 0 & 0 & 1 & \cdots & 0 \\ \vdots & \vdots & \vdots & \ddots & \vdots \\ 0 & 0 & 0 & \cdots & 1 \\ -\bar{a}_0 & -\bar{a}_1 & -\bar{a}_2 & \cdots & -\bar{a}_{n-1} \end{bmatrix}$, $B = \begin{bmatrix} 0 \\ 0 \\ \vdots \\ 0 \\ 1 \end{bmatrix}$,

$C = [b_0 \ \ b_1 \ \ \cdots \ \ b_m \ \ 0 \ \ \cdots \ \ 0]$, $\bar{a}_i = a_i + \omega b_i$, $i = 0, 1, \cdots, m$, $\bar{a}_i = a_i$, $i = m+1, m+2, \cdots, n-1$, $\mu_\alpha(\omega) = \dfrac{\sin(\alpha\pi)}{\omega^\alpha \pi}$, $\zeta\left(\omega, a\right) = 0$, $\omega \in [0, +\infty)$.

证明　定义 $Z\left(\omega_i, s\right) := \mathscr{N}_a\{z\left(\omega_i, t\right)\}$, $V(s) := \mathscr{N}_a\{v(t)\}$, $X(s) := \mathscr{N}_a\{x(t)\}$, 利用 Nabla Laplace 变换可以由式 (5.68) 得

$$
\begin{cases}
Z(\omega, s) = C(sI_n - A)^{-1}BV(s), \\
X(s) = \displaystyle\int_0^{+\infty} \mu_\alpha(\omega)Z(\omega, s)\mathrm{d}\omega.
\end{cases}
\tag{5.69}
$$

由于 B 只有最后一行非零, 因此只需要考虑 $(sI - A)^{-1}$ 的最后一列

$$
\begin{aligned}
(sI_n - A)^{-1} &= \left(sI_n - \begin{bmatrix} 0 & 1 & 0 & \cdots & 0 \\ 0 & 0 & 1 & \cdots & 0 \\ \vdots & \vdots & \vdots & \ddots & \vdots \\ 0 & 0 & 0 & \cdots & 1 \\ -\bar{a}_0 & -\bar{a}_1 & -\bar{a}_2 & \cdots & -\bar{a}_{n-1} \end{bmatrix}\right)^{-1} \\
&= \begin{bmatrix} s & -1 & 0 & \cdots & 0 \\ 0 & s & -1 & \cdots & 0 \\ \vdots & \vdots & \vdots & \ddots & \vdots \\ 0 & 0 & 0 & \cdots & -1 \\ \bar{a}_0 & \bar{a}_1 & \bar{a}_2 & \cdots & s+\bar{a}_{n-1} \end{bmatrix}^{-1}
\end{aligned}
$$

$$= \frac{1}{s^n + \sum_{i=0}^{n-1} \bar{a}_i s^i} \begin{bmatrix} * & * & \cdots & * & 1 \\ * & * & \cdots & * & s \\ * & * & \cdots & * & s^2 \\ \vdots & \vdots & & \vdots & \vdots \\ * & * & \cdots & * & s^{n-1} \end{bmatrix}. \tag{5.70}$$

在此基础上, 可以得到

$$C(sI_n - A)^{-1}B = \frac{\sum_{i=0}^m b_i s^i}{s^n + \sum_{i=0}^{n-1} \bar{a}_j s^j} = \frac{\sum_{i=0}^m b_i s^i}{s^n + \sum_{i=0}^{n-1} a_i s^i + \omega \sum_{i=0}^m b_i s^i}$$

$$= \frac{1}{\dfrac{s^n + \sum_{i=0}^{n-1} a_i s^i}{\sum_{i=0}^m b_i s^i} + \omega}$$

$$= \frac{1}{\dfrac{d(s)}{n(s)} + \omega}. \tag{5.71}$$

当 $\alpha \in (0,1)$, $\dfrac{d(s)}{n(s)} \in \mathbb{C}\backslash\mathbb{R}_-$ 时, 有下式成立

$$\frac{X(s)}{V(s)} = \int_0^{+\infty} \frac{\mu_\alpha(\omega)}{\dfrac{d(s)}{n(s)} + \omega} \mathrm{d}\omega = \frac{1}{\left[\dfrac{d(s)}{n(s)}\right]^\alpha} = G(s). \tag{5.72}$$

从而可得, 系统 (5.68) 是系统 $G(s)$ 的状态空间实现. 定理得证. □

定理 5.2.2 Nabla 分数阶传递函数 $G(s) = \left[\dfrac{n(s)}{d(s)}\right]^\alpha$, $n(s) = \sum_{i=0}^n b_i s^i$, $d(s) = s^n + \sum_{i=0}^{n-1} a_i s^i$, $n \in \mathbb{Z}_+$, $b_n \neq 0$, $\alpha \in (0,1)$ 的状态空间实现为

$$\begin{cases} \nabla \zeta(\omega, k) = A\zeta(\omega, k) + Bv(k), \\ z(\omega, k) = C\zeta(\omega, k) + Dv(k), \\ x(k) = \displaystyle\int_0^{+\infty} \mu_\alpha(\omega) z(\omega, k) \, \mathrm{d}\omega, \end{cases} \tag{5.73}$$

其中, $k \in \mathbb{N}_{a+1}$, $a \in \mathbb{R}$, $A = \begin{bmatrix} 0 & 1 & 0 & \cdots & 0 \\ 0 & 0 & 1 & \cdots & 0 \\ \vdots & \vdots & \vdots & \ddots & \vdots \\ 0 & 0 & 0 & \cdots & 1 \\ -\bar{a}_0 & -\bar{a}_1 & -\bar{a}_2 & \cdots & -\bar{a}_{n-1} \end{bmatrix}$, $B = \begin{bmatrix} 0 \\ 0 \\ \vdots \\ 0 \\ 1 \end{bmatrix}$,

$C = [\bar{b}_0 \ \ \bar{b}_1 \ \ \bar{b}_2 \ \ \cdots \ \ \bar{b}_n]$, $\bar{a}_i = \dfrac{a_i + \omega b_i}{1 + \omega b_n}$, $\bar{b}_i = \dfrac{b_i - b_n a_i}{(1 + \omega b_n)^2}$, $i = 0, 1, \cdots, n-1$,

$D = \dfrac{b_n}{1 + \omega b_n}$, $\mu_\alpha(\omega) = \dfrac{\sin(\alpha\pi)}{\omega^\alpha \pi}$, $\zeta(\omega, a) = 0$, $\omega \in [0, +\infty)$.

证明　定义 $Z(\omega_i, s) := \mathscr{N}_a\{z(\omega_i, t)\}$, $V(s) := \mathscr{N}_a\{v(t)\}$, $X(s) := \mathscr{N}_a\{x(t)\}$, 利用 Nabla Laplace 变换可以由式 (5.73) 得

$$\frac{X(s)}{V(s)} = \int_0^{+\infty} [C(sI_n - A)^{-1}B + D]\mathrm{d}\omega. \tag{5.74}$$

将矩阵 A, B, C, D 代入 (5.74) 可得

$$C(sI_n - A)^{-1}B + D = \frac{\displaystyle\sum_{j=0}^{n-1} \bar{b}_j s^j}{s^n + \displaystyle\sum_{j=0}^{n-1} \bar{a}_j s^j} + \frac{b_n}{1 + \omega b_n}$$

$$= \frac{\displaystyle\sum_{j=0}^{n-1} \frac{b_j - b_n a_j}{(1 + \omega b_n)^2} s^j}{s^n + \displaystyle\sum_{j=0}^{n-1} \frac{a_j + \omega b_j}{1 + \omega b_n} s^j} + \frac{b_n}{1 + \omega b_n}$$

$$= \frac{\displaystyle\sum_{j=0}^{n} b_j s^j}{s^n + \displaystyle\sum_{j=0}^{n-1} a_j s^j + \omega \displaystyle\sum_{j=0}^{n} b_j s^j}$$

$$= \frac{1}{\dfrac{s^n + \displaystyle\sum_{j=0}^{n-1} a_j s^j}{\displaystyle\sum_{j=0}^{n} b_j s^j} + \omega}$$

$$= \frac{1}{\dfrac{D(s)}{N(s)} + \omega}. \tag{5.75}$$

当 $\alpha \in (0,1)$, $\dfrac{d(s)}{n(s)} \in \mathbb{C}\backslash\mathbb{R}_-$ 时, 有下式成立

$$\frac{X(s)}{V(s)} = \int_0^{+\infty} \frac{1}{\dfrac{D(s)}{N(s)} + \omega}\,\mathrm{d}\omega = \left[\frac{N(s)}{D(s)}\right]^\alpha = G(s), \tag{5.76}$$

这意味着系统 (5.13) 是系统 $G(s)$ 的状态空间实现. 至此, 定理得证. □

定理 5.2.3 Nabla 分数阶传递函数 $G(s) = \dfrac{1}{(bs^\beta + d)^\alpha}$, $b, d > 0$, $\alpha, \beta \in (0,1)$ 的状态空间实现为

$$\begin{cases} \nabla \zeta(\bar{\omega}, \omega, k) = -\bar{\omega}\zeta(\bar{\omega}, \omega, k) - \dfrac{\omega + d}{b}z(\omega, k) + \dfrac{1}{b}v(k), \\[2mm] z(\omega, k) = \displaystyle\int_0^{+\infty} \mu_\beta(\bar{\omega})\zeta(\bar{\omega}, \omega, k)\,\mathrm{d}\bar{\omega}, \\[2mm] x(k) = \displaystyle\int_0^{+\infty} \mu_\alpha(\omega)z(\omega, k)\,\mathrm{d}\omega, \end{cases} \tag{5.77}$$

其中, $k \in \mathbb{N}_{a+1}$, $a \in \mathbb{R}$, $\mu_\alpha(\omega) = \dfrac{\sin(\alpha\pi)}{\omega^\alpha \pi}$, $\mu_\beta(\bar{\omega}) = \dfrac{\sin(\beta\pi)}{\bar{\omega}^\beta \pi}$, $\zeta(\bar{\omega}, \omega, a) = 0$, $\bar{\omega}, \omega \in [0, +\infty)$.

证明 定义 $Z(\omega_i, s) := \mathscr{N}_a\{z(\omega_i, t)\}$, $V(s) := \mathscr{N}_a\{v(t)\}$, $X(s) := \mathscr{N}_a\{x(t)\}$, 利用 Nabla Laplace 变换可以由式 (5.77) 得

$$\begin{aligned} Z(\omega, s) &= \int_0^{+\infty} \frac{\mu_\beta(\bar{\omega})}{s + \bar{\omega}}\,\mathrm{d}\bar{\omega}\left[-\frac{\omega + b}{a}Z(\omega, s) + \frac{1}{a}V(s)\right] \\[2mm] &= \frac{1}{s^\beta}\left[-\frac{\omega + b}{a}Z(\omega, s) + \frac{1}{a}V(s)\right] \\[2mm] &= \frac{1}{as^\beta + b + \omega}V(s). \end{aligned} \tag{5.78}$$

进一步可以得到

$$X(s) = \int_0^{+\infty} \frac{\mu_\alpha(\omega)}{as^\beta + b + \omega}\,\mathrm{d}\omega V(s)$$

$$= \frac{1}{(as^\beta + b)^\alpha} V(s)$$

$$= G(s)V(s). \tag{5.79}$$

即系统 (5.67) 是系统 $G(s)$ 的状态空间实现, 定理得证.　　　　　　　　□

注解 5.2.1　定理 5.2.1 和定理 5.2.2 给出了几类特殊分数阶传递函数 $\left[\dfrac{n(s)}{d(s)}\right]^\alpha$
的无穷维等价描述, 这部分工作可以看作对文献 [199, 200] 的推广, 更是对作者前期工作 [201] 的离散化拓展, 可以用于 [PID]$^\alpha$ 类控制器的设计与实现, 更为这类分数阶系统的分析与实现奠定了基础.

5.2.2　特殊形式系统

引入离散时间单位脉冲信号

$$\delta_d(z) = \begin{cases} 1, & z = 0, \\ 0, & z \neq 0, \end{cases} \tag{5.80}$$

则有 $\mathscr{N}_a \{\delta_d(k - a - 1)\} = 1$. 令系统 $G(s)$ 的输入为 $v(k) = \delta_d(k - a - 1)$, 则可得其单位脉冲响应满足

$$x(k) = \mathscr{N}_a^{-1} \{G(s)\mathscr{N}_a \{v(k)\}\} = \mathscr{N}_a^{-1} \{G(s)\}. \tag{5.81}$$

由引理 5.1.1 可得, 分数阶和分算子满足 $\dfrac{1}{s^\alpha} = \displaystyle\int_0^{+\infty} \dfrac{\mu_\alpha(\omega)}{s + \omega} \mathrm{d}\omega$. 如果 $G(s) = \dfrac{1}{s^\alpha}$, 则其单位脉冲响应可表示为

$$\begin{aligned}
x(k) &= \mathscr{N}_a^{-1} \left\{ \int_0^{+\infty} \frac{\mu_\alpha(\omega)}{s + \omega} \mathrm{d}\omega \right\} \\
&= \int_0^{+\infty} \mathscr{N}_a^{-1} \left\{ \frac{\mu_\alpha(\omega)}{s + \omega} \right\} \mathrm{d}\omega \\
&= \frac{\sin(\alpha\pi)}{\pi} \int_0^{+\infty} \frac{1}{\omega^\alpha} \frac{1}{(1 + \omega)^{k-a}} \mathrm{d}\omega.
\end{aligned} \tag{5.82}$$

令 $\tau := \dfrac{\omega}{1 + \omega}$, 则有 $\omega = \dfrac{\tau}{1 - \tau}$. 利用 Beta 函数的定义和性质, 可得

$$\int_0^{+\infty} \frac{1}{\omega^\alpha} \frac{1}{(1 + \omega)^{k-a}} \mathrm{d}\omega = \int_0^1 \tau^{-\alpha} (1 - \tau)^{k-a+\alpha-2} \mathrm{d}\tau$$

$$= \mathcal{B}(-\alpha + 1, k - a + \alpha - 1)$$

$$= \frac{\Gamma(-\alpha + 1)\Gamma(k - a + \alpha - 1)}{\Gamma(k - a)}. \tag{5.83}$$

利用 Gamma 函数的 Euler 反射公式可得 $\dfrac{\sin(\alpha\pi)}{\pi} = \dfrac{1}{\Gamma(\alpha)\Gamma(1-\alpha)}$，在此基础上式 (5.82) 可等价表示为

$$x(k) = \mathcal{N}_a^{-1}\left\{\frac{1}{s^\alpha}\right\} = \frac{\Gamma(k - a + \alpha - 1)}{\Gamma(\alpha)\Gamma(k - a)} = \frac{(k - a)^{\overline{\alpha - 1}}}{\Gamma(\alpha)}, \tag{5.84}$$

这正好与已知事实 $\mathcal{N}_a\left\{\dfrac{(k - a)^{\overline{\alpha - 1}}}{\Gamma(\alpha)}\right\} = \dfrac{1}{s^\alpha}$ 相吻合 [16].

考虑到分数阶和分的时频域对应关系，单位脉冲响应 $x(k)$ 还可表示为

$$x(k) = {}_a^G\nabla_k^{-\alpha}\delta_d(k - a - 1)$$

$$= \sum_{i=0}^{k-a-1} (-1)^i \binom{-\alpha}{i} \delta_d(k - a - 1 - i)$$

$$= (-1)^{k-a-1} \binom{-\alpha}{k - a - 1}$$

$$= (-1)^{k-a-1} \frac{\Gamma(-\alpha + 1)}{\Gamma(k - a)\Gamma(-\alpha - k + a + 2)}$$

$$= \frac{\Gamma(\alpha + k - a - 1)}{\Gamma(k - a)\Gamma(\alpha)}$$

$$= \frac{(k - a)^{\overline{\alpha - 1}}}{\Gamma(\alpha)}, \tag{5.85}$$

该结果与频域计算的结果 (5.84) 一致.

定理 5.2.4 Nabla 分数阶传递函数 $G(s) = \dfrac{1}{(\tau s + 1)^\alpha}$, $\alpha \in (0, 1)$, $\tau \in (-1, 0)$ $\cup (0, +\infty)$, $\tau s + 1 \in \mathbb{C}\backslash\mathbb{R}_-$ 的真实状态空间实现如下

$$\begin{cases} \nabla z(\omega, k) = -\omega z(\omega, k) + (1 + \lambda^{-1})^{a+1-k}v(k), \\ x(k) = \displaystyle\int_0^{+\infty} \mu_\alpha(\omega)\kappa(1 + \tau^{-1})^{a+1-k}z(\omega, k)\mathrm{d}\omega, \end{cases} \tag{5.86}$$

$$\begin{cases} \tau \nabla z(\omega, k) = -(\omega + 1)z(\omega, k) + v(k), \\ x(k) = \displaystyle\int_0^{+\infty} \mu_\alpha(\omega) z(\omega, k) \mathrm{d}\omega, \end{cases} \tag{5.87}$$

且其单位脉冲响应为

$$\begin{aligned} \mathscr{N}_a^{-1}\{G(s)\} &= \frac{\sin(\alpha\pi)}{\pi} \int_0^{+\infty} \frac{1}{\omega^\alpha} \frac{\tau^{k-a-1}}{(\tau + \omega + 1)^{k-a}} \mathrm{d}\omega \\ &= \frac{\tau^{k-a-1}}{(1+\tau)^{k-a+\alpha-1}} \frac{(k-a)^{\overline{\alpha-1}}}{\Gamma(\alpha)}, \end{aligned} \tag{5.88}$$

其中, $\mu_\alpha(\omega) = \dfrac{\sin(\alpha\pi)}{\omega^\alpha \pi}$, $k \in \mathbb{N}_{a+1}$, $a \in \mathbb{R}$, $\kappa = (\tau + 1)^{-\alpha}$, $\lambda = -1 - \tau$, $z(\omega, k) \in \mathbb{R}$, $z(\omega, a) = 0$, $\omega \in [0, +\infty)$.

证明　定义 $Z(\omega, s) := \mathscr{N}_a\{z(\omega, k)\}$, $V(s) := \mathscr{N}_a\{v(k)\}$, $X(s) := \mathscr{N}_a\{x(k)\}$, 由 Nabla Laplace 变换的定义可得

$$\begin{aligned} &\mathscr{N}_a\{(1 + \lambda^{-1})^{a+1-k} v(k)\} \\ &= \sum_{k=1}^{+\infty} (1-s)^{k-1}(1+\lambda^{-1})^{1-k} v(k+a), \\ &= \sum_{k=1}^{+\infty} \left(\frac{\lambda - \lambda s}{\lambda + 1} \right)^{k-1} v(k+a) \\ &= \sum_{k=1}^{+\infty} \left(1 - \frac{\lambda s + 1}{\lambda + 1} \right)^{k-1} v(k+a) \\ &= V\left(\frac{\lambda s + 1}{\lambda + 1} \right), \end{aligned} \tag{5.89}$$

$$\begin{aligned} &\mathscr{N}_a\{\kappa(1 + \tau^{-1})^{a+1-k} z(\omega, k)\} \\ &= \sum_{k=1}^{+\infty} (1-s)^{k-1} \kappa (1+\tau^{-1})^{1-k} z(\omega, k+a) \\ &= \kappa \sum_{k=1}^{+\infty} \left(\frac{\tau - \tau s}{\tau + 1} \right)^{k-1} z(\omega, k+a) \\ &= \kappa \sum_{k=1}^{+\infty} \left(1 - \frac{\tau s + 1}{\tau + 1} \right)^{k-1} z(\omega, k+a) \end{aligned}$$

$$= \kappa Z\left(\omega, \frac{\tau s + 1}{\tau + 1}\right). \tag{5.90}$$

考虑式 (5.86) 中的状态方程, 可得

$$Z(\omega, s) = \frac{1}{s + \omega}\left[V\left(\frac{\lambda s + 1}{\lambda + 1}\right) + z(\omega, a)\right]$$

$$= \frac{1}{s + \omega}V\left(\frac{\lambda s + 1}{\lambda + 1}\right). \tag{5.91}$$

进一步由输出方程可得

$$X(s) = \int_0^{+\infty} \mu_\alpha(\omega)\kappa Z\left(\omega, \frac{\tau s + 1}{\tau + 1}\right)\mathrm{d}\omega$$

$$= \int_0^{+\infty} \frac{\mu_\alpha(\omega)}{\frac{\tau s + 1}{\tau + 1} + \omega}(\tau + 1)^{-\alpha}V\left(\frac{\lambda\frac{\tau s + 1}{\tau + 1} + 1}{\lambda + 1}\right)\mathrm{d}\omega$$

$$= \int_0^{+\infty} \frac{\mu_\alpha(\omega)}{\frac{\tau s + 1}{\tau + 1} + \omega}\mathrm{d}\omega(\tau + 1)^{-\alpha}V(s)$$

$$= \frac{1}{(\tau s + 1)^\alpha}V(s), \tag{5.92}$$

即 $G(s) = \dfrac{1}{(\tau s + 1)^\alpha}$ 与系统 (5.86) 等价.

对式 (5.91) 取 Nabla Laplace 变换, 可得

$$\begin{cases} \tau s Z(\omega, s) - \tau z(\omega, a) = -(\omega + 1)Z(\omega, s) + V(s), \\ X(s) = \displaystyle\int_0^{+\infty} \mu_\alpha(\omega)Z(\omega, s)\,\mathrm{d}\omega, \end{cases} \tag{5.93}$$

考虑零初始条件 $z(\omega, a) = 0$, 进而有

$$X(s) = \int_0^{+\infty} \frac{\mu_\alpha(\omega)}{(\tau s + 1) + \omega}\mathrm{d}\omega V(s) = \frac{1}{(\tau s + 1)^\alpha}V(s), \tag{5.94}$$

从而 $G(s) = \dfrac{1}{(\tau s + 1)^\alpha}$ 与系统 (5.87) 的等价性得证.

类似 (5.82), 可得

$$
\begin{aligned}
\mathscr{N}_a^{-1}\{G(s)\} &= \mathscr{N}_a^{-1}\left\{\int_0^{+\infty}\frac{\mu_\alpha(\omega)}{\tau s+1+\omega}\mathrm{d}\omega\right\} \\
&= \int_0^{+\infty}\mathscr{N}_a^{-1}\left\{\frac{\mu_\alpha(\omega)}{\tau s+1+\omega}\right\}\mathrm{d}\omega \\
&= \frac{\sin(\alpha\pi)}{\pi}\int_0^{+\infty}\frac{1}{\tau\omega^\alpha}\mathscr{N}_a^{-1}\left\{\frac{1}{s+\dfrac{1+\omega}{\tau}}\right\}\mathrm{d}\omega \\
&= \frac{\sin(\alpha\pi)}{\pi}\int_0^{+\infty}\frac{1}{\omega^\alpha}\frac{\tau^{k-a-1}}{(\tau+\omega+1)^{k-a}}\mathrm{d}\omega.
\end{aligned}
\tag{5.95}
$$

令 $\varsigma := \dfrac{\omega}{1+\omega+\tau}$, 则有 $\omega=\dfrac{\varsigma}{1-\varsigma}(1+\tau)$, 进而可将式 (5.85) 化简为

$$
\begin{aligned}
\mathscr{N}_a^{-1}\{G(s)\} &= \frac{\sin(\alpha\pi)}{\pi}\int_0^{+\infty}\frac{1}{\omega^\alpha}\frac{\tau^{k-a-1}}{(\tau+\omega+1)^{k-a}}\mathrm{d}\omega \\
&= \frac{\tau^{k-a-1}}{(1+\tau)^{k-a+\alpha-1}}\frac{\sin(\alpha\pi)}{\pi}\int_0^1\varsigma^{-\alpha}(1-\varsigma)^{k-a+\alpha-2}\mathrm{d}\varsigma \\
&= \frac{\tau^{k-a-1}}{(1+\tau)^{k-a+\alpha-1}}\frac{(k-a)^{\overline{\alpha-1}}}{\Gamma(\alpha)}.
\end{aligned}
\tag{5.96}
$$

综上所述, 定理得证.   □

注解 5.2.2　定理 5.2.4 受文献 [200] 中 2.2 节基于隐式微分的分数阶模型的启发而得出, $\dfrac{1}{(\tau s+1)^\alpha}$ 也被其称为 Davidson-Cole 传递函数, 该定理可以看作 Davidson-Cole 传递函数实现问题的离散化拓展, 也可以看作分数阶和分算子 $\dfrac{1}{s^\alpha}$ 实现问题的拓展. 值得强调的是, 定理 5.2.4 不仅给出了 $\dfrac{1}{(\tau s+1)^\alpha}$ 的线性时变 (LTV) 状态空间实现 (5.86), 也给出了线性定常 (LTI) 状态空间实现 (5.87).

(5.85) 和 (5.86) 是通过频域方法计算的单位脉冲响应, 实际上通过时域方法, 依然可以得到相同的结果. 为了避免冗余, 此处不再赘述. 考虑到 $\left(\dfrac{s-\lambda}{1-\lambda}\right)^{-\alpha}=(1-\lambda^{-1})^\alpha\dfrac{1}{(-\lambda^{-1}+1)^\alpha}$, 可由定理 5.2.4 得到如下推论.

推论 5.2.1 Nabla 分数阶传递函数 $G(s) = \left(\dfrac{s-\lambda}{1-\lambda}\right)^{-\alpha}$, $\alpha \in (0,1)$, $\lambda \in \mathbb{R}$, $\lambda \neq 1$, $\dfrac{s-\lambda}{1-\lambda} \in \mathbb{C}\backslash\mathbb{R}_-$ 的真实状态空间实现如下

$$\begin{cases} \nabla z(\omega,k) = -\omega z(\omega,k) + (1-\lambda)^{k-a}v(k), \\ x(k) = \displaystyle\int_0^{+\infty} \mu_\alpha(\omega)(1-\lambda)^{a-k}z(\omega,k)\mathrm{d}\omega, \end{cases} \tag{5.97}$$

$$\begin{cases} \nabla z(\omega,k) = -(\omega - \omega\lambda - \lambda)z(\omega,k) + (1-\lambda)v(k), \\ x(k) = \displaystyle\int_0^{+\infty} \mu_\alpha(\omega)z(\omega,k)\mathrm{d}\omega, \end{cases} \tag{5.98}$$

且其单位脉冲响应为

$$\mathscr{N}_a^{-1}\{G(s)\} = \frac{\sin(\alpha\pi)}{\pi}\int_0^{+\infty} \frac{1}{\omega^\alpha}\frac{(1-\lambda)^{a+1-k}}{(1+\omega)^{k-a}}\mathrm{d}\omega = (1-\lambda)^{a+1-k}\frac{\overline{(k-a)^{\alpha-1}}}{\Gamma(\alpha)}, \tag{5.99}$$

其中, $\mu_\alpha(\omega) = \dfrac{\sin(\alpha\pi)}{\omega^\alpha\pi}$, $k \in \mathbb{N}_{a+1}$, $a \in \mathbb{R}$, $z(\omega,k) \in \mathbb{R}$, $z(\omega,a) = 0$, $\omega \in [0,+\infty)$.

类似地, 可以得到一系列有价值的结论, 为了充分展现变化过程, 相关证明采用正向推理的方式, 不再使用逆向推理.

定理 5.2.5 Nabla 分数阶传递函数 $G(s) = \left(\dfrac{s}{\omega_l}+1\right)^{-\alpha}$, $\alpha \in (0,1)$, $\omega_l > 0$ 的真实状态空间实现为

$$\begin{cases} \nabla z(\omega,k) = -\omega z(\omega,k) + (1+\omega_l)^{k-a}v(k), \\ x(k) = \dfrac{\sin(\alpha\pi)}{\pi}\displaystyle\int_0^{+\infty} \frac{\omega_l^\alpha}{\omega^\alpha}(1+\omega_l)^{a-k-\alpha}z(\omega,k)\mathrm{d}\omega, \end{cases} \tag{5.100}$$

$$\begin{cases} \nabla z(\omega,k) = -\omega z(\omega,k) + v(k), \\ x(k) = \dfrac{\sin(\alpha\pi)}{\pi}\displaystyle\int_{\omega_l}^{+\infty} \frac{\omega_l^\alpha}{(\omega-\omega_l)^\alpha}z(\omega,k)\mathrm{d}\omega, \end{cases} \tag{5.101}$$

且其单位脉冲响应为

$$\mathscr{N}_a^{-1}\{G(s)\} = \frac{\sin(\alpha\pi)}{\pi}\int_{\omega_l}^{+\infty} \frac{\omega_l^\alpha}{(\omega-\omega_l)^\alpha}\frac{1}{(1+\omega)^{k-a}}\mathrm{d}\omega$$

$$= \frac{\omega_l^\alpha}{(1 + \omega_l)^{k-a+\alpha-1}} \frac{(k-a)^{\overline{\alpha-1}}}{\Gamma(\alpha)}, \tag{5.102}$$

其中, $k \in \mathbb{N}_{a+1}$, $a \in \mathbb{R}$, $z(\omega, k) \in \mathbb{R}$, $z(\omega, a) = 0$, $\omega \in [0, +\infty)$.

证明   由于 $\left(\dfrac{s-\lambda}{1-\lambda}\right)^{-\alpha} = (1-\lambda^{-1})^\alpha \left(\dfrac{s}{-\lambda}+1\right)^{-\alpha}$, 可由 (5.97) 得到 $\left(\dfrac{s}{\omega_l}+1\right)^{-\alpha}$ 的相应状态空间实现为 (5.100).

由于 $\alpha \in (0,1)$, $s + \omega_l \in \mathbb{C} \backslash \mathbb{R}_-$, 利用式 (5.1) 可得

$$\begin{aligned}
G(s) &= \frac{\omega_l^\alpha}{(s+\omega_l)^\alpha} \\
&= \frac{\sin(\alpha\pi)}{\pi} \int_0^{+\infty} \frac{\omega_l^\alpha}{w^\alpha} \frac{1}{s+\omega_l+w} \mathrm{d}w \\
&= \frac{\sin(\alpha\pi)}{\pi} \int_{\omega_l}^{+\infty} \frac{\omega_l^\alpha}{(\omega-\omega_l)^\alpha} \frac{1}{s+\omega} \mathrm{d}\omega.
\end{aligned} \tag{5.103}$$

令 $\varsigma := \dfrac{\omega}{1+\omega+\omega_l}$, 则有 $\omega = \dfrac{\varsigma}{1-\varsigma}(1+\omega_l)$, 进而利用 $\mathscr{N}_a^{-1}\left\{\dfrac{1}{s+\omega_l+\omega}\right\} = \dfrac{1}{(1+\omega_l+\omega)^{k-a}}$ 在式 (5.95) 的基础上得到

$$\begin{aligned}
\mathscr{N}_a^{-1}\{G(s)\} &= \frac{\sin(\alpha\pi)}{\pi} \int_0^{+\infty} \frac{\omega_l^\alpha}{\omega^\alpha} \frac{1}{(1+\omega+\omega_l)^{k-a}} \mathrm{d}\omega \\
&= \frac{\omega_l^\alpha}{(1+\omega_l)^{k-a+\alpha-1}} \frac{\sin(\alpha\pi)}{\pi} \int_0^1 \varsigma^{-\alpha}(1-\varsigma)^{k-a+\alpha-2} \mathrm{d}\varsigma \\
&= \frac{\omega_l^\alpha}{(1+\omega_l)^{k-a+\alpha-1}} \frac{(k-a)^{\overline{\alpha-1}}}{\Gamma(\alpha)}.
\end{aligned} \tag{5.104}$$

至此, 定理得证. $\square$

类似式 (5.103) 可得 $\left(\dfrac{s}{\omega_h}+1\right)^{\alpha-1} = \dfrac{\sin(\alpha\pi)}{\pi} \int_{\omega_h}^{+\infty} \dfrac{(\omega-\omega_h)^{\alpha-1}}{\omega_h^{\alpha-1}} \dfrac{1}{s+\omega} \mathrm{d}\omega$, 其中 $\alpha \in (0,1)$, $s + \omega_h \in \mathbb{C} \backslash \mathbb{R}_-$, 进而可以得到如下推论.

推论 5.2.2   Nabla 分数阶传递函数 $G(s) = \left(\dfrac{s}{\omega_h}+1\right)^{\alpha-1}$, $\alpha \in (0,1)$, $\omega_h > 0$

的真实状态空间实现为

$$\begin{cases} \nabla z(\omega, k) = -\omega z(\omega, k) + (1 + \omega_h)^{k-a} v(k), \\ x(k) = \dfrac{\sin(\alpha \pi)}{\pi} \displaystyle\int_0^{+\infty} \dfrac{\omega_h^\alpha}{\omega^{1-\alpha}} (1 + \omega_h)^{a-k-\alpha} z(\omega, k) \mathrm{d}\omega, \end{cases} \tag{5.105}$$

$$\begin{cases} \nabla z(\omega, k) = -\omega z(\omega, k) + v(k), \\ x(k) = \dfrac{\sin(\alpha \pi)}{\pi} \displaystyle\int_{\omega_h}^{+\infty} \dfrac{(\omega - \omega_h)^{\alpha-1}}{\omega_h^{\alpha-1}} z(\omega, k) \mathrm{d}\omega, \end{cases} \tag{5.106}$$

且其单位脉冲响应为

$$\begin{aligned} \mathscr{N}_a^{-1}\{G(s)\} &= \frac{\sin(\alpha \pi)}{\pi} \int_{\omega_h}^{+\infty} \frac{(\omega - \omega_h)^{\alpha-1}}{\omega_h^{\alpha-1}} \frac{1}{(1+\omega)^{k-a}} \mathrm{d}\omega \\ &= \frac{\omega_h^\alpha}{(1+\omega_h)^{k-a-\alpha}} \frac{(k-a)^{\overline{-\alpha}}}{\Gamma(1-\alpha)}, \end{aligned} \tag{5.107}$$

其中, $k \in \mathbb{N}_{a+1}$, $a \in \mathbb{R}$, $z(\omega, k) \in \mathbb{R}$, $z(\omega, a) = 0$, $\omega \in [0, +\infty)$.

在定理 5.2.5 和推论 5.2.2 的基础上, 可进一步得到如下有限频段 $\omega \in [\omega_l, \omega_h]$ 的无穷维描述理论.

定理 5.2.6 Nabla 分数阶传递函数 $G(s) = \left(\dfrac{s}{\omega_h} + 1\right)^{\alpha-1} \left(\dfrac{s}{\omega_l} + 1\right)^{-\alpha}$, $\alpha \in (0, 1)$, $\omega_h > \omega_l > 0$ 的真实状态空间实现为

$$\begin{cases} \nabla z(\omega, k) = -\omega z(\omega, k) + v(k), \\ x(k) = \dfrac{\sin(\alpha \pi)}{\pi} \displaystyle\int_{\omega_l}^{\omega_h} \dfrac{\omega_l^\alpha (\omega_h - \omega)^{\alpha-1}}{\omega_h^{\alpha-1} (\omega - \omega_l)^\alpha} z(\omega, k) \mathrm{d}\omega, \end{cases} \tag{5.108}$$

且其单位脉冲响应为

$$\mathscr{N}_a^{-1}\{G(s)\} = \frac{\sin(\alpha \pi)}{\pi} \int_{\omega_l}^{\omega_h} \frac{\omega_l^\alpha (\omega_h - \omega)^{\alpha-1}}{\omega_h^{\alpha-1} (\omega - \omega_l)^\alpha} \frac{1}{(1+\omega)^{k-a}} \mathrm{d}\omega, \tag{5.109}$$

其中, $k \in \mathbb{N}_{a+1}$, $a \in \mathbb{R}$, $z(\omega, k) \in \mathbb{R}$, $z(\omega, a) = 0$, $\omega \in [0, +\infty)$.

证明 当 $\alpha \in (0, 1)$, $\omega_h > \omega_l > 0$, $s \in \mathbb{C} \backslash \mathbb{R}_-$ 时, 利用式 (5.1) 可得

$$G(s) = \frac{1}{(s + \omega_h)} \frac{\omega_l^\alpha}{\omega_h^{\alpha-1}} \frac{(s + \omega_h)^\alpha}{(s + \omega_l)^\alpha}$$

$$= \frac{1}{(s+\omega_h)} \frac{\omega_l^\alpha}{\omega_h^{\alpha-1}} \frac{\sin(\alpha\pi)}{\pi} \int_0^{+\infty} \frac{1}{w^\alpha} \frac{1}{\dfrac{s+\omega_l}{s+\omega_h}+w} \mathrm{d}w$$

$$= \frac{\omega_l^\alpha}{\omega_h^{\alpha-1}} \frac{\sin(\alpha\pi)}{\pi} \int_0^{+\infty} \frac{1}{w^\alpha} \frac{1}{s+\omega_l+ws+w\omega_h} \mathrm{d}w$$

$$= \frac{\omega_l^\alpha}{\omega_h^{\alpha-1}} \frac{\sin(\alpha\pi)}{\pi} \int_0^{+\infty} \frac{1}{w^\alpha(1+w)} \frac{1}{s+\dfrac{\omega_l+w\omega_h}{1+w}} \mathrm{d}w. \tag{5.110}$$

令 $\omega := \dfrac{\omega_l+\tau\omega_h}{1+\tau}$，则有 $\tau = \dfrac{\omega-\omega_l}{\omega_h-\omega}$ 和 $\mathrm{d}\tau = \dfrac{\omega_h-\omega_l}{(\omega_h-\omega)^2}\mathrm{d}\omega$，进而有

$$G(s) = \frac{\omega_l^\alpha}{\omega_h^{\alpha-1}} \frac{\sin(\alpha\pi)}{\pi} \int_{\omega_l}^{\omega_h} \frac{(\omega_h-\omega)^\alpha}{(\omega-\omega_l)^\alpha} \frac{\omega_h-\omega}{\omega_h-\omega_l} \frac{1}{s+\omega} \frac{\omega_h-\omega_l}{(\omega_h-\omega)^2} \mathrm{d}\omega$$

$$= \frac{\sin(\alpha\pi)}{\pi} \int_{\omega_l}^{\omega_h} \frac{\omega_l^\alpha(\omega_h-\omega)^{\alpha-1}}{\omega_h^{\alpha-1}(\omega-\omega_l)^\alpha} \frac{1}{s+\omega} \mathrm{d}\omega. \tag{5.111}$$

利用 Nabla Laplace 变换，可得系统 (5.108) 是 $G(s)$ 的状态空间实现. 考虑到 $\mathscr{N}_a^{-1}\left\{\dfrac{1}{s+\omega}\right\} = \dfrac{1}{(1+\omega)^{k-a}}$，由式 (5.111) 可得式 (5.109). 至此, 定理得证.　□

定理 5.2.7　Nabla 分数阶传递函数 $G(s) = \left(\dfrac{s}{\omega_h}+1\right)^\alpha \left(\dfrac{s}{\omega_l}+1\right)^{-\alpha}$, $\alpha \in (0, 1)$, $\omega_h > \omega_l > 0$ 的真实状态空间实现为

$$\begin{cases} \nabla z(\omega,k) = -\omega z(\omega,k) + v(k), \\ x(k) = \dfrac{\sin(\alpha\pi)}{\pi} \displaystyle\int_{\omega_l}^{\omega_h} \frac{\omega_l^\alpha(\omega_h-\omega)^\alpha}{\omega_h^\alpha(\omega-\omega_l)^\alpha} z(\omega,k)\mathrm{d}\omega + \frac{\omega_l^\alpha}{\omega_h^\alpha} v(k), \end{cases} \tag{5.112}$$

且其单位脉冲响应为

$$\mathscr{N}_a^{-1}\{G(s)\} = \frac{\omega_l^\alpha}{\omega_h^\alpha}\delta_d(k-a-1) + \frac{\sin(\alpha\pi)}{\pi} \frac{\omega_l^\alpha}{\omega_h^\alpha} \int_{\omega_l}^{\omega_h} \frac{(\omega_h-\omega)^\alpha}{(\omega-\omega_l)^\alpha} \frac{1}{(1+\omega)^{k-a}} \mathrm{d}\omega, \tag{5.113}$$

其中, $k \in \mathbb{N}_{a+1}$, $a \in \mathbb{R}$, $z(\omega,k) \in \mathbb{R}$, $z(\omega,a) = 0$, $\omega \in [0,+\infty)$, $\delta_d(\cdot)$ 为离散单位脉冲函数.

证明　利用式 (5.111) 可得下式成立

$$G(s) = \left(\frac{s}{\omega_h}+1\right) \frac{\sin(\alpha\pi)}{\pi} \int_{\omega_l}^{\omega_h} \frac{\omega_l^\alpha(\omega_h-\omega)^{\alpha-1}}{\omega_h^{\alpha-1}(\omega-\omega_l)^\alpha} \frac{1}{s+\omega} \mathrm{d}\omega$$

$$= \frac{\sin(\alpha\pi)}{\pi} \int_{\omega_l}^{\omega_h} \frac{\omega_l^\alpha (\omega_h - \omega)^{\alpha-1}}{\omega_h^\alpha (\omega - \omega_l)^\alpha} \frac{s + \omega_h}{s + \omega} \mathrm{d}\omega$$

$$= \frac{\sin(\alpha\pi)}{\pi} \int_{\omega_l}^{\omega_h} \frac{\omega_l^\alpha (\omega_h - \omega)^{\alpha-1}}{\omega_h^\alpha (\omega - \omega_l)^\alpha} \mathrm{d}\omega + \frac{\sin(\alpha\pi)}{\pi} \int_{\omega_l}^{\omega_h} \frac{\omega_l^\alpha (\omega_h - \omega)^\alpha}{\omega_h^\alpha (\omega - \omega_l)^\alpha} \frac{1}{s + \omega} \mathrm{d}\omega.$$

$$\tag{5.114}$$

利用式 (5.83) 和 $\Gamma(\alpha)\Gamma(1-\alpha) = \dfrac{\pi}{\sin(\alpha\pi)}$ 可知

$$\int_0^{+\infty} \frac{1}{w^\alpha} \frac{1}{1 + w} \mathrm{d}w = \frac{\pi}{\sin(\alpha\pi)}. \tag{5.115}$$

同样令 $\omega = \dfrac{\omega_l + w\omega_h}{1 + w}$, 有 $\mathrm{d}\omega = \dfrac{\omega_h - \omega_l}{(1 + w)^2} \mathrm{d}w$, 从而可得

$$\frac{\sin(\alpha\pi)}{\pi} \int_{\omega_l}^{\omega_h} \frac{\omega_l^\alpha (\omega_h - \omega)^{\alpha-1}}{\omega_h^\alpha (\omega - \omega_l)^\alpha} \mathrm{d}\omega$$

$$= \frac{\sin(\alpha\pi)}{\pi} \int_0^{+\infty} \frac{\omega_l^\alpha}{\omega_h^\alpha} \frac{1}{w^\alpha} \frac{1}{\omega_h - \dfrac{\omega_l + w\omega_h}{1 + w}} \frac{\omega_h - \omega_l}{(1 + w)^2} \mathrm{d}w$$

$$= \frac{\sin(\alpha\pi)}{\pi} \int_0^{+\infty} \frac{\omega_l^\alpha}{\omega_h^\alpha} \frac{1}{w^\alpha} \frac{1}{1 + w} \mathrm{d}w$$

$$= \frac{\omega_l^\alpha}{\omega_h^\alpha}. \tag{5.116}$$

将式 (5.116) 代入式 (5.114) 可得

$$G(s) = \frac{\omega_l^\alpha}{\omega_h^\alpha} + \frac{\sin(\alpha\pi)}{\pi} \int_{\omega_l}^{\omega_h} \frac{\omega_l^\alpha (\omega_h - \omega)^\alpha}{\omega_h^\alpha (\omega - \omega_l)^\alpha} \frac{1}{s + \omega} \mathrm{d}\omega. \tag{5.117}$$

利用 Nabla Laplace 变换, 可得系统 (5.112) 是 $G(s)$ 的状态空间实现. 由于 $\mathscr{N}_a^{-1}\{1\} = \delta_d(k - a - 1)$ 和 $\mathscr{N}_a^{-1}\left\{\dfrac{1}{s + \omega}\right\} = \dfrac{1}{(1 + \omega)^{k-a}}$, 可由式 (5.117) 得到式 (5.113).

至此, 定理得证. □

定理 5.2.8 Nabla 分数阶传递函数 $G(s) = \dfrac{1}{s}\left(\dfrac{s}{\omega_h} + 1\right)^\alpha \left(\dfrac{s}{\omega_l} + 1\right)^{-\alpha}$, $\alpha \in$ $(0, 1)$, $\omega_h > \omega_l > 0$ 的真实状态空间实现为

$$\begin{cases} \nabla z(\omega, k) = -\omega z(\omega, k) + v(k), \\ x(k) = -\dfrac{\sin(\alpha\pi)}{\pi} \displaystyle\int_{\omega_l}^{\omega_h} \dfrac{\omega_l^{\alpha}(\omega_h - \omega)^{\alpha}}{\omega_h^{\alpha}(\omega - \omega_l)^{\alpha}\omega} z(\omega, k)\, \mathrm{d}\omega + {}_a^{\mathrm{G}}\nabla_k^{-1} v(k), \end{cases} \tag{5.118}$$

且其单位脉冲响应为

$$\mathscr{N}_a^{-1}\{G(s)\} = u_d(k - a - 1) - \frac{\sin(\alpha\pi)}{\pi} \int_{\omega_l}^{\omega_h} \frac{\omega_l^{\alpha}(\omega_h - \omega)^{\alpha}}{\omega_h^{\alpha}(\omega - \omega_l)^{\alpha}\omega} \frac{1}{(1 + \omega)^{k-a}}\, \mathrm{d}\omega, \tag{5.119}$$

其中, $k \in \mathbb{N}_{a+1}$, $a \in \mathbb{R}$, $z(\omega, k) \in \mathbb{R}$, $z(\omega, a) = 0$, $\omega \in [0, +\infty)$,

$$\xi := \frac{\sin(\alpha\pi)}{\pi} \int_{\omega_l}^{\omega_h} \frac{(\omega_h - \omega)^{\alpha-1}}{(\omega - \omega_l)^{\alpha}} \frac{\omega_h}{\omega}\, \mathrm{d}\omega,$$

$u_d(\cdot)$ 为离散单位阶跃函数.

证明 利用式 (5.111) 可得下式成立

$$\begin{aligned} G(s) &= \frac{1}{s}\left(\frac{s}{\omega_h} + 1\right) \frac{\sin(\alpha\pi)}{\pi} \int_{\omega_l}^{\omega_h} \frac{\omega_l^{\alpha}(\omega_h - \omega)^{\alpha-1}}{\omega_h^{\alpha-1}(\omega - \omega_l)^{\alpha}} \frac{1}{s + \omega}\, \mathrm{d}\omega \\ &= \frac{\sin(\alpha\pi)}{\pi} \int_{\omega_l}^{\omega_h} \frac{\omega_l^{\alpha}(\omega_h - \omega)^{\alpha-1}}{\omega_h^{\alpha}(\omega - \omega_l)^{\alpha}} \frac{s + \omega_h}{s(s + \omega)}\, \mathrm{d}\omega. \end{aligned} \tag{5.120}$$

由于 $\alpha \in (0, 1)$, $\omega_h > \omega_l > 0$, 可得 $\mathscr{N}_a^{-1}\{G(s)\}$ 在 $k \to +\infty$ 时的极限存在, 利用 Nabla Laplace 变换的终值定理可得

$$\begin{aligned} \lim_{k \to +\infty} \mathscr{N}_a^{-1}\{G(s)\} &= \lim_{s \to 0} sG(s) \\ &= \lim_{s \to 0} \frac{\sin(\alpha\pi)}{\pi} \int_{\omega_l}^{\omega_h} \frac{\omega_l^{\alpha}(\omega_h - \omega)^{\alpha-1}}{\omega_h^{\alpha}(\omega - \omega_l)^{\alpha}} \frac{s + \omega_h}{s + \omega}\, \mathrm{d}\omega \\ &= \frac{\sin(\alpha\pi)}{\pi} \int_{\omega_l}^{\omega_h} \frac{\omega_l^{\alpha}(\omega_h - \omega)^{\alpha-1}}{\omega_h^{\alpha}(\omega - \omega_l)^{\alpha}} \frac{\omega_h}{\omega}\, \mathrm{d}\omega \\ &= \lim_{s \to 0} \left(\frac{s}{\omega_h} + 1\right)^{\alpha} \left(\frac{s}{\omega_l} + 1\right)^{-\alpha} \\ &= 1. \end{aligned} \tag{5.121}$$

基于此, 可得

$$G(s) = \frac{\sin(\alpha\pi)}{\pi} \int_{\omega_l}^{\omega_h} \frac{\omega_l^{\alpha}(\omega_h - \omega)^{\alpha-1}}{\omega_h^{\alpha}(\omega - \omega_l)^{\alpha}} \left(\frac{\omega_h}{\omega}\frac{1}{s} - \frac{\omega_h - \omega}{\omega}\frac{1}{s + \omega}\right) \mathrm{d}\omega$$

$$= \frac{1}{s} - \frac{\sin(\alpha\pi)}{\pi} \int_{\omega_l}^{\omega_h} \frac{\omega_l^\alpha (\omega_h - \omega)^\alpha}{\omega_h^\alpha (\omega - \omega_l)^\alpha \omega} \frac{1}{s + \omega} d\omega. \tag{5.122}$$

用类似的方法可得 (5.118) 是 $G(s)$ 的状态空间实现, (5.119) 是 $G(s)$ 的单位脉冲响应. 至此, 定理得证.   □

注解 5.2.3   定理 5.2.5~定理 5.2.8 给出了几类特殊分数阶传递函数的有限频段无穷维等价描述, 也为其数值实现提供了基础, 它们可以看作 [202, 第 4 节]、[203, 第 3 节]、[204, 第 3 节]、[205, 表 A1.1] 和 [206, 第 3 节] 中工作的推广. 基于 (5.116), 可得 $\frac{\sin(\alpha\pi)}{\pi} \int_{\omega_l}^{\omega_h} \frac{(\omega_h - \omega)^{\alpha-1}}{(\omega - \omega_l)^\alpha} d\omega = 1$; 基于 (5.121), 可得 $\frac{\sin(\alpha\pi)}{\pi} \int_{\omega_l}^{\omega_h} \frac{(\omega_h - \omega)^{\alpha-1}}{(\omega - \omega_l)^\alpha} \frac{\omega_h}{\omega} d\omega = \frac{\omega_h^\alpha}{\omega_l^\alpha}$, 这两个公式有一定的潜在价值.

前述拓展给出了几类特殊的分数阶传递函数的无穷维描述, 为了进一步拓展适用范围, 给出如下定理.

定理 5.2.9   如果传递函数 $G(s)$ 的单位脉冲响应可以描述为

$$\mathscr{N}_a^{-1}\{G(s)\} = \int_0^{+\infty} \eta(\omega)(1 + \omega)^{a-k} d\omega, \tag{5.123}$$

则 $G(s)$ 可通过如下状态空间模型实现

$$\begin{cases} \nabla z(\omega, k) = -\omega z(\omega, k) + v(k), \\ x(k) = \int_0^{+\infty} \eta(\omega) z(\omega, k) d\omega, \end{cases} \tag{5.124}$$

其中, $k \in \mathbb{N}_{a+1}, a \in \mathbb{R}$.

证明   由已知条件可知, $x(k) = \mathscr{N}_a^{-1}\{G(s)\} * v(k)$, 如果定义 $Z(\omega_i, s) := \mathscr{N}_a\{z(\omega_i, t)\}$, $V(s) := \mathscr{N}_a\{v(t)\}$, $X(s) := \mathscr{N}_a\{x(t)\}$, 则有 $X(s) = G(s) V(s)$. 利用 Nabla Laplace 变换可以由式 (5.120) 得

$$\begin{aligned} X(s) &= \int_0^{+\infty} \eta(\omega) Z(\omega, s) d\omega \\ &= \int_0^{+\infty} \frac{\eta(\omega)}{s + \omega} d\omega V(s). \end{aligned} \tag{5.125}$$

利用 Nabla Laplace 变换的定义, 由式 (5.123) 得

$$G(s) = \sum_{k=1}^{+\infty} \int_0^{+\infty} \eta(\omega)(1 + \omega)^{-k} d\omega (1 - s)^{k-1}$$

$$= \int_0^{+\infty} \eta(\omega) \sum_{k=1}^{+\infty} (1-s)^{k-1} (1+\omega)^{-k} \mathrm{d}\omega$$

$$= \int_0^{+\infty} \frac{\eta(\omega)}{s+\omega} \mathrm{d}\omega, \tag{5.126}$$

其中, $|1-s| < |1+\omega|$. 对比式 (5.125) 与式 (5.126) 可得系统 $G(s)$ 与系统 (5.124) 等价. 综上所述, 定理得证. □

定理 5.2.9 为更一般系统的无穷维状态空间模型的推导提供了思路, 对于给定的传递函数 $G(s)$, 利用逆 Nabla Laplace 变换的定义可得

$$\mathscr{N}_a^{-1}\{G(s)\} = \frac{1}{2\pi \mathrm{j}} \oint_c G(s)(1-s)^{a-k} \mathrm{d}s$$

$$= \int_0^{+\infty} \eta(\omega)(1+\omega)^{a-k} \mathrm{d}\omega. \tag{5.127}$$

借鉴文献 [207, 208] 中的工作, 构建能使式 (5.127) 成立的加权函数 $\eta(\omega)$, 即可得到所需要的 $\eta(\omega)$ 满足式 (5.123) 与式 (5.124).

5.3 差和分系统的等价描述

5.3.1 差分系统

在前述内容的基础上, 可以得到不同定义下的 Nabla 分数阶差分系统对应的真实状态空间模型.

定理 5.3.1 Nabla 分数阶差分系统 ${}_a^{\mathrm{C}}\nabla_k^\alpha x(k) = v(k)$, $\alpha \in (0,1)$, $k \in \mathbb{N}_{a+1}$, $a \in \mathbb{R}$, 可以等价地表示为如下状态空间模型

$$\begin{cases} \nabla z(\omega, k) = -\omega z(\omega, k) + v(k), \\ x(k) = \displaystyle\int_0^{+\infty} \mu_\alpha(\omega) z(\omega, k) \mathrm{d}\omega, \end{cases} \tag{5.128}$$

其中, $\mu_\alpha(\omega) = \dfrac{\sin(\alpha\pi)}{\omega^\alpha \pi}$ 为加权函数, $v(k) \in \mathbb{R}^n$ 为系统输入, $x(k) \in \mathbb{R}^n$ 为系统输出, $z(\omega, k) \in \mathbb{R}^n$ 为系统真实状态且初始状态为 $z(\omega, a) = \dfrac{\delta(\omega)}{\mu_\alpha(\omega)} x(a)$, $\delta(\cdot)$ 是 Dirac 函数.

证明 定义 $X(s) := \mathscr{N}_a\{x(k)\}$, $V(s) := \mathscr{N}_a\{v(k)\}$, $Z(\omega, s) := \mathscr{N}_a\{z(\omega, k)\}$, 应用已知结论 $\mathscr{N}_a\{{}_a^{\mathrm{C}}\nabla_k^\alpha x(k)\} = s^\alpha \mathscr{N}_a\{x(k)\} - s^{\alpha-1} x(a)$, 对目标差分系统

${}_a^C\nabla_k^\alpha x(k) = v(k)$ 取 Nabla Laplace 变换, 可得

$$X(s) = \frac{1}{s^\alpha}V(s) + \frac{1}{s}x(a). \qquad (5.129)$$

对系统 (5.128) 取 Nabla Laplace 变换可得

$$\begin{cases} sZ(\omega,s) - z(\omega,a) = -\omega Z(\omega,s) + V(s), \\ \qquad\qquad X(s) = \int_0^{+\infty}\mu_\alpha(\omega)Z(\omega,s)\mathrm{d}\omega, \end{cases} \qquad (5.130)$$

进而可得

$$X(s) = \int_0^{+\infty}\frac{\mu_\alpha(\omega)}{s+\omega}\mathrm{d}\omega V(s) + \int_0^{+\infty}\frac{\mu_\alpha(\omega)}{s+\omega}z(\omega,a)\,\mathrm{d}\omega. \qquad (5.131)$$

应用恒等式 $\dfrac{1}{s^\alpha} = \displaystyle\int_0^{+\infty}\dfrac{\mu_\alpha(\omega)}{s+\omega}\mathrm{d}\omega$, 结合初始状态 $z(\omega,a) = \dfrac{\delta(\omega)}{\mu_\alpha(\omega)}x(a)$ 和 Dirac 函数的特性, 可由式 (5.131) 得到式 (5.129), 即系统 ${}_a^C\nabla_k^\alpha x(k) = v(k)$ 与系统 (5.129) 的输入输出关系在频域上等价.

接下来验证时域响应的等价性, 对系统 ${}_a^C\nabla_k^\alpha x(k) = v(k)$ 的两边分别取 α 阶和分运算可得

$$x(k) = {}_a^G\nabla_k^{-\alpha}v(k) + x(a), \qquad (5.132)$$

等式右侧第一项对应输入响应, 第二项对应状态响应.

因为系统 (5.128) 与系统 (5.19) 除了初始状态都相同, 且定理 5.1.2 已证明系统 (5.128) 的输入响应 $x_i(k) = {}_a^G\nabla_k^{-\alpha}v(k)$. 类似地, 将初始状态 $z(\omega,a) = \dfrac{\delta(\omega)}{\mu_\alpha(\omega)}x(a)$ 代入, 可计算得其状态响应为

$$\begin{aligned} x_s(k) &= \int_0^{+\infty}\mu_\alpha(\omega)\frac{z(\omega,a)}{(1+\omega)^{k-a}}\mathrm{d}\omega \\ &= x(a)\int_0^{+\infty}\frac{\delta(\omega)}{(1+\omega)^{k-a}}\mathrm{d}\omega \\ &= x(a), \end{aligned} \qquad (5.133)$$

该式恰与期望式 (5.132) 相吻合, 因此系统 ${}_a^C\nabla_k^{-\alpha}x(k) = v(k)$ 与系统 (5.127) 的输入输出关系在时域上等价. 至此, 定理得证. $\qquad\square$

定理 5.3.2 Nabla 分数阶差分系统 ${}_a^R\nabla_k^\alpha x(k) = v(k)$, $\alpha \in (0,1)$, $k \in \mathbb{N}_{a+1}$, $a \in \mathbb{R}$, 可以等价地表示为如下状态空间模型

$$\begin{cases} \nabla z(\omega, k) = -\omega z(\omega, k) + v(k), \\ \quad\quad x(k) = \displaystyle\int_0^{+\infty} \mu_\alpha(\omega) z(\omega, k) \mathrm{d}\omega, \end{cases} \tag{5.134}$$

其中, $\mu_\alpha(\omega) = \dfrac{\sin(\alpha\pi)}{\omega^\alpha \pi}$ 为加权函数, $v(k) \in \mathbb{R}^n$ 为系统输入, $x(k) \in \mathbb{R}^n$ 为系统输出, $z(\omega, k) \in \mathbb{R}^n$ 为系统真实状态且初始状态为 $z(\omega, a) = \left[{}_a^G\nabla_k^{\alpha-1} x(k)\right]_{k=a}$.

证明 定义 $X(s) := \mathscr{N}_a\{x(k)\}$, $V(s) := \mathscr{N}_a\{v(k)\}$, $Z(\omega, s) := \mathscr{N}_a\{z(\omega, k)\}$, 应用已知结论 $\mathscr{N}_a\{{}_a^R\nabla_k^\alpha x(k)\} = s^\alpha \mathscr{N}_a\{x(k)\} - \left[{}_a^G\nabla_k^{\alpha-1} x(k)\right]_{k=a}$, 对目标差分系统 ${}_a^R\nabla_k^\alpha x(k) = v(k)$ 取 Nabla Laplace 变换可得

$$X(s) = \frac{1}{s^\alpha} V(s) + \frac{1}{s^\alpha} \left[{}_a^G\nabla_k^{\alpha-1} x(k)\right]_{k=a}. \tag{5.135}$$

对系统 (5.134) 取 Nabla Laplace 变换可得

$$\begin{cases} sZ(\omega, s) - z(\omega, a) = -\omega Z(\omega, s) + V(s), \\ \quad\quad X(s) = \displaystyle\int_0^{+\infty} \mu_\alpha(\omega) Z(\omega, s) \mathrm{d}\omega, \end{cases} \tag{5.136}$$

进而可得

$$X(s) = \int_0^{+\infty} \frac{\mu_\alpha(\omega)}{s+\omega} \mathrm{d}\omega V(s) + \int_0^{+\infty} \frac{\mu_\alpha(\omega)}{s+\omega} z(\omega, a) \,\mathrm{d}\omega. \tag{5.137}$$

应用恒等式 $\dfrac{1}{s^\alpha} = \displaystyle\int_0^{+\infty} \dfrac{\mu_\alpha(\omega)}{s+\omega} \mathrm{d}\omega$, 结合初始状态 $z(\omega, a) = \left[{}_a^G\nabla_k^{\alpha-1} x(k)\right]_{k=a}$, 可由式 (5.137) 得到式 (5.135), 即系统 ${}_a^R\nabla_k^\alpha x(k) = v(k)$ 与系统 (5.134) 的输入输出关系在频域上等价.

接下来验证时域响应的等价性, 对系统 ${}_a^R\nabla_k^\alpha x(k) = v(k)$ 的两边分别取 α 阶和分运算可得

$$x(k) = {}_a^G\nabla_k^{-\alpha} v(k) + \frac{(k-a)^{\overline{\alpha-1}}}{\Gamma(\alpha)} \left[{}_a^G\nabla_k^{\alpha-1} x(k)\right]_{k=a}, \tag{5.138}$$

等式右侧第一项对应输入响应, 第二项对应状态响应.

因为系统 (5.134) 与系统 (5.19) 除了初始状态都相同, 且定理 5.1.2 已证明系统 (5.134) 的输入响应 $x_i(k) = {}_a^{\mathrm{G}}\nabla_k^{-\alpha}v(k)$. 类似地, 将初始状态 $z(\omega,a) = \left[{}_a^{\mathrm{G}}\nabla_k^{\alpha-1}x(k)\right]_{k=a}$ 代入, 可计算得其状态响应为

$$
\begin{aligned}
x_s(k) &= \int_0^{+\infty} \frac{\sin(\alpha\pi)}{\omega^\alpha\pi} \frac{z(\omega,a)}{(1+\omega)^{k-a}}\mathrm{d}\omega \\
&= \frac{1}{\Gamma(\alpha)\Gamma(1-\alpha)} \int_0^{+\infty} \frac{z(\omega,a)}{\omega^\alpha(1+\omega)^{k-a}}\mathrm{d}\omega \\
&= \frac{1}{\Gamma(\alpha)\Gamma(1-\alpha)} \mathcal{B}(k-a+\alpha-1,1-\alpha)\left[{}_a^{\mathrm{G}}\nabla_k^{\alpha-1}x(k)\right]_{k=a} \\
&= \frac{1}{\Gamma(\alpha)\Gamma(1-\alpha)} \frac{\Gamma(k-a+\alpha-1)\Gamma(1-\alpha)}{\Gamma(k-a)}\left[{}_a^{\mathrm{G}}\nabla_k^{\alpha-1}x(k)\right]_{k=a} \\
&= \frac{(k-a)^{\overline{\alpha-1}}}{\Gamma(\alpha)}\left[{}_a^{\mathrm{G}}\nabla_k^{\alpha-1}x(k)\right]_{k=a},
\end{aligned}
\tag{5.139}
$$

该式恰与期望式 (5.138) 相吻合, 因此系统 ${}_a^{\mathrm{R}}\nabla_k^{-\alpha}x(k) = v(k)$ 与系统 (5.134) 的输入输出关系在时域上等价. 至此, 定理得证. $\qquad\square$

定理 5.3.3 Nabla 分数阶差分系统 ${}_a^{\mathrm{G}}\nabla_k^\alpha x(k) = v(k)$, $\alpha \in (0,1)$, $k \in \mathbb{N}_{a+1}$, $a \in \mathbb{R}$, 可以等价地表示为如下状态空间模型

$$
\begin{cases}
\nabla z(\omega,k) = -\omega z(\omega,k) + v(k), \\
x(k) = \displaystyle\int_0^{+\infty} \mu_\alpha(\omega)z(\omega,k)\mathrm{d}\omega,
\end{cases}
\tag{5.140}
$$

其中, $\mu_\alpha(\omega) = \dfrac{\sin(\alpha\pi)}{\omega^\alpha\pi}$ 为加权函数, $v(k) \in \mathbb{R}^n$ 为系统输入, $x(k) \in \mathbb{R}^n$ 为系统输出, $z(\omega,k) \in \mathbb{R}^n$ 为系统真实状态且初始状态为 $z(\omega,a) = 0$.

证明 定义 $X(s) := \mathcal{N}_a\{x(k)\}$, $V(s) := \mathcal{N}_a\{v(k)\}$, $Z(\omega,s) := \mathcal{N}_a\{z(\omega,k)\}$, 应用已知结论 $\mathcal{N}_a\{{}_a^{\mathrm{G}}\nabla_k^\alpha x(k)\} = s^\alpha \mathcal{N}_a\{x(k)\}$, 对目标差分系统 ${}_a^{\mathrm{G}}\nabla_k^\alpha x(k) = v(k)$ 取 Nabla Laplace 变换, 可得

$$
X(s) = \frac{1}{s^\alpha}V(s).
\tag{5.141}
$$

该式与式 (5.22) 相同, 因为 Grünwald-Letnikov 定义下的分数阶差和分其 Nabla Laplace 变换的形式一致, 都不含有初始值项. 因此定理 5.1.2 表明系统 ${}_a^{\mathrm{G}}\nabla_k^\alpha x(k) = v(k)$ 与系统 (5.140) 的输入输出关系在频域上等价.

接下来验证时域响应的等价性, 对系统 $_a^G\nabla_k^\alpha x(k) = v(k)$ 的两边分别取 α 阶和分运算可得

$$x(k) = {_a^G}\nabla_k^{-\alpha}v(k), \tag{5.142}$$

即 Grünwald-Letnikov 定义下的分数阶差分系统与分数阶和分系统等价, 因此系统 $_a^G\nabla_k^{-\alpha}x(k) = v(k)$ 与系统 (5.140) 输入输出关系在时域上的等价性自然成立. 至此, 定理得证.   □

注解 5.3.1   定理 5.3.1~定理 5.3.3 给出了 Caputo, Riemann-Liouville 和 Grünwald-Letnikov 三种定义下的 Nabla 分数阶差分系统的状态空间实现, 可以发现所列模型都是无穷维的, 且形式相同, 不同仅仅是初始状态 $z(\omega, a)$. 具体来说, Riemann-Liouville 定义下, 初始状态在所有 $\omega \in [0, +\infty)$ 处都有值且相等, 因此常被称为均匀分布; Caputo 定义下, 初始状态因乘有 Dirac 函数, 所以只有在 ω 为零时才有值, ω 不为零时均为零, 因此常被称为集中分布; Grünwald-Letnikov 定义下对应的初始状态与系统初始条件无关, 均设置为零. 因为 $k \in \mathbb{N}_{a+1}$, 所以初始状态配置的原则不是 $x(a) = \int_0^{+\infty} \mu_\alpha(\omega)z(\omega, a)\mathrm{d}\omega$, 而是在同样输入下, 系统输出相同. 在本节研究内容的基础上, 不能将结果拓展至 Tempered 情形, 为避免冗余, 这里不再赘述.

5.3.2   和分系统

借助于推论 5.2.1 给出的 Nabla 分数阶差分算子 s^α 的等价描述, 可以得到系统 $_a^G\nabla_k^{-\alpha}x(k) = v(k)$ 的真实状态空间模型.

定理 5.3.4   Nabla 分数阶和分系统 $_a^G\nabla_k^{-\alpha}x(k) = v(k)$, $\alpha \in (0, 1)$, $k \in \mathbb{N}_{a+1}$, $a \in \mathbb{R}$, 可以等价地表示为如下整数阶和分系统

$$\begin{cases} {_a\nabla_k^{-1}}z(\omega, k) = -\omega z(\omega, k) + v(k), \\ \qquad x(k) = \int_0^{+\infty} \mu_\alpha(\omega)z(\omega, k)\mathrm{d}\omega, \end{cases} \tag{5.143}$$

其中, $\mu_\alpha(\omega) = \dfrac{\sin(\alpha\pi)}{\omega^\alpha\pi}$ 为加权函数, $v(k) \in \mathbb{R}^n$ 为系统输入, $x(k) \in \mathbb{R}^n$ 为系统输出, $z(\omega, k) \in \mathbb{R}^n$ 为系统真实状态且初始状态为 $z(\omega, a) = 0$.

证明   考虑到 $\mathscr{N}_a\{{_a^G}\nabla_k^{-\alpha}x(k)\} = \dfrac{1}{s^\alpha}\mathscr{N}_a\{x(k)\}$, 对系统 $_a^G\nabla_k^{-\alpha}x(k) = v(k)$ 的两边取 Nabla Laplace 变换可得

$$X(s) = s^\alpha V(s), \tag{5.144}$$

即系统 ${}_a^{\mathrm{G}}\nabla_k^{-\alpha}x(k)=v(k)$ 的传递函数为 Nabla 分数阶差分算子 s^α, 其中 $v(k)$ 为输入序列, $x(k)$ 为输出序列, $V(s):=\mathscr{N}_a\{v(k)\}$, $X(s):=\mathscr{N}_a\{x(k)\}$.

对系统 (5.143) 的两边取 Nabla Laplace 变换可得

$$\begin{cases} s^{-1}Z(\omega,s) = -\omega Z(\omega,s)+V(s), \\ \qquad X(s) = \displaystyle\int_0^{+\infty}\mu_\alpha(\omega)Z(\omega,s)\,\mathrm{d}\omega, \end{cases} \tag{5.145}$$

其中, $Z(\omega,s):=\mathscr{N}_a\{z(\omega,k)\}$, 进而可得

$$X(s)=\int_0^{+\infty}\frac{\mu_\alpha(\omega)}{s^{-1}+\omega}\mathrm{d}\omega V(s). \tag{5.146}$$

应用恒等式 $s^\alpha=\displaystyle\int_0^{+\infty}\frac{\mu_\alpha(\omega)}{s^{-1}+\omega}\mathrm{d}\omega$, 可由式 (5.146) 得到式 (5.144), 即系统 ${}_a^{\mathrm{G}}\nabla_k^{-\alpha}\cdot$ $x(k)=v(k)$ 与系统 (5.143) 的输入输出关系等价. 至此, 定理得证. □

类似定理 5.1.6 的式 (5.58) 到式 (5.59), 对 (5.143) 的状态方程两边同时取 α 阶差分, 可得下述推论.

推论 5.3.1 Nabla 分数阶和分系统 ${}_a^{\mathrm{G}}\nabla_k^{-\alpha}x(k)=v(k)$, $\alpha\in(0,1)$, $k\in\mathbb{N}_{a+1}$, $a\in\mathbb{R}$, 可以等价地表示为如下状态空间模型

$$\begin{cases} \omega\nabla z(\omega,k) = -z(\omega,k)+\nabla v(k), \\ \qquad x(k) = \displaystyle\int_0^{+\infty}\mu_\alpha(\omega)z(\omega,k)\mathrm{d}\omega, \end{cases} \tag{5.147}$$

其中, $\mu_\alpha(\omega)=\dfrac{\sin(\alpha\pi)}{\omega^\alpha\pi}$ 为加权函数, $v(k)\in\mathbb{R}^n$ 为系统输入, $v(a)=0$, $x(k)\in\mathbb{R}^n$ 为系统输出, $z(\omega,k)\in\mathbb{R}^n$ 为系统真实状态且初始状态为 $z(\omega,a)=0$.

注解 5.3.2 定理 5.3.4 的证明采用的是频域的方法, 值得注意的是 Nabla Laplace 变换是存在收敛域的, 这可能会带来一些影响, 值得后续深入研究, 其实也可以采用时域的方法推导, 不影响结论的使用. 为了更清晰地对比本章前述主要结论, 将所得无穷维模型的主要结论总结如表 5.1 所示.

由表 5.1 可知, 前述定理多是从分数阶和分系统或分数阶差分系统入手, 讨论其等价的无穷维描述. 实际上, 定理 5.3.2 和定理 5.3.3 所讨论的系统本质上是分数阶和分算子 $\dfrac{1}{s^\alpha}$ 与分数阶差分算子 s^α. 不难发现, 将整数阶系统的阶次从 1 拓展到 $\alpha\in(0,1)$, 所得分数阶系统却是无穷维的, 所以不夸张地说无穷维特性是分数阶系统区别于整数阶系统的本质特性.

表 5.1　无穷维模型主要结论的特性对比

定理及推论	目标系统	特性
定理 5.1.2、定理 5.1.3	$x(k) = {}_a^{\mathrm{G}}\nabla_k^{-\alpha} v(k)$	分数阶和分运算实现
定理 5.1.4	$x(k) = {}_a^{\mathrm{C}}\nabla_k^{\alpha} v(k)$	分数阶差分运算实现
定理 5.1.5	$x(k) = {}_a^{\mathrm{R}}\nabla_k^{\alpha} v(k)$	分数阶差分运算实现
定理 5.1.6	$x(k) = {}_a^{\mathrm{G}}\nabla_k^{\alpha} v(k)$	分数阶差分运算实现
定理 5.2.1~定理 5.2.4	$G(s) = [H(s)]^{\alpha}$	无理传递函数的实现
定理 5.2.5	$G(s) = \left(\dfrac{s}{\omega_l} + 1\right)^{-\alpha}$	无理传递函数的实现
推论 5.2.2	$G(s) = \left(\dfrac{s}{\omega_h} + 1\right)^{\alpha-1}$	无理传递函数的实现
定理 5.2.6	$G(s) = \left(\dfrac{s}{\omega_h} + 1\right)^{\alpha-1}\left(\dfrac{s}{\omega_l} + 1\right)^{-\alpha}$	无理传递函数的实现
定理 5.2.7	$G(s) = \left(\dfrac{s}{\omega_h} + 1\right)^{\alpha}\left(\dfrac{s}{\omega_l} + 1\right)^{-\alpha}$	无理传递函数的实现
定理 5.2.8	$G(s) = \dfrac{1}{s}\left(\dfrac{s}{\omega_h} + 1\right)^{\alpha}\left(\dfrac{s}{\omega_l} + 1\right)^{-\alpha}$	无理传递函数的实现
定理 5.3.1	${}_a^{\mathrm{C}}\nabla_k^{\alpha} x(k) = v(k)$	分数阶差分系统实现
定理 5.3.2	${}_a^{\mathrm{R}}\nabla_k^{\alpha} x(k) = v(k)$	分数阶差分系统实现
定理 5.3.3	${}_a^{\mathrm{G}}\nabla_k^{\alpha} x(k) = v(k)$	分数阶差分系统实现
定理 5.3.4、推论 5.3.1	${}_a^{\mathrm{G}}\nabla_k^{-\alpha} x(k) = v(k)$	分数阶和分系统实现

5.3.3　延伸拓展

前述讨论的分数阶差和分系统都是针对阶次 $\alpha \in (0,1)$ 情形的, 这里以分数阶差分系统为例, 讨论阶次 $\alpha \in (m-1, m)$ 的情形.

定理 5.3.5　Nabla 分数阶差分系统 ${}_a^{\mathrm{C}}\nabla_k^{\alpha} x(k) = v(k)$, $\alpha \in (m-1, m)$, $m \in \mathbb{Z}_+$, $k \in \mathbb{N}_{a+1}$, $a \in \mathbb{R}$, 可以等价地表示为如下状态空间模型

$$\begin{cases} \nabla z(\omega, k) = -\omega z(\omega, k) + v(k), \\ \nabla^{m-1} x(k) = \displaystyle\int_0^{+\infty} \mu_{\alpha-m+1}(\omega) z(\omega, k)\,\mathrm{d}\omega, \end{cases} \tag{5.148}$$

其中, $\mu_{\alpha-m+1}(\omega) = \dfrac{\sin(\alpha\pi - m\pi + \pi)}{\omega^{\alpha-m+1}\pi}$ 为加权函数, $v(k) \in \mathbb{R}^n$ 为系统输入, $x(k) \in \mathbb{R}^n$ 为系统输出, $x(k) \in \mathbb{R}^n$ 的初值为 $[\nabla^{i-1} x(k)]_{k=a}$, $i = 1, 2, \cdots, m-1$, 系统真实状态 $z(\omega, k) \in \mathbb{R}^n$ 的初值为 $z(\omega, a) = \dfrac{\delta(\omega)}{\mu_\alpha(\omega)}[\nabla^{m-1} x(k)]_{k=a}$.

证明　当 $\alpha \in (m-1, m)$ 时, 由 Caputo 分数阶差分运算的基本特性可知 ${}_a^{\mathrm{C}}\nabla_k^{\alpha} x(k) = {}_a^{\mathrm{C}}\nabla_k^{\alpha-m+1}[\nabla^{m-1} x(k)]$. 因为 $\alpha - m + 1 \in (0, 1)$, 利用定理 5.3.1 的等价模型 (5.128) 可得式 (5.148) 的成立, 且初始条件也满足要求.　□

定理 5.3.6　Nabla 分数阶差分系统 ${}_a^{\mathrm{R}}\nabla_k^{\alpha} x(k) = v(k)$, $\alpha \in (m-1, m)$, $m \in$

$\mathbb{Z}_+$, $k \in \mathbb{N}_{a+1}$, $a \in \mathbb{R}$, 可以等价地表示为如下状态空间模型

$$\begin{cases} \nabla^{m-1}\sigma(k) = v(k), \\ \nabla z(\omega, k) = -\omega z(\omega, k) + \sigma(k), \\ x(k) = \displaystyle\int_0^{+\infty} \mu_{\alpha-m+1}(\omega) z(\omega, k) \, \mathrm{d}\omega, \end{cases} \tag{5.149}$$

其中, $\mu_{\alpha-m+1}(\omega) = \dfrac{\sin(\alpha\pi - m\pi + \pi)}{\omega^{\alpha-m+1}\pi}$ 为加权函数, $v(k) \in \mathbb{R}^n$ 为系统输入, $x(k) \in \mathbb{R}^n$ 为系统输出, $\nabla^{i-1}\sigma(k) \in \mathbb{R}^n$ 的初值为 $\left[\nabla^{i-1}\sigma(k)\right]_{k=a} = \left[{}^{\mathrm{R}}_a\nabla_k^{\alpha-i}x(k)\right]_{k=a}$, $i = 1, 2, \cdots, m-1$, 系统状态 $z(\omega, k) \in \mathbb{R}^n$ 的初值为 $z(\omega, a) = \left[{}^{\mathrm{G}}_a\nabla_k^{\alpha-m}x(k)\right]_{k=a}$.

证明 当 $\alpha \in (m-1, m)$ 时, 由 Riemann-Liouville 分数阶差分运算的基本特性可知 ${}^{\mathrm{R}}_a\nabla_k^\alpha x(k) = \nabla^{m-1}[{}^{\mathrm{R}}_a\nabla_k^{\alpha-m+1}x(k)]$, 令 $\sigma := {}^{\mathrm{R}}_a\nabla_k^{\alpha-m+1}x(k)$, 则有式 (5.149) 的第一个方程成立. 因为 $\alpha - m + 1 \in (0, 1)$, 利用定理 5.3.2 的等价模型 (5.134) 可得式 (5.149) 的后两个方程成立, 且初始条件也满足要求. 至此, 定理得证. □

定理 5.3.7 Nabla 分数阶差分系统 ${}^{\mathrm{G}}_a\nabla_k^\alpha x(k) = v(k)$, $\alpha \in (m-1, m)$, $m \in \mathbb{Z}_+$, $k \in \mathbb{N}_{a+1}$, $a \in \mathbb{R}$, 可以等价地表示为如下状态空间模型

$$\begin{cases} \nabla z(\omega, k) = -\omega z(\omega, k) + v(k), \\ \nabla^{m-1}x(k) = \displaystyle\int_0^{+\infty} \mu_{\alpha-m+1}(\omega) z(\omega, k) \, \mathrm{d}\omega, \end{cases} \tag{5.150}$$

$$\begin{cases} \nabla^{m-1}\sigma(k) = v(k), \\ \nabla z(\omega, k) = -\omega z(\omega, k) + \sigma(k), \\ x(k) = \displaystyle\int_0^{+\infty} \mu_{\alpha-m+1}(\omega) z(\omega, k) \, \mathrm{d}\omega, \end{cases} \tag{5.151}$$

其中, $\mu_{\alpha-m+1}(\omega) = \dfrac{\sin(\alpha\pi - m\pi + \pi)}{\omega^{\alpha-m+1}\pi}$ 为加权函数, $v(k) \in \mathbb{R}^n$ 为系统输入, $x(k) \in \mathbb{R}^n$ 为系统输出, $\nabla^{i-1}x(k) \in \mathbb{R}^n$ 的初值为 0, $i = 1, 2, \cdots, m-1$, 中间变量 $\nabla^{i-1}\sigma(a) \in \mathbb{R}^n$ 的初值为 $\left[\nabla^{i-1}\sigma(k)\right]_{k=a} = 0$, $i = 1, 2, \cdots, m-1$, 系统真实状态 $z(\omega, k) \in \mathbb{R}^n$ 的初值为 $z(\omega, a) = 0$.

证明 当 $\alpha \in (m-1, m)$ 时, 由 Grünwald-Letnikov 分数阶差分运算的基本特性可知 ${}^{\mathrm{G}}_a\nabla_k^\alpha {}^{\mathrm{G}}_a\nabla_k^{-\alpha}x(k) = {}^{\mathrm{G}}_a\nabla_k^{-\alpha} {}^{\mathrm{G}}_a\nabla_k^\alpha x(k) = x(k)$, 从而 ${}^{\mathrm{G}}_a\nabla_k^\alpha x(k) = v(k)$ 与 $x(k) = {}^{\mathrm{G}}_a\nabla_k^{-\alpha}v(k)$ 等价. 两边同时取 $m-1$ 阶差分, 可得

$$\nabla^{m-1}x(k) = \nabla^{m-1}{}^{\mathrm{G}}_a\nabla_k^{-\alpha}v(k) = {}^{\mathrm{G}}_a\nabla_k^{m-1-\alpha}v(k), \tag{5.152}$$

其中, $\alpha - m + 1 \in (0, 1)$.

由定理 5.1.2 的 (5.19) 可得 (5.150) 是 (5.152) 的等价实现.

考虑到 ${}_a^G\nabla_k^\alpha x(k) = \nabla^{m-1}[{}_a^G\nabla_k^{\alpha-m+1}x(k)]$, 令 $\sigma(k) := {}_a^G\nabla_k^{\alpha-m+1}x(k)$, 则有式 (5.151) 的第一个方程成立. 因为 $\alpha - m + 1 \in (0,1)$, 利用定理 5.3.3 的等价模型 (5.140) 可得式 (5.151) 的后两个方程成立, 且初始条件也满足相应要求. 至此, 定理得证.   □

注解 5.3.3　定理 5.3.5~定理 5.3.7 分别可以看作定理 5.3.1~定理 5.3.3 中等价模型的阶次拓展. 其他定理中的阶次如果拓展到更广的范围, 也有相对应的形式. 这一拓展扩大了适用范围, 提高了无穷维等价描述的实用性.

前述讨论都是针对简单的分数阶差和分系统, 如果定义

$$\begin{cases} v(k) := f\left(x(k), u(k)\right), \\ y(k) := g\left(x(k), u(k)\right), \end{cases} \tag{5.153}$$

利用定理 5.3.1 的等价模型 (5.128), 进一步将同元阶次 α 拓展为非同元阶次 $\alpha = [\alpha_1\ \alpha_2\ \cdots\ \alpha_n]^T \in \mathbb{R}^n$, 可得如下推论.

推论 5.3.2　Nabla 分数阶差分系统

$$\begin{cases} {}_a^C\nabla_k^\alpha x(k) = f\left(x(k), u(k)\right), \\ \quad\quad y(k) = g\left(x(k), u(k)\right), \end{cases} \tag{5.154}$$

对应的真实状态空间模型为

$$\begin{cases} \nabla z(\omega, k) = -\omega z(\omega, k) + f\left(x(k), u(k)\right), \\ x(k) = \displaystyle\int_0^{+\infty} \mu_\alpha(\omega) z(\omega, k)\,\mathrm{d}\omega, \\ y(k) = g\left(x(k), u(k)\right), \end{cases} \tag{5.155}$$

其中, $\alpha = [\alpha_1\ \alpha_2\ \cdots\ \alpha_n]^T \in \mathbb{R}^n$, $0 < \alpha_i < 1$, $i = 1, 2, \cdots, n$, $k \in \mathbb{N}_{a+1}$, $a \in \mathbb{R}$, $u(k) \in \mathbb{R}^p$ 为系统输入, $y(k) \in \mathbb{R}^q$ 为系统输出, $x(k) \in \mathbb{R}^n$ 为系统伪状态, $f: \mathbb{R}^n \times \mathbb{R}^p \to \mathbb{R}^n$, $g: \mathbb{R}^n \times \mathbb{R}^p \to \mathbb{R}^q$, $\mu_\alpha(\omega) = \mathrm{diag}\{\mu_{\alpha_1}(\omega)\ \mu_{\alpha_2}(\omega)\ \cdots\ \mu_{\alpha_n}(\omega)\}$, $\mu_{\alpha_i}(\omega) = \dfrac{\sin(\alpha_i\pi)}{\omega^{\alpha_i}\pi}$, $i = 1, 2, \cdots, n$, $z(\omega, k) \in \mathbb{R}^n$ 为系统真实状态且其初始状态为 $z(\omega, a) = \delta(\omega)\mu_\alpha^{-1}(\omega)x(a)$.

借助推论 5.3.1 可以建立起给定分数阶差分系统 (5.154) 的无穷维真实状态空间模型, 借助该等价模型, 可以实现对原系统的分析、控制和实现.

5.4 模型逼近

5.4.1 有限维截断

前述章节研究了 Nabla 分数阶和分方程、差分方程和传递函数的无穷维描述问题, 与连续情形类似[68,191,209,210], 借助所提模型, 可以实现对对应系统的分析, 但是因为其无穷维特性, 不便于进行系统响应求解. 为此通常将连续频率 $\omega \in [0, +\infty)$ 替换为有限个离散频率点 $\omega_0, \omega_1, \cdots, \omega_N \in [0, +\infty)$, 得到相应的频带离散化模型. 以 Nabla 分数阶和分算子 $S_\alpha(s) := \dfrac{1}{s^\alpha}$ 为例, 构造逼近模型 $\hat{S}_\alpha(s) := \sum_{i=0}^{N} \dfrac{c_i}{s + \omega_i}$, 则有

$$\frac{1}{s^\alpha} = \int_0^{+\infty} \frac{\mu_\alpha(\omega)}{s + \omega} \mathrm{d}\omega \approx \sum_{i=0}^{N} \frac{c_i}{s + \omega_i}. \tag{5.156}$$

假设 $\omega_0 < \omega_1 < \cdots < \omega_N$, 由文献 [195] 的 3.2 节可知, 当 $N \to +\infty$ 时, 如果 $\omega_0 \to 0$, $\omega_N \to +\infty$, $\sup_i (\omega_i - \omega_{i-1}) \to 0$, $i = 1, 2, \cdots, N$, $\hat{S}_\alpha(s)$ 可以以任意精度逼近分数阶和分算子 $S_\alpha(s)$. 作者曾在学位论文 [191] 第 3 章中讨论过类似问题, 并在文献 [17] 中提出一种基于矢量拟合的方法, 实现了高精度的逼近. 为了处理非同元阶次 (多和分阶次) 的问题, 比如有一系列 $S_{\alpha_i}(s) := \dfrac{1}{s^{\alpha_i}}$, $i = 1, 2, \cdots, n$ 需要逼近, 可对极点留数进行标记, 将逼近的和分算子描述为

$$\hat{S}_{\alpha_i}(s) := \sum_{j=0}^{N} \frac{c_{i,j}}{s + \omega_{i,j}}, \quad i = 1, 2, \cdots, n. \tag{5.157}$$

借助推论 5.3.2 可知 Nabla 分数阶差分系统

$$\begin{cases} {}_a\nabla_k^\alpha x(k) = f\left(x(k), u(k)\right), \\ \qquad\quad y(k) = g\left(x(k), u(k)\right), \end{cases} \tag{5.158}$$

对应的无穷维真实状态空间模型为

$$\begin{cases} \nabla z(\omega, k) = -\omega z(\omega, k) + f\left(x(k), u(k)\right), \\ \qquad x(k) = \displaystyle\int_0^{+\infty} \mu_\alpha(\omega) z(\omega, k) \,\mathrm{d}\omega, \\ \qquad y(k) = g\left(x(k), u(k)\right), \end{cases} \tag{5.159}$$

其中, $\alpha = [\alpha_1\ \alpha_2\ \cdots\ \alpha_n]^{\mathrm{T}} \in \mathbb{R}^n$, $0 < \alpha_i < 1$, $i = 1, 2, \cdots, n$, $k \in \mathbb{N}_{a+1}$, $a \in \mathbb{R}$, $u(k) \in \mathbb{R}^p$ 为系统输入, $y(k) \in \mathbb{R}^q$ 为系统输出, $x(k) \in \mathbb{R}^n$ 为系统伪状态, f : $\mathbb{R}^n \times \mathbb{R}^p \to \mathbb{R}^n$, $g : \mathbb{R}^n \times \mathbb{R}^p \to \mathbb{R}^q$, $\mu_\alpha(\omega) = \mathrm{diag}\{\mu_{\alpha_1}(\omega), \mu_{\alpha_2}(\omega), \cdots, \mu_{\alpha_n}(\omega)\}$, $\mu_{\alpha_i}(\omega) = \dfrac{\sin(\alpha_i \pi)}{\omega^{\alpha_i} \pi}$, $i = 1, 2, \cdots, n$, $z(\omega, k) \in \mathbb{R}^n$ 为系统真实状态.

借助离散化的 Nabla 分数阶和分算子 (5.157), 则可得到系统 (5.159) 的有限维逼近状态空间模型

$$
\begin{cases}
\nabla z(\omega_j, k) = A_j z(\omega_j, k) + B_j f(k, x(k)), \\
x(k) = \displaystyle\sum_{j=0}^{N} C_j z(\omega_j, k), \\
y(k) = g(x(k), u(k)),
\end{cases}
\tag{5.160}
$$

其中, $z(\omega_j, k) \in \mathbb{R}^n$ 为逼近的系统状态, $A_j := \mathrm{diag}\{-\omega_{1,j}, -\omega_{2,j}, \cdots, -\omega_{n,j}\}$, $B_j := I_n$, $C_j := \mathrm{diag}\{c_{1,j}, c_{2,j}, \cdots, c_{n,j}\}$.

为了方便, 定义 $z(k) = [z^{\mathrm{T}}(\omega_0, k)\ z^{\mathrm{T}}(\omega_1, k) \cdots z^{\mathrm{T}}(\omega_N, k)]^{\mathrm{T}} \in \mathbb{R}^{n(N+1)}$, $M_A = \mathrm{diag}\{A_0, A_1, \cdots, A_n\} \in \mathbb{R}^{n(N+1) \times n(N+1)}$, $M_B = [B_0\ B_1\ \cdots\ B_N]^{\mathrm{T}} \in \mathbb{R}^{n(N+1) \times n}$, $M_C = [C_0\ C_1\ \cdots\ C_n] \in \mathbb{R}^{n \times n(N+1)}$, 则系统 (5.160) 可以表示为

$$
\begin{cases}
\nabla z(k) = M_A z(k) + M_B f(k, x(k)), \\
x(k) = M_C z(k), \\
y(k) = g(x(k), u(k)).
\end{cases}
\tag{5.161}
$$

若系统为同元阶次情形, 即 $\alpha_1 = \alpha_2 = \cdots = \alpha_n$ 时, 则有 $\omega_{1,j} = \omega_{2,j} = \cdots = \omega_{n,j}$, $c_{1,j} = c_{2,j} = \cdots = c_{n,j}$, 相应系统矩阵可简化为 $M_A = \mathrm{diag}\{-\omega_0, -\omega_1, \cdots, -\omega_N\} \otimes I_n$, $M_B = [1\ 1\ \cdots\ 1]^{\mathrm{T}} \otimes I_n$, $M_C = [c_0\ c_1\ \cdots\ c_N] \otimes I_n$, 其中 $\otimes$ 指代 Kronecker 乘积.

系统 (5.158) 中的分数阶差分运算 ${}_a\nabla_k^\alpha$ 可以是本章提到的三种定义, 如 ${}_a^{\mathrm{R}}\nabla_k^\alpha$, ${}_a^{\mathrm{C}}\nabla_k^\alpha$ 和 ${}_a^{\mathrm{G}}\nabla_k^\alpha$, 不同之处在于初始值配置. 实际上, 本章所提出的无穷维状态空间模型 ($\omega \in [0, +\infty)$) 都可以按类似的方式进行频域离散化 ($\omega_0, \omega_1, \cdots, \omega_N \in [0, +\infty)$), 得到相应的有限维逼近模型.

5.4.2　初始值配置

通常情况下, 分数阶和分方程和分数阶传递函数对应的状态空间模型, 其状态初值均为零; 分数阶差分方程对应的状态初值恰当配置, 才能保证系统输入输

出关系的一致性. 如果分数阶差分的定义是 Grünwald-Letnikov 定义时, 状态初值也为零. Caputo 定义对应集中分布, Riemann-Liouville 定义对应均匀分布. 换句话说, 对于无穷维状态空间模型, 可以通过不同的初始值配置得到对应的系统响应, 间接定义分数阶差分算子. 以系统 (5.159) 为例, 讨论如下 8 种初始值配置方案.

(1) Caputo 型方案.

考虑 Caputo 定义, 对系统 (5.159), 根据定理 5.2.2, 可得初始状态应满足

$$z(\omega, a) = \delta(\omega)\mu_\alpha^{-1}(\omega)x(a). \tag{5.162}$$

按照此集中分布原则, 可得系统 (5.160) 的初始状态

$$\begin{cases} z(\omega_0, a) = C_0^{-1}x(a), & \omega_0 = 0, \\ z(\omega_j, a) = 0, & j = 1, 2, \cdots, N. \end{cases} \tag{5.163}$$

考虑 $x(a) = \sum_{j=0}^N C_j z(\omega_j, a)$ 时, 对于给定的 $x(a)$ 和 C_j, $j = 1, 2, \cdots, n$, 计算 $z(\omega_j, a)$, 会有无数个解. 可以通过增加约束条件, 来获得初始状态的唯一解. 为了方便, 将向量方程分为标量方程,

$$x_i(a) = \sum_{j=0}^N c_{i,j} z_i(\omega_j, a), \quad i = 1, 2, \cdots, n, \tag{5.164}$$

其中, $x(a) = [x_1(a) \ x_2(a) \ \cdots \ x_n(a)]^T \in \mathbb{R}^n$, $z(\omega_j, k) = [z_1(\omega_j, a) \ z_2(\omega_j, a) \ \cdots \ z_n(\omega_j, a)]^T \in \mathbb{R}^n$.

(2) Riemann-Liouvile 型方案.

考虑 Riemann-Liouvile 定义, 对无穷维真实状态空间模型 (5.159), 根据定理 5.2.1, 可得初始状态应满足

$$z(\omega, a) = \left[{}^{\mathrm{G}}_a\nabla_k^{\alpha-1}x(k)\right]_{k=a}, \quad \omega \in [0, +\infty). \tag{5.165}$$

按照此均匀分布原则, 可得有限维逼近状态空间模型 (5.159) 的初始状态

$$z(\omega_j, a) = \left[{}^{\mathrm{G}}_a\nabla_k^{\alpha-1}x(k)\right]_{k=a}, \quad j = 0, 1, 2, \cdots, N. \tag{5.166}$$

由于系统的时间序列 $k \in \mathbb{N}_{a+1}$, 因此难以通过 $\left[{}^{\mathrm{G}}_a\nabla_k^{\alpha-1}x(k)\right]_{k=a}$ 得到 $x(a)$. 有时候为了方便, 通过 $x(a) := \sum_{j=0}^N C_j z(\omega_j, a)$ 定义, 但是该值并不恒定, 可能会随着 N 的增大而增大.

(3) 能量平均型方案.

配置如下状态初值

$$z_i(\omega_j, a) = \kappa_i \frac{x_i(a)}{c_{i,j}}, \quad i = 1, 2, \cdots, n, \ j = 0, 1, 2, \cdots, N, \tag{5.167}$$

可满足约束条件 (5.164) 和能量平均的原则 $\frac{1}{2}|c_{i,0}|z_i^2(\omega_0, a) = \frac{1}{2}|c_{i,j}|z_i^2(\omega_j, a)$, $j = 1, 2, \cdots, N$, $i = 1, 2, \cdots, n$, 其中 $\kappa_i := \dfrac{\sqrt{|c_{i,j}|}}{\sum_{j=0}^{N} \sqrt{|c_{i,j}|}}$.

(4) 动量平均型方案.

配置如下状态初值

$$z_i(\omega_j, a) = \kappa_i \frac{x_i(a)}{c_{i,j}}, \quad i = 1, 2, \cdots, n, \ j = 0, 1, 2, \cdots, N, \tag{5.168}$$

可满足约束条件 (5.164) 和动量平均的原则 $c_{i,0}z_i(\omega_0, a) = c_{i,j}z_i(\omega_j, a)$, $j = 1, 2, \cdots, N$, $i = 1, 2, \cdots, n$, 其中 $\kappa_i := \dfrac{1}{N+1}$.

(5) 等比数列型方案.

按照等比数列对状态初始值进行配置

$$z_i(\omega_j, a) = \kappa_i q_i^j, \quad i = 1, 2, \cdots, n, \ j = 0, 1, 2, \cdots, N, \tag{5.169}$$

可满足约束条件 (5.164), 其中 $q_i \in \mathbb{R}$, $\kappa_i := \dfrac{x_i(a)}{\sum_{j=0}^{N} c_{i,j} q_i^j}$. 当 $q_i = 1$ 时, 该方案亦为平均分布, 与 Riemann-Liouvile 型方案类似.

(6) 等差数列型方案.

按照等差数列对状态初始值进行配置

$$z_i(\omega_j, a) = \kappa_i + j d_i, \quad i = 1, 2, \cdots, n, \ j = 0, 1, 2, \cdots, N, \tag{5.170}$$

可满足约束条件 (5.164), 其中 $\kappa_i := \dfrac{x_i(a) - \sum_{j=0}^{N} j c_{i,j} d_i^j}{\sum_{j=0}^{N} c_{i,j}}$. 类似地, 当 $d_i = 0$ 时, 该方案亦为平均分布, 与 Riemann-Liouvile 型方案类似.

(7) 调和数列型方案.

按照调和数列对状态初始值进行配置

$$z_i(\omega_j, a) = \frac{\kappa_i}{(1+j)^{m_i}}, \quad i = 1, 2, \cdots, n, \ j = 0, 1, 2, \cdots, N, \tag{5.171}$$

可满足约束条件 (5.164), 其中 $m_i \in \mathbb{R}_0$, $\kappa_i := \dfrac{x_i(a)}{\sum_{j=0}^{N} \dfrac{c_{i,j}}{(1+j)^{m_i}}}$. 类似地, 当

$m_i = 0$ 时, 该方案亦为平均分布, 与 Riemann-Liouvile 型方案类似. 当 $m_i = 1$ 时, 该方案为普通调和平均分布; 当 $m_i \neq 1$ 时, 该方案为增广调和平均分布.

(8) 自然衰减型方案.

按照自然衰减方式对状态初始值进行配置

$$z_i(\omega_j, a) = \kappa_i \frac{s_i^{\alpha_i}}{s_i + \omega_{i,j}}, \quad i = 1, 2, \cdots, n, \ j = 0, 1, 2, \cdots, N, \tag{5.172}$$

可满足约束条件 (5.164), 其中 $s_i \in \mathbb{R}_+$, $\kappa_i := \dfrac{x_i(a)}{s_i^{\alpha_i} \sum_{j=0}^{N} \dfrac{c_{i,j}}{s_i + \omega_{j,i}}}$. 根据逼近方案

(5.157) 的收敛特性可知, $\lim\limits_{N \to +\infty} \kappa_i = 1$.

注解 5.4.1 初始值配置问题是系统逼近的点睛之笔, 对初始值进行了合适的配置, 不仅可以解决传递函数与和分方程的逼近, 还能解决差分方程的逼近. 本节不仅讨论了经典三大定义下 (Caputo, Riemann-Liouvile, Grünwald-Letnikov), 频域离散化系统的初始值配置问题, 还给出了一些其他配置方案. 考虑到不同定义下的分数阶差分在系统状态空间模型上的不同仅仅是初始值的不同, 所以不同的初始值配置方案也相当于间接定义了几类分数阶差分. 实际上, 根据配置方案 (5)~(7) 的思想, 还可给出任意多的配置, 这里不再赘述. 这部分工作的开展受到文献 [68,191,209,210] 中工作的启发, 为 Nabla 分数阶系统的分析、控制与实现的研究拉开了序幕.

5.4.3 初始值与稳定性

上一节讨论了, 通过对频率分布模型赋予不同的初始值, 可以得到不同的响应, 相当于采用了不同的分数阶差分定义, 本节将进一步讨论初始值的不同对系统稳定性的影响.

考虑如下简单的线性系统

$$\begin{cases} \nabla z(\omega, k) = -\omega z(\omega, k) + Ax(k), \\ x(k) = \displaystyle\int_0^{+\infty} \mu_\alpha(\omega) z(\omega, k) \mathrm{d}\omega, \end{cases} \tag{5.173}$$

其中, $\alpha \in (0,1)$, $k \in \mathbb{N}_{a+1}$, $x(a) = \displaystyle\int_0^{+\infty} \mu_\alpha(\omega) z(\omega, a) \mathrm{d}\omega$ 是有限值.

参考定理 5.1.2, 系统 (5.173) 的解可以被计算如下

$$
\begin{cases}
z(\omega, k) = \dfrac{z(\omega, a)}{(1+\omega)^{k-a}} + \displaystyle\sum_{i=0}^{k-a-1} \dfrac{Ax(k-i)}{(1+\omega)^{i+1}}, \\[4mm]
x(k) = \displaystyle\int_0^{+\infty} \mu_\alpha(\omega) \dfrac{z(\omega, a)}{(1+\omega)^{k-a}} \mathrm{d}\omega + {}_a^{\mathrm{G}}\nabla_k^{-\alpha} Ax(k).
\end{cases}
\tag{5.174}
$$

在 [68, 定理 7.1] 和 [211, 定理 4] 的基础上, 可得如下结论.

定理 5.4.1　如果 A 的所有特征值都满足 $\lambda \in \mathcal{S}_\alpha$, 则系统 (5.173) 对任意初始值 $z(\omega, a)$ 满足渐近稳定.

证明　考虑到伪状态的初始条件为有限值, 则有

$$
\left| \int_0^{+\infty} \mu_\alpha(\omega) z(\omega, a) \mathrm{d}\omega \right| < +\infty.
\tag{5.175}
$$

由反常积分的收敛性可得, 对于任意 $\varepsilon > 0$, 必然存在一个常数 $\Omega > 0$, 对于任意 $\omega_1, \omega_2 > \Omega$, 总有

$$
\left| \int_{\omega_1}^{\omega_2} \mu_\alpha(\omega) z(\omega, a) \mathrm{d}\omega \right| < \varepsilon.
\tag{5.176}
$$

由积分中值定理可得, 存在一个常数 $\xi \in [\omega_1, \omega_2]$ 满足

$$
\int_0^{+\infty} \mu_\alpha(\omega) \frac{z(\omega, a)}{(1+\omega)^{k-a}} \mathrm{d}\omega = (1+\xi)^{a-k} \int_{\omega_1}^{\omega_2} \mu_\alpha(\omega) z(\omega, a) \mathrm{d}\omega.
\tag{5.177}
$$

进一步可得下述不等式成立

$$
\left| \int_0^{+\infty} \mu_\alpha(\omega) \frac{z(\omega, a)}{(1+\omega)^{k-a}} \mathrm{d}\omega \right| < (1+\Omega)^{a-k} \left| \int_{\omega_1}^{\omega_2} \mu_\alpha(\omega) z(\omega, a) \mathrm{d}\omega \right|
$$

$$
< (1+\Omega)^{a-k} \varepsilon.
\tag{5.178}
$$

令 $\phi(k) := \displaystyle\int_0^{+\infty} \mu_\alpha(\omega) \dfrac{z(\omega, a)}{(1+\omega)^{k-a}} \mathrm{d}\omega$, 根据 Cauchy 收敛准则可知, $\phi(k)$ 关于 k 一致收敛, 且有

$$
\lim_{k \to +\infty} \phi(k) = \int_0^{+\infty} \mu_\alpha(\omega) z(\omega, a) \lim_{k \to +\infty} (1+\omega)^{a-k} \mathrm{d}\omega = 0.
\tag{5.179}
$$

考虑到 $\phi(k)$ 和 $x(k)$ 的 Nabla Laplace 变换存在性, 不妨假设 $\Phi(s) := \mathscr{N}_a\{\phi(k)\}$, $X(s) := \mathscr{N}_a\{x(k)\}$. 利用 Nabla Laplace 变换的终值定理可得

$$\lim_{s \to 0} s\Phi(s) = \lim_{k \to +\infty} \phi(k) = 0. \tag{5.180}$$

对 (5.173) 的第二个公式两边分别取 Nabla Laplace 变换可得

$$X(s) = (s^\alpha I - A)^{-1} s^\alpha \Phi(s). \tag{5.181}$$

利用终值定理和引理 2.1.1, 可得

$$\begin{aligned}
\lim_{t \to +\infty} x(t) &= \lim_{s \to 0} sX(s) \\
&= \lim_{s \to 0}[(s^\alpha I - A)^{-1} s^\alpha] s\Phi(s) = 0.
\end{aligned} \tag{5.182}$$

结合初始条件 $z(\omega, a)$ 的任意性, 可知定理得证. □

由于这里限定了 $x(a)$ 是有限值, 与 Caputo 定义下的初值类似, 又因为没有 $\int_0^{+\infty} \mu_\alpha(\omega) \dfrac{z(\omega, a)}{(1+\omega)^{k-a}} \mathrm{d}\omega = x(a)$ 的要求, 所以适用范围更广. 但是这并不适用于 Riemann-Liouville 定义, 因为

$$\begin{aligned}
x(a) &= \int_0^{+\infty} \mu_\alpha(\omega) z(\omega, a) \mathrm{d}\omega \\
&= \left[{}_a^\mathrm{G}\nabla_k^{\alpha-1} x(k)\right]_{k=a} \int_0^{+\infty} \mu_\alpha(\omega) \mathrm{d}\omega \\
&= \left[{}_a^\mathrm{G}\nabla_k^{\alpha-1} x(k)\right]_{k=a} \frac{\sin(\alpha\pi)}{\pi} \frac{1}{1-\alpha} \omega \bigg|_0^{+\infty} \\
&= \infty.
\end{aligned} \tag{5.183}$$

5.5 数 值 算 例

例 5.5.1 考虑 Nabla 分数阶和分运算的逼近. 为了验证算子逼近效果引入性能指标

$$J := \sum_{l=1}^{L} |S_\alpha(\mathrm{j}\,\zeta_l) - \hat{S}_\alpha(\mathrm{j}\,\zeta_l)|^2, \tag{5.184}$$

其中, 离散频率点的范围为 $[\omega_l, \omega_h] = [0.001, 1000]$.

选择 $L = 10000$, $T = 8$ 和不同阶次 $\alpha = 0.1, 0.2, \cdots, 0.9$, 逼近误差如表 5.2 所示, 可以发现随着 N 的增加, J 逐渐减少.

表 5.2　不同和分阶次对应的逼近误差

J	$\alpha = 0.1$	$\alpha = 0.2$	$\alpha = 0.3$	$\alpha = 0.4$	$\alpha = 0.5$	$\alpha = 0.6$	$\alpha = 0.7$	$\alpha = 0.8$	$\alpha = 0.9$
$N = 5$	0.6839	1.2615	1.6254	1.8341	1.9514	1.9669	1.8500	1.5517	1.0079
$N = 10$	0.0431	0.0882	0.1409	0.1780	0.2140	0.2725	0.2497	0.3315	0.2095
$N = 15$	0.0090	0.0407	0.0425	0.0997	0.1073	0.1302	0.1868	0.1949	0.1785
$N = 20$	0.0057	0.0261	0.0284	0.0333	0.0610	0.0880	0.1611	0.1360	0.1511

表 5.3 展示了随着迭代次数 T 的增加和分算子 $\dfrac{1}{s^{0.5}}$ 的逼近情况. 从宏观上看, 随着迭代次数的增加, 逼近精度有所提高. 但是从局部的角度来看, 这种提高精度的方法是有限的. 一个明显的结论是, 通过确定围绕所选逼近阶数 N 的迭代次数 T, 可以获得更好的逼近性能. 基于这一发现, 将后续仿真中的迭代次数设置为 $T = N$, 或略小于 N, 就足以提高逼近性能. 为方便起见, 如果没有说明, 以下示例中的迭代次数设置为 $T = N = 10$.

表 5.3　不同迭代次数对应的逼近误差

J	$T = 3$	$T = 6$	$T = 9$	$T = 11$	$T = 12$	$T = 15$	$T = 16$	$T = 18$	$T = 21$
$N = 5$	10.7382	1.9514	1.9414	2.1431	2.2061	2.2960	2.3080	2.3207	2.3272
$N = 10$	4.9554	0.2140	0.1003	0.1202	0.1312	0.1549	0.1597	0.1663	0.1712
$N = 15$	4.0491	0.1073	0.0105	0.0052	0.0051	0.0069	0.0074	0.0082	0.0088
$N = 20$	3.1467	0.0610	0.0053	0.0013	7.73e-4	2.67e-4	2.66e-4	3.23e-4	4.03e-4

在前述频域逼近性能验证的基础上, 将考虑时域逼近性能. 选择 $\alpha = 0.5$, $a = 1$ 和如下输入 (图 5.1)

$$u(k) = \begin{cases} 1, & a < k \leqslant 12, \\ -1, & k > 12, \end{cases} \tag{5.185}$$

可得和分系统 ${}_a^{\mathrm{G}}\nabla_k^{-\alpha} u(k) = x(k)$, $k \in \mathbb{N}_{a+1}$ 的响应如图 5.2 所示.

从图 5.2(a) 可以发现, 系统响应 $x(k)$ 的精确值与逼近值几乎完全重合, 结合图 5.2(b) 可知, 数值逼近误差可达 10^{-5} 量级.

例 5.5.2　考虑线性 Nabla 离散分数阶系统

$$ {}_a^{\mathrm{C}}\nabla_k^{\alpha} x(k) = -2x(k) + 0.5u(k), \tag{5.186}$$

其中, $\alpha = 0.5$, $u(k) = 5\sin(0.2\pi k)$, $k \in \mathbb{N}_{a+1}$, $x(a) = 1$, $a = 3$.

系统输入和响应分别如图 5.3 和图 5.4 所示, 可以发现系统响应的精确值与逼近值同样重合, 逼近误差可达 10^{-5} 量级.

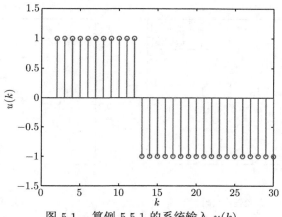

图 5.1　算例 5.5.1 的系统输入 $u(k)$

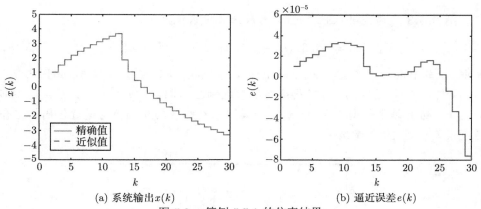

(a) 系统输出 $x(k)$　　　　　　　　　　(b) 逼近误差 $e(k)$

图 5.2　算例 5.5.1 的仿真结果

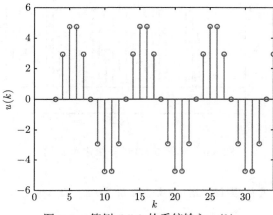

图 5.3　算例 5.5.2 的系统输入 $u(k)$

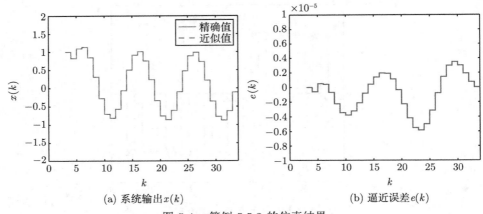

(a) 系统输出 $x(k)$　　　　　　　　(b) 逼近误差 $e(k)$

图 5.4　算例 5.5.2 的仿真结果

例 5.5.3　考虑非线性 Nabla 离散分数阶系统

$$\begin{smallmatrix}C\\a\end{smallmatrix}\nabla_k^\alpha x(k) = -0.3x(k) - 0.5\cos^2(x(k-1)) + u(k), \qquad (5.187)$$

其中, $\alpha = 0.5$, $k \in \mathbb{N}_{a+1}$, $x(a) = 1$, $a = 5$, $u(k)$ 是一锯齿波信号, 如图 5.5 所示, 周期为 5, 幅值为 5. 为了获得精确系统响应, 非线性项是关于 $x(k-1)$ 的而非 $x(k)$, 仿真结果如图 5.6 所示. 可以发现系统响应的精确值与逼近值同样重合, 逼近误差可达 10^{-5} 量级.

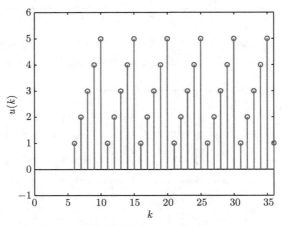

图 5.5　算例 5.5.3 的系统输入 $u(k)$

例 5.5.4　考虑如下 Nabla 离散分数阶系统

$$\begin{smallmatrix}C\\a\end{smallmatrix}\nabla_k^\alpha x(k) = u(k), \qquad (5.188)$$

考虑如下两类输入信号

$$
\text{情形 } 1 : u(k) = \begin{cases} (k-a)^{\overline{0.1}}, & a \leqslant k \leqslant b, \\ 1, & k > b; \end{cases} \tag{5.189}
$$

$$
\text{情形 } 2 : u(k) = \begin{cases} \kappa \, (k-a)^{\overline{1.1}}, & a \leqslant k \leqslant b, \\ 1, & k > b, \end{cases} \tag{5.190}
$$

其中, $\alpha = 0.5$, $x(a) = 0$, $\kappa = \dfrac{16}{11\,(b-a+0.6)}$, $a = 10$, $b = 50$, $k \in \mathbb{N}_{a+1}$, 系统的仿真结果如图 5.7.

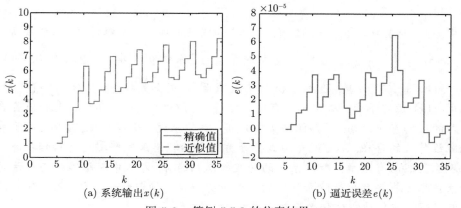

(a) 系统输出 $x(k)$ (b) 逼近误差 $e(k)$

图 5.6 算例 5.5.3 的仿真结果

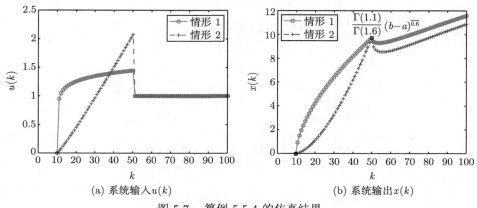

(a) 系统输入 $u(k)$ (b) 系统输出 $x(k)$

图 5.7 算例 5.5.4 的仿真结果

由于系统在 $k = a$ 时刻是松弛的, 情形 1 和情形 2 中的输入在 (a, b) 区间内不同, 而在 $k = b$ 之后完全相同. 通过直接计算, 可得两种情况下, 系统响应在 $k = b$ 时具有相同的值 $x(b) = \dfrac{\Gamma(1.1)}{\Gamma(1.6)}(b-a)^{\overline{0.6}}$, 即殊途同归. 根据传统整数阶系统理论可知, 如果初始状态相同, 且该时刻之后输入相同, 则系统的输出一致. 然而对于系统 (5.188), 输出则不是总相同, 而是分道扬镳, 这也说明对于系统 (5.188), 初始值 $x(a)$ 不足以包含系统动态, 从而有限维状态 $x(k)$ 不是真实状态, 而是伪状态.

针对系统 (5.188), 考虑如下系统

$$u(k) = \begin{cases} 1, & a \leqslant k \leqslant b, \\ 0, & k < a \ \text{或} \ k > b, \end{cases} \tag{5.191}$$

其中, $\alpha = 0.5$, $a = 5$, $b = 15$, 仿真结果如图 5.8 所示. 不难计算, 系统在 $k = b$ 时, $x(b) = \dfrac{\Gamma(1.0)}{\Gamma(1.5)}(b-a)^{\overline{0.5}}$. 当系统重启时, 系统初值非 0, 输入为 0, 如果按 $_a^C\nabla_k^\alpha x(k) = u(k)$ 计算, 可得 $x(k)$ 逐渐衰减至零; 而如果按 $_b^C\nabla_k^\alpha x(k) = u(k)$ 计算, 可得 $x(k)$ 恒定不变. 从频率分布模型可得, 对前者计算时, 真实状态会随着前面输入的影响有所变动, 不再保持集中分布. 具体来说, 当 $\alpha \in (0,1)$ 时, 由于系统无穷维特性的存在, 不可避免地需要无穷维初始状态来完整描述其初始状态. 这种现象显然与有限维整数阶系统的传统知识相违背, 即仅由有限维状态表示的初始条件很可能导致分数阶系统中的一些奇异现象. 换句话说, 只有频率分布模型才能准确、完整地描述分数阶动态系统.

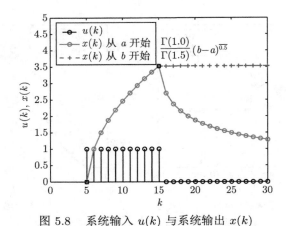

图 5.8　系统输入 $u(k)$ 与系统输出 $x(k)$

例 5.5.5　对于一般的非线性系统, 虽然难以获得系统响应的精确值, 无法判

定逼近值的逼近精度, 但是总体趋势可以判定.

考虑如下非线性 Nabla 离散分数阶系统

$$\text{系统 1}: \begin{cases} {}_{a}^{C}\nabla_{k}^{\alpha}x_1(k) = -x_1(k) + x_2^3(k), \\ {}_{a}^{C}\nabla_{k}^{\alpha}x_2(k) = -x_1(k) - x_2(k), \end{cases} \tag{5.192}$$

其中, $\alpha = 0.8$, $x_1(a) = 1.2$, $x_2(a) = 1.2$, $a = 0$.

选择 Lyapunov 函数 $V(k, x(k)) := \dfrac{1}{2}x_1^2(k) + \dfrac{1}{4}x_2^4(k)$, 则有

$$\begin{aligned}
{}_{a}^{C}\nabla_{k}^{\alpha}V(k, x(k)) &\leqslant x_1(k)\,{}_{a}^{C}\nabla_{k}^{\alpha}x_1(k) + x_2^3(k)\,{}_{a}^{C}\nabla_{k}^{\alpha}x_2(k) \\
&= -x_1^2(k) - x_2^4(k) \\
&\leqslant -2V(k, x(k)).
\end{aligned} \tag{5.193}$$

可以发现系统 (5.192) 在 $x_e = 0$ 处 Mittag-Leffler 稳定.

考虑如下非线性 Nabla 离散分数阶系统

$$\text{系统 2}: \begin{cases} {}_{a}^{C}\nabla_{k}^{\alpha}x_1(k) = -x_1(k) + x_2^{\frac{1}{3}}(k), \\ {}_{a}^{C}\nabla_{k}^{\alpha}x_2(k) = -x_1^{\frac{1}{5}}(k) - x_2(k), \end{cases} \tag{5.194}$$

其中, $\alpha = 0.8$, $x_1(a) = -1.2$, $x_2(a) = 1.2$, $a = 0$.

选择 Lyapunov 函数 $V(k, x(k)) := \dfrac{5}{6}x_1^{\frac{6}{5}}(k) + \dfrac{3}{4}x_2^{\frac{4}{3}}(k)$, 则有

$$\begin{aligned}
{}_{a}^{C}\nabla_{k}^{\alpha}V(k, x(k)) &\leqslant x_1^{\frac{1}{5}}(k)\,{}_{a}^{C}\nabla_{k}^{\alpha}x_1(k) + x_2^{\frac{1}{3}}(k)\,{}_{a}^{C}\nabla_{k}^{\alpha}x_2(k) \\
&= -x_1^{\frac{6}{5}}(k) - x_2^{\frac{4}{3}}(k) \\
&\leqslant -\frac{6}{5}V(k, x(k)).
\end{aligned} \tag{5.195}$$

同样可以得到系统 (5.194) 在 $x_e = 0$ 处 Mittag-Leffler 稳定.

考虑如下非线性 Nabla 离散分数阶系统

$$\text{系统 3}: \begin{cases} {}_{a}^{C}\nabla_{k}^{\alpha}x_1(k) = x_2(k), \\ {}_{a}^{C}\nabla_{k}^{\alpha}x_2(k) = -\sin(x_1(k)) - x_2(k), \end{cases} \tag{5.196}$$

其中, $\alpha = 0.8$, $x_1(a) = -1.2$, $x_2(a) = -1.2$, $a = 0$.

选择 Lyapunov 函数 $V(k, x(k)) := [x_1(k) + x_2(k)]^2 + x_2^2(k) + 4[1 - \cos(x_1(k))]$, 则有

$$\begin{aligned}
{}_{a}^{C}\nabla_{k}^{\alpha}V(k, x(k)) \leqslant 2[x_1(k) + x_2(k)]\left[{}_{a}^{C}\nabla_{k}^{\alpha}x_1(k) + {}_{a}^{C}\nabla_{k}^{\alpha}x_2(k)\right]
\end{aligned}$$

$$+ 2x_2(k){}_a^C\nabla_k^\alpha x_2(k) + 4\sin(x_1(k)){}_a^C\nabla_k^\alpha x_1(k)$$

$$= -2x_2^2(k) - 2x_1(k)\sin(x_1(k)). \tag{5.197}$$

当 $x_1(k) \in (-\pi, \pi)$ 时, $-x_1(k)\sin(x_1(k)) \leqslant 0$ 恒成立, 且在该区间内只有 $x_1 = 0$ 才能使 $-x_1(k)\sin(x_1(k)) = 0$, 因而系统 (5.196) 在 $x_e = 0$ 处渐近稳定.

考虑如下非线性 Nabla 离散分数阶系统

$$\text{系统 } 4: \begin{cases} {}_a^C\nabla_k^\alpha x_1(k) = -x_1^{\frac{1}{3}}(k) - x_2(k), \\ {}_a^C\nabla_k^\alpha x_2(k) = x_1^{\frac{1}{3}}(k) - x_2(k) - \tanh(\lambda x_2(k)), \end{cases} \tag{5.198}$$

其中, $\alpha = 0.8$, $x_1(a) = 1.2$, $x_2(a) = -1.2$, $a = 0$, $\lambda = 2$.

选择 Lyapunov 函数 $V(k, x(k)) := \dfrac{3}{4}x_1^{\frac{4}{3}}(k) + \dfrac{1}{2}x_2^2(k)$, 则有

$$\begin{aligned} {}_a^C\nabla_k^\alpha V(k, x(k)) &\leqslant x_1^{\frac{1}{3}}(k){}_a^C\nabla_k^\alpha x_1(k) + x_2(k){}_a^C\nabla_k^\alpha x_2(k) \\ &= -x_1^{\frac{2}{3}}(k) - x_2^2(k) - x_2(k)\tanh(\lambda x_2(k)) \\ &\leqslant -x_1^{\frac{2}{3}}(k) - x_2^2(k). \end{aligned} \tag{5.199}$$

类似可得系统 (5.198) 在 $x_e = 0$ 处渐近稳定.

上述四个系统的时域响应曲线如图 5.9 所示, 观察可以发现所考虑的四个系统均稳定, 相位图中的状态轨迹均收敛于原点.

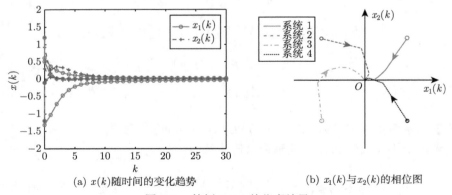

(a) $x(k)$ 随时间的变化趋势   (b) $x_1(k)$ 与 $x_2(k)$ 的相位图

图 5.9   算例 5.5.5 的仿真结果

例 5.5.6   针对系统 $G(s) = \dfrac{1}{(\tau s + 1)^\alpha}$, 根据定理 5.2.4, 考虑如下逼近方式

$$\begin{cases} \text{情形 } 1: \text{通过}(5.86)\text{中的 LTV 模型逼近}; \\ \text{情形 } 2: \text{通过}(5.87)\text{中的 LTI 模型逼近}, \end{cases}$$

其中, $\alpha = 0.5$, $a = 5$, $\tau = 2$, 输入信号 $v(k) = u_d(k - a - 1)$, $k \in \mathbb{N}_{a+1}$, 系统响应如图 5.10 所示.

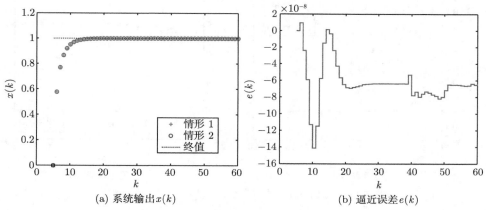

(a) 系统输出 $x(k)$ (b) 逼近误差 $e(k)$

图 5.10   算例 5.5.6 的仿真结果

根据 Nabla Laplace 变换的终值定理可得

$$
\begin{aligned}
\lim_{k \to +\infty} x(k) &= \lim_{s \to 0} s X(s) \\
&= \lim_{s \to 0} s \frac{1}{(\tau s + 1)^{\alpha}} V(s) \\
&= \lim_{s \to 0} s \frac{1}{(\tau s + 1)^{\alpha}} \frac{1}{s} \\
&= 1.
\end{aligned}
\tag{5.200}
$$

从图 5.10 中可以看到, 两种数值逼近方式所得 $x(k)$ 基本吻合, 误差可达 10^{-8} 量级, 且二者均能收敛到精确终值.

例 5.5.7   针对系统 $G(s) = \left(\dfrac{s}{\omega_l} + 1 \right)^{-\alpha}$, 根据定理 5.2.5, 考虑如下逼近方式

$$
\begin{cases}
\text{情形 } 1: \text{通过}(5.97)\text{中的 LTV 模型逼近;} \\
\text{情形 } 2: \text{通过}(5.98)\text{中的 LTI 模型逼近,}
\end{cases}
$$

其中, $\alpha = 0.5$, $a = 0$, $\omega_l = 1$, $k \in \mathbb{N}_{a+1}$.

当系统输入为单位脉冲信号时, 即 $v(k) = \delta_d(k - a - 1)$, 系统输出 $x(k) = \dfrac{\omega_l^{\alpha}}{(1 + \omega_l)^{k-a+\alpha-1}} \dfrac{(k-a)^{\overline{\alpha-1}}}{\Gamma(\alpha)}$, 系统响应如图 5.11 所示, 可以发现两种方式所得逼

近值与精确值基本吻合, 误差均能达到 10^{-6} 量级.

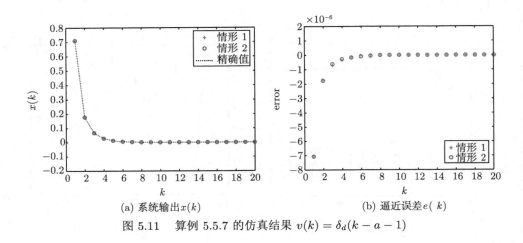

(a) 系统输出 $x(k)$ (b) 逼近误差 $e(k)$

图 5.11　算例 5.5.7 的仿真结果 $v(k) = \delta_d(k - a - 1)$

当系统输入为幂函数信号时, 即 $v(k) = (1 + \omega_l)^{a-k}$, 系统输出

$$x(k) = \frac{\omega_l^{\alpha}}{(1 + \omega_l)^{k-a+\alpha}} \frac{(k-a)^{\overline{\alpha}}}{\Gamma(\alpha + 1)},$$

系统响应如图 5.12 所示, 可以发现两种方式所得逼近值与精确值基本吻合, 误差也均能达到 10^{-6} 量级.

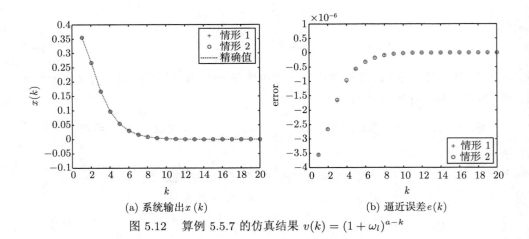

(a) 系统输出 $x(k)$ (b) 逼近误差 $e(k)$

图 5.12　算例 5.5.7 的仿真结果 $v(k) = (1 + \omega_l)^{a-k}$

例 5.5.8　针对系统 $G(s) = \left(\dfrac{s}{\omega_h} + 1 \right)^{\alpha - 1} \left(\dfrac{s}{\omega_l} + 1 \right)^{-\alpha}$, 考虑如下逼近方式

$$\begin{cases} \text{情形 1:通过定理 5.2.6 中的严格正则系统直接逼近;} \\ \text{情形 2:通过定理 5.2.7 中的非严格正则系统间接逼近,} \end{cases}$$

其中, $a = 0$, $\omega_l = 1$, $\omega_h = 100$, $k \in \mathbb{N}_{a+1}$.

当系统输入为单位脉冲信号时, 即 $v(k) = \delta_d(k - a - 1)$, 系统输出 $x(k)$ 的终值满足 $\lim\limits_{k \to +\infty} x(k) = 0$, 分别考虑 $\alpha = 0.3$ 和 $\alpha = 0.7$, 系统响应如图 5.13 所示, 可以发现两种方式所得逼近值基本吻合, 且都能收敛至精确终值.

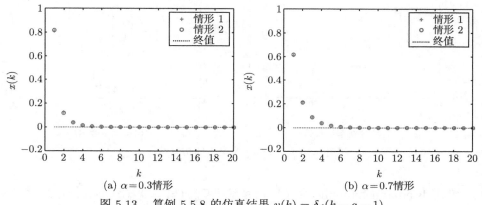

(a) $\alpha = 0.3$情形   (b) $\alpha = 0.7$情形

图 5.13 算例 5.5.8 的仿真结果 $v(k) = \delta_d(k - a - 1)$

当系统输入为单位阶跃信号时, 即 $v(k) = u_d(k - a - 1)$, 系统输出 $x(k)$ 的终值满足 $\lim\limits_{k \to +\infty} x(k) = 1$, 分别考虑 $\alpha = 0.3$ 和 $\alpha = 0.7$, 系统响应如图 5.14 所示, 同样可以发现两种方式所得逼近值基本吻合, 且都能收敛至精确终值.

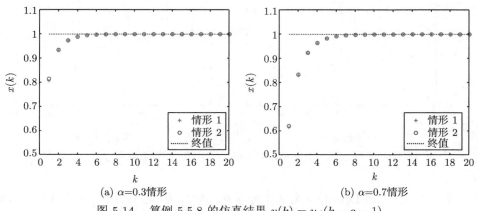

(a) $\alpha = 0.3$情形   (b) $\alpha = 0.7$情形

图 5.14 算例 5.5.8 的仿真结果 $v(k) = u_d(k - a - 1)$

例 5.5.9　　为了验证初值配置的精确性, 本例分别考虑三种经典定义下线性系统, 对比其时域响应的精确值与逼近值. 考虑 Caputo 定义下的系统 $_a^C\nabla_k^\alpha x(k) = \lambda x(k) + bu(k)$, 其中 $\alpha = 0.8$, $\lambda = -1.5$, $b = 0.5$, $x(a) = 1$, $a = 0$, 仿真结果如图 5.15 所示, 可以发现逼近值与精确值基本吻合, 误差能达到 10^{-6} 量级.

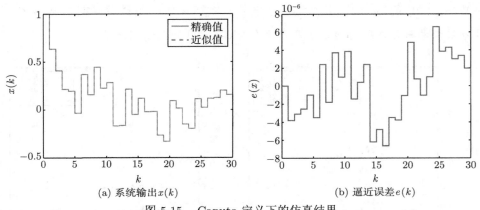

(a) 系统输出 $x(k)$　　　　　　　　　(b) 逼近误差 $e(k)$

图 5.15　Caputo 定义下的仿真结果

考虑 Riemann-Liouville 定义下的系统 $_a^R\nabla_k^\alpha x(k) = \lambda x(k) + bu(k)$, 其中 $\alpha = 0.8$, $\lambda = -1.5$, $b = 0.5$, $[_a^G\nabla_k^{\alpha-1} x(k)]_{k=a} = 1$, $a = 0$, 仿真结果如图 5.16 所示, 可以发现逼近值与精确值基本吻合, 误差同样能达到 10^{-6} 量级.

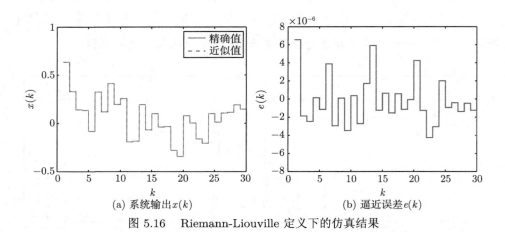

(a) 系统输出 $x(k)$　　　　　　　　　(b) 逼近误差 $e(k)$

图 5.16　Riemann-Liouville 定义下的仿真结果

考虑 Grünwald-Letnikov 定义下的系统 $_a^G\nabla_k^\alpha x(k) = \lambda x(k) + bu(k)$, 其中 $\alpha = 0.8$, $\lambda = -1.5$, $b = 0.5$, $a = 0$, 仿真结果如图 5.17 所示, 可以发现逼近值与精确值

基本吻合, 误差同样能达到 10^{-6} 量级.

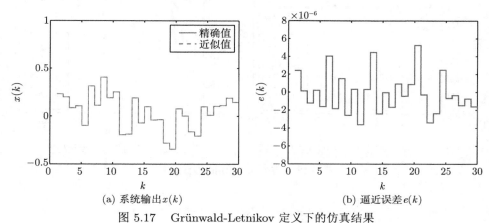

(a) 系统输出 $x(k)$ (b) 逼近误差 $e(k)$

图 5.17   Grünwald-Letnikov 定义下的仿真结果

例 5.5.10   针对 Nabla 频率分布模型

$$
\begin{cases}
\nabla z(\omega, k) = -\omega z(\omega, k) + \begin{bmatrix} 1 & -1.2 \\ 1.2 & 1 \end{bmatrix} x(k), \\[2mm]
x(k) = \displaystyle\int_0^{+\infty} \mu_\alpha(\omega) z(\omega, k) \, \mathrm{d}\omega,
\end{cases}
\tag{5.201}
$$

其中, $\alpha = 0.8$, $\mu_\alpha(\omega) = \dfrac{\sin(\alpha\pi)}{\omega^\alpha \pi}$, $x(a) = \begin{bmatrix} 2 \\ -0.8 \end{bmatrix}$, $k \in \mathbb{N}_{a+1}$, 选择 $\omega_l = 10^{-3}$,

$\omega_h = 10^3$, $N = 20$, $L = 10000$, 且考虑如下 8 种初值配置方案

$$
\begin{cases}
\text{方案 } 1 : \text{集中分布}; & \text{方案 } 2 : \text{平均分布}; \\
\text{方案 } 3 : \text{能量平均}; & \text{方案 } 4 : \text{动量平均}; \\
\text{方案 } 5 : \text{等比数列}; & \text{方案 } 6 : \text{等差数列}; \\
\text{方案 } 7 : \text{调和数列}; & \text{方案 } 8 : \text{自然衰减},
\end{cases}
$$

仿真结果如图 5.18 所示. 因为系统矩阵 $\begin{bmatrix} 1 & -1.2 \\ 1.2 & 1 \end{bmatrix}$ 的特征值 $1 \pm \mathrm{j}1.2 \in \mathcal{S}_\alpha$, 从

而系统对有限初始条件应稳定. 从图中可以发现 8 种初始值配置方案下, $x(k)$ 均能收敛至零, 这与理论分析一致.

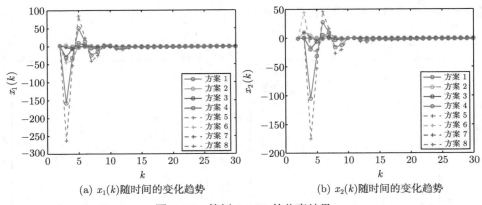

(a) $x_1(k)$随时间的变化趋势　　　　　　(b) $x_2(k)$随时间的变化趋势

图 5.18　算例 5.5.10 的仿真结果

5.6　小　　结

无穷维特性是一般分数阶系统区别于整数阶系统的本质特性, 本章致力于揭示该特性在 Nabla 分数阶系统中的存在性, 并给出了其对应的无穷维状态空间模型. 考虑到分数阶和分算子是构成 Nabla 分数阶系统的基础, 本章从和分算子入手, 利用经典恒等式揭示其可以用整数阶传递函数的无穷级数表示, 进一步给出了分数阶和分算子和分数阶差分算子的状态空间实现, 得到单边、双边 (输入型、输出型、平衡型) 模型; 随后讨论了无理传递函数的状态空间实现问题, 给出了无穷频段模型和有限频段模型; 进而讨论了分数阶差分系统与分数阶和分系统的等价描述, 给出了等价的频率分布模型, 讨论了阶次 $\alpha \in (0,1)$ 和 $\alpha \in (m-1,m)$ 的情形; 最后介绍了无穷维模型的有限维截断问题及其重要的初始值配置问题. 毫不夸张地说, 本章内容为 Nabla 分数阶系统的分析、控制与实现奠定了仿真基础.

第 6 章 间接 Lyapunov 方法

Lyapunov 稳定性理论是系统分析与设计普适的方法论, 它揭示了动态系统稳定性与广义能量泛函之间的联系, 为控制科学开启了数学分析之门. 第 4 章讨论了直接 Lyapunov 方法, 本章则进一步介绍间接 Lyapunov 方法.

6.1 基 本 框 架

6.1.1 原系统的稳定性

考虑如下非同元阶次 Nabla 离散分数阶系统

$$
{}_a^C\nabla_k^\alpha x(k) = f(k, x(k)), \tag{6.1}
$$

其中, $\alpha = [\alpha_1\ \alpha_2\ \cdots\ \alpha_n]$, $\alpha_j \in (0,1)$, $x(k) \in \mathbb{D}$, $\mathbb{D} \subseteq \mathbb{R}^n$ 是包含平衡点 $x_e = 0$ 的状态空间, $k \in \mathbb{N}_{a+1}$, $a \in \mathbb{R}$, $f : \mathbb{N}_{a+1} \times \mathbb{D} \to \mathbb{R}^n$ 满足 Lipschitz 连续条件. 由第 5 章的内容可知, 其等价状态空间描述为

$$
\begin{cases}
\nabla z(\omega, k) = -\omega z(\omega, k) + f(k, x(k)), \\
x(k) = \displaystyle\int_0^{+\infty} \mu_\alpha(\omega) z(\omega, k) \mathrm{d}\omega,
\end{cases} \tag{6.2}
$$

其中, $z(\omega, k) \in \Omega$, $\Omega \subseteq \mathbb{R}^n$ 是包含平衡点 $z_e = 0$ 的状态空间, $\mu_\alpha(\omega) z(\omega, a) = \delta(\omega) x(a)$, $\mu_\alpha(\omega) = \mathrm{diag}\{\mu_{\alpha_1}(\omega), \mu_{\alpha_2}(\omega), \cdots, \mu_{\alpha_n}(\omega)\}$, $\mu_{\alpha_j}(\omega) = \dfrac{\sin(\alpha_j \pi)}{\omega^{\alpha_j}\pi}$.

基于系统 (6.1) 与系统 (6.2) 的稳定性等价, 利用系统 (6.2) 构造 Lyapunov 函数, 判定系统 (6.1) 的稳定性, 这里称为**间接 Lyapunov 方法**.

命题 6.1.1 对于系统 (6.1) 及其等价系统 (6.2), 如果存在一个 Lyapunov 函数 $V : \mathbb{N}_a \times \Omega \to \mathbb{R}$ 满足

$$
V(k, 0) = 0, \tag{6.3}
$$

$$
V(k, z(\omega, k)) > 0, \quad x(k) \in \mathbb{D}\backslash\{0\}, \tag{6.4}
$$

$$
\nabla V(k, z(\omega, k)) \leqslant 0, \tag{6.5}
$$

则系统在平衡点 $x_e = 0$ 处是稳定的. 此外, 如果下式还成立

$$\nabla V(k, z(\omega, k)) < 0, \quad x(k) \in \mathbb{D}\backslash\{0\}, \tag{6.6}$$

则系统在平衡点 $x_e = 0$ 处是渐近稳定的.

命题 6.1.1 可以看作连续情形直接 Lyapunov[197,210] 的推广, 但是据作者所知, 至今无论连续情形还是离散情形, 未见该命题的严谨证明. 主要原因有两个方面, 一方面系统从有限维拓展到无穷维会带来不小困难, 另一方面从 $z(\omega, k) \to 0$ 到 $x(k) \to 0$ 亦不轻松.

如果命题 6.1.1 成立, 为了判定 Lyapunov 函数一阶差分的符号, 可构造如下 Lyapunov 函数

$$V(k, z(\omega, k)) := \int_0^{+\infty} \frac{1}{1+\omega} z^{\mathrm{T}}(\omega, k)\mu_\alpha(\omega)z(\omega, k)\mathrm{d}\omega. \tag{6.7}$$

由引理 5.1.1 可得 $\int_0^{+\infty} \dfrac{\mu_{\alpha_j}(\omega)}{s+\omega}\mathrm{d}\omega = \dfrac{1}{s^{\alpha_j}}$, $s \in \mathbb{C}\backslash\mathbb{R}_-$, $\alpha_j \in (0, 1)$, $j = 1, 2, \cdots, n$, 令 $s = 1$ 不难得到 $\int_0^{+\infty} \dfrac{\mu_{\alpha_j}(\omega)}{1+\omega}\mathrm{d}\omega = 1$. 由 (6.2) 可得 $z(\omega, k-1) = (1 + \omega)z(\omega, k) - f(k, x(k))$, 从而 Lyapunov 函数的一阶差分可以被计算为

$$\begin{aligned}
\nabla V(k, z(\omega, k)) &= V(k, z(\omega, k)) - V(k-1, z(\omega, k-1))\\
&= -\int_0^{+\infty} \left(1 + \omega - \frac{1}{1+\omega}\right) z^{\mathrm{T}}(\omega, k)\mu_\alpha(\omega)z(\omega, k)\mathrm{d}\omega\\
&\quad + x^{\mathrm{T}}(k)f(k, x(k)) + f^{\mathrm{T}}(k, x(k))x(k)\\
&\quad - f^{\mathrm{T}}(k, x(k))f(k, x(k)). \tag{6.8}
\end{aligned}$$

因为 $1 + \omega - \dfrac{1}{1+\omega} > 0$, $\omega > 0$, 所以只需要 $x^{\mathrm{T}}(k)f(k, x(k)) + f^{\mathrm{T}}(k, x(k))x(k) - f^{\mathrm{T}}(k, x(k))f(k, x(k)) < 0$, 即可判定 $\nabla V(k, z(\omega, k)) < 0$.

当非同元阶次退化为同元阶次情形, 可构造如下 Lyapunov 函数

$$V(k, z(\omega, k)) := \int_0^{+\infty} \frac{\mu_\alpha(\omega)}{1+\omega} z^{\mathrm{T}}(\omega, k)Pz(\omega, k)\mathrm{d}\omega. \tag{6.9}$$

其一阶差分可以被计算为

$$\nabla V(k, z(\omega, k)) = -\int_0^{+\infty} \left(1 + \omega - \frac{1}{1+\omega}\right) z^{\mathrm{T}}(\omega, k)\mu_\alpha(\omega)Pz(\omega, k)\mathrm{d}\omega$$

$$+ x^{\mathrm{T}}(k)Pf(k, x(k)) + f^{\mathrm{T}}(k, x(k))Px(k)$$

$$- f^{\mathrm{T}}(k, x(k))Pf(k, x(k)). \tag{6.10}$$

如果能够判定 $x^{\mathrm{T}}(k)Pf(k, x(k)) + f^{\mathrm{T}}(k, x(k))Px(k) - f^{\mathrm{T}}(k, x(k))Pf(k, x(k))$ 非正, 即可判定源系统的稳定性. 可以发现, 为了在 $\nabla V(k, z(\omega, k))$ 中导出 $x(k)$ 并构造非负项, 间接 Lyapunov 方法中的 Lyapunov 函数 $V(k, z(\omega, k))$ 通常选择为二次型的, 不同阶次间不能有耦合.

6.1.2 逼近系统的稳定性

考虑到系统 (6.1) 的真实状态空间模型 (6.2) 是无穷维的, 即便可以进行性能分析, 但是不便于进行数值仿真. 有时候, 可以对连续频带 $[0, +\infty)$ 进行离散化, 得到其有限维逼近

$$\begin{cases} \nabla z(\omega_j, k) = A_j z(\omega_j, k) + B_j f(k, x(k)), \\ x(k) = \displaystyle\sum_{j=0}^{N} C_j z(\omega_j, k), \end{cases} \tag{6.11}$$

其中, $A_j := -\mathrm{diag}\{\omega_{1,j}, \omega_{2,j}, \cdots, \omega_{n,j}\}$, $B_j := I_n$, $C_j := \mathrm{diag}\{c_{1,j}, c_{2,j}, \cdots, c_{n,j}\}$, 且通常有 $A_j \prec 0$, $B_j \succ 0$, $C_j \succ 0$.

定理 6.1.1 对于系统 (6.7), 如果存在一个 Lyapunov 函数 $V : \mathbb{N}_a \times \Omega \to \mathbb{R}$ 满足

$$V(k, 0) = 0, \tag{6.12}$$

$$V(k, z(\omega_j, k)) > 0, \quad x(k) \in \mathbb{D} \backslash \{0\}, \tag{6.13}$$

$$\nabla V(k, z(\omega_j, k)) \leqslant 0, \tag{6.14}$$

则系统在平衡点 $x_e = 0$ 处是稳定的. 此外, 如果下式还成立

$$\nabla V(k, z(\omega_j, k)) < 0, \quad x(k) \in \mathbb{D} \backslash \{0\}, \tag{6.15}$$

则系统在平衡点 $x_e = 0$ 处是渐近稳定的.

证明 参考文献 [33] 的第 115 页、文献 [212] 的第 208 页和文献 [213] 的第 205 页的方法可完成该定理的证明, 在此予以省略. □

定理 6.1.1 进一步给出了逼近的分数阶系统的稳定性判定方法, 为分数阶控制器的实际应用奠定了基础.

6.1.3　稳定反馈项

为了便于设计控制器, 这里给一些稳定反馈项

$$\begin{cases} 情形\ 1: \phi(x) = \mathrm{sgn}(x)\left[-\chi + \chi^{-\kappa}(\chi - |x|)^{\kappa+1}\right], \quad \kappa \in \mathbb{N}_+; \\[2mm] 情形\ 2: \phi(x) = -\chi \sin\dfrac{\pi x}{2\chi}; \\[2mm] 情形\ 3: \phi(x) = x\cos\dfrac{\pi}{\kappa} - x\cos\dfrac{\pi x}{\kappa\chi}, \quad \kappa > 2; \\[2mm] 情形\ 4: \phi(x) = -\dfrac{4\chi}{\pi}\arctan\dfrac{x}{\chi}; \\[2mm] 情形\ 5: \phi(x) = -\dfrac{\chi}{\kappa}\mathrm{arcsinh}\dfrac{x}{\chi}, \quad \kappa = \ln\left(1+\sqrt{2}\right); \\[2mm] 情形\ 6: \phi(x) = -2\chi\tanh\dfrac{\kappa x}{2\chi}, \quad \kappa = \ln(3); \\[2mm] 情形\ 7: \phi(x) = -2x + x\dfrac{\ln\left(\cosh\dfrac{\kappa x}{\chi}\right)}{\ln(\cosh(\kappa))}, \quad \kappa > 1; \\[2mm] 情形\ 8: \phi(x) = -\dfrac{x\sqrt{\kappa+\chi^2}}{\sqrt{\kappa+x^2}}, \quad \kappa \geqslant \chi^2; \\[2mm] 情形\ 9: \phi(x) = -\dfrac{x(\kappa+\chi)}{\kappa+|x|}, \quad \kappa \geqslant \chi, \end{cases}$$

则它们满足如下特性:

(1) $\phi(0) = 0$, $\exists\, \chi > 0$, $\phi(\chi) = -\chi$ 且 $\phi(-\chi) = \chi$;

(2) $\phi(x)$ 在区间 $[0,\chi)$ 上是凸函数, 在区间 $(-\chi, 0]$ 上是凹函数;

(3) $\phi(x)$ 在 $x = 0$ 处一阶导数存在且有限.

考虑 $\chi = 5$, 对情形 1 令 $\kappa = 1$, 对情形 3 令 $\kappa = 3$, 对情形 7 令 $\kappa = 5$, 对情形 8 令 $\kappa = 25$, 对情形 9 令 $\kappa = 5$, 则上述函数 $f(x)$ 随 x 的变化曲线如图 6.1 所示.

特性 (2) 则意味着对于任意 $x_1(t), x_2(t) \in [0, \chi), w \in (0, 1)$, 满足

$$\phi(wx_1 + (1-w)x_2) \leqslant w\phi(x_1) + (1-w)\phi(x_2). \tag{6.16}$$

令 $x_2 = 0$, 应用特性 (1) 可得

$$\frac{\phi(wx_1)}{wx_1} \leqslant \frac{w\phi(x_1)}{wx_1} \leqslant -1. \tag{6.17}$$

同样可以验证对于任意 $x_1(t) \in (-\chi, 0]$, 上式也成立.

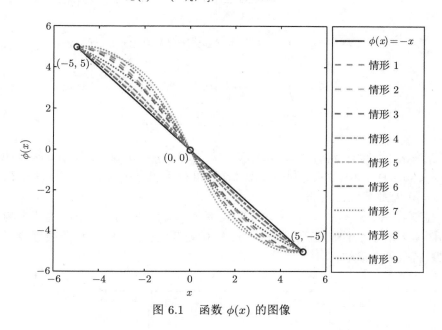

图 6.1 函数 $\phi(x)$ 的图像

令 $\mathbb{D} := \{x \in \mathbb{R} : |x| < \chi\}$, 对系统 ${}_a^C\nabla_k^\alpha x(k) = \phi(x(k))$, $\alpha \in (0, 1)$ 及其真实状态空间模型, 选择如下 Lyapunov 函数

$$V(k, z(\omega, k)) := \int_0^{+\infty} \frac{\mu_\alpha(\omega)}{1 + \omega} z^2(\omega, k)\, \mathrm{d}\omega, \tag{6.18}$$

其中, $\dfrac{\mu_\alpha(\omega)}{1 + \omega} \geqslant 0$ 对于任意 $\omega \in [0, \infty)$ 都成立. 进一步, 对所有 $x(k) \in \mathbb{D}\backslash\{0\}$, $V(k, z(\omega, k)) > 0$; 仅当 $x(k) = 0$ 时, $V(k, z(\omega, k)) = 0$.

沿着系统轨迹的方向, 对 Lyapunov 函数取一阶差分可得

$$\nabla V(k, z(\omega, k)) = \int_0^{+\infty} \frac{\mu_\alpha(\omega)}{1 + \omega} \nabla z^2(\omega, k)\, \mathrm{d}\omega$$

$$= \int_0^{+\infty} \frac{\mu_\alpha(\omega)}{1 + \omega} \nabla z(\omega, k) \left[2z(\omega, k) - \nabla z(\omega, k) \right] \mathrm{d}\omega$$

$$= \int_0^{+\infty} \frac{\mu_\alpha(\omega)}{1 + \omega} \left[-\omega(\omega + 2) z^2(\omega, k) - \phi^2(x(k)) \right] \mathrm{d}\omega$$

$$+ 2 \int_0^{+\infty} \mu_\alpha(\omega) z(\omega, k)\, \phi(x(k)) \mathrm{d}\omega$$

$$= -\int_0^{+\infty} \frac{\mu_\alpha(\omega)}{1+\omega} \left[(1+\omega)^2 - 1\right] z^2(\omega,k)\,\mathrm{d}\omega$$

$$-\int_0^{+\infty} \frac{\mu_\alpha(\omega)}{1+\omega}\mathrm{d}\omega \phi^2(x(k)) + 2x(k)\phi(x(k))$$

$$\leqslant -\int_0^{+\infty} \frac{\mu_\alpha(\omega)}{1+\omega} \left[(\omega+1)^2 - 1\right] z^2(\omega,k)\,\mathrm{d}\omega$$

$$- \phi^2(x(k)) - 2x^2(k). \tag{6.19}$$

观察发现, 对于所有 $x(k) \in \mathbb{D}\backslash\{0\}$, $\nabla V(k, z(\omega,k)) < 0$ 成立; 仅当 $x(k) = 0$ 时, $\nabla V(k, z(\omega,k)) = 0$. 因此, 利用命题 6.1.1 可得系统 ${}_a^C\nabla_k^\alpha x(k) = \phi(x(k))$ 在平衡点 $x_e = 0$ 处是渐近稳定的.

选择 $\alpha = 0.8$, $x(a) = 1$, $a = 1$, 可得系统 ${}_a^C\nabla_k^\alpha x(k) = \phi(x(k))$ 的状态响应曲线如图 6.2 所示. 不难发现, 系统在 $x_e = 0$ 处渐近稳定, 且 9 种非线性情形均比线性系统收敛速度快.

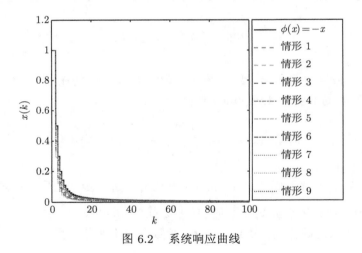

图 6.2　系统响应曲线

注解 6.1.1　对比直接 Lyapunov 方法可以发现, 直接法直接针对给定的伪状态空间模型处理, 利用伪状态 $x(k)$ 构造 Lyapunov 函数 $V(k, x(k))$; 而间接法先导出真实的状态空间模型, 利用真实状态 $z(\omega,k)$ 构造 Lyapunov 函数 $V(k, z(\omega,k))$. 直接法由于可以通过 Lyapunov 函数凸函数的性质进行放缩, 对伪状态 $x(k)$ 求偏导, 所以可以设计非二次型的 Lyapunov 函数; 间接法由于需要计算 Lyapunov 函数的一阶差分, 该计算需要对真实状态 $z(\omega,k)$ 进行相应处理, 其后需要凑出 $x(k)$, 因此间接法的 Lyapunov 函数通常设计为二次型形式. 由于直接法中需要计算分数阶差分, 不同阶次的差分也不便于比较大小, 所以通常不能解决非同元阶次的问题; 而在间接法中, 同元与非同元的区别就是正定对角矩阵 $\mu_\alpha(\omega)$ 是否能被单位矩阵表示的问题, 不影响分析. 这里讨论的是系统阶次 $\alpha \in (0,1)$, 如果阶次大于 1, 如 $\alpha \in (n-1, n)$, 直接法需要将其平均分配 $\left(\diamondsuit\ \bar{\alpha} := \dfrac{\alpha}{N},\ N \in \mathbb{Z}_+,\ N \geqslant n\right)$ 才能处理, 但是阶次细分前后的模型只有对线性系统才能确保稳定性等价; 对于间接法, 可以利用定义将其等价描述为含频率分布模型的整数阶系统, 然后再判定稳定性.

6.2 保守性分析

考虑如下线性定常 Nabla 离散分数阶系统

$$\prescript{C}{a}{\nabla}_k^\alpha x(k) = Ax(k), \tag{6.20}$$

其中, $\alpha \in (0,1)$, $A \in \mathbb{R}^{n \times n}$, $k \in \mathbb{N}_{a+1}$, $a \in \mathbb{R}$.

定义 $X(s) := \mathscr{N}_a\{x(k)\}$, 则有 $X(s) = s^{\alpha-1}(s^\alpha I_n - A)^{-1}x(a)$. 可以得到系统 (6.20) 渐近稳定的充要条件是系统矩阵 A 的所有特征值满足

$$|\arg(\lambda)| > \frac{\alpha\pi}{2} \quad \text{或} \quad |\lambda| > 2^\alpha \cos^\alpha \frac{\arg(\lambda)}{\alpha}. \tag{6.21}$$

接下来将围绕直接 Lyapunov 方法和间接 Lyapunov 方法在判定系统 (6.20) 稳定性时存在的保守性展开.

6.2.1 直接法

选择如下 Lyapunov 函数

$$V(k, x(k)) := x^{\mathrm{T}}(k)Px(k), \tag{6.22}$$

其中, $P \in \mathbb{R}^{n \times n}$ 是正定矩阵.

利用定理 3.1.1 可得

$$\prescript{C}{a}{\nabla}_k^\alpha V(k, x(k)) \leqslant 2x^{\mathrm{T}}(k)P\prescript{C}{a}{\nabla}_k^\alpha x(k)$$
$$= x^{\mathrm{T}}(k)(PA + A^{\mathrm{T}}P)x(k). \tag{6.23}$$

从而, 当下列条件

$$PA + A^{\mathrm{T}}P \prec 0 \tag{6.24}$$

成立, 即所有特征值 $|\arg(\lambda)| > \dfrac{\pi}{2}$ 时, 系统 (6.20) 渐近稳定.

6.2.2　间接法

与系统 (6.20) 等价的频率分布模型可以表示为

$$\begin{cases} \nabla z(\omega, k) = -\omega z(\omega, k) + Ax(k), \\ \quad x(k) = \displaystyle\int_0^{+\infty} \mu_\alpha(\omega) z(\omega, k) \mathrm{d}\omega, \end{cases} \tag{6.25}$$

其中, $z(\omega, k) \in \mathbb{R}^n$, $\mu_\alpha(\omega) = \dfrac{\sin(\alpha\pi)}{\omega^\alpha\pi}$.

选择 Lyapunov 函数为

$$V(k, z(\omega, k)) := \int_0^{+\infty} \frac{\mu_\alpha(\omega)}{1+\omega} z^{\mathrm{T}}(\omega, k) P z(\omega, k) \mathrm{d}\omega, \tag{6.26}$$

可得其一阶差分满足

$$\begin{aligned} \nabla V(k, z(\omega, k)) &= V(k, z(\omega, k)) - V(k-1, z(\omega, k-1)) \\ &= \int_0^{+\infty} \frac{\mu_\alpha(\omega)}{1+\omega} z^{\mathrm{T}}(\omega, k) P z(\omega, k) \mathrm{d}\omega \\ &\quad - \int_0^{+\infty} \frac{\mu_\alpha(\omega)}{1+\omega} z^{\mathrm{T}}(\omega, k-1) P z(\omega, k-1) \mathrm{d}\omega. \end{aligned} \tag{6.27}$$

由式 (6.25) 的第一个方程可得 $z(\omega, k-1) = (1+\omega)z(\omega, k) - Ax(k)$, 从而 $V(k, z(\omega, k))$ 的一阶差分可以表示为

$$\begin{aligned} \nabla V(k, z(\omega, k)) &= -\int_0^{+\infty} \frac{\mu_\alpha(\omega)}{1+\omega} [(1+\omega)^2 - 1] z^{\mathrm{T}}(\omega, k) P z(\omega, k) \mathrm{d}\omega \\ &\quad - \int_0^{+\infty} \frac{\mu_\alpha(\omega)}{1+\omega} x^{\mathrm{T}}(k) A^{\mathrm{T}} P A x(k) \mathrm{d}\omega \\ &\quad + \int_0^{+\infty} \mu_\alpha(\omega) z^{\mathrm{T}}(\omega, k) P A x(k) \mathrm{d}\omega \\ &\quad + \int_0^{+\infty} \mu_\alpha(\omega) x^{\mathrm{T}}(k) A^{\mathrm{T}} P z(\omega, k) \mathrm{d}\omega \\ &= -\int_0^{+\infty} \frac{\mu_\alpha(\omega)}{1+\omega} [(1+\omega)^2 - 1] z^{\mathrm{T}}(\omega, k) P z(\omega, k) \mathrm{d}\omega \\ &\quad + x^{\mathrm{T}}(k)(PA + A^{\mathrm{T}}P - A^{\mathrm{T}}PA) x(k), \end{aligned} \tag{6.28}$$

其中, $\int_0^{+\infty} \dfrac{\mu_\alpha(\omega)}{1+\omega}\mathrm{d}\omega = 1$.

由于 $(1+\omega)^2 - 1 \geqslant 0, \forall \omega \geqslant 0$, 所以式 (6.28) 最后一个等式中的积分项负定. 因而, 只要

$$PA + A^{\mathrm{T}}P - A^{\mathrm{T}}PA \prec 0, \tag{6.29}$$

即所有特征值 $|\lambda| > 2\cos(\arg(\lambda))$ 时, 就可判定系统 (6.20) 渐近稳定.

为了方便进行对比, 图 6.3 给出了系统 (6.20) 真实的不稳定区域和上述两种方法得出的不稳定区域.

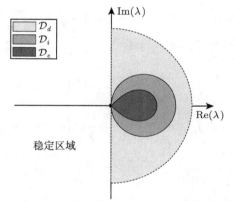

图 6.3   系统不稳定时矩阵 A 的特征值范围 $(\alpha = 0.5)$

可以发现它们三者满足 $\mathcal{D}_e \subsetneq \mathcal{D}_i \subsetneq \mathcal{D}_d$, 这意味着直接法和间接法都是有保守性的, 且直接法存在的保守性更大. 具体原因是直接法使用了不等式的放缩, 间接法很难界定负定项 $-\int_0^{+\infty} \dfrac{\mu_\alpha(\omega)}{1+\omega}[(1+\omega)^2 - 1]z^{\mathrm{T}}(\omega,k)Pz(\omega,k)\mathrm{d}\omega$ 的边界. 具体来说, 如果系统 (6.20) 是不稳定的, 直接法和间接法都能判定系统不稳定; 如果系统 (6.20) 是渐近稳定的, 且特征值 $\lambda \in \mathbb{R}\backslash\mathcal{D}_d$, 直接法和间接法都能成功判定系统稳定, 但这两个方法目前的处理只能给出充分条件, 无法识别更多稳定区域. 例如当 $\lambda \in \mathcal{D}_d\backslash\mathcal{D}_i$ 时, 直接法不再可行, 但是间接法依然有效; 当 $\lambda \in \mathcal{D}_i\backslash\mathcal{D}_e$ 时, 直接法和间接法都无效. 总体来说, 间接法因为利用了真实状态, 保守性更小, 但是这类 Lyapunov 函数的构造依然存在保守性.

6.3   无穷能量问题

无穷能量问题是由系统的长记忆特性和无穷维特性引起的, 可以通过引入非奇异积分核或非局部数学消除, 换句话说如果系统在某个频段内满足分数阶特性,

则不会出现无穷能量问题 [214-216].

6.3.1　初始能量

考虑系统 $_a^C\nabla_k^\alpha x(k) = f(k, x(k))$, $\alpha \in (0, 1)$, 其等价频率分布模型有

$$\begin{cases} \nabla z(\omega, k) = -\omega z(\omega, k) + f(k, x(k)), \\ x(k) = \int_0^{+\infty} \mu_\alpha(\omega) z(\omega, k)\mathrm{d}\omega, \end{cases} \tag{6.30}$$

其中, $z(\omega, a) = \dfrac{\delta(\omega)}{\mu_\alpha(\omega)} x(a)$. 选择能量函数 $E(k) = \int_0^{+\infty} \dfrac{\mu_\alpha(\omega)}{1+\omega} z^{\mathrm{T}}(\omega, k) P z(\omega, k)\mathrm{d}\omega$,
其中 P 为正定矩阵, 则有初始能量满足

$$\begin{aligned} E(a) &= \int_0^{+\infty} \frac{\mu_\alpha(\omega)}{1+\omega} z^{\mathrm{T}}(\omega, a) P z(\omega, a)\mathrm{d}\omega \\ &= \int_0^{+\infty} \frac{\delta^2(\omega)}{\mu_\alpha(\omega)(1+\omega)} x^{\mathrm{T}}(a) P x(a)\mathrm{d}\omega \\ &= \frac{\pi}{\sin(\alpha\pi)} x^{\mathrm{T}}(a) P x(a) \int_0^{+\infty} \frac{\omega^\alpha \delta^2(\omega)}{1+\omega}\mathrm{d}\omega, \end{aligned} \tag{6.31}$$

由于存在 Dirac 脉冲函数和无穷积分, 初始能量难以估计. 如果利用 L'Hospital
法则, 则可以得到 $E(a) = +\infty$, 因此 Sabatier 也主张不能按传统方式为 Caputo
定义下的分数阶系统赋予初始值 [217,218].

考虑系统 $_a^R\nabla_k^\alpha x(k) = f(k, x(k))$, $\alpha \in (0, 1)$, 其等价频率分布模型有

$$\begin{cases} \nabla z(\omega, k) = -\omega z(\omega, k) + f(k, x(k)), \\ x(k) = \int_0^{+\infty} \mu_\alpha(\omega) z(\omega, k)\mathrm{d}\omega, \end{cases} \tag{6.32}$$

其中, $z(\omega, a) = [_a^G\nabla_k^{\alpha-1} x(k)]_{k=a}$. 选择相同的能量函数, 则有

$$\begin{aligned} E(a) &= \int_0^{+\infty} \frac{\mu_\alpha(\omega)}{1+\omega} z^{\mathrm{T}}(\omega, a) P z(\omega, a)\mathrm{d}\omega \\ &= \int_0^{+\infty} \frac{\mu_\alpha(\omega)}{1+\omega} [_a^G\nabla_k^{\alpha-1} x^{\mathrm{T}}(k)]_{k=a} P [_a^G\nabla_k^{\alpha-1} x(k)]_{k=a}\mathrm{d}\omega \\ &= \frac{\sin(\alpha\pi)}{\pi} [_a^G\nabla_k^{\alpha-1} x^{\mathrm{T}}(k)]_{k=a} P [_a^G\nabla_k^{\alpha-1} x(k)]_{k=a} \int_0^{+\infty} \frac{1}{\omega^\alpha(1+\omega)}\mathrm{d}\omega. \end{aligned} \tag{6.33}$$

通过简单计算可得

$$\int_0^{+\infty} \frac{\omega^{1-\alpha}}{1+\omega} d\omega < \int_0^{+\infty} \omega^{1-\alpha} d\omega = \frac{\omega^{2-\alpha}}{2-\alpha}\Big|_0^{+\infty} = +\infty, \tag{6.34}$$

$$\int_0^{+\infty} \frac{1}{\omega^{\alpha}} d\omega = \frac{\omega^{1-\alpha}}{1-\alpha}\Big|_0^{+\infty} = +\infty. \tag{6.35}$$

结合

$$\begin{cases} \dfrac{\sin(\alpha\pi)}{\pi}[{}_a^G\nabla_k^{\alpha-1}x^{\mathrm{T}}(k)]_{k=a}P[{}_a^G\nabla_k^{\alpha-1}x(k)]_{k=a} > 0, \\ \displaystyle\int_0^{+\infty} \frac{1}{\omega^{\alpha}(1+\omega)} d\omega = \int_0^{+\infty} \frac{1}{\omega^{\alpha}} d\omega - \int_0^{+\infty} \frac{\omega^{1-\alpha}}{1+\omega} d\omega, \end{cases}$$

可得 $E(a) = +\infty$, 即 Riemann-Liouville 定义下, 系统 ${}_a^R\nabla_k^{\alpha}x(k) = f(k, x(k))$, $\alpha \in (0, 1)$ 能量的初始值也是无穷大的.

6.3.2 积分性能指标

积分性能指标作为系统性能的定量描述, 经常用于描述闭环控制系统. 然而, 对于分数阶控制系统, 即便稳态误差为 0, 积分性能指标也可能是无穷大[219]. 该问题是无穷能量问题的一个表现, 常用的积分性能指标有误差积分 (IE)、误差绝对值积分 (IAE)、误差平方积分 (ISE)、误差绝对值时间积分 (ITAE)、误差平方时间积分 (ITSE) 等. 为了用于本书的 Nabla 分数阶系统, 这些指标中的积分被换成了和分.

考虑系统 ${}_a^C\nabla_k^{\alpha}e(k) = -\lambda e(k)$, 其中 $\alpha \in (0, 1)$, $\lambda > 0$, $e(k) \in \mathbb{R}$, 则控制误差可以被计算为 $e(k) = e(a)\mathcal{F}_{\alpha,1}(-\lambda, k, a)$. 不失一般性, 假设 $e(a) > 0$, 则可以计算如下积分性能指标.

第 1 类 ▶ IE 指标.
利用定理 1.1.2, 可得

$$\begin{aligned} J_1(k) &= {}_a\nabla_k^{-1}e(k) \\ &= e(a)\sum_{i=a+1}^k \mathcal{F}_{\alpha,1}(-\lambda, i, a) \\ &= e(a)\mathcal{F}_{\alpha,2}(-\lambda, k, a), \end{aligned} \tag{6.36}$$

进一步利用终值定理, 则有 $\displaystyle\lim_{k\to+\infty} J_1(k) = e(a)\lim_{s\to 0} s\frac{s^{\alpha-2}}{s^{\alpha}+\lambda} = +\infty$.

第 2 类 ▶ ITAE 指标.

利用 [16, 定理 9], 可得

$$
\begin{aligned}
J_2(k) &= {}_a\nabla_k^{-1}[(k-a)|e(k)|] \\
&= e(a){}_a\nabla_k^{-1}[(k-a-1)\mathcal{F}_{\alpha,1}(-\lambda,k,a)] \\
&\quad + e(a){}_a\nabla_k^{-1}\mathcal{F}_{\alpha,1}(-\lambda,k,a) \\
&= e(a)\mathcal{N}_a^{-1}\left\{\frac{(1-s)(s^\alpha+\lambda-\lambda\alpha)}{s^{2-\alpha}(s^\alpha+\lambda)^2}\right\},
\end{aligned}
\tag{6.37}
$$

基于此可计算其终值 $\displaystyle\lim_{k\to+\infty} J_2(k) = e(a)\lim_{s\to 0}\frac{(1-s)(s^\alpha+\lambda-\lambda\alpha)}{s^{1-\alpha}(s^\alpha+\lambda)^2} = +\infty.$

第 3 类 ▶ ISE 指标.

利用离散 Mittag-Leffler 函数的渐近特性, 可得存在 $K\in\mathbb{N}_{a+1}$, 满足

$$
\begin{aligned}
J_3(k) &= {}_a\nabla_k^{-1}e^2(k) \\
&= e^2(a){}_a\nabla_k^{-1}\mathcal{F}_{\alpha,1}^2(-\lambda,k,a) \\
&\sim e^2(a){}_K\nabla_k^{-1}\frac{\lambda^{-2}(k-a)^{\overline{-2\alpha}}}{\Gamma^2(1-\alpha)},
\end{aligned}
\tag{6.38}
$$

进一步, 可以计算其终值 $\displaystyle\lim_{k\to+\infty} J_3(k) \sim \left.\frac{e^2(a)\lambda^{-2}}{\Gamma^2(1-\alpha)(1-2\alpha)}(k-a)^{1-2\alpha}\right|_{k=K}^{k=+\infty} = +\infty, 0<\alpha<0.5.$

第 4 类 ▶ ITSE 指标.

同样利用离散 Mittag-Leffler 函数的渐近特性, 可得存在 $K\in\mathbb{N}_{a+1}$, 满足

$$
\begin{aligned}
J_4(k) &= {}_a\nabla_k^{-1}[(k-a)e^2(k)] \\
&= e^2(a){}_a\nabla_k^{-1}[(k-a)\mathcal{F}_{\alpha,1}^2(-\lambda,k,a)] \\
&\sim e^2(a){}_K\nabla_k^{-1}\frac{\lambda^{-2}(k-a)^{\overline{1-2\alpha}}}{\Gamma^2(1-\alpha)},
\end{aligned}
\tag{6.39}
$$

进而有 $\displaystyle\lim_{k\to+\infty} J_4(k) \sim \left.\frac{e^2(a)\lambda^{-2}}{\Gamma^2(1-\alpha)(2-2\alpha)}(k-a)^{2-2\alpha}\right|_{k=K}^{k=+\infty} = +\infty.$

第 5 类 ▶ ISTE 指标.

用类似的方式, 可以得到

$$
\begin{aligned}
J_5(k) &= {}_a\nabla_k^{-1}[(k-a)e(k)]^2 \\
&= e^2(a)\,{}_a\nabla_k^{-1}[(k-a)^2 \mathcal{F}_{\alpha,1}^2(-\lambda,k,a)] \\
&\sim e^2(a)\,{}_K\nabla_k^{-1}\frac{\lambda^{-2}(k-a)^{\overline{2-2\alpha}}}{\Gamma^2(1-\alpha)},
\end{aligned}
\tag{6.40}
$$

进而有 $\displaystyle\lim_{k\to+\infty} J_5(k) \sim \frac{e^2(a)\lambda^{-2}}{\Gamma^2(1-\alpha)(3-2\alpha)}(k-a)^{3-2\alpha}\Big|_{k=K}^{k=+\infty} = +\infty.$

与连续情形相似, 非局部特性是分数阶差和分区别于整数阶差和分的本质特性, 它进一步形成了分数阶系统的无穷维特性, 也会带来一些奇怪的特性, 无穷能量问题正是其一. 选择 $\alpha = 0.3$, $e(a) = 1$, $a = 1$, 可得系统 ${}_a^C\nabla_k^\alpha e(k) = \lambda e(k)$ 的状态响应曲线如图 6.4 所示. 不难发现, 随着 k 的增加, 这 5 种积分性能指标单调递增.

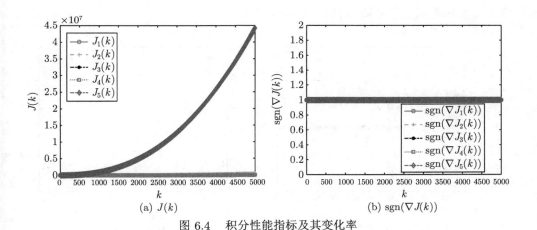

(a) $J(k)$ (b) $\mathrm{sgn}(\nabla J(k))$

图 6.4 积分性能指标及其变化率

6.4 数值算例

例 6.4.1 针对 Nabla 离散分数阶系统

$$
\begin{cases}
{}_a^C\nabla_k^\alpha x_1(k) = \sigma x_1(k) - \omega x_2(k), \\
{}_a^C\nabla_k^\alpha x_2(k) = \omega x_1(k) + \sigma x_2(k),
\end{cases}
\tag{6.41}
$$

考虑如下三种情形

$$\begin{cases} 情形\ 1: \sigma = -1, \omega = 2; \\ 情形\ 2: \sigma = 1, \omega = 2; \\ 情形\ 3: \sigma = 1, \omega = 0.9, \end{cases}$$

其中, $\alpha \in (0, 1)$, $k \in \mathbb{N}_{a+1}$, $a \in \mathbb{R}$.

不难得到系统矩阵 $A = \begin{bmatrix} \sigma & -\omega \\ \omega & \sigma \end{bmatrix}$ 的特征值为 $\lambda = \sigma \pm \mathrm{j}\omega$. 当 $\alpha = 0.8$ 时, 不难发现, 对于情形 1 有 $\lambda \notin \mathcal{D}_d$, 即特征值不在直接 Lyapunov 方法的不稳定区域中, 所以用两种方法均可正确判定系统的稳定性; 对于情形 2 有 $\lambda \notin \mathcal{D}_i$ 且 $\lambda \in \mathcal{D}_d$, 即特征值在直接 Lyapunov 方法的不稳定区域中但不在间接 Lyapunov 方法的不稳定区域中, 所以用间接 Lyapunov 方法可以正确判定系统的稳定性; 对于情形 3 有 $\lambda \notin \mathcal{D}_e$ 且 $\lambda \in \mathcal{D}_i$, 即特征值在两种方法的不稳定区域中, 但是不在实际不稳定区域中, 换句话说, 用这两种方法均不能正确判定系统的稳定性, 但是系统实际上却是稳定的.

选择 $a = 0$, $x_1(a) = 2$, $x_2(a) = -0.8$, 可得系统的仿真结果如图 6.5 所示. 可以发现系统是渐近稳定的, $x(k)$ 逐渐收敛至零.

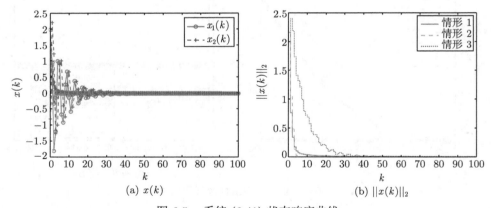

(a) $x(k)$　　　　　　　　　　　　(b) $\|x(k)\|_2$

图 6.5　系统 (6.41) 状态响应曲线

系统 (6.41) 可以被等价表示为 ${}^C_a\nabla^\alpha_k x(k) = Ax(k)$. 为了验证系统的有界输入有界输出稳定性, 考虑系统 ${}^C_a\nabla^\alpha_k x(k) = Ax(k) + Bv(k)$, 其中 $v(k)$ 是扰动输入, $B = \begin{bmatrix} 1 \\ 1 \end{bmatrix}$. 不难发现当 $v(k)$ 有界时, $x(k)$ 也是有界的. 分别选择 $v(k)$ 为正弦扰动和随机扰动, 可得系统仿真结果如图 6.6 所示, 仿真结果与理论分析一致.

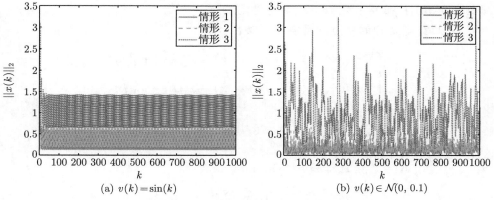

(a) $v(k) = \sin(k)$ (b) $v(k) \in \mathcal{N}(0, 0.1)$

图 6.6   系统 (6.41) 时域响应曲线

例 6.4.2   考虑如下 Nabla 离散分数阶系统

$$\begin{cases} {}^{C}_{a}\nabla^{\alpha_1}_k x_1(k) = -x_1^3(k) + x_2(k), \\ {}^{C}_{a}\nabla^{\alpha_2}_k x_2(k) = -x_1(k) - x_2^5(k), \end{cases} \tag{6.42}$$

其中, $\alpha_1 = 0.9$, $\alpha_2 = 0.85$, $x_1(a) = 2$, $x_2(a) = -0.8$, $a = 0$, $k \in \mathbb{N}_{a+1}$.

其等价的状态空间模型可以表示为

$$\begin{cases} \nabla z_1(\omega, k) = -\omega z_1(\omega, k) - x_1^3(k) + x_2(k), \\ \nabla z_2(\omega, k) = -\omega z_2(\omega, k) - x_1(k) - x_2^5(k), \\ x_i(k) = \displaystyle\int_0^{+\infty} \mu_{\alpha_i}(\omega) \, z_i(\omega, k) \, \mathrm{d}\omega, \quad i = 1, 2. \end{cases} \tag{6.43}$$

选择如下 Lyapunov 函数

$$V(k, z(\omega, k)) := \frac{1}{2} \sum_{i=1}^{2} \int_0^{+\infty} \mu_{\alpha_i}(\omega) \, z_i^2(\omega, k) \, \mathrm{d}\omega, \tag{6.44}$$

利用定理 3.1.4, 则可得其一阶差分满足

$$\begin{aligned} \nabla V&(k, z(\omega, k)) \\ &\leqslant \sum_{i=1}^{2} \int_0^{+\infty} \mu_{\alpha_i}(\omega) \, z_i(\omega, k) \, \nabla z_i(\omega, k) \, \mathrm{d}\omega \\ &= -\sum_{i=1}^{2} \int_0^{+\infty} \omega \mu_{\alpha_i}(\omega) \, z_i^2(\omega, k) \, \mathrm{d}\omega - \left[x_1^4(k) + x_2^6(k) \right]. \end{aligned} \tag{6.45}$$

根据命题 6.1.1, 可得系统 (6.42) 渐近稳定.

类似地, 其近似的状态空间模型可以表示为

$$
\begin{cases}
\nabla z_1(\omega_j, k) = -\omega z_1(\omega_j, k) - x_1^3(k) + x_2(k), \\
\nabla z_2(\omega_j, k) = -\omega z_2(\omega_j, k) - x_1(k) - x_2^5(k), \\
\displaystyle x_i(k) = \sum_{j=0}^{N} c_{ij} z_i(\omega_j, k), \quad i = 1, 2.
\end{cases}
\tag{6.46}
$$

其中, $c_j > 0$, $N \in \mathbb{Z}_+$. 选择如下 Lyapunov 函数

$$
V(k, z(\omega_j, k)) := \frac{1}{2} \sum_{i=1}^{2} \sum_{j=0}^{N} c_{ij}(\omega_j) z_i^2(\omega_j, k),
\tag{6.47}
$$

则其一阶差分满足

$$
\begin{aligned}
\nabla V&(k, z(\omega, k)) \\
&\leqslant \sum_{i=1}^{2} \sum_{j=0}^{N} c_{ij}(\omega) z_i(\omega, k) \nabla z_i(\omega, k) \, \mathrm{d}\omega \\
&= -\sum_{i=1}^{2} \sum_{j=0}^{N} c_{ij} z_i^2(\omega, k) \, \mathrm{d}\omega - \left[x_1^4(k) + x_2^6(k) \right].
\end{aligned}
\tag{6.48}
$$

通过定理 6.1.1, 可得系统 (6.42) 的逼近模型渐近稳定.

根据所给条件, 可得仿真结果如图 6.7 所示. 不难发现, 无论是逼近的真实状态还是伪状态, 均随着 k 的增大逐渐收敛至 0.

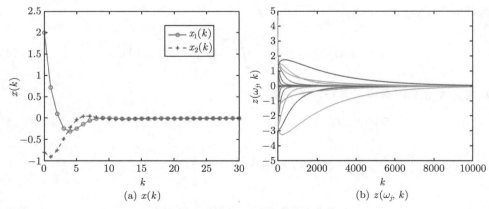

(a) $x(k)$　　　　　　　　　(b) $z(\omega_j, k)$

图 6.7　　系统 (6.42) 状态响应曲线

例 6.4.3 考虑如下 Nabla 离散分数阶系统

$$
\begin{cases}
{}_a^C\nabla_k^{\alpha_1}x_1(k) = -6x_1(k) + 2\mathrm{e}^{-(k-a)}x_2(k), \\
{}_a^C\nabla_k^{\alpha_2}x_2(k) = \mathrm{e}^{-2(k-a)}x_1(k) - 9x_2(k),
\end{cases}
\tag{6.49}
$$

其中, $\alpha_1 = 0.9$, $\alpha_2 = 0.85$, $x_1(a) = 2$, $x_2(a) = -0.8$, $a = 0$, $k \in \mathbb{N}_{a+1}$.

其等价的状态空间模型可以表示为

$$
\begin{cases}
\nabla z_1(\omega, k) = -\omega z_1(\omega, k) - 6x_1(k) + 2\mathrm{e}^{-(k-a)}x_2(k), \\
\nabla z_2(\omega, k) = -\omega z_2(\omega, k) + \mathrm{e}^{-2(k-a)}x_1(k) - 9x_2(k), \\
x_i(k) = \displaystyle\int_0^{+\infty} \mu_{\alpha_i}(\omega)\, z_i(\omega, k)\, \mathrm{d}\omega, \quad i = 1, 2.
\end{cases}
\tag{6.50}
$$

选择如下 Lyapunov 函数 $V(k, z(\omega, k)) := \dfrac{1}{2}\sum_{i=1}^2 \int_0^{+\infty} \mu_{\alpha_i}(\omega)\, z_i^2(\omega, k)\, \mathrm{d}\omega$, 得其一阶差分满足

$$
\begin{aligned}
\nabla V&(k, z(\omega, k)) \\
&\leqslant \sum_{i=1}^2 \int_0^{+\infty} \mu_{\alpha_i}(\omega)\, z_i(\omega, k)\, \nabla z_i(\omega, k)\, \mathrm{d}\omega \\
&= -\sum_{i=1}^2 \int_0^{+\infty} \omega\mu_{\alpha_i}(\omega)\, z_i^2(\omega, k)\, \mathrm{d}\omega - [6x_1^2(k) + 9x_2^2(k)] \\
&\quad + [2\mathrm{e}^{-(k-a)} + \mathrm{e}^{-2(k-a)}]x_1(k)x_2(k) \\
&\leqslant -\sum_{i=1}^2 \int_0^{+\infty} \omega\mu_{\alpha_i}(\omega)\, z_i^2(\omega, k)\, \mathrm{d}\omega - 5[x_1^2(k) + x_2^2(k)] \\
&\quad - [x_1(k) - 2x_2(k)]^2.
\end{aligned}
\tag{6.51}
$$

根据命题 6.1.1, 同样可得系统 (6.49) 渐近稳定. 对无穷维状态空间模型进行有限维逼近后, 同样利用定理 6.1.1, 可得系统 (6.49) 的逼近模型渐近稳定, 图 6.8 所示的仿真结果清楚地验证了理论分析.

例 6.4.4 考虑如下 Nabla 离散分数阶系统

$$
\begin{cases}
{}_a^C\nabla_k^{\alpha_1}x_1(k) = -\sin^2(k)x_1(k) - \sin(k)\cos(k)x_2(k), \\
{}_a^C\nabla_k^{\alpha_2}x_2(k) = -\sin(k)\cos(k)\,x_1(k) - \cos^2(k)\,x_2(k),
\end{cases}
\tag{6.52}
$$

其中, $\alpha_1 = 0.9$, $\alpha_2 = 0.85$, $x_1(a) = 2$, $x_2(a) = -0.8$, $a = 0$, $k \in \mathbb{N}_{a+1}$.

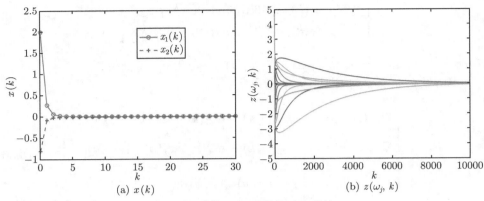

(a) $x(k)$ (b) $z(\omega_j, k)$

图 6.8 系统 (6.49) 状态响应曲线

系统 (6.52) 的等价状态空间方程可以表示为

$$
\begin{cases}
\nabla z_1(\omega, k) = -\omega z_1(\omega, k) - \sin^2(k)\, x_1(k) - \sin(k)\cos(k)\, x_2(k), \\
\nabla z_2(\omega, k) = -\omega z_2(\omega, k) - \sin(k)\cos(k)\, x_1(k) - \cos^2(k)\, x_2(k), \\
x_i(k) = \displaystyle\int_0^{+\infty} \mu_{\alpha_i}(\omega) z_i(\omega, k)\mathrm{d}\omega, \quad i = 1, 2.
\end{cases}
\tag{6.53}
$$

选择 Lyapunov 函数 $V(k, z(\omega, k)) := \dfrac{1}{2} \sum_{i=1}^{2} \int_0^{+\infty} \mu_{\alpha_i}(\omega)\, z_i^2(\omega, k)\,\mathrm{d}\omega$, 可得其一阶差分满足

$$
\nabla V(k, z(\omega, k))
$$
$$
\leqslant \sum_{i=1}^{2} \int_0^{+\infty} \mu_{\alpha_i}(\omega)\, z_i(\omega, k)\, \nabla z_i(\omega, k)\,\mathrm{d}\omega
$$
$$
= -\sum_{i=1}^{2} \int_0^{+\infty} \omega \mu_{\alpha_i}(\omega)\, z_i^2(\omega, k)\,\mathrm{d}\omega
$$
$$
- \left[\sin(k)\, x_1(k) + \cos(k)\, x_2(k)\right]^2
$$
$$
\leqslant 0.
\tag{6.54}
$$

根据命题 6.1.1, 可得系统 (6.52) 渐近稳定. 对无穷维状态空间模型进行有限维逼

近后, 同样利用定理 6.1.1, 可得系统 (6.52) 的逼近模型渐近稳定, 图 6.9 所示的仿真结果清楚地验证了理论分析.

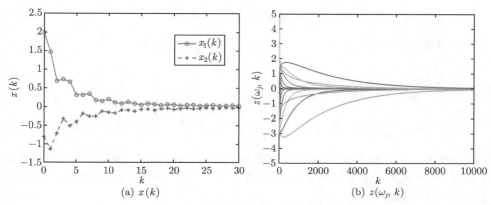

(a) $x(k)$　　　　　　　　　　　　　　　　　(b) $z(\omega_j, k)$

图 6.9　系统 (6.52) 状态响应曲线

例 6.4.5　考虑如下 Nabla 离散分数阶系统

$$\begin{cases} {}_a^C\nabla_k^{\alpha_1}x_1(k) = -3x_1(k) - x_3(k) - x_1(k)\sin(k), \\ {}_a^C\nabla_k^{\alpha_2}x_2(k) = -2x_2(k) + x_2(k)\cos(k), \\ {}_a^C\nabla_k^{\alpha_3}x_3(k) = -x_1(k) - x_2(k) - 3x_3(k) + x_3(k)\text{rand}(k), \end{cases} \tag{6.55}$$

其中, $\alpha_1 = 0.9$, $\alpha_2 = 0.85$, $\alpha_3 = 0.8$, $x_1(a) = 2$, $x_2(a) = -0.8$, $x_3(a) = 0.5$, $a = 0$, $k \in \mathbb{N}_{a+1}$, $\text{rand}(k) \in \mathcal{U}(-1, 1)$.

系统 (6.55) 的等价状态空间方程可以表示为

$$\begin{cases} \nabla z_1(\omega, k) = -\omega z_1(\omega, k) - 3x_1(k) - x_3(k) - x_1(k)\sin(k), \\ \nabla z_2(\omega, k) = -\omega z_2(\omega, k) - 2x_2(k) + x_2(k)\cos(k), \\ \nabla z_3(\omega, k) = -\omega z_3(\omega, k) - x_1(k) - x_2(k) - 3x_3(k) + x_3(k)\text{rand}(k), \\ x_i(k) = \int_0^{+\infty} \mu_{\alpha_i}(\omega)z_i(\omega, k)\,\mathrm{d}\omega, \ i = 1, 2, 3. \end{cases} \tag{6.56}$$

选择 Lyapunov 函数 $V(k, z(\omega, k)) := \dfrac{1}{2}\sum_{i=1}^3 \int_0^{+\infty} \mu_{\alpha_i}(\omega)z_i^2(\omega, k)\mathrm{d}\omega$, 可得其一阶差分满足

$$\nabla V(k, z(\omega, k))$$

$$\leqslant \sum_{i=1}^3 \int_0^{+\infty} \mu_{\alpha_i}(\omega)\,z_i(\omega, k)\,\nabla z_i(\omega, k)\,\mathrm{d}\omega$$

$$= -\sum_{i=1}^{3}\int_{0}^{+\infty}\omega\mu_{\alpha_i}(\omega)\,z_i^2(\omega,k)\,\mathrm{d}\omega$$

$$-3x_1^2(k) - x_1^2(k)\sin(k) - 2x_2^2(k) + x_2^2(k)\cos(k)$$

$$-3x_3^2(k) + x_3^2(k)\mathrm{rand}(k) - 2x_1(k)x_3(k) - x_2(k)x_3(k)$$

$$\leqslant -\sum_{i=1}^{3}\int_{0}^{+\infty}\omega\mu_{\alpha_i}(\omega)\,z_i^2(\omega,k)\,\mathrm{d}\omega$$

$$-x_1^2(k) - \frac{1}{2}[x_2^2(k) + x_3^2(k)] - [x_1(k)+x_3(k)]^2 - \frac{1}{2}[x_2(k)+x_3(k)]^2. \quad (6.57)$$

根据命题 6.1.1, 可得系统 (6.55) 渐近稳定. 对无穷维状态空间模型进行有限维逼近后, 同样利用定理 6.1.1, 可得系统 (6.55) 的逼近模型渐近稳定, 图 6.10 所示的仿真结果清楚地验证了理论分析.

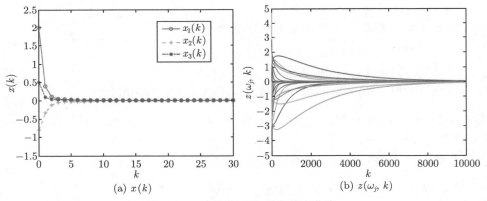

图 6.10　系统 (6.55) 状态响应曲线

例 6.4.6　考虑如下 Nabla 离散分数阶系统

$$\begin{cases} {}_a\nabla_k^{\alpha_1}x_1(k) = -\sigma\left[x_1(k) - x_2(k)\right], \\ {}_a\nabla_k^{\alpha_2}x_2(k) = rx_1(k) - x_2(k) - x_1(k)x_3(k), \\ {}_a\nabla_k^{\alpha_3}x_3(k) = x_1(k)x_2(k) - 2bx_3(k), \end{cases} \quad (6.58)$$

其中, $\sigma = 1$, $r = 0.5$, $b = 1$, $\alpha_1 = 0.6$, $\alpha_2 = 0.8$, $\alpha_3 = 0.9$, $a = 0$, $x_1(a) = 2$, $x_2(a) = -0.8$, $x_3(a) = 0.5$, $k \in \mathbb{N}_{a+1}$. 值得说明, 对于 Riemann-Liouvlle 定义额外考虑初始条件 $[{}_a^{\mathrm{G}}\nabla_k^{\alpha_1-1}x_1(k)]_{k=a} = 2$, $[{}_a^{\mathrm{G}}\nabla_k^{\alpha_2-1}x_2(k)]_{k=a} = -0.8$, $[{}_a^{\mathrm{G}}\nabla_k^{\alpha_3-1}x_3(k)]_{k=a} = 0.5$, $x(a)$ 在计算系统时域响应时不起作用, 仅仅是为了绘制图形时补充 $k = a$ 时刻的值.

系统 (6.58) 的等价状态空间方程可以表示为

$$
\begin{cases}
\nabla z_1(\omega,k) = -\omega z_1(\omega,k) - \sigma\left[x_1(k)-x_2(k)\right], \\
\nabla z_2(\omega,k) = -\omega z_2(\omega,k) + r x_1(k) - x_2(k) - x_1(k)x_3(k), \\
\nabla z_3(\omega,k) = -\omega z_3(\omega,k) + x_1(k)x_2(k) - b x_3(k), \\
x_i(k) = \displaystyle\int_0^{+\infty} \mu_{\alpha_i}(\omega)\, z_i(\omega,k)\mathrm{d}\omega, \quad i=1,2,3.
\end{cases}
\tag{6.59}
$$

选择如下 Lyapunov 函数

$$
V(k,z(\omega,k)) := \int_0^{+\infty} \frac{1}{1+\omega} z^{\mathrm{T}}(\omega,k) P(\omega)\, z(\omega,k)\mathrm{d}\omega,
\tag{6.60}
$$

其中, $P(\omega) = \mathrm{diag}\{\mu_{\alpha_1}(\omega), \sigma\mu_{\alpha_2}(\omega), \sigma\mu_{\alpha_3}(\omega)\} \in \mathbb{R}^{3\times3}$ 正定. 在此基础上, Lyapunov 函数的一阶差分可以计算为

$$
\begin{aligned}
\nabla V(k,z(\omega,k)) = & -\int_0^{+\infty}\left(1+\omega-\frac{1}{1+\omega}\right) z^{\mathrm{T}}(\omega,k) P(\omega) z(\omega,k)\mathrm{d}\omega \\
& -\int_0^{+\infty}\frac{\mu_{\alpha_1}(\omega)}{1+\omega}\sigma^2[x_1(k)-x_2(k)]^2\mathrm{d}\omega \\
& -\sigma\int_0^{+\infty}\frac{\mu_{\alpha_2}(\omega)}{1+\omega}[r x_1(k)-x_2(k)-x_1(k)x_3(k)]^2\mathrm{d}\omega \\
& -\sigma\int_0^{+\infty}\frac{\mu_{\alpha_3}(\omega)}{1+\omega}[x_1(k)x_2(k)-b x_3(k)]^2\mathrm{d}\omega \\
& -\sigma(1+r)[x_1(k)-x_2(k)]^2 - \sigma(1-r)x_1^2(k) \\
& -\sigma(1-r)x_2^2(k) - 2b\sigma x_3^2(k).
\end{aligned}
\tag{6.61}
$$

根据命题 6.1.1, 可得系统 (6.58) 渐近稳定. 对无穷维状态空间模型进行有限维逼近后, 同样利用定理 6.1.1, 可得系统 (6.58) 的逼近模型渐近稳定. 由于模型 (6.59) 既可适用于 Caputo 定义, 又可适用于 Riemann-Liouvolle 定义, 所以所得渐近稳定性结论对上述两种定义均成立.

利用直接 Lyapunov 方法也可以处理, 对于 Caputo 情形, 选择 Lyapunov 函数 $V(k,x(k)) := {}_a^C\nabla_k^{\alpha_1-\beta}x_1^2(k) + \sigma{}_a^C\nabla_k^{\alpha_2-\beta}x_2^2(k) + \sigma{}_a^C\nabla_k^{\alpha_3-\beta}x_3^2(k) \geqslant 0$, 其中阶次 $\beta \in (0,\min_i\alpha_i)$, 则有

$$
{}_a^C\nabla_k^\beta V(k,x(k)) \leqslant {}_a^C\nabla_k^{\alpha_1}x_1^2(k) + \sigma{}_a^C\nabla_k^{\alpha_2}x_2^2(k) + \sigma{}_a^C\nabla_k^{\alpha_3}x_3^2(k)
$$

$$\leqslant 2x_1(k) {}_a^{\mathrm{C}}\nabla_k^{\alpha_1} x_1(k) + 2\sigma x_2(k) {}_a^{\mathrm{C}}\nabla_k^{\alpha_2} x_2(k)$$

$$+ 2\sigma x_3(k) {}_a^{\mathrm{C}}\nabla_k^{\alpha_3} x_3(k)$$

$$= -\sigma(1+r)[x_1(k) - x_2(k)]^2 - \sigma(1-r)x_1^2(k)$$

$$- \sigma(1-r)x_2^2(k) - 2b\sigma x_3^2(k). \tag{6.62}$$

利用定理 4.4.3, 可得系统 (6.58) 渐近稳定.

对于 Riemann-Liouville 情形, 选择 Lyapunov 函数

$$V(k, x(k)) := {}_a^{\mathrm{G}}\nabla_k^{\alpha_1-1} x_1^2(k) + \sigma {}_a^{\mathrm{G}}\nabla_k^{\alpha_2-1} x_2^2(k) + \sigma {}_a^{\mathrm{G}}\nabla_k^{\alpha_3-1} x_3^2(k),$$

则有

$$\nabla V(k, x(k)) = {}_a^{\mathrm{R}}\nabla_k^{\alpha_1} x_1^2(k) + \sigma {}_a^{\mathrm{R}}\nabla_k^{\alpha_2} x_2^2(k) + \sigma {}_a^{\mathrm{R}}\nabla_k^{\alpha_3} x_3^2(k)$$

$$\leqslant 2x_1(k) {}_a^{\mathrm{R}}\nabla_k^{\alpha_1} x_1(k) + 2\sigma x_2(k) {}_a^{\mathrm{R}}\nabla_k^{\alpha_2} x_2(k)$$

$$+ 2\sigma x_3(k) {}_a^{\mathrm{R}}\nabla_k^{\alpha_3} x_3(k)$$

$$= -\sigma(1+r)[x_1(k) - x_2(k)]^2 - \sigma(1-r)x_1^2(k)$$

$$- \sigma(1-r)x_2^2(k) - b\sigma x_3^2(k). \tag{6.63}$$

利用定理 4.4.5, 可得系统 (6.58) 渐近稳定. 参考定理 4.4.4 可得, Caputo 定义下的系统 (6.58) 在 $x_e = 0$ 处吸引.

在给定参数下, 系统的时域响应仿真结果如图 6.11 和图 6.12 所示. 可以发现, 在不同定义下, 系统在 $x_e = 0$ 处均是渐近稳定的. 为了验证 Caputo 情形下的 Lyapunov 函数 $V(k, x(k))$ 是否满足非负性, 表 6.1 给出了不同 β 对应的 $V(k, x(k))$ 的最小值. 不难发现, 当 $\beta = 0.55$ 时, $\min V(k, x(k)) > 0$, 从而定理 4.4.3 可用.

例 6.4.7　考虑如下 Nabla 离散分数阶系统

$$\begin{cases} {}_a\nabla_k^{\alpha_1} x_1(k) = -2x_1(k) + x_2(k) + 4x_3(k), \\ {}_a\nabla_k^{\alpha_2} x_2(k) = -5x_1(k) - 2x_2(k) - 4x_3(k), \\ {}_a\nabla_k^{\alpha_1} x_3(k) = x_1(k) + 3x_2(k) - 5x_3(k), \end{cases} \tag{6.64}$$

其中, $\alpha_1 = 0.6$, $\alpha_2 = 0.8$, $a = 0$, $x_1(a) = 2$, $x_2(a) = -0.8$, $x_3(a) = 0.5$, $[{}_a^{\mathrm{G}}\nabla_k^{\alpha_1-1} x_1(k)]_{k=a} = 2$, $[{}_a^{\mathrm{G}}\nabla_k^{\alpha_2-1} x_2(k)]_{k=a} = -0.8$, $[{}_a^{\mathrm{G}}\nabla_k^{\alpha_1-1} x_3(k)]_{k=a} = 0.5$, $k \in \mathbb{N}_{a+1}$, 分数阶差分算子是 Caputo 或 Riemann-Liouville 定义下的.

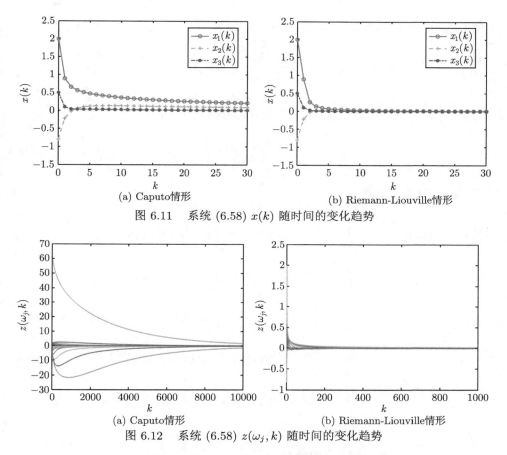

(a) Caputo情形   (b) Riemann-Liouville情形

图 6.11   系统 (6.58) $x(k)$ 随时间的变化趋势

(a) Caputo情形   (b) Riemann-Liouville情形

图 6.12   系统 (6.58) $z(\omega_j, k)$ 随时间的变化趋势

表 6.1   不同 β 对应的 $V(k, x(k))$ 的最小值 (例 6.4.6)

阶次	$\beta = 0.05$	$\beta = 0.1$	$\beta = 0.15$	$\beta = 0.2$	$\beta = 0.25$	$\beta = 0.3$
$\min V(k, x(k))$	-0.0461	-0.0089	-0.0069	-0.0052	-0.0038	-0.0026
阶次	$\beta = 0.35$	$\beta = 0.4$	$\beta = 0.45$	$\beta = 0.5$	$\beta = \mathbf{0.55}$	
$\min V(k, x(k))$	-0.0016	-0.0008	-0.0004	-0.0001	$\mathbf{0.0001}$	

类似地, 系统 (6.64) 的等价状态空间模型可以表示为

$$
\begin{cases}
\nabla z_1(\omega, k) = -\omega z_1(\omega, k) - 2x_1(k) + x_2(k) + 4x_3(k), \\
\nabla z_2(\omega, k) = -\omega z_2(\omega, k) - 5x_1(k) - 2x_2(k) - 4x_3(k), \\
\nabla z_3(\omega, k) = -\omega z_3(\omega, k) + x_1(k) + 3x_2(k) - 5x_3(k), \\
x_i(k) = \displaystyle\int_0^{+\infty} \mu_{\alpha_1}(\omega)\, z_i(\omega, k)\mathrm{d}\omega, \quad i = 1, 3, \\
x_2(k) = \displaystyle\int_0^{+\infty} \mu_{\alpha_2}(\omega)\, z_2(\omega, k)\mathrm{d}\omega,
\end{cases}
\tag{6.65}
$$

选择 Lyapunov 函数为

$$V(k, z(\omega,k)) := \int_0^{+\infty} \frac{\mu_{\alpha_1}(\omega)}{1+\omega} z_1^2(\omega,k)\mathrm{d}\omega$$

$$+ \int_0^{+\infty} \frac{\mu_{\alpha_2}(\omega)}{1+\omega} z_2^2(\omega,k)\mathrm{d}\omega$$

$$+ \int_0^{+\infty} \frac{\mu_{\alpha_1}(\omega)}{1+\omega} [z_1(\omega,k) + z_3(\omega,k)]^2\mathrm{d}\omega, \tag{6.66}$$

则可得其一阶差分满足

$$\nabla V(k, z(\omega,k)) = -\int_0^{+\infty}\left(1+\omega-\frac{1}{1+\omega}\right)\mu_{\alpha_1}(\omega)\, z_1^2(\omega,k)\mathrm{d}\omega$$

$$-\int_0^{+\infty}\left(1+\omega-\frac{1}{1+\omega}\right)\frac{\mu_{\alpha_2}(\omega)}{1+\omega} z_2^2(\omega,k)\mathrm{d}\omega$$

$$-\int_0^{+\infty}\left(1+\omega-\frac{1}{1+\omega}\right)\mu_{\alpha_1}(\omega)\, [z_1(\omega,k)+z_3(\omega,k)]^2\mathrm{d}\omega$$

$$-\int_0^{+\infty}\frac{\mu_{\alpha_1}(\omega)}{1+\omega}[2x_1(k)-x_2(k)-4x_3(k)]^2\mathrm{d}\omega$$

$$-\int_0^{+\infty}\frac{\mu_{\alpha_2}(\omega)}{1+\omega}[5x_1(k)+2x_2(k)+4x_3(k)]^2\mathrm{d}\omega$$

$$-\int_0^{+\infty}\frac{\mu_{\alpha_1}(\omega)}{1+\omega}[x_1(k)-4x_2(k)+x_3(k)]^2\mathrm{d}\omega$$

$$-6x_1^2(k)-4x_2^2(k)-2[x_1(k)-x_3(k)]^2. \tag{6.67}$$

根据命题 6.1.1, 可得系统 (6.64) 对于 Caputo 定义和 Riemann-Liouvolle 定义均渐近稳定. 对无穷维状态空间模型进行有限维逼近后, 利用定理 6.1.1, 可得系统 (6.64) 的逼近模型渐近稳定. 由于 $x_1(k)$ 与 $x_3(k)$ 的差分阶次相同, 因此构造 Lyapunov 函数时, 允许 $z_1(\omega,k)$ 与 $z_3(\omega,k)$ 耦合.

利用直接 Lyapunov 方法也可以处理, 对于 Caputo 情形, 选择 Lyapunov 函数 $V(k,x(k)) := {}_a^C\nabla_k^{\alpha_1-\beta}x_1^2(k) + {}_a^C\nabla_k^{\alpha_2-\beta}x_2^2(k) + {}_a^C\nabla_k^{\alpha_1-\beta}[x_1(k)+x_3(k)]^2 \geqslant 0$, 其中 $\beta \in (0, \min_i \alpha_i)$, 则有

$${}_a^C\nabla_k^{\beta}V(k,x(k)) \leqslant {}_a^C\nabla_k^{\alpha_1}x_1^2(k) + {}_a^C\nabla_k^{\alpha_2}x_2^2(k) + {}_a^C\nabla_k^{\alpha_1}[x_1(k)+x_3(k)]^2$$

$$\leqslant 2x_1(k){}_a^C\nabla_k^{\alpha_1}x_1(k) + 2x_2(k){}_a^C\nabla_k^{\alpha_2}x_2(k)$$

$$+ 2\left[x_1(k) + x_3(k)\right]{}_a^{\mathrm{C}}\nabla_k^{\alpha_1}\left[x_1(k) + x_3(k)\right]$$

$$= -4x_1^2(k) - 4x_2^2(k) - 2[x_1(k) - x_3(k)]^2. \tag{6.68}$$

利用定理 4.4.3, 可得 Caputo 定义下的系统 (6.64) 渐近稳定.

对于 Riemann-Liouville 情形, 选择 Lyapunov 函数 $V(k, x(k)) := {}_a^{\mathrm{G}}\nabla_k^{\alpha_1 - 1}x_1^2(k) + {}_a^{\mathrm{G}}\nabla_k^{\alpha_2 - 1}x_2^2(k) + {}_a^{\mathrm{G}}\nabla_k^{\alpha_1 - 1}[x_1(k) + x_3(k)]^2$, 则有

$$\nabla V(k, x(k)) \leqslant {}_a^{\mathrm{R}}\nabla_k^{\alpha_1}x_1^2(k) + {}_a^{\mathrm{R}}\nabla_k^{\alpha_2}x_2^2(k) + {}_a^{\mathrm{R}}\nabla_k^{\alpha_1}[x_1(k) + x_3(k)]^2$$

$$\leqslant 2x_1(k){}_a^{\mathrm{R}}\nabla_k^{\alpha_1}x_1(k) + 2x_2(k){}_a^{\mathrm{R}}\nabla_k^{\alpha_2}x_2(k)$$

$$+ 2\left[x_1(k) + x_3(k)\right]{}_a^{\mathrm{R}}\nabla_k^{\alpha_1}[x_1(k) + x_3(k)]$$

$$= -4x_1^2(k) - 4x_2^2(k) - 2[x_1(k) - x_3(k)]^2. \tag{6.69}$$

利用定理 4.4.5, 可得 Riemann-Liouville 定义下的系统 (6.64) 渐近稳定.

在所给仿真参数下, 系统时域响应结果如图 6.13 和图 6.14 所示. 可以发现, 不同定义下, 系统在 $x_e = 0$ 处均是渐近稳定的. 类似地, 为了验证 Caputo 情形下的 Lyapunov 函数 $V(k, x(k))$ 是否满足非负性, 选择不同的 β, 计算 $V(k, x(k))$ 的最小值如表 6.2 所示. 可以发现, 对于所有给定的 β, $V(k, x(k)) > 0, \forall k \in \mathbb{N}_{a+1}$ 均无法保证, 从而定理 4.4.3 不可用. 采用间接 Lyapunov 方法却可以得到渐近稳定性结论.

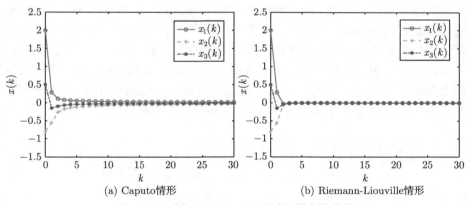

(a) Caputo情形   (b) Riemann-Liouville情形

图 6.13   系统 (6.64) $x(k)$ 随时间的变化趋势

例 6.4.8   考虑如下 Nabla 离散分数阶系统

$$\begin{cases} {}_a\nabla_k^{\alpha_1}x_1(k) = -x_1(k) + x_2^5(k), \\ {}_a\nabla_k^{\alpha_2}x_2(k) = -\dfrac{1}{3}x_1(k) - x_2(k), \end{cases} \tag{6.70}$$

其中, $\alpha_1 = 0.6$, $\alpha_2 = 0.8$, $a = 0$, $x_1(a) = 2$, $x_2(a) = -0.8$, $[{}_a^{\mathrm{G}}\nabla_k^{\alpha_1-1}x_1(k)]_{k=a} = 2$, $[{}_a^{\mathrm{G}}\nabla_k^{\alpha_2-1}x_2(k)]_{k=a} = -0.8$, $k \in \mathbb{N}_{a+1}$.

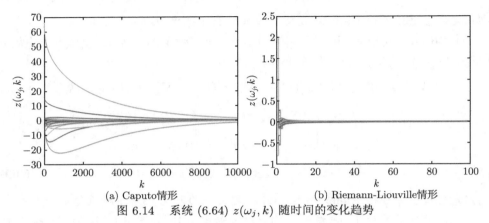

(a) Caputo情形   (b) Riemann-Liouville情形
图 6.14   系统 (6.64) $z(\omega_j, k)$ 随时间的变化趋势

表 6.2   不同 β 对应的 $V(k, x(k))$ 的最小值 (例 6.4.7)

阶次	$\beta = 0.590$	$\beta = 0.591$	$\beta = 0.592$	$\beta = 0.593$	$\beta = 0.594$
$\min V(k, x(k))$	-0.0042	-0.0041	-0.0039	-0.0038	-0.0037
阶次	$\beta = 0.595$	$\beta = 0.596$	$\beta = 0.597$	$\beta = 0.598$	$\beta = 0.599$
$\min V(k, x(k))$	-0.0035	-0.0034	-0.0032	-0.0031	-0.0029

由前述分析可以发现, 能同时适用间接 Lyapunov 方法和直接 Lyapunov 方法时, 所设计 Lyapunov 函数为二次型. 对于系统 (6.70), 使用二次型 Lyapunov 函数, 计算其差分时, 难以抵消非线性项, 而间接 Lyapunov 方法难构造非二次型 Lyapunov 函数, 因此这里将采用直接 Lyapunov 方法, 而数值实现采用逼近的状态空间模型进行. 对于 Caputo 定义, 选择 Lyapunov 函数 $V(k, x(k)) := {}_a^{\mathrm{C}}\nabla_k^{\alpha_1-\beta}x_1^2(k) + {}_a^{\mathrm{C}}\nabla_k^{\alpha_2-\beta}x_2^6(k)$, 其中 $\beta \in (0, \min\limits_i \alpha_i)$, 则有

$$
{}_a^{\mathrm{C}}\nabla_k^{\beta}V(k, x(k)) \leqslant {}_a^{\mathrm{R}}\nabla_k^{\beta}V(k, x(k))
$$

$$
\leqslant 2x_1(k){}_a^{\mathrm{C}}\nabla_k^{\alpha_1}x_1(k) + 6x_2^5(k){}_a^{\mathrm{C}}\nabla_k^{\alpha_2}x_2(k)
$$

$$
= -2x_1^2(k) - 6x_2^6(k). \tag{6.71}
$$

利用定理 4.4.3, 可得 Caputo 定义下的系统 (6.70) 渐近稳定. 如果选择 Lyapunov 函数 $V(k, x(k)) := {}_a^{\mathrm{G}}\nabla_k^{\alpha_1-1}x_1^2(k) + {}_a^{\mathrm{G}}\nabla_k^{\alpha_2-1}x_2^6(k)$, 通过定理 4.4.4 不难验证系统 (6.70) 在 $x_e = 0$ 处吸引.

对于 Riemann-Liouville 定义, 选择 Lyapunov 函数 $V(k, x(k)) := {}_a^{\mathrm{G}}\nabla_k^{\alpha_1-1} \cdot x_1^2(k) + {}_a^{\mathrm{G}}\nabla_k^{\alpha_2-1}x_2^6(k)$, 则有

$$\nabla V(k, x(k)) = {}_a^{\mathrm{R}}\nabla_k^{\alpha_1} x_1^2(k) + {}_a^{\mathrm{R}}\nabla_k^{\alpha_2} x_2^6(k)$$

$$\leqslant 2x_1(k){}_a^{\mathrm{R}}\nabla_k^{\alpha_1} x_1(k) + 6x_2^5(k){}_a^{\mathrm{R}}\nabla_k^{\alpha_2} x_2(k)$$

$$= -2x_1^2(k) - 6x_2^6(k). \tag{6.72}$$

利用定理 4.4.5, 可得 Riemann-Liouville 定义下的系统 (6.70) 渐近稳定.

在给定仿真参数情况下, 系统时域响应结果如图 6.15 和图 6.16 所示. 可以发现, 不同定义下, 系统在 $x_e = 0$ 处均是渐近稳定的. 类似地, 为了验证 Caputo 情形下的 Lyapunov 函数 $V(k, x(k))$ 是否满足非负性, 选择不同的 β, 计算 $V(k, x(k))$ 的最小值如表 6.3 所示. 从表中不难发现, 存在满足条件的 β 使得 $\min V(k, x(k)) > 0$, 从而定理 4.4.3 可用.

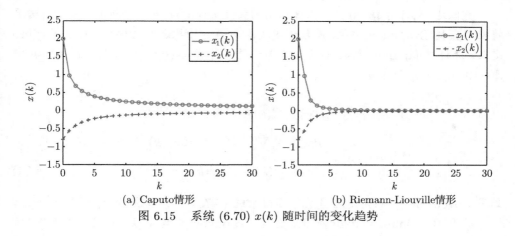

(a) Caputo情形   (b) Riemann-Liouville情形

图 6.15 系统 (6.70) $x(k)$ 随时间的变化趋势

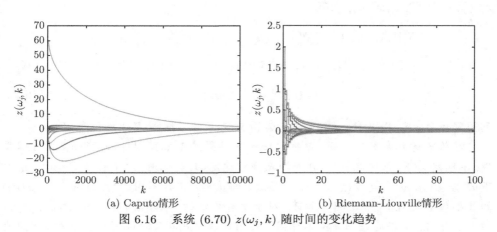

(a) Caputo情形   (b) Riemann-Liouville情形

图 6.16 系统 (6.70) $z(\omega_j, k)$ 随时间的变化趋势

表 6.3　不同 β 对应的 $V(k, x(k))$ 的最小值 (例 6.4.8)

阶次	$\beta = 0.55$	$\beta = 0.555$	$\beta = 0.56$	$\beta = 0.565$	$\beta = 0.57$
$\min V(k, x(k))$	-2.6336×10^{-5}	-0.0120×10^{-3}	0.0035×10^{-3}	0.0202×10^{-3}	0.0382×10^{-3}
阶次	$\beta = 0.575$	$\beta = 0.58$	$\beta = 0.585$	$\beta = 0.59$	$\beta = 0.595$
$\min V(k, x(k))$	0.0574×10^{-3}	0.0781×10^{-3}	0.1003×10^{-3}	0.1240×10^{-3}	0.1493×10^{-3}

例 6.4.9　考虑如下 Nabla 离散分数阶系统

$$\begin{cases} {_a}\nabla_k^{\alpha_1} x_1(k) = -x_1(k) - x_2(k), \\ {_a}\nabla_k^{\alpha_2} x_2(k) = x_1^9(k) - x_2(k), \end{cases} \tag{6.73}$$

其中, $\alpha_1 = 0.6$, $\alpha_2 = 0.8$, $a = 0$, $x_1(a) = 2$, $x_2(a) = -0.8$, $[{_a^{\mathrm{G}}}\nabla_k^{\alpha_1 - 1} x_1(k)]_{k=a} = 2$, $[{_a^{\mathrm{G}}}\nabla_k^{\alpha_2 - 1} x_2(k)]_{k=a} = -0.8$, $k \in \mathbb{N}_{a+1}$.

类似地, 对于系统 (6.73) 也难以用间接 Lyapunov 方法分析其稳定性, 这里将采用直接 Lyapunov 方法, 而数值实现采用逼近的状态空间模型. 对于 Caputo 定义, 选择 Lyapunov 函数 $V(k, x(k)) := {_a^{\mathrm{C}}}\nabla_k^{\alpha_1 - \beta} x_1^{10}(k) + 5{_a^{\mathrm{C}}}\nabla_k^{\alpha_2 - \beta} x_2^2(k)$, 其中 $\beta \in (0, \min_i \alpha_i)$, 则有

$$\begin{aligned} {_a^{\mathrm{C}}}\nabla_k^{\alpha} V(k, x(k)) &\leqslant {_a^{\mathrm{C}}}\nabla_k^{\alpha_1} x_1^{10}(k) + 5{_a^{\mathrm{C}}}\nabla_k^{\alpha_2} x_2^2(k) \\ &\leqslant 10 x_1^9(k) {_a^{\mathrm{C}}}\nabla_k^{\alpha_1} x_1(k) + 10 x_2(k) {_a^{\mathrm{C}}}\nabla_k^{\alpha_2} x_2(k) \\ &= -10 x_1^{10}(k) - 10 x_2^2(k). \end{aligned} \tag{6.74}$$

如果 (4.180) 成立, 利用定理 4.4.3, 可得系统 (6.73) 在 $x_e = 0$ 处渐近稳定.

对于 Riemann-Liouville 定义, 选择 Lyapunov 函数 $V(k, x(k)) := {_a^{\mathrm{G}}}\nabla_k^{\alpha_1 - 1} \cdot x_1^{10}(k) + 5{_a^{\mathrm{G}}}\nabla_k^{\alpha_2 - 1} x_2^2(k)$, 则有

$$\begin{aligned} \nabla V(k, x(k)) &= {_a^{\mathrm{R}}}\nabla_k^{\alpha_1} x_1^{10}(k) + 5{_a^{\mathrm{R}}}\nabla_k^{\alpha_2} x_2^2(k) \\ &\leqslant 10 x_1^9(k) {_a^{\mathrm{R}}}\nabla_k^{\alpha_1} x_1(k) + 10 x_2(k) {_a^{\mathrm{R}}}\nabla_k^{\alpha_2} x_2(k) \\ &= -10 x_1^{10}(k) - 10 x_2^2(k). \end{aligned} \tag{6.75}$$

利用定理 4.4.5, 可得 Riemann-Liouville 定义下的系统 (6.73) 渐近稳定.

在给定仿真参数情况下, 系统时域响应结果如图 6.17 和图 6.18 所示. 可以发现, 不同定义下, 系统在 $x_e = 0$ 处均是渐近稳定的. 类似地, 为了验证 Caputo 情形下的 Lyapunov 函数 $V(k, x(k))$ 是否满足非负性, 选择不同的 β, 计算 $V(k, x(k))$ 的最小值如表 6.4 所示. 可以发现, 对于所有给定的 β, $V(k, x(k)) > 0$, $\forall k \in \mathbb{N}_{a+1}$ 均无法保证, 从而定理 4.4.3 不可用. 采用定理 4.4.4 只能得到吸引性结论, 因此

现有直接 Lyapunov 方法存在一定的保守性, 而间接 Lyapunov 方法仅能构造二次型 Lyapunov 函数, 无法使用系统 (6.73) 的稳定性分析. 因此相关工作可进一步开展, 降低保守性, 提高适用性.

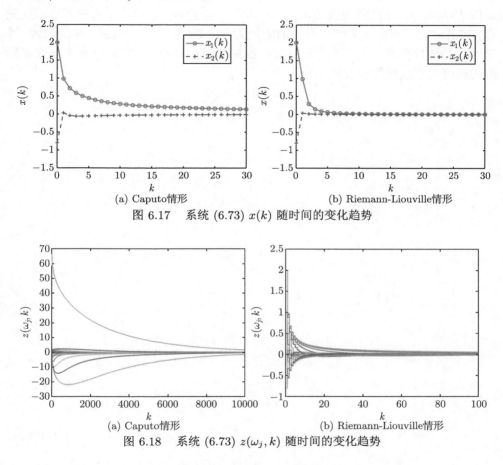

(a) Caputo情形　　　　　　　　(b) Riemann-Liouville情形

图 6.17　系统 (6.73) $x(k)$ 随时间的变化趋势

(a) Caputo 情形　　　　　　　　(b) Riemann-Liouville情形

图 6.18　系统 (6.73) $z(\omega_j, k)$ 随时间的变化趋势

表 6.4　不同 β 对应的 $V(k, x(k))$ 的最小值 (例 6.4.9)

阶次	$\beta = 0.590$	$\beta = 0.591$	$\beta = 0.592$	$\beta = 0.593$	$\beta = 0.594$
$\min V(k, x(k))$	-0.6462×10^{-3}	-0.5963×10^{-3}	-0.5476×10^{-3}	-0.5015×10^{-3}	-0.4560×10^{-3}
阶次	$\beta = 0.595$	$\beta = 0.596$	$\beta = 0.597$	$\beta = 0.598$	$\beta = 0.599$
$\min V(k, x(k))$	-0.4120×10^{-3}	-0.3698×10^{-3}	-0.3282×10^{-3}	-0.2901×10^{-3}	-0.2539×10^{-3}

6.5　小　　结

　　本章首次研究了 Nabla 分数阶系统的间接 Lyapunov 方法, 给出了应用该方法的基本框架, 该框架既适用于同元阶次情形, 又适用于非同元阶次情形; 既涵盖

三种经典定义, 又可通过不同初始条件配置, 用于其他定义. 考虑到 Nabla 分数阶系统的无穷维本质, 也探讨了有限维逼近后系统的稳定性分析问题, 以及其与原系统和对应的整数阶系统稳定性之间的关系. 随后以线性定常系统为例, 讨论了直接 Lyapunov 方法和间接 Lyapunov 方法的保守性, 并对比了两种方法的优缺点. 接着讨论了分数阶系统中存在的能量无穷问题, 指出这一问题产生的原因, 并对一些开放性问题进行了总结, 为进一步完善相关理论, 并推动所提方法在实际中的应用起着关键性的引领作用.

第 7 章 逆 Lyapunov 定理

第 4 章和第 6 章讨论了判定 Nabla 分数阶系统稳定性的 Lyapunov 判据, 提供了充分条件. 本章进一步讨论在系统稳定时, 是否一定存在相应的 Lyapunov 函数呢? 前述讨论是直接针对非线性系统讨论的, 本章也将讨论通过线性化系统判定原非线性系统的稳定性.

7.1 直接法的逆定理

前述 Lyapunov 直接法和 Lyapunov 间接法主要研究了 Lyapunov 函数满足一定条件时, 能判定系统的相应稳定性, 然而系统满足稳定性时, 是否一定存在满足何种条件的 Lyapunov 函数同样是一个值得期待的问题. 6.2 节的讨论发现, 利用二次型 Lyapunov 函数判定线性定常系统稳定性时会存在保守性, 如何构造逆定理值得探讨. 参考专著 [212] 第 237 页的 5.13 节、专著 [160] 第 79 页、专著 [33] 第 162 页的 4.7 节、文献 [181] 和文献 [152], 可构造如下命题.

同样考虑非线性 Nabla 离散分数阶系统

$$
{}_a^C\nabla_k^\alpha x(k) = f(k, x(k)), \tag{7.1}
$$

其中, $\alpha \in (0,1)$, $x(k) \in \mathbb{D}$, $\mathbb{D} \subseteq \mathbb{R}^n$ 是包含平衡点 $x_e = 0$ 的状态空间, $k \in \mathbb{N}_{a+1}$, $a \in \mathbb{R}$, $f : \mathbb{N}_{a+1} \times \mathbb{D} \to \mathbb{R}^n$ 关于第二个参数满足 Lipschitz 连续条件, $x(a)$ 是系统初始条件.

命题 7.1.1 对于系统 (7.1), 如果系统在平衡点 $x_e = 0$ 处一致稳定, 则存在参数 $\beta \in (0,1)$, $\mathcal{K}$ 类函数 γ_1, γ_2 和一个 Lyapunov 函数 $V : \mathbb{N}_a \times \mathbb{D} \to \mathbb{R}$ 满足

$$
\gamma_1\left(\|x(k)\|\right) \leqslant V(k, x(k)) \leqslant \gamma_2\left(\|x(k)\|\right), \tag{7.2}
$$

$$
{}_a^C\nabla_k^\beta V(k, x(k)) \leqslant 0, \tag{7.3}
$$

其中, $x(k) \in \mathbb{D}$, $k \in \mathbb{N}_{a+1}$, $a \in \mathbb{R}$.

命题 7.1.2 对于系统 (7.1), 如果系统在平衡点 $x_e = 0$ 处一致渐近稳定, 则存在参数 $\beta \in (0,1)$, $\mathcal{K}$ 类函数 $\gamma_1, \gamma_2, \gamma_3$ 和一个 Lyapunov 函数 $V : \mathbb{N}_a \times \mathbb{D} \to \mathbb{R}$ 满足

$$
\gamma_1\left(\|x(k)\|\right) \leqslant V(k, x(k)) \leqslant \gamma_2\left(\|x(k)\|\right), \tag{7.4}
$$

$$
{}_{a}^{C}\nabla_k^{\beta}V(k,x(k)) \leqslant -\gamma_3\left(\|x(k)\|\right),\tag{7.5}
$$

其中, $x(k)\in\mathbb{D}$, $k\in\mathbb{N}_{a+1}$, $a\in\mathbb{R}$.

命题 7.1.3　对于系统 (7.1), 如果系统在平衡点 $x_e=0$ 处是 Mittag-Leffler 稳定的, 则存在参数 $\beta\in(0,1)$, $b,c,\alpha_1,\alpha_2,\alpha_3>0$ 和一个 Lyapunov 函数 $V:\mathbb{N}_a\times\mathbb{D}\to\mathbb{R}$ 满足

$$
\alpha_1\|x(k)\|^b \leqslant V(k,x(k)) \leqslant \alpha_2\|x(k)\|^{bc},\tag{7.6}
$$

$$
{}_{a}^{C}\nabla_k^{\beta}V(k,x(k)) \leqslant -\alpha_3\|x(k)\|^{bc},\tag{7.7}
$$

其中, $x(k)\in\mathbb{D}$, $k\in\mathbb{N}_{a+1}$, $a\in\mathbb{R}$.

对于定义 4.1.3 的 Mittag-Leffler 稳定, 要求 $\lambda<0$. 考虑线性系统

$$
{}_{a}^{C}\nabla_k^{\alpha}x(k)=Ax(k),\tag{7.8}
$$

其中, $\alpha\in(0,1)$, $A\in\mathbb{R}^{n\times n}$, $k\in\mathbb{N}_{a+1}$, $a\in\mathbb{R}$. 如果系统矩阵 A 的特征值为复数, 且有实部小于 0, 则系统的状态响应在某些条件下, 能用 Mittag-Leffler 函数描述. 如果能找到满足条件 (4.2) 的 w,σ,υ,b, 则能判定系统为 Mittag-Leffler 稳定. 尤其是对于特征值为正或具有正实部的情形, 如果直接利用伪状态设计二次型的 Lyapunov 函数, 则难以得到式 (7.6). 构造包络线仍是构造 Lyapunov 函数的前提, 所考察的对象可以拓展至非线性系统 (7.1), Mittag-Leffler 稳定可推广至稳定和渐近稳定.

如果前述命题成立, 或稍加条件能够成立, 则可在此基础上构造 Lyapunov 间接方法, 即通过对非线性系统 (7.1) 线性化来判定其稳定性, 相关证明可参考专著 [33] 第 165 页的定理 4.15. 关于直接 Lyapunov 的逆定理, 文献 [181] 对连续情形进行了前期尝试, 本节是在此基础上, 考虑离散情形, 对现有相关工作进行总结, 并给出猜想和思路.

7.2　间接法的逆定理

本节主要讨论线性离散分数阶系统 (7.8) 稳定时, 用间接 Lyapunov 判定, 是否一定存在满足条件的 Lyapunov 函数, 并给出构造方法.

为了便于分析, 给出系统 (7.8) 的等价状态空间模型

$$
\begin{cases}
\nabla z(\omega,k)=-\omega z(\omega,k)+Ax(k),\\
x(k)=\displaystyle\int_0^{+\infty}\mu_\alpha(\omega)z(\omega,k)\mathrm{d}\omega,
\end{cases}\tag{7.9}
$$

其中, $\mu_\alpha(\omega) = \dfrac{\sin(\alpha\pi)}{\omega^\alpha \pi}$.

定义 7.2.1 对于矩阵 (标量) 函数 $p : \mathbb{R} \times \mathbb{R} \to \mathbb{R}^{n \times n}$, $n \in \mathbb{Z}_+$, 如果 $p(x,y) = p^{\mathrm{T}}(y,x)$, 且对于任意非零 $\xi(\omega)$ 有 $\langle \xi(\omega), \xi(\omega) \rangle_p > 0$ 成立, 则称 $p(x,y)$ 为正定核, 记作 $p(x,y) \succ 0$. 基于此, 如果 $-p(x,y) \succ 0$, 则称 $p(x,y)$ 为负定核, 记作 $p(x,y) \prec 0$. 运算 $\langle \cdot, \cdot \rangle_p$ 被定义为

$$\langle l(\omega), r(\omega) \rangle_p := \iint_0^{+\infty} l^{\mathrm{T}}(x) p(x,y) r(y) \mathrm{d}x \mathrm{d}y, \tag{7.10}$$

其中, $l(\cdot)$ 和 $r(\cdot)$ 是向量 (标量) 函数.

如果令 $p(x,y) := \delta(x-y)$, 则 $\langle \xi(\omega), \xi(\omega) \rangle_p = \displaystyle\int_0^{+\infty} \xi^{\mathrm{T}}(x)\xi(x)\mathrm{d}x > 0$ 对任意 $\xi(\cdot) \not\equiv 0$ 成立, 因此 Dirac 函数满足 $\delta(x-y) \succ 0$. 如果 $h(\omega) \succ 0$, $\forall \omega \in \mathbb{R}_+ \bigcup\{0\}$, 那么 $h\left(\dfrac{x+y}{2}\right)\delta(x-y) \succ 0$. 基于此, Lyapunov 函数 (6.26) 可以表示为 $V(k, z(\omega,$

$k)) = \langle z(\omega, k), z(\omega, k) \rangle_p$, 其中 $p(x,y) = \dfrac{\mu_\alpha\left(\dfrac{x+y}{2}\right)}{1 + \dfrac{x+y}{2}} P\delta(x-y)$.

在定义 7.2.1 的基础上, 可以给出如下定理构造 Lyapunov 函数.

定理 7.2.1 对于系统 (7.1) 及其等价描述 (7.9), 设计如下 Lyapunov 函数

$$V(k, z(\omega, k)) = \langle z(\omega, k), z(\omega, k) \rangle_p, \tag{7.11}$$

其中, $p(\cdot, \cdot) \in \mathbb{R}^{n \times n}$ 为正定积分核. 如果 $V(k, z(\omega, k))$ 的一阶差分表示如下

$$\nabla V(k, z(\omega, k)) = \langle z(\omega, k), z(\omega, k) \rangle_q, \tag{7.12}$$

则有如下 Lyapunov 函数方程成立

$$\begin{aligned} q(x,y) = &- (x + y + xy)p(x,y) + \mu_\alpha(x) A^{\mathrm{T}} \varrho(y) \\ &+ \varrho^{\mathrm{T}}(x) A \mu_\alpha(y) - \mu_\alpha(x) A^{\mathrm{T}} P A \mu_\alpha(y), \end{aligned} \tag{7.13}$$

其中, $\varrho(\omega) := \displaystyle\int_0^{+\infty} (1+\omega)p(x,\omega)\mathrm{d}x \in \mathbb{R}^{n \times n}$, $P := \displaystyle\iint_0^{+\infty} p(x,y)\mathrm{d}x\mathrm{d}y \in \mathbb{R}^{n \times n}$.

证明 由等价描述 (7.8) 的状态方程, 可得

$$z(\omega, k-1) = (1+\omega)z(\omega, k) - Ax(k). \tag{7.14}$$

沿系统轨迹可计算 Lyapunov 函数 (7.11) 的一阶差分

$$
\begin{aligned}
&\nabla V(k, z(\omega, k)) \\
&= V(k, z(\omega, k)) - V(k-1, z(\omega, k-1)) \\
&= \langle z(\omega, k), z(\omega, k)\rangle_p - \langle (1+\omega)z(\omega, k), (1+\omega)z(\omega, k)\rangle_p \\
&\quad + \langle (1+\omega)z(\omega, k), Ax(k)\rangle_p + \langle Ax(k), (1+\omega)z(\omega, k)\rangle_p \\
&\quad - \langle Ax(k), Ax(k)\rangle_p \\
&= -\langle \omega z(\omega, k), z(\omega, k)\rangle_p - \langle z(\omega, k), \omega z(\omega, k)\rangle_p \\
&\quad - \langle \omega z(\omega, k), \omega z(\omega, k)\rangle_p + \langle (1+\omega)z(\omega, k), Ax(k)\rangle_p \\
&\quad + \langle Ax(k), (1+\omega)z(\omega, k)\rangle_p - \langle Ax(k), Ax(k)\rangle_p \\
&= \langle z(\omega, k), z(\omega, k)\rangle_{-(x+y+xy)p(x,y)} \\
&\quad + x^{\mathrm{T}}(k)A^{\mathrm{T}}\langle 1, z(\omega, k)\rangle_{(1+y)p(x,y)} \\
&\quad + \langle z(\omega, k), 1\rangle_{(1+x)p(x,y)} Ax(k) - x^{\mathrm{T}}(k)A^{\mathrm{T}}PAx(k). \quad (7.15)
\end{aligned}
$$

考虑到正定核的对称性, 即 $p(x,y) = p^{\mathrm{T}}(y,x)$, 则有

$$
\begin{aligned}
\varrho^{\mathrm{T}}(\omega) &= \int_0^{+\infty} (1+\omega)p^{\mathrm{T}}(x,\omega)\mathrm{d}x \\
&= \int_0^{+\infty} (1+\omega)p(\omega,x)\mathrm{d}x. \quad (7.16)
\end{aligned}
$$

基于此, 可得

$$
\begin{aligned}
&x^{\mathrm{T}}(k)A^{\mathrm{T}}\langle 1, z(\omega, k)\rangle_{(1+y)p(x,y)} + \langle z(\omega, k), 1\rangle_{(1+x)p(x,y)} Ax(k) \\
&= \int_0^{+\infty} \mu_\alpha(x)z^{\mathrm{T}}(x,k)\mathrm{d}x A^{\mathrm{T}} \int_0^{+\infty} \varrho(y)z(y,k)\mathrm{d}y \\
&\quad + \int_0^{+\infty} z^{\mathrm{T}}(x,k)\varrho^{\mathrm{T}}(x)\mathrm{d}x A \int_0^{+\infty} \mu_\alpha(y)z(y,k)\mathrm{d}y \\
&= \iint_0^{+\infty} z^{\mathrm{T}}(x,k)[\mu_\alpha(x)A^{\mathrm{T}}\varrho(y) + \varrho^{\mathrm{T}}(x)A\mu_\alpha(y)]z(y,k)\mathrm{d}x\mathrm{d}y \\
&= \langle z(\omega, k), z(\omega, k)\rangle_{\mu_\alpha(x)A^{\mathrm{T}}\varrho(y)+\varrho^{\mathrm{T}}(x)A\mu_\alpha(y)}. \quad (7.17)
\end{aligned}
$$

对于给定的 P, 可得 $P = P^{\mathrm{T}}$ 和下式

$$
x^{\mathrm{T}}(k)A^{\mathrm{T}}PAx(k)
$$

$$
= \int_0^{+\infty} \mu_\alpha(x)z^{\mathrm{T}}(x,k)\mathrm{d}x A^{\mathrm{T}}PA \int_0^{+\infty} \mu_\alpha(y)z(y,k)\mathrm{d}y
$$

$$
= \iint_0^{+\infty} z^{\mathrm{T}}(x,k)[\mu_\alpha(x)A^{\mathrm{T}}PA\mu_\alpha(y)]z(y,k)\mathrm{d}x\mathrm{d}y
$$

$$
= \langle z(\omega,k), z(\omega,k)\rangle_{\mu_\alpha(x)A^{\mathrm{T}}PA\mu_\alpha(y)}. \tag{7.18}
$$

通过将 (7.17) 和 (7.18) 代入 (7.15), 从而式 (7.13) 中期望的结果可得. 综上所述, 定理得证. □

定理 7.2.1 给出了核函数 $p(x,y)$ 与 $q(x,y)$ 之间的关系, 自此, 将进一步讨论给定 $q(x,y) \prec 0$, 如何得到 $p(x,y) \succ 0$.

定理 7.2.2 *对于任意核函数 $q(x,y) \prec 0$, 如果存在函数 $\phi(x,y,k) \in \mathbb{R}^{n \times n}$ 满足*

(1) $\nabla\phi(x,y,k) = -x\phi(x,y,k) + \mu_\alpha(x)\int_0^{+\infty} \phi(\tau,y,k)\mathrm{d}\tau A$;

(2) $\phi(x,y,+\infty) = 0$;

(3) $\phi(x,y,a) = \delta(x-y)I_n$;

(4) $\int_0^{+\infty} \phi(\tau,y,k)\nu(\tau)\mathrm{d}\tau \equiv 0, \forall k \in \mathbb{N}_{a+1} \Leftrightarrow \nu(\omega) \equiv 0$,

则 Lyapunov 函数方程 (7.10) 有唯一解 $p(x,y) \succ 0$, 且 $p(x,y)$ 满足

$$
p(x,y) = -\sum_{k=a+1}^{+\infty} \langle \phi(x,\omega,k), \phi(y,\omega,k)\rangle_q. \tag{7.19}
$$

证明 本定理的证明可以分三步.

第 1 步 ▶ 证实 (7.16) 中 $p(x,y)$ 的正定性, 为了方便, 引入新的变量

$$
\gamma(\omega,k) := \int_0^{+\infty} \phi(\tau,\omega,k)\nu(\tau)\mathrm{d}\tau. \tag{7.20}
$$

然后可得

$$
\langle \nu(\omega), \nu(\omega)\rangle_p
$$

$$
= \iint_0^{+\infty} \nu^{\mathrm{T}}(x)p(x,y)\nu(y)\mathrm{d}x\mathrm{d}y
$$

$$= -\iint_0^{+\infty} \nu^{\mathrm{T}}(x) \sum_{k=a+1}^{+\infty} \langle \phi(x,\omega,k), \phi(y,\omega,k)\rangle_q \nu(y)\mathrm{d}x\mathrm{d}y$$

$$= -\sum_{k=a+1}^{+\infty} \left\langle \int_0^{+\infty} \phi(x,\omega,k)\nu(x)\mathrm{d}x, \int_0^{+\infty} \phi(y,\omega,k)\nu(y)\mathrm{d}y \right\rangle_q$$

$$= -\sum_{k=a+1}^{+\infty} \langle \gamma(\omega,k), \gamma(\omega,k)\rangle_q. \tag{7.21}$$

由于 $q(x,y) \prec 0$, 所以对于任意 $\nu(\omega)$, 都有 $\langle \nu(\omega), \nu(\omega)\rangle_p \geqslant 0$. 通过使用条件 (4) 可得, $\langle \nu(\omega), \nu(\omega)\rangle_p \equiv 0$ 的充要条件为 $\gamma(\omega,k) = 0$, $\forall k \in \mathbb{N}_{a+1}$, 这等价于 $\nu(\omega) \equiv 0$. 因此, $p(x,y) \succ 0$ 可以得到.

第 2 步 ▶ 进一步确定给定 $q(x,y) \prec 0$ 时, 按式 (7.16) 计算的 $p(x,y) \succ 0$ 满足式 (7.13). 定义函数

$$\varphi(x,y,k) := \langle \phi(x,\omega,k), \phi(y,\omega,k)\rangle_q, \tag{7.22}$$

并使用条件 (1), 可得

$$\nabla\varphi(x,y,k)$$

$$= \varphi(x,y,k) - \varphi(x,y,k-1)$$

$$= \langle \phi(x,\omega,k), \phi(y,\omega,k)\rangle_q - \langle \phi(x,\omega,k-1), \phi(y,\omega,k-1)\rangle_q$$

$$= \langle \phi(x,\omega,k), \phi(y,\omega,k)\rangle_q - \langle (1+x)\phi(x,\omega,k), (1+y)\phi(y,\omega,k)\rangle_q$$

$$\quad + \left\langle (1+x)\phi(x,\omega,k), \mu_\alpha(y) \int_0^{+\infty} \phi(\tau,\omega,k)\mathrm{d}\tau A \right\rangle$$

$$\quad + \left\langle \mu_\alpha(x) \int_0^{+\infty} \phi(\tau,\omega,k)\mathrm{d}\tau A, (1+y)\phi(y,\omega,k) \right\rangle_q$$

$$\quad - \left\langle \mu_\alpha(x) \int_0^{+\infty} \phi(\tau,\omega,k)\mathrm{d}\tau A, \mu_\alpha(y) \int_0^{+\infty} \phi(\tau,\omega,k)\mathrm{d}\tau A \right\rangle_q$$

$$= -(x+y+xy)\varphi(x,y,k) + \mu_\alpha(x)A^{\mathrm{T}} \int_0^{+\infty} (1+y)\varphi(\tau,y,k)\mathrm{d}\tau$$

$$\quad + \mu_\alpha(y) \int_0^{+\infty} (1+x)\varphi(x,\tau,k)\mathrm{d}\tau A$$

$$\quad - \mu_\alpha(x)A^{\mathrm{T}} \iint_0^{+\infty} \varphi(x,y,k)\mathrm{d}x\mathrm{d}y A\mu_\alpha(y). \tag{7.23}$$

通过使用条件 (2) 和 (3), 可得

$$\varphi(x,y,+\infty) = \langle \phi(x,\omega,+\infty), \phi(y,\omega,+\infty) \rangle_q = 0, \tag{7.24}$$

$$\varphi(x,y,a) = \langle \phi(x,\omega,a), \phi(y,\omega,a) \rangle_q$$

$$= \iint_0^{+\infty} \delta^{\mathrm{T}}(x-\zeta)q(\zeta,\xi)\delta(y-\xi)\mathrm{d}\zeta\mathrm{d}\xi$$

$$= q(x,y). \tag{7.25}$$

利用 $p(x,y) = -\sum_{k=a+1}^{+\infty} \varphi(x,y,k)$, 通过对式 (7.23) 两边求和得

$$\sum_{k=a+1}^{+\infty} \nabla\varphi(x,y,k) = \varphi(x,y,+\infty) - \varphi(x,y,a)$$

$$= -q(x,y)$$

$$= (x+y+xy)p(x,y) - \mu_\alpha(x)A^{\mathrm{T}}\varrho(y)$$

$$- \varrho^{\mathrm{T}}(x)A\mu_\alpha(y) + \mu_\alpha(x)A^{\mathrm{T}}PA\mu_\alpha(y), \tag{7.26}$$

基于此, 式 (7.16) 可得.

第 3 步 ▶ 由于 $\phi(x,y,k)$, $k \in \mathbb{N}_{a+1}$ 可以通过条件 (1)~(3) 唯一地被确定, $q(x,y)$ 是给定的, 所以式 (7.16) 给出的 $p(x,y)$ 是唯一的.

综上所述, 定理得证. □

接下来, 将探讨 $\phi(x,y,k)$ 何时会存在.

定理 7.2.3 如果系统 (7.8) 渐近稳定, 则存在函数 $\phi(x,y,k)$ 满足条件 (1)~(4), 且有 $\phi(x,y,k) = \mathscr{N}_a^{-1}\{\Phi(x,y,s)\}$

$$\Phi(x,y,s) = \frac{\delta(x-y)}{s+x}I_n + \frac{\mu_\alpha(x)s^\alpha(s^\alpha I_n - A)^{-1}A}{(s+x)(s+y)}. \tag{7.27}$$

证明 令 $\Phi(x,y,s) := \mathscr{N}_a\{\phi(x,y,k)\}$, 对条件 (1) 中的方程两边取 Nabla Laplace 变换可得

$$s\Phi(x,y,s) - \delta(x-y)I_n = -x\Phi(x,y,s) + \mu_\alpha(x)\int_0^{+\infty}\Phi(\tau,y,s)\mathrm{d}\tau A. \tag{7.28}$$

进而可得如下结果

$$\Phi(x,y,s) = \frac{\delta(x-y)}{s+x}I_n + \frac{\mu_\alpha(x)\displaystyle\int_0^{+\infty}\Phi(\tau,y,s)\mathrm{d}\tau A}{s+x}. \tag{7.29}$$

对式 (7.29) 两边关于变量 x 取积分可得

$$\int_0^{+\infty} \Phi(x,y,s)\mathrm{d}x = \int_0^{+\infty} \frac{\delta(x-y)}{s+x} I_n \mathrm{d}x + \int_0^{+\infty} \frac{\mu_\alpha(x)}{s+x}\mathrm{d}x \int_0^{+\infty} \Phi(\tau,y,s)\mathrm{d}\tau A$$

$$= \frac{I_n}{s+y} + \int_0^{+\infty} \Phi(\tau,y,s)\mathrm{d}\tau \frac{A}{s^\alpha}, \tag{7.30}$$

其中, $\int_0^{+\infty} \dfrac{\mu_\alpha(x)}{1+x}\mathrm{d}x = 1.$

从式 (7.30) 可得 $\int_0^{+\infty} \Phi(x,y,s)\mathrm{d}x = \dfrac{s^\alpha(s^\alpha I_n - A)^{-1}}{s+y}.$ 进一步结合式 (7.29),
可得式 (7.27) 中的结果.

由于系统 (7.8) 渐近稳定且 $x,y \in \mathbb{R}_+ \bigcup \{0\}$, 利用 Nabla Laplace 变换的终值
定理可得

$$\phi(x,y,+\infty) = \lim_{s\to 0} s\Phi(x,y,s) = 0, \tag{7.31}$$

这点与条件 (2) 相吻合.

结合条件 (1), 可得

$$\phi(x,y,a+1) = \frac{1}{1+x}\phi(x,y,a) + \frac{\mu_\alpha(x)}{1+x}\int_0^{+\infty} \phi(\tau,y,a+1)\mathrm{d}\tau A$$

$$= \frac{\delta(x-y)}{1+x}I_n + \frac{\mu_\alpha(x)}{1+x}\int_0^{+\infty} \phi(\tau,y,a+1)\mathrm{d}\tau A. \tag{7.32}$$

由于 $\int_0^{+\infty} \dfrac{\delta(x-y)}{1+x}\mathrm{d}x = \dfrac{1}{1+y}, \int_0^{+\infty} \dfrac{\mu_\alpha(x)}{1+x}\mathrm{d}x = 1$, 因此可以得到如下方程

$$\int_0^{+\infty} \phi(x,y,a+1)\mathrm{d}x = \frac{I_n}{1+y} + \int_0^{+\infty} \phi(\tau,y,a+1)\mathrm{d}\tau A, \tag{7.33}$$

这暗含了 $\int_0^{+\infty} \phi(x,y,a+1)\mathrm{d}x = \dfrac{(I_n - A)^{-1}}{1+y}$ 以及 $\phi(x,y,a+1)$ 的值

$$\phi(x,y,a+1) = \frac{\delta(x-y)}{1+x}I_n + \frac{\mu_\alpha(x)(I_n - A)^{-1}A}{(1+x)(1+y)}. \tag{7.34}$$

根据初值定理, 可以得到

$$\phi(x,y,a+1) = \lim_{s\to 1} \Phi(x,y,s)$$

$$= \frac{\delta(x-y)}{1+x} I_n + \frac{\mu_\alpha(x)(I_n - A)^{-1} A}{(1+x)(1+y)}. \tag{7.35}$$

接下来, 验证条件 (4). 假设等式 $\int_0^{+\infty} \phi(\tau, y, k)\nu(\tau)\mathrm{d}\tau \equiv 0$ 成立, 可得

$$\int_0^{+\infty} \Phi(\tau, y, s)\nu(\tau)\mathrm{d}\tau \equiv 0. \tag{7.36}$$

将式 (7.30) 代入式 (7.36), 可得

$$\frac{\nu(y)}{s+y} + \int_0^{+\infty} \frac{\mu_\alpha(\tau) s^\alpha (s^\alpha I_n - A)^{-1} A}{(s+\tau)(s+y)} \nu(\tau)\mathrm{d}\tau \equiv 0. \tag{7.37}$$

方程两边同乘以 $s+y$ 可得

$$\nu(y) + s^\alpha (s^\alpha I_n - A)^{-1} A \int_0^{+\infty} \frac{\mu_\alpha(\tau)}{s+\tau} \nu(\tau)\mathrm{d}\tau \equiv 0, \tag{7.38}$$

这意味着 $\nu(\omega) \equiv 0$. 综上所述, 定理得证.   □

利用前述被证实的结果, 可以给出期望的逆定理.

定理 7.2.4 如果系统 (7.8) 是渐近稳定的, 那么一定存在一个正定的 Lya-punov 函数 $V(k, z(\omega, k))$, 其一阶差分 $\nabla V(k, z(\omega, k))$ 为负定的.

证明 回顾定理 7.2.3, 如果系统 (7.8) 渐近稳定, 则存在 $\phi(x, y, k)$ 满足定理 7.2.2 的条件 (1)~(4). 由定理 7.2.3 可得, 在此条件下, 对于给定的 $q(x, y) \prec 0$, 一定存在 $p(x, y) \succ 0$. 由定理 7.2.1 可得, 当 Lyapunov 函数 $V(k, z(\omega, k))$ 定义为 (7.8) 时, 可得其一阶差分负定且满足式 (7.9). 综上所述, 定理得证.   □

至此, 本节已经证明了 Nabla 线性定常分数阶系统稳定时, 其 Lyapunov 函数的存在性. 由命题 6.1.1 可知, 对于系统 (7.8), 如果存在一个正定的 Lyapunov 函数, 其一阶差分为负定的, 则可以判定系统的渐近稳定性. 因此, 基于定理 7.2.1 ∼ 定理 7.2.4 构造的 Lyapunov 函数不具有保守性. 此外, 如果将标量形式的 $\mu_\alpha(\omega)$ 替换为 (6.2) 中的对角矩阵形式, 可以发现相关结论可从同元阶次拓展到非同元阶次情形.

注解 7.2.1 对于系统 (7.8), 如果将 Caputo 定义换为 Riemann-Liouville 定义, 由定理 5.3.1 和定理 5.3.2 可知, 其频率分布模型 (7.9) 仅需配置不同状态初始值 $z(\omega, a)$, 而在定理 7.2.1~定理 7.2.4 推导的过程中, 并没有用到伪状态初始值 $x(a)$ 或状态初始值 $z(\omega, a)$ 的分布. 因此, 将 $x(a)$ 替换为 $[_a^{\mathrm{G}}\nabla_k^{\alpha-1} x(k)]_{k=a}$, 本节的 Lyapunov 逆定理同样适用.

注解 7.2.2　这一部分工作受到文献 [68, 220] 中的 Lyapunov 逆定理的启发而开展, 主要贡献包括: 将结果从连续情形拓展到了离散情形, 将单输入输出情形拓展到了多输入输出情形, 将零初始时刻拓展到了非零初始时刻, 将零初始状态拓展到了非零初始状态, 修改了矩阵转置、维数和漏写的矩阵. 但目前这一研究仍刚刚起步, 将系统从线性拓展到非线性, 将阶次从 $\alpha \in (0, 1)$ 拓展到 $\alpha \in (m - 1, m)$, $m \in \mathbb{Z}_+$, 都值得深入研究.

接下来讨论下定理 7.2.4 与经典 Lyapunov 逆定理关于阶次的一致性问题, 针对如下线性定常离散系统

$$\nabla x(k) = Ax(k), \tag{7.39}$$

其中, $A \in \mathbb{R}^{n \times n}$, $k \in \mathbb{N}_{a+1}$, $a \in \mathbb{R}$.

考虑到 $\mu_\alpha(\omega)$ 关于 α 的连续性, 可得当 $\alpha \to 1$ 时, 有 $\mu_\alpha(\omega) \to \delta(\omega)$. 因此, 式 (7.9) 中的频率分布模型可以表示为

$$\begin{cases} \nabla z(\omega, k) = -\omega z(\omega, k) + Ax(k), \\ x(k) = \displaystyle\int_0^{+\infty} \delta(\omega) z(\omega, k) \mathrm{d}\omega. \end{cases} \tag{7.40}$$

由 Dirac 函数特性可知, 所需要考虑的系统状态为 $z(0, k)$, 在 $x \neq 0$ 或 $y \neq 0$ 时, 令 $p(x, y) = 0$, 则 $P = \displaystyle\iint_0^{+\infty} p(x, y) \mathrm{d}x \mathrm{d}y = p(0, 0)$. 令 $Q = \displaystyle\iint_0^{+\infty} q(x, y) \mathrm{d}x \mathrm{d}y$, 利用定理 7.2.1 可得

$$V(k, z(\omega, k)) = \langle z(0, k), z(0, k) \rangle_p = z^\mathrm{T}(0, k) P z(0, k), \tag{7.41}$$

$$\nabla V(k, z(\omega, k)) = \langle z(0, k), z(0, k) \rangle_q = z^\mathrm{T}(0, k) Q z(0, k). \tag{7.42}$$

利用式 (7.13), 可得

$$\begin{aligned} Q &= \iint_0^{+\infty} q(x, y) \mathrm{d}x \mathrm{d}y \\ &= -\iint_0^{+\infty} (x + y + xy) p(x, y) \mathrm{d}x \mathrm{d}y + \iint_0^{+\infty} \mu_\alpha(x) A^\mathrm{T} \varrho(y) \mathrm{d}x \mathrm{d}y \\ &\quad + \iint_0^{+\infty} \varrho(x) A \mu_\alpha(y) \mathrm{d}x \mathrm{d}y - \iint_0^{+\infty} \mu_\alpha(x) A^\mathrm{T} P A \mu_\alpha(y) \mathrm{d}x \mathrm{d}y \\ &= \iint_0^{+\infty} \delta(x) A^\mathrm{T} \varrho(y) \mathrm{d}x \mathrm{d}y + \iint_0^{+\infty} \varrho(x) A \delta(y) \mathrm{d}x \mathrm{d}y \end{aligned}$$

$$-\iint_0^{+\infty} \delta(x) A^{\mathrm{T}} P A \delta(y) \mathrm{d}x\mathrm{d}y$$

$$= A^{\mathrm{T}}P + PA - A^{\mathrm{T}}PA, \tag{7.43}$$

这与已知结果吻合, 即如果系统 (7.39) 渐近稳定, 则必存在 $P \succ 0$ 和 $Q \prec 0$ 满足式 (7.41) 和式 (7.42).

由式 (7.19) 可知

$$P = -\sum_{k=a+1}^{+\infty} (I - A^{\mathrm{T}})^{-k+a} Q (I-A)^{-k+a}. \tag{7.44}$$

将 (7.44) 中 P 代入式 (7.43) 可得

$$A^{\mathrm{T}}P + PA - A^{\mathrm{T}}PA$$

$$= P - (I - A^{\mathrm{T}}) P (I - A)$$

$$= -\sum_{k=1}^{+\infty} (I - A^{\mathrm{T}})^{-k} Q (I-A)^{-k}$$

$$\quad + (I - A^{\mathrm{T}}) \sum_{k=1}^{+\infty} (I - A^{\mathrm{T}})^{-k} Q (I-A)^{-k} (I-A)$$

$$= -\sum_{k=1}^{\infty} (I - A^{\mathrm{T}})^{-k} Q (I-A)^{-k} + \sum_{k=0}^{+\infty} (I - A^{\mathrm{T}})^{-k} Q (I-A)^{-k}$$

$$= Q, \tag{7.45}$$

这意味着 P 确实是 (7.43) 的解.

接下来验证 P 的唯一性, 假设存在另一个解 $\hat{P} \neq P$ 满足 (7.43), 则有

$$\hat{P} - (I - A^{\mathrm{T}}) \hat{P} (I - A) - [P - (I - A^{\mathrm{T}}) P (I - A)]$$

$$= (\hat{P} - P) - (I - A^{\mathrm{T}})(\hat{P} - P)(I - A)$$

$$= 0. \tag{7.46}$$

$(I - A^{\mathrm{T}})^{-k+a}$ 左乘以上式, $(I-A)^{-k+a}$ 右乘以上式, 可得

$$(I - A^{\mathrm{T}})^{-k+a} [(\hat{P} - P) - (I - A^{\mathrm{T}})(\hat{P} - P)(I - A)](I-A)^{-k+a}$$

$$= (I - A^{\mathrm{T}})^{-k+a}(\hat{P} - P)(I-A)^{-k+a} - (I - A^{\mathrm{T}})^{-k+a+1}(\hat{P} - P)(I-A)^{-k+a+1}$$

$$= \nabla (I - A^{\mathrm{T}})^{-k+a}(\hat{P} - P)(I - A)^{-k+a}$$

$$= 0. \tag{7.47}$$

对上式计算一阶和分, 可得

$$_a \nabla_k^{-1} \nabla (I - A^{\mathrm{T}})^{-k+a}(\hat{P} - P)(I - A)^{-k+a}$$

$$= (I - A^{\mathrm{T}})^{-k+a}(\hat{P} - P)(I - A)^{-k+a}\Big|_a^k$$

$$= 0, \tag{7.48}$$

其中, $k \in \mathbb{N}_{a+1}$. 实际上, 由于

$$\lim_{k \to +\infty} (I - A^{\mathrm{T}})^{-k+a} = \lim_{k \to +\infty} (I - A)^{-k+a} = 0. \tag{7.49}$$

所以, $\hat{P} = P$. 至此, 存在唯一性问题已证明完毕. 即传统 Lyapunov 逆定理可以看作定理 7.2.4 在 $\alpha = 1$ 时的特殊情况.

在前述逆定理的基础上可以发展出相应的 Lyapunov 间接方法, 以便于分析非线性系统的稳定性. 考虑下列非线性自治 Nabla 离散分数阶系统

$$_a^C \nabla_k^\alpha x(k) = f(x(k)), \tag{7.50}$$

其中, $\alpha \in (0,1)$, $k \in \mathbb{N}_{a+1}$, $a \in \mathbb{R}$, $f(x(k)) = [f_1(x(k))\ f_2(x(k))\ \cdots\ f_n(x(k))]^{\mathrm{T}}$, $f(\cdot)$ 满足 Lipschitz 连续条件, $x_e = 0$ 是其一个平衡点.

定理 7.2.5 对于系统 (7.50), 假设 $f : \mathbb{D} \to \mathbb{R}^n$ 关于自变量 $x(k)$ 是连续可微的, $\mathbb{D}$ 是原点的一个邻域, 定义 $A = \dfrac{\partial f}{\partial x}(0)$, 如果 A 的所有特征值都满足 $\lambda = s^\alpha$, $|s - 1| > 1$, 那么系统 (7.50) 在原点处渐近稳定.

证明 利用微分中值定理, 可以得到函数 $f_i(x(k))$ 在 $x(k) = x_e$ 处的一阶 Taylor 展开式

$$f_i(x(k)) = f_i(0) + \frac{\partial f_i}{\partial x}(z_i)x(k)$$

$$= \frac{\partial f_i}{\partial x}(z_i)x(k)$$

$$= \frac{\partial f_i}{\partial x}(0)x(k) + \left[\frac{\partial f_i}{\partial x}(z_i) - \frac{\partial f_i}{\partial x}(0)\right]x(k), \tag{7.51}$$

其中, $x(k) \in \mathbb{D} \subset \mathbb{R}^n$, z_i 是介于原点与 $x(k)$ 之间的点.

利用 (7.51), $f(\cdot)$ 可以被重写为

$$f(x(k)) = Ax(k) + g(x(k)), \tag{7.52}$$

其中, $x(k) \in \mathbb{D}$, A 是 Jacobian 矩阵, $g_i(x(k)) = \left[\dfrac{\partial f_i}{\partial x}(z_i) - \dfrac{\partial f_i}{\partial x}(0)\right] x(k)$. 至此,

可以得到 $|g_i(x(k))| < \left\|\dfrac{\partial f_i}{\partial x}(z_i) - \dfrac{\partial f_i}{\partial x}(0)\right\| \|x(k)\|$.

基于 $[\partial f / \partial x]$ 的连续性可得

$$\lim_{\|x\| \to 0} \frac{\|g(x(k))\|}{\|x\|} = 0. \tag{7.53}$$

对于任意 $\lambda > 0$, 必然存在 $\epsilon > 0$ 满足

$$\|g(x(k))\| \leqslant \lambda \|x\|, \quad \forall \|x\| < \epsilon. \tag{7.54}$$

等价的频率分布模型可以表示为

$$\begin{cases} \nabla z(\omega, k) = -\omega z(\omega, k) + Ax(k) + g(x), \\[2mm] x(k) = \displaystyle\int_0^{+\infty} \mu_\alpha(\omega) z(\omega, k) \mathrm{d}\omega. \end{cases} \tag{7.55}$$

回顾定理 7.2.4 可得, 当系统 $\nabla^\alpha x(k) = Ax(k)$ 渐近稳定时, 则存在 Lyapunov 函数 $V(k, z(\omega, k)) = \langle z(\omega, k), z(\omega, k) \rangle_p$ 满足 $\nabla V(k, z(\omega, k)) = \langle z(\omega, k), z(\omega, k) \rangle_q$, 其中, $p(x, y) \succ 0$, $q(x, y) \prec 0$.

对非线性系统 (7.50), 考虑相同的 Lyapunov 函数 $V(k, z(\omega, k))$, 则有

$$\begin{aligned} \nabla V(k) &= \langle z(\omega, k), z(\omega, k) \rangle_p - \langle z(\omega, k-1), z(\omega, k-1) \rangle_p \\ &= \langle z(\omega, k), z(\omega, k) \rangle_q + \langle g(x), (1+\omega) z(\omega, k) \rangle_p \\ &\quad + \langle (1+\omega) z(\omega, k), g(x) \rangle_p - \langle g(x), Ax(k) \rangle_p \\ &\quad - \langle Ax(k), g(x) \rangle_p - \langle g(x), g(x) \rangle_p. \end{aligned} \tag{7.56}$$

对于任意 $\varepsilon_1 > 0$ 和 $\varepsilon_2 > 0$, 有

$$\langle g(x), (1+\omega) z(\omega, k) \rangle_p + \langle (1+\omega) z(\omega, k), g(x) \rangle_p$$
$$= g^{\mathrm{T}}(x) \langle 1, (1+\omega) z(\omega, k) \rangle_p + \langle (1+\omega) z(\omega, k), 1 \rangle_p g(x)$$

$$
\leqslant \frac{1}{\varepsilon_1} g^{\mathrm{T}}(x) g(x) + \varepsilon_1 \langle (1+\omega) z(\omega, k), 1 \rangle_p \langle 1, (1+\omega) z(\omega, k) \rangle_p
$$

$$
= \frac{\lambda^2}{\varepsilon_1} x^{\mathrm{T}}(k) x(k) + \varepsilon_1 \int_0^{+\infty} z^{\mathrm{T}}(x, k) \varrho(x) \mathrm{d}x \int_0^{+\infty} z(y, k) \varrho(y) \mathrm{d}y
$$

$$
= \frac{\lambda^2}{\varepsilon_1} \langle z(\omega, k), z(\omega, k) \rangle_{\mu_\alpha(x) \mu_\alpha(y) I_n} + \varepsilon_1 \langle z(\omega, k), z(\omega, k) \rangle_{\varrho(x) \varrho(y) I_n}, \tag{7.57}
$$

$$
\quad - \langle g(x), Ax(k) \rangle_p - \langle Ax(k), g(x) \rangle_p - \langle g(x), g(x) \rangle_p
$$

$$
= -g^{\mathrm{T}}(x) PAx(k) - x^{\mathrm{T}}(k) A^{\mathrm{T}} Pg(x) - g^{\mathrm{T}}(x) Pg(x)
$$

$$
\leqslant \frac{1}{\varepsilon_2} g^{\mathrm{T}}(x) Pg(x) + \varepsilon_2 x^{\mathrm{T}}(k) A^{\mathrm{T}} PAx(k)
$$

$$
\leqslant \frac{\lambda^2}{\varepsilon_2} x^{\mathrm{T}}(k) Px(k) + \varepsilon_2 x^{\mathrm{T}}(k) A^{\mathrm{T}} PAx(k)
$$

$$
= \frac{\lambda^2}{\varepsilon_2} \langle z(\omega, k), z(\omega, k) \rangle_{\mu_\alpha(x) P \mu_\alpha(y)} + \varepsilon_2 \langle z(\omega, k), z(\omega, k) \rangle_{\mu_\alpha(x) A^{\mathrm{T}} PA \mu_\alpha(y)}. \tag{7.58}
$$

将式 (7.57) 和式 (7.58) 代入式 (7.56) 可得

$$
\nabla V(k) \leqslant \langle z(\omega, k), z(\omega, k) \rangle_{\bar{q}}, \tag{7.59}
$$

其中, $\bar{q}(x, y) = q(x, y) + \dfrac{\lambda^2}{\varepsilon_1} \mu_\alpha(x) \mu_\alpha(y) I_n + \varepsilon_1 \varrho(x) \varrho(y) I_n + \dfrac{\lambda^2}{\varepsilon_2} \mu_\alpha(x) P \mu_\alpha(y) + \varepsilon_2 \mu_\alpha(x) A^{\mathrm{T}} PA \mu_\alpha(y)$.

选择合适的 $\varepsilon_1, \varepsilon_2 \to 0$ 和 $\lambda \to 0$, 可确保 $\bar{q}(x, y) \prec 0$. 由定理 7.2.1, 可得系统 (7.50) 渐近稳定. 定理得证. □

类似文献 [33] 的定理 4.7, 不难得到如下推论.

推论 7.2.1　对于系统 (7.50), 假设 $f : \mathbb{D} \to \mathbb{R}^n$ 关于自变量 $x(k)$ 是连续可微的, $\mathbb{D}$ 是原点的一个邻域, 定义 $A = \dfrac{\partial f}{\partial x}(0)$, 如果 A 有特征值满足 $\lambda = s^\alpha$, $|s - 1| < 1$, 那么系统 (7.50) 在原点处不稳定.

注解 7.2.3　定理 7.2.5 基于频率分布模型发展了 Lyapunov 间接方法, 通过计算 Jacobian 矩阵 A 的特征值 $\lambda_i = s_i^\alpha$, $i = 1, 2, \cdots, n$ 来分析非线性自治 Nabla 离散分数阶系统在平衡点邻域内的稳定性. 如果对于所有的 i, 都有 $|s_i - 1| > 1$, 则非线性系统在原点处渐近稳定; 如果对于某些 i, 满足 $|s_i - 1| < 1$, 则非线性系统在原点处不稳定; 如果对于某些 i, 满足 $|s_i - 1| = 1$, 则所建立方法, 难以判定非线性系统在原点处的稳定性. 因此, Lyapunov 间接方法提供的依然是一个充分而不必要的判据.

为了便于理解, 对本章所涉及的 Lyapunov 方法进行梳理如表 7.1 所示.

表 7.1 适用于分数阶系统的主要 Lyapunov 方法

分类	特征
Lyapunov 直接方法	直接分析非线性系统的稳定性, 又称 Lyapunov 第二方法
Lyapunov 间接方法	先对非线性系统线性化, 通过分析线性化系统的稳定性说明原系统的稳定性, 又称 Lyapunov 第一方法
直接 Lyapunov 方法	直接利用给定的伪状态构造 Lyapunov 函数, 计算 Lyapunov 函数的分数阶微分/差分, 判定系统的稳定性
间接 Lyapunov 方法	先列出系统的真实状态空间模型, 利用真实状态构造 Lyapunov 函数, 计算 Lyapunov 函数的一阶微分/差分, 判定系统的稳定性

7.3 Gronwall 不等式方法

受到文献 [221-223] 相关工作的启发, 借助于离散 Gronwall-Bellman 引理、离散 Mittag-Leffler 函数的渐近函数, 可以构造如下命题, 感兴趣的读者可完成相应的证明. 与连续情形不同的是, 这里的阶次不再局限于 $(0,2)$ 之内.

命题 7.3.1 考虑如下 Nabla 非线性分数阶系统

$$
{}_a^C\nabla_k^\alpha x(k) = Ax(k) + g(x(k)), \tag{7.60}
$$

其中, $\alpha \in (m-1, m)$, $m \in \mathbb{Z}_+$, $k \in \mathbb{N}_{a+1}$, $a \in \mathbb{R}$, $g(\cdot)$ 满足 Lipschitz 连续条件, $x_e = 0$ 是其一个平衡点. 如果如下两个条件成立:

(1) A 的所有特征值满足 $\lambda \in \mathcal{S}_\alpha$;

(2) $\lim\limits_{\|x\|\to 0} \dfrac{\|g(x(k))\|}{\|x\|} = 0$,

则系统在平衡点 $x_e = 0$ 处是渐近稳定的.

7.4 数值算例

例 7.4.1 考虑如下 Nabla 离散分数阶系统

$$
\begin{cases}
{}_a^C\nabla_k^\alpha x_1(k) = x_1(k) + 2x_2(k) + x_3(k) + x_2(k)x_3(k), \\
{}_a^C\nabla_k^\alpha x_2(k) = -2x_1(k) + x_2(k) - x_3(k) + x_2^2(k), \\
{}_a^C\nabla_k^\alpha x_3(k) = -x_3(k) + x_1(k)x_2(k),
\end{cases} \tag{7.61}
$$

其中, $\alpha > 0$, $k \in \mathbb{N}_{a+1}$, $x_1(a) = 2$, $x_2(a) = -0.8$, $x_3(a) = 0.5$, $a = 0$.

引入变量

$$A = \begin{bmatrix} 1 & 2 & 1 \\ -2 & 1 & -1 \\ 0 & 0 & -1 \end{bmatrix}, \quad g(x(k)) = \begin{bmatrix} x_2(k)x_3(k) \\ x_2^2(k) \\ x_1(k)x_2(k) \end{bmatrix}, \tag{7.62}$$

则系统 (7.61) 可以表示为 $^C_a\nabla^\alpha_k x(k) = Ax(k) + g(x(k))$.

　　矩阵 A 的三个特征值分别为 $\lambda_1 = 1 + \mathrm{j}2$, $\lambda_2 = 1 - \mathrm{j}2$, $\lambda_3 = -1$. 不难发现, 对于任意 $\alpha \in (0, 1)$, $\lambda_i \in \mathcal{S}_\alpha$, $i = 1, 2, 3$. 由给定的 $g(\cdot)$, 可以计算得

$$
\begin{aligned}
\lim_{\|x\|\to 0} \frac{\|g(x(k))\|}{\|x\|} &= \lim_{\|x\|\to 0} \frac{\sqrt{[x_2(k)x_3(k)]^2 + x_2^4(k) + [x_1(k)x_2(k)]^2}}{\sqrt{x_1^2(k) + x_2^2(k) + x_3^2(k)}} \\
&\leqslant \lim_{\|x\|\to 0} \frac{\sqrt{x_2^2(k)[x_1^2(k) + x_2^2(k) + x_3^2(k)]}}{\sqrt{x_2^2(k)}} \\
&= \lim_{\|x\|\to 0} \sqrt{x_1^2(k) + x_2^2(k) + x_3^2(k)} = 0.
\end{aligned}
\tag{7.63}
$$

由命题 7.3.1 可得, 系统 (7.61) 在 $x_e = 0$ 处渐近稳定.

　　选择不同的阶次 α, 可得系统状态响应曲线如图 7.1 所示. 由结果可知, 对于所给几种情形, 系统在 $x_e = 0$ 处均渐近稳定. 当 $\alpha \in (0, 1)$ 时, α 值越大, 收敛速度越快.

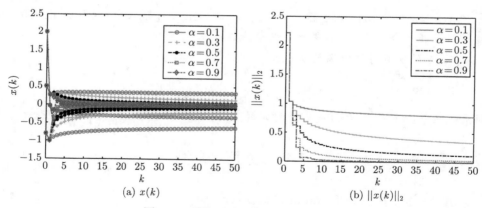

(a) $x(k)$　　　　　　　　　　　　　(b) $\|x(k)\|_2$

图 7.1　系统 (7.61) 的时域响应结果

例 7.4.2　考虑如下 Nabla 离散分数阶系统

$$
\begin{cases}
^C_a\nabla^\alpha_k x_1(k) = -20x_1(k) + 10x_2(k), \\
^C_a\nabla^\alpha_k x_2(k) = 28x_1(k) - x_1(k)x_3(k) - 18x_2(k), \\
^C_a\nabla^\alpha_k x_3(k) = x_1(k)x_2(k) - 13x_3(k),
\end{cases}
\tag{7.64}
$$

其中, $\alpha > 0$, $k \in \mathbb{N}_{a+1}$, $x_1(a) = 2$, $x_2(a) = -0.8$, $x_3(a) = 0.5$, $a = 0$.

类似地, 引入变量

$$
A = \begin{bmatrix} -20 & 10 & 0 \\ 28 & -18 & 0 \\ 0 & 0 & -13 \end{bmatrix}, \quad g(x(k)) = \begin{bmatrix} 0 \\ -x_1(k)x_3(k) \\ x_1(k)x_2(k) \end{bmatrix}, \tag{7.65}
$$

则系统 (7.64) 可以表示为 ${}_a^C\nabla_k^\alpha x(k) = Ax(k) + g(x(k))$.

矩阵 A 的三个特征值分别为 $\lambda_1 = -35.7631$, $\lambda_2 = -2.2369$, $\lambda_3 = -13$. 不难发现, 对于任意 $\alpha \in (0,1)$, $\lambda_i \in \mathcal{S}_\alpha$, $i = 1, 2, 3$. 由给定的 $g(\cdot)$, 可以计算得

$$
\begin{aligned}
\lim_{\|x\|\to 0} \frac{\|g(x(k))\|}{\|x\|} &= \lim_{\|x\|\to 0} \frac{\sqrt{[-x_1(k)x_3(k)]^2 + [x_1(k)x_2(k)]^2}}{\sqrt{x_1^2(k) + x_2^2(k) + x_3^2(k)}} \\
&\leqslant \lim_{\|x\|\to 0} \frac{\sqrt{x_1^2(k)[x_2^2(k) + x_3^2(k)]}}{\sqrt{x_1^2(k)}} \\
&= \lim_{\|x\|\to 0} \sqrt{x_2^2(k) + x_3^2(k)} = 0.
\end{aligned} \tag{7.66}
$$

由命题 7.3.1 可得, 系统 (7.64) 在 $x_e = 0$ 处渐近稳定.

选择不同的阶次 α, 可得系统状态响应曲线如图 7.2 和图 7.3 所示. 由结果可知, 对于所给几种情形, 系统在 $x_e = 0$ 处均渐近稳定. 当 $\alpha \in (0,1)$ 时, α 值越大, 收敛速度越快.

例 7.4.3 考虑如下 Nabla 离散分数阶系统

$$
\begin{cases}
{}_a^C\nabla_k^\alpha x_1(k) = -x_1(k) - x_2(k) + x_2(k)x_3(k), \\
{}_a^C\nabla_k^\alpha x_2(k) = x_1(k) - x_2(k) + x_3(k), \\
{}_a^C\nabla_k^\alpha x_3(k) = x_1(k) - x_3(k) - x_1(k)x_2(k),
\end{cases} \tag{7.67}
$$

其中, $\alpha > 0$, $k \in \mathbb{N}_{a+1}$, $x_1(a) = 2$, $x_2(a) = -0.8$, $x_3(a) = 0.5$, $a = 0$.

类似地, 引入变量

$$
A = \begin{bmatrix} -1 & -1 & 0 \\ 1 & -1 & 1 \\ 1 & 0 & -1 \end{bmatrix}, \quad g(x(k)) = \begin{bmatrix} x_2(k)x_3(k) \\ 0 \\ -x_1(k)x_2(k) \end{bmatrix}, \tag{7.68}
$$

则系统 (7.67) 可以表示为 ${}_a^C\nabla_k^\alpha x(k) = Ax(k) + g(x(k))$.

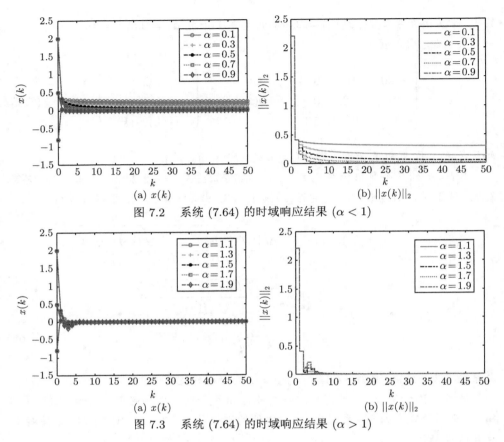

图 7.2　系统 (7.64) 的时域响应结果 ($\alpha < 1$)

图 7.3　系统 (7.64) 的时域响应结果 ($\alpha > 1$)

矩阵 A 的三个特征值分别为 $\lambda_1 = -0.6588 + \mathrm{j}1.1615$, $\lambda_2 = -0.6588 - \mathrm{j}1.1615$, $\lambda_3 = -1.6823$. 不难发现, 对于任意 $\alpha \in (0, 1)$, $\lambda_i \in \mathcal{S}_\alpha$, $i = 1, 2, 3$. 由给定的 $g(\cdot)$, 可以计算得

$$
\begin{aligned}
\lim_{\|x\| \to 0} \frac{\|g(x(k))\|}{\|x\|} &= \lim_{\|x\| \to 0} \frac{\sqrt{[x_2(k) x_3(k)]^2 + [-x_1(k) x_2(k)]^2}}{\sqrt{x_1^2(k) + x_2^2(k) + x_3^2(k)}} \\
&\leqslant \lim_{\|x\| \to 0} \frac{\sqrt{x_2^2(k)[x_1^2(k) + x_3^2(k)]}}{\sqrt{x_2^2(k)}} \\
&= \lim_{\|x\| \to 0} \sqrt{x_1^2(k) + x_3^2(k)} = 0.
\end{aligned} \tag{7.69}
$$

由命题 7.3.1 可得, 系统 (7.67) 在 $x_e = 0$ 处渐近稳定.

选择不同阶次, 可得系统状态响应曲线如图 7.4 和图 7.5 所示. 由结果可知, 对于所给几种情形, 系统在 $x_e = 0$ 处均渐近稳定. 当 $\alpha \in (0, 1)$ 时, α 值越大, 收敛速度越快.

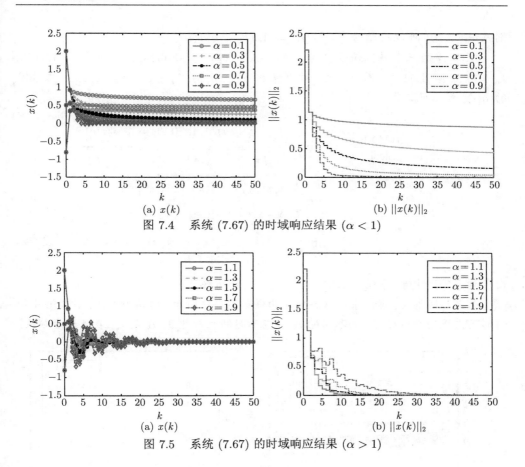

(a) $x(k)$ (b) $\|x(k)\|_2$

图 7.4 系统 (7.67) 的时域响应结果 ($\alpha < 1$)

(a) $x(k)$ (b) $\|x(k)\|_2$

图 7.5 系统 (7.67) 的时域响应结果 ($\alpha > 1$)

例 7.4.4 考虑如下 Nabla 离散分数阶系统

$$
\begin{cases}
{}_a^{\mathrm{C}}\nabla_k^\alpha x_1(k) = -10x_1(k) + 10x_2(k), \\
{}_a^{\mathrm{C}}\nabla_k^\alpha x_2(k) = 40x_1(k) + x_1(k)x_3(k) + x_4(k), \\
{}_a^{\mathrm{C}}\nabla_k^\alpha x_3(k) = -2x_1^2(k) - 2x_2^2(k) - 2.5x_3(k) - x_4(k), \\
{}_a^{\mathrm{C}}\nabla_k^\alpha x_4(k) = -10x_1(k),
\end{cases}
\tag{7.70}
$$

其中, $\alpha > 0$, $k \in \mathbb{N}_{a+1}$, $x_1(a) = 2$, $x_2(a) = -0.8$, $x_3(a) = 0.5$, $x_4(a) = 1$, $a = 0$.

类似地, 引入变量

$$
A = \begin{bmatrix}
-10 & 10 & 0 & 0 \\
40 & 0 & 0 & 1 \\
0 & -40 & -2.5 & -1 \\
-10 & 0 & 0 & 0
\end{bmatrix}, \quad
g(x(k)) = \begin{bmatrix}
0 \\
x_1(k)x_3(k) \\
-2[x_1^2(k) + x_2^2(k)] \\
0
\end{bmatrix}, \tag{7.71}
$$

则系统 (7.70) 可以表示为 $^C_a\nabla^\alpha_k x(k) = Ax(k) + g(x(k))$.

矩阵 A 的三个特征值分别为 $\lambda_1 = -2.5$, $\lambda_2 = -50.0399$, $\lambda_3 = 0.02 + \text{j}1.4135$, $\lambda_4 = 0.02 - \text{j}1.4135$. 不难发现, 对于任意 $\alpha \in (0,1)$, $\lambda_i \in \mathcal{S}_\alpha$, $i = 1, 2, 3$. 由给定的 $g(\cdot)$, 可以计算得

$$
\begin{aligned}
\lim_{\|x\| \to 0} \frac{\|g(x(k))\|}{\|x\|} &= \lim_{\|x\| \to 0} \frac{\sqrt{[x_1(k)x_3(k)]^2 + 4[x_1^2(k) + x_2^2(k)]^2}}{\sqrt{x_1^2(k) + x_2^2(k) + x_3^2(k) + x_4^2(k)}} \\
&\leqslant \lim_{\|x\| \to 0} \frac{\sqrt{[x_1^2(k) + x_2^2(k) + x_3^2(k)]^2}}{\sqrt{x_1^2(k) + x_2^2(k) + x_3^2(k)}} \\
&= \lim_{\|x\| \to 0} \sqrt{x_1^2(k) + x_2^2(k) + x_3^2(k)} = 0. \quad (7.72)
\end{aligned}
$$

由命题 7.3.1 可得, 系统 (7.70) 在 $x_e = 0$ 处渐近稳定.

选择不同阶次, 可得系统状态响应曲线如图 7.6 所示. 由结果可知, 在所给几种情形下系统均渐近稳定, 且不同的 α 对应不同的收敛速度, α 越大, 收敛速度越快.

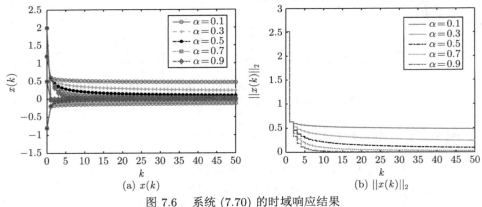

图 7.6   系统 (7.70) 的时域响应结果

例 7.4.5   考虑如下 Nabla 离散分数阶系统

$$
\begin{cases}
^C_a\nabla^\alpha_k x_1(k) = x_2(k), \\
^C_a\nabla^\alpha_k x_2(k) = -d\sin(x_1(k)) - bx_2(k),
\end{cases} \quad (7.73)
$$

其中, $\alpha > 0$, $k \in \mathbb{N}_{a+1}$, $x_1(a) = 2$, $x_2(a) = -0.8$, $a = 0$.

该系统有两类平衡点, 即 $(x_1 = 2\kappa\pi, x_2 = 0)$ 和 $(x_1 = 2\kappa\pi + \pi, x_2 = 0)$, $\kappa \in \mathbb{Z}$. 当考虑点 $(2\kappa\pi, 0)$ 处的稳定性时, Jacobian 矩阵可以被计算为 $A = \dfrac{\partial f}{\partial x}(2\kappa\pi, 0) =$

$\begin{bmatrix} 0 & 1 \\ -d & -b \end{bmatrix}$, 其特征值为 $\lambda_{1,2} = -\dfrac{1}{2}b \pm \dfrac{1}{2}\sqrt{b^2 - 4d}$. 对于任意 $\alpha \in (0,1)$, $b,d > 0$, 都有 $\lambda_i \in \mathcal{S}_\alpha$, $i = 1,2,3$. 因此, 系统 (7.73) 在点 $(2\kappa\pi, 0)$ 处渐近稳定.

当考虑点 $(2\kappa\pi + \pi, 0)$ 处的稳定性时, Jacobian 矩阵可以被计算为 $A = \dfrac{\partial f}{\partial x}(2\kappa\pi + \pi, 0) = \begin{bmatrix} 0 & 1 \\ d & -b \end{bmatrix}$, 其特征值为 $\lambda_{1,2} = -\dfrac{1}{2}b \pm \dfrac{1}{2}\sqrt{b^2 + 4d}$. 当 $b,d > 0$, 存在 $\lambda_i \in \mathcal{U}_\alpha$, $i = 1,2,3$. 例如, $b = 2$, $d = 1$ 时, 有 $\lambda_1 = -1 + \sqrt{2} < 1$. 此时, 平衡点 $(2\kappa\pi + \pi, x_2)$ 对于任意 $\alpha \in (0,1)$ 都不稳定.

选择参数 $b = 2$, $d = 1$ 和不同阶次, 可得系统状态响应曲线如图 7.7 和图 7.8 所示, 仿真结果清晰地验证了 $(0,0)$ 处的稳定性.

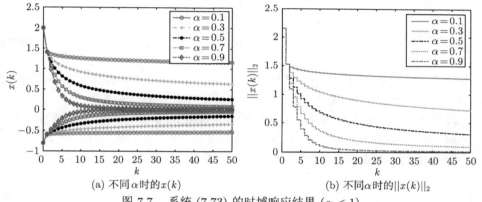

(a) 不同 α 时的 $x(k)$ (b) 不同 α 时的 $\|x(k)\|_2$

图 7.7   系统 (7.73) 的时域响应结果 $(\alpha < 1)$

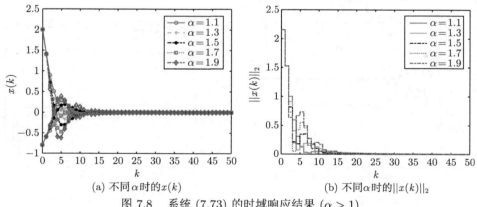

(a) 不同 α 时的 $x(k)$ (b) 不同 α 时的 $\|x(k)\|_2$

图 7.8   系统 (7.73) 的时域响应结果 $(\alpha > 1)$

例 7.4.6　考虑如下 Nabla 离散分数阶系统

$$\begin{cases} {}^{C}_{a}\nabla^{\alpha}_{k}x_1(k) = bx_1(k) - x_2^2(k), \\ {}^{C}_{a}\nabla^{\alpha}_{k}x_2(k) = -2x_2(k), \end{cases} \tag{7.74}$$

其中, $\alpha > 0$, $k \in \mathbb{N}_{a+1}$, $x_1(a) = 2$, $x_2(a) = -0.8$, $a = 0$. 通过线性化可得, Jacobian 矩阵为 $A = \begin{bmatrix} b & 0 \\ 0 & -2 \end{bmatrix}$, $g(x(k)) = \begin{bmatrix} x_2^2(k) \\ 0 \end{bmatrix}$.

通过计算, 不难得到

$$\begin{aligned} \lim_{\|x\| \to 0} \frac{\|g(x(k))\|}{\|x\|} &= \lim_{\|x\| \to 0} \frac{\sqrt{x_2^4(k)}}{\sqrt{x_1^2(k) + x_2^2(k)}} \\ &\leqslant \lim_{\|x\| \to 0} \frac{\sqrt{x_2^4(k)}}{\sqrt{x_2^2(k)}} \\ &= \lim_{\|x\| \to 0} |x_2(k)| = 0. \end{aligned} \tag{7.75}$$

由命题 7.3.1 可得, 可得 $x_2(k)$ 始终收敛, 但是 $x_1(k)$ 的收敛性依赖于 b. 具体来说, 当 $b > 2^\alpha$ 时, $x_1(k)$ 是收敛的; 当 $0 < b < 2^\alpha$ 时, $x_1(k)$ 是发散的.

选择 $b = 1.5$ 和不同阶次, 可得系统响应曲线如图 7.9 和图 7.10 所示. 由结果可知, 当 $\alpha = 0.1, 0.3, 0.5$ 时, $x_1(k)$ 收敛; 当 $\alpha = 0.7, 0.9$ 时, $x_1(k)$ 发散.

例 7.4.7　考虑如下 Nabla 离散分数阶系统

$$\begin{cases} {}^{C}_{a}\nabla^{\alpha}_{k}x_1(k) = -x_1(k) + x_2(k), \\ {}^{C}_{a}\nabla^{\alpha}_{k}x_2(k) = [x_1(k)x_2(k) - 1]x_2^3(k) + [x_1(k)x_2(k) + x_1^2(k) - 1]x_2(k), \end{cases} \tag{7.76}$$

其中, $\alpha > 0$, $k \in \mathbb{N}_{a+1}$, $x_1(a) = 2$, $x_2(a) = -0.8$, $a = 0$.

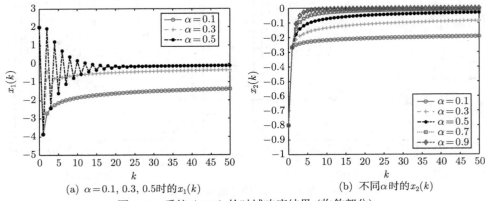

(a) $\alpha = 0.1, 0.3, 0.5$ 时的 $x_1(k)$　　　　　(b) 不同 α 时的 $x_2(k)$

图 7.9　系统 (7.74) 的时域响应结果 (收敛部分)

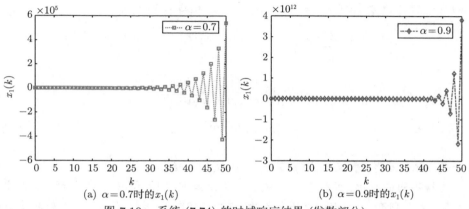

(a) $\alpha=0.7$时的$x_1(k)$　　　(b) $\alpha=0.9$时的$x_1(k)$

图 7.10　系统 (7.74) 的时域响应结果 (发散部分)

引入

$$A = \begin{bmatrix} -1 & 0 \\ 0 & -1 \end{bmatrix}, g(x(k)) = \begin{bmatrix} 0 \\ [x_1(k)x_2(k)-1]x_2^3(k) + [x_1(k)x_2(k)+x_1^2(k)]x_2(k) \end{bmatrix},$$

则系统 (7.76) 可以表示为 ${}^{\text{C}}_a\nabla_k^\alpha x(k) = Ax(k) + g(x(k))$. 通过计算可得

$$\lim_{\|x\|\to 0} \frac{\|g(x(k))\|}{\|x\|} = \lim_{\|x\|\to 0} \frac{\sqrt{\{[x_1(k)x_2(k)-1]x_2^3(k) + [x_1(k)x_2(k)+x_1^2(k)]x_2(k)\}^2}}{\sqrt{x_1^2(k)+x_2^2(k)}}$$

$$\leqslant \lim_{\|x\|\to 0} \frac{\sqrt{x_2^2(k)[x_1(k)x_2^3(k) - x_2^2(k) + x_1(k)x_2(k) + x_1^2(k)]^2}}{\sqrt{x_2^2(k)}}$$

$$= \lim_{\|x\|\to 0} |x_1(k)x_2^3(k) - x_2^2(k) + x_1(k)x_2(k) + x_1^2(k)| = 0. \quad (7.77)$$

由命题 7.3.1 可得, 系统 (7.76) 在 $x_e = 0$ 处渐近稳定.

选择不同阶次, 可得系统状态响应曲线如图 7.11 和图 7.12 所示. 由结果可知, 在所给几种情形下系统均渐近稳定, 且 α 值越大, 收敛速度越快.

例 7.4.8　考虑如下 Nabla 离散分数阶系统

$$\begin{cases} {}^{\text{C}}_a\nabla_k^\alpha x_1(k) = -0.8x_1(k) + 0.2x_1(k)x_2(k), \\ {}^{\text{C}}_a\nabla_k^\alpha x_2(k) = -2x_2(k) + x_1(k)x_2(k), \end{cases} \quad (7.78)$$

其中, $\alpha > 0$, $k \in \mathbb{N}_{a+1}$, $x_1(a) = 2$, $x_2(a) = -0.8$, $a = 0$.

通过线性化可得, Jacobian 矩阵为

$$A = \begin{bmatrix} -0.8 & 0 \\ 0 & -2 \end{bmatrix}, \quad g(x(k)) = \begin{bmatrix} 0.2x_1(k)x_2(k) \\ x_1(k)x_2(k) \end{bmatrix}.$$

A 的两个特征值分别为 $\lambda_1 = -0.8$, $\lambda_2 = -2$. 通过计算可得

$$
\begin{aligned}
\lim_{\|x\|\to 0} \frac{\|g(x(k))\|}{\|x\|} &= \lim_{\|x\|\to 0} \frac{\sqrt{0.2^2 x_1^2(k) x_2^2(k) + x_1^2(k) x_2^2(k)}}{\sqrt{x_1^2(k) + x_2^2(k)}} \\
&\leqslant \lim_{\|x\|\to 0} \frac{\sqrt{1.04 x_1^2(k) x_2^2(k)}}{\sqrt{|2x_1(k) x_2(k)|}} \\
&= \lim_{\|x\|\to 0} \sqrt{0.52 |x_1(k) x_2(k)|} = 0.
\end{aligned} \tag{7.79}
$$

由命题 7.3.1 可得, 系统 (7.78) 在 $x_e = 0$ 处渐近稳定.

选择不同的阶次, 可得系统时域响应曲线如图 7.13 和图 7.14 所示. 从图中不难发现, 无论阶次 $\alpha \in (0,1)$ 还是阶次 $\alpha \in (1,2)$ 时, 系统在 $x_e = 0$ 处均渐近稳定, 这一仿真结果与理论分析相吻合, 且阶次不同, 收敛速度不同.

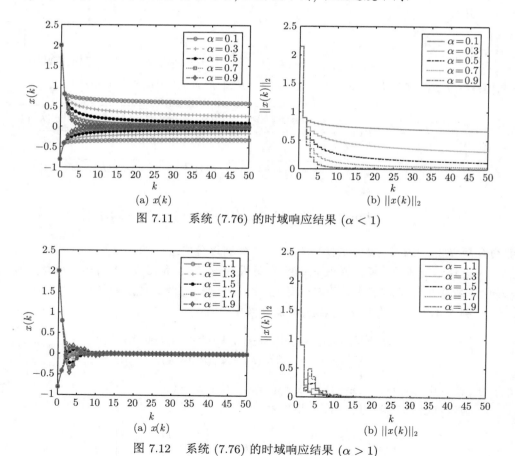

图 7.11　系统 (7.76) 的时域响应结果 $(\alpha < 1)$

图 7.12　系统 (7.76) 的时域响应结果 $(\alpha > 1)$

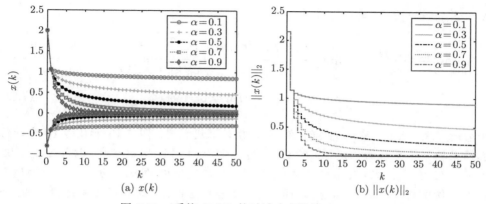

图 7.13   系统 (7.78) 的时域响应结果 $(\alpha < 1)$

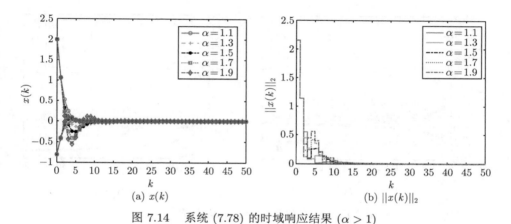

图 7.14   系统 (7.78) 的时域响应结果 $(\alpha > 1)$

例 7.4.9   考虑如下 Nabla 离散分数阶系统

$$\begin{cases} {}_a^C\nabla_k^\alpha x_1(k) = -x_1(k) + x_2(k) - x_1(k)[x_1^2(k) + x_2^2(k)], \\ {}_a^C\nabla_k^\alpha x_2(k) = -2x_1(k) - x_2(k) - x_2(k)[x_1^2(k) + x_2^2(k)], \end{cases} \tag{7.80}$$

其中, $\alpha > 0$, $k \in \mathbb{N}_{a+1}$, $x_1(a) = 2$, $x_2(a) = -0.8$, $a = 0$.

线性化可得, Jacobian 矩阵为

$$A = \begin{bmatrix} -1 & 1 \\ -2 & -1 \end{bmatrix}, \quad g(x(k)) = \begin{bmatrix} -x_1(k)[x_1^2(k) + x_2^2(k)] \\ -x_2(k)[x_1^2(k) + x_2^2(k)] \end{bmatrix}.$$

A 的三个特征值分别为 $\lambda_1 = -1 + \mathrm{j}1.4142$, $\lambda_2 = -1 - \mathrm{j}1.4142$, 不难发现都有

$\lambda_i \in \mathcal{S}_\alpha$, $i = 1, 2, 3$. 进而可计算

$$\lim_{\|x\| \to 0} \frac{\|g(x(k))\|}{\|x\|} = \lim_{\|x\| \to 0} \frac{\sqrt{x_1^2(k)[x_1^2(k) + x_2^2(k)]^2 + x_2^2(k)[x_1^2(k) + x_2^2(k)]^2}}{\sqrt{x_1^2(k) + x_2^2(k)}}$$

$$\leqslant \lim_{\|x\| \to 0} [x_1^2(k) + x_2^2(k)] = 0. \tag{7.81}$$

由命题 7.3.1 可得, 系统 (7.80) 在 $x_e = 0$ 处渐近稳定. 图 7.15 和图 7.16 中的仿真结果验证了系统的稳定性. 特别地, 当 $\alpha \in (0,1)$ 时, 阶次越大, 收敛速度越快. 当 $\alpha \in (1,2)$ 时, 系统会出现超调. 实际上, 如前述分析, Nabla 分数阶系统的稳定阶次不仅仅局限于 $\alpha \in (0,2)$ 之间, 当阶次 $\alpha > 2$ 时, 系统仍然可能是稳定的, 为避免冗余, 这里没有特别展开.

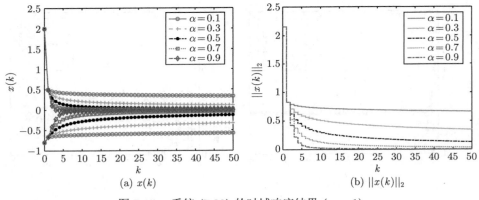

图 7.15   系统 (7.80) 的时域响应结果 $(\alpha < 1)$

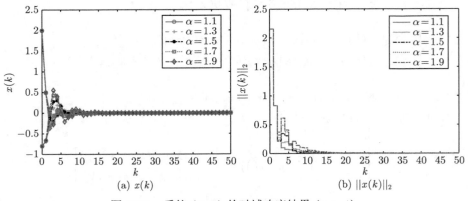

图 7.16   系统 (7.80) 的时域响应结果 $(\alpha > 1)$

7.5　小　　结

　　本章致力于探讨 Nabla 分数阶系统的逆 Lyapunov 定理, 针对直接 Lyapunov 方法, 介绍了相关的研究进展, 并给出了三个命题; 在假设命题成立的情况下, 进一步推导得到了其 Lyapunov 间接法, 即通过判定非线性系统的线性化模型的稳定性进而得到非线性系统的局部稳定性; 针对间接 Lyapunov 方法, 则是进一步缩小范围对线性定常系统, 建立了逆 Lyapunov 定理, 并给出了严格的证明; 随后也推导了其 Lyapunov 间接法, 用于判定非线性系统的稳定性; 最后基于 Gronwall 不等式方法, 也给出了一类稳定性判据, 同样通过分析线性化系统的稳定性进而判定原非线性系统的稳定性. 相关工作只是刚刚起步, 所得结果体现了 Lyapunov 方法分析分数阶系统时的巨大潜力, 也揭示了分数阶系统相比于整数阶系统在 Lyapunov 方法及求解方面的本质不同和困难之处.

参 考 文 献

[1] Gorenflo R, Kilbas A A, Mainardi F, et al. *Mittag-Leffler Functions, Related Topics and Applications*[M]. Heidelberg: Springer, 2014.

[2] Atıcı F M, Eloe P W. Discrete fractional calculus with the nabla operator[J]. *Electronic Journal of Qualitative Theory of Differential Equations*, 2009, 3: 1-12. https://doi.org/10.14232/ejqtde.2009.4.3.

[3] Shobanadevi N, Jonnalagadda J M. Analysis of discrete Mittag-Leffler functions[J]. *International Journal of Analysis and Applications*, 2015, 7(2): 129-144.

[4] Boulares H, Ardjouni A, Laskri Y. Existence and uniqueness of solutions for nonlinear fractional nabla difference systems with initial conditions[J]. *Fractional Differential Calculus*, 2017, 7(2): 247-263.

[5] Chen C R, Mert R, Jia B G, et al. Gronwall's inequality for a nabla fractional difference system with a retarded argument and an application[J]. *Journal of Difference Equations and Applications*, 2019, 25(6): 855-868.

[6] 薛定宇. 分数阶微积分学与分数阶控制 [M]. 北京: 科学出版社, 2018.

[7] 于永光, 王虎, 张硕, 等. 分数阶神经网络的定性分析与控制 [M]. 北京: 科学出版社, 2021.

[8] 程金发. 分数阶差分方程理论 [M]. 厦门: 厦门大学出版社, 2011.

[9] Abdeljawad T, Jarad F, Baleanu D. A semigroup-like property for discrete Mittag-Leffler functions[J]. *Advances in Difference Equations*, 2012. https://doi.org/10.1186/1687-1847-2012-72.

[10] Nechvátal L. On asymptotics of discrete Mittag-Leffler function[J]. *Mathematica Bohemica*, 2014, 139(4): 667-675.

[11] Goodrich C, Peterson A C. *Discrete Fractional Calculus*[M]. Cham: Springer, 2016.

[12] Suwan I, Abdeljawad T, Jarad F. Monotonicity analysis for nabla h-discrete fractional Atangana-Baleanu differences[J]. *Chaos, Solitons and Fractals*, 2018, 117(16): 50-59.

[13] Li A, Wei Y H, Li Z Y, et al. The numerical algorithms for discrete Mittag-Leffler functions approximation[J]. *Journal Fractional Calculus and Applied Analysis*, 2019, 22(1): 95-112.

[14] Wei Y H, Gao Q, Cheng S S, et al. Description and analysis of the time-domain response of nabla discrete fractional order systems[J]. *Asian Journal of Control*, 2021, 23: 1911-1922.

[15] Liu X, Yu Y G. Discrete fractional distributed Halanay inequality and applications in discrete fractional order neural network systems[J]. *Fractional Calculus and Applied Analysis*, 2022, 25: 2040-2061.

[16] Wei Y H, Chen Y Q, Wang Y, et al. Some fundamental properties on the sampling free nabla Laplace transform[C]. *Proceedings of International Design Engineering Technical Conferences & Computers and Information in Engineering Conference*, Anaheim, USA, 2019. https://doi.org/10.1115/detc2019-97351.

[17] Wei Y H, Wang J C, Tse P W, et al. Modelling and simulation of nabla fractional dynamic systems with nonzero initial conditions[J]. *Asian Journal of Control*, 2021, 23: 525-535.

[18] Wei Y H, Chen Y Q, Wei Y D, et al. Lyapunov stability analysis for nonlinear nabla tempered fractional order systems[J]. *Asian Journal of Control*, 2022, Under review.

[19] Wei Y H, Su N, Zhao X, et al. Frequency domain based discrete time Mittag-Leffler functions: The scalar case[J]. *Nonlinear Analysis: Modelling and Control*, 2022. Under review.

[20] Wei Y H, Su N, Zhao X, et al. Frequency domain based discrete time Mittag-Leffler functions: The matrix case[J]. *Nonlinear Analysis: Modelling and Control*, 2022. Under review.

[21] Jonnalagadda J M. Matrix Mittag-Leffler functions of fractional nabla calculus[J]. *Computational Methods for Differential Equations*, 2018, 6(2): 128-140.

[22] Podlubny I. *Fractional Differential Equations: An Introduction to Fractional Derivatives, Fractional Differential Eqnations, to Methods of Their Solution and Some of Their Applications*[M]. San Diego: Academic Press, 1999.

[23] Ostalczyk P. *Discrete Fractional Calculus: Applications in Control and Image Processing*[M]. Berlin: World Scientific Publishing Company, 2015.

[24] Atıcı F M, Chang S, Jonnalagadda J. Grünwald-Letnikov fractional operators: From past to present[J]. *Fractional Differential Calculus*, 2021, 11(1): 147-159.

[25] Kulczycki P, Korbicz J, Kacprzyk J. *Fractional Dynamical Systems: Methods, Algorithms and Applications*[M]. Cham: Springer, 2022.

[26] Mozyrska D, Ostalczyk P. Variable-, fractional-order Grünwald-Letnikov backward difference selected properties[C]. *Proceedings of International Conference on Telecommunications and Signal Processing*, Vienna, Austria, 2016: 634-637.

[27] Wei Y H, Chen Y Q, Liu T Y, et al. Lyapunov functions for nabla discrete fractional order systems[J]. *ISA Transactions*, 2019, 88: 82-90.

[28] Wei Y H, Gao Q, Liu D Y, et al. On the series representation of nabla discrete fractional calculus[J]. *Communications in Nonlinear Science and Numerical Simulation*, 2019, 69: 198-218.

[29] Abdelouahab M S, Hamri N E. The Grünwald-Letnikov fractional-order derivative with fixed memory length[J]. *Mediterranean Journal of Mathematics*, 2016, 13: 557-572.

[30] Wei Y H, Chen Y Q, Cheng S S, et al. A note on short memory principle of fractional calculus[J]. *Fractional Calculus and Applied Analysis*, 2017, 20(6): 1382-1404.

[31] Fu H, Huang L L, Abdeljawad T, et al. Tempered fractional calculus on time scale for discrete-time systems[J]. *Fractals*, 2021, 29: 2140033.

[32] Ferreira R A C. Discrete weighted fractional calculus and applications[J]. *Nonlinear Dynamics*, 2021, 104(3): 2531-2536.

[33] Khalil H K. *Nonlinear Systems*[M]. 3rd ed. New Jersey: Prentice-Hall, 2002.

[34] 郭山翠. 几类分数阶差分方程边值问题解的存在性和唯一性 [D]. 湘潭: 湘潭大学, 2013.

[35] Jonnalagadda J M. Solutions of fractional nabla difference equations-existence and uniqueness[J]. *Opuscula Mathematica*, 2016, 36(2): 215-238.

[36] Chen C R, Jia B G, Liu X, et al. Existence and uniqueness theorem of the solution to a class of nonlinear nabla fractional difference system with a time delay[J]. *Mediterranean Journal of Mathematics*, 2018, 15: 212.

[37] Mert R, Peterson A, Abdeljawad T, et al. Existence and uniqueness of solutions of nabla fractional difference equations[J]. *Dynamic Systems and Applications*, 2019, 28(1): 183-194.

[38] Wang M, Jia B G, Chen C R, et al. Discrete fractional Bihari inequality and uniqueness theorem of solutions of nabla fractional difference equations with non-Lipschitz nonlinearities[J]. *Applied Mathematics and Computation*, 2020, 376: 125118.

[39] Chen C R, Bohner M, Jia B G. Existence and uniqueness of solutions for nonlinear Caputo fractional difference equations[J]. *Turkish Journal of Mathematics*, 2020, 44(3): 857-869.

[40] Mesmouli M B, Ardjouni A, Iqbal N. Existence and asymptotic behaviors of nonlinear neutral Caputo nabla fractional difference equations[J]. *Afrika Matematika*, 2022, 33(83). https://doi.org/10.1007/s13370-022-01020-w.

[41] Gopal N S, Jonnalagadda J M. Existence and uniqueness of solutions to a nabla fractional difference equation with dual nonlocal boundary conditions[J]. *Foundations*, 2022, 2: 151-166.

[42] Čermák J, Kisela T, Nechvátal L. Stability regions for linear fractional differential systems and their discretizations[J]. *Applied Mathematics and Computation*, 2013, 219(12): 7012-7022.

[43] Wei Y H, Cao J D, Li C, et al. How to empower Grünwald-Letnikov fractional difference equations with available initial condition?[J]. *Nonlinear Analysis: Modelling and Control*, 2022, 27(4): 650-668.

[44] Gu Y J, Wang H, Yu Y G. Synchronization for fractional-order discrete-time neural networks with time delays[J]. *Applied Mathematics and Computation*, 2020, 372: 124995.

[45] Wei Y H, Chen Y Q, Wang J C, et al. Analysis and description of the infinite-dimensional nature for nabla discrete fractional order systems[J]. *Communications in Nonlinear Science and Numerical Simulation*, 2019, 72: 472-492.

[46] Ortigueira M D, Coito F J V, Trujillo J J. Discrete-time differential systems[J]. *Signal Processing*, 2015, 107: 198-217.

[47] Čermák J, Kisela T, Nechvátal L. Stability and asymptotic properties of a linear fractional difference equation[J]. *Advances in Difference Equations*, 2012. https://doi.org/10.1186/1687-1847-2012-122.

[48] Čermák J, Györi I, Nechvátal L. On explicit stability conditions for a linear fractional difference system[J]. *Fractional Calculus and Applied Analysis*, 2015, 18(3): 651-672.

[49] Čermák J, Nechvátal L. On a problem of linearized stability for fractional difference equations[J]. *Nonlinear Dynamics*, 2021, 104: 1253-1267.

[50] Gevgeşoğlu M, Bolat Y. Stability criteria for Volterra type linear nabla fractional difference equations[J]. *Journal of Applied Mathematics and Computing*, 2022, 68: 4161-4171.

[51] Tavazoei M S, Asemani M H. Robust stability analysis of incommensurate fractional-order systems with time-varying interval uncertainties[J]. *Journal of the Franklin Institute*, 2020, 357(18): 13800-13815.

[52] Tavazoei M S, Asemani M H. On robust stability of incommensurate fractional-order systems[J]. *Communications in Nonlinear Science and Numerical Simulation*, 2020, 90: 105344.

[53] Stanisławski R, Latawiec K J. A modified Mikhailov stability criterion for a class of discrete-time noncommensurate fractional-order systems[J]. *Communications in Nonlinear Science and Numerical Simulation*, 2021, 96: 105697.

[54] Shatnawi M T, Djenina N, Ouannas A, et al. Novel convenient conditions for the stability of nonlinear incommensurate fractional-order difference systems[J]. *Alexandria Engineering Journal*, 2022, 61(2): 1655-1663.

[55] Sun H G, Chang A L, Zhang Y, et al. A review on variable-order fractional differential equations: Mathematical foundations, physical models, numerical methods and applications[J]. *Fractional Calculus and Applied Analysis*, 2019, 22(1): 27-59.

[56] Mozyrska D, Oziablo P, Wyrwas M. Stability of fractional variable order difference systems[J]. *Fractional Calculus and Applied Analysis*, 2019, 22(3): 807-824.

[57] Baleanu D, Wu G C. Some further results of the Laplace transform for variable-order fractional difference equations[J]. *Communications in Nonlinear Science and Numerical Simulation*, 2019, 22(6): 1641-1654.

[58] Matignon D. Stability results for fractional differential equations with applications to control processing[C]. *Proceedings of IMACS Multiconference: Computational Engineering in Systems Applications*, Lille, France, 1996: 963-968.

[59] Matignon D. Stability properties for generalized fractional differential systems[C]. *Proceedings of Fractional Differential Systems: Models, Methods and Applications*, Paris, France, 1998: 145-158.

[60] Bonnet C, Partington J R. Analysis of fractional delay systems of retarded and neutral type[J]. *Automatica*, 2002, 38(7): 1133-1138.

[61] Moze M, Sabatier J, OustaloupA. LMI tools for stability analysis of fractional systems[C]. *Proceedings of International Design Engineering Technical Conferences &*

Computers and Information in Engineering Conference, Long Beach, USA, 2005. https://doi.org/10.1115detc2005-85182.

[62] Sabatier J, Moze M, Farges C. LMI stability conditions for fractional order systems[J]. *Computers and Mathematics with Applications*, 2010, 59(5): 1594-1609.

[63] Zhang X F, Chen Y Q. $\mathcal{D}$-stability based LMI criteria of stability and stabilization for fractional order systems[C]. *Proceedings of International Design Engineering Technical Conferences & Computers and Information in Engineering Conference*, Boston, USA, 2015. https://doi.org/10.1115detc2015-46692.

[64] Lu J G, Chen Y Q. Robust stability and stabilization of fractional-order interval systems with the fractional order α: The $0 < \alpha < 1$ case[J]. *IEEE Transactions on Automatic Control*, 2010, 55(1): 152-158.

[65] Wei Y H, Chen Y Q, Cheng S S, et al. Completeness on the stability criterion of fractional order LTI systems[J]. *Fractional Calculus and Applied Analysis*, 2017, 20(1): 159-172.

[66] Farges C, Moze M, Sabatier J. Pseudo-state feedback stabilization of commensurate fractional order systems[J]. *Automatica*, 2010, 46(10): 1730-1734.

[67] 梁舒, 彭程, 王永. 分数阶系统线性矩阵不等式稳定判据的改进与鲁棒镇定: $0 < \alpha < 1$ 的情况 [J]. 控制理论与应用, 2013, 30(4): 531-535.

[68] 梁舒. 分数阶系统的控制理论研究 [D]. 合肥: 中国科学技术大学, 2015.

[69] Wei Y H, Wang J C, Liu T Y, et al. Sufficient and necessary conditions for stabilizing singular fractional order systems with partially measurable state[J]. *Journal of the Franklin Institute*, 2019, 356: 1975–1990.

[70] Gutman S, Jury E. A general theory for matrix root-clustering in subregions of the complex plane[J]. *IEEE Transactions on Automatic Control*, 1981, 26(4): 853-863.

[71] Chilali M, Gahinet P. $\mathcal{H}_\infty$ design with pole placement constraints: An LMI approach[J]. *IEEE Transactions on Automatic Control*, 1996, 41(3): 358-367.

[72] Peaucelle D, Arzelier D, Bachelier O, et al. A new robust $\mathcal{D}$-stability condition for real convex polytopic uncertainty[J]. *Systems & Control Letters*, 2000, 40(1): 21-30.

[73] Bachelier O, Mehdi D. Robust matrix $\mathcal{D}_U$-stability analysis[J]. *International Journal of Robust and Nonlinear Control*, 2003, 13(6): 533-558.

[74] Higham N J, Al-Mohy A H. Computing matrix functions[J]. *Acta Numerica*, 2010, 19: 159-208.

[75] Zhu Z, Lu J G. LMI-based robust stability analysis of discrete-time fractional-order systems with interval uncertainties[J]. *IEEE Transactions on Circuits and Systems* I: *Regular Papers*, 2021, 68(4): 1671-1680.

[76] Duan G R. *Analysis and Design of Descriptor Linear Systems*[M]. New York: Springer, 2010.

[77] 许洁. 分数阶系统分析与控制的若干问题研究 [D]. 上海: 上海交通大学, 2009.

[78] 马英东. 不确定分数阶系统鲁棒控制的若干问题研究 [D]. 上海: 上海交通大学, 2014.

[79] 黄荣. 一类奇异分数阶系统的稳定性分析 [D]. 合肥: 中国科学技术大学, 2015.

[80] Zhang X F, Chen Y Q. Admissibility and robust stabilization of continuous linear singular fractional order systems with the fractional order α: The $0 < \alpha < 1$ case[J]. *ISA Transactions*, 2018, 82: 42-50.

[81] Yu Y, Jiao Z, Sun C Y. Sufficient and necessary condition of admissibility for fractional-order singular system[J]. *Acta Automatica Sinica*, 2013, 39(12): 2160-2164.

[82] Zhang X F, Zhang Y B. Improvement of admissibility of linear singular fractional order systems[C]. *Proceedings of International Design Engineering Technical Conferences & Computers and Information in Engineering Conference*, Anaheim, USA, 2019. https://doi.org/10.1115detc2019-98329.

[83] Zhang X F, Wang Z. Alternative criteria for admissibility and stabilization of singular fractional order systems[J]. *Mathematical Foundations of Computing*, 2019, 2: 267-277.

[84] Zhang Q H, Lu J G, Ma Y D, et al. Time domain solution analysis and novel admissibility conditions of singular fractional-order systems[J]. *IEEE Transactions on Circuits and Systems I: Regular Papers*, 2021, 68: 842-855.

[85] N'Doye I, Zasadzinski M, Darouach M, et al. Stabilization of singular fractional-order systems: An LMI approach[C]. *Proceedings of the 18th IEEE Mediterranean Conference on Control and Automation*, Marrakech, Morocco, 2010: 209-213.

[86] Ji Y D, Qiu J Q. Stabilization of fractional-order singular uncertain systems[J]. *ISA Transactions*, 2015, 56: 53-64.

[87] Lin C, Chen J, Chen B, et al. Fuzzy normalization and stabilization for a class of nonlinear rectangular descriptor systems[J]. *Neurocomputing*, 2017, 219: 263-268.

[88] Saadni S M, Chaabane M, Mehdi D. Robust stability and stabilization of a class of singular systems with multiple time-varying delays[J]. *Asian Journal of Control*, 2006, 8(1): 1-11.

[89] Marir S, Chadli M, Bouagada D. A novel approach of admissibility for singular linear continuous-time fractional-order systems[J]. *International Journal of Control, Automation and Systems*, 2017, 15(2): 959-964.

[90] Lin C, Chen B, Shi P, et al. Necessary and sufficient conditions of observer-based stabilization for a class of fractional-order descriptor systems[J]. *Systems & Control Letters*, 2018, 112: 31-35.

[91] Marir S, Chadli M, Bouagada D. New admissibility conditions for singular linear continuous-time fractional-order systems[J]. *Journal of the Franklin Institute*, 2017, 354(2): 752-766.

[92] Zhang X F, Zhao Z L, Wang Q G. Static and dynamic output feedback stabilisation of descriptor fractional order systems[J]. *IET Control Theory & Applications*, 2020, 14: 324-333.

[93] Guo Y, Lin C, Chen B, et al. Stabilization for singular fractional-order systems via static output feedback[J]. *IEEE Access*, 2019, 6: 71678-71684.

[94] Liu Y C, Cui L, Duan D P. Dynamic output feedback stabilization of singular fractional-order systems[J]. *Mathematical Problems in Engineering*, 2016. https://doi.org/10.1155/2016/9694780.

[95] Guo Y, Lin C, Chen B, et al. Necessary and sufficient conditions for the dynamic output feedback stabilization of fractional-order systems with order $0 < \alpha < 1$[J]. *Science China Information Sciences*, 2019, 62: 199201.

[96] Ibrir S. LMI approach to regularization and stabilization of linear singular systems: The discrete-time case[J]. *World Academy of Science, Engineering and Technology*, 2009, 52: 276-279.

[97] N'Doye I, Zasadzinski M, Darouach M, et al. Regularization and robust stabilization of uncertain singular fractional-order systems[C]. *Proceedings of the 18th IFAC World Congress*, Milano, Italy, 2011: 15031-15036.

[98] N'Doye I, Darouach M, Zasadzinski M, et al. Robust stabilization of uncertain descriptor fractional-order systems[J]. *Automatica*, 2013, 49(6): 1907-1913.

[99] Young L C. An inequality of the Hölder type, connected with Stieltjes integration[J]. *Acta Mathematica*, 1936, 67(1): 251-282.

[100] Fernández-Anaya G, Nava-Antonio G, Jamous-Galante J, et al. Lyapunov functions for a class of nonlinear systems using Caputo derivative[J]. *Communications in Nonlinear Science and Numerical Simulation*, 2017, 43: 91-99.

[101] Fernández-Anaya G, Nava-Antonio G, Jamous-Galante J, et al. Corrigendum to "Lyapunov functions for a class of nonlinear systems using Caputo derivative" [Commun. Nonlinear Sci. Numer. Simulat., 43 (2017) 91-99][J]. *Communications in Nonlinear Science and Numerical Simulations*, 2018, 56: 596-597.

[102] Ding D S, Qi D L, Wang Q. Non-linear Mittag-Leffler stabilisation of commensurate fractional-order non-linear systems[J]. *IET Control Theory & Applications*, 2015, 9(5): 681-690.

[103] Duarte-Mermoud M A, Aguila-Camacho N, Gallegos J A, et al. Using general quadratic Lyapunov functions to prove Lyapunov uniform stability for fractional order systems[J]. *Communications in Nonlinear Science and Numerical Simulation*, 2015, 22(1-3): 650-659.

[104] Dai H, Chen W S. New power law inequalities for fractional derivative and stability analysis of fractional order systems[J]. *Nonlinear Dynamics*, 2017, 87(3): 1531-1542.

[105] Alikhanov A A. Boundary value problems for the diffusion equation of the variable order in differential and difference settings[J]. *Applied Mathematics and Computation*, 2012, 219(8): 3938-3946.

[106] Aguila-Camacho N, Duarte-Mermoud M A, Gallegos J A. Lyapunov functions for fractional order systems[J]. *Communications in Nonlinear Science and Numerical Simulation*, 2014, 19(9): 2951-2957.

[107] Liu X, Jia B G, Erbe L, et al. Stability analysis for a class of nabla (q, h)-fractional difference equations[J]. *Turkish Journal of Mathematics*, 2019, 43: 664-687.

[108] Liu X, Jia B G, Erbe L, et al. Lyapunov functions for fractional order h-difference systems[J]. *Filomat*, 2021, 35(4): 1155-1178.

[109] Liu S, Wu X, Zhou X F, et al. Asymptotical stability of Riemann-Liouville fractional nonlinear systems[J]. *Nonlinear Dynamics*, 2016, 86(1): 65-71.

[110] Wu C, Liu X Z. Lyapunov and external stability of Caputo fractional order switching systems[J]. *Nonlinear Analysis: Hybrid Systems*, 2019, 34: 131-146.

[111] Hai X D, Yu Y G, Xu C H, el al. Stability analysis of fractional differential equations with the short-term memory property[J]. *Fractional Calculus and Applied Analysis*, 2022, 25(3): 962-994.

[112] Fernández-Anaya G, Nava-Antonio G, Jamous-Galante J, et al. Asymptotic stability of distributed order nonlinear dynamical systems[J]. *Communications in Nonlinear Science and Numerical Simulation*, 2017, 48: 541-549.

[113] Badri V. Stability analysis of distributed-order systems: A Lyapunov scheme[C]. *Proceedings of the 29th Iranian Conference on Electrical Engineering*, Tehran, Iran, 2021. https://doi.org/10.1109/icee52715.2021.9544282.

[114] Wu X, Yang X J, Song Q K, et al. Stability analysis on nabla discrete distributed-order dynamical system[J]. *Fractal and Fractional*, 2022, 6(8): 429.

[115] Boyd S, Vandenberghe L. *Convex Optimization*[M]. Cambridge: Cambridge University Press, 2004.

[116] Chen W S, Dai H, Song Y F, et al. Convex Lyapunov functions for stability analysis of fractional order systems[J]. *IET Control Theory & Applications*, 2017, 11(7): 1070-1074.

[117] Tuan H T, Trinh H. Stability of fractional-order nonlinear systems by Lyapunov direct method[J]. *IET Control Theory & Applications*, 2018, 12(17): 2417-2422.

[118] Salahshour S, Ahmadian A, Salimi M, et al. A new Lyapunov stability analysis of fractional order systems with nonsingular kernel derivative[J]. *Alexandria Engineering Journal*, 2020, 59: 2985-2990.

[119] Wang X H, Wu H Q, Cao J D. Global leader-following consensus in finite time for fractional-order multi-agent systems with discontinuous inherent dynamics subject to nonlinear growth[J]. *Nonlinear Analysis: Hybrid Systems*, 2020, 37: 100888.

[120] Wei Y D, Wei Y H, Chen Y Q, et al. Mittag-Leffler stability of nabla discrete fractional-order dynamic systems[J]. *Nonlinear Dynamics*, 2020, 101: 407-417.

[121] Badri V, Tavazoei M S. Stability analysis of fractional order time delay systems: Constructing new Lyapunov functions from those of integer order counterparts[J]. *IET Control Theory & Applications*, 2019, 13(15): 2476-2481.

[122] Li X, Wu H Q, Cao J D. Synchronization in finite time for variable-order fractional complex dynamic networks with multi-weights and discontinuous nodes based on sliding mode control strategy[J]. *Neural Networks*, 2021, 139: 335-347.

[123] Wu C. Advances in analysis of Caputo fractional-order nonautonomous systems: From stability to global uniform asymptotic stability[J]. *Fractals*, 2021, 29(4): 2150092.

[124] Lenka B K. Time-varying Lyapunov functions and Lyapunov stability of nonau-
tonomous fractional order systems[J]. *International Journal of Applied Mathematics*,
2019, 32(1): 111-130.

[125] Lenka B K. New fractional differential inequalities with their implications to the
stability analysis of fractional order systems[J]. arXiv:1903.02402, 2019. https://doi.
org/10.48550/arXiv.1903.02402.

[126] Martínez-Fuentesa O, Delfín-Prieto S M. Stability of fractional nonlinear systems
with Mittag-Leffler kernel and design of state observers[J]. arXiv: 2009.06870, 2020.
https://doi.org/10.48550/arXiv.2009.06870.

[127] Alsaedi A, Ahmad B, Kirane M. Maximum principle for certain generalized time
and space fractional diffusion equations[J]. *Quarterly of Applied Mathematics*, 2015,
73(1): 163-175.

[128] Alsaedi A, Ahmad B, Kirane M, et al. A survey of useful inequalities in fractional
calculus[J]. *Fractional Calculus and Applied Analysis*, 2017, 20(3): 574-594.

[129] Zhang S, Yu Y G, Wang H. Mittag-Leffler stability of fractional-order Hopfield neural
networks[J]. *Nonlinear Analysis: Hybrid Systems*, 2015, 16: 104-121.

[130] Deng J W, Ma W Y, Deng K Y, et al. Tempered Mittag-Leffler stability of tem-
pered fractional dynamical systems[J]. *Mathematical Problems in Engineering*, 2020.
https://doi.org/10.1155/2020/7962542.

[131] Clarke F H, Ledyaev Y S, Stern R J, et al. *Nonsmooth Analysis and Control The-
ory*[M]. New York: Springer, 1998.

[132] Muñoz-Vázquez A J, Parra-Vega V, Sánchez-Orta A. Non-smooth convex Lyapunov
functions for stability analysis of fractional-order systems[J]. *Transactions of the
Institute of Measurement and Control*, 2019, 41(6): 1627-1639.

[133] Belarbi S, Dahmani Z. On some new fractional integral inequalities[J]. *Journal of
Inequalities in Pure and Applied Mathematics*, 2009, 10(3): 86.

[134] Fernández A, Ustaoglu C. On some analytic properties of tempered fractional calcu-
lus[J]. *Journal of Computational and Applied Mathematics*, 2020, 366: 112400.

[135] Vargas-De-León C. Volterra-type Lyapunov functions for fractional-order epidemic
systems[J]. *Communications in Nonlinear Science and Numerical Simulation*, 2015,
24(1-3): 75-85.

[136] Tee K P, Ge S S, Tay E H. Barrier Lyapunov functions for the control of output-
constrained nonlinear systems[J]. *Automatica*, 2009, 45(4): 918-927.

[137] Ngo K B, Mahony R, Jiang Z P. Integrator backstepping using barrier functions for
systems with multiple state constraints[C]. *Proceedings of the 44th IEEE Conference
on Decision and Control, and the European Control Conference*, Seville, Spain, 2005:
8306-8312.

[138] Zouari F, Ibeas A, Boulkroune A, et al. Neuro-adaptive tracking control of non-
integer order systems with input nonlinearities and time-varying output constraints[J].
Information Sciences, 2019, 485: 170-199.

[139] Lu S K, Wang X C. Barrier Lyapunov function-based adaptive neural network control for incommensurate fractional-order chaotic permanent magnet synchronous motors with full-state constraints via command filtering[J]. *Journal of Vibration and Control*, 2021, 27(21-22): 2574-2585.

[140] Yang W G, Yu W W, Zheng W X. Fault-tolerant adaptive fuzzy tracking control for nonaffine fractional-order full-state-constrained MISO systems with actuator failures[J]. *IEEE Transactions on Cybernetics*, 2021, 52(8): 8439-8452.

[141] Luo S H, Lewis F L, Song Y D, et al. Dynamical analysis and accelerated optimal stabilization of the fractional-order self-sustained electromechanical seismograph system with fuzzy wavelet neural network[J]. *Nonlinear Dynamics*, 2021, 104: 1389-1404.

[142] Tee K P, Ge S S. Control of state-constrained nonlinear systems using integral barrier Lyapunov functionals[C]. *Proceedings of the 51st IEEE Conference on Decision and Control*, Hawaii, USA, 2012: 3239-3245.

[143] Chen Y X, Liu Z, Chen C L P, et al. Integral-interval barrier Lyapunov function based control of switched systems with fuzzy saturation-deadzone[J]. *Nonlinear Dynamics*, 2021, 104(4): 3809-3826.

[144] Xu J X, Jin X. State-constrained iterative learning control for a class of MIMO systems[J]. *IEEE Transactions on Automatic Control*, 2013, 58(5): 1322-1327.

[145] Zhao K, Song Y D, Shen Z X. Neuroadaptive fault-tolerant control of nonlinear systems under output constraints and actuation faults[J]. *IEEE Transactions on Neural Networks and Learning Systems*, 2018, 29: 286-298.

[146] Jarad F, Abdeljawad T, Baleanu D, et al. On the stability of some discrete fractional nonautonomous systems[J]. *Abstract and Applied Analysis*, 2012. https://doi.org/10.1155/2012/476581.

[147] Wyrwas M, Mozyrska D, Girejko E. Stability of discrete fractional-order nonlinear systems with the nabla Caputo difference[J]. *IFAC Proceedings Volumes*, 2013, 46(1): 167-171.

[148] Eloe P, Jonnalagadda J. Mittag-Leffler stability of systems of fractional nabla difference equations[J]. *Bulletin of the Korean Mathematical Society*, 2019, 56(4): 977-992.

[149] Delfín-Prieto S M, Martínez-Guerra R. A Mittag-Leffler fractional-order difference observer[J]. *Journal of the Franklin Institute*, 2020, 357(5): 2997-3018.

[150] Wyrwas M, Mozyrska D. On Mittag-Leffler stability of fractional order difference systems[C]. *Proceedings of the 6th Conference on Non-integer Order Calculus and Its Applications*, Opole, Poland, 2014: 209-220.

[151] Liu X, Jia B G, Erbe L, et al. Stability results for nonlinear fractional order h-difference systems[J]. *Dynamic Systems and Applications*, 2018, 27(3): 609-628.

[152] Franco-Pérez L, Fernández-Anaya G, Quezada-Téllez L A. On stability of nonlinear nonautonomous discrete fractional Caputo systems[J]. *Journal of Mathematical Analysis and Applications*, 2020, 487(2): 124021.

[153] Li Y, Chen Y Q, Podlubny I. Mittag-Leffler stability of fractional order nonlinear dynamic systems[J]. *Automatica*, 2009, 45(8): 1965-1969.

[154] Li Y, Chen Y Q, Podlubny I. Stability of fractional-order nonlinear dynamic systems: Lyapunov direct method and generalized Mittag-Leffler stability[J]. *Computers & Mathematics with Applications*, 2010, 59(5): 1810-1821.

[155] Fajraoui T, Ghanmi B, Mabrouk F, et al. Mittag-Leffler stability analysis of a class of homogeneous fractional systems[J]. *Archives of Control Sciences*, 2021, 31(2): 401-415.

[156] Yu J M, Hu H, Zhou S B, et al. Generalized Mittag-Leffler stability of multi-variables fractional order nonlinear systems[J]. *Automatica*, 2013, 49: 1798-1803.

[157] 张硕. 基于李雅普诺夫方法的分数阶神经网络动力学分析及控制[D]. 北京: 北京交通大学, 2017.

[158] Zhang S, Yu Y G, Wang Q. Stability analysis of fractional-order Hopfield neural networks with discontinuous activation functions[J]. *Neurocomputing*, 2016, 171: 1075-1084.

[159] Zhang S, Yu Y G, Geng L L. Stability analysis of fractional-order Hopfield neural networks with time-varying external inputs[J]. *Neural Processing Letters*, 2017, 45(1): 223-241.

[160] 马知恩, 周义仓. 常微分方程定性与稳定性方法 [M]. 北京: 科学出版社, 2001.

[161] Lakshmikantham V, Leela S, Sambandham M. Lyapunov theory for fractional differential equations[J]. *Communications in Applied Analysis*, 2008, 12(4): 365-376.

[162] Lakshmikantham V, Leela S, Vasundhara Devi J. *Theory of Fractional Dynamic Systems*[M]. Cornwall: Cambridge Scientific Publishers, 2009.

[163] Jarad F, Abdeljawad T, Baleanu D. Stability of q-fractional non-autonomous systems[J]. *Nonlinear Analysis: Real World Applications*, 2013, 14: 780-784.

[164] Wu C. A general comparison principle for Caputo fractional-order ordinary differential equations[J]. *Fractals*, 2020, 28(4): 2050070.

[165] Wu G C, Baleanu D, Luo W H. Lyapunov functions for Riemann-Liouville-like fractional difference equations[J]. *Applied Mathematics and Computation*, 2017, 314: 228-236.

[166] Baleanu D, Wu G C, Bai Y R, et al. Stability analysis of Caputo-like discrete fractional systems[J]. *Communications in Nonlinear Science and Numerical Simulation*, 2017, 48: 520-530.

[167] Naifar O, Makhlouf A B, Hammami M A. Comments on "Mittag-Leffler stability of fractional order nonlinear dynamic systems [Automatica, 2009, 45(8): 1965-1969]"[J]. *Automatica*, 2017, 75: 329.

[168] Wu C. Comments on "Stability analysis of Caputo fractional-order nonlinear systems revisited"[J]. *Nonlinear Dynamics*, 2021, 104: 551-555.

[169] Baleanu D, Ranjbar A N, Sadati R J, et al. Lyapunov-Krasovskii stability theorem for fractional systems with delay[J]. *Romanian Journal of Physics*, 2011, 56: 636-643.

[170] Zhang F R, Li C P, Chen Y Q. Asymptotical stability of nonlinear fractional differential system with Caputo derivative[J]. *International Journal of Differential Equations*, 2011: 635165.

[171] Delavari H, Baleanu D, Sadati J. Stability analysis of Caputo fractional-order nonlinear systems revisited[J]. *Nonlinear Dynamics*, 2012, 67(4): 2433-2439.

[172] Bihari I. A generalization of a lemma of Bellman and its application to uniqueness problems of differential equations[J]. *Acta Mathematica Academiae Scientiarum Hungaricae*, 1956, 7(1): 81-94.

[173] Bihari I. Researches of the boundedness and stability of the solutions of non-linear differential equations[J]. *Acta Mathematica Academiae Scientiarum Hungarica*, 1957, 8(3): 261-278.

[174] Wu C. A complete result on the Lyapunov stability of Caputo fractional-order nonautonomous systems by the comparison method[J]. *Nonlinear Dynamics*, 2021, 105: 2473-2483.

[175] Duarte-Mermoud M A, Aguila-Camacho N, Gallegos J A. Sufficient condition on the fractional integral for the convergence of a function[J]. *The Scientifc World Journal*, 2013. https://doi.org/10.1155/2013/428428.

[176] Gallegos J A, Duarte-Mermoud M A, Aguila-Camacho N, et al. On fractional extensions of Barbalat lemma[J]. *Systems & Control Letters*, 2015, 84: 7-12.

[177] Navarro-Guerrero G, Tang Y. Adaptive control for anesthesia based on a simple fractional-order model[C]. *Proceedings of the 54th IEEE Conference on Decision and Control*, Osaka, Japan, 2015: 5623-5628.

[178] Navarro-Guerrero G, Tang Y. Fractional order model reference adaptive control for anesthesia[J]. *International Journal of Adaptive Control and Signal Processing*, 2017, 31(9): 1350-1360.

[179] Gallegos J A, Duarte-Mermoud M A. On the Lyapunov theory for fractional order systems[J]. *Applied Mathematics and Computation*, 2016, 287-288: 161-170.

[180] Wang F, Yang Y Q. Fractional order Barbalat's lemma and its applications in the stability of fractional order nonlinear systems[J]. *Mathematical Modelling and Analysis*, 2017, 22(4): 503-513.

[181] Gallegos J A, Duarte-Mermoud M A. Converse theorems in Lyapunov's second method and applications for fractional order systems[J]. *Turkish Journal of Mathematics*, 2019, 43: 1626-1639.

[182] Yang Y, He Y, Huang Y B. On attraction of equilibrium points of fractional-order systems and corresponding asymptotic stability criteria[J]. *Nonlinear Dynamics*, 2022, 109: 2865-2874.

[183] Jiang J F, Cao D Q, Chen H T. Sliding mode control for a class of variable-order fractional chaotic systems[J]. *Journal of the Franklin Institute*, 2020, 357(15): 10127-10158.

[184] Badri V, Tavazoei M S. Non-uniform reducing the involved differentiators' orders and Lyapunov stability preservation problem in dynamic systems[J]. *IEEE Transactions on Circuits and Systems* II: *Express Briefs*, 2020, 67(4): 735-739.

[185] Hajipour A, Aminabadi S S. Synchronization of chaotic Arneodo system of incommensurate fractional order with unknown parameters using adaptive method[J]. *Optik*, 2016, 127(19): 7704-7709.

[186] Gong P, Han Q L. Practical fixed-time bipartite consensus of nonlinear incommensurate fractional-order multiagent systems in directed signed networks[J]. *SIAM Journal on Control and Optimization*, 2020, 58(6): 3322-3341.

[187] Lenka B K. Fractional comparison method and asymptotic stability results for multivariable fractional order systems[J]. *Communications in Nonlinear Science and Numerical Simulation*, 2019, 69: 398-415.

[188] Wu C. Lyapunov's first and second instability theorems for Caputo fractional-order systems[J]. *Nonlinear Dynamics*, 2022, 109(3): 1923-1928.

[189] Montseny G. Diffusive representation of pseudo-differential time-operators[C]. *Proceedings of Fractional Differential Systems*: *Models, Methods and Applications*, Paris, France, 1998: 159-175.

[190] Wei Y H, Tse P W, Du B, et al. An innovative fixed-pole numerical approximation for fractional order systems[J]. *ISA Transactions*, 2016, 62: 94-102.

[191] 卫一恒. 不确定分数阶系统的自适应控制研究 [D]. 合肥: 中国科学技术大学, 2015.

[192] Hinze M, Schmidt A, Leine R I. Numerical solution of fractional-order ordinary differential equations using the reformulated infinite state representation[J]. *Fractional Calculus and Applied Analysis*, 2019, 22(5): 1321-1350.

[193] Shen A, Guo Y X, Zhang Q P. A novel diffusive representation of fractional calculus to stability and stabilisation of noncommensurate fractional-order nonlinear systems[J]. *International Journal of Dynamics and Control*, 2022, 10(1): 283-295.

[194] Montseny G, Audounet J, Mbodje B. Optimal models of fractional integrators and application to systems with fading memory[C]. *Proceedings of International Conference on Systems, Man and Cybernetics*, Le Touquet, France, 1993: 65-70.

[195] Heleschewitz D, Matignon D. Diffusive realisations of fractional integrodifferential operators: Structural analysis under approximation[C]. *Proceedings of the 5th IFAC Conference on System, Structure and Control*, Nantes, France, 1998: 243-248.

[196] Trigeassou J C, Maamri N, Oustaloup A. Lyapunov stability of noncommensurate fractional order systems: An energy balance approach[J]. *Journal of Computational and Nonlinear Dynamics*, 2016, 11: 041007.

[197] Trigeassou J C, Maamri N, Sabatier J, et al. A Lyapunov approach to the stability of fractional differential equations[J]. *Signal Processing*, 2011, 91(3): 437-445.

[198] Trigeassou J C, Maamri N, Oustaloup A. The infinite state approach: Origin and necessity[J]. *Computers & Mathematics with Applications*, 2013, 66(5): 892-907.

[199] Raynaud H F, ZergamKnoh A. State-space representation for fractional order controllers[J]. *Automatica*, 2000, 36(7): 1017-1021.

[200] Sabatier J, Farges C. Analysis of fractional models physical consistency[J]. *Journal of Vibration and Control*, 2017, 23(6): 895-908.

[201] Wei Y H, Wei Y D, Zhang H, et al. Description and realization for a class of irrational transfer functions with nonzero initial instant[C]. *Proceedings of Chinese Automation Congress*, Shanghai, China, 2020: 2646-2651.

[202] Sabatier J, Cadavid S R, Farges C. Advantages of a limited frequency band fractional integration operator in the definition of fractional models[C]. *Proceedings of the 6th International Conference on Control, Decision and Information Technologies*, Paris, France, 2019: 882-887.

[203] Sabatier J. Non-singular kernels for modelling power law type long memory behaviours and beyond[J]. *Cybernetics and Systems*, 2020, 51: 383-401.

[204] Sabatier J. Fractional state space description: A particular case of the Volterra equations[J]. *Fractal and Fractional*, 2020, 4(2): 23.

[205] Sabatier J. Beyond the particular case of circuits with geometrically distributed components for approximation of fractional order models: Application to a new class of model for power law type long memory behaviour modelling[J]. *Journal of Advanced Research*, 2020, 25: 243-255.

[206] Sabatier J. Fractional order models are doubly infinite dimensional models and thus of infinite memory: Consequences on initialization and some solutions[J]. *Symmetry*, 2021, 13: 1099.

[207] Gorenflo R, Mainardi F. Fractional calculus: Integral and differential equations of fractional order[J]. arXiv: 0805.3823, 2008. https://doi.org/10.48550/arXiv.0805.3823.

[208] Rapaić M R, Šekara T B, Bošković M Č. Frequency-distributed representation of irrational linear systems[J]. *Fractional Calculus and Applied Analysis*, 2018, 21(5): 1396-1419.

[209] Trigeassou J C, Maamri N. *Analysis, Modeling and Stability of Fractional Order Differential Systems 1 : The Infinite State Approach*[M]. London: ISTE Ltd, 2019.

[210] Trigeassou J C, Maamri N. *Analysis, Modeling and Stability of Fractional Order Differential Systems 2 : The Infinite State Approach*[M]. London: ISTE Ltd, 2019.

[211] Wei Y H, Tse P W, Yao Z, et al. The output feedback control synthesis for a class of singular fractional order systems[J]. *ISA Transactions*, 2017, 69: 1-9.

[212] Miller R K, Michel A N. *Ordinary Differential Equations*[M]. New York: Academic Press, 1982.

[213] Elaydi S. *An Introduction to Difference Equations*[M]. 3rd ed. New York: Springer, 2005.

[214] Sabatier J, Farges C. Long memory models: A first solution to the infinite energy storage ability of linear time-invariant fractional models[J]. *IFAC Proceedings Volumes*, 2014, 47(3): 2884-2890.

[215] Hartley T T, Trigeassou J C, Lorenzo C F, et al. Initialization energy in fractional-order systems[C]. *Proceedings of International Design Engineering Technical Conferences & Computers and Information in Engineering Conference*, Boston, USA, 2015. https://doi.org/10.1115detc2015-46290.

[216] Wei Y H, Chen Y Q, Chen Y Q, et al. Infinite energy problem of fractional circuit elements: Overview and perspectives[C]. *Proceedings of International Design Engineering Technical Conferences & Computers and Information in Engineering Conference*, Online, Virtual, 2021. https://doi.org/10.1115/detc2021-67602.

[217] Sabatier J, Merveillaut M, Malti R, et al. How to impose physically coherent initial conditions to a fractional system?[J]. *Communications in Nonlinear Science and Numerical Simulation*, 2010, 15(5): 1318-1326.

[218] Sabatier J, Farges C. Comments on the description and initialization of fractional partial differential equations using Riemann-Liouville's and Caputo's definitions[J]. *Journal of Computational and Applied Mathematics*, 2018, 339: 30-39.

[219] Tavazoei M S. Notes on integral performance indices in fractional-order control systems[J]. *Journal of Process Control*, 2010, 20(3): 285-291.

[220] Liang S, Liang Y S. Inverse Lyapunov theorem for linear time invariant fractional order systems[J]. *Journal of Systems Science and Complexity*, 2019, 32(6): 1544-1559.

[221] Wen X J, Wu Z M, Lu J G. Stability analysis of a class of nonlinear fractional-order systems[J]. *IEEE Transactions on Circuits and Systems* II: *Express Briefs*, 2008, 55(11): 1178-1182.

[222] Chen L P, Chai Y, Wu R C, et al. Stability and stabilization of a class of nonlinear fractional-order systems with Caputo derivative[J]. *IEEE Transactions on Circuits and Systems*-II: *Express Briefs*, 2012, 59(9): 602-606.

[223] Zhang R X, Tian G, Yang S P, et al. Stability analysis of a class of fractional order nonlinear systems with order lying in $(0,2)$[J]. *ISA Transactions*, 2015, 56: 102-110.

索　引